Sebastian Haumann
Kalkstein als »kritischer« Rohstoff

Umwelt- und Klimageschichte | Band 2

Sebastian Haumann (PD Dr.), geb. 1981, lehrt Neuere Geschichte an der Technischen Universität Darmstadt. Seine Forschungsschwerpunkte sind die Umwelt- und Technikgeschichte sowie die Stadtgeschichte.

Sebastian Haumann

Kalkstein als »kritischer« Rohstoff

Eine Stoffgeschichte der Industrialisierung, 1840-1930

[transcript]

Bibliografische Information der Deutschen Nationalbibliothek
Die Deutsche Nationalbibliothek verzeichnet diese Publikation in der Deutschen Nationalbibliografie; detaillierte bibliografische Daten sind im Internet über http://dnb.d-nb.de abrufbar.

Umschlaggestaltung: Maria Arndt, Bielefeld
Umschlagabbildung: Carl Hartmann: Atlas zu dem Handbuche der Bergbau- und Hüttenkunde, Weimar: Voigt 1858, Taf. XLII.
Druck: Majuskel Medienproduktion GmbH, Wetzlar
Print-ISBN 978-3-8376-5240-6
PDF-ISBN 978-3-8394-5240-0
https://doi.org/10.14361/9783839452400

Gedruckt auf alterungsbeständigem Papier mit chlorfrei gebleichtem Zellstoff.
Besuchen Sie uns im Internet: *https://www.transcript-verlag.de*
Unsere aktuelle Vorschau finden Sie unter *www.transcript-verlag.de/vorschau-download*

Inhalt

Vorwort

Eigentlich hätte dies ein Buch über die Kulturgeschichte des Bodenmarktes werden sollen. Ein Tipp von Christoph Bernhardt, sich große Bodeneigentümer, wie zum Beispiel Bergbaugesellschaften, anzuschauen, verhinderte das letztlich. Gleichzeitig gehörte Christoph Bernhardt auch zu denjenigen, die mich schon zuvor auf die Herausforderungen der »Materialität« in den Geschichtswissenschaften aufmerksam gemacht haben. Gerade in der Stadt- und Umweltgeschichte, wie sie mein Doktorvater Dieter Schott geprägt hat, war und ist die Frage nach den materiellen Eigenschaften und Dynamiken von Stoffen, Ökosystemen und Infrastrukturen ein Kernproblem. Gleichzeitig haben mich Martin Knoll und Paul Gebelein unabhängig voneinander davon überzeugt, sich soziale Praktiken als Analyseeinheiten anzuschauen. So wurde aus der Idee, ein Buch zum Bodenmarkt zu schreiben, schließlich eine praxeologische Studie über die »Materialität« eines bergbaulich gewonnenen Rohstoffs.

Mit der Zeit entwickelte sich mein Projekt in einem Feld, das wir heute fast selbstverständlich als Stoffgeschichte bezeichnen. Entscheidende Impulse kamen von Verena Winiwarter, Tim LeCain, Chris Otter und Jens Soentgen. Ebenso wichtig war der intensive Austausch mit denjenigen, die mit mir gemeinsam in dieses Forschungsfeld hineinwuchsen und es weiterentwickelten: Nora Thorade, Christian Zumbrägel, Lars Bluma, Frank Uekötter, Eva Roelevink, Stefanie Gänger, Elena Kochetkova, Matthias Heymann, Jiří Janáč und viele weitere, die in diesem Umfeld aktiv sind. Das schöne an der Stoffgeschichte ist, dass sie verschiedene Teilbereiche der Geschichtswissenschaft verbindet. Auch dieses Buch hat davon profitiert, dass ich meine Ideen mit Kolleginnen und Kollegen diskutieren durfte, die aus der Umwelt-, Technik-, Wirtschafts- und Wissensgeschichte kommen: neben den bereits genannten insbesondere Heike Weber, Peter Kramper, Tim Soens, Corey Ross, Frank Veraart, Ansgar Schanbacher, Helge Wendt, Heiko Stoff, Bernd Grewe, Ole Sparenberg, Juliane Czierpka, Dieter Ziegler und Helmut Maier. Die Kommentare von Achim Landwehr, Marian Füssel und Lucas Haasis haben mich darin bestärkt, meine Stoffgeschichte des Kalksteins aus praxeologischer Perspektive zu schreiben.

Während andere Globalgeschichte machten, führte mich die Stoffgeschichte des Kalksteins an die Orte meiner Kindheit und in die Archivlandschaft Nordrhein-Westfalens. Dass es überhaupt möglich war, die Geschichte der weltgrößten Abbaustätten dieses für die Industrialisierung essentiellen Rohstoffs im Neandertal, Dornap und Wülfrath zu rekonstruieren, verdanke ich der Aufgeschlossenheit von Thomas Werner, Harry Schuller und Hans-Joachim Czerwonka, die für mich das unerschlossene Archiv der Firma Rheinkalk öffneten und mir nebenbei vieles über den Alltag in diesem Geschäftsfeld erklärten. Ein Großteil der Arbeit basiert auf diesen Beständen. Auch die Archivarinnen und Archivare in den zahlreichen großen und kleinen Landes-, Kommunal- und Firmenarchiven haben mit ihrer Unterstützung entscheidend zum Gelingen beigetragen. Diese Recherchen hat die Fritz Thyssen Stiftung großzügig finanziell gefördert. Besonders gefreut hat mich die Einladung als Scholar-in-Residence an die Eisenbibliothek in Schlatt, wo Franzisa Eggimann und Florian Ruhland mir den Zugang zu publizierten Quellen ermöglicht haben, die ich sonst womöglich nie gefunden hätte.

Einen entscheidenden Anteil daran, dass dieses Buch entstehen konnte, hatten die Kolleginnen und Kollegen am Institut für Geschichte der TU Darmstadt, wo eine frühere Version des Buches 2017 als Habilitationsschrift angenommen wurde. Das besondere an diesem Institut ist die uneingeschränkte Unterstützung über die Lehrstühle hinweg. Die kritischen Anregungen von Mikael Hård haben mir geholfen, meinen Ansatz immer wieder zu hinterfragen und Jens Ivo Engels hat mich darin bestärkt, die Relevanz des Rohstoffs Kalkstein im größeren Kontext der Umweltgeschichte zu suchen. Martina Heßlers Kommentare haben vor allem in der letzten Phase des Projekts noch zu einer deutlichen Schärfung der Argumentation beigetragen. Stellvertretend für die Mitarbeiterinnen und Mitarbeiter des Instituts, mit denen mich über die Jahre viele freundschaftliche Beziehungen verbinden, möchte ich Detlev Mares danken, der auch einzelne Kapitel aufmerksam kommentiert hat. Nina Göttmann und Celina Schneider haben es auf sich genommen, das Manuskript gründlich zu lesen und mich auf Fehler und Unklarheiten hinzuweisen. Besonders dankbar bin ich Dieter Schott, der (nicht nur) dieses Projekt von Anfang bis zum Ende gefördert und begleitet hat.

Darmstadt, im Juli 2020

1. Einleitung

Der tiefgreifende technologische, wirtschaftliche, soziale, kulturelle und ökologische Umbruch der Industrialisierung basierte auf der neuartigen Nutzung von Rohstoffen. Steinkohle ersetzte Holz als Brennstoff und schuf die Grundlage für das »fossile« Energiesystem, das thermische, mechanische und schließlich auch elektrische Energie in bisher unbekanntem Umfang zur Verfügung stellte.[1] Mit der Baumwollverarbeitung entstand das Fabriksystem und eine globale Arbeitsteilung, bei der die industrielle Wirtschaftsmacht Nordwesteuropas auf Kosten anderer Weltteile expandierte.[2] Neue metallurgische Verfahren ermöglichten es, Eisenerze aufzuarbeiten und zu Stahl weiterzuverarbeiten, um daraus Maschinen und Anlagen zu konstruieren und vor allem das Eisenbahnsystem auszubauen.[3] All diese Veränderungen, die aus der Nutzung von Rohstoffen resultierten, gehörten zu den wichtigsten Voraussetzungen für die industrielle Entwicklung seit dem 18. Jahrhundert.

Heute scheinen, wie vor zwei Jahrhunderten, wieder Rohstoffe im Zentrum gesellschaftlicher Entwicklungsmöglichkeiten zu stehen. Insbesondere den sogenannten »kritischen« Rohstoffen wird eine ähnliche historische Bedeutung zugeschrieben wie Steinkohle, Baumwolle oder Eisenerzen für die Industrialisierung.[4] Seltene Erden, die in Akkus und Magneten verwendet werden, gelten als Schlüs-

---

1 Vgl. Sieferle, Rolf Peter: Der unterirdische Wald. Energiekrise und Industrielle Revolution, München 1982; Wrigley, Edward A.: Energy and the English Industrial Revolution, Cambridge 2010.

2 Vgl. Beckert, Sven: King Cotton. Eine Geschichte des globalen Kapitalismus, München 2014.

3 Vgl. Hyde, Charles K.: Technological Change and the British Iron Industry, 1700-1870, Princeton, NJ 1977; Rasch, Manfred (Hg.): Der Kokshochofen. Entstehung, Entwicklung und Erfolg von 1709 bis in die Gegenwart, Essen 2015.

4 Vgl. Vikström, Hanna: Risk or Opportunity? The Extractive Industries' Response to Critical Metals in Renewable Energy Technologies, 1980-2014, in: The Extractive Industries and Society 7 (2020), S. 20-28; Haumann, Sebastian: »Kritische Rohstoffe«, in: Engels, Jens Ivo (Hg.): Was heißt Kritikalität? Zu einem Schlüsselbegriff der Debatte um Kritische Infrastrukturen, Bielefeld 2018, S. 97-122.

sel zur Energiewende und Entwicklung »grüner« Technologien schlechthin.[5] Stoffe wie Indium, die in Flachbildschirmen und Touchscreens verarbeitet werden, sind entscheidend für die Weiterentwicklung von Informations- und Telekommunikationstechnologien. Diese Rohstoffe, so die 2008 von der EU-Kommission eingesetzte Working Group on Defining Critical Raw Materials, seien »essential for our way of life« im 21. Jahrhundert.[6] Ihre Funktion in den relevanten Wertschöpfungsketten vom Rohstoff bis zum fertigen Produkt macht sie »kritisch«. Sie sind unverzichtbar, da sie die Weiterverarbeitung in den aufeinander aufbauenden Produktionsschritten ermöglichen und ihr Fehlen im Umkehrschluss die Wertschöpfungskette unterbrechen würde.[7] Dadurch bringt die Nutzung dieser Rohstoffe auch Probleme mit sich. Zum einen entstehen Abhängigkeiten von Förderländern, die den Abbau monopolisieren.[8] Das erhöht das Risiko von Versorgungsengpässen, die die zukünftige wirtschaftliche und gesellschaftliche Entwicklung zu beeinträchtigen drohen.[9] Zum anderen hat die Gewinnung »kritischer« Rohstoffe an den Orten, an denen sie abgebaut und aufbereitet werden, oft verheerende soziale und ökologische Auswirkungen. Das komplexe Verhältnis von Zukunftstechnologien und den ökologischen Kosten der dafür notwendigen Rohstoffgewinnung ist ein zentrales Problem aktueller Nachhaltigkeitskonzepte.[10]

Im 19. und frühen 20. Jahrhundert war Kalkstein ein Rohstoff, der viele der gegenwärtig diskutierten »kritischen« Merkmale aufwies. Insbesondere in der nach 1850 stark expandierenden Eisenindustrie an Rhein und Ruhr, die in dieser Studie im Mittelpunkt steht, wurde das Gestein für die Hüttenwerke innerhalb weniger

5 Vgl. Marschall, Luitgard/Holdinghausen, Heike: Seltene Erden. Umkämpfte Rohstoffe des Hightech-Zeitalters, München 2017.

6 EU Commission Ad hoc Working Group on Defining Critical Raw Materials: Report on Critical Raw Materials for the EU, 2014, S. 7.

7 Vgl. Haumann, Sebastian: Towards a Historical Understanding of Critical Raw Materials. Suggestions from a History of Technology Perspective, in: Gaia 27 (2018), S. 373-378; EU Commission Ad hoc Working Group on Defining Critical Raw Materials: Report on Critical Raw Materials, 2010, S. 24.

8 Vgl. Ingulstad, Mats: The Interdependent Hegemon. The United States and the Quest for Strategic Materials during the Early Cold War, in: International History Review 37 (2015), S. 59-79.

9 Vgl. Blengini, G.A./Blagoeva, D./Dewulf, J. u.a.: Assessment of the Methodology for Establishing the EU List of Critical Raw Materials. Background Report, Luxemburg 2017.

10 Vgl. Exner, Andreas/Held, Martin/Kümmerer, Klaus (Hg.): Kritische Metalle in der Großen Transformation, Berlin 2016; Tuma, Axel/Reller, Armin: Nachhaltige Ressourcenstrategien in Unternehmen. Identifikation kritischer Rohstoffe und Erarbeitung von Handlungsempfehlungen zur Umsetzung einer ressourceneffizienten Produktion, Augsburg 2014; Schmidt, Claudia: Entscheidungen im Alltag. Stoffgeschichten und Kritikalitätsbewertungen, in: Müller, Markus M. (Hg.): Nachhaltigkeit neu denken. Rio + X – Impulse für Bildung und Wissenschaft, München 2014, S. 167-172.

Jahre zum unverzichtbaren Zuschlagsstoff für die Herstellung von Roheisen. Zuschläge dienten und dienen im Verhüttungsprozess zum einen dazu, Unreinheiten und unerwünschte Bestandteile der verschmolzenen Eisenerze zu binden. Zum anderen kann durch die Zugabe von Zuschlägen der Schmelzprozess kontrolliert werden, etwa die Hitzeentwicklung oder die Viskosität der geschmolzenen Masse.[11] Allerdings verwendeten Hüttenleute dafür bis in das 19. Jahrhundert hinein keineswegs nur Kalkstein, sondern griffen auf alle möglichen Arten von Steinen und Erden zurück. Erst durch die Umstellung des Brennstoffs von Holzkohle auf fossile Steinkohle Mitte des 19. Jahrhunderts wurde Kalkstein zum alleinigen Zuschlagsmaterial. Ab den 1880er Jahren wurde das Gestein dann auch systematisch in die Stahlherstellung einbezogen, in der Roheisen zu härterem und elastischerem Stahl weiterverarbeitet wird. Diese zukunftsweisenden Technologien des 19. Jahrhunderts, die ein Zeitgenosse als »Schlüssel zur neueren Cultur und Civilisation«[12] bezeichnete, kamen nicht mehr ohne Kalkstein aus. Für die Wertschöpfungsketten des Eisenbahn- und Maschinenbaus war das Material unverzichtbar geworden.

Konsequenterweise rückten immer wieder mögliche Versorgungsrisiken ins Zentrum der zeitgenössischen Debatten über Kalkstein. Der Zugriff auf den Rohstoff war, trotz dessen großer Verbreitung, ein strategisch hoch relevantes Thema für die Eisen- und Stahlindustrie. Gegen Ende des 19. Jahrhunderts spitzte sich die Risikowahrnehmung zu. Denn die Versorgung wurde von einigen wenigen Lieferanten und Abbauorten am südlichen Rand des Ruhrgebiets dominiert, wo ein immer dichteres Cluster von Steinbrüchen entstand.[13] Entsprechend häuften sich hier Konflikte über die sozialen und ökologischen Folgen des Abbaus, die zu einem neuralgischen Punkt für die Ausweitung der Kalksteingewinnung wurden. Insbesondere in Nachbarschaftskonflikten und bei der Arbeit in den Steinbrüchen führten die ungleich verteilten Belastungen und Gefahren zunehmend zu Schwierigkeiten, den Gesteinsabbau in seiner bisherigen Form aufrechtzuerhalten. Aufgrund der Wahrnehmung des erhöhten Versorgungsrisikos und der wachsenden Spannungen zu Beginn des 20. Jahrhunderts begannen die Hüttenwerke den Abbau und die Verwendung des Rohstoffs so stark zu konzentrieren, dass er schließlich kaum noch als »kritisch« gelten konnte.

11 Vgl. Oates, Joseph: Lime and Limestone. Chemistry and Technology, Production and Uses, Weinheim 2008, S. 95f.

12 Hartmann, Carl: Handbuch der Bergbau- und Hüttenkunde, oder die Aufsuchung, Gewinnung und Zugutemachung der Erze, der Stein- und Braunkohlen und anderer Mineralien. Eine Encyklopädie der Bergwerkskunde, Weimar 1858, S. 1014.

13 Vgl. Haumann, Sebastian: Konkurrenz um Kalkstein. Rohstoffsicherung der Montanindustrie und die Dynamik räumlicher Relationen um 1900, in: Jahrbuch für Wirtschaftsgeschichte 57 (2016), Nr. 1, S. 29-58.

Rohstoffe historisieren: Thesen zu Kalkstein als »kritischem« Rohstoff

Dass Kalkstein als »kritischer« Rohstoff eine entscheidende Grundlage der Industrialisierung gewesen sein könnte, mutet aus heutiger Sicht merkwürdig an. Neben Eisenerzen und Steinkohle, die in der Herstellung von Eisen- und Stahlprodukten eingesetzt wurden, scheint die Nutzung des Gesteins unbedeutend. Aufschlussreicher als die, ohnehin nur kontrafaktisch zu beantwortende, Frage, ob Kalkstein wirklich essentiell für die industrielle Entwicklung im 19. Jahrhundert war, ist allerdings die Tatsache, dass uns diese Vorstellung heute so befremdlich erscheint. Deutlicher als bei anderen Materialien zeigt sich darin die Historizität von Rohstoffen. Das Gestein wurde in einer bestimmten historischen Situation im 19. Jahrhundert »kritisch« für die industrielle Entwicklung – und verlor diese Funktion im 20. Jahrhundert weitgehend wieder.

Vordergründig scheint diese Beobachtung die keineswegs neue Einsicht widerzuspiegeln, dass sich die Rohstoffnutzung in Abhängigkeit von technologischem und ökonomischem Wandel verändert.[14] So hat sich auch die überschaubare Forschung zur Geschichte der Kalksteinindustrie vor allem mit unternehmerischer Organisation und Technologieentwicklung befasst.[15] Einerseits mobilisieren technische Innovationen im Produktionsverfahren oder die Einführung neuer Produkte Rohstoffe, die bis dahin nicht oder nur wenig genutzt wurden. Die EU Working Group on Defining Critical Raw Materials bemerkte etwa mit Blick auf Indium, dass dieses Material erst im Zusammenhang mit der Produktion von Touchscreens relevant geworden sei.[16] Für die Nutzung von Kalkstein spielte der Ausbau der Eisenbahn und der damit einhergehende Anstieg der Nachfrage nach Eisen für Schienen eine ausschlaggebende Rolle.[17] Andererseits beeinflussen ökonomische Abwägungen die Verwendung von Rohstoffen. Je nach dem Verhältnis von Preisen, Lohn-

14 Grundlegend: Zimmermann, Erich Walter: World Resources and Industries, New York 1933.

15 Vgl. Bekasova, Alexandra: From Common Rocks to Valuable Industrial Resources. Limestone in Nineteenth-Century Russia, in: The Extractive Industries and Society 7 (2020), S. 8-19; Kaiser, Marion: »Freilich ist die Industrie oft ein Feind der Romantik – erstere aber gewinnbringend«. Konflikte durch den Kalksteinabbau an der Lahn, in: Der Anschnitt 67 (2015), Nr. 1, S. 15-28; Wittling, Gernot: Der Staat als Innovator im Rüdersdorfer Kalkbergbau während der Frühindustrialisierung, in: Westermann, Ekkehard (Hg.): Vom Bergbau- zum Industrierevier, Stuttgart 1995, S. 113-124; Kasig, Werner/Weiskorn, Birgit: Zur Geschichte der deutschen Kalkindustrie und ihrer Organisationen, Düsseldorf 1992; Albrecht, Helmuth (Hg.): Kalk und Zement in Württemberg. Industriegeschichte an Südrand der Schwäbischen Alb, Ubstadt-Weiher 1991; Grindle, Roger L.: The Maine Lime Industry. A Study in Business History, 1880-1900, Ann Arbor 1971.

16 EU Working Group: Report 2014, S. 7.

17 Im hier relevanten Kontext vgl. Wagenblaß, Horst: Der Eisenbahnbau und das Wachstum der deutschen Eisen- und Maschinenbauindustrie 1835-1860. Ein Beitrag zur Geschichte der Industrialisierung Deutschlands, Stuttgart 1973; Fremdling, Rainer: Modernisierung und

und Kapitalkosten, aber auch den institutionellen Rahmenbedingungen oder den wirtschaftlichen Erwartungen, erscheint es lohnend, bestimmte Materialien zu gewinnen, durch technische Innovationen in die Produktionsverfahren einzubeziehen oder zu substituieren. Diese Erklärungsmuster finden sich vor allem in der wirtschaftsgeschichtlichen Forschung.[18]

Die kulturgeschichtliche Wende hat die Aufmerksamkeit demgegenüber auf die symbolische Dimension des Rohstoffgebrauchs gerichtet. Demnach sind es die Wertzuschreibungen, mit denen sich die Nutzung von Rohstoffen wandelt. Besonders deutlich lässt sich dies für Genussmittel wie Zucker oder Kakao zeigen. Durch die Einbettung in einen spezifischen kulturellen Kontext wurden sie zum Zeichen sozialer Distinktion und waren dadurch auf vielfältige Weise in Machtverhältnisse eingebunden.[19] Eng damit zusammen hängt die Konstruktion von Wissen. Wie die Zeitgenossen Rohstoffe verwendeten war durch das jeweilige Verständnis davon geprägt, welche Wirkung ein Stoff hatte oder woher das Material bezogen werden konnte.[20] So trug die Konstruktion von chemischem und geologischem Wissen entscheidend dazu bei, Kalkstein zu einem »kritischen« Rohstoff zu machen. Der Nutzungswandel erklärt sich zu einem erheblichen Teil kulturgeschichtlich aus den Zuschreibungen, die die Verwendungsmöglichkeiten und Bewirtschaftung des Materials vorzeichneten.

Im Zuge des wachsenden Interesses an globalgeschichtlichen Zusammenhängen hat die Forschung in den vergangenen Jahren zum einen das Motiv der »Resource Frontier« und zum anderen das der Zirkulation aufgegriffen, um die histo-

---

Wachstum der Schwerindustrie in Deutschland, 1830-1860, in: Geschichte und Gesellschaft 5, S. 201-227, hier: S. 212.

18 Vgl. z.B. Sanders, Andreas R.D./Sandvik, Pål Thonstad/Storli, Espen (Hg.): The Political Economy of Resource Regulation. An International and Comparative History, 1850-2015, Vancouver 2019; Berghoff, Hartmut/Rome, Adam (Hg.): Green Capitalism? Business and the Environment in the Twentieth Century, Philadelphia 2017; Badia-Miró, Marc/Pinilla, Vicente/Willebald, Henry (Hg.): Natural Resources and Economic Growth. Learning from History, New York 2015; Barbier, Edward: Scarcity and Frontiers. How Economies Have Developed Through Natural Resource Exploitation, Cambridge 2011; Berghoff, Hartmut/Mutz, Mathias: Missing Links? Business History and Environmental Change, in: Jahrbuch für Wirtschaftsgeschichte (2009), Nr. 2, S. 9-22.

19 Vgl. Hengartner, Thomas/Merki, Christoph Maria (Hg.): Genussmittel. Ein kulturgeschichtliches Handbuch, Frankfurt a.M.; New York 1999; Appadurai, Arjun (Hg.): The Social Life of Things. Commodities in Cultural Perspective, Cambridge 1988; Mintz, Sidney W.: Sweetness and Power. The Place of Sugar in Modern History, New York 1985.

20 Vgl. Vogel, Jakob: Ein schillerndes Kristall. Eine Wissensgeschichte des Salzes zwischen Früher Neuzeit und Moderne, Köln 2008; Uekötter, Frank: Die Wahrheit ist auf dem Feld. Eine Wissensgeschichte der deutschen Landwirtschaft, Göttingen 2010; Westermann, Andrea: Geology and World Politics. Mineral Resource Appraisals as Tools of Geopolitical Calculation, 1919-1939, in: Historical Social Research/Historische Sozialforschung 40 (2015), Nr. 2, S. 151-173.

rische Entwicklung der Rohstoffnutzung einzuordnen.[21] Die zunächst noch stark quantifizierend ausgerichtete Untersuchung von Stoffströmen hat aufgezeigt, wie Verbrauch und Gewinnung miteinander verbunden sind, auch wenn sie an geografisch weit auseinanderliegenden Orten stattfinden.[22] Die Geschichte von Rohstoffen ist demnach durch die Herstellung räumlicher Beziehungen und globaler Asymmetrien gekennzeichnet. Insbesondere »commodity chains« sind häufig auch als Stoffbiografien untersucht worden, bei denen es darum geht, den Lebensweg eines Rohstoffs von der Gewinnung über die Verarbeitung und den Verbrauch bis hin zur Entsorgung nachzuzeichnen. In jedem Fall ist die Zirkulation ein dominantes Narrativ von Stoffgeschichten geworden, in denen der Wandel der Rohstoffnutzung in Abhängigkeit zu (globalen) Beziehungen gesetzt wird.[23]

Wenn über die Geschichte von Rohstoffen geschrieben wird, gibt es eine Reihe gängiger Erklärungsmuster und Narrative, denen eines gemeinsam ist: Rohstoffe erscheinen darin als gegebene und unveränderliche Objekte menschlichen Denkens und Handelns. Deren Vorkommen und Eigenschaften mussten die Menschen nur »entdecken«, verstehen, in einen kulturellen Kontext einbetten oder in die globale Warenzirkulation einspeisen. Die Tatsache, dass sich Rohstoffe, die zum Gegenstand von Innovation, ökonomischem Kalkül, Wertzuschreibungen oder globalen Stoffströmen werden, im Laufe der Zeit ebenfalls verändern, wird in einem Großteil der bisherigen Forschung allenfalls am Rande thematisiert.[24] Die Ansätze dieser Forschung benennen zwar wichtige Ursachen für den Wandel der Rohstoffnutzung, erfassen dessen Komplexität aber nur unzureichend. Denn sie klammern einen entscheidenden Faktor aus der historischen Analyse aus: die Veränderung der materiellen Eigenschaften der genutzten Stoffe.

Vor allem aus umwelthistorischer Perspektive wird deutlich, dass sich auch die materielle Welt verändert, mit der ökonomische, technologische, kulturelle und

---

21 Für einen Überblick vgl. Högselius, Per: The Historical Dynamics of Resource Frontiers, in: NTM 28 (2020), S. 253-266.

22 Vgl. Weber, Heike: Material Flows and Circular Thinking, in: Haumann, Sebastian/Knoll, Martin/Mares, Detlev (Hg.): Concepts of Urban-Environmental History, Bielefeld 2020, S. 125-143; Adriaanse, Albert u.a.: Stoffströme. Die materielle Basis von Industriegesellschaften, Berlin 1998.

23 Vgl. Topik, Steven/Wells, Allen: Warenketten in einer globalen Wirtschaft, in: Osterhammel, Jürgen/Iriye, Akira (Hg.): Geschichte der Welt, Bd. 5. Weltmärkte und Weltkriege, 1870-1914, München 2012, S. 589-814; Grewe, Bernd-Stefan: Global Commodities and Commodity Chains, in: Tirthankar, Roy/Riello, Giorgio (Hg.): Global Economy History, London 2019, S. 215-228; Rischbieter, Julia Laura: Mikro-Ökonomie der Globalisierung. Kaffee, Kaufleute und Konsumenten im Kaiserreich 1870-1914, Köln 2011.

24 Vgl. Soentgen, Jens: Konfliktstoffe. Über Kohlendioxid, Heroin und andere strittige Substanzen, München 2019, S. 40-42; Weber, Heike: Zur Materialität von Müll. Abfall aus stoffgeschichtlicher Perspektive, in: Blätter für Technikgeschichte 77 (2015), S. 75-100.

gesellschaftliche Entwicklungen verflochten sind. Aufgrund der Kritik an der verbreiteten Gegenüberstellung von »Kultur« und »Natur« hat die Umweltgeschichte einen Fokus auf die Wechselwirkungen zwischen menschlichem Denken und Handeln einerseits und der Dynamik physikalischer, chemischer und biologischer Prozesse andererseits gelegt.[25] In zahlreichen Studien haben Umwelthistorikerinnen und Umwelthistoriker seitdem untersucht, wie Technikentwicklung, die Entstehung sozialer Verhältnisse oder globale Machtasymmetrien mit der materiellen Veränderung von Stoffen, Dingen und Organismen zusammenhängen.[26] Sie haben gezeigt, wie unintendierte, aber oftmals auch gezielte Veränderungen der materiellen Welt gesellschaftliche Beziehungen prägten und zum Teil überhaupt erst möglich machten – beispielsweise die Arbeitsbeziehungen in Kohleminen oder bei der kolonialen Durchdringung ganzer Weltregionen.[27] In diesem Sinne sei auch die Geschichte der Industrialisierung als »reworking of interactions between human and nonhuman nature«[28] zu interpretieren, so Sara Pritchard und Thomas Zeller. Wenn sich die Rohstoffnutzung im Zuge der Industrialisierung wandelte, war dies deshalb nicht nur das Resultat technologischer, ökonomischer, kultureller oder gesellschaftlicher Entwicklungen. Zugleich veränderten sich die Rohstoffe selbst, ihr Eigenschaftsprofil, die thermochemischen Prozesse ihrer Verarbeitung sowie die physikalischen Bedingungen ihres Abbaus.

---

25 Vgl. McNeill, John R.: Observations on the Nature and Culture of Environmental History, in: History and Theory 42 (2003), S. 5-43; Winiwarter, Verena/Knoll, Martin: Umweltgeschichte. Eine Einführung, Köln 2007; LeCain, Timothy J.: The Matter of History. How Things Create the Past, Cambridge, Mass. 2017.

26 Vgl. Reith, Reinhold: Umweltgeschichte und Technikgeschichte am Beginn des 21. Jahrhunderts. Konvergenzen und Divergenzen, in: Technikgeschichte 75 (2008), S. 336-355; Cutcliffe, Stephen H./Reuss, Martin (Hg.): The Illusory Boundary. Environment and Technology in History, Charlottesville 2010; Jørgensen, Dolly/Jørgensen, Finn Arne/Pritchard, Sara B. (Hg.): New Natures. Joining Environmental History with Science and Technology Studies. Pittsburgh 2013; Pritchard, Sara B.: Toward an Environmental History of Technology, in: Isenberg, Andrew C. (Hg.): The Oxford Handbook of Environmental History, New York 2014, S. 227-258; Russell, Edmund/Allison, James/Finger, Thomas u.a.: The Nature of Power. Synthesizing the History of Technology and Environmental History, in: Technology and Culture 52 (2011), S. 246-259.

27 Vgl. Andrews, Thomas G.: Killing for Coal. America's Deadliest Labor War, Cambridge, Mass. 2008; Mitchell, Timothy: Carbon Democracy. Political Power in the Age of Oil, London 2013; Ross, Corey: Ecology and Power in the Age of Empire. Europe and the Transformation of the Tropical World, Oxford 2017; Beattie, James/Melillo, Edward D./O'Gorman, Emily (Hg.): Eco-Cultural Networks and the British Empire. New Views on Environmental History, London 2015.

28 Pritchard, Sara B./Zeller, Thomas: The Nature of Industrialization, in: Reuss, Martin/Cutcliffe, Stephen H. (Hg.): The Illusory Boundary. Environment and Technology in History, Charlottesville 2010, S. 69-100, hier: S. 73.

Rohstoffe zu historisieren bedeutet daher, materiellen Wandel systematisch in die historische Analyse einzubeziehen. Der Historiker Chris Otter hat beispielsweise für eine scheinbar unveränderliche Substanz wie Wasser festgestellt: »Water, a substance basic to life itself, has undergone dramatic changes in its physical composition that are arguably as essential to ›modern‹ western life as democracy and freedom.«[29] Die Veränderung der Eigenschaften von Wasser sei auf Selektion und gezielte Manipulation zurückzuführen, tangiere aber zugleich biologische, chemische und physikalische Prozesse jenseits menschlicher Kontrolle.[30] Ähnliches lässt sich für die Geschichte von Lebensmitteln und medizinischen Wirkstoffen,[31] aber auch von Rohstoffen wie Kohle, Kupfer[32] und eben auch Kalkstein als »kritischem« Rohstoff zeigen.

Die Dynamik, die in der Historisierung von Rohstoffen zu beobachten ist, deutet einerseits auf die Relevanz kultureller Konstruktionen. Rohstoffe sind keine »apriori« gegebenen Objekte, sondern werden durch Wissen, Ideen, Erwartungen oder Planungen hervorgebracht und immer wieder neu konturiert – und zwar durchaus im materiellen Sinne, da diese Konstruktionen Selektions- und Manipulationsprozesse prägen und damit das Eigenschaftsprofil von Rohstoffen verändern.[33] Anderseits verweist diese Dynamik auch auf die »Eigenlogik« biologischer, chemischer und physikalischer Prozesse, die den menschlichen Interventionsmöglichkeiten Grenzen setzt oder diese in unvorhergesehener Weise beeinflusst.[34] Vor allem werden dadurch auch die Wirkungen verändert, die die Stoffe entfalten, ohne

29 Otter, Chris: Locating Matter. The Place of Materiality in Urban History, in: Bennett, Tony/Joyce, Patrick (Hg.): Material Powers. Cultural Studies History and the Material Turn, Milton Park 2010, S. 38-59, hier: S. 54.

30 Vgl. Soentgen: Konfliktstoffe, S. 241.

31 Vgl. Smith-Howard, Kendra: Pure and Modern Milk. An Environmental History since 1900, Oxford 2014; Stoff, Heiko: Wirkstoffe. Eine Wissenschaftsgeschichte der Hormone, Vitamine und Enzyme, 1920-1970, Stuttgart 2012; Soluri, John: Banana Cultures. Agriculture, Consumption, and Environmental Change in Honduras and the United States, Austin 2005.

32 Vgl. Thorade, Nora: Das Schwarze Gold. Eine Stoffgeschichte der Steinkohle im 19. Jahrhundert, Paderborn 2020; LeCain, Timothy J.: Mass Destruction. The Men and Giant Mines that Wired America and Scarred the Planet, New Brunswick, NJ 2009.

33 Vgl. Fischer, Georg: Globalisierte Geologie. Eine Wissensgeschichte des Eisenerzes in Brasilien (1876-1914), Frankfurt a.M. 2017, S. 14; Espahangizi, Kijan/Orland, Barbara: Pseudo-Smaragde, Flussmittel und bewegte Stoffe. Überlegungen zu einer Wissensgeschichte der materiellen Welt, in: dies. (Hg.): Stoffe in Bewegung. Beiträge zu einer Wissensgeschichte der materiellen Welt, Zürich 2014, S. 11-35; Vogel: Ein schillerndes Kristall; Mitchell: Carbon Democracy; Akong, Charles: Reframing Matter. Towards a Material-Discursive Framework for Africa's Minerals, in: The Extractive Industries and Society 7 (2020), S. 461-469.

34 Vgl. Soentgen: Konfliktstoffe; Mutz, Mathias: Industrialisierung als Umwelt-Integration. Konzeptionelle Überlegungen zur ökologischen Basis moderner Industrieunternehmen, in: Reith, Reinhold/Schulz, Günther (Hg.): Wirtschaft und Umwelt vom Spätmittelalter bis zur Gegenwart. Auf dem Weg zu Nachhaltigkeit?, Stuttgart 2015, S. 191-213, hier: S. 205f.

dass die menschlichen Akteure dies immer überblicken oder kontrollieren können. Rohstoffe sind also im Sinne der Ko-konstruktion historisierbar, insofern sich ihre materiellen Eigenschaften in Wechselwirkung mit ökonomischen Bewertungen, Technologieentwicklung, Wissen und sozialen Beziehungen wandeln.

Für die Geschichte des Kalksteins folgt daraus die These, dass das Gestein aufgrund miteinander verflochtener gesellschaftlicher und materieller Entwicklungen zu einem »kritischen« Rohstoff der Industrialisierung wurde. Im 19. Jahrhundert setzten sich metallurgische Verfahren durch, die Kalkstein verwendeten, und es entstand neues Wissen über die Qualität und Verfügbarkeit des Gesteins. Diese Entwicklungen gingen notwendigerweise mit der Veränderung des Eigenschaftsprofils des Rohstoffs einher. Sie standen, über die thermochemischen Prozesse in den Hochöfen und bei der Stahlherstellung sowie die physikalischen Gegebenheiten beim Abbau des Gesteins, mit dem Wandel materieller Eigenschaften in Wechselwirkung. Im Einzelnen waren gesellschaftlicher und materieller Wandel in den folgenden historischen Entwicklungen miteinander verflochten:

Zunächst passten sich Produktionsverfahren und Material Mitte des 19. Jahrhundert *aneinander* an. Einerseits orientierten sich die Innovationen in der Eisenverhüttung an dem verfügbaren Material. Als Mitte des Jahrhunderts der Eisenbahnbau expandierte, erschien Kalkstein als der unter den damaligen technologischen und ökonomischen Bedingungen am besten geeignete Zuschlagsstoff. Entsprechend wurden die metallurgischen Verfahren unter Verwendung dieses Materials konzipiert. Andererseits veränderten sich die materiellen Eigenschaften des Rohstoffs. Die Erwartungen der Montanindustrie sowie das Wissen über die Eigenschaften und die Verfügbarkeit des Gesteins bestimmten, was als geeigneter Zuschlag selektiert wurde. Sie konturierten das Eigenschaftsprofil des Rohstoffs. Damit veränderten sich aber auch dessen materielle Eigenschaften, die in den chemischen und physikalischen Prozessen des Produktionsverfahrens wirksam wurden. Dies hatte wiederum Rückwirkungen auf die Ausgestaltung der Produktionsverfahren, die dem so veränderten Material angepasst wurden.

Die Anpassung von Produktionsverfahren und Material aneinander mündete in einen Schließungsprozess, der sowohl technologisch und ökonomisch als auch materiell bedingt war. In dem Maße, in dem das Produktionsverfahren und das Material aufeinander abgestimmt waren, legten sich die Hüttenwerke auf einen Rohstoff fest, der durch ein spezifisches Eigenschaftsprofil definiert war. Alternativen, die es zuvor durchaus gegeben hatte, verschwanden. Dabei waren solche Schließungsprozesse nicht determiniert und es setzte sich keineswegs immer die technisch »beste« Lösung durch. Vielmehr kam es auf die soziale Konstruktion von Problemen an, die vorzeichneten, welche Lösungen gefunden wurden und Akzeptanz fanden.[35] Wie stark die Pfadabhängigkeiten waren, die die Festlegung schuf, zeigte sich, als die Montanindustrie in den 1880er Jahren die Stahlherstellung neu konzipierte und dabei auf die Muster der Eisenverhüttung zurückgriff. Auf der einen Seite steigerte die Festlegung auf ein spezifisch definiertes und selektiertes Gestein die Effizienz der Eisenverhüttung und Stahlherstellung. Sie erleichterte einen kontinuierlichen Betrieb und ermöglichte es, Skaleneffekte auszunutzen. Auf der anderen Seite zwangen die einmal festgelegten materiellen Eigenschaften des Gesteins dazu, Produktionsverfahren nach erfolgter Anpassung beizubehalten. Die physikalischen und chemischen Prozesse im Produktionsverfahren waren an den angepassten Rohstoff gebunden und von diesem abhängig geworden. Dadurch wurde Kalkstein für die Herstellung von Eisen und Stahl ein unverzichtbarer und »kritischer« Rohstoff.

Als die Zeitgenossen ab den 1880er Jahren darüber zu reflektieren begannen, dass Kalkstein »kritisch« geworden war, gelang es ihnen zwar nicht, die Festlegung wieder aufzubrechen. Aber die Konstruktion von Versorgungsrisiken führte dazu, die komplexen materiellen Interdependenzen entlang der Wertschöpfungsketten so zu verändern, dass weniger von dem Material benötigt wurde. Der Diskurs, der sich am Ende des 19. Jahrhunderts über die Abhängigkeiten bei der Versorgung mit dem Rohstoff entspann, rekurrierte nicht auf eine reale Knappheit, sondern auf die Sorge, dass die Wertschöpfungsketten unterbrochen werden könnten.[36] Entsprechend der Problemkonstruktion setzten die Maßnahmen, die Risiken zu reduzieren, auch nicht bei der erneuten Anpassung des Materials an, sondern sie machten sich die materiellen Interdependenzen zwischen den Produktionsschritten der Eisen- und Stahlherstellung zunutze. Indem die Hüttenwerke zunehmend Eisenerze mit höherem Kalkanteil verwendeten, gelang es ihnen, den Bedarf an Kalkstein als Zuschlagsmaterial teilweise zu substituieren. Sie manipulierten die chemischen und physikalischen Prozesse entlang der Wertschöpfungskette über das Eigenschaftsprofil der verwendeten Erze so, dass der Verbrauch von Kalkstein deutlich zurückging, ohne die Eigenschaften des Zuschlagsmaterials zu verändern.

---

35 Diese These orientiert sich an Pinch, Trevor/Bijker, Wiebe: The Social Construction of Facts and Artifacts, in: Social Studies of Science 14 (1984), S. 399-441; Misa, Thomas J.: A Nation of Steel. The Making of Modern America, 1865-1925, Baltimore 1995.

36 Vgl. dazu die Forschung zur »Holznot«-Debatte, die zu ähnlichen Ergebnissen kommt: Radkau, Joachim: Holzverknappung und Krisenbewusstsein im 18. Jahrhundert, in: Geschichte und Gesellschaft 9 (1983), S. 513-543; Radkau, Joachim: Zur angeblichen Energiekrise des 18. Jahrhunderts. Revisionistische Betrachtungen über die »Holznot«, in: Vierteljahrschrift für Sozial- und Wirtschaftsgeschichte 73 (1986), S. 1-37; Grewe, Bernd-Stefan: »Man sollte sehen und weinen!« Holznotalarm und Waldzerstörung vor der Industrialisierung, in: Uekötter, Frank (Hg.): Wird Kassandra heiser? Die Geschichte falscher Ökoalarme, Stuttgart 2004, S. 24-40.

Dessen ungeachtet kam es um 1900 zur systematischen Ausweitung der Kalksteingewinnung, die immer stärker in die Umwelt eingriff, ohne dass die Steinbruchbetreiber die Wechselwirkungen mit den materiellen Eigenschaften des Untergrunds wirklich kontrollieren konnten. Während sich die immer größeren und tieferen Steinbrüche auf das Grundwasser und die lokalen Ökosysteme auswirkten, erhöhte die Mechanisierung und der Einsatz von Sprengstoffen die Gefahr für Arbeiter wie Anwohner signifikant. Die Gefährdung und die umweltschädigenden Nebeneffekte waren dabei sozial höchst ungleich verteilt und gaben Anlass zu heftigen Auseinandersetzungen um die sozialen und ökologischen Folgen des Abbaus.[37] In der Regel gelang es den Steinbruchbetreibern dabei, sich der Verantwortung zu entziehen, indem sie auf die »natürlichen« Bedingungen verwiesen, auf die sie keinen Einfluss hätten. Tatsächlich zeigt sich in der Schwierigkeit, die Folgen der zunehmend invasiven Kalksteingewinnung zu regulieren, wie stark soziale und materielle Entwicklungen miteinander verflochten waren.

In all den hier skizzierten historischen Zusammenhängen, von den Hochöfen der 1850er Jahre bis zu den Steinbrüchen des frühen 20. Jahrhunderts, kam es auf die Verflechtung von gesellschaftlichem und materiellem Wandel an. Anders lässt sich auch kaum erklären, warum und inwieweit Kalkstein ein »kritischer« Rohstoff der Industrialisierung wurde. Daher sind in dieser Studie nicht nur die sozialen, kulturellen, ökonomischen und technologischen Zusammenhänge, in denen Kalkstein genutzt wurde, Gegenstand der Untersuchung, sondern explizit auch der Wandel des Materials selbst. Was Kalkstein ist, was seine spezifischen physikalischen und chemischen Eigenschaften sind, veränderte sich über die Zeit – und darauf kommt es an. Folglich ist diese Studie als ein Beitrag zu einer stoffgeschichtlichen Erweiterung der bisherigen historischen Forschung über Rohstoffe zu verstehen, in der materieller Wandel systematisch mit untersucht wird.

---

37 Vgl. dazu die aktuelle Debatte um »environmental justice«: Pichler-Baumgartner, Luisa: »Environmental Justice« als analytische Kategorie der Wirtschafts-, Sozial- und Umweltgeschichte? Schwierigkeiten und Potenziale einer Anwendung, in: Vierteljahrschrift für Sozial- und Wirtschaftsgeschichte 102 (2015), S. 472-491; Andrews, Thomas G.: Work, Nature, and History. A Single Question, that Once Moved Like Light, in: Isenberg, Andrew C. (Hg.): The Oxford Handbook of Environmental History, New York 2014, S. 425-466; Kirchhelle, Claas: Toxic Tales. Recent Histories of Pollution, Poisoning, and Pesticides (ca. 1800-2010), in: NTM 26 (2018), S. 213-229; Flanagan, Maureen A.: Environmental Justice in the City. A Theme for Urban Environmental History, in: Environmental History 5 (2000), S. 159-164; Luckin, Bill: Environmental Justice, History and the City. The United States and Britain, 1970-2000, in: Schott, Dieter/Luckin, Bill/Massard-Guilbaud, Geneviève (Hg.): Resources of the City. Contributions to an Environmental History of Modern Europe, Aldershot 2005, S. 230-245; van Horssen, Jessica: A Town Called Asbestos. Environmental Contamination, Health, and Resilience in a Resource Community, Vancouver 2016.

Rohstoffe und Praktiken: Zum konzeptionellen Ansatz

Wie sich der Wandel der materiellen Eigenschaften von Rohstoffen systematisch in die historische Analyse einbeziehen lässt, wirft eine Reihe von theoretischen und methodischen Fragen auf. Sie knüpfen an die rege Diskussion der vergangenen Jahre an, in der über das Potenzial und die Grenzen von Konzepten wie der Akteur-Netzwerk-Theorie oder des »New Materialism« gestritten wurde.[38] Kurz gefasst, zielen diese Ansätzen darauf ab, die »eigenlogische« Wirkmächtigkeit nichtmenschlicher Entitäten wie Organismen, Dinge und Stoffe anzuerkennen. Sie machen die physikalischen, chemischen und biologischen Eigenschaften dieser Entitäten zum Untersuchungsgegenstand. Allerdings suggerieren viele Autorinnen und Autoren, die diese Ansätze vertreten, dass nicht-menschlichen Entitäten »agency« zukomme, sie also die Kapazität hätten, ihre Umwelt einschließlich menschlicher Gesellschaften aktiv und zielgerichtet mitzugestalten. Dieser Anspruch ist sowohl in theoretischer wie in forschungspragmatischer Hinsicht höchst umstritten.[39]

Diese Studie verfolgt dagegen einen praxeologischen Ansatz, der es erlaubt den materiellen Wandel von Stoffen in die historische Analyse einzubeziehen, ohne dabei von einer eigenen »agency« des Materials auszugehen. Im Unterschied zu Akteur-Netzwerk-Theorie und »New Materialism« ist die Praxeologie auf Menschen als zentralen Akteuren historischen Wandels ausgerichtet. Materielle Prozesse, Stoffe, Dinge oder Organismen werden zwar in Praktiken wirksam, aber »agency«, im Sinne einer aktiven und zielgerichteten Gestaltungskapazität, wird ihnen nicht zugesprochen.[40] Der praxeologische Ansatz ermöglicht, die Historizi-

---

38 Vgl. Barad, Karen: Agentieller Realismus. Über die Bedeutung materiell-diskursiver Praktiken, Berlin 2012; Bennett, Jane: Vibrant Matter. A Political Ecology of Things, Durham 2010; Coole, Diana H./Frost, Samantha (Hg.): New Materialisms. Ontology, Agency, and Politics, Durham 2010; Latour, Bruno: Eine neue Soziologie für eine neue Gesellschaft. Einführung in die Akteur-Netzwerk-Theorie, Frankfurt a.M. 2010; Bennett, Tony/Joyce, Patrick (Hg.): Material Powers. Cultural Studies, History and The Material Turn, Milton Park 2010; Belliger, Andréa/Krieger, David J. (Hg.): ANThology. Ein einführendes Handbuch zur Akteur-Netzwerk-Theorie, Bielefeld 2006; Latour, Bruno: Das Parlament der Dinge. Für eine politische Ökologie, Frankfurt a.M. 2001.

39 Vgl. LeCain: The Matter of History; Nash, Linda: The Agency of Nature and the Nature of Agency, in: Environmental History 10 (2005), Nr. 1, S. 67-69; Knoll, Martin: Nil sub sole novum oder neue Bodenhaftung? Der material turn und die Geschichtswissenschaft, in: Neue Politische Literatur 59 (2014), S. 191-207; Smith, Kate: Amidst Things. New Histories of Commodities, Capital and Consumption, in: The Historical Journal 61 (2018), S. 841-861.

40 Vgl. Schatzki, Theodore: Materiality and Social Life, in: Nature and Culture 5 (2010), Nr. 2, S. 123-149, hier: S. 134f.; Hillebrandt, Frank: Was ist der Gegenstand einer Soziologie der Praxis?, in: Schäfer, Franka/Daniel, Anna/ders. (Hg.): Methoden einer Soziologie der Praxis, Bielefeld 2015, S. 15-36, hier: S. 21f.

tät materieller Eigenschaften in die Analyse miteinzubeziehen, ohne menschliche Akteure zu dezentrieren.[41]

Praktiken sind routinisierte Handlungsabläufe. Darunter können alltägliche Gewohnheiten gefasst werden, wie Kochen oder Lesen, aber auch speziellere Tätigkeiten, die hier von Interesse sind, wie z.B. das Schmelzen von Eisenerzen im Hochofen oder die Arbeit im Steinbruch.[42] Bei genauerer Betrachtung zeigt sich, dass diese Handlungsabläufe von einer Vielzahl von Faktoren abhängig sind, wie der Sozialtheoretiker Andreas Reckwitz herausgearbeitet hat:

> »A ›practice‹ (Praktik) is a routinized type of behaviour which consists of several elements, interconnected to one other: forms of bodily activities, forms of mental activities, ›things‹ and their use, a background knowledge in the form of understanding, know-how, states of emotion and motivational knowledge. A practice [...] forms so to speak a ›block‹ whose existence necessarily depends on the existence and specific interconnectedness of those elements and which cannot be reduced to any one of these single elements.«[43]

In einer Praktik sind also heterogene Elemente in spezifischen Verknüpfungen integriert, ohne die sie nicht existieren würde. Neben den verschiedenen Formen von Wissen, Know-How, Emotionen, Zielvorstellungen, Normen, aber auch körperlichen Bewegungsabläufen usw. gehören Dinge – und damit auch Rohstoffe – zu den Elementen, die Praktiken konstituieren können.[44] Das bedeutet, dass Praktiken zugleich Elemente einschließen, die sich als soziale Konstruktionen fassen lassen, als auch Elemente, die aufgrund ihrer materiellen Eigenschaften wirksam werden.[45] In Praktiken der Rohstoffnutzung sind dies etwa die Konstruktion von Wissen und ökonomischer Rationalität und die physikalischen und chemischen Prozesse, die in den Produktionsverfahren miteinander verknüpft sind.

---

41 Diese Forderung stellt etwa Paul Sutter nachdrücklich auf: Sutter, Paul S.: The World with Us. The State of American Environmental History, in: Journal of American History 100 (2013), S. 94-119.

42 Für einen Überblick über die geschichtswissenschaftliche Adaption praxistheoretischer Ansätze vgl. Füssel, Marian: Praxeologische Perspektiven in der Frühneuzeitforschung, in: Brendecke, Arndt (Hg.): Praktiken der Frühen Neuzeit. Akteure – Handlungen – Artefakte, Köln 2015, S. 21-33.

43 Reckwitz, Andreas: Toward a Theory of Social Practices. A Development in Culturalist Theorizing, in: European Journal of Social Theory 5 (2002), S. 243-263, hier: S. 249f.

44 Vgl. Shove, Elizabeth/Pantzar, Mika/Watson, Matt: The Dynamics of Social Practice. Everyday Life and how it Changes, Los Angeles 2012; Haasis, Lucas/Rieske, Constantin: Historische Praxeologie. Eine Einführung, in: dies. (Hg.): Historische Praxeologie. Dimensionen vergangenen Handelns, Paderborn 2015, S. 7-54, hier: S. 38f.

45 Vgl. Schatzki, Theodore: Nature and Technology, in: History and Theory 42 (2003), Nr. 4, S. 82-93.

Das Gegenstück zu den routinisierten Handlungsabläufen sind Arrangements. Theodore Schatzki, einer der führenden Theoretiker der Praxeologie, spricht explizit von »practice-arrangement nexuses«.[46] Arrangements können technische Objekte oder Gegenstände sein, weisen aber konzeptionell über spezifisch abgrenzbare Artefakte hinaus und können auch Stoffe oder Organismen umfassen.[47] Entscheidend ist, dass sie in Zusammenhang mit Praktiken stehen und diese ermöglichen, nahelegen, erschweren oder verhindern: »Practices are impossible without material objects and human beings create, via their practices, arrangements from the material world. The arrangements are shaped by practices, being the material precipitates of these.«[48] Arrangements der Rohstoffnutzung sind beispielsweise die Hochöfen, in denen Eisenerze zu Roheisen geschmolzen wurden. Diese umfassen nicht nur den Aufbau des Ofens in einer speziellen Form, sondern auch die Zusammenstellung unterschiedlicher Rohstoffsorten, die in dem thermochemischen Prozess miteinander reagieren. Die Komposition der materiellen Elemente in dem Arrangement spiegelte die Konstruktion von Wissen und Erwartungen über deren Zusammenwirken wider. Zugleich wurden in dem Arrangement physikalische und chemische Prozesse wirksam, die zum Teil so nicht vorhergesehen oder nur unzureichend verstanden wurden.[49]

Die spezifischen Verknüpfungen zwischen sozialen Elementen und materiellen Arrangements wurden in Handlungsabläufen immer wieder aufs Neue reproduziert und aktualisiert. Aber dabei entstanden auch Spielräume für Veränderung und Anpassungsprozesse. So betont Reckwitz die Variabilität, in der Praktiken umgesetzt werden: »[A] practice represents a pattern which can be filled out by a multitude of single and often unique actions reproducing the practice«.[50] Während also Praktiken einerseits als gleichbleibende Einheiten menschlichen Handelns erscheinen, ergeben sich andererseits in der jeweiligen Performanz zahlreiche Möglichkeiten, eine Praktik konkret zu realisieren.[51] Dabei sind auch die Beziehungen

---

46 Ebd.

47 Vgl. Hahn, Hans Peter/Soentgen, Jens: Acknowledging Substances. Looking at the Hidden Side of the Material World, in: Philosophy and Technology 24 (2011), S. 19-33; Schatzki: Materiality and Social Life, S. 125f.

48 Winiwarter, Verena/Schmid, Martin/Dressel, Gert: Looking at Half a Millennium of Co-existence. The Danube in Vienna as a Socio-Natural Site, in: Water History 5 (2013), Nr. 2, S. 101-119, hier: S. 109.

49 Vgl. Winiwarter, Verena/Schmid, Martin/Hohensinner, Severin/Haidvogl, Gertrud: The Environmental History of the Danube River Basin as an Issue of Long-Term Socio-ecological Research, in: Singh, Simron Jit/Haberl, Helmut/Chertow, Marian/Mirtl, Michael/Schmid, Martin (Hg.): Long Term Socio-Ecological Research. Studies in Society-Nature Interactions Across Spatial and Temporal Scales. Dordrecht 2013, S. 103-122.

50 Reckwitz: Toward a Theory of Social Practices, S. 250.

51 Vgl. Shove/Pantzar/Watson: The Dynamics of Social Practice, S. 97-117; Shove, Elizabeth: Everyday Practice and the Production and Consumption of Time, in: Shove, Elizabeth/Trent-

zwischen sozialen und materiellen Elementen weder statisch noch zwingend. Oft zeichnen Dinge, Objekte und Stoffe bestimmte Handlungen vor oder legen sie nahe, ohne aber Praktiken notwendigerweise zu determinieren.[52] Im Gegenteil trägt gerade der kreative Rückgriff auf Dinge und Materialien zum Wandel von Praktiken bei, wie der Historiker Frank Trentmann erläutert: »Practices have a dynamic force of their own, creating sensations, competencies, and plans [...] entangled in a creative interplay with materiality.«[53] Praktiken stellen also eine »evolving domain« heterogener, miteinander verknüpfter Elemente dar, in der die Verknüpfungen mit jeder Performanz neu und potenziell anders hergestellt werden.[54]

Im Wandel beeinflussen sich die einzelnen Elemente einer Praktik daher gegenseitig. Da Dinge und Rohstoffe, Wissen, Unternehmensstrategien und -ziele mit weiteren materiellen und sozialen Elementen in Wechselwirkung stehen, hat es Auswirkungen auf die anderen in einer Praktik integrierten Elemente, wenn sich eines der Elemente verändert. Dabei kann einerseits beispielsweise die Konstruktion neuen Wissens oder veränderter Zielvorstellungen dazu führen, dass ein verwendetes Material modifiziert wird, das heißt, in seinen physikalischen und chemischen Eigenschaften manipuliert wird. Es kann aber auch dazu führen, dass ein bisher ungenutztes Material neu in Arrangements integriert wird, während andere Elemente obsolet werden und nicht mehr Teil der Praktik sind.[55] Andererseits erfolgt die Konstruktion von Wissen und ökonomischer Rationalität in Praktiken, die durch den kreativen Umgang mit den physikalischen und chemischen Prozessen geprägt sind. Dies zeigt sich vor allem in der Geschichte der naturwissenschaftlichen Forschung.[56] Aber auch die Genese von Vorstellungen über Märkte und Ökonomie lässt sich praxeologisch interpretieren,[57] wie auch diejenigen über die

mann, Frank/Wilk, Richard R. (Hg.): Time, Consumption and Everyday Life. Practice, Materiality and Culture, Oxford 2009, S. 17-33.

52 Vgl. Schatzki: Materiality and Social Life, S. 139-141; Joyce, Patrick: What is the Social in Social History?, in: Past & Present 206 (2010), S. 213-248, hier: S. 225f.

53 Trentmann, Frank: Materiality in the Future of History. Things, Practices and Politics, in: Journal of British Studies 48 (2009), S. 283-307, hier: S. 294; vgl. auch LeCain: The Matter of History.

54 Schatzki: Materiality and Social Life, S. 129.

55 Vgl. Shove/Pantzar/Watson: The Dynamics of Social Practice, S. 21-41.

56 Vgl. Pickering, Andrew (Hg.): Science as Practice and Culture, Chicago 1992; Klein, Ursula/Lefèvre, Wolfgang: Materials in Eighteenth-Century Science. A Historical Ontology, Cambridge, Mass. 2007; Epple, Moritz/Zittel, Claus (Hg.): Science as Cultural Practice, Bd. 1. Cultures and Politics of Research from the Early Modern Period to the Age of Extremes, Berlin 2010; Mariss, Anne: »A World of New Things«. Praktiken der Naturgeschichte bei Johann Reinhold Forster, Frankfurt a.M. 2015; Zur Idee der körperlichen Arbeit an und mit materiellen Eigenschaften als Modus der Wissensproduktion vgl. Frehner, Brian: Finding Oil. The Nature of Petroleum Geology, 1859-1920, Lincoln 2011, S. 4-6.

57 Vgl. Lipartito, Kenneth: Reassembling the Economic. New Departures in Historical Materialism, in: The American Historical Review 121 (2016), S. 101-139; Brandes, Sören/Zieren-

Verfügbarkeit eines Rohstoffs und potenzielle Versorgungsrisiken. Die komplexen Rück- und Wechselwirkungen zwischen diesen und weiteren Elementen machen die Dynamik von Praktiken aus, in denen sich die Anpassung von Handlungsabläufen, der kulturellen Konstruktion von Wissen und ökonomischer Rationalität, von Arrangements und Materialien aneinander vollzieht.

Historisch gibt es Phasen, in denen sich Praktiken auf diese Weise besonders dynamisch und tiefgreifend wandelten.[58] Die zweite Hälfte des 19. Jahrhundert war im Hinblick auf die Eisenverhüttung und die Stahlherstellung eine solche Phase. Es kam zu deutlichen Brüchen und Innovationsschüben, in denen neuartige Materialien zusammen mit entsprechenden Wissensbeständen und Unternehmensstrategien Eingang in die Praktiken fanden. Der dynamische Charakter von Praktiken ist insofern hervorzuheben, als die alltägliche Performanz der routinisierten Handlungsabläufe meist als statisch und wenig veränderlich wahrgenommen wird.[59] Und es stellt sich die Frage, woher die Impulse kamen, die solch tiefgreifende Anpassungsprozesse auslösten, wie sie die Eisen- und Stahlherstellung im 19. Jahrhundert durchlief.

Als Theorie, die von Menschen als zentralen Akteuren historischen Wandels ausgeht, betont die Praxeologie die gesellschaftliche Fähigkeit, Praktiken durch bewusste Reflexion zu transformieren.[60] Es ist zwar ein wesentliches Kennzeichen von Praktiken, dass sie in der Regel als unhinterfragte Selbstverständlichkeit vollzogen werden und dadurch bestehende Strukturen reproduzieren.[61] Aber dennoch können routinisierte Handlungsabläufe ebenso wie die materiellen Eigenschaften der Arrangements gezielt thematisiert und problematisiert werden, um Veränderung herbeizuführen. Dabei entstehen Vorstellungen, die als »understandings, rules, and normative teleologies«[62] auf die entsprechenden Handlungsroutinen und Arrangements zurückwirken.[63] Die Umwelthistorikerin Verena Wi-

---

berg, Malte: Doing Capitalism. Praxelogische Perspektiven, in: Mittelweg 36 26 (2017), S. 3-24; Schläppi, Daniel: Die Ökonomie sozialer Beziehungen. Forschungsperspektiven hinsichtlich von Praktiken menschlichen Wirtschaftens im Umgang mit Ressourcen, in: Brendecke, Arndt (Hg.): Praktiken der Frühen Neuzeit. Akteure – Handlungen – Artefakte, Köln 2015, S. 684-695.

58 Vgl. Shove/Pantzar/Watson: The Dynamics of Social Practice, S. 58f.

59 Vgl. Ebd., S. 125.

60 Vgl. Welskopp, Thomas: Die Dualität von Struktur und Handeln. Anthony Giddens' Strukturierungstheorie als »praxeologischer« Ansatz in der Geschichtswissenschaft, in: Suter, Andreas/Hettling, Manfred (Hg.): Struktur und Ereignis, Göttingen 2001, S. 99-119, hier: S. 105.

61 Vgl. Giddens, Anthony: The Constitution of Society. Outline of the Theory of Structuration, Cambridge 1984; Reichardt, Sven: Praxeologische Geschichtswissenschaft. Eine Diskussionsanregung, in: Sozial.Geschichte 22 (2007), Nr. 3, S. 43-65.

62 Schatzki: Materiality and Social Life, S. 129.

63 Für eine ähnlich angelegte empirische Studie vgl. Rawson, Michael: What Lies Beneath. Science, Nature, and the Making of Boston Harbor, in: Journal of Urban History 35 (2009), S. 675-

niwarter und der Umwelthistoriker Martin Schmid haben diesen Zusammenhang zu einem zirkulären Modell aus Beobachtung und Veränderung von Praktiken zugespitzt.[64] Dass Praktiken zwar nicht ständig reflektiert werden, aber grundsätzlich reflektierbar und bewusst veränderbar sind, erklärt, warum es in bestimmten historischen Phasen, wie der Industrialisierung, zu beschleunigten und tiefgreifenden Anpassungsprozessen kam.

Die Macht einzelner Akteure Einfluss auf den Wandel von Praktiken zu nehmen – oder Wandel zu verhindern – ist dabei durchaus ungleich verteilt. Praktiken spiegeln soziale Verhältnisse wider und tragen dazu bei, diese zu reproduzieren.[65] Einzelne Personen, Institutionen oder Unternehmen können die transformative Reflexion von Praktiken dominieren, indem sie Probleme definieren oder Lösungen vorzeichnen. Sie können auf eine Art und Weise in die Konstruktion von Wissen, Zielen oder Normen, aber auch die materiellen Eigenschaften von Arrangements eingreifen, wie es anderen Akteuren unter Umständen nicht möglich ist. Allerdings muss dies nicht unbedingt zu Konflikten führen. Charakteristisch ist eher, dass sich eine Problemwahrnehmung ebenso wie Lösungsvorstellungen konsensual durchsetzen – das heißt, dass in der Regel eine breite gesellschaftliche Übereinstimmung darüber herrscht, wie eine Praktik aussehen sollte.[66]

Eine entscheidende Rolle für die gezielte Reflexion ebenso wie für die konsensuale Durchsetzung von Problem- und Lösungsvorstellungen spielen Übertragungen aus anderen Praktiken. Im Fall der Eisen- und Stahlherstellung ging ein entscheidender Veränderungsimpuls von Praktiken der naturwissenschaftlichen Forschung aus. So beeinflussten die geologische Erkundung von Rohstofflagerstätten und die analytische Chemie, zwei Forschungsfelder, die sich Mitte des 19. Jahrhunderts äußerst dynamisch entwickelten, die transformative Reflexion von Praktiken der Eisenverhüttung und Stahlherstellung.[67] Zwar existierte seit Jahrhunderten ein umfangreiches metallurgisches Wissen, aber die neuen naturwissenschaftlichen

---

697; Rawson, Michael: Eden on the Charles. The Making of Boston, Cambridge, Mass. 2010, S. 179-233;

64 Vgl. Winiwarter, Verena/Schmid, Martin: Umweltgeschichte als Untersuchung sozionaturaler Schauplätze? Ein Versuch, Johannes Colers »Oeconomia« umwelthistorisch zu interpretieren, in: Knopf, Thomas (Hg.): Umweltverhalten in Geschichte und Gegenwart. Vergleichende Ansätze, Tübingen 2008, S. 158-173.

65 Vgl. Welskopp, Thomas: Arbeit und Macht im Hüttenwerk. Arbeits- und industrielle Beziehungen in der deutschen und amerikanischen Eisen- und Stahlindustrie von den 1860er bis zu den 1930er Jahren, Bonn 1994.

66 Vgl. dazu die ähnlichen Ansätze der SCOT: Pinch/Bijker: The Social Construction of Facts and Artifacts.

67 Vgl. Krebs, Stefan: Technikwissenschaft als soziale Praxis. Über Macht und Autonomie der Aachener Eisenhüttenkunde, 1870-1914, Stuttgart 2009; Fritscher, Bernhard: Geowissenschaften und Moderne. Studien zur Kulturgeschichte der Mineralogie und chemischen Geologie (1848-1926), Habil.-Schr., München 1998.

Verfahren veränderten den Blick auf die Eisen- und Stahlherstellung grundlegend und regten dazu an, neu über die Verfügbarkeit und Verwendung von Rohstoffen nachzudenken. Die Beobachtung, Problematisierung und Modifizierung von Handlungsroutinen und Arrangements erfolgt nur selten aus sich selbst heraus. Häufiger wird sie durch Veränderungen in anderen Praktiken angestoßen, mit denen sie in Beziehung stehen.

Dabei führte die Reflexion nicht notwendigerweise zu einem »korrekten« Verständnis materieller Eigenschaften, auch wenn ihre Nutzung mitunter im Sinne der jeweiligen Zielvorstellungen optimiert werden konnte. Tatsächlich war die Wahrnehmung physikalischer und chemischer Prozesse oft von Fehleinschätzungen, unvollständigem Wissen oder gar völliger Unwissenheit geprägt. Franz-Josef Brüggemeier hat jüngst gezeigt, dass die zeitgenössischen Akteure die Eigenschaften und Wirkungsweisen »natürlicher« Phänomene, die sie sich zunutze machten, kaum je vollständig überblickten und erklären konnten. Daran änderte auch der Aufstieg der Naturwissenschaften im 19. Jahrhundert nichts Grundlegendes.[68] Vor allem Rohstoffe waren als »epistemische Dinge« Gegenstand intensiver Wissensbemühungen, die aber schon nach kurzer Zeit überholt sein konnten.[69] Obwohl das Wissen offensichtlich stets unvollkommen war und obwohl sich vielfach unvorhergesehene Folgen einstellten, beeinflusste es Handlungsroutinen und Arrangements. Auch der Erfolg der transformativen Reflexion war nicht davon abhängig, dass zutreffende Erklärungen für physikalische oder chemische Prozesse gefunden wurden. Stattdessen erwies sich die Transformation als erfolgreich, wenn die Ergebnisse der Anpassung den Erwartungen der zeitgenössischen Akteure entsprachen.

Daraus folgt, Praktiken und die materiellen Eigenschaften, die in ihnen wirksam werden, aus der Perspektive der zeitgenössischen Akteure zu rekonstruieren. Denn die Dynamik von Praktiken resultiert aus der zeitgenössischen Reflexion. Dies ist zu betonen, weil es die verbreitete Vorstellung gibt, die »tatsächlichen« Eigenschaften von Stoffen und Dingen, wie sie die modernen Naturwissenschaften erforschen, müssten zum Maßstab genommen oder zumindest in die historische Analyse miteinbezogen werden.[70] Solches ex-post-Wissen in Form aktueller naturwissenschaftlicher »Tatsachen« heranzuziehen, erscheint aber für die Untersuchung von historischen Praktiken ungeeignet, weil es nicht die handlungsleitende Wahrnehmung der Zeitgenossen abbildet.[71]

---

68 Vgl. Brüggemeier, Franz-Josef: Schranken der Natur. Umwelt und Gesellschaft, 1750-2013, Essen 2014.

69 Rheinberger, Hans-Jörg: Experimentalsysteme und epistemische Dinge. Eine Geschichte der Proteinsynthese im Reagenzglas (2. Aufl.), Göttingen 2002, S. 24f.

70 Vgl. LeCain: The Matter of History, S. 18.

71 Vgl. Füssel, Marian: Praktiken historisieren. Geschichtswissenschaft und Praxistheorie im Dialog, in: Schäfer, Franka/Daniel, Anna/Hillebrandt, Frank (Hg.): Methoden einer Soziolo-

Die Analyse von Praktiken, die von der zeitgenössischen Reflexion ausgeht, eröffnet demgegenüber die Möglichkeit, mit »›Natur‹ im Sinne einer physisch wirksamen Realität in der Geschichte [zu] arbeiten [...], ohne eine naiv-szientistische Position einzunehmen,« wie es Winiwarter und Schmid programmatisch gefordert haben.[72] Denn einerseits prägte die Konstruktion von Wahrnehmungen, Vorstellungen und Wissen, die durchaus unvollkommen sein konnte, Handlungsroutinen und Arrangements. Sie konturierte über Selektions- und Manipulationsprozesse auch das Eigenschaftsprofil von Rohstoffen. Andererseits wird die »physisch wirksame Realität« in der zeitgenössischen Reflexion sichtbar, auch wenn sie nicht »korrekt« erklärt wurde. Chemische und physikalische Prozesse wurden wahrgenommen und problematisiert, gerade weil sie jenseits menschlicher Kontrolle lagen, Handlungsmöglichkeiten begrenzten oder in unvorhergesehener Weise wirkten.[73]

Rohstoffgeschichte rekonstruieren: Die Quellengrundlage

In der transformativen Reflexion, die mit dem Wandel von Praktiken einherging, entstanden Quellen, die mit den Methoden der historisch-kritischen Quellenanalyse untersucht werden können. Dadurch eignet sich das hier entwickelte praxeologische Konzept auch unter forschungspragmatischen Gesichtspunkten dazu, Rohstoffe zu historisieren. Denn überlieferte Schriftstücke, Zeichnungen, Bilder oder Pläne lassen Rückschlüsse auf die zeitgenössische Wahrnehmung von Praktiken sowie die physikalischen und chemischen Prozesse zu, die in diesen Praktiken wirksam wurden.[74] Sie dokumentieren zum einen Beobachtungen, die vor dem Hintergrund der jeweiligen Vorannahmen der Zeit zu interpretieren sind. Bei der historisch-kritischen Analyse von Quellen, die Praktiken dokumentieren, handelt es sich folglich um eine Beobachtung zweiter Ordnung.[75] Zum anderen wirkten

---

gie der Praxis, Bielefeld 2015, S. 267-287, hier: S. 279f.; Haasis/Rieske: Historische Praxeologie, S. 44; intensiv diskutiert wird die Frage nach dem Status historischer und aktueller Wissensbestände auch bei: Espahangizi/Orland: Pseudo-Smaragde, S. 11-35; eine ähnliche konzeptionelle Frage stellte auch schon: Mathias, Peter: Wer entfesselte Prometheus? Naturwissenschaft und technischer Wandel von 1600 bis 1800, in: Braun, Rudolf/Fischer, Wolfram/Großkreutz, Helmut/Volkmann, Heinrich (Hg.): Industrielle Revolution. Wirtschaftliche Aspekte, Köln 1972, S. 121-138, hier: S. 123.

72 Winiwarter/Schmid: Umweltgeschichte als Untersuchung sozionaturaler Schauplätze?, S. 158.

73 Vgl. Soentgen: Konfliktstoffe, S. 216f.

74 Vgl. Knoll, Martin: Die Natur der menschlichen Welt. Siedlung, Territorium und Umwelt in der historisch-topografischen Literatur der Frühen Neuzeit, Bielefeld 2013.

75 Vgl. Winiwarter/Schmid: Umweltgeschichte als Untersuchung sozionaturaler Schauplätze?, S. 162.

die in den Quellen artikulierten Wissensbestände, Unternehmensstrategien usw. in die Praktiken hinein. Die Quellen zogen Veränderungen der Handlungsroutinen und bei den materiellen Arrangements nach sich.[76]

Quellen sind in erster Linie Repräsentationen einer spezifischen Wahrnehmung von Praktiken und Arrangements. Wenn beispielsweise der Bergreferendar Georg Meydam Mitte der 1860er Jahre über die Arbeit am Hochofen auf der Eisenhütte Oberhausen schrieb, »der Kalkstein wird zunächst auf das Gichtplateau gestürzt und mittelst der Schaufel gleichmäßig [...] eingetragen,«[77] so dokumentiert dies, was Meydam über Handlungen und Arrangements für berichtenswert hielt. Die Art und Weise, wie er diesen Vorgang beschrieb, die Wortwahl und die Auswahl von Informationen knüpften an ein bestimmtes Vorverständnis und Wissen an. Insofern sind Quellenaussagen über den Rohstoffgebrauch in einen weiteren kulturgeschichtlichen Kontext einzuordnen.[78] Die materiellen Eigenschaften wurden allerdings nicht nur entsprechend der zeitgenössischen Vorannahmen beschrieben, sondern überhaupt nur in ihrer spezifischen Funktion in Praktiken sichtbar. Sie konnten dabei, im Sinne der Übertragbarkeit von Wissen zwischen Praktiken, durchaus auch in anderen Praktiken sichtbar gemacht worden sein. So replizierte Meydam die naturwissenschaftlichen Verfahren, die sich für die Analyse von Rohstoffen in den vorangegangenen Jahren entwickelt hatten: »Die analysierten Kalksteinproben enthielten folgende Bestandtheile: [...] kohlensaueren Kalk: 95,59/95,74/93,33; kohlensauere Eisenoxyd: 0,87/1,06/0,59; kohlensaure Magnesia: -/Spur/3,37; Wasser: -/0,13/-; Organische Substanzen: 0,14/0,16/-; unlösliche Rückstände (Si): 2,77/2,63/2,48«.[79] Meydam beobachtete die Eigenschaften des Rohstoffs in ihrer spezifischen Funktion in der Eisenverhüttung und verband dies mit Erkenntnissen, die er aus Praktiken der chemischen Analyse zog. Grundsätzlich werden materielle Eigenschaften, physikalische und chemische Prozesse in den Quellen so thematisiert, wie die Zeitgenossen ihre Wirkung in Handlungsroutinen und Arrangements wahrnahmen.

Zugleich sind Quellen aber auch als Träger normativer Vorstellungen zu interpretieren, die auf Praktiken zurückwirkten.[80] Wenn Meydam die Arbeitsabläufe am Hochofen beschrieb, hielt er nicht nur seine Beobachtungen fest, sondern leitete daraus auch Handlungsempfehlungen ab. Seine Ausführungen zielten auf

76 Vgl. Haasis/Rieske: Historische Praxeologie, S. 49.

77 Meydam, Georg: Praktische und theoretische Darstellung des Hochofenprocesses auf der Anlage von Jacobi, Haniel & Huyssen bei Oberhausen mit Beurtheilung des ökonomischen Resultates, September 1864, LAV NRW R, BR 101, 823, S. 85.

78 Vgl. Vogel: Ein schillerndes Kristall; Reckwitz: Toward a Theory of Social Practices, S. 253.

79 Meydam, Georg: Praktische und theoretische Darstellung des Hochofenprocesses auf der Anlage von Jacobi, Haniel & Huyssen bei Oberhausen mit Beurtheilung des ökonomischen Resultates, September 1864, LAV NRW R, BR 101, 823, S. 69.

80 Vgl. Schatzki: Materiality and Social Life, S. 129.

die Optimierung der Eisenverhüttung durch einen möglichst effizienten Rohstoffeinsatz.[81] Andere Quellen entstanden in der ausdrücklichen Absicht, Normen zu setzen, zu legitimieren und durchzusetzen, um Handlungsroutinen oder Arrangements in einer bestimmten Form zu strukturieren. Dies konnten Arbeitsvorschriften sein oder Lieferverträge, die die Qualität von Materialien festsetzten, aber auch Abhandlungen über die materiellen Eigenschaften und Wirkungsweise von Rohstoffen, die mit strategischen Zielen generiert und lanciert wurden.[82] Wieder andere Quellen entstanden, wenn Mängel identifiziert wurden oder in Auseinandersetzung mit Störungen und unvorhergesehenen Folgen. Sie problematisierten die Differenz zwischen den beobachteten Vorgängen und den normativen Vorstellungen mit dem Ziel, Praktiken und Arrangements zu modifizieren.[83] Dementsprechend verdichtete sich die Überlieferung in Situationen, in denen sich Vorstellungen und die beobachteten Praktiken auseinanderbewegten oder umstritten waren. Das war einerseits der Fall, wenn sich z.B. neue Wissensbestände oder Zielvorstellungen etablierten, die den Blick auf die Rohstoffnutzung veränderten. Andererseits wuchs die Aufmerksamkeit, wenn sich Handlungsabläufe und Arrangements im Laufe der Zeit so weit unreflektiert gewandelt hatten, bis schließlich die Differenzen zu den zeitgenössischen Vorstellungen problematisiert wurden.

Gerade im Fall der Nutzung von Rohstoffen ist jedoch davon auszugehen, dass nur ein Bruchteil der Reflexionsbemühungen überhaupt in Quellen überliefert ist. Abgesehen von gravierenden Überlieferungslücken[84] erfolgte die transformative Reflexion keineswegs immer in einem Modus, bei dem schriftliche oder visuelle Quellen entstanden sind. Oft basierten die Praktiken der Eisenverhüttung oder der Arbeit in den Steinbrüchen auf personengebundenem Erfahrungswissen, impliziten Annahmen und mündlich kommunizierten Vorgaben. Diese waren mindestens ebenso wichtig wie schriftlich oder visuell fixierte Vorstellungen – oder sogar wichtiger.[85] Unter Umständen konnten unausgesprochene Konventionen oder körperlich gebundenes Wissen Praktiken viel stärker strukturieren als die formalisierten

81 Meydam, Georg: Praktische und theoretische Darstellung des Hochofenprocesses auf der Anlage von Jacobi, Haniel & Huyssen bei Oberhausen mit Beurtheilung des ökonomischen Resultates, September 1864, LAV NRW R, BR 101, 823, S. 69.

82 Vgl. Misa: A Nation of Steel, S. XVI.

83 Vgl. Shove/Pantzar/Watson: The Dynamics of Social Practice, S. 98; Hillebrandt: Was ist der Gegenstand einer Soziologie der Praxis?, S. 27.

84 Vgl. Rasch, Manfred: Erfahrung, Forschung und Entwicklung in der (west-)deutschen Eisen- und Stahlerzeugung. Versuch einer Begriffserklärung und Periodisierung der letzten 200 Jahre, in: Ferrum 68 (1996), S. 4-29, hier: S. 7.

85 Vgl. Felten, Sebastian: Wie fest ist das Gestein? Extraktion von Arbeiterwissen im Bergbau des 18. Jahrhunderts, in: WerkstattGeschichte 81 (2020), S. 15-36.

Arbeitsanweisungen oder die dokumentierten Ergebnisse chemischer Analysen.[86] Allerdings ist gerade der schriftlich oder visuell überlieferte Bruchteil für die Frage nach der Dynamik von Praktiken besonders aufschlussreich. Vergangene Praktiken können nicht restlos rekonstruiert werden, aber in Phasen, in denen sich die Differenz zwischen Vorstellungen und Beobachtungen vergrößerte, generierten die Zeitgenossen mehr Quellen, die potenziell erhalten geblieben sind. Es ist daher anzunehmen, dass in Phasen der dynamischen und intensivierten Anpassung, die hier von Interesse sind, eine verdichtete Überlieferung entstanden ist.

Auch die Verwendung von Kalkstein bei der Eisen- und Stahlherstellung sowie den Abbau des Materials in Steinbrüchen haben die Zeitgenossen nur selektiv dokumentiert. Die Überlieferung konzentriert sich auf strategische Überlegungen, die die Unternehmen der Eisen- und Stahlindustrie anstellten, um die Versorgung mit Zuschlagsstoffen sicherzustellen und durchzusetzen.[87] Unterdessen haben die Betreiber der Kalksteinbrüche insbesondere Innovationen in der Abbautechnik und Grundstücksgeschäfte dokumentiert, die für die Erschließung des Rohstoffs von besonderer Bedeutung waren.[88] Mit den angewandten Wissenschaften der Metallurgie und Geologie, die sich zwischen Grundlagenforschung und Unternehmensinteressen bewegten, entstand ein großes Quellenkorpus, das entscheidend zur transformativen Reflexion beitrug.[89] Was die sozialen und ökologischen Folgen der Rohstoffgewinnung angeht, bietet die Überlieferung staatlicher und vor allem kommunaler Stellen Einblicke in die Konflikte, die sich um den Abbau von Kalkstein entfalteten.[90]

Kalkstein an Rhein und Ruhr: Stoffgeschichte einer historischen Transformation

Für die Geschichte der Industrialisierung ist die Entwicklung der Eisen- und Stahlindustrie des Ruhrgebiets in vielerlei Hinsicht von besonderer Bedeutung – auch für eine Stoffgeschichte der Industrialisierung. Ab Mitte des 19. Jahrhunderts war

86 Vgl. Welskopp: Arbeit und Macht im Hüttenwerk, S. 118f.; Banken, Ralf/Marx, Christian: Knowledge Transfer in the Industrial Age. The Case of Gutehoffnungshütte, 1810-1945, in: Jahrbuch für Wirtschaftsgeschichte 56 (2015), Nr. 1, S. 197-225.

87 Rheinisch-Westfälisches Wirtschaftsarchiv (RWWA), Best. 130 Gutehoffnungshütte; ThyssenKrupp Konzernarchiv (TKKA), Best. FWH Friedrich Wilhelms-Hütte; Mannesmann Werksarchiv (MWA), Best. P Phoenix.

88 Rheinkalk, Archiv der Liegenschaftsabteilung (RhK(L)); TKKA, Best. A August Thyssen-Hütte.

89 Landesarchiv Nordrhein-Westfalen, Abteilung Rheinland (LAV NRW R), BR 101 Oberbergamt Bonn, BR 109 Bergamt Werden; Geheimes Staatsarchiv Preußischer Kulturbesitz (GStAPK), I. HA Rep. 120 Ministerium für Handel und Gewerbe, I. HA Rep. 194 Geologische Landesanstalt.

90 LAV NRW R, BR 7 Regierung Düsseldorf, BR 34 Landratsamt Mettmann; Stadtarchiv Haan (StAH).

die industrielle Entwicklung in dieser Region ein wichtiger Motor für den Wandel der Rohstoffnutzung. Nicht nur quantitativ, durch die Vervielfachung der Menge an geförderten und verarbeiteten Eisenerzen, Kohlen und Zuschlägen, trug die dortige Industrie signifikant zum Anstieg des globalen Rohstoffverbrauchs bei. Auch qualitativ kam der Ruhrindustrie eine Schlüsselrolle zu. Nach Großbritannien und Belgien setzte sich dort mit den metallurgischen Innovationen, die auf der Verwendung von Steinkohle basierten und Kalkstein als Zuschlagsstoff nutzen, der Übergang zum »fossilen« Energiesystem fort.[91] Die Veränderungen in der Eisen- und Stahlproduktion trugen entscheidend zu der historischen Transformation bei, die durch die exponentielle Zunahme des Rohstoff- und Energieverbrauchs sowie den Anstieg des CO_2-Ausstoßes gekennzeichnet ist.[92]

Damit steht die Geschichte des Kalksteins an Rhein und Ruhr im Zentrum weitreichender Wandlungsprozesse, die weit über das Ruhrgebiet hinausreichten und sich bis heute auswirken. Sie ist zwar eine regionale Geschichte, die signifikante Eigenheiten aufweist. Daher setzt die Untersuchung auch auf der Mikroebene einzelner Hüttenwerke und Steinbrüche an, deren alltägliche Handlungsroutinen Aufschluss über die Historizität der Rohstoffnutzung geben. Aber als eine Geschichte, die sich über Praktiken erschließt, ist die Geschichte des Kalksteins an Rhein und Ruhr zugleich Teil eines »immense transmogrifying web of practices and arrangements«, als das Schatzki historische Transformationsprozesse beschrieben hat.[93]

Wie gezeigt, ist die Performanz von Handlungsabläufen und die Zusammenstellung der Arrangements nie ganz gleich, auch wenn sie von außen betrachtet als Ausführung ein und derselben Praktik erscheint.[94] Auch die Praktik der Eisenverhüttung wies erhebliche Varianzen auf. Vor allem unterschied sich die konkrete Ausführung an verschiedenen Orten nicht zuletzt aufgrund der unterschiedlichen Rohstoffnutzung, wie die Forschung zur regionalen Industrialisierung vielfach belegt hat.[95] Obwohl ein weit zirkulierendes Wissen die Entwicklung prägte, wurden

---

91 Vgl. Sieferle, Rolf Peter/Krausmann, Fridolin/Schandl, Heinz/Winiwarter, Verena: Das Ende der Fläche. Zum gesellschaftlichen Stoffwechsel der Industrialisierung, Köln u.a. 2006, S. 135; Sieferle: Der unterirdische Wald.

92 Diese Fragen werden aktuell vor allem unter dem Schlagwort des »Anthropozäns« diskutiert, vgl. Chakrabarty, Dipesh: Anthropocene Time, in: History and Theory 57 (2018), S. 5-32; Davies, Jeremy: The Birth of the Anthropocene, Oakland 2016; Trischler, Helmuth: The Anthropocene. A Challenge for the History of Science, Technology, and the Environment, in: NTM 24 (2016), S. 309-335.

93 Schatzki: Materiality and Social Life, S. 130.

94 Vgl. Shove/Pantzar/Watson: The Dynamics of Social Practice, S. 97-117.

95 Vgl. Pollard, Sidney: Peaceful Conquest. The Industrialization of Europe 1760-1970, New York 1981, S. 85; Hudson, Pat (Hg.): Regions and Industries. A Perspective on the Industrial Revolution in Britain. Cambridge 1989; Pierenkemper, Toni (Hg.): Die Industrialisierung europäischer Montanregionen im 19. Jahrhundert. Stuttgart 2002.

die konkreten Handlungsabläufe in unterschiedlicher Art ausgeführt und Arrangements in lokalspezifischer Weise angepasst.[96] Aus praxeologischer Sicht ist dies nur konsequent, da neben »commonality (as a result of the circulation of elements)« auch »local variation (in how these elements are integrated)«[97] für Praktiken charakteristisch ist.[98]

Nichtsdestotrotz vollzogen sich die regionalen und lokalspezifischen Anpassungsprozesse nicht isoliert voneinander, sondern waren miteinander verbunden. Sowohl soziale Elemente, wie Wissen oder Unternehmensstrategien, als auch materielle Elemente, wie Maschinen oder die Rohstoffe selbst, zirkulierten und stellten über räumliche Distanz hinweg Beziehungen zwischen den lokalen Praktiken her.[99] Daneben waren auch die unterschiedlichen Praktiken entlang der Wertschöpfungskette miteinander verkoppelt. Vom Abbau der Rohstoffe in Steinbrüchen und Bergwerken über die Eisenerzverhüttung und die Stahlherstellung bis zum Eisenbahn- und Maschinenbau bildeten die einzelnen Produktionsschritte je eigenständige Praktiken, die sich jedoch in enger Abhängigkeit voneinander entwickelten. Die Vor- und Rückkopplungseffekte zwischen den Produktionsschritten sind bisher meist ökonomisch erklärt worden, etwa vermittelt durch steigende Nachfrage oder sinkende Kosten.[100] Sie wurden aber ebenso über die materiellen Eigenschaften von Rohstoffen oder Zwischenprodukten vermittelt. Ähnliche Kopplungen resultierten aus der Übertragung von Wissen zwischen Praktiken, wie sie weiter oben im Hinblick auf das Zusammenspiel von naturwissenschaftlicher Forschung und der Entwicklung der Eisen- und Stahlherstellung bereits beschrieben worden ist.

Folgt man diesen und weiteren Beziehungen zu anderen Praktiken, wie denen des Gütertransports und des Reisens oder Praktiken aus dem Bereich der Finanzwirtschaft, kommen jene Makrophänomene in den Blick, die zusammen das »transmogrifying web of practices and arrangements« historischen Wandels ergeben. Die Veränderungen in der Eisenverhüttung, der Stahlherstellung und der Gewinnung von Zuschlägen an Rhein und Ruhr waren Bausteine eines sich wandelnden Netzes aus Praktiken, das nahezu alle Lebensbereiche erfasste und das »fossile«

96 Vgl. Steffen, Katrin: Stoffe auf Reisen. Die transnationalen Akteure Jan Czochralski und Ludwik Hirszfeld und die lokale Bedingtheit der Entstehung von Wissen, in: Berichte zur Wissenschaftsgeschichte 43 (2020), S. 74-95.

97 Shove/Pantzar/Watson: The Dynamics of Social Practice, S. 25.

98 Ähnlich beschreibt Hughes Technologietransfer und die Ausbildung von »technological styles«, vgl. Hughes, Thomas P.: The Evolution of Large Technological Systems, in: ders./Bijker, Wiebe/Pinch, Trevor (Hg.): The Social Construction of Technological Systems. New Directions in the Sociology and History of Technology, Cambridge, Mass. 1987, S. 51-82.

99 Vgl. Shove/Pantzar/Watson: The Dynamics of Social Practice, S. 88f.

100 Vgl. Spree, Reinhard: Die Wachstumszyklen der deutschen Wirtschaft von 1840 bis 1880. Mit einem konjunkturstatistischen Anhang, Berlin 1977.

Energiesystem verfestigte.[101] Aus stoffgeschichtlicher Perspektive ist der materielle Wandel des Rohstoffs Kalkstein als Element der Praktiken in Eisenhütten, Stahlwerken und Steinbrüchen daher konstitutiver Bestandteil der historischen Transformation.

So marginal eine Geschichte des Kalksteins auf den ersten Blick erscheinen mag, hat sie daher doch weitreichende Implikationen für die Interpretation der Industrialisierung und für die aktuelle Auseinandersetzung um eine zukunftsfähige Nutzung »kritischer« Rohstoffe. Die Verflechtung gesellschaftlichen und materiellen Wandels, die sich an der Nutzung von Kalkstein festmachen lässt, ermöglichte einerseits die Expansion der Eisen- und Stahlindustrie auf Basis fossiler Steinkohle. Sie war die Grundlage dafür, dass sich die Industrialisierung entfalten konnte. Andererseits entstanden mit der Verflechtung auch neue Abhängigkeiten von Rohstoffen und von fossilen Energieträgern.[102] Mit der industriellen Entwicklung banden sich Gesellschaften im 19. Jahrhundert an Rohstoffe wie Steinkohle und Kalkstein, ohne die nach zeitgenössischem Verständnis Fortschritt, »Cultur und Civilisation«[103] nicht mehr zu haben war.

Der Dualismus aus Ermöglichung und Abhängigkeit, der in der stoffgeschichtlichen Interpretation der Industrialisierung deutlich wird, spiegelt nicht nur die Debatte um »kritische« Rohstoffe wider. Er entspricht auch dem aktuellen Stand der geschichtswissenschaftlichen Forschung, dass weder Naturbeherrschung, noch Naturzerstörung geeignete Narrative sind, um die Veränderungen der letzten Jahrhunderte zu beschreiben.[104] Stattdessen zeigt sich in der Verflechtung gesellschaftlicher und materieller Dynamik die wechselseitige Durchdringung menschlicher Handlungsmöglichkeiten und physikalischer, chemischer sowie biologischer Prozesse, die sich nicht auflösen lässt. In der historischen Rückschau ergibt sich daraus ein Bild, das eher als fortwährende Verlagerung und Verschiebung menschlicher Handlungsspielräume zu beschreiben ist.[105] Jede neuartige Nutzung von Stoffen eröffnete einer Gesellschaft Möglichkeiten, die oftmals aufs Ganze gesehen das Wohlstandsniveau und die Lebensbedingungen verbesserten. Zugleich banden sich Gesellschaften damit an diese Stoffe, ohne die Konsequenzen vollständig zu überblicken. Dieser Dualismus charakterisiert die

---

101 Vgl. zu ähnlichen Zusammenhängen zwischen Energiesystem und Praktiken: Trentmann, Frank/Carlsson-Hyslop, Anna: The Evolution of Energy Demand in Britain. Politics, Daily Life, and Public Housing, 1920s-1970s, in: The Historical Journal 61 (2018), S. 807-839.

102 Vgl. Trischler: The Anthropocene; LeCain, Timothy J.: Against the Anthropocene. A Neo-Materialist Perspective, in: International Journal of History, Culture, and Modernity 3 (2015), S. 1-28.

103 Hartmann: Handbuch der Bergbau- und Hüttenkunde, S. 1014.

104 Vgl. Haumann, Sebastian: Zwischen »Nachhaltigkeit« und »Anthropozän«. Neue Tendenzen in der Umweltgeschichte, in: Neue Politische Literatur 64 (2019), S. 295-326.

105 Vgl. Brüggemeier: Schranken der Natur.

historische Transformation zum »fossilen« Energiesystem ebenso wie die Rolle, die dem Rohstoff Kalkstein darin zukam.

Die Geschichte des Kalksteins als »kritischem« Rohstoff zeigt aber noch etwas anderes: In der Verflechtung gesellschaftlicher und materieller Dynamiken steckt auch die Möglichkeit, Abhängigkeiten wieder zu lösen oder sie zumindest abzuschwächen. Wenn Kalkstein nach heutigem Verständnis nicht mehr »kritisch« ist, dann ist dies das Resultat der zunehmenden Problematisierung des Rohstoffs am Ende des 19. und zu Beginn des 20. Jahrhunderts. Die intensive Reflexion der Praktiken in Eisenhütten, Stahlwerken und Steinbrüchen setzte eine Flexibilität und Kreativität im Umgang mit dem Material frei, die die Festlegungen früherer Schließungsprozesse zum Teil wieder revidierte. Auch der kreative Umgang mit dem Gestein stand in Wechselwirkung mit dem materiellen Wandel physikalischer und chemischer Prozesse, der jenseits menschlicher Kontrolle lag. Eine Stoffgeschichte, die den materiellen Wandel in die historische Analyse einbezieht, zeigt also nicht nur die Grenzen menschlicher Handlungsspielräume auf. Sie zeigt vor allem, wie vielfältig und komplex die Möglichkeiten von Gesellschaften sind, Rohstoffe zu nutzen.

2. Herausforderungen der Kokshochofentechnologie

Im Spätsommer 1844 bereiste der preußische Hüttenbeamte Philipp Ferdinand Engels eine Reihe belgischer Hochofenwerke. Die belgischen Werke galten wie die britischen als fortschrittlich und als Vorbild für die Verbesserung der Eisenproduktion in Preußen. Bereits unter dem Eindruck der Napoleonischen Kriege hatte die preußische Staatsbürokratie solche Reisen von Beamten und Unternehmern systematisch gefördert, um Erkenntnisse über die neuesten technologischen Entwicklungen zusammenzutragen und für die heimische Industrie nutzbar zu machen. Das Gefühl der eigenen Rückständigkeit spitze sich in den 1840er Jahren zu, als die Nachfrage nach Eisenbahnschienen exponentiell anstieg und der preußische Markt mit billigen britischen und belgischen Eisenprodukten »überschwemmt« wurde. In der Selbstwahrnehmung drohte das Land hinter den westlichen Nachbarn zurückzufallen, wenn es nicht gelang, deren technologischen Vorsprung im Bereich der Metallverarbeitung und des Hüttenwesens aufzuholen.[1]

Technologische Rückständigkeit als Problem

Der wachsende Produktivitätsvorsprung der britischen und belgischen Eisenindustrie ließ sich vor allem auf die Entwicklung sogenannter Kokshochöfen zurückführen, in denen verkokte Steinkohle genutzt wurde. Durch die neue Technologie

1 Vgl. Mieck, Ilja: Preussische Gewerbepolitik in Berlin, 1806-1844. Staatshilfe und Privatinitiative zwischen Merkantilismus und Liberalismus, Berlin 1965, S. 87f.; Schumacher, Martin: Auslandsreisen deutscher Unternehmer 1750-1851 unter besonderer Berücksichtigung von Rheinland und Westfalen, Köln 1968, S. 16f.; Kroker, Werner: Wege zur Verbreitung technologischer Kenntnisse zwischen Deutschland und England in der zweiten Hälfte des 18. Jahrhunderts, Berlin 1971; Brose, Eric Dorn: The Politics of Technological Change in Prussia. Out of the Shadow of Antiquity, 1809-1848, Princeton, NJ 1993; Weber, Wolfhard: Technologietransfer zwischen Großbritannien und Deutschland in der industriellen Revolution, in: Mommsen, Wolfgang J. (Hg.): Die ungleichen Partner. Deutsch-britische Beziehungen im 19. und 20. Jahrhundert, Stuttgart 1999, S. 65-81; beispielhaft: Das Europäische Eisenhütten-Gewerbe. Statistisch, commerziell und technisch von einem erfahrenen Eisenhüttenmann, Leipzig 1848.

konnten die Werke in Belgien und Großbritannien nicht nur auf einen billigen und scheinbar unerschöpflichen fossilen Brennstoff zurückgreifen, sondern auch größere und kontinuierlich betriebene Hochöfen errichten. Obwohl in Preußen geeignete Steinkohle abgebaut werden konnte und sich die Fördermenge durch die Anlage von Tiefbauschächten zwischen Ruhr und Emscher seit den 1830er Jahren vervielfachte,[2] dominierte nach wie vor die Eisenproduktion mit Holzkohle. Der Rückgriff auf Holzkohle limitierte aber die Produktivität der preußischen Hüttenwerke, weil sie als Brennstoff begrenzt verfügbar war und aufgrund der geringeren Tragfähigkeit der Kohlen nur den Bau vergleichsweise kleiner Hochöfen zuließ. Die Übernahme der Kokshochofentechnologie erschien daher als zentrales Problem, um zur industriellen Entwicklung der Nachbarländer aufzuschließen.[3]

Wie viele Reisende war auch Engels von der Größe und Produktivität der neuen Kokshochöfen, speziell der Anlagen in Seraing, tief beeindruckt. Das Werk in Seraing, das zu einer der wichtigsten Anlaufstellen für preußische Beamte, Unternehmer und Techniker wurde, war 1817 von dem Briten John Cockerill in der Nähe von Lüttich gegründet worden und produzierte ab 1826 Roheisen mit Steinkohlekoks.[4] Bei seinem Besuch schenkte Engels der Zusammenstellung der Rohstoffe, die in den Hochöfen geschmolzen wurden, besondere Aufmerksamkeit und bemerkte:

> »Bei meiner Anwesenheit [in Seraing] waren beide Oefen [...] in scharfen Gange und bestand der Glühsatz aus 950 Klg [...] Coaks, 1300 [...] Erze, 390 [...] Kalk. Bey regelmäßigem guten Gange steigt der Erzsatz jedoch auf bis 1350 Klg. und der

2 Vgl. Pierenkemper, Toni/Ziegler, Dieter/Brüggemeier, Franz-Josef: Vorrang der Kohle. Wirtschafts-, Unternehmens- und Sozialgeschichte des Bergbaus 1850 bis 1914, in: Tenfelde, Klaus/Pierenkemper, Toni (Hg.): Motor der Industrialisierung. Deutsche Bergbaugeschichte im 19. und frühen 20. Jahrhundert, Münster 2016 (= Geschichte des deutschen Bergbaus 3), S. 45-287, hier: S. 60.

3 Vgl. Kleinschmidt, Christian: Technik und Wirtschaft im 19. und 20. Jahrhundert, München 2007, S. 108; Fremdling, Rainer: Transfer Patterns of British Technology to the Continent. The Case of the Iron Industry, in: European Review of Economic History 4 (2000), S. 195-222; Fremdling, Rainer: European Iron Industry from the Late 17th to the Middle of the 19th Century. The Struggle Between an »Advanced Organic Economy« (Based on Wood) and a »Mineral-Based Energy Economy« (Based on Coal), in: Hardach, Karl (Hg.): Internationale Studien zur Geschichte von Wirtschaft und Gesellschaft, Frankfurt a.M. 2012, S. 211-227; Troitzsch, Ulrich: Belgien als Vermittler technischer Neuerungen beim Aufbau der eisenschaffenden Industrie im Ruhrgebiet um 1850, in: Technikgeschichte 39 (1972), S. 142-158.

4 Vgl. Schumacher: Auslandsreisen deutscher Unternehmer, S. 127-130; Möckel, Carola: Technologietransfer in der ersten Phase der industriellen Revolution. Die Cockerills in Preußen, in: Jahrbuch für Wirtschaftsgeschichte (1987), Nr. 3, S. 9-27; Leboutte, René: The Industrial Region of Liège in the 19th Century, in: Pierenkemper, Toni (Hg.): Die Industrialisierung europäischer Montanregionen im 19. Jahrhundert, Stuttgart 2002, S. 277-299, hier: S. 286-289.

> Kalkstein-Zuschlag bis 419 Klg. Aus beiden Angaben erhellt, daß der Flußzuschlag über 30 procent dem Gewichte nach beträgt.«[5]

Der Einsatz von Kalkstein war aus Engels' Sicht bemerkenswert hoch. Der preußische Hüttenexperte war einigermaßen überrascht darüber, dass in Seraing der Zuschlag an Kalkstein bis auf 30 Prozent im Verhältnis zu den verschmolzenen Eisenerzen anwuchs. Im Werk Comillet bei Chaleroi, so berichtete Engels weiter, würde das Verhältnis von Kalkstein zu den Eisenerzen sogar 48 Prozent betragen. In Relation zu der Menge an Roheisen, die aus dem Erz erschmolzen wurde, musste mehr Kalkstein eingesetzt werden, als Roheisen produziert wurde.[6] Dafür erwies sich die energetische Ausnutzung der Brennstoffe als deutlich besser, wenn das Gestein hinzugegeben wurde. Engels' Kollege Förster, der drei Jahre später nach Belgien reiste, bestätigte, dass auf den Werken von Sclessin, Seraing, Esperance, Ougreem, Comillet und Chatlineu auf 100 Pfund produziertes Roheisen bis zu 170 Pfund Kalkstein verbraucht würden.[7]

Engels betonte den großen Kalksteineinsatz, weil er eine grundlegend andere Nutzung von Zuschlägen kannte. Seine umfangreichen Erfahrungen mit Hochöfen in der preußischen Rheinprovinz und Westfalen, die noch überwiegend mit Holzkohle betrieben wurden, zeigten ein uneinheitliches Bild. Von den 57 Hüttenwerken, die das Oberbergamt Bonn 1830 registriert hatte, verwendete die Hälfte überhaupt keinen Zuschlag, die anderen nur geringfügige Mengen von manchmal 10 Prozent der verschmolzenen Erze, manchmal aber auch nur 2 Prozent.[8] Auch die Palette der bis dahin verwendeten Zuschlagssorten war äußerst breit. In der zeitgenössischen Literatur und bergamtlichen Bestandsaufnahmen wurden neben »Kalkstein« eine ganze Reihe heterogener Stoffe genannt, die für die Verwendung in Hochöfen als geeignet galten: »Kalktuff«, »Thonerde«, »Quarz«, »Mergel«, »Dolomit«, »Flußspath«, »Sandstein«, »Basalt« und auch »Wacke«.[9] Engels selbst hielt den Einsatz von Kalkstein in einzelnen Hüttenwerken in einem Bericht

5 Engels, Philipp Ferdinand: Nachrichten über mehrere im Königreich Belgien in Betrieb stehende Eisenhüttenwerke und den daselbst stattfindenden Coak-Hochofen-Betrieb. Des Reiseberichts I. Abtheilung, 9.9.1844, LAV NRW R, BR 101, 475.

6 Ebd.

7 Förster, H.: Bericht über den Coaks-Hochofen Betrieb in Belgien, den Rheinlanden und auf der Königshütte in Ober-Schlesien, 9.2.1847, GStAPK, 1. HA Rep. 121, 9720.

8 Oberbergamt Bonn: Uebersicht der Construction von Hochöfen auf verschiedenen Eisen- und Stahlhütten im Rheinischen Haupt-Berg-District mit Angabe allgemeiner Betriebsverhältnisse derselben, o.D. [1830], GStAPK, 1. HA Rep. 121, 8124.

9 Ebd.; Karsten, Carl Johann Bernhard: Handbuch der Eisenhüttenkunde, Bd. 2. Von den Eisenerzen, von den Brennmaterialien und von den Gebläsen (3. Aufl.), Berlin 1841, S. 189-192.

von 1838 schlicht für »zufällig«.[10] Und auch in der einschlägigen Handbuchliteratur, die von dem Betrieb der Hochöfen berichtete, hieß es über Zuschläge aus »Borax«, »Flussspath«, »Kalk« oder »Glas«: Die »verschiedenen Zusammensetzungen der Flüsse [Zuschläge wurden und werden auch als Flussmittel bezeichnet, S.H.] müssen nicht als unveränderlich angesehen werden«.[11] »Wo man Gelegenheit hat, diese Mineralien anzuwenden, nimmt man sie gern«.[12] Die Verwendung von Zuschlägen auf den Hüttenwerken im westlichen Preußen vor 1850 war also dadurch gekennzeichnet, dass geringe Mengen eingesetzt wurden, dass die Wahl des Zuschlags variabel war und dass einzelne Zuschlagssorten substituierbar waren.

In Engels' Bericht wird deutlich, dass das gesamte Arrangement der Rohstoffe, insbesondere der verwendeten Zuschläge, neu gedacht werden musste, wenn man die Eisenproduktion erfolgreich auf Steinkohlekoks umstellen wollte. Die große Variabilität, die die älteren Verhüttungspraktiken kennzeichnete, war auf den modernen belgischen Werken durch den massenhaften Einsatz von Kalkstein abgelöst worden. Die Beobachtungen bestätigten, was in den 1840er Jahren auch aus Experimenten und in theoretischer Hinsicht über die entsprechenden physikalischen und chemischen Wechselwirkungen im Schmelzprozess bekannt war.[13] Kalkstein diente zum einen der energetischen Optimierung der Schmelze und wirkte zum anderen »zerlegend auf [...] den [im] Kohks [sic!] befindlichen Schwefel«.[14] Der Hüttenexperte Carl Hartmann, der den chemischen Prozess bereits in seinem 1843 erschienenen Handbuch thematisierte, schrieb:

> »Wenige Coaks sind gänzlich frei von Schwefel, und wie gering auch dessen Menge seyn mag, so ist es doch unerlässlich, seine Einwirkung zu neutralisieren [...]. In England, [...] ist man ganz natürlich darauf gekommen, den kohlensauren Kalk als Zuschlag anzuwenden. Der Beweggrund aber, der alle Hüttemänner dazu veranlasst, die Schlacken möglichst kalkreich zu machen, hängt offenbar mit der Nothwendigkeit zusammen, die Verbindung des in den Coaks und den Erzen vorhandenen Schwefels mit dem Metalle zu [verhindern].«[15]

---

10 Engels, Philipp Ferdinand: Bemerkungen über allgemeine Betriebsverhältnisse auf den Eisenhütten zu Asbach und Rheinböllen, 12.10.1838, LAV NRW W, Oberbergamt Dortmund, 1216.

11 Hartmann, Carl: Practische Eisenhüttenkunde, oder systematische Beschreibung des Verfahrens bei der Roheisenerzeugung und der Stabeisenfabrication nebst Angaben über die Anlage und den Betrieb von Eisenhütten, Bd. 1, Weimar 1839, S. 12.

12 Ebd., S. 20f.

13 Althans an Beust, 23.7.1844, GStAPK, 1. HA Rep. 121, 8124; Karsten, Carl Johann Bernhard: Handbuch der Eisenhüttenkunde, Bd. 3. Roheisenerzeugung, Umschmelzung des Roheisens und Gießereibetrieb (3. Aufl.), Berlin 1841, S. 219-223.

14 Laubenheimer, A.: Ueber die Eisenwerke in Süd-Wales, in: Polytechnisches Journal 97 (1845), S. 105-124, hier: S. 112.

15 Hartmann: Practische Eisenhüttenkunde, Bd. 1, S. 231.

Der entscheidende Unterschied zwischen den älteren Formen der Eisenerzverhüttung mit Holzkohle und der neuen Technologie, die auf verkokter Steinkohle basierte, war der hohe Schwefelgehalt des fossilen Brennstoffs. Um zu verhindern, dass der in der Steinkohle enthaltene Schwefel die Qualität der Eisenprodukte beeinträchtigte, musste er durch den zugegebenen Kalkstein gebunden werden. Die Verwendung von Kalkstein erschien also geradezu als Voraussetzung für die erfolgreiche Übernahme der Kokshochofentechnologie.

Der Zusammenhang zwischen dem hohen Schwefelanteil der Steinkohle und der Verwendung von Kalkstein war den Zeitgenossen zwar bewusst, aber er setzte eine neuartige Denkweise über Zuschläge voraus. Grundsätzlich sollte der Zuschlag Stoffe und Verunreinigungen, die aus den Eisenerzen im thermochemischen Prozess der Verhüttung herausgelöst wurden, binden, »d.h., als Scheidungsmittel dienen.«[16] Die unerwünschten Bestandteile der Erze reagierten mit dem Material und setzten sich als Schlacke vom flüssigen Roheisen ab, das am Fuß der Hochöfen abgestochen wurde. Die Auswahl des Zuschlags orientierte sich daher an dessen Fähigkeit eine Schlacke zu bilden, die sich gut vom Roheisen trennen ließ. Entsprechend war das etablierte Verständnis von Zuschlägen ausschließlich auf ihre Wechselwirkung mit unterschiedlichen Erzsorten ausgerichtet – und dies konnte, wie Engels' Erfahrungen zeigen, mit einer ganzen Reihe von Stoffen erreicht werden. Die Zusammenstellung verschiedener Erz- und Zuschlagssorten machte geradezu die Kernkompetenz erfahrener Eisenhüttenleute aus. Noch Mitte des 19. Jahrhunderts waren Handbücher und Erfahrungsberichte vollständig von der Darstellung der schier unzähligen Kombinationsmöglichkeiten von Erz- und Zuschlagssorten dominiert.[17] Eine systematische Auseinandersetzung mit der Wechselwirkung zwischen Zuschlägen und Brennstoffen, die durch die Umstellung auf Steinkohlekoks notwendig wurde, lag jenseits der traditionellen Problemwahrnehmung des Eisenhüttenwesens.

Die Zusammenstellung von Rohstoffen

Die Zusammenstellung der verwendeten Rohstoffe war eine der größten Herausforderungen für die Übernahme der Kokshochofentechnologie. Auch wenn es gelang, britische oder belgische Hochöfen in technisch ähnlicher Form nachzubau-

16 Hartmann, Carl: Handbuch der Bergbau- und Hüttenkunde, oder die Aufsuchung, Gewinnung und Zugutemachung der Erze, der Stein- und Braunkohlen und anderer Mineralien. Eine Encyklopädie der Bergwerkskunde, Weimar 1858, S. 851f.

17 Hartmann, Carl: Lehrbuch der Eisenhüttenkunde, Bd. 1. Die Lehre von den Eigenschaften des Eisens, desgleichen die von den Eisenerzen, den Brennmaterialien, den Gebläsen und der Roheisenerzeugung enthaltend, Berlin 1833, S. 167f.; Karsten: Handbuch der Eisenhüttenkunde, Bd. 2, S. 188f.

en, scheiterten viele Versuche daran, dass sich die materiellen Eigenschaften der verfügbaren Erzsorten, der Steinkohle und der Zuschläge zum Teil erheblich unterschieden.[18] Es sei »nicht zu verkennen,« so ein preußischer Hüttenexperte im einflussreichen *Archiv für Mineralogie, Geognosie, Bergbau und Hüttenkunde*, »dass der blühende Zustand und das Fortschreiten des Belgischen Eisenhüttengewerbes [...] auch hervorgegangen ist durch den rationellen, der Natur der dortigen Betriebsmaterialien angemessenen Betrieb der Werke selbst.« Der Autor fügte ausdrücklich hinzu, dass die größte Herausforderung für die Übernahme der »dortige[n] Betriebsmethode« darin läge, dass »sie in der Natur der dortigen Materialien begründet ist.«[19] Die bisher kaum beachteten Wechselwirkungen zwischen Brennstoffen und Zuschlägen mussten allein schon deswegen systematisch in die Überlegungen einbezogen werden, weil es ganz offensichtlich nicht möglich war, die Rohstoffzusammenstellung eins-zu-eins zu übertragen. Stattdessen musste das Arrangement der unterschiedlichen Rohstoffsorten, die in dem thermochemischen Prozess miteinander reagierten, angepasst und adaptiert werden.

Die einzelnen Rohstoffe – Erze, Brennstoffe und Zuschläge – wiesen zum Teil erhebliche Varianzen zwischen verschiedenen Sorten auf. Sie entfalteten unter der Hitze im Hochofen höchst unterschiedliche Wirkungen im Wechselspiel mit den Eigenschaften der anderen Rohstoffe. Bei den Erzen waren insbesondere Unterschiede beim Eisenanteil wichtig, der in manchen Fällen gut 50 Prozent betragen konnte, meist aber deutlich darunter lag. Erzsorten unterschieden sich aber auch hinsichtlich der anderen Stoffe, die an das Eisen gebunden waren. Mitte des 19. Jahrhunderts wurden diese Unterschiede oft an der Farbe, zum Teil auch am Geruch oder am Fundort der Erze festgemacht.[20] Eine übliche Einteilung der Sorten unterschied etwa zwischen Braun- und Roterzen oder den an der Erdoberfläche aufzufindenden Rasenerzen. All diese Sorten hatten divergierende Eigenschaften, die im Verhüttungsprozess wirksam wurden.[21] Aber auch der aus Steinkohlen her-

---

18 Vgl. Banken, Ralf: The Diffusion of Coke Smelting and Puddling in Germany, 1796-1860, in: Evans, Chris/Ryden, Göran (Hg.): The Industrial Revolution in Iron. The Impact of British Coal Technology in Nineteenth-Century Europe, Aldershot 2005, S. 55-73, hier: S. 70; Allen, Robert C.: The British Industrial Revolution in Global Perspective, Cambridge 2009, S. 233; vgl. für die Adaption der Kokshochofentechnologie in den USA: Knowles, Anne Kelly: Mastering Iron. The Struggle to Modernize an American Industry, 1800-1868, Chicago, Ill. 2013, S. 113f.

19 Eck: Ueber den Betrieb der Coakshohöfen in Belgien, mit besonderer Beziehung auf die Königshütte in Oberschlesien, in: Archiv für Mineralogie, Geognosie, Bergbau und Hüttenkunde 23 (1850), S. 661-728, hier: S. 664.

20 Vgl. Espahangizi, Kijan/Orland, Barbara: Pseudo-Smaragde, Flussmittel und bewegte Stoffe. Überlegungen zu einer Wissensgeschichte der materiellen Welt, in: dies. (Hg.): Stoffe in Bewegung. Beiträge zu einer Wissensgeschichte der materiellen Welt, Zürich 2014, S. 11-35, hier: S. 25f.

21 Vogt, Carl/Flad, Alois/Dilger, Johann Baptist: Lehrbuch der Geologie und Petrefactenkunde. Theilweise nach Elie de Beaumont's Vorlesungen an der Ecole des Mines, Braunschweig 1846,

gestellte Koks war alles andere als homogen. Selbst im Verfahren der Verkokung, bei dem Steinkohlen möglichst von der Luft abgeschlossen erhitzt wurden, um flüchtige Bestandteile zu entfernen, wurde keine einheitliche Rohstoffsorte hergestellt. Je nach verwendeter Steinkohle konnte die Brenndauer, Hitzeentwicklung, aber auch die Entstehung von Verbrennungsprodukten des Koks variieren – Eigenschaften, die für die Verhüttung entscheidend waren.[22] Von den Unterschieden bei den Zuschlagssorten, die von diversen Gesteinsarten über Mergel bis hin zu Glas reichten, ist weiter oben schon die Rede gewesen. Die Varianzen zwischen den Rohstoffsorten waren der Grund dafür, dass es wenig sinnvoll erschien, belgische oder britische Vorbilder unabgeändert zu übernehmen.

Entsprechende Adaptionsbemühungen waren schon in sporadischen Versuchen, die Kokshochofentechnologie in Preußen einzuführen, seit dem 18. Jahrhundert unternommen worden. Allerdings ergaben sich trotz des schon vor 1800 prinzipiell verfügbaren Wissens über diese Technologie erhebliche Schwierigkeiten daraus, andere Rohstoffsorten, als die zuerst in Großbritannien und dann in Belgien verwendeten, miteinander zu kombinieren.[23] Dabei hatte es schon seit den 1750er Jahren, parallel zur Etablierung der Kokshochofentechnologie in Großbritannien, immer wieder Anläufe gegeben, Eisenerze mit Steinkohlekoks zu verhütten. Auf den Hüttenwerken in Oberschlesien war dies im ausgehenden 18. Jahrhundert sogar gelungen, hatte allerdings kaum nachhaltige Auswirkungen auf die preußische Eisenproduktion.[24] In den 1830er Jahren mehrten sich solche Projekte, die die im Ruhrtal gewonnene Steinkohle verwenden wollten. Die meisten kamen allerdings nicht über erste Versuche hinaus oder wurden nach kurzer Zeit wieder aufgegeben, wie 1813 auf dem Hüttenwerk in Gravenhorst oder 1842 auf der Gute-

S. 147f.; Leonhard, Carl Cäsar: Lehrbuch der Geognosie und Geologie (2. Aufl.), Stuttgart 1846, S. 1004-1008.

22 Vgl. Holtfrerich, Carl Ludwig: Quantitative Wirtschaftsgeschichte des Ruhrkohlenbergbaus im 19. Jahrhundert. Eine Führungssektoranalyse, Dortmund 1973, S. 94-96; König, Wolfgang/Weber, Wolfhard: Netzwerke, Stahl und Strom. 1840 bis 1914, Berlin 1997, S. 24; Thorade, Nora: Vom Rohstoff zum Produkt. Wirtschaftliche und technische Verflechtungen von Steinkohlen im Inde- und Wurmrevier, in: Jahrbuch für Wirtschaftsgeschichte 57 (2016), Nr. 1, S. 115-142.

23 Vgl. Evans, Chris/Ryden, Göran (Hg.): The Industrial Revolution in Iron. The Impact of British Coal Technology in Nineteenth-Century Europe, Aldershot 2005.

24 Vgl. Siemaszko, Nikolaus Olaf: Die Einführung und Ausbreitung des Kokshochofens in Oberschlesien in der Zeit von 1796 bis 1860, in: Rasch, Manfred (Hg.): Der Kokshochofen. Entstehung, Entwicklung und Erfolg von 1709 bis in die Gegenwart, Essen 2015, S. 97-114; Pierenkemper, Toni: Strukturwandlungen im System deutscher Montanregionen im 19. Jahrhundert. Saarregion Oberschlesien und das Ruhrgebiet im Wachstumsprozeß, in: Wysocki, Josef (Hg.): Wirtschaftliche Integration und Wandel von Raumstrukturen im 19. und 20. Jahrhundert, Berlin 1994, S. 7-37.

hoffnungshütte.[25] Die Schwierigkeiten, die in Preußen bekannten und verfügbaren Rohstoffsorten zu nutzen, hemmten die Übernahme der Kokshochofentechnologie.

Das Arrangement der Materialien war auf das Engste mit den Praktiken der Eisenverhüttung verknüpft. Die Schwierigkeiten, die neue Technologie zu adaptieren, resultierten nicht allein aus den materiellen Eigenschaften von Erzen, Brennstoffen und Zuschlägen, die, wie es gescheiterte Zeitgenossen behaupteten, vermeintlich ungeeignet waren.[26] Vielmehr stellte die Adaption eine Herausforderung für die Arbeitsabläufe der Eisenproduktion dar. Denn die thermochemischen Prozesse im Hochofen hingen nicht nur von den materiellen Eigenschaften der Rohstoffe ab, sondern vor allem auch davon, wie sie ausgewählt und zusammengestellt wurden.

Den idealtypischen Arbeitsablauf konzipierten Zeitgenossen des 19. Jahrhunderts entlang folgender Handlungsroutinen: Durch eine Öffnung am oberen Ende des Schachtes, des Hohlraums im Inneren des Ofens (Abb. 1), wurden Eisenerze, Steinkohlekoks und Zuschläge schichtweise auf die glühende Hitze, auf die sogenannte Gicht, gegeben. Bei diesem Vorgang kam es auf die sorgfältige Vorbereitung der Materialien und auf die richtige Reihenfolge an:

> »[Man] schüttet [...] zunächst [...] die Cokes gehörig zerkleinert in faustgroßen Stücken, so daß die entstehenden Zwischenräume sehr gering sind [...], um ein Durchrollen zu verhindern. [...] Hat man die Cokesgicht gehörig geebnet, so wird die Erzgicht aufgestürzt, ebenfalls in möglichst horizontalen Lagen ausgebreitet, und darauf der Kalk in faustgroßen Stücken.«[27]

Das oben aufgegebene Material sackte unter dem Einfluss der Hitze allmählich in sich zusammen. Immer wenn die Gicht, also die Oberfläche der Lagen aus Brennstoffen, Erzen und Zuschlägen, ausreichend im Innern des Hochofens abgesunken war, um eine neue Befüllung zu erlauben, wurde der Vorgang wiederholt, in der

---

25 Vgl. Weber, Wolfhard: Frühe Versuche zum Betrieb von Hochöfen mit Steinkohlekoks in Preußens (Nord-)westen, in: Rasch, Manfred (Hg.): Der Kokshochofen. Entstehung, Entwicklung und Erfolg von 1709 bis in die Gegenwart, Essen 2015, S. 137-152; Bähr, Johannes/Banken, Ralf/Flemming, Thomas: Die MAN. Eine deutsche Industriegeschichte, München 2008, S. 70; Lange-Kothe, Irmgard: Die ersten Kokshochöfen in Deutschland, besonders im Rheinland und Westfalen, in: Stahl und Eisen 85 (1965), S. 1053-1061; Heintzmann: Wegen der vom Kaufmann Liebrecht und Maschinist Dinnedahl intendiert werdenden Eisenhütten-Anlagen zu Mühlheim und Ruhrort, 17.8.1832, GStAPK, 1. HA Rep. 121, 6570.

26 Bergamt Essen-Werden: Haupt Verwaltungs Bericht über den Bergbau und Hüttenbetrieb in dem Bezirke des Essen-Werdenschen Berg Amts für das Jahr 1838, LAV NRW W, Sammlung Fot., 428, Bd. 5.

27 LeHanne, Jacob: Praktische und technische Darstellung des Hochofenwerkes der Gesellschaft »Phoenix« zu Laar bei Ruhrort, Oktober 1864, LAV NRW R, BR 101, 607, S. 40f.

Regel mehrmals täglich.[28] Die in sich zusammengesackte, glühende Masse wurde dann am Fuß des Hochofens abgestochen. Dazu öffneten Arbeiter eine Luke im Schacht und ließen die Roheisenmasse ausfließen. Dabei wurde das geschmolzene Roheisen von der sich an der Oberfläche absetzenden flüssigen Schlacke getrennt, in der die Stoffe gebunden waren, die sich unter den hohen Temperaturen von dem Eisen gelöst hatten. Das Roheisen wurde in Formen gegossen, die zur Weiterverarbeitung kamen.[29] Die Vorbereitung der Rohstoffe, das Aufgeben auf die Gicht wie auch das Abstechen am Fuß des Hochofens waren wiederkehrende und hochgradig routinisierte Arbeitsvorgänge. In der Regel wurden Hochöfen auf diese Weise ununterbrochen über mehrere Jahre betrieben.

Abbildung 1: Querschnitt durch einen Hochofen, 1858.

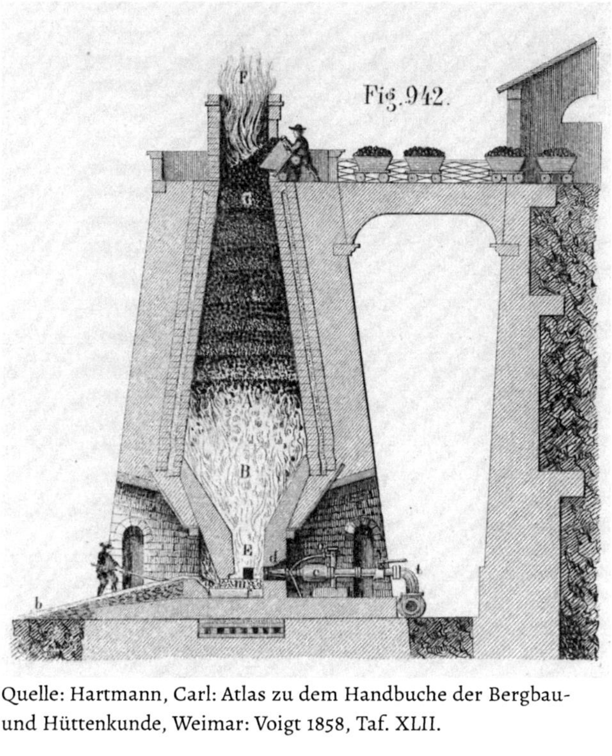

Quelle: Hartmann, Carl: Atlas zu dem Handbuche der Bergbau- und Hüttenkunde, Weimar: Voigt 1858, Taf. XLII.

28 Hartmann: Handbuch der Bergbau- und Hüttenkunde, S. 1004f.

29 Massenez, Josef: Die Hochofen- und Walzanlage Phoenix zu Laar bei Ruhrort, in: Die baulichen Anlagen auf den Berg-, Hütten- und Salinenwerke in Preussen 3 (1864), Nr. 1, S. 1-14, hier: S. 9.

Diese Konzeption der Arbeitsabläufe entsprach dem zeitgenössischen Wissen über die thermochemischen Prozesse im Hochofen. An der idealtypischen Darstellung der Verhüttungspraktiken (Abb. 1) wird deutlich, wie die Rohstoffe in klar voneinander abgegrenzten Schichten aufgetragen wurden, nach unten absanken und im unteren Drittel des Ofens in eine glühende Masse aus Roheisen und Schlacke übergingen. Die grafische Betonung der nach unten absinkenden Schichten aus Erzen, Brennstoffen und Zuschlägen visualisiert eine bestimmte Vorstellung von dem, was im Inneren des Hochofens vor sich ging. Beim Absinken durchliefen die zu schmelzenden Erze demnach mehrere Zonen, in denen sie sich unter der bis auf 2500° C ansteigenden Hitze zersetzten und mit chemischen Bestandteilen des Brennstoffs und des Zuschlags reagierten.[30] Die kontrollierte Zusammenstellung der Rohstoffe auf der Gicht, die in den Handlungsabläufen angelegt war, sollte die Gleichmäßigkeit des thermochemischen Prozesses sicherstellen. Ziel war es, Erze, Brennstoffe und Zuschläge so aufzugeben, dass Temperaturschwankungen vermieden, chemische Reaktionen, die zu Störungen führten, verhindert und Roheisen von möglichst homogener und gleichbleibender Qualität erzeugt wurde.[31]

Die Arbeitsabläufe auf der Gicht waren der entscheidende Mechanismus, um die thermochemischen Prozesse im Hochofen zu steuern. Die nötigen Informationen erhielten die Gichtsetzer, die mit dieser Aufgabe betraut waren, durch die Rückmeldungen der Schmelzer am Fuße des Hochofens. Beim Abstich des flüssigen Roheisens und der Schlacke meldeten die Schmelzer Veränderungen der Temperatur, Konsistenz, Viskosität oder anderer Eigenschaften der glühenden Masse und wiesen die Gichtsetzer an, diesen unerwünschten Ungleichmäßigkeiten entgegenzuwirken. Die Gichtsetzer wiederum versuchten die Gleichmäßigkeit des Hochofenprozesses dann durch eine veränderte Zusammenstellung der Rohstoffe wiederherzustellen.[32] Deren Entscheidungen basierten einerseits auf jahrhundertealtem Erfahrungswissen. Andererseits begannen in der Mitte des 19. Jahrhunderts wissenschaftliche Modelle des Verhüttungsprozesses eine immer größere Rolle zu spielen, die in der Handbuchliteratur schon früh mit Prinzipien des Erfahrungswissens kombiniert wurden.[33]

30 Hartmann: Handbuch der Bergbau- und Hüttenkunde, S. 1006-1009.

31 Kerl, Bruno: Handbuch der metallurgischen Hüttenkunde zum Gebrauche bei Vorlesungen und zum Selbststudium, Bd. 3, Leipzig 1864, S. 307.

32 Vgl. Welskopp, Thomas: Arbeit und Macht im Hüttenwerk. Arbeits- und industrielle Beziehungen in der deutschen und amerikanischen Eisen- und Stahlindustrie von den 1860er bis zu den 1930er Jahren, Bonn 1994, S. 52 und S. 87-92.

33 Vgl. Rasch, Manfred: Erfahrung, Forschung und Entwicklung in der (west-)deutschen Eisen- und Stahlerzeugung. Versuch einer Begriffserklärung und Periodisierung der letzten 200 Jahre, in: Ferrum 68 (1996), S. 4-29; Krebs, Stefan: Technikwissenschaft als soziale Praxis. Über Macht und Autonomie der Aachener Eisenhüttenkunde, 1870-1914, Stuttgart 2009, S. 52-54.

Und genau hierbei begannen die Schwierigkeiten bei der Adaption der Kokshochofentechnologie. Denn gerade die Ausführung der Handlungsabläufe konnte nur schwer über formalisiertes Wissen übertragen werden, wie die Forschung zur Verbreitung der neuen Verhüttungstechnologie herausgearbeitet hat: »Several observers have pointed to the manual skill and practical experience as the most obvious lack in the imitating regions. That is the kind of skill which cannot be learnt out of books, nor even absorbed in a brief visit of inspection.«[34] Diese Qualifikation basierte zu einem erheblichen Teil auf Erfahrungswissen, das zudem körperlich gebunden war. Ein erfahrener Gichtsetzer hatte ein Gefühl für das Zusammenwirken der verschiedenen einsetzbaren Rohstoffsorten und war in der Lage, die jeweilige Menge und Verteilung auf der Gicht zu bestimmen.[35] Tatsächlich taten sich Besucher britischer und belgischer Werke sehr schwer, die Arbeitsvorgänge, in denen Erz-, Koks- und Zuschlagssorten in die Hochöfen gegeben wurden, in Texten und Zeichnungen hinreichend zuverlässig zu beschreiben, um das Verfahren zu kopieren.[36]

Auch wenn erfahrene britische oder belgische Hüttenleute angeworben wurden, um den Aufbau neuer Hochöfen zu leiten, führte dies nicht immer zum Erfolg. Trotz ihres mitgebrachten Erfahrungswissens scheiterten sie an ihren neuen Wirkungsstätten in Preußen regelmäßig daran, Rohstoffsorten so zusammenzusetzen, dass die erhofften Resultate erzielt wurden. Denn die Eigenschaften der verwendeten Rohstoffsorten wichen von dem ab, was sie aus eigener Erfahrung kannten. Die schier unendlichen Kombinationsmöglichkeiten von Erz-, Kohle- und Zuschlagssorten verschiedener Eigenschaften waren eine Herausforderung, die auch die Fähigkeiten der meisten aus Belgien oder Großbritannien angeworbenen Hüttenleute zu übersteigen schien.[37]

Letztlich gab es auch Mitte des 19. Jahrhunderts keine Alternative dazu, durch »fortwährendes ›Probieren‹ über den Erfolg einer neuen Kombination von einer bestimmten Eisenerzsorte mit einer Steinkohlensorte [und Zuschlägen, S.H.] [zu]

---

34 Pollard, Sidney: Peaceful Conquest. The Industrialization of Europe, 1760-1970, New York 1981, S. 147.

35 Vgl. Welskopp: Arbeit und Macht im Hüttenwerk, S. 118f.

36 Vgl. Fremdling, Rainer: Technologischer Wandel und internationaler Handel im 18. und 19. Jahrhundert. Die Eisenindustrien in Großbritannien, Belgien, Frankreich und Deutschland, Berlin 1986, S. 178-180; Muhs, Rudolf: Englische Einflüsse auf die Frühphase der Industrialisierung in Deutschland, in: Birke, Adolf M./Kettenacker, Lothar (Hg.): Wettlauf in die Moderne. England und Deutschland seit der industriellen Revolution, München 1988, S. 31-50, hier: S. 38f.; Paulinyi, Ákos: Der Technologietransfer für die Metallverarbeitung und die preußische Gewerbeförderung, 1820-1850, in: Blaich, Fritz (Hg.): Die Rolle des Staates für die wirtschaftliche Entwicklung, Berlin 1982, S. 99-142, hier: S. 125f.; Harris, John R.: Skills, Coal and British Industry in the Eighteenth Century, in: History 61 (1976), S. 167-182; Paulinyi, Ákos: Die Erfindung des Heißwindblasens, in: Technikgeschichte 50 (1983), S. 129-145.

37 Vgl. Pollard: Peaceful Conquest, S. 147.

entscheiden«.[38] Dies machte große Anstrengungen bei der Adaption der Kokshochofentechnologie notwendig, die in Preußen vor 1850 nur sporadisch unternommen wurden. Das Probieren zahlloser Kombinationsmöglichkeiten war eine aufwendige und langwierige Angelegenheit, die sich über Jahre hinziehen konnte und nur selten zu nachhaltigem Erfolg führte.[39] Zudem war der wirtschaftliche Druck, Hochöfen auf Steinkohlekoks umzustellen, lange Zeit nicht groß genug, um die ungeheuren Anstrengungen zu rechtfertigen.[40]

Dies änderte sich erst zur Mitte des 19. Jahrhunderts, als sich die ökonomischen Rahmenbedingungen gewandelt hatten und mit der Massenproduktion von Eisenbahnschienen eine stark expandierende Nachfrage nach Koksroheisen eingesetzt hatte. Bis dahin war die Eisenproduktion mittels Holzkohle, aller Sorgen um die Rückständigkeit Preußens zum Trotz, auf den regionalen Märkten konkurrenzfähig geblieben. Zum einen konnte die Produktivität der alten Holzkohletechnologie immer wieder gesteigert werden. Zum anderen verschafften Zölle und Transportkosten dem lokal mit Holzkohle hergestellten Roheisen Preisvorteile. Außerdem galt Roheisen, das mit Holzkohle hergestellt wurde, für die Herstellung der traditionellen Erzeugnisse der Eisenindustrie als qualitativ überlegen.[41] Erst mit der Eisenbahnschiene existierte ein Produkt, für das Koksroheisen einerseits als qualitativ ausreichend galt, und das andererseits in Mengen nachgefragt wurde, die eine Ausweitung der Produktion erforderten, die nur auf Basis des fossilen Brennstoffs möglich schien. Die wachsende Nachfrage nach Roheisen für Eisenbahnschienen wurde in den 1830er und 1840er Jahren zunächst noch durch Importe aus Großbritannien und Belgien gedeckt. Doch der Anreiz für preußische Unternehmen, diesen Markt selbst zu bedienen wurde stärker. Den entscheidenden Impuls gab schließlich die für 1851 anvisierte Erhöhung des Zolls auf belgisches Roheisen.[42] Hatte es bis zu diesem Zeitpunkt meist nur punktuelle und häufig abgebroche-

38 Fremdling: Technologischer Wandel und internationaler Handel, S. 345f.

39 Vgl. Troitzsch, Ulrich: Innovation, Organisation und Wissenschaft beim Aufbau von Hüttenwerken im Ruhrgebiet, 1850-1870, Dortmund 1977, S. 17; Lange-Kothe: Die ersten Kokshochöfen.

40 Vgl. Allen: The British Industrial Revolution, S. 233.

41 Vgl. Fremdling: Transfer Patterns; Plumpe, Gottfried: Die württembergische Eisenindustrie im 19. Jahrhundert. Eine Fallstudie zur Geschichte der industriellen Revolution in Deutschland, Stuttgart 1982; Brüggemeier, Franz-Josef: Grubengold. Das Zeitalter der Kohle von 1750 bis heute, 2018, S. 20.

42 Oechelhäuser, Wilhelm: Denkschrift über den Vertrag des Zollvereins mit Belgien und die Lage der vereinsländischen Eisenindustrie im Auftrag der am 5. Mai zu Kassel versammelten Vertreter der vereinsländischen Eisenindustrie, Frankfurt a.M. 1851; Mischler, Peter: Das deutsche Eisenhüttengewerbe vom Standpunkte der Staatswirthschaft, Stuttgart 1852; vgl. Pollard: Peaceful Conquest, S. 135; Fremdling: Technologischer Wandel und internationaler Handel, S. 334.

ne Versuche gegeben, die Kokshochofentechnologie in Preußen zu übernehmen, setzte nun die systematische Adaption ein.

Die Wahrnehmung der eigenen Rückständigkeit und die ökonomischen Abwägungen der preußischen Unternehmen setzten die Anpassungsdynamik in Gang, die sich in den 1850er Jahren voll entfaltete. Aber diese sozial konstruierten Probleme entwickelten sich in Wechselwirkung mit den materiellen Eigenschaften der verwendeten Rohstoffe, die die Zeitgenossen nicht vollständig überblickten, geschweige denn kontrolliert einsetzen konnten. Die Unterschiede zwischen den verschiedenen Rohstoffsorten, die zu Arrangements zusammengeführt wurden, erwiesen sich geradezu als entscheidender Widerstand, der einer erfolgreichen Übernahme der Kokshochofentechnologie entgegenstand. Es reichte nicht aus, Wissen zu transferieren, vielmehr hing die lokale Ausformung der Praktiken der Eisenverhüttung von dem spezifischen Umgang mit variierenden Rohstoffsorten ab.

Der Aufbau von Kokshochöfen an Rhein und Ruhr

Innerhalb weniger Jahre entstanden ab 1850 zahllose neue Hüttenwerke an Rhein und Ruhr.[43] Zum Teil knüpften sie an bestehende Werke an, wie das Unternehmen von Jacobi, Haniel und Huyssen, das später als Gutehoffnungshütte einer der größten Eisenproduzenten in Europa wurde. Das Unternehmen verhüttete bereits seit dem 18. Jahrhundert Eisenerze mit Holzkohle. 1853 begann der Bau der neuen Eisenhütte Oberhausen, die vollständig mit Steinkohlekoks betrieben werden sollte.[44] Zum Teil wurden die neuen Anlagen auf Initiative von Betrieben der eisenverarbeitenden Industrie errichtet, wie der Aktiengesellschaft Friedrich Wilhelms-Hütte in Mülheim an der Ruhr oder dem Bochumer Verein für Bergbau und Gußstahlfabrikation, die 1852 beziehungsweise 1854 aus dem Zusammenschluss mehrerer kleiner Vorgängerbetriebe hervorgingen.[45] Andere Hüttenwerke waren komplette Neugründungen, wie die der Phoenix Aktiengesellschaft für Bergbau und Hüttenbetrieb, die ab 1852 mit französischem Kapital in Laar und

---

43 Für einen Überblick über die Neugründungen der 1850er Jahre vgl. Rasch, Manfred: Frühe Hochöfen im späteren Ruhrgebiet. Eine erste Annäherung an ein technik- und wirtschaftsgeschichtliches Thema, in: ders. (Hg.): Der Kokshochofen. Entstehung, Entwicklung und Erfolg von 1709 bis in die Gegenwart, Essen 2015, S. 153-196; Weber, Wolfhard: Entfaltung der Industriewirtschaft, in: Köllmann, Wolfgang/Korte, Herrmann/Petzina, Dietmar/ders. (Hg.): Das Ruhrgebiet im Industriezeitalter. Geschichte und Entwicklung, Bd. 1, Düsseldorf 1990, S. 199-336, hier: S. 266-268.

44 Vgl. Bähr/Banken/Flemming: Die MAN, S. 71f.

45 Vgl. Rudzinski, Marco: Ein Unternehmen und »seine« Stadt. Der Bochumer Verein und Bochum vor dem Ersten Weltkrieg, Essen 2012.

Kupferdreh gleich zwei Hochofenbetriebe »auf der grünen Wiese« aufbaute.[46] Weitere Werke entstanden aus Initiativen, die versuchten lokale Rohstoffvorkommen nutzbar zu machen. Zu diesen Neugründungen gehörte auch die Eintrachtshütte in Hochdahl, die im Folgenden noch eine wichtige Rolle spielen wird.[47]

Beim Aufbau der neuen Hochöfen in den 1850er Jahren traten erstmals Verfahren der chemischen Analyse neben das aufwendige Probieren verschiedener Rohstoffsorten. Das handwerkliche Probieren, bei dem es auf Erfahrung und Sensitivität für die Prozesse im Hochofen ankam, war seit Jahrhunderten fester Bestandteil von Verhüttungspraktiken. Wissen bildete sich primär in den Arbeitsabläufen am Hochofen heraus, wo mit Rohstoffen experimentiert wurde.[48] Um die Mitte des 19. Jahrhunderts wuchs aber das Interesse, mithilfe naturwissenschaftlicher Methoden systematisch nach potenziellen Rohstoffzusammensetzungen zu suchen. Insbesondere die aufstrebende Disziplin der Chemie bot bis dahin unbekannte Möglichkeiten.[49] Deshalb wurde das im Eisenhüttenwesen fest etablierte Probieren von Rohstoffen zunehmend mit Versuchen kombiniert, die wissenschaftlich angelegt waren und von Chemikern in Laboratorien durchgeführt wurden.

Von den Unternehmen, die in den 1850er Jahren an Rhein und Ruhr versuchten, die Kokshochofentechnologie zu adaptieren, richteten die meisten Laboratorien ein, in denen mit verschiedenen Rohstoffsorten experimentiert wurde.[50] Sie wollten damit die neuen Erkenntnisse und Methoden der Chemie für ihre Ziele nutzbar machen. Der Chemiker Becker, der für die Unternehmer Jacobi, Haniel und Huyssen die Einrichtung der neuen Eisenhütte Oberhausen begleitete, gab zu, dass seine Analysen eine »zeitraubende und umständliche« Angelegenheit seien. Nichtsdestotrotz sei seine Arbeit entscheidend für die erfolgreiche Adaption der neuen Technologie. Da sie »die Grundlage des späteren Hochofenbetriebes bildet, so muß hierbei mit der größten Gewissenhaftigkeit und strengsten Aufmerksamkeit zu Werke gegangen werden, denn eine Übereilung kann [...] ein gänzlich werthloses Resultat zur Folge haben.«[51]

---

46 Vgl. Seeling, Hans: Télémaque Fortuné Michiels, der Phoenix und Charles Détillieux. Belgiens Einflüsse auf die wirtschaftliche Entwicklung Deutschlands im 19. Jahrhundert, Köln 1996, S. 49-52.

47 Vgl. Seeling, Hans: Die Eisenhütte Hochdahl, 1847-1912, Wuppertal 1968.

48 Vgl. Welskopp: Arbeit und Macht im Hüttenwerk, S. 118f.; Rasch: Erfahrung, Forschung und Entwicklung, S. 7f.

49 Zur längeren Vorgeschichte vgl. Fritscher, Bernhard: Vulkane und Hochöfen. Zur Rolle metallurgischer Erfahrungen bei der Entwicklung der experimentellen Petrologie, in: Technikgeschichte 60 (1993), S. 27-43.

50 Vgl. Beyer, Burkhard: Die frühe Eisen- und Stahlindustrie im Ruhrgebiet. Standortbedingungen und technische Entwicklungen bis 1850, in: Rasch, Manfred/Bleidick, Dietmar (Hg.): Technikgeschichte im Ruhrgebiet – Technikgeschichte für das Ruhrgebiet, Essen 2004, S. 559-577, hier: S. 568; Troitzsch: Innovation, Organisation und Wissenschaft, S. 37-39.

51 Becker an Jacobi, Haniel & Huyssen, 30.6.1854, RWWA, 130, 2010/1.

Unter Hüttenleuten herrschte dagegen eine ausgesprochene Skepsis gegenüber den im Labor erzielten Erkenntnissen:

> »Mehrere Chemiker und Metallurgen haben die Schmelzbarkeit [von Erzen] [...] durch Versuche aufzufinden sich bemüht. Man würde zu große Anforderungen an den [sic!] Resultaten solcher Versuche machen, wenn man verlangen wollte, durch sie nicht allein über die Wahl, sondern auch über die Quantität der Zuschläge beim Verschmelzen der Eisenerze belehrt zu werden.«[52]

Zu unterschiedlich seien die Bedingungen in Labor und Hochofen, so die weitverbreitete Ansicht, als dass sich Ergebnisse ohne weiteres übertragen ließen. In den wesentlich größeren Mengen, die im Hochofen verschmolzen wurden, herrschten thermische Verhältnisse und Wechselwirkungen zwischen den einzelnen Rohstoffen, die als zu komplex galten, um sie in den vergleichsweise kleinen Versuchsanordnungen im Labor nachzubilden.[53]

Solchen Bedenken zum Trotz nutzten Unternehmen in den 1850er Jahren vermehrt chemische Analysen, weil sie davon ergänzende Impulse für das weiterhin fest etablierte Probieren an den Hochöfen erwarteten. Von den Laborergebnissen versprachen sie sich Hinweise auf mögliche weitere Kombinationen von Koks-, Erz- und Zuschlagssorten, die anschließend im Hochofenbetrieb überprüft werden konnten.[54] Folglich wurden die chemischen Untersuchungen in Laboratorien in den 1850er Jahren immer zusammen mit Proben am Hochofen durchgeführt. Die wissenschaftlich geleiteten Versuchsreihen, wie sie Becker favorisierte, waren mit der Generierung von Erfahrungswissen durch Ausprobieren im großen Maßstab verbunden.[55] Das Experimentieren war auf diese Weise von einem Wechselspiel aus Versuchen im Labor und der Erprobung am Hochofen gekennzeichnet.[56]

Während die Adaption der Kokshochofentechnologie weiterhin auf das aufwendige Probieren angewiesen war, trug die chemische Analyse dazu bei, das Wissen über Rohstoffsorten und potenzielle Kombinationsmöglichkeiten systematisch zu erweitern. Es kam zu einer Vervielfältigung beziehungsweise Differenzierung von Materialien, die für die Zusammenstellung der Rohstoffe in Betracht gezogen werden konnten. Die Bedeutung der Laboratorien lag darin, dass sie mit wissenschaftlichen Methoden Hinweise auf potenzielle Rohstoffzusammensetzungen lieferten. Deshalb endete die Arbeit der Chemiker auch nicht, als die Kokshochöfen nach Monaten oder Jahren des Experimentierens erfolgreich in Betrieb genommen

52 Karsten: Handbuch der Eisenhüttenkunde, Bd. 2, S. 115.

53 Vgl. Welskopp: Arbeit und Macht im Hüttenwerk, S. 118f.; Rasch: Erfahrung, Forschung und Entwicklung, S. 7f.

54 Vgl. Troitzsch: Innovation, Organisation und Wissenschaft, S. 37-39.

55 Vgl. Wessel, Horst A.: Erfahrungswissen in der deutschen Eisen- und Stahlerzeugung/-verarbeitung des 19. Jahrhunderts, in: Ferrum 68 (1996), S. 61-81, hier: S. 65.

56 Bonsberg an Jacobi, Haniel & Huyssen, 12.4.1851, RWWA, 130, 2010/1.

wurden. Denn die Unternehmen hatten auch nach der ersten Inbetriebnahme ein Interesse daran, den Verhüttungsprozess weiter zu optimieren.[57]

Grundlage war die Problemvorstellung, der zufolge ein Zuschlagsstoff gefunden werden musste, der wie der in Belgien genutzte Kalkstein mit dem Schwefel des Steinkohlekoks reagierte und in großen Mengen zur Verfügung stand. In diesen Erwartungen an den benötigten Zuschlag spiegelte sich auch die Konstruktion des Wissens über die thermochemischen Prozesse im Hochofen wider. Zugleich fand im Hintergrund ein tiefgreifender Wandel vom traditionellen und handwerklich geprägten Wissen im Eisenhüttenwesen, in dem die Auswahl der Zuschläge im Verhältnis zu den verwendeten Erzen gedacht wurde, hin zu wissenschaftlich generiertem Wissen statt. Dieser Wandel war in den 1850er Jahren noch keineswegs abgeschlossen und so überlagerten sich traditionelle und neuartige Formen der Wissenskonstruktion. Galt die Verwendung von Zuschlägen in der traditionellen Auffassung bereits als variabel, erweiterten die chemischen Versuche das Wissen über Rohstoffsorten und Kombinationsmöglichkeiten. Für die Zusammenstellung des Arrangements boten sich aus zeitgenössischer Sicht daher eine Vielzahl möglicher Materialien an, die sich nur grob an dem in Großbritannien und Belgien verwendeten Kalkstein orientierten. Einerseits waren die Erwartungen an einen Zuschlagsstoff also groß, andererseits war die materielle Kontur und das Eigenschaftsprofil des benötigten Rohstoffs noch relativ unbestimmt. Vor diesem Problemhorizont fand die Anpassung von Produktionsverfahren und Material aneinander statt.

57 Vgl. Slotta, Rainer: Standortbedingungen der Eisen- und Stahlindustrie. Der Eisensteinbergbau im Dortmunder Raum, in: Dascher, Ottfried (Hg.): Die Eisen- und Stahlindustrie im Dortmunder Raum. Wirtschaftliche Entwicklung, soziale Strukturen und technologischer Wandel im 19. und 20. Jahrhundert, Dortmund 1992, S. 13-23, hier: S. 16f.

3. Geologische Aufnahmen, Versuche und die Kontur des Rohstoffs

Wichtige Impulse für die Anpassungsdynamik lieferte die geologische Landesaufnahme der Rheinprovinz und Westfalens, die zwischen 1841 und 1865 unter der Leitung des preußischen Oberberghauptmanns Heinrich Dechen durchgeführt wurde. Die geologischen Aufnahmen trugen wesentlich dazu bei, die materielle Kontur des Zuschlagsstoffs zu formen, der in den neu eingerichteten Kokshochöfen an Rhein und Ruhr verwendet wurde. Da die konkreten Eigenschaften des benötigten Materials noch relativ unbestimmt waren, ging es nicht darum, Lagerstätten eines bereits klar definierten Rohstoffs zu finden. Stattdessen zogen Hüttenexperten und Unternehmensleitungen die geologischen Befunde heran, um zu entscheiden, welcher Zuschlag für die Eisenverhüttung geeignet war. Sie reflektierten mit Blick auf die Ergebnisse der Landesaufnahme darüber, wie der Rohstoff beschaffen sein musste, und selektierten daraufhin das Material entlang bestimmter Eigenschaften. Dabei orientierten sie sich an der Problemkonstruktion, der zufolge der Zuschlag dem in Großbritannien und Belgien verwendeten Kalkstein ähnlich und in großen Mengen verfügbar sein musste.

Die Konstruktion geoglogischer Ähnlichkeit

Schon in den 1810er Jahren hatte eine Gruppe innerhalb des Oberbergamtes Bonn ein starkes Interesse an der sich formierenden wissenschaftlichen Disziplin der Geologie entwickelt. Jakob Noeggerath, Bergrat und Kopf dieser Gruppe, wurde 1818 Professor für Mineralogie an der Bonner Universität. Noeggerath verband seine wissenschaftlichen Ambitionen mit der Tätigkeit der Bergbehörde.[1] In diesem Umfeld hatte Dechen, zunächst als Bergbeamter, dann auch als Professor der Berliner Universität, seit den 1820er Jahren Teile des Rheinlandes und Westfalens in

1 Vgl. Wiegel, E.: Die Entwicklung der staatlichen geologischen Kartierung in Nordrhein-Westfalen vor 1873, in: Fortschritte in der Geologie von Rheinland und Westfalen 23 (1973), S. 11-54, hier: S. 12-18.

Eigenregie kartiert, hielt aber eine systematische Aufnahme für notwendig, um die zahlreichen Lücken seiner eigenen Forschungen zu schließen. Aus diesem Grunde schlug er 1841 eine staatlich finanzierte Landesaufnahme des westlichen Preußens nach dem Muster ähnlicher Forschungsprojekte in Großbritannien und den Bundesstaaten der USA vor.[2] Es gelang Dechen nicht nur, das Vorhaben mit Unterstützung aus der preußischen Ministerialbürokratie durchzusetzen. Er erreichte auch, dass er selber mit der Leitung dieses Projekts betraut wurde.[3]

Das Interesse der Bergbeamten stand in der Tradition, geologische Erkenntnisse ökonomisch nutzbar zu machen, deren Wurzeln in der Kameralistik des 18. Jahrhunderts lagen. Die kameralistische Wirtschaftspolitik frühneuzeitlicher Staaten zielte darauf ab, die im Land verfügbaren Ressourcen systematisch zu erfassen und zu bewirtschaften, um die eigene Machtposition zu stärken. In diesem Zusammenhang entstand auch eine staatlich koordinierte geologische Erforschung von Rohstofflagerstätten.[4] Dieses Interesse blieb nach dem Ende des Ancien Régime aller Liberalisierungsbemühungen zum Trotz ebenso bestehen wie die Steuerungsfunktion staatlicher Institutionen im Bereich des Bergbaus.[5] So verwies Dechen immer wieder auf »[d]ie Wichtigkeit [seines Forschungsprojekts ...] für alle Zweige der Staatsverwaltung, für den Bergbau, für eine Menge von Industriezweigen«,[6] um die staatliche Unterstützung seines Vorhabens zu sichern. Hinweise auf

2 Vgl. Cohen, Benjamin R.: Surveying Nature. Environmental Dimensions of Virginia's First Scientific Survey, 1835-1842, in: Environmental History 11 (2006), S. 37-69; Guntau, Martin: Geologische Institutionen und staatliche Initiativen in der Geschichte, in: Büttner, Manfred (Hg.): Geosciences/Geowissenschaften. Proceedings of the Symposium of the XVIIIth International Congress of History of Science, III. Teil, Bochum 1991, S. 229-240; Secord, James A.: The Geological Survey of Great Britain as a Research School, 1839-1855, in: History of Science 24 (1986), S. 223-275.

3 Vgl. Seibold, Eugen/Seibold, Ilse: Dokumente zur Ära Heinrich von Dechen, 1800-1898. Seine geologischen Übersichtskarten, in: International Journal of Earth Science 88 (2000), S. 844-852; Meinhold, Klaus-Dieter (Hg.): 125 Jahre Preußische Geologische Landesanstalt und ihre Nachfolger. Geschichte und Gegenwart, Stuttgart 2003.

4 Vgl. Schimkat, Peter: Geologie in Deutschland. Zur Etablierung einer naturwissenschaftlichen Disziplin im 19. Jahrhundert, Augsburg 2008, S. 77f.; Fritscher, Bernhard: Erdgeschichtsschreibung als montanistische Praxis. Zum nationalen Stil einer »preußischen Geognosie«, in: Schleiff, Hartmut/Konecny, Peter (Hg.): Staat, Bergbau und Bergakademie. Montanexperten im 18. und frühen 19. Jahrhundert, Stuttgart 2013, S. 205-229.

5 Vgl. Vogel, Jakob: Reform unter staatlicher Aufsicht. Wirtschafts- und Sozialgeschichte des deutschen Bergbaus und des Salzwesens in der frühen Industrialisierung, in: Weber, Wolfhard (Hg.): Salze, Erze und Kohlen. Der Aufbruch in die Moderne im 18. und frühen 19. Jahrhundert (=Geschichte des deutschen Bergbaus, Bd. 2), Münster 2015, S. 11-110.

6 Dechen an Preußisches Ministerium für Handel und Gewerbe: Die geognostische Karte des Rheinischen und Westphälischen Haupt-Berg-Districts betreffend, 1.10.1852, GStAPK, 1. HA Rep. 121, 8208.

den wirtschaftlichen Nutzen der geologischen Landesaufnahme, also auf potenziell verwertbare Rohstoffe, waren wichtig, um das Projekt zu legitimieren.

Parallel zur kameralistischen Rohstoffpolitik hatte sich seit dem 18. Jahrhundert auch ein naturwissenschaftliches Umweltverständnis herausgebildet, das darauf abzielte, die Umwelt unter Gesichtspunkten der ökonomischen Nutzbarkeit zu erfassen.[7] Die wissenschaftlichen Theorien und Methoden der Geologie, die ursprünglich Fragen der erdgeschichtlichen Entwicklung erklären sollten, wurden zunehmend herangezogen, um systematisch Wissen über Rohstoffvorkommen zu generieren.[8] In den frühen Kontroversen der Disziplin während des 18. Jahrhunderts war es zunächst vor allem um die nicht zuletzt religiös motivierte Frage nach der Erschaffung der Welt gegangen. Um die konkurrierenden Theorien zu rechtfertigen, wurde die Bestimmung der zeitlichen Reihenfolge, in der sich die verschiedenen Gesteinsarten zu Schichten abgelagert hatten, zum zentralen Argument. Geologische Forschung war in diesem Kontext darauf ausgerichtet, das relative Alter einzelner Strata und Formationen festzustellen, ihre Abfolge zu bestimmen und in erdgeschichtliche Modelle einzuordnen.[9] Die Schichtungsmodelle ließen sich allerdings ebenso nutzen, um die Lage und die Ausdehnung von Rohstoffvorkommen in der Tiefe abzuschätzen, die dem direkten Zugriff entzogen waren. Sie fanden zunehmend Eingang in theoriegeleitete Annahmen über den unterirdischen Verlauf von rohstoffführenden Schichten und stellten ein methodisches Instrumentarium zur Verfügung, das zuverlässige Hinweise auf den Verlauf dieser Schichten bot.[10]

Dementsprechend war die Durchführung der geologischen Aufnahme in der Rheinprovinz und Westfalen entlang erdgeschichtlicher Modelle angelegt und organisiert.[11] 1841 begannen die Arbeiten mit der Fokussierung auf sogenannte »Leit-

7 Vgl. Bayerl, Günter: Prolegomenon der »Großen Industrie«. Der technisch-ökonomische Blick auf die Natur im 18. Jahrhundert, in: Abelshauser, Werner (Hg.): Umweltgeschichte. Umweltverträgliches Wirtschaften in historischer Perspektive, Göttingen 1994, S. 29-56; Meyer, Torsten: Natur, Technik und Wirtschaftswachstum im 18. Jahrhundert. Risikoperzeptionen und Sicherheitsversprechen, Münster 1999; Vogel, Jakob: Wissen, Technik, Wirtschaft. Die modernen Wissenschaften und die Konstruktion der »industriellen Gesellschaft«, in: Berghoff, Hartmut/Vogel, Jakob (Hg.): Wirtschaftsgeschichte als Kulturgeschichte. Dimensionen eines Perspektivenwechsels, Frankfurt a.M. 2004, S. 295-323; Klein, Ursula: Nützliches Wissen. Die Erfindung der Technikwissenschaften, Göttingen 2016.

8 Vgl. Cohen: Surveying Nature, S. 37-69.

9 Für einen Überblick über die theoretischen Vorannahmen der geologischen Forschung im 19. Jahrhundert vgl. Wagenbreth, Otfried: Geschichte der Geologie in Deutschland, Stuttgart 1999, S. 52-68; Porter, Roy: The Making of Geology. Earth Science in Britain, 1660-1815, Cambridge 1977, S. 157-176.

10 Vgl. Rudwick, Martin J.S.: The Great Devonian Controversy. The Shaping of Scientific Knowledge Among Gentlemanly Specialists, Chicago 1985, S. 4; Bonneuil, Christophe/Fressoz, Jean-Baptiste: The Shock of the Anthropocene. The Earth, History and Us, London 2017, S. 202.

11 Dechen, Heinrich: Ueber die Schichten im Liegenden des Steinkohlengebirges an der Ruhr, in: Verhandlungen des Naturhistorischen Vereins der Preussischen Rheinlande und Westfa-

schichten«, deren räumliche Ausdehnung Dechens Mitarbeiter möglichst umfassend aufnehmen sollten. Orientierung boten insbesondere die Arbeiten der renommierten britischen Geologen Roderick Impey Sedgwick und Adam Murchison.[12] Diese hatten sich zuerst in der englischen Grafschaft Devon mit Kalksteinformationen befasst, die sie als Übergangsschicht »zwischen die untersten Schichten der Kohlen-Formation und die obersten Lagen des Silurischen Systems« einordneten.[13] Besonders interessant erschienen die kalkhaltigen Formationen, weil sie, als urzeitliche Riffe, fossilführende Ablagerungen von Lebewesen und Organismen enthielten.[14] Mittels der Untersuchung der Fossilien ließen sich die Gesteine unterschiedlichen erdgeschichtlichen Epochen zuordneten.[15] Um 1840 waren die verschiedenen kalkhaltigen Schichten daher in den Fokus des geologischen Interesses gerückt. Diesen Impuls griff Dechen auf und legte als Ausgangspunkt seines Projekts fest, dass »vor allen Dingen die Kalksteinlager [Unterstreichung im Original, S.H.] als leicht erkennbar und zu verfolgende Schichten aufgenommen werden.«[16]

Bereits in den 1830er Jahren hatten Sedgwick und Murchison auf ausgedehnten Reisen durch Europa Gesteinsformationen untersucht, die denen in Devon vergleichbar waren. Der Vergleich sollte nachweisen, dass es an verschiedenen Orten auf dem Kontinent ähnliche Formationen gleichen Alters gab, die sich signifikant von den Ablagerungen aus den benachbarten erdgeschichtlichen Perioden des Silurs und des Karbons unterschieden. Auf dieser Grundlage argumentierten Sedgwick und Murchison dafür, eine eigene »devonische« Periode in die geologi-

---

lens 7 (1850), S. 186-208; vgl. Wiegel: Die Entwicklung der staatlichen geologischen Kartierung, S. 44.

12 Roemer, Carl Ferdinand: Das Rheinische Übergangsgebirge. Eine paläontologisch-geognostische Darstellung, Hannover 1844, S. 26; Murchison, Roderick Impey/Sedgwick, Adam: On the Distribution and Classification of the Older or Palæozoic Deposits of the North of Germany and Belgium, and their Comparison with Formations of the Same Age in the British Isles, in: Transactions of the Geological Society of London 6 (1842), Nr. 2, S. 221-301. Eine deutsche Übersetzung wurde dann bereits zwei Jahre später von einem Schüler Dechens vorgelegt: Murchison, Roderick Impey/Sedgwick, Adam: Ueber die älteren oder Paläozoischen Gebilde im Norden von Deutschland und Belgien verglichen mit Formationen desselben Alters in Großbritannien, Stuttgart 1844; vgl. Langer, Wolfhart: Zur Erforschung der Geologie und Paläontologie Westfalens. Von den Anfängen bis 1900, in: Bartels, Christoph/Feldmann, Reinhard/Oekentorp, Klemens (Hg.): Geologie und Bergbau im rheinisch-westfälischen Raum. Bücher aus der historischen Bibliothek des Landesoberbergamtes Nordrhein-Westfalen in Dortmund, Münster 1994, S. 13-33, hier: S. 29.

13 Murchison/Sedgwick: Ueber die älteren oder Paläozoischen Gebilde, S. 1.

14 Vgl. Geyssant, Jacques: Geologie des Calciumcarbonats, in: Tegethoff, F. Wolfgang (Hg.): Calciumcarbonat. Von der Kreidezeit ins 21. Jahrhundert, Basel 2001, S. 1-51, hier: S. 17-24.

15 Murchison/Sedgwick: Ueber die älteren oder Paläozoischen Gebilde, S. 26.

16 Dechen an Beust: Die fortgesetzte geognostische Untersuchung des Rheinischen Haupt-Berg-Districs betreffend, 3.3.1847, GStAPK, 1. HA Rep. 121, 8206.

sche Systematik einzuführen.[17] Zu diesem Zweck untersuchten die britischen Geologen auch die Kalksteinformationen im Bereich der Ruhr, die aus ihrer Sicht besonders wertvolle Einblicke in die Schichtungsabfolgen gaben. Auf kleinstem Raum konnten drei Kalksteinformationen identifiziert werden: eine »untere«, in einer schmalen Linie auf der Höhe von Düsseldorf und Elberfeld; eine »obere«, die sich zwischen Düssel und Ruhr in einem nach Westen offenen Halbkreis hinzog; und schließlich der Kalk- oder Kreidemergel, der im Bereich der Emscher vorgefunden wurde. Die »untere« Formation galt als das erdgeschichtlich älteste, der Kreidemergel als das jüngste Vorkommen. Schon 1823 hatte Dechen eine Karte veröffentlicht, auf der er die ersten rudimentären Beobachtungen über die Anordnung der drei Kalksteinformationen visualisiert hatte (Abb. 2). Aber erst Sedgwick und Murchison stellten einen Zusammenhang zwischen diesen und den Formationen in England, aber auch denen in Belgien her. Sie wiesen anhand der Schichtungsfolge und der Fossilien nach, dass es sich bei den Kalksteinvorkommen im westlichen Preußen geologisch um ein und dieselbe Gesteinsart wie in England und Belgien handelte.[18]

Durch die Arbeiten von Sedgwick und Murchison konnten die Kalksteinvorkommen an Rhein und Ruhr der gleichen erdgeschichtlichen Periode zugeordnet werden, wie der Kalkstein, den beispielsweise die belgischen Hüttenwerke verwendeten. Ob sie aufgrund der geologischen Verwandtschaft auch im Hinblick auf die für die Eisenverhüttung relevanten materiellen Eigenschaften vergleichbar waren, war damit noch nicht gesagt. Dennoch legten die geologischen Befunde nahe, dass das Gestein dieser Formationen als Zuschlag für die Kokshochöfen geeignet sein könnte.

Allerdings war das Material, das aus geologischer Sicht als devonischer Kalkstein bezeichnet wurde, alles andere als homogen. Auch den Geologen war bewusst, dass sie in ihrem Klassifikationssystem höchst unterschiedliche Gesteine zu einer Kategorie zusammenfassten. So interessierte sich Dechen sehr für die Differenzen zwischen den Kalksteinarten. Er legte größten Wert darauf, dass seine Mitarbeiter die Unterschiede zwischen den Gesteinen genauestens dokumentierten.[19] Differenziert wurde beispielsweise nach Farben: So gab es »blaugraue Kalklagen« oder »hellblauen Massenkalk«. Auch die sichtbare Struktur der Ablagerungen, z.B. »dichte Kalkknoten« oder »Kalklagen mit Schwefelkiesfunken«, und das Erosionsverhalten wiesen erhebliche Unterschiede auf, die Dechens Mitarbeiter aufnah-

17 Vgl. Rudwick: The Great Devonian Controversy.

18 Murchison/Sedgwick: Ueber die älteren oder Paläozoischen Gebilde; vgl. Rudwick: The Great Devonian Controversy, S. 393.

19 Dechen an Preußisches Ministerium für Handel und Gewerbe: Die Fortsetzung der geognostischen Untersuchungen des Rheinischen und Westphälischen Oberbergamts-Districtes betreffend, 19.3.1851, GStAPK, 1. HA Rep. 121, 8207.

Abbildung 2: Ausschnitt aus: Dechen, Heinrich: Geognostische Charte des nördlichen Abfalls des Niederrheinisch-Westphälischen Gebirges, 1823.

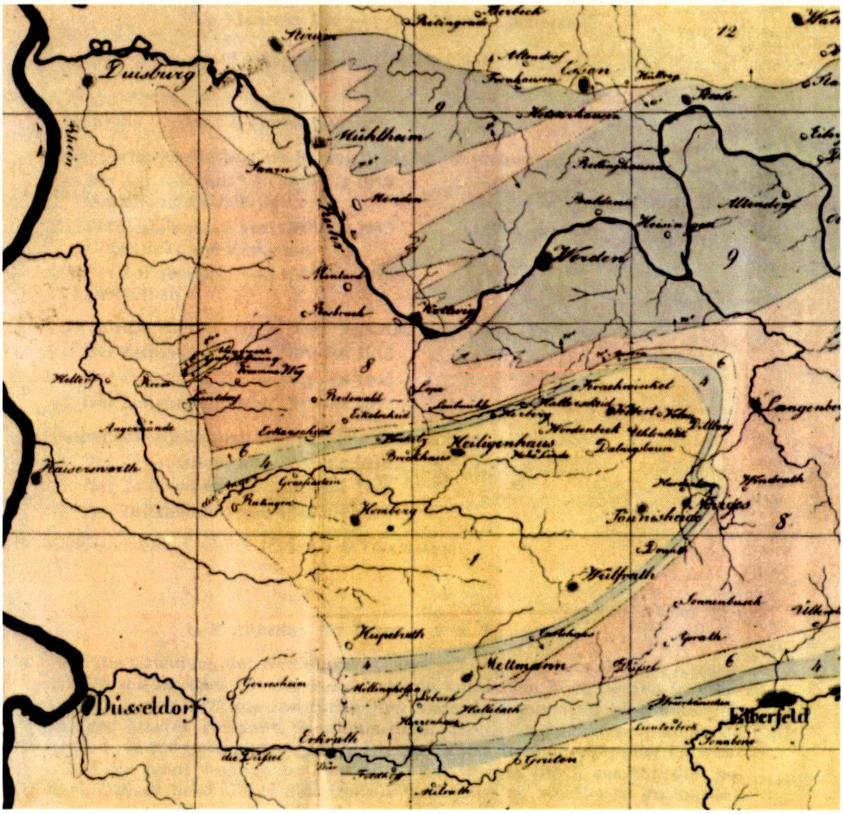

Quelle: Nöggerath, Jakob: Das Gebirge in Rheinland-Westphalen nach mineralogischem und chemischem Bezuge, Bd. 2, Bonn 1823, Tafel I.

men.[20] Noch wichtiger für die Eisenverhüttung war, dass all diese, zunächst anhand visueller Merkmale identifizierten Gesteinsarten in den thermochemischen Prozessen im Hochofen höchst unterschiedliche Wirkungen entfalten konnten.

20 Becker, H.: Bericht über die Untersuchung der Gegend von Iserlohn, Elberfeld und Solingen, 20.1.1851, GStAPK, 1. HA Rep. 194, 974.

Versuche mit devonischen Gesteinsarten

Die Befunde der Geologen führten dazu, dass sich die Versuche, die Kokshochofentechnologie zu adaptieren, auf Gestein aus den devonischen Kalksteinformationen konzentrierten. Dabei griffen die Hüttenwerke zunächst auf naheliegende Optionen zurück: zum einen auf devonische Gesteinsarten, die sie, wenn auch in weit geringerem Umfang und nicht systematisch, schon bei der Verhüttung mit Holzkohle verwendet hatten, zum anderen auf solche, die in unmittelbarer Umgebung der neuen Werke gewonnen werden konnten. Dies hatte zur Folge, dass in den 1850er Jahren zum Teil sehr erfolgreich mit den unterschiedlichsten Gesteinsarten experimentiert wurde, denen ihre geologisch definierte Verwandtschaft gemein war. 1859 konstatierte das Bergamt Bochum: »Es ist in jüngster Zeit eine große Anzahl Muthungen auf Kalksteinbrüche bei uns eingelegt worden.«[21] Darin spiegelte sich das gesteigerte Interesse an einem breiten Spektrum devonischer Kalke.

Als Unternehmer, die in der Region bereits seit Jahrzehnten Eisen produzierten, versuchten Jacobi, Haniel und Huyssen für den Aufbau der neuen Eisenhütte Oberhausen bekanntes Zuschlagsmaterial zu nutzen. Schon in der ersten Hälfte das 19. Jahrhunderts hatte das Unternehmen Kalkstein aus der Bürgermeisterei Ratingen, knapp 20 Kilometer südlich seiner Hüttenwerke, bezogen.[22] Dort existierten seit dem 15. Jahrhundert eine Reihe von Steinbrüchen entlang der sogenannten »Kalkstraße«, die vor allem Baumaterial für den überregionalen Markt produzierten.[23] In den 1830er Jahren waren dann Sedgwick und Murchison der Kalkstraße gefolgt, um den Verlauf der »oberen« devonischen Formation nachzuzeichnen:

> »Wenn man diese Kalkstein-Lagen [von Ratingen] noch weiter verfolgt, findet man dieselben gegen ONO hin, in den großen Steinbrüchen bei Eggerscheid und Hösel ungefähr drei Meilen von Cromford, offengelegt unter den sie bedeckenden jüngeren Gebilden. [...] Bei dem Hofe Isenbügel beginnt der Kalkstein sich höher zu erheben, und mehrere Steinbrüche machen es möglich, sein Verhalten genauer zu untersuchen, so besonders das Verhältnis der Felsart zu den darüber befindlichen Schichten, den untersten Gliedern der Kohlen-Formation.«[24]

---

21 Bergamt Bochum an Oberbergamt Dortmund: Betr. Muthungen auf Kalksteinbrüche, 14.3.1859, LAV NRW W, Oberbergamt Dortmund, 962.

22 Bergamt Essen-Werden: Tabelle über die im Essen-Werden'schen Berg Amts Bezirk gelegenen Kalkstein, Sandstein, Quarz Brüche, 1830, LAV NRW R, BR 1059, 84; Bürgermeisterei Eckamp und Mintard: Uebersicht der vorhandenen Sand- und Kalksteinbrüche pp. pro 1842, LAV NRW R, BR 17, 131.

23 Vgl. Heikaus, Walter: Auf den Spuren der Kalkstraße. Uraltes Kalkgewerbe im ehemaligen Amt Angermund, in: Angerland Jahrbuch 1 (1968), S. 40-55.

24 Murchison/Sedgwick: Ueber die älteren oder Paläozoischen Gebilde, S. 14.

Als Jacobi, Haniel und Huyssen dann in den frühen 1850er Jahren die Kokshochöfen der neuen Eisenhütte Oberhausen aufbauten, lag es nahe, weiter das Material aus Ratingen zu verwenden, das dem britischen und belgischen Kalkstein offensichtlich ähnlich war. Die Versuche, die der Chemiker Giesberg durchführte, der wie Becker für Jacobi, Haniel und Huyssen tätig war, unterstrichen, dass der Ratinger Kalkstein auch für die Verwendung in den neuen Kokshochöfen geeignet war.[25] Und auch in der probeweisen Anwendung in den Hochöfen scheint sich der Kalkstein aus Ratingen bewährt zu haben, verwendete das Hüttenwerk Oberhausen in den ersten Jahren der Produktion doch überwiegend dieses Gestein.[26]

1851 erhielt die Leitung der Eisenhütte Oberhausen, noch in der Aufbauphase, aber auch Kenntnis von einem Bericht, den ein Mitarbeiter Dechens über die devonischen Kreidemergelvorkommen in der unmittelbaren Umgebung des Werks verfasst hatte.[27] Beim Abteufen von Steinkohleschächten entlang der Emscher war kalkhaltiger Mergel an zahlreichen Stellen als Abraum angefallen. Aus Sicht der Unternehmensleitung wäre es eine ideale Lösung gewesen, dieses Abfallprodukt als Zuschlag verwenden zu können. Über mehrere Jahre wurden daher immer wieder wissenschaftliche Proben mit dem Kreidemergel in Auftrag gegeben, allerdings ohne die gewünschten Resultate zu liefern.[28]

Erfolgreicher waren die Versuche mit neuem Zuschlagsmaterial, die die Phoenix AG für ihr auf der grünen Wiese entstehendes Werk in Kupferdreh durchführen ließ. Einer der Gründe für die Wahl des Standorts an der Ruhr sei gewesen, dass »die Kalksteinbrüche nicht entfernt sind«.[29] Auch diese Steinbrüche lagen im Bereich der als devonisch klassifizierten Formationen und waren der Unternehmensleitung bekannt, weil sie dort auch die Erze abbauen ließ, die in Kupferdreh verhüttet werden sollten.[30] Bei der Untersuchung der Erzlager der etwa zehn Kilometer südlich gelegenen Eisensteingrube Stolberg war man auf Kalkstein gestoßen, der sich mit Hinweis auf die geologischen Zusammenhänge als Zuschlagsmaterial anbot. Erze und Zuschlagsmaterial konnten hier gemeinsam abgebaut werden, so die Erwartung.[31] Diese Idee wurde beim Aufbau des neuen Hüttenwerks dann

25 Giesberg an Jacobi, Haniel & Huyssen, 10.1.1859, RWWA, 130, 2010/1.

26 Meydam, Georg: Praktische und theoretische Darstellung des Hochofenprocesses auf der Anlage von Jacobi, Haniel & Huyssen bei Oberhausen mit Beurtheilung des ökonomischen Resultates, September 1864, LAV NRW R, BR 101, 823, S. 65f.

27 Heinrich: Bericht, 1851, LAV NRW R, BR 109, 80.

28 Giesberg an Jacobi, Haniel & Huyssen, 19.9.1857, RWWA, 130, 2010/1; Giesberg an Jacobi, Haniel & Huyssen, 23.11.1858, RWWA, 130, 2010/1.

29 Bergamt Essen-Werden: Protokoll, 18.1.1854, LAV NRW R, BR 1421, 104.

30 Vgl. Seeling, Hans: Télémaque Fortuné Michiels, der Phoenix und Charles Détillieux. Belgiens Einflüsse auf die wirtschaftliche Entwicklung Deutschlands im 19. Jahrhundert, Köln 1996, S. 92-95.

31 Krummel: Grubenbetriebsbericht von den Erzgruben im IVten Revier pro I. Quartal 1858, 17.4.1858, LAV NRW R, BR 109, 324.

auch tatsächlich umgesetzt und die Zusammenstellung der Rohstoffe im Hochofen entsprechend angepasst. Es ist anzunehmen, dass das Werk in den ersten Betriebsjahren erfolgreich mit dem Gestein aus der Grube Stolberg betrieben wurde.[32] Ähnlich ging das Unternehmen bei dem Aufbau seines Werks in Laar vor. In dem am Rhein gelegenen Werk wurde zunächst Kalkstein eingesetzt, der über den Wasserweg beschafft werden konnte.[33]

Pragmatische Überlegungen und die Optimierung von Transportwegen, wie bei dem Kreidemergel in Oberhausen oder dem Gestein aus der Grube Stolberg, waren keineswegs immer ausschlaggebend. Die Borbecker Hütte, die ab 1851 im Nordwesten der heutigen Stadt Essen aufgebaut wurde, experimentierte von Anfang an auch mit Zuschlagssorten, die im Neandertal und in Dornap in der »unteren« devonischen Formation gewonnen wurden.[34] Dabei waren diese Abbauorte von Borbeck aus nicht die nächstgelegenen. Das Gestein aus Dornap wurde sogar über umständliche Wege auf der Straße angeliefert.[35] Das heißt, kurze beziehungsweise kostengünstige Transportwege konnten im Einzelfall ein wichtiges Kriterium für die Selektion der Zuschlagssorte aus dem breiten Spektrum devonischer Kalke sein, aber sie waren nicht zwangsläufig entscheidend.

Wie schnell die pragmatische Ausrichtung auf bereits bekannte Gesteine oder günstig gelegene Abbaustätten an Grenzen stoßen konnte, erfuhr die Leitung der Eisenhütte Oberhausen noch in den 1850er Jahren. Die chemischen Versuche mit dem Gestein aus Ratingen signalisierten Probleme, die mit der Zeit zuzunehmen drohten. Denn während ein Großteil der Lieferungen den Anforderungen entsprachen, wies Giesberg darauf hin, dass sie immer häufiger mit Bestandteilen durchsetzt seien, die dem Verhüttungsprozess schadeten.[36] Offensichtlich kam es in dem Maße, in dem immer größere Mengen Kalkstein für das expandierende Hüttenwerk abgebaut wurden, zu erheblichen Schwankungen bei den in chemischen Versuchen nachgewiesenen Eigenschaften des Ratinger Kalksteins. So wurde das Gestein aus Ratingen auf der Eisenhütte Oberhausen zwar genutzt, um Roheisen zu erschmelzen, galt aber bald nicht mehr als langfristig optimale Lösung.

32 Bergamt Essen-Werden: Protokoll, 18.1.1854, LAV NRW R, BR 1421, 104.

33 LeHanne, Jacob: Praktische und technische Darstellung des Hochofenwerkes der Gesellschaft »Phoenix« zu Laar bei Ruhrort, Oktober 1864, LAV NRW R, BR 101, 607, S. 2; vgl. Feldenkirchen, Wilfried: Zum Einfluss der Standortfaktoren auf die Eisen- und Stahlindustrie des Ruhrgebiets (bis 1914), in: Blaich, Fritz (Hg.): Entwicklungsprobleme einer Region. Das Beispiel Rheinland und Westfalen im 19. Jahrhundert, Berlin 1981, S. 47-87, hier: S. 58-60.

34 Barth: Beschreibung des Gebirgstücks von der Grauwacke bis zum Steinkohlengebirge von der Märkischen Gränze bis zur Anlage des Beckershoff bei Mettmann, 1851, GStAPK, 1. HA Rep. 194, 989, [S. 22f.]; vgl. Seeling: Télémaque Fortuné Michiels, S. 74.

35 Vgl. Koerner, Andreas: Die Phoenixhütte in Borbeck, 1847-1926, in: Beiträge zur Geschichte von Stadt und Stift Essen 109 (1997), S. 9-54, hier: S. 20.

36 Giesberg an Jacobi, Haniel & Huyssen, 10.1.1859, RWWA, 130, 2010/1.

Auch wenn viele der neuen Kokshochöfen erfolgreich mit den unterschiedlichsten Variationen devonischen Kalksteins in Betrieb gingen, stellte sich doch die Frage, welches Gestein langfristig in gleichbleibender Qualität und in großen Mengen verfügbar war. Da die Kokshochöfen nicht nur, wie die belgischen Vorbilder zeigten, deutlich mehr Zuschläge auf jede Tonne produzierten Roheisens verbrauchten, sondern auch für ein deutlich größeres Produktionsvolumen ausgelegt waren als ihre Vorgänger, war ein exponentielles Wachstum des Zuschlagsverbrauchs zu erwarten.[37] Schwankende Eigenschaften des Materials oder gar die Erschöpfung eines Vorkommens bargen hohe Risiken für den laufenden Betrieb der Hochöfen. Jede Umstellung, die nötig wurde, um auf eine andere Zuschlagssorte zu wechseln, machte erneut aufwendige Versuche erforderlich und konnte im schlimmsten Fall zur Unterbrechung des auf mehrere Jahre angelegten kontinuierlichen Betriebs der Hochöfen führen. Die Homogenität des Zuschlagsmaterials galt als Voraussetzung für Skaleneffekte.[38] Aus diesen Gründen problematisierte die Leitung der Eisenhütte Oberhausen die schwankenden Eigenschaften des Gesteins aus Ratingen. Was vorübergehend in Kauf genommen wurde, um die Hochöfen in Oberhausen überhaupt in Betrieb zu setzen, drohte langfristig zu einem Risiko zu werden.[39]

Die Sorge um die Gleichmäßigkeit des Gesteins avancierte zu einem Leitmotiv bei der Selektion geeigneter Zuschläge. Es kam darauf an, Gesteinsvorkommen zu identifizieren, deren Abbauvolumen mit dem antizipierten Wachstum mithalten konnten, und die Produktionsverfahren an diese anzupassen. Solange das Problem der Zuschlagsversorgung nur unbefriedigend gelöst war, stellten die Hüttenwerke weitere Versuche an, um die Rohstoffzusammenstellung in dieser Hinsicht zu optimieren.[40] Wichtiger als die Minimierung der Transportkosten war für die Unternehmen daher, gezielt solche Zuschlagssorten zu finden, die langfristig in homogener Qualität zur Verfügung standen. Dafür orientierten sich die Unternehmen wiederum an der geologischen Forschungstätigkeit, die in den Jahren nach 1850 intensiv fortgeführt wurde.

---

37 Vgl. Weber, Wolfhard: Entfaltung der Industriewirtschaft, in: Köllmann, Wolfgang/Korte, Hermann/Petzina, Dietmar/ders. (Hg.): Das Ruhrgebiet im Industriezeitalter. Geschichte und Entwicklung, Bd. 1, Düsseldorf 1990, S. 199-336, hier: S. 263f.

38 Vgl. Troitzsch, Ulrich: Innovation, Organisation und Wissenschaft beim Aufbau von Hüttenwerken im Ruhrgebiet, 1850-1870, Dortmund 1977, S. 35; Hesse, Jan-Otmar: Wirtschaftsgeschichte. Entstehung und Wandel der modernen Wirtschaft, Frankfurt a.M. 2013, S. 92-95; Berghoff, Hartmut: Moderne Unternehmensgeschichte. Eine themen- und theorieorientierte Einführung, Paderborn 2004, S. 88.

39 Giesberg an Jacobi, Haniel & Huyssen, 10.1.1859, RWWA, 130, 2010/1.

40 Vgl. Slotta, Rainer: Standortbedingungen der Eisen- und Stahlindustrie. Der Eisensteinbergbau im Dortmunder Raum, in: Dascher, Ottfried (Hg.): Die Eisen- und Stahlindustrie im Dortmunder Raum. Wirtschaftliche Entwicklung, soziale Strukturen und technologischer Wandel im 19. und 20. Jahrhundert, Dortmund 1992, S. 13-23, hier: S. 16f.

Geologische Praktiken und das Wissen über Kalksteinvorkommen

Die geologische Landesaufnahme unter Dechen schuf in den 1850er Jahren ein flächendeckendes Netz aus Informationen, das engmaschig war und zugleich zwischen den unterschiedlichsten Gesteinsarten differenzierte. Auf dieser Grundlage ließ sich Wissen über die Verbreitung der verschiedenen Kalksteinsorten konstruieren, das für die Selektion eines in großen Mengen verfügbaren Zuschlagsstoffs entscheidend war. Aufgrund der engen Beziehungen zwischen den Unternehmern der Montanindustrie und den Bergbeamten, die die Aufnahme durchführten, ist davon auszugehen, dass das entsprechende Wissen schnell und unbürokratisch geteilt wurde.[41] Jedenfalls schienen einige Hüttenwerke über den Fortgang der geologischen Aufnahmen gut informiert gewesen zu sein. Bereits in Berichten aus den frühen 1850er Jahren finden sich Hinweise darauf, dass die zuständigen Bergbeamten mit einzelnen Werksleitungen in engem Austausch über potenziell nutzbare Kalksteinvorkommen standen.[42]

Aus Sicht von Unternehmern und Hüttenexperten bot dieses Wissen eine belastbare Entscheidungsgrundlage für die Selektion von Zuschlägen, weil es nach festen Regeln und in immer gleichen Handlungsmustern generiert wurde. Die geologische Aufnahmetätigkeit war eine Praktik, die ein systematisches und verlässliches Bild von den Gesteinen im Untergrund hervorbrachte. Auf der einen Seite war das Gestein, das an und unter der Erdoberfläche gefunden wurde, Gegenstand stark normierter Handlungsabläufe. Die planmäßige Arbeit an den Aufschlüssen im Gelände stellte die entscheidende Verknüpfung zwischen dem neu entstehenden Wissen und den Gesteinen her. Dadurch band die Praktik das Wissen an die materiellen Eigenschaften des Untergrunds zurück. Auf der anderen Seite wurden die so hergestellten empirischen Befunde in standardisierten Verfahren dokumentiert und schließlich kartiert. Diese Prozedur sollte die Überprüfbarkeit und Vergleichbarkeit der akkumulierten Befunde garantieren und sie zu einer kohärenten Repräsentation des Untergrunds zusammenführen.[43]

Die einzelnen Arbeitsschritte wurden durch normative Vorstellungen über das korrekte Verfahren zusammengehalten. Dazu stellte Dechen genaue Arbeitsanlei-

41 Vgl. Wiegel: Die Entwicklung der staatlichen geologischen Kartierung, S. 27.

42 Barth: Beschreibung des Gebirgstücks von der Grauwacke bis zum Steinkohlengebirge von der Märkischen Gränze bis zur Anlage des Beckershoff bei Mettmann, 1851, GStAPK, 1. HA Rep. 194, 989, [S. 22f.].

43 Ähnlich angelegt ist das Konzept der »Evidenzpraktiken«, vgl. Zachmann, Karin/Ehlers, Sarah (Hg.): Wissen und Begründen. Evidenz als umkämpfte Ressource in der Wissensgesellschaft, Baden-Baden 2019; vgl. auch Fischer, Georg: Globalisierte Geologie. Eine Wissensgeschichte des Eisenerzes in Brasilien (1876-1914), Frankfurt a.M. 2017, S. 228-279; Cohen: Surveying Nature, S. 45-55; Porter: The Making of Geology, S. 221; Schimkat: Geologie in Deutschland, S. 14f.

tungen für seine Mitarbeiter auf, die regelten, was bei der Aufnahme im Gelände zu beachten war, wie Befunde zu dokumentieren waren und wie die gewonnenen Informationen mit der Kartierung korrespondierten. Er insistierte:

> »Von der Genauigkeit und der Sorgfalt, mit der diese Arbeit ausgeführt wird, ist wesentlich der Werth der Karte abhängig. Zu derselben gehört [...] eine praktische Uebung der Aufnahme von Schichtungs- und Lagerungsverhältnissen, eine große Gewissenhaftigkeit und eine unermüdliche Geduld, ein ganz specielles Interesse an der Herstellung einer richtigen Karte.«[44]

Dechen betonte die Bedeutung der Routine, die ein hohes Maß an Selbstkontrolle derjenigen voraussetzte, die die Aufnahmen durchführten. Erfahrung und »praktische Uebung« waren die Voraussetzungen, die für immer wieder gleich durchgeführte Handlungsabläufe garantieren sollten. Darüber hinaus erwartete Dechen, sich auf die intrinsische Motivation seiner Mitarbeiter verlassen zu können. Sie sollten ein »ganz specielles Interesse an der Herstellung einer richtigen Karte« mitbringen.[45]

Um dies zu gewährleisten, schlug Dechen vor, Referendare der Bergverwaltung einzusetzen. Von den etablierten Bergbeamten, so klagte Dechen wiederholt, könne nicht erwartet werden, dass sie die Verfahren gewissenhaft und systematisch ausführen. Meist fehle ihnen das nötige Verständnis für die Geologie und sie seinen zudem chronisch überlastet.[46] Demgegenüber waren die zumeist jungen Männer, die auf den Staatsdienst vorbereitet wurden, geradezu ideale Kandidaten für diese Aufgabe. Sie seien enthusiastisch und formbar, räsonierte Dechen und verwies darauf, dass es Teil ihrer Ausbildung sei, spezifische Routinen zu entwickeln. Zudem konnten sie freigestellt werden, um sich ganz der geologischen Aufnahme zu widmen und die Rheinprovinz und Westfalen systematisch zu bereisen. Unter den Referendaren wählte Dechen solche für die Mitarbeit an seinem Projekt aus, die sich durch Selbstdisziplin und ein genuines Interesse an geologischen Erkenntnissen auszeichneten. Auf der einen Seite erwartete Dechen, dass sie die Vorgaben sorgfältig einhielten und möglichst gleichmäßige Handlungsabläufe bei der Beobachtung und Dokumentation entwickelten. Auf der anderen Seite konnte er mit Ferdinand Römer einen promovierten Geologen sowie den Münsteraner Geologieprofessor Becks gewinnen, die die Referendare anleiten und die Plausibilität ihrer Befunde überprüfen sollten. Diese personelle Konstellation diente der Stabilisierung der Praktiken der geologischen Aufnahme und sollte garantieren, dass

44 Dechen an Beust: Die fortgesetzte geognostische Untersuchung des Rheinischen Haupt-Berg-Districs betreffend, 3.3.1847, GStAPK, 1. HA Rep. 121, 8206.

45 Ebd.

46 Dechen an Preußisches Finanzministerium, Abtheilung für das Bergwerks- Hütten- und Salinenwesen: Die geognostische Karte des Rheinischen Haupt Berg-Districts betreffend, 5.8.1846, GStAPK, 1. HA Rep. 121, 8205.

systematisch verlässliche Informationen über den Untergrund zusammentragen wurden.[47]

Dechen machte auch genaue Vorgaben für die Dokumentation der Befunde. Sie sollten in erster Linie die Überprüfbarkeit sicherstellen. Es war vor allem dem Streben nach Wissenschaftlichkeit des Projekts geschuldet, dass Dechen von seinen Mitarbeitern verlangte, ihre Reiseroute und sämtliche Beobachtungen nach einem festgelegten Muster schriftlich festzuhalten:[48] Im Idealfall lieferten die Mitarbeiter auch eine »Sammlung von Versteinerungen (in einer Kiste) [...] nebst Verzeichnis«.[49] Erst die Möglichkeit, dass Befunde durch Dritte überprüft werden konnten, sicherte den wissenschaftlichen Anspruch der geologischen Kartierung, »denn nur in diesem Falle kann sie alle Verhältnisse darlegen, anregend und belebend wirken, nicht blos der Gegenwart, sondern auch der entfernteren Zukunft dienen«.[50]

Entscheidend war aus Dechens Sicht, dass sich die Referendare in ihrer Dokumentation auf eine einheitliche Klassifikation bezogen. Nur so könnten Befunde über die verschieden Berichterstatter und die unterschiedlichsten lokalen Beobachtungsmöglichkeiten hinweg vergleichbar gemacht werden und die einzelnen Teilaufnahmen in zulässiger Weise zusammengeführt werden. Über frühere Aufnahmen, die zwar sehr gründlich durchgeführt, aber nicht auf eine festgelegte Klassifikation bezogen worden seien, urteilte Dechen: »Die Zeit war damals aber noch nicht gekommen, um diese Beobachtungen mit anderen zu verknüpfen, um ihnen die richtige Stelle in der systematischen Betrachtung der gesammten Folge der Gebirgsschichten anzuweisen«.[51] Der Bezugsrahmen, nach dem Gesteine geologischen Kategorien zuzuordnen waren, bildete das einheitliche Gerüst der Do-

47 Dechen an Preußisches Ministerium für Handel und Gewerbe: Die Fortsetzung der geognostischen Untersuchungen des Rheinischen und Westphälischen Oberbergamts-Districtes betreffend, 19.3.1851, GStAPK, 1. HA Rep. 121, 8207; vgl. Wiegel: Die Entwicklung der staatlichen geologischen Kartierung, S. 27-29.

48 Zahlreiche dieser Berichte sind überliefert, z.B. Barth: Beschreibung des Gebirgstücks von der Grauwacke bis zum Steinkohlengebirge von der Märkischen Gränze bis zur Anlage des Beckershoff bei Mettmann, 1851, GStAPK, 1. HA Rep. 194, 989; Becker, H.: Bericht über die Untersuchung der Gegend von Iserlohn, Elberfeld und Solingen, 20.1.1851, GStAPK, 1. HA Rep. 194, 974.

49 Bergamt Essen-Werden an Preußisches Finanzministerium, Abtheilung für das Bergwerks- Hütten- und Salinenwesen: Zu den Untersuchungen des Mergelgebirges im Essen-Werdenschen Bergamtsbezirke, 30.11.1846, GStAPK, 1. HA Rep. 121, 8206.

50 Dechen, Heinrich: Notiz über die Geologische Uebersichts-Karte der Rheinprovinz und der Provinz Westphalen, in: Verhandlungen des Naturhistorischen Vereins der Preussischen Rheinlande und Westfalens 23 (1866), S. 171-218, hier: S. 178. (Das Zitat stammt aus einer älteren, aber nicht belegten Äußerung Dechens).

51 Dechen: Ueber die Schichten im Liegenden des Steinkohlengebirges, S. 189.

kumentationen, die die Referendare anlegten. Das Ziel war, die Vergleichbarkeit der einzelnen Befunde herzustellen.[52]

Die geologische Aufnahme setzte daher die Einteilung des an sich heterogenen und variationsreichen Untergrunds in eine limitierte Anzahl von Kategorien voraus – ein Vorgang, der durch das Ziel, die Befunde kartografisch darzustellen, weiter verstärkt wurde.[53] Die Kategorien, in die Geologen den Untergrund einteilten, leiteten sich aus ihren jeweiligen Erkenntnisinteressen und theoretischen Annahmen über die relevanten erdgeschichtlichen Zusammenhänge ab. Aus diesem Grund war die Kategorisierung höchst umstritten und wurde unter Geologen intensiv verhandelt. Entsprechend wichtig war die korrekte Einordnung der empirischen Befunde in die theoretisch fundierten Kategorien.[54] Üblich war, dazu die visuellen Merkmale des untersuchten Gesteins, dessen Farbe, Struktur und das Bruch- oder Erosionsverhalten als Indikatoren heranzuziehen.[55] Von den Bergreferendaren, die an der Aufnahme der Rheinprovinz und Westfalens mitarbeiteten, erwartete Dechen, dass sie anhand dieser Merkmale die Übergänge und Differenzen zwischen Gesteinsarten genauestens rekonstruierten. Sie sollten die Gesteine eindeutig einer Kategorie zuordnen, um möglichst exakte Grenzen zwischen den verschiedenen Schichten zu ziehen.[56] Die Zuordnung zu Kategorien und die kartografische Repräsentation führte zu Vereindeutigungen, die einerseits die Vergleichbarkeit herstellten, aber andererseits die untersuchten Formationen homogen erschienen ließen.

Dechen gab auch vor, welche Wege seine Mitarbeiter im Gelände zurücklegen sollten. Den Ablauf der Aufnahmetätigkeit im Bereich der »oberen« Kalksteinformation konzipierte er ganz im Sinne der erdgeschichtlichen Schichtungsmodelle:

> »Das Anhalten ist immer von dem Kohlengebirge aus zu nehmen […]; alsdann wäre der Kalkstein von Cromford bei Ratingen an dem südlichen Rande des Werdenschen Kohlengebirges gegen Osten auf Richrath [bei Velbert, S.H.] aufzunehmen und die Gegend von hier bis Elberfeld auf das genaueste zu untersuchen, […] Diese Frage ist […] wegen der Gruppierung dieser Schichten […] sehr wichtig«.[57]

52 Vgl. Daston, Lorraine: Wunder, Beweise und Tatsachen. Zur Geschichte der Rationalität, Frankfurt a.M. 2001, S. 140-147.

53 Vgl. Wagenbreth: Geschichte der Geologie, S. 97.

54 Vgl. Schimkat: Geologie in Deutschland, S. 341.

55 Beispielhaft bei: Cotta, Bernhard: Anleitung zum Studium der Geognosie und Geologie, Dresden 1842; Vogt, Carl/Flad, Alois/Dilger, Johann Baptist: Lehrbuch der Geologie und Petrefactenkunde. Theilweise nach Elie de Beaumont's Vorlesungen an der Ecole des Mines, Braunschweig 1846.

56 Dechen an Beust: Die fortgesetzte geognostische Untersuchung des Rheinischen Haupt-Berg-Districs betreffend, 3.3.1847, GStAPK, 1. HA Rep. 121, 8206.

57 Ebd.

Die Referendare sollten zum einen auf die Grenzen zwischen Gesteinsarten achten, um die Abfolgen und Zusammenhänge zwischen benachbarten Formationen erfassen zu können. Zum anderen sollten sie die Ausdehnung von Formationen möglichst lückenlos erfassen, indem sie diesen folgten. Die Festsetzung des Verlaufs und der räumlichen Schwerpunkte der Aufnahme waren ein zentrales Kriterium für die Wissenschaftlichkeit der Erfassung. So sollte sichergestellt werden, dass die Beobachtungen, die die Referendare dokumentierten, systematisch durchgeführt wurden und nicht bloß eine Kompilation zufälliger Beobachtungen waren, aus denen sich kein verlässliches Wissen ableiten ließ. Die Systematik versuchte Dechen dadurch herzustellen, dass er die Arbeiten im Gelände basierend auf den jeweiligen theoretischen Vorannahmen plante. Die Referendare, die mit der Aufnahme betraut wurden, sollten genau die daraus abgeleiteten Wege zurücklegen.[58]

Die systematisierte Reisetätigkeit verband sich mit der kartografischen Darstellung von geologischen Formationen als Flächen. Bezeichnenderweise hatte sich die Karte schon im frühen 19. Jahrhundert als Medium etabliert, auf dem geologische Befunde zusammengetragen und visualisiert wurden. Die kartografische Repräsentation geologischen Wissens war paradigmatisch mit der Wahrnehmung von Formationen als flächigen Gebilden verknüpft.[59] Prinzipien der kartografischen Repräsentation des Wissens über den Untergrund strukturierten auch die Systematik der Arbeit im Gelände. Die Wege, die die Referendare zurücklegen sollten, waren angelegt, um Flächen zu demarkieren, die einer bestimmten Formation zugeordnet werden konnten. Dabei wurden die Beobachtungen über Unterschiede und Gemeinsamkeiten zwischen Gesteinen in die Definition und Abgrenzung von Formationen überführt. Es ging darum, mit einem engmaschigen Netz aus Informationen die Grenzen dieser Flächen nachzuzeichnen und die Ausdehnung der Formationen möglichst dicht zu belegen. Aus den vergleichsweise wenigen, punktuellen Informationen, die vor der systematischen Aufnahmetätigkeit bekannt waren, wurde ein flächenhaftes Netz aus Informationen.[60]

Dechen und seinen Mitarbeitern kam dabei die zunehmende Perforierung des Untergrunds zupass.[61] Die Anzahl der Bergwerke nahm im Rheinland und Westfalen insgesamt deutlich zu und mit den Tiefbauschächten, die seit den 1830er Jahren nördlich der Ruhr vermehrt niedergebracht wurden, dehnte sich der Bergbau

58 Dechen an Preußisches Finanzministerium, Abtheilung für das Bergwerks- Hütten- und Salinenwesen: Die geognostische Karte des Rheinischen Haupt Berg-Districts betreffend, 5.8.1846, GStAPK, 1. HA Rep. 121, 8205; vgl. Fritscher: Erdgeschichtsschreibung, S. 216.

59 Vgl. Porter: The Making of Geology, S. 179f.

60 Vgl. dazu grundsätzlich: Landwehr, Achim: Raumgestalter. Die Konstitution politischer Räume in Venedig um 1600, in: Martschukat, Jürgen (Hg.): Geschichtswissenschaft und »performative turn«. Ritual, Inszenierung und Performanz vom Mittelalter bis zur Neuzeit, Köln 2003, S. 161-183.

61 Leonhard, Carl Cäsar: Lehrbuch der Geognosie und Geologie (2. Aufl.), Stuttgart 1846, S. 11-14.

auch in die Tiefe aus.[62] Die Dokumentation der durchstoßenen Gesteinsschichten wurde in den 1850er Jahren systematisch in die Aufnahmen einbezogen.[63] Ähnlich nutzten Dechen und seine Mitarbeiter die wachsende Zahl an Aufschlüssen entlang von Eisenbahnstrecken. Um möglichst gleichmäßige Steigungen zu erhalten, durchstießen die Bahntrassen im hügeligen Gelände immer wieder Bergrücken.[64] In den Einschnitten, die dabei entstanden, wurde die Tiefenstruktur des Untergrunds sichtbar. Auch im Bereich der »oberen« und »unteren« Kalksteinformationen südlich der Ruhr hatte der Bahnbau solche Beobachtungen ermöglicht. Dechen berichtete: »Die Düsseldorf-Elberfelder und die Vohwinkel-Steeler Eisenbahn haben in ihren Einschnitten sehr viel Aufschluß […] gewährt«.[65]

Vor allem aber waren es Steinbrüche, auf die sich die systematische geologische Aufnahme stützte. Kleine und kleinste Brüche hatten Bauern für den Eigenbedarf an Baumaterial bereits seit dem Mittelalter an vielen Stellen zwischen Rhein und Ruhr angelegt. In der ersten Hälfte des 19. Jahrhunderts nahm die Zahl der Steinbrüche dann aufgrund der verstärkten Bautätigkeit in den Großstädten und wegen des Straßenbaus deutlich zu.[66] Letztere waren zu Beginn des 19. Jahrhunderts vor allem im Zusammenhang mit dem staatlichen Chausseebau entstanden. Auf dem gut zehn Kilometer langen Streckenabschnitt der Düsseldorf-Elberfelder Chaussee zwischen Mettmann und der Wupper hatte die preußische Staatsverwaltung in den Jahren 1814 bis 1820 beispielsweise ein knappes Dutzend Steinbrüche anlegen lassen, um die Straße instand zu halten. Die Steinbrüche waren zwar mit 100 bis 300 m² recht klein, aber sie bildeten eine Kette von Aufschlüssen im regel-

---

62 Vgl. Treue, Wilhelm: Wirtschafts- und Technikgeschichte Preussens, Berlin 1984, S. 405f.

63 Heinrich: Bericht, 1851, LAV NRW R, BR 109, 80; Schöneich: Allgemeine Beschreibung der in dem Märkischen und Essen-Werdenschen Berg-Amts-Bezirke gegenwärtig aufgeschlossenen Eisenstein-Ablagerungen, September 1851, GStAPK, 1. HA Rep. 121, 8208.

64 Vgl. Schivelbusch, Wolfgang. Geschichte der Eisenbahnreise. Zur Industrialisierung von Raum und Zeit im 19. Jahrhundert, Frankfurt a.M. 1979, S. 26f.

65 Dechen an Beust: Die fortgesetzte geognostische Untersuchung des Rheinischen Haupt-Berg-Districs betreffend, 3.3.1847, GStAPK, 1. HA Rep. 121, 8206; vgl. Homberg, Frank: Der Ausbau der Prinz-Wilhelm-Eisenbahn von der Ruhr an die Wupper, in: Romerike Berge 57 (2007), Nr. 3, S. 29-39.

66 Verzeichnis von verpachteten und concessionierten Kalksteinbrüchen (Kalkarten) und Werken des Bergwerksbezirkes Siegen welche nördlich der Chaussee von Düsseldorf über Elberfeld und Schwelm liegen, und an das königl. Bergamt zu Essen abgetreten werden sollen, 26.7.1820, LAV NRW W, Oberbergamt Dortmund, 409; Becker, H.: Bericht über die Untersuchung der Gegend von Iserlohn, Elberfeld und Solingen, 20.1.1851, GStAPK, 1. HA Rep. 194, 974; Weyberg, 25.8.1843, LAV NRW R, BR 109, 97; vgl. Beckmann, Dieter: Die Entwicklung der Kalkindustrie im Bergisch-Märkischen Raum. Eine wirtschaftsgeographische Skizze, in: ders./Knübel, Hans (Hg.): Beiträge zur Landeskunde des Bergisch-Märkischen Raumes, Wuppertal 1981, S. 187-224, hier: S. 194f.

mäßigen Abstand von 500 bis 1.500 Metern, die wie an einer Schnur in Ost-West Richtung aufgereiht waren.[67]

Die räumliche Anordnung der Steinbrüche erwies sich für die Identifikation und Abgrenzung der Kalksteinformationen als bestens geeignet. Sie war geradezu ideal für die systematische und flächenhafte Generierung von Wissen über den Untergrund. Ausgehend von den Steinbrüchen, als Punkten entlang der Kette, konnten durch beobachtete Ähnlichkeiten und Unterschiede zwischen den Aufschlüssen Annahmen über die Kontinuität und Zäsuren der Gesteinsformationen extrapoliert werden. Ein geologisches Lehrbuch beschrieb dieses Verfahren: »Beobachtet man [...] die Grenze zweier Gesteine [...] und nicht weit davon entfernt [...] in einem Steinbruche [...], eine ähnliche Grenze zwischen denselben Gesteinen,« so müsse ein Geologe mit »Combinationsgabe [...] in Gedanken eine [...] Grenzlinie ziehen, welche die beiden Beobachtungen verbindet.«[68] Was für die Grenze zwischen Gesteinsarten galt, galt auch für Beobachtungen, die darauf hindeuteten, dass es sich an verschiedenen Punkten um ein und dasselbe Gestein handelte.

Ein solches Bild zeichnete der Bergreferendar Barth, dem die Untersuchung der Gegend entlang der Düsseldorf-Elberfelder Chaussee aufgetragen worden war. Er beschrieb auf Grundlage seiner Aufnahmetätigkeit die Abfolge der Aufschlüsse entlang der Chaussee von Ost nach West als eine geschlossene Kalksteinformation:

> »so finden wir östlich der Gräfrath-Werdener Straße den schmalen sich regelmäßig in westliche Richtung erstarkenden Kalkzug durch zahlreiche Steinbrüche aufgeschlossen [...]; westlich der Gräfrather Chaussee finden sie [die Steinbrüche] sich zu beiden Seiten der nach Mettmann führenden Strasse [der Düsseldorf-Elberfelder Chaussee] bis zur Steele-Vohwinkler Eisenbahn, welche den Kalk durch den Einschnitt bei Dornap entblößt. Alle diese Punkte schließen den, mehrentheils in Bänken von 2 – 6 Fuß Mächtigkeit abgelagerten Kalk mit nördlicher Neigung von 40-60 Grad [...] auf. Von Dornap ist das Kalklager bis nach Hahnenfurth hin [...] wieder in mehreren Steinbrüchen aufgedeckt. [...] und gewährt dann der Steinbruch des Kaschen den letzten Beobachtungspunkt, indem etwas weiter westlich die breite Ebene des Rheines mit ihren Diluvialschichten das ältere Gebirge überdeckt.«[69]

---

67 Freymann: Etat der für die Westphählischestraße im Bezirk Düsseldorf noch zurückstehenden Grundentschädigungen, 5.10.1814, LAV NRW R, BR 7, 43418; Wesermann: Bericht, o.J. [1827], LAV NRW R, BR 7, 43418; Betrifft die Klage über das Steingewinnen in der Grube Saringen von dem früheren Unternehmer Abraham Grotenbeck auf der Düsseldorf Schwelmer Straße, 30.8.1849, LAV NRW R, BR 7, 43371.

68 Cotta: Anleitung, S. 22f.

69 Barth: Beschreibung des Gebirgstücks von der Grauwacke bis zum Steinkohlengebirge von der Märkischen Gränze bis zur Anlage des Beckershoff bei Mettmann, 1851, GStAPK, 1. HA Rep. 194, 989, [S. 34f.].

Schließlich fand Barth die gleiche Gesteinsart einige Kilometer weiter südwestlich im Neandertal wieder, wo sie in einer tief eingeschnitten Schlucht zutage trat. Bereits 1835 hatte Johann Heinrich Bongard in einer spätromantischen Beschreibung des Tals auf das geologische Erkenntnispotenzial der Aufschlüsse hingewiesen: »Drei Umformungen der Erdrinde liegen also hier schon offenbar vor unseren Augen«.[70] Der Einschnitt des Düsselbachs im Neandertal war unter Geologen geradezu prominent.[71] Als Barth das Tal 1851 bereiste, berichtete er begeistert, dass »im Gesteins [der umgangssprachliche Name für das Neandertal, S.H.] die schroffen Felswände der Düssel und zahlreiche Steinbrüche ein vollständiges Profil der Gebirgsschichten gaben.«[72]

Aufgrund des tiefen Einschnitts war es möglich, die Gesteinsformationen nicht nur in der Fläche nachzuzeichnen, sondern ein Profil zu erstellen, das Rückschlüsse auf den unterirdischen Verlauf und das Volumen der Vorkommen zuließ. Im Neandertal identifizierte Barth eine 280 m tiefe, »ziemlich constant[e]« Formation, die sich auch unterhalb anderer Schichten, die sie bedeckten, in die Fläche hinzuziehen schien.[73] Es handele sich dabei um dieselbe Formation, die entlang der Düsseldorf-Elberfelder Chaussee zutage trat, vermutete Barth. Das Gestein schien sich, zumindest aus geologischer Sicht, kaum zu unterscheiden.[74] Demnach handelte es sich um eine zusammenhängende Schicht, die an verschiedenen Stellen an die Oberfläche trat, aber großteils im Untergrund verborgen war. Aus den punktuellen Beobachtungen an den verschiedenen Aufschlüssen rekonstruierte Barth unter Rückgriff auf die geologische Theoriebildung die dreidimensionale Ausdehnung der Kalksteinformation. Solche Befunde ließen Unternehmer mit einem Interesse an großen Mengen homogenen Gesteins aufhorchen.

Die Auflösung frühneuzeitlicher Rechtskonstruktionen

Die hohe Aufmerksamkeit für die geologische Aufnahme spiegelte auch die rechtlichen Bedingungen wider, unter denen das Gestein abgebaut werden konnte. Denn für die Verfügbarkeit des Zuschlagsmaterials spielten Eigentums- und Nutzungsrechte eine wesentliche Rolle – und diese waren um 1850 keinesfalls eindeutig ge-

70 Bongard, Johann Heinrich: Wanderung zur Neandershöhle. Eine topographische Skizze der Gegend von Erkrath an der Düssel, Düsseldorf 1835, S. 14.

71 Roemer: Das Rheinische Übergangsgebirge, S. 26; vgl. Schürmann, Manfred: Bergrat Noeggerath und das Neandertal, in: Niederbergische Geschichte 1 (1994), S. 74-85.

72 Barth: Beschreibung des Gebirgstücks von der Grauwacke bis zum Steinkohlengebirge von der Märkischen Gränze bis zur Anlage des Beckershoff bei Mettmann, 1851, GStAPK, 1. HA Rep. 194, 989, [S. 50f.].

73 Ebd.

74 Ebd., [S. 34f.].

klärt. Kalkstein wurde beinahe ausschließlich in Steinbrüchen über Tage gewonnen. Insofern ließ sich der Abbau nicht losgelöst von dem Grund und Boden durchführen, auf dem er stattfand. Die Frage war jedoch, ob das Gestein dem Eigentümer des Grundstücks gehörte und von diesem uneingeschränkt abgebaut werden durfte, oder ob der Abbau von Kalkstein ein Recht war, das der Staat, wie im Bergbau üblich, an Konzessionäre verleihen konnte. In der Praxis hatte sich Mitte des 19. Jahrhunderts erstere Lesart durchgesetzt, aber formaljuristisch war die Lage komplizierter und dies hing unter anderem mit der geologischen Bewertung der Materialien zusammen.

Seit den 1820er Jahren wurde über ein einheitliches Berggesetz für Preußen gestritten, in dem das sogenannte Bergregal, nach dem der Staat Abbaurechte verleihen konnte, auf bestimmte Metallerze und Kohlen beschränkt sein sollte. Zu dieser Zeit bestand eine äußerst unübersichtliche Rechtslage, insbesondere was die Gesteinsgewinnung betraf. Auf dem linken Rheinufer galt das während der Besetzung 1810 eingeführte französische Recht fort, wonach die Nutzung von Steinen und Erden ganz dem Grundeigentümer zustand. Im rechtsrheinischen Preußen war im Prinzip der gleiche Rechtsgrundsatz in Kraft: Die Bestimmungen des Allgemeinen Preußischen Landrechts von 1794 sprachen explizit den Abbau von Kalkstein den Grundeigentümern zu.[75] Das Landrecht galt aber subsidiär nur dort, wo keine älteren Bergordnungen bestanden, die den Abbau dieser Gesteinssorte zum Gegenstand hatten. Insgesamt existierten im preußischen Rheinland zehn verschiedene Berggesetze, die von den Vorgängerstaaten im 16., 17. und 18. Jahrhundert erlassen worden waren.[76] Erst 1865 wurde dann das Allgemeine Preußische Berggesetz erlassen, das alle älteren Rechtsordnungen ersetzte.[77]

In den frühneuzeitlichen Bergordnungen fiel der Abbau von Steinen weitgehend unter das staatliche Bergregal. Der Betrieb der so konzessionierten Steinbrüche unterlag der Aufsicht der staatlichen Bergämter und es musste eine jährliche Gebühr entrichtet werden. Die zuständigen Bergämter erwogen teilweise sehr genau, welche Steinbrüche sie konzessionierten, denn sie handelten nach dem Direktionsprinzip, nach dem die Rohstoffbewirtschaftung einem angenommenen volkswirtschaftlichen Nutzen folgen sollte. So machte das Bergamt Essen-Werden in den

---

75 Gräff, H.: Handbuch des preußischen Bergrechts, Breslau 1855, S. 72.

76 Ohne Titel, 19.3.1841, GStAPK, 1. HA Rep. 121, 7153; vgl. Nordrhein-Westfälisches Hauptstaatsarchiv/Nordrhein-Westfälisches Staatsarchiv (Hg.): Die preußische Berg-, Hütten- und Salinenverwaltung. Die Bestände in den Nordrhein-Westfälischen Staatsarchiven, Münster 2000, S. 58-62.

77 Vgl. Lück, Heiner: Die Entwicklung des deutschen Bergrechts und der Bergbaudirektion bis zum Allgemeinen (preußischen) Berggesetz 1865, in: Weber, Wolfhard (Hg.): Salze, Erze und Kohlen. Der Aufbruch in die Moderne im 18. und frühen 19. Jahrhundert (=Geschichte des deutschen Bergbaus, Bd. 2), Münster 2015, S. 111-216, hier: S. 205.

1820er Jahren die Genehmigung zweier Kalksteinbrüche von der Beantwortung folgender Fragen abhängig: »1. Ist die Eröffnung der beiden Brüche für das Publikum erforderlich? 2. Wird den bestehenden Pächtern und Eigenthümern anderer Brüche durch die Concessionierung bedeutend geschadet?«[78] Aber auch nach der Inbetriebnahme der Steinbrüche behielt die Bergverwaltung mit Blick auf den volkswirtschaftlichen Nutzen erhebliche Eingriffsmöglichkeiten in den laufenden Betrieb. Abgesehen davon, dass die bergrechtliche Konzession abgabenpflichtig war, schränkte sie die unternehmerische Freiheit ein.[79]

Seit den 1820er Jahren arbeiteten reformorientierte Kräfte in der preußischen Ministerialbürokratie daran, die verschiedenen Rechtsordnungen der frühneuzeitlichen Vorgängerstaaten zu vereinheitlichen und insgesamt zu liberalisieren.[80] Sie forderten, die alten Bergordnungen zugunsten des Allgemeinen Preußischen Landrechts aufzuheben und den Grundeigentümern den Gesteinsabbau nach eigenem Ermessen zu überlassen. Im Rahmen der wirtschaftspolitischen Liberalisierungsbestrebungen sollte auch die staatliche Regulierung der Rohstoffgewinnung zurückgenommen werden.[81] So bezeichnete auch Finanzminister Karl Georg Maaßen die »Regalität der Steinbrüche« als unzeitgemäß und erklärte, »daß die Aufhebung derselben im Allgemeinen nur für wünschenswerth angesehen werden kann.«[82] Gerade die Beamten, die vor Ort mit der Aufsicht von Bergwerken und Steinbrüchen befasst waren, scheinen diese Haltung geteilt zu haben. In ihrer Konzessionierungs- und Überwachungspraxis nahmen sie die angestrebte Liberalisierung zumindest teilweise vorweg und setzten die nach wie vor geltenden Bestimmungen der alten Bergordnungen eher lax um.[83]

Auch die Beamten des Bergamts Essen-Werden empfanden die Bestimmungen, wie sie die geltende Jülich-Bergische Bergordnung von 1719 traf, als Problem. Gegenüber der vorgesetzten Behörde, dem Oberbergamt in Dortmund, äußerten

---

78 von Derschen: Aktennotiz, 11.5.1820, LAV NRW W, Oberbergamt Dortmund, 313.

79 Vgl. Vogel: Reform unter staatlicher Aufsicht, S. 51-61.

80 Vgl. Vogel, Jakob: Moderner Traditionalismus. Mythos und Realität des Bergwerkseigentums im preußisch-deutschen Bergrecht des 19. Jahrhunderts, in: Siegrist, Hannes/Sugarman, David (Hg.): Eigentum im internationalen Vergleich, 18.-20. Jahrhundert, Göttingen 1999, S. 185-205.

81 Motive zu dem Entwurf des gemeinen preußischen Bergrechts und der Instruktion zur Verwaltung des Berg-Regals, 1841, GStAPK, 1. HA Rep. 121, 7153, S. 3; vgl. Zunkel, Friedrich: Die Rolle der Bergbaubürokratie beim industriellen Ausbau des Ruhrgebiets, 1815-1848, in: Wehler, Hans-Ulrich (Hg.): Sozialgeschichte Heute. Festschrift für Hans Rosenberg zum 70. Geburtstag, Göttingen 1974, S. 130-147; Fischer, Wolfram: Wirtschaft und Gesellschaft im Zeitalter der Industrialisierung. Aufsätze, Studien, Vorträge, Göttingen 1972, S. S. 139-151.

82 Finanzminister Maaßen an Oberbergamt Dortmund, 4.6.1834, LAV NRW W, Oberbergamt Dortmund, 962.

83 Vgl. Zunkel: Die Rolle der Bergbaubürokratie.

sie erhebliche Bedenken gegen die Fortführung der Rechtspraxis aus den Zeiten des Herzogtums Berg:

> »Bekanntlich ist die Regalität der […] Kalksteine noch vielen rechtlichen Bedenken unterworfen. Zu Sachsen unter anderem sind [sie] den Grundeigenthümern zur willkührlichen Benutzung überlassen und auch nach dem preußischen allgemeinen Landrecht sollen sie nicht zu den Regalien gerechnet werden.«[84]

Vor dem Hintergrund der wachsenden Kritik an den weiter geltenden Bergordnungen stellten sich immer mehr Grundeigentümer auf den Standpunkt, dass ihnen der Abbau von Kalkstein dem Allgemeinen Landrecht entsprechend ohne Genehmigung der Behörden zustand. Es wurde berichtet, dass »einige Grundeigenthümer angefangen […] [haben], die auf ihrem Grund und Boden befindlichen Steinbrüche selbst zu benutzen indem sie die Regalität derselben nicht anerkennen wollen.«[85] Die Zahl der Klagen gegen die Bergbehörden, die die Konzessionierung und Direktion der Steinbrüche halbherzig aufrecht erhielten, nahm zu.[86]

Neben der Inkonsistenz der Rechtslage störten sich die Zeitgenossen im 19. Jahrhundert vor allem an der ungenauen Definition der Rohstoffe, die von den jeweiligen Bergordnungen betroffen waren. Gerade die Bestimmungen, die festlegten, welche Gesteine dem Bergregal unterlagen, schienen zu ungenau, um rechtsverbindlich durchgesetzt werden zu können. Wie wenig eindeutig der Abbau von Kalkstein in den alten Ordnungen dem Bergregal zugeordnet war, mussten selbst die Behörden einräumen:

> »Das königl. Rheinische Ober-Bergamt hat […] angenommen, daß die Steinbrüche im Alt-Bergischen […] zum Bergregal gehören. In der jülisch-bergischen Bergordnung von 1719 […] sind sie [Kalksteine, S.H.] zwar nicht namentlich unter die zum Bergregal gehörigen Fossilien mit aufgeführt. Es […] gründet daher das königl. Ober-Bergamt die Regalität der Steinbrüche auf ein altes Herkommen, indem es nachzuweisen gesucht, daß die Steinbrüche von den vorigen Regierungen seit unerdenklicher Zeit, ohne allen Unterschied, ob sie auf landesherrlichen oder Privat Grund und Boden eröffnet worden, verpachtet oder sonst verliehen worden.«[87]

84 Bergamt Essen-Werden: Wegen der concedierten, auf Privat Gründen gelegenen Steinbrüche, 27.8.1815, LAV NRW W, Oberbergamt Dortmund, 962.

85 Ebd.

86 Gerhard an Boelling, 19.6.1826, LAV NRW W, Oberbergamt Dortmund, 962; Kunowski an Oberbergamt Bonn, 1.6.1826, LAV NRW W, Oberbergamt Dortmund, 962.

87 Boelling: Betrifft die Regalität der Steinbrüche im Alt-bergischen, 14.8.1826, LAV NRW W, Oberbergamt Dortmund, 962.

Wie kritische Beobachter erkannten, war der Kern des Problems, dass die »Bestimmungen über die dem Bergregale unterworfenen Gegenstände« an »der Natur der Gegenstände« festgemacht wurden.[88]

Das preußische Rechtssystem bestimmte die Eigentums- und Nutzungsrechte ausschließlich in Abhängigkeit von dem Rohstoff, der gewonnen wurde. Für die juristische Bewertung war es in der Regel unerheblich, wie ein Rohstoff gewonnen wurde, ob über- oder untertage, ob von Hand oder mit Maschinen. Auch die unternehmerische Organisation des Abbaus war nicht ausschlaggebend. Dabei gab es durchaus einleuchtende Argumente dafür, die Verfügungsrechte davon abhängig zu machen, ob der Abbau über- oder untertage stattfand, weil »der Eigenthümer der Oberfläche durch die überirdischen Gewinnungsarbeiten weit mehr [...] in der Benutzung der Oberfläche beschränkt wird«.[89] Ungeachtet solcher Einwürfe, orientierte sich auch die Diskussion über ein neues Bergrecht letztlich weiterhin an der Logik, die rechtliche Behandlung des Abbaus an die Gesteinssorte zu knüpfen.

Die Definition von Rohstoffen war aber juristisch höchst umstritten, weil die »Natur der Gegenstände« keineswegs immer eindeutig bestimmt werden konnte. Somit spielte bei den Auseinandersetzungen um die Anwendbarkeit der alten Bergordnungen geologische Expertise eine wichtige Rolle. So wurde Noeggerath, der als Bergrat in die preußische Staatsverwaltung eingebunden war und als Professor für Mineralogie an der Universität Bonn lehrte,[90] 1826 um eine Beurteilung der »Rechts-Streit[igkeiten] wegen der Stein-Brüche im vormaligen Großherzogthum Berg« gebeten.[91] Gerade auf dem Gebiet der Gesteinsgewinnung erschien die rechtsgültige Definition und Abgrenzung von Rohstoffen als die zentrale Herausforderung, um die alten Bergordnungen weiterhin anwenden zu können. Auf Grundlage der geologischen Expertise erhofften die Bergbehörden, eine eindeutige Zuordnung vornehmen zu können. Allerdings erfüllte sich diese Hoffnung nicht und sie verlor sich schließlich in den Debatten um eine Liberalisierung der Gesteinsgewinnung.

Tatsächlich trug die geologische Bestimmung eher dazu bei, die juristische Situation noch komplizierter zu machen. Die fortschreitende Ausdifferenzierung und wissenschaftliche Klassifizierung von Gesteinssorten, die für die erdgeschichtliche Theoriebildung zentral waren, liefen der auf Gewohnheitsrechten basierenden Zuordnung von Gesteinssorten in den alten Bergordnungen völlig zuwider. Insofern stellte die wissenschaftlich fundierte Definition von Gesteinssorten nicht mehr Eindeutigkeit her, sondern erhöhte die Rechtsunsicherheit.

---

88 Gräff: Handbuch des preußischen Bergrechts, Anlage B, S. 6f.

89 Ebd.

90 Vgl. Wiegel: Die Entwicklung der staatlichen geologischen Kartierung, S. 12-18.

91 Gerhard an Boelling, 19.6.1826, LAV NRW W, Oberbergamt Dortmund, 962.

Ein in dieser Hinsicht bezeichnender Konflikt war der, der um die Abgrenzung zwischen »Kalkstein« und »Marmor« geführt wurde. In einigen der älteren Bergordnungen war Marmor als »wertvolles« Gestein ausdrücklich dem Bergregal des Staates zugeordnet.[92] Nach den Kriterien der Geologie, aber auch nach den Ergebnissen der ab den 1850er Jahren einsetzenden chemischen Gesteinsanalysen wiesen diese Gesteinssorten aber gar keine Unterschiede auf.[93] Entsprechend konnte man »jeden schleif- und polierfähigen Kalkstein als Marmor bezeichnen«.[94] Es wurde deutlich, dass die Abbaurechte von Marmor als »wertvollem« Material allein auf der ästhetischen Bewertung des Gesteins gründeten. Zunehmend regte sich Kritik an der als höchst subjektiv empfundenen Zuordnung.[95] Der Rückgriff auf wissenschaftliche Definitionen brachte in diesem Fall keine Klarheit, sondern spitzte das Problem der rechtssicheren Beurteilung weiter zu.

Die allmähliche Aushöhlung der alten Bergordnungen war entscheidend dadurch bedingt, dass die »Natur der Gegenstände«, die dort geregelt wurden, nicht eindeutig genug gefasst werden konnte. Auch aus Sicht der Bergbehörden waren die Vorschriften aufgrund dieser Schwäche angreifbar. Das preußische Finanzministerium warnte sogar davor, die alten Bergordnungen dort durchzusetzen, wo sie umstritten geworden waren. Ausdrücklich wies das Ministerium die Bergämter an: »Dagegen darf die Ausübung jenes Regals in Gegenden nicht fortdauern, wo dasselbe nicht mehr für gesetzlich erachtet werden kann.«[96] Diese Rechtsauffassung führte dazu, das Bergregal in umstrittenen Fällen allmählich auslaufen zu lassen. So beschloss das Oberbergamt in Dortmund 1829, grundsätzlich keine Konzessionen für neu anzulegende Steinbrüche mehr zu verlangen und sie von der Rohstoffbewirtschaftung nach dem Direktionsprinzip auszunehmen.[97] Faktisch lief damit die Hoheit der Bergbehörden über den Kalksteinabbau seit den 1830er Jahren in

92 Preußisches Ministerium für Handel und Gewerbe, 5.5.1853, GStAPK, 1. HA Rep. 120, D XII 2 Nr. 17.

93 Wedding, Hermann: Ausführliches Handbuch der Eisenhüttenkunde, Bd. 2, Braunschweig 1902, S. 247f.

94 Preußische Geologische Landesanstalt: Verfügung, 16.11.1931, GStAPK, 1. HA Rep. 194, 334.

95 Königliches Obertribunal: Urteil in Sachen des Steinhauers Heinrich Huppelsberg zu Nieder-Sprockhövel wider den Schankwirth Heinrich Peter Oberhohl, 13.11.1850, LAV NRW W, Oberbergamt Dortmund, 962.

96 Finanzminister Maaßen an Oberbergamt Dortmund, 4.6.1834, LAV NRW W, Oberbergamt Dortmund, 962.

97 Oberbergamt Dortmund, 25.9.1829, LAV NRW R, BR 1059, 84.

den westlichen Provinzen Preußens allmählich aus.[98] Mit dem Allgemeinen Preußischen Berggesetz von 1865 endete sie auch formal.[99]

Für die Frage nach der Verfügbarkeit von Zuschlagsmaterial war die Rechtspraxis, die den Abbau von Kalkstein den jeweiligen Grundeigentümern überließ, nicht unerheblich. Einerseits eröffneten sich für die Unternehmer durch die faktische Liberalisierung Möglichkeiten, Material zu selektieren, die es unter dem staatlichen Direktionsprinzip so nicht gegeben hätte. Andererseits mussten die Abbau- und Nutzungsrechte zusammen mit den jeweiligen Grundstücken erworben werden, da der Besitz des Bodens zur Voraussetzung wurde, um Kalkstein gewinnen zu dürfen. Deshalb waren die geologischen Aufnahmen nicht nur ein wichtiger Anhaltspunkt dafür, wo sich große homogene Vorkommen des Gesteins befanden. Die detaillierte geologische Erkundung war auch ganz konkret notwendig, um zu entscheiden, welche Grundstücke für den Abbau von Zuschlagsmaterial aussichtsreich waren.

Von geologischen Kategorien zum chemisch homogenen Zuschlagsmaterial

Die großen Erwartungen an die geologische Identifikation homogener Kalksteinvorkommen beruhten auf der Annahme, dass Material gleicher erdgeschichtlicher Herkunft sich in den thermochemischen Prozessen im Hochofen ähnlich verhalten würde. Allerdings waren die Zeitgenossen nicht so naiv, hierbei einfach von einer Äquivalenz auszugehen. Vielmehr problematisierten sie den Zusammenhang zwischen den wirksamen materiellen Eigenschaften des Gesteins und den visuellen Merkmalen, die der geologischen Kategorisierung zugrunde lagen. Schon in den 1840er Jahren hatte der Hüttenexperte Carl Hartmann befunden: »Urtheilt man über die Beschaffenheit des Zuschlags nach dem blossen Ausehen [sic!], so ist eine Täuschung [...] möglich.«[100] Um dies zu verhindern und dennoch die Hinweise der geologischen Aufnahme nutzen zu können, kombinierten die Hüttenwerke das

98 Bergamt Essen-Werden: Summarische Nachweisung der von sämmtlichen Werken das Essen-Werdenschen Bergamts Bezirks im Jahre 1838 aufgenommenen Bergwerksgefällen, 25.1.1839, LAV NRW W, Sammlung Fot., 428, Bd. 5; von der Heydt an Wieking, 3.1.1861, LAV NRW W, Oberbergamt Dortmund, 962.

99 Vgl. Kühne, Günther: Das deutsche Bergrecht von 1865 bis zur Gegenwart, in: Tenfelde, Klaus/Pierenkemper, Toni (Hg.): Motor der Industrialisierung. Deutsche Bergbaugeschichte im 19. und frühen 20. Jahrhundert, Münster 2016 (= Geschichte des deutschen Bergbaus 3), S. 495-531, hier: S. 495f.

100 Hartmann, Carl: Practische Eisenhüttenkunde, oder systematische Beschreibung des Verfahrens bei der Roheisenerzeugung, der Stabeisenfabrication, dem Giessereibetriebe und der Stahlbereitung nebst Angaben über die Anlage und den Betrieb von Eisenhütten, Bd. 3, Weimar 1843, S. 231.

geologische Wissen mit der chemischen Analyse der Gesteinszusammensetzung. Durch dieses Verfahren wurde die Konstruktion homogener Vorkommen auf Basis visueller Ähnlichkeiten durch den systematischen Vergleich chemischer Merkmale überlagert.[101] Die Annahme, dass geologisch zusammenhängende Formationen auch chemisch homogen seien, galt es im Einzelfall zu überprüfen.

Im Gegensatz zu der visuellen Klassifikation seien die Gesteine anhand ihrer »chemischen Zusammensetzung [...] meist sehr nett und genau [zu] definieren«, wie es in einem zeitgenössischen Lehrbuch zur sogenannten Petrografie hieß.[102] Auf diesem Gebiet hatte es um 1850 wichtige Neuerungen gegeben, die zunehmend auch im Bereich des Eisenhüttenwesens rezipiert wurden. Vor allem die Arbeiten des Chemikers Robert Bunsen waren wegweisend für die Identifikation verschiedener Rohstoff- und Gesteinssorten. Bunsen hatte sich im Auftrag der kurhessischen Regierung seit den späten 1830er Jahren intensiv mit dem Hochofenprozess befasst.[103] Auch wenn die Details zunächst umstritten blieben, kamen im Laufe der 1850er Jahre immer mehr Untersuchungen zu dem Schluss, dass die in Kalksteinen gebundene Kohlensäure für den Verhüttungsprozess essentiell war.[104] Der chemisch nachweisbare Kohlensäuregehalt von Kalkstein avancierte zum entscheidenden Kriterium, nach dem die Hüttenwerke fortan Zuschläge bewerteten – auch weil er gut messbar war.

Ähnlich wie bei den geologischen Aufnahmen galten die chemischen Befunde als verlässlich, weil sie über das Analyseverfahren an die materiellen Eigenschaften des Gesteins zurückgebunden waren. Auch bei der chemischen Analyse handelte es

101 Vgl. Cohen: Surveying Nature, S. 50-55; Espahangizi, Kijan: Stofftrajektorien. Die kriegswirtschaftliche Mobilmachung des Rohstoffs Bor, 1914-1919 (oder: was das Reagenzglas mit Sultan Tschair verbindet), in: ders./Orland, Barbara (Hg.): Stoffe in Bewegung. Beiträge zu einer Wissensgeschichte der materiellen Welt, Zürich 2014, S. 173-207.

102 Vogt/Flad/Dilger: Lehrbuch der Geologie, S. 120.

103 Bunsen, Robert/Playfair, L.: Über den Proceß der englischen Roheisenbereitung, in: Polytechnisches Journal 107 (1848), S. 271-284; vgl. Beck, Ludwig: Die Geschichte des Eisens in technischer und kulturgeschichtlicher Beziehung, Bd. 4. Das XIX. Jahrhundert von 1801 bis 1860, Braunschweig 1899, S. 403-407; Henning, Friedrich-Wilhelm: Deutsche Wirtschafts- und Sozialgeschichte im 19. Jahrhundert (=Handbuch der Wirtschafts- und Sozialgeschichte Deutschlands, Bd. 2), Paderborn 1996, S. 368; Priesner, Claus: Robert Bunsen. Ein Grenzgänger im Reich der Chemie, in: Seising, Rudolf/Folkerts, Menso/Hashagen, Ulf (Hg.): Form, Zahl, Ordnung. Studien zur Wissenschafts- und Technikgeschichte, Stuttgart 2004, S. 591-601; Stock, Christine: Robert Wilhelm Bunsens Korrespondenz vor dem Antritt der Heidelberger Professur (1852). Kritische Edition, Stuttgart 2007.

104 Ueber die Anwendung von gebranntem Kalk anstatt Kalksteins in den Hohöfen, in: Polytechnisches Journal 119 (1851), S. 353-355, hier: S. 353f; Eck: Ueber die Anwendung des gebrannten Kalks statt des rohen Kalksteins bei dem Betriebe der Kohkshohöfen auf der Königshütte in Oberschlesien, in: Polytechnisches Journal 130 (1853), S. 349-354; Janoyer: Ueber den Einfluß der Beschickung auf die Festigkeit des Roheisens, in: Polytechnisches Journal 141 (1856), S. 104-109.

sich um eine Praktik, in der Vorstellungen und Modellannahmen über normierte Handlungsschritte mit einem Arrangement verknüpft waren. Ausführliche Anleitungen zur Bestimmung des Kohlensäuregehalts von Kalkstein, wie sie sich Mitte des 19. Jahrhunderts etablierte, fanden sich in der Handbuchliteratur:[105]

> »Man wäge 1g des gepulverten Kalksteins, welcher vorher auf 100° C erwärmt war, ab, löse denselben in einem Becherglase in 5ccm HCl mit 25ccm Wasser verdünnt und setze etwas Bromwasser zu. Man digeriere auf dem Sandbade, bis die Reaktion aufhört und dampfe zur Trockne [sic!]; nehme mit 10ccm HCl, verdünnt mit 50ccm Wasser, wieder auf, filtriere durch ein kleines aschefreies Filter, wasche gründlich mit heissem Wasser aus, trockne, glühe und wäge als unlösliche, Kieselsäure haltige Substanz. Das Filtrat erhitze man zum Sieden, setze einen geringen Ueberschuss von Ammoniak zu, koche einige Minuten lang, filtriere und wasche ein- oder zweimal aus. Man löse den Niederschlag auf dem Filter in wenig verdünnter Salzsäure, lasse die Lösung in das Becherglas fliessen, welche das erste Filtrat enthält, wasche den Niederschlag mit heissem Wasser aus, trockne, glühe und wäge als $Al_2O_3+Fe_2O_3$. Man erhitze die vereinigten Filtrate zum Sieden und setze genügend oxalsaures Ammon zu, um das Calcium und Magnesium in oxalsaure Verbindungen überzuführen; lasse den Niederschlag von Calciumoxalat 15 bis 20 Minuten lang absitzen, filtriere durch ein aschefreies Filter, wasche mit heissem Wasser aus und glühe zuerst über dem Bunsenbrenner und schliesslich 15 Minuten lang über dem Gebläse. Man lasse im Exsikkator erkalten, wäge schnell, glühe wieder 5 Minuten lang über dem Gebläse und wäge nochmals. Diese Operation wiederhole man so lange, bis das Gewicht konstant ist. Multipliciert man das erhaltene Gewicht des CaO [=Calciumoxid] mit 1,78459, so erhält man das von $CaCO_3$ [=kohlensaurer Kalk].«[106]

Entscheidend an dem Verfahren war, dass der Weg von »1g des gepulverten Kalksteins« bis zum Gewichtsanteil, den der kohlensaure Kalk daran hatte, verbindlich und nachvollziehbar vorgezeichnet war. Gerade die detaillierte Anweisung bürgte für die Verlässlichkeit des Ergebnisses.

Ebenso wie die einzelnen Verfahrensschritte der chemischen Analyse musste auch das Arrangement aus Apparaten und den, den Proben zuzugebenden, Substanzen genau beschrieben und normiert sein.[107] Das verwendete Wasser sollte stets kondensiert sein und das HCl, Salzsäure, müsse »frei von Chlor, Schwefel- und schwefliger Säure, Arsen und nicht abrauchbaren Salzen sein.« Eine Anleitung, wie

105 Vgl. Brock, William H.: Viewegs Geschichte der Chemie, Braunschweig 1997, S. 119-123.

106 Blair, Andrew Alexander: Die chemische Untersuchung des Eisens. Eine Zusammenstellung der bekanntesten Untersuchungsmethoden für Eisen, Stahl, Roheisen, Eisenerz, Kalkstein, Schlacke, Thon, Kohle, Koks, Verbrennungs- und Generatorgase, Berlin 1892, S. 212f.

107 Vgl. Brock: Viewegs Geschichte der Chemie, S. 112.

dies sicherzustellen sei, folgte unmittelbar im Anschluss.[108] Auch der Zweck und die Beschaffenheit eines Exsikkators wurde beschrieben: »Bevor man einen Tiegel wägt, sollte man ihn stets [...] im Exsikkator erkalten lassen. [...] [E]r enthält gewöhnlich Chlorcalcium oder Schwefelsäure. Der Tiegel ruht auf einem Dreieck aus Kupferdraht, der mit einem dünnen Platinblech umwickelt ist«. Größere Probleme schienen die aschefreien Filter zu bereiten, denn »[a]lle Sorten Filterpapier enthalten mehr oder weniger anorganische Bestandtheile, welche bei der Verbrennung als weisse oder bräunliche Asche zurückbleiben.«[109] Daher galt es, die unerwünschten Nebenprodukte möglichst aus der Analyse herauszuhalten. Durch die normativ strukturierte Verknüpfung von Verfahrensschritten und Arrangements aus Gestein, Apparaten und anderen Substanzen wurde verlässliches Wissen über die materiellen Eigenschaften von Kalkstein generiert.

Die chemischen Analyseverfahren waren mitentscheidend dafür, dass sich der Kohlensäuregehalt von Kalkstein als Kriterium für die Beurteilung von Zuschlägen in den 1850er Jahren durchsetzte. Anknüpfend an Bunsens Studien bildeten sich vereinheitlichte Praktiken heraus, um die Bestimmung der chemischen Bestandteile von Gesteinen nachvollziehbar und wissenschaftlichen Ansprüchen entsprechend durchzuführen. Damit standen nicht nur neue Erklärungsmodelle zur Verfügung, sondern es wurden auch zahlreiche neue Instrumente und Verfahren der chemischen Analyse entwickelt, auf welche die Hüttenwerken zurückgreifen konnten.[110] Sie eröffneten die Möglichkeit, Gesteine anhand ihres Kalk- und Kohlensäuregehalts verlässlich zu bewerten.[111]

Die Praktiken der chemischen Analyse stellten nicht nur die Verlässlichkeit, sondern auch die Vergleichbarkeit der Befunde her.[112] Die Analyseverfahren konnten jederzeit und an jedem Ort nach identischen Vorgaben wiederholt werden. Denn nur Untersuchungsergebnisse, die aufgrund derselben Verfahren zustande gekommen waren, konnten als vergleichbar angesehen werden. Dazu trug auch die Quantifizierbarkeit der Befunde bei. Schon Bunsen hatte den Kalk- und Kohlensäureanteil von Zuschlägen in Prozent am Gesamtvolumen des Gesteins beziffert.[113] Die prozentuale Erfassung der Zusammensetzung schuf ein einheitliches

---

108 Blair: Die chemische Untersuchung des Eisens, S. 24.

109 Ebd., S. 14.

110 Vgl. Rasch, Manfred: Erfahrung, Forschung und Entwicklung in der (west-)deutschen Eisen- und Stahlerzeugung. Versuch einer Begriffserklärung und Periodisierung der letzten 200 Jahre, in: Ferrum 68 (1996), S. 4-29, hier: S. 10f.

111 Vgl. Rheinberger, Hans-Jörg: Experimentalsysteme und epistemische Dinge. Eine Geschichte der Proteinsynthese im Reagenzglas (2. Aufl.), Göttingen 2002, S. 25f.; Zachmann/Ehlers: Wissen und Begründen.

112 Vgl. Misa, Thomas J.: A Nation of Steel. The Making of Modern America, 1865-1925, Baltimore 1995, S. 29f.; Daston: Wunder, Beweise und Tatsachen, S. 140-147.

113 Bunsen/Playfair: Über den Proceß der englischen Roheisenbereitung, S. 279.

und Exaktheit suggerierendes Gerüst, in das Informationen über das jeweils analysierte Gestein eingeordnet werden konnten.

Auf dieser Grundlage führten die Hüttenwerke das geologische Wissen über die Ausdehnung homogener Kalksteinformationen mit Verfahren der chemischen Analyse zusammen. Als beispielsweise 1856 der Friedrich Wilhelms-Hütte ein Grundstück, das inmitten des von Barth nachgezeichneten Kalksteinzugs entlang der Düsseldorf-Elberfelder Chaussee lag, zum Kauf angeboten wurde, ordnete der Verwaltungsrat der Hüttengesellschaft an, »eine genaue Untersuchung des Feldes durch Abbohren zu veranstalten«.[114] Bei diesem »Abbohren« wurden Gesteinsproben entnommen, die anschließend chemisch analysiert wurden. Das Ergebnis der Untersuchung ist nicht überliefert. Es dürfte aber den Befunden entsprochen haben, zu denen auch der Chemiker Baedecker im Auftrag von Jacobi, Haniel und Huyssen gelangte, als er Gesteinsproben aus einem wenig entfernten Steinbruch bei Dornap analysierte. Baedecker resümierte: »Der Gehalt an kohlensaurem Kalk beträgt […] 98,3 Prozent.«[115]

Der Befund war insofern bemerkenswert, als dass er beinahe identisch mit Ergebnissen von Proben war, die inzwischen aus dem Neandertal vorlagen. Baedecker vermerkte dazu: »Die Vergleichung der beiden Kalksteine läßt wenig wesentliche Unterschiede erkennen«. Der Anteil des kohlensauren Kalks wurde dort mit 97,75 Prozent beziffert.[116] Darüber hinaus deckte sich diese Zahl mit dem, was Bunsen von den britischen Hochöfen berichtete, die er untersucht hatte. Dort habe der genutzte Zuschlag aus 54,4 Prozent Kalk und 42,9 Prozent Kohlensäure bestanden, Werte, die üblicherweise addiert wurden, um zum Anteil des kohlensauren Kalks zu gelangen.[117] Die Ergebnisse der chemischen Analysen von Proben aus dem devonischen Kalksteinzug, die Barth einige Jahre zuvor für die Geologische Landesaufnahme als einheitliche Formation beschrieben hatte, wiesen eine Häufung im Bereich zwischen 96 und 99 Prozent kohlensaurem Kalk auf.

Die Befunde über die chemische Zusammensetzung überlagerten das geologische Wissen um die Ausdehnung der Kalksteinvorkommen und prägten die Selektion des Zuschlags. Auf der Suche nach einem in großen Mengen verfügbaren homogenen Rohstoff zeigte sich eine signifikante Überschneidung zwischen der als zusammenhängend identifizierten Kalksteinformation, die sich vom Neandertal nach Dornap an der Düsseldorf-Elberfelder Chaussee zog, und den konstanten chemischen Eigenschaften des dort gefundenen Gesteins. Alle Proben deuteten darauf hin, dass das Material, das dieser Formation entnommen wurde, auch hinsichtlich seiner Wirkung in den thermochemischen Prozessen der Verhüttung

114 Friedrich Wilhelms-Hütte: Sitzung des Verwaltungsrathes, 28.10.1856, TKKA, FWH, 55.

115 Baedecker, 11.1.1854, RWWA, 130, 2010/1.

116 Ebd.

117 Bunsen/Playfair: Über den Proceß der englischen Roheisenbereitung, S. 279; vgl. Geyssant: Geologie des Calciumcarbonats, S. 26.

vergleichbar war. In der Vorstellung der Zeitgenossen zeichneten sich damit die Umrisse eines großen Vorkommens von Kalkstein mit gleichbleibenden materiellen Eigenschaften ab. Je mehr sich diese Vorstellung im Laufe der 1850er Jahre verdichtete, desto größer wurde der Druck auf die Hüttenwerke, das Arrangement der Materialien in den Kokshochöfen langfristig an dieses Gestein anzupassen.

Mit der Selektion veränderte aber auch die materielle Kontur des Rohstoffs. Die Eigenschaften eines geeigneten Zuschlagsmaterials, die zu Beginn der 1850er Jahre noch relativ unbestimmt waren, wurden durch die ineinandergreifende Konstruktion von geologischem und chemischem Wissen definiert. Was Kalkstein war, der in Kokshochöfen eingesetzt werden konnte, wurde zunehmend enger bestimmt – und zwar entlang der chemischen Merkmale, die gehäuft bei der Analyse des Gesteins aus großen, geologisch homogenen Vorkommen auftraten. Das Wissen über Kalksteinvorkommen signalisierte, dass der Anteil von kohlensaurem Kalk zwischen 96 Prozent und 99 Prozent das entscheidende Merkmal für die Selektion sein sollte, weil es die größten homogenen Vorkommen kennzeichnete. Nur Gestein, das dem entsprach, qualifizierte sich langfristig als Zuschlagskalk von »vorzüglicher Qualität«.[118] Mit dem Ziel das Arrangement der verschmolzenen Rohstoffe zu optimieren, bestimmten die Hüttenwerke letztlich, wie das Material beschaffen sein musste. In dem Maße, in dem sie devonisches Gestein selektierten, das dem chemisch nachgewiesenen Eigenschaftsprofil entsprach, manipulierten sie nicht nur die thermochemischen Prozesse im Hochofen, sondern veränderten auch die materielle Kontur des Rohstoffs.

Der Rohstoff Kalkstein, seine materiellen Eigenschaften und Wirkungsweisen, passten sich im Selektionsprozess der 1850er Jahren an die Produktionsverfahren der Kokshochofentechnologie an. Die Anforderungen, die die Anpassung prägten, ergaben sich aus der angestrebten Gleichmäßigkeit des Verhüttungsprozesses und der Erwartung, dass dies langfristig nur mit einem homogenen Zuschlagsstoff erreicht werden könne. Zugleich eröffneten die geologische Aufnahme und chemische Analysen die Möglichkeit, dieses Ziel systematisch zu verfolgen. So konturierte schließlich die Übertragung von Wissen zwischen den Praktiken der geologischen Aufnahme, der chemischen Analyse und denen der Eisenverhüttung die materiellen Eigenschaften des Rohstoffs. Für die Anpassung des Materials war letztlich nicht allein entscheidend, ob ein bestimmtes Gestein für die thermochemischen Prozesse im Hochofen besser oder schlechter geeignet war. Vielmehr war die Tatsache ausschlaggebend, dass die Merkmale, nach denen Hüttenwerke das Zuschlagsmaterial selektierten, die Konstruktion von Wissen über das Volumen von

118 Heusler, Conrad: Darstellung der Betriebs-Verhältnisse der Hochofen-Anlagen des Bergischen Gruben- und Hütten-Vereins zu Hochdahl und der Gesellschaft Concordia zu Eschweiler in technischer und ökonomischer Beziehung, März 1859, GStAPK, 1. HA Rep. 121, 2107, Bl. 1.

Kalksteinvorkommen und deren chemisch homogenen Eigenschaften widerspiegelten.[119] Dessen ungeachtet stand die Selektion des Materials in Wechselwirkung mit den thermochemischen Prozessen in den Hochöfen, was den Versuchen und Auswahlmöglichkeiten zwar Grenzen setzte, aber zunächst vor allem die Kreativität im Umgang mit dem Gestein freisetzte.

Abbildung 3: Überblickskarte 1850er Jahre.

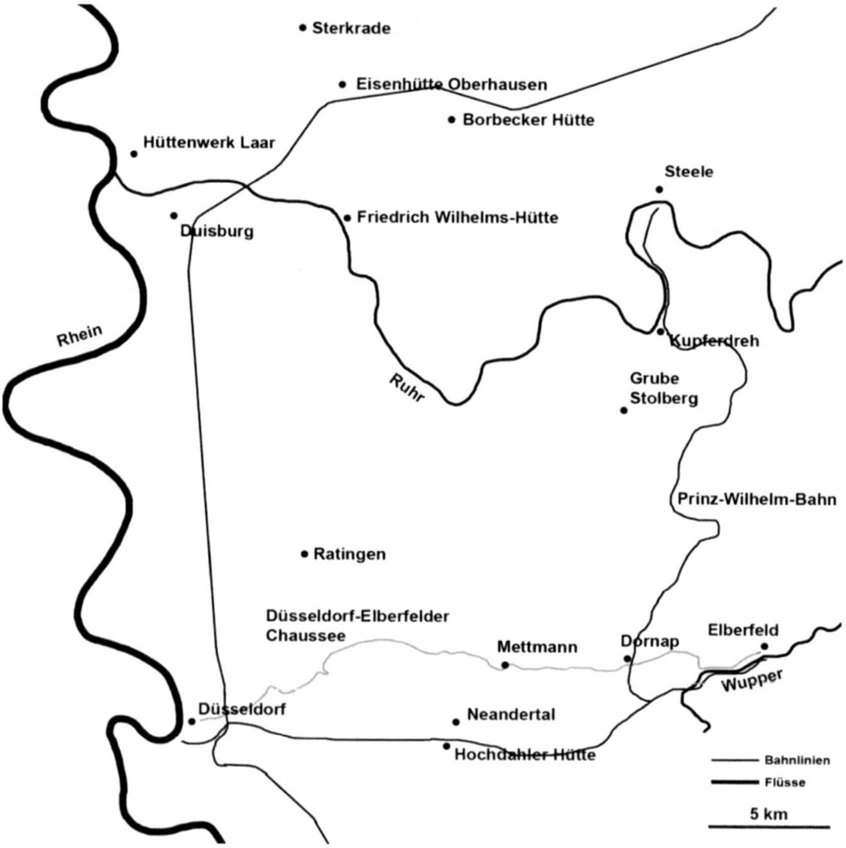

119 Vgl. Westermann, Andrea: Geology and World Politics. Mineral Resource Appraisals as Tools of Geopolitical Calculation, 1919-1939, in: Historical Social Research/Historische Sozialforschung 40 (2015), Nr. 2, S. 151-173, hier: S. 153f.

4. Angepasste Produktionsverfahren

Einige der Steinbrüche, deren Potenzial die geologische Aufnahme und die chemischen Untersuchungen hervorhoben – namentlich diejenigen im Neandertal – waren 1842 von den Kaufleuten Friedrich Wilhelm Beckershoff und Heinrich Wilhelm Diepgen erworben worden. Zunächst ließen sie dort Treppenstufen, Fensterbänke und Gebäudeverkleidungen herstellen. Doch Ende der 1840er Jahre registrierten sie das wachsende Interesse der rheinisch-westfälischen Unternehmerschaft an der Kokshochofentechnologie und entwickelten den Plan, ihr Gestein gezielt als Zuschlag an die projektierten Hüttenwerke zu verkaufen – ein Geschäftsfeld, das exponentielles Wachstum versprach.[1] Allerdings warteten sie nicht ab, dass andere Unternehmen an sie herantraten, sondern ergriffen selbst die Initiative. Bereits 1848 gründeten sie zusammen mit Geldgebern aus Elberfeld und Köln die Eintrachtshütte im unmittelbar oberhalb des Neandertals gelegenen Ort Hochdahl. In den folgenden Jahren avancierte die Eintrachtshütte zu einem der Pioniere bei der Adaption der Kokshochofentechnologie, wo früh erfolgreich mit Steinkohlekoks, Erz- und Zuschlagssorten experimentiert wurde.[2] Die Kreativität, die den dortigen Umgang mit Rohstoffen und den thermochemischen Prozessen im Hochofen kennzeichnete, basierte auf der Prämisse, die Produktionsverfahren an das Gestein aus dem Neandertal anzupassen.

Die Eintrachtshütte und der Kalkstein aus dem Neandertal

Beckershoff und Diepgen waren keineswegs die einzigen Steinbruchbesitzer an Rhein und Ruhr, die um 1850 versuchten, die Gewinnung von Steinen und Erden mit dem Aufbau der neuen Kokshochöfen zu verknüpfen. Die meisten der Steinbruchbetreiber waren größere Grundbesitzer, die neben ihrem landwirtschaftli-

1 Vgl. Schürmann, Manfred: Die Marmorschleifer aus dem Neandertal. Beckershoff, Pieper und der Kalk, in: Journal. Jahrbuch des Kreises Mettmann 8 (1989), S. 42-46;Fremdling, Rainer: Technologischer Wandel und internationaler Handel im 18. und 19. Jahrhundert. Die Eisenindustrien in Großbritannien, Belgien, Frankreich und Deutschland, Berlin 1986, S. 326.

2 Vgl. Seeling, Hans: Die Eisenhütte Hochdahl, 1847-1912, Wuppertal 1968.

chen Betrieb Steine brechen ließen. Unter diesen waren die Grafen von Spee die prominentesten. In den 1840er Jahren beschäftigten sie in Ratingen gut 80 Arbeiter, die rund 2.000 t Gestein jährlich abbauten und damit bereits vor Einführung der Kokshochofentechnologie die bescheidende Hüttenindustrie an der Emscher belieferten.[3] Ebenfalls in Ratingen operierte Gustav Linden, der ab 1850 auf den familieneigenen Ländereien gezielt Steinbrüche anlegen und erschließen ließ, um das Material den entstehenden Hüttenwerken anzubieten.[4] Zunehmend engagierten sich auch Baustoffhändler in diesem Geschäftsfeld. So boten die Gebrüder Winters, mit einer Niederlassung in Sterkrade nahe der Gutehoffnungshütte, in den 1850er Jahren Kalkstein und später auch einen ihrer Steinbrüche verschiedenen Hüttenwerken zum Kauf an.[5] Bei all diesen Steinbruchbetreibern handelte es sich um gut vernetzte und wachstumsorientierte Unternehmer, die versuchten auf die Experimente mit unterschiedlichen Rohstoffsorten Einfluss zu nehmen.[6]

Aber nur Beckershoff und Diepgen gelang es, Investoren davon zu überzeugen, ein Hüttenwerk in unmittelbarer Nähe ihrer Steinbrüche zu errichten, an dem sie mit einem 25prozentigen Anteil beteiligt blieben.[7] Sie nutzten ihre Kontakte zu Kaufleuten und Unternehmern, die in die neue Kokshochofentechnologie investieren wollten,[8] um ein Projekt zu realisieren, das ganz auf den von ihnen bereitgestellten Zuschlagsstoff ausgerichtet war. Dabei stellten Beckershoff und Diepgen die lokale Verfügbarkeit des Kalksteins bewusst als entscheidenden Standortvorteil dar. Zwar war es nicht unwichtig, dass Hochdahl an der Eisenbahnstrecke von Elberfeld nach Düsseldorf lag und damit eine gute Transportverbindung zum Rhein existierte. Ebenso relevant war, dass in der Umgebung der projektierten Hütte einige Eisenerze gewonnen werden konnten.[9] Aber aus Sicht der Investoren konn-

---

3 Bürgermeisteramt Ratingen: Uebersicht der vorhandenen Sand- und Kalksteinbrüche pp. pro 1842, 31.12.1842, LAV NRW R, BR 17, 131.

4 Vgl. Lumer, Michael: Faszination Kalk – Begegnung mit einem unbekannten Gestein. Auch im Lintorfer und Ratinger Raum gab es Jahrhunderte lang ein Kalkgewerbe (Schluss), in: Die Quecke (2012), Nr. 82, S. 227-235, hier: S. 228f.

5 Friedrich Wilhelms-Hütte: Sitzung des Verwaltungsrathes, 28.10.1856, TKKA, FWH, 55; Anlage zweier Kalköfen durch die Gebr. Winters, Dornap auf dem Bahnhof Strekrade, 1861, LAV NRW R, Kartensammlung – Abteilung 1, 3305; vgl. Seeling, Hans: Die Eisenhütten in Heerdt und Mülheim am Rhein, Köln 1972, S. 39f.

6 Vgl. Seeling, Hans: Zur Geschichte der Hochdahler Hütte und ihrer Gründer, in: Düsseldorfer Jahrbuch 55 (1975), S. 108-130, hier: S. 115-117.

7 Notariatsakte Lützeler, Max: No. R. 5640, 14.7.1849, LAV NRW R, BR 1059, 244; vgl. Seeling: Die Eisenhütte Hochdahl, S. 20f.

8 Vgl. van Eyll, Klara: Unternehmer der Kölner Zuckerwirtschaft, 1830-1871. Ihr Engagement im Rahmen der Frühindustrialisierung an Rhein und Ruhr, in: dies. (Hg.): Kölner Unternehmer und die Frühindustrialisierung im Rheinland und in Westfalen, 1835-1871, Köln 1984, S. 193-207.

9 Hüttenwerk Eintracht: Statut der Gesellschaft Hüttenwerk Eintracht zu Hochdahl bei Erkrath, 1851, LAV NRW R, BR 109, 178; vgl. Seeling: Die Eisenhütte Hochdahl, S. 36-51.

ten dies eigentlich keine außergewöhnlich günstigen Voraussetzungen sein, gab es doch unter dem Gesichtspunkt der Anbindung und der Erzgewinnung wesentlich attraktivere Standorte.[10] So waren auch die Verhandlungen über die Konzession für die Eintrachtshütte, die 1848 bei der für die Genehmigung von Hüttenwerken in Preußen zuständigen Bergverwaltung beantragt wurde, zunächst wenig erfolgreich.[11] Den Gründern gelang es schließlich, das Bergamt mit dem Hinweis auf die Nähe zu den Kalksteinbrüchen im Neandertal zu überzeugen: »Dem Unternehmen dürfte ein[e] sehr günstige Prognos[e] zu stellen sein, da demselben [...] Zuschlagskalk in hinreichender Menge ohne alle Fracht zu Gebote steh[t]«.[12]

War die hohe Bewertung des lokalen Zugriffs auf Kalkstein einfach nur eine etwas ungewöhnliche Einschätzung, die im Übrigen auch kaum Nachahmer fand?[13] Die Vorteile, die sich aus den geringen Frachtkosten für das Gestein aus dem Neandertal ergaben, mochten einige potenzielle Investoren und schließlich auch die Bergbehörden überzeugen. Aber als wirklich zwingend dürfte dieses Argument auch den Zeitgenossen nicht erschienen sein. Die Frachtkosten waren eher ein vorgeschobener Grund dafür, ein Hüttenwerk unmittelbar oberhalb des Neandertals aufzubauen. Tatsächlich ging es den Eintrachtshüttengründern um den Kalkstein aus dem Neandertal als entscheidendes Element für die Anpassung des materiellen Arrangements in den neu aufzubauenden Hochöfen.[14]

Beckershoff und Diepgen erwarteten, auf der Eintrachtshütte ein Muster der Zuschlagsnutzung zu etablieren, das sich auch bei anderen projektierten Hüttenwerken durchsetzen würde. Diese Intention spiegelt sich nicht nur in dem ausgesprochen frühen und zielstrebigen Engagement der Steinbruchbesitzer – der Auf-

10 In der Forschung werden insbesondere Standorte am Rhein als »günstig« charakterisiert, vgl. Feldenkirchen, Wilfried: Zum Einfluss der Standortfaktoren auf die Eisen- und Stahlindustrie des Ruhrgebiets (bis 1914), in: Blaich, Fritz (Hg.): Entwicklungsprobleme einer Region. Das Beispiel Rheinland und Westfalen im 19. Jahrhundert, Berlin 1981, S. 47-87; Walter, Rolf: Der Montanbereich aus Sicht der Nationalökonomen. Montandistrikte des 17./18. Jahrhunderts auf dem Weg zur industriellen Produktionsweise des 19. Jahrhunderts, in: Westermann, Ekkehard (Hg.): Vom Bergbau- zum Industrierevier, Stuttgart 1995, S. 453-479.

11 Oberbergamt Bonn an Preußisches Ministerium für Handel und Gewerbe: Die C[onzessionierung] einer Eisen-Hütten-Anlage zu Hochdahl betreffend, 1.5.1850, GStAPK, 1. HA Rep. 121, 6557.

12 Bergamt Siegen: Extract aus dem Zeitungsbericht des Königl. Bergamts zu Siegen pro IItes Trimester 1848, 16.9.1848, LAV NRW R, BR 1059, 244; vgl. Seeling: Die Eisenhütte Hochdahl.

13 Die 1855 in Betrieb genommene Haßlinghauser Hütte orientierte sich ebenfalls an Kalkstein als entscheidenden materiellen Element, vgl. Beckmann, Dieter: Die Entwicklung der Kalkindustrie im Bergisch-Märkischen Raum. Eine wirtschaftsgeographische Skizze, in: ders./Knübel, Hans (Hg.): Beiträge zur Landeskunde des Bergisch-Märkischen Raumes, Wuppertal 1981, S. 187-224, hier: S. 196; vgl. Feldenkirchen: Zum Einfluss der Standortfaktoren, S. 56f.

14 Schimmelbusch, Julius: Die Werke des Bergischen Gruben- und Hüttenvereins, in: Berg- und Hüttenmännische Zeitung 15 (1856), Nr. 50, S. 417-419, hier: S. 419.

bau der Eintrachtshütte war bereits 1851 abgeschlossen, deutlich bevor die meisten anderen Kokshochofenwerke an Rhein und Ruhr in Betrieb gingen. Auch ihre Argumentation gegenüber den Genehmigungsbehörden zeigt unmissverständlich, worauf es ihnen ankam. Den Ausbau ihres Steinbruchbetriebs stellten Beckershoff und Diepgen als Vorbedingung für ein weiteres Wachstum der Eisenindustrie dar.[15] Als sie 1853 beim preußischen Ministerium für Handel und Gewerbe beantragten, den Steinbruchbetrieb in eine Aktiengesellschaft, die spätere Actiengesellschaft für Marmorindustrie im Neanderthal, umwandeln zu dürfen, um die Kapitalbasis für weitere Investitionen zu schaffen, verwiesen sie ausdrücklich auf die Vorteile, die sich aus der Verwendung des Gesteins auf der Eintrachtshütte ergeben hätten. Ausgehend von dem dortigen Verbrauch prognostizierten sie, aus den eigenen Steinbrüchen täglich 300-400 t Kalkstein an Hüttenwerke abzusetzen[16] – mehr als doppelt so viel, wie wenige Jahre vorher alle Steinbruchbetriebe im gesamten Regierungsbezirk Düsseldorf zusammen gewonnen hatten.[17] In den Unterlagen, die Beckershoff und Diepgen bei dem Ministerium einreichten, wird die Erwartung, den gesamten Bedarf der entstehenden Eisenindustrie nach dem Muster der Eintrachtshütte aus dem Neandertal zu decken, sehr deutlich:

> »[F]ür den Bedarf der an Rhein und Ruhr bereits bestehenden und noch in der Ausführung begriffenen Hochöfen [kann] der Kalkstein nirgends so leicht und billig bezogen werden […], als aus dem Neanderthale. Dieser Kalkstein-Bedarf […] wird […] von so großer Bedeutung sein, daß die Erweiterung des [Unternehmens] nothwendig dadurch bedingt wird.«[18]

Die Standortwahl der Eintrachtshütte reflektierte daher in erster Linie die Festlegung auf den Kalkstein aus dem Neandertal – und zwar obwohl 1848, während der Planungen für die Hütte, noch nicht sicher abzusehen war, ob sich dieses Gestein überhaupt als Zuschlag für die Eisenverhüttung bewähren würde. Ausschlaggebend waren hier die Interessen der Steinbruchbesitzer, die im Vorgriff auf die zukünftige Entwicklung ihr Gestein als Zuschlagssorte gezielt etablieren wollten. Anders als bei den meisten anderen neuen Hüttenwerken, die mit verschiedensten Zuschlagssorten experimentierten, war die Anpassung der Produktionsverfahren

15 Königliche Regierung Düsseldorf Abteilung des Inneren an Preußisches Ministerium für Handel und Gewerbe: Betrifft die Actien-Gesellschaft zur Verwerthung des Marmors im Neander-Thale bei Mettmann, 5.7.1853, GStAPK, 1. HA Rep. 120, A XII 7 Nr. 159.

16 Pieper: Vorlegung eines Gesellschafts-Vertrages zur landesherrlichen Bestätigung, 20.2.1853, GStAPK, 1. HA Rep. 120, A XII 7 Nr. 159.

17 Uebersicht der Production des Bergwerks-, Steinbruchs-, Hütten- und Salinen-Betriebes in der Preussischen Monarchie, 1842, S. 8.

18 Pieper: Vorlegung eines Gesellschafts-Vertrages zur landesherrlichen Bestätigung, 20.2.1853, GStAPK, 1. HA Rep. 120, A XII 7 Nr. 159.

in den Hochdahler Hochöfen auf das Gestein aus dem Neandertal fixiert. Deutlicher als an anderen Standorten orientierte sich deshalb die Anpassung der Produktionsverfahren an den Eigenschaften des lokal verfügbaren Kalksteins.

Als technischer Leiter wurde 1849 Julius Schimmelbusch mit dem Aufbau der Kokshochöfen in Hochdahl betraut. Der 1826 geborene Schimmelbusch hatte zuvor Kenntnisse auf den Hüttenwerken im belgischen Seraing und auf der Königshütte in Oberschlesien erworben – zwei Betriebe, in denen zu diesem Zeitpunkt schon Kalkstein in Kokshochöfen verwendet wurde.[19] Entsprechend den Erwartungen der Gründer führte Schimmelbusch Experimente mit verschiedenen Erz-, Kokssorten durch, die er mit dem lokal verfügbaren Kalkstein kombinieren ließ. In gewisser Weise war dieses Vorgehen riskant. Denn zu diesem Zeitpunkt waren weder die Ergebnisse der chemischen Analysen bekannt, die ab den frühen 1850er Jahren auf verschiedenen Hüttenwerken an Rhein und Ruhr durchgeführt wurden und die Verwendbarkeit von Kalkstein untermauerten. Noch lagen die Befunde der geologischen Aufnahmen vor, die belegten, dass die Aufschlüsse im Neandertal Teil einer großen zusammenhängenden devonischen Kalkformation waren. Dass der Kalkstein aus dem Neandertal geeignet sein würde, um damit Koksroheisen in großen Mengen herzustellen, war bei der Werksgründung 1848/49 noch nicht sicher abzusehen.

Das Kalkül der Werksgründer ging aber erstaunlich schnell auf. Die Eintrachtshütte war das erste Werk an Rhein und Ruhr überhaupt, auf dem die Verhüttung mit Steinkohlekoks über das Versuchsstadium hinauskam.[20] Zwischen dem 22. Juni 1851 und dem 9. November 1856 war der erste Hochofen in Hochdahl kontinuierlich in Betrieb.[21] Aus dem frühen Start der dauerhaften Produktion ergab sich erstens ein Vorsprung bei der Vermarktung des Roheisens gegenüber der schnell wachsenden Konkurrenz. Auf der Provinzial-Gewerbe-Ausstellung für Rheinland und Westphalen im Juli 1852, auf der sich die Eintrachtshütte präsentierte, konnten

19 Vgl. Weber, Wolfhard: Entfaltung der Industriewirtschaft, in: Köllmann, Wolfgang/Korte, Hermann/Petzina, Dietmar/ders. (Hg.): Das Ruhrgebiet im Industriezeitalter. Geschichte und Entwicklung, Bd. 1, Düsseldorf 1990, S. 199-336, hier: S. 264; Troitzsch, Ulrich: Belgien als Vermittler technischer Neuerungen beim Aufbau der eisenschaffenden Industrie im Ruhrgebiet um 1850, in: Technikgeschichte 39 (1972), S. 142-158, hier: S. 154.

20 Vgl. Landes, David S.: The Unbound Prometheus. Technological Change and Industrial Development in Western Europe from 1750 to the Present, Cambridge 1969, S. 178.

21 Heusler, Conrad: Darstellung der Betriebs-Verhältnisse der Hochofen-Anlagen des Bergischen Gruben- und Hütten-Vereins zu Hochdahl und der Gesellschaft Concordia zu Eschweiler in technischer und ökonomischer Beziehung, März 1859, GStAPK, 1. HA Rep. 121, 2107, Bl. 62; Der Friedrich Wilhelms-Hütte in Mühlheim an der Ruhr, die häufig auch als dasjenige Werk genannt wird, das als erstes einen Kokshochofen betrieb, gelang die Einrichtung eines Kokshochofens erst kurze Zeit später, vgl. Die Friedrich-Wilhelmshütte bei Mühlheim, in: Berg- und Hüttenmännische Zeitung 10 (1851), S. 744.

erst wenige Unternehmen Produkte aus Koksroheisen zeigen.[22] Zweitens war der Erfolg der Eintrachtshütte ein wichtiger Schritt zur Durchsetzung von Kokshochöfen an Rhein und Ruhr. Hier wurde als erstes der Nachweis erbracht, dass kontinuierlich und auf Grundlage der verfügbaren Steinkohle-, Erz- und Zuschlagssorten Roheisen hergestellt werden konnte.[23]

Auch die Produktionsergebnisse, die erzielt werden konnten, bestätigten die Entscheidung für den Kalkstein aus dem Neandertal. Sowohl hinsichtlich der Qualität des Roheisens als auch der produzierten Menge erfüllte das Werk die Erwartungen. Bald nach der Inbetriebnahme 1851 zeigte sich, dass das Arrangement der Rohstoffe im Hochofen die erhofften Resultate lieferte. Auf der Provinzial-Gewerbe-Ausstellung zeigte das Unternehmen Roheisenproben, aber auch verschiedene daraus gegossene Halb- und Fertigprodukte wie Stabeisen oder Bleche.[24] Zudem belieferte die Eintrachtshütte schon in den ersten Jahren ihres Bestehens andere Werke, in denen das Roheisen weiterverarbeitet wurde.[25] Die Nachfrage war so groß, dass auf der Eintrachtshütte im zweiten Betriebsjahr, 1853, bereits 7.475 t Roheisen hergestellt wurden – knapp ein Drittel der gesamten Produktion aller Kokshochöfen im Rheinischen Oberbergamtsbezirk und »ein Erzeugungsquantum, welches bisher weder in Belgien, noch in Schottland übertroffen worden ist.«[26] Wirtschaftlich galt der Aufbau des Hochdahler Hochofens schnell als Erfolg.[27]

Die frühe Festlegung auf den Kalkstein aus dem Neandertal hatte die Phase des Experimentierens erheblich verkürzt. Anders als bei anderen Hüttenwerken konnte der Aufbau des ersten Kokshochofens schon nach knapp zwei Jahren abgeschlossen werden. Auch die Qualität der Erzeugnisse sowie die hohe Produktivität erregten früh die Aufmerksamkeit zeitgenössischer Beobachter.[28] Davon, dass sich mit dem Erfolg in den frühen 1850er Jahren auch das Muster der Zuschlagsnutzung durchsetzte, kann allerdings nicht die Rede sein.

Zwar hatten Schimmelbusch und seine Mitarbeiter den Nachweis erbracht, dass das Gestein aus dem Neandertal grundsätzlich zur Verhüttung geeignet war. Das änderte aber zunächst nichts daran, dass auf anderen Werken weiterhin mit

---

22 Katalog der Provinzial-Gewerbe-Ausstellung für Rheinland und Westphalen in Düsseldorf, Düsseldorf 1852.

23 Vgl. Brüggemeier, Franz-Josef: Grubengold. Das Zeitalter der Kohle von 1750 bis heute, 2018, S. 62.

24 Katalog der Provinzial-Gewerbe-Ausstellung, S. 58.

25 Vgl. Wagenblaß, Horst: Der Eisenbahnbau und das Wachstum der deutschen Eisen- und Maschinenbauindustrie, 1835-1860. Ein Beitrag zur Geschichte der Industrialisierung Deutschlands, Stuttgart 1973, S. 123.

26 Oechelhäuser, Wilhelm: Die Eisenindustrie des Zollvereins in ihrer neuen Entwicklung, Duisburg 1855, S. 11.

27 Schimmelbusch: Die Werke des Bergischen Gruben- und Hüttenvereins, S. 417.

28 Vgl. Seeling: Die Eisenhütte Hochdahl, S. 22.

anderen Zuschlagsgesteinen experimentiert wurde. Die Versuche auf der Eisenhütte Oberhausen, die weiter oben schon dargestellt wurden, zeigen, dass das Gestein aus dem Neandertal in den 1850er Jahren nur eine unter mehreren möglichen Optionen war. Auch der Erfolg, den die Eintrachtshütte unter Einbeziehung des Kalksteins aus dem Neandertal erzielte, stellte sich zwar sehr früh ein, aber er war keineswegs singulär. Weitere Hochöfen an Rhein und Ruhr gingen zum Teil schon wenige Monate später dauerhaft in Betrieb und es ist kaum anzunehmen, dass sie sich dabei am Hochdahler Werk und dessen Rohstoffnutzung orientierten.[29] Trotz des frühen Erfolgs der Eintrachtshütte bestanden zunächst noch Varianzen und Alternativen bei der Wahl der Zuschläge.

Erst als geologische Aufnahmen und chemische Analysen auf der Suche nach großen homogenen Vorkommen im Laufe der 1850er Jahre voranschritten, wurde das Potenzial der Rohstoffzusammensetzung, wie sie auf der Eintrachtshütte zustande gekommen war, immer deutlicher. Die frühe Fixierung auf den Kalkstein aus dem Neandertal überschnitt sich immer eindeutiger mit der Identifikation großer homogener Zuschlagsvorkommen, die dort zutage traten. 1859 stellte der Hüttenbeamte Heusler in seiner Untersuchung der Eintrachtshütte fest: Die »Kalksteinvorkommen [...] enthalten nach vorliegenden Analysen 99 % kohlensauren Kalk«.[30] Erst die Bedeutung, die das so definierte Eigenschaftsprofil des Zuschlagsmaterials bis Ende der 1850er Jahre erlangte, machte die Anpassung des Produktionsverfahrens, wie sie zuerst auf der Eintrachtshütte gelungen war, zum langfristig prägenden Präzedenzfall.

Die Anpassung der Produktionsverfahren war also keinesfalls durch die materiellen Eigenschaften der Rohstoffe determiniert. Vielmehr existierte ein signifikanter Spielraum bei der Auswahl des Zuschlagsmaterials. Die ökonomischen Interessen, die im Fall von Beckershoff und Diepgen nur allzu offensichtlich sind, waren für die Zusammenstellung der Rohstoffe ebenso bedeutsam, wie die Konstruktion des geologischen und chemischen Wissens. Dabei griffen die Anpassung des Rohstoffs und die Zusammenstellung der Rohstoffe im Arrangement der Hochöfen ineinander. Während sich die materielle Kontur des Rohstoffs durch die geologischen und chemischen Befunde zunehmend schärfte, entstand auf der Eintrachtshütte im kreativen Umgang mit dem Material ein Produktionsverfahren, das an den so konturierten Rohstoff angepasst war. Die ökonomischen Interessen und die Konstruktion von Wissen erklären allerdings noch nicht, wie das Gestein aus

---

29 Vgl. Weber: Entfaltung der Industriewirtschaft, S. 263-267.

30 Heusler, Conrad: Darstellung der Betriebs-Verhältnisse der Hochofen-Anlagen des Bergischen Gruben- und Hütten-Vereins zu Hochdahl und der Gesellschaft Concordia zu Eschweiler in technischer und ökonomischer Beziehung, März 1859, GStAPK, 1. HA Rep. 121, 2107, Bl. 16.

dem Neandertal in den thermochemischen Prozessen im Hochofen jene Wirkung entfaltete, die die Herstellung eines brauchbaren Roheisens ermöglichte.

Kalkstein als kompensatorisches Element

Der Erfolg der Eintrachtshütte hing ganz entscheidend mit der Funktion zusammen, die dem Kalkstein aus dem Neandertal in den Praktiken der Verhüttung zuwuchs. Die Unternehmensgründer hatten nicht nur einfach Glück, dass der Einsatz des von ihnen präferierten Zuschlags gute Resultate lieferte, der Hochofen also Roheisen produzierte, das den Qualitätsansprüchen entsprach. Ihnen war es gelungen, die Verhüttungspraktiken so anzupassen, dass diese Resultate erzielt werden konnten – ohne dass sie die Wirkungsweise des Materials in den thermochemischen Prozessen voll überblickt hätten. Infolge der Festlegung hatten sie eine ganz spezifische Funktion des Zuschlags innerhalb der Verhüttungspraktiken in Hochdahl entwickelt, die auf das Gestein im Neandertal abgestimmt war – er wurde als kompensatorisches Element in die Praktiken der Verhüttung integriert.

Über den verhältnismäßig schnellen Aufbau der Hochöfen in Hochdahl ist im Einzelnen nichts überliefert. Aber von der laufenden Produktion des ersten Hochofens her betrachtet wird deutlich, wie wichtig die Funktion des Kalksteins darin war. Schimmelbusch und seine Mitarbeiter hatten offenbar schon früh erkannt, dass der immer gleichbleibende Kalkstein für eine stabile Produktion sorgte, während die Eigenschaften der Erzsorten und des Steinkohlekoks zum Teil stark schwankten. Es sei zu beobachten, »daß sich [...] Kohlen aus verschiedenen Bezugsquellen in ihrer Qualität verschlechtert, daher an ihrer Trag- und Brennkraft eingebüßt haben und daß die Gattierung [Zusammenstellung, S.H.] der Erze [...] eine sehr ungleichmäßige war«, berichtete der preußische Hüttenbeamte Conrad Heusler von der Eintrachtshütte.[31] Anders als zu erwarten, hatten die starken Schwankungen bei den Eigenschaften der Brennstoffe und Erze kaum zu ernsthaften Problemen geführt, konnte die Produktion doch über Jahre hinweg kontinuierlich ohne einen Qualitätsrückgang oder Einbußen der Produktivität aufrechterhalten werden. Als Grund benannte Heusler den Einsatz der immer gleichbleibenden Zuschlagssorte aus dem Neandertal. Den Schwankungen bei den Eigenschaften von Erzen und Brennstoffen stehe »[d]ie treffliche Qualität des Kalksteins [gegenüber], dessen Wirkung als Basis zur Verschlackung der Kieselsäure und zur Aufnahme des Schwefels [...] bei dem Betriebe [...] manche Nachtheile auf[wiegt]«.[32] Der Kalkstein nahm innerhalb des materiellen Arran-

31 Ebd., Bl. 64.
32 Ebd., Bl. 49.

gements der Rohstoffzusammensetzung die Funktion eines Puffers ein. Mit ihm ließen sich die Ungleichmäßigkeiten der anderen Rohstoffe kompensieren.

Die kompensatorische Funktion des Kalksteins war aber nicht nur im Arrangement, sondern auch in den routinisierten Handlungsabläufen am Hochofen eingeschrieben. Die Gichtsetzer, die den Hochofen von oben mit Material befüllten, konnten den Schmelzprozess über die Dosierung des Kalksteins steuern. Während sie Eisenerze und Steinkohlekoks in wiederkehrenden Prozeduren in möglichst gleichmäßigen Lagen auf der Gicht verteilten, wurde der Zuschlag »gesondert aufgegeben«.[33] Dieser separate Arbeitsschritt erlaubte die gezielte Dosierung des Kalksteins. Es ging darum, »seine Menge zu jeder Zeit nach Bedürfniß ändern zu können.«[34] Genauso verfuhr man später auch auf der Eisenhütte Oberhausen, wo »[d]ie Zuschlagsmenge [...] nach den Erzgichten normiert«,[35] das heißt je nach Bedarf zugegeben wurde. Es war eine der wichtigsten Aufgaben der Gichtsetzer, die Gleichmäßigkeit des Hochofenprozesses und des produzierten Roheisens durch die Dosierung des Kalksteins herzustellen.

Den Hochofenprozess mittels Kalksteindosierung zu regulieren setzte voraus, dass der Zuschlag im Gegensatz zu Erzen und Brennstoffen homogen war. Das verstärkte nochmals die Anforderung an die Homogenität des Gesteins, das in den Hochöfen eingesetzt wurde, und lenkte die Aufmerksamkeit wiederum auf die Vorkommen, wie sie im Neandertal identifiziert worden waren. Je mehr ihnen eine kompensierende Funktion zukam, desto deutlicher zeigte sich die Abhängigkeit von Gesteinssorten mit einem Eigenschaftsprofil, die in größten Mengen verfügbar waren. Die Notwendigkeit für die Homogenität des Gesteins wurde so auch zunehmend eine Notwendigkeit, die in das Produktionsverfahren, das auf der Dosierung der Zuschläge basierte, eingeschrieben war.

Verschiedene Verbrauchsberechnungen zeigten die enorme Bedeutung, die dem Kalkstein aus dem Neandertal für die Verhüttung in Hochdahl auch mengenmäßig zukam. Wie von Beckershoff und Diepgen antizipiert, wurden erhebliche Mengen Kalkstein eingesetzt. Schimmelbusch berechnete den Kalksteinverbrauch während der ersten fünf Betriebsjahre, von 1851-1856 auf insgesamt 37.705 t.[36] Pro Tonne produzierten Roheisens schmolz die Eintrachtshütte 2,7 t Eisenerze,

---

33 Massenez, Josef: Die Hochofen- und Walzanlage Phoenix zu Laar bei Ruhrort, in: Die baulichen Anlagen auf den Berg-, Hütten- und Salinenwerken in Preussen 3 (1864), Nr. 1, S. 1-14, hier: S. 3; vgl. Troitzsch, Ulrich: Innovation, Organisation und Wissenschaft beim Aufbau von Hüttenwerken im Ruhrgebiet, 1850-1870, Dortmund 1977, S. 31.

34 LeHanne, Jacob: Praktische und technische Darstellung des Hochofenwerkes der Gesellschaft »Phoenix« zu Laar bei Ruhrort, Oktober 1864, LAV NRW R, BR 101, 607, S. 40.

35 Meydam, Georg: Praktische und theoretische Darstellung des Hochofenprocesses auf der Anlage von Jacobi, Haniel & Huyssen bei Oberhausen mit Beurtheilung des ökonomischen Resultates, September 1864, LAV NRW R, BR 101, 823, S. 69.

36 Schimmelbusch: Die Werke des Bergischen Gruben- und Hüttenvereins, S. 417.

verbrannte 1,7 t Koks und verbrauchte etwas über 1 t Kalkstein.[37] Bei der Berechnung der Kosten fiel der Zuschlag zwar kaum ins Gewicht: gerade einmal 2 Prozent der Betriebsausgaben wurden dafür angesetzt.[38] Doch wurden die Erwartungen an den wachsenden Bedarf an Kalkstein aus dem Neandertal durch die Verbrauchszahlen voll bestätigt.

Die Anpassung des Produktionsverfahrens auf der Eintrachtshütte entsprach den Interessen der Steinbruchbesitzer, aber ihr Erfolg resultierte in erster Linie aus der Modifikation der Verhüttungspraktiken. In der Art und Weise, wie Erze, Koks und Kalkstein zusammengestellt wurden, verbanden sich die wirtschaftlichen Erwartungen der Steinbruchbesitzer Beckershoff und Diepgen mit dem zeitgenössischen Wissen über die Roheisenherstellung. Aber die Zusammenstellung der Rohstoffe stand in Wechselwirkung mit den thermochemischen Prozessen im Hochofen. Erst dadurch, dass es den Betreibern der Eintrachtshütte gelang, ihre Interessen über die routinisierten Handlungsabläufe mit der begrenzt beeinflussbaren Dynamik der thermochemischen Prozesse zu verknüpfen, konnten sie den Kalkstein aus dem Neandertal als Zuschlagsmaterial etablieren. Auf der Eintrachtshütte war der stark kohlensäurehaltige Kalkstein, dessen Eigenschaftsprofil zur gleichen Zeit durch geologische Aufnahmen und chemische Analysen konturiert wurde, als kompensatorisches Element erfolgreich in die Praktiken der Verhüttung integriert worden.

Ein Muster und seine Verbreitung

Das Muster der Zuschlagsnutzung, das Schimmelbusch und seine Mitarbeiter auf der Eintrachtshütte etabliert hatten, verbreitete sich bis in die frühen 1860er Jahre in dem Maße, in dem es sich mit der Identifikation großer homogener Kalksteinvorkommen im Neandertal überlagerte. Noch Mitte der 1850er Jahre nutzten die meisten Werke an Rhein und Ruhr Kalkstein, dessen Eigenschaften sich erkennbar von dem Gestein, wie es im Neandertal gefunden wurde, unterscheiden konnte. Aber schon um 1860 galt das im Neandertal gewonnene Gestein dann allgemein als »Zuschlagskalk zum Hochofenbetriebe in vorzüglicher Qualität«.[39] Es war allerdings nicht nur das Wissen über die Verfügbarkeit und Homogenität, die diese besondere Qualität ausmachte. Die »vorzügliche Qualität« ergab sich daraus, wie die spezifischen Eigenschaften des Materials in den Verhüttungspraktiken mit dem

37 Heusler, Conrad: Darstellung der Betriebs-Verhältnisse der Hochofen-Anlagen des Bergischen Gruben- und Hütten-Vereins zu Hochdahl und der Gesellschaft Concordia zu Eschweiler in technischer und ökonomischer Beziehung, März 1859, GStAPK, 1. HA Rep. 121, 2107, Bl. 57f. und Bl. 62f.

38 Ebd., Bl. 88.

39 Ebd., Bl. 1.

Wissen um große homogene Vorkommen verknüpft waren – insbesondere durch die Dosierung. In der Folge passten immer mehr Hüttenwerke an Rhein und Ruhr ihre Produktionsverfahren an das Muster der Eintrachtshütte an, indem sie zunehmend – und bald ausschließlich – auf den im Neandertal identifizierten Kalkstein zurückgriffen.

Je mehr sich andere Hüttenwerke im Laufe der 1850er und frühen 1860er Jahre an der Integration des Kalksteins als kompensatorisches Element orientierten, desto mehr ähnelte auch der Verbrauch dem der Eintrachtshütte.[40] Im Hochofen Nr.1 des Phoenix-Werks in Laar wurden 1862/63, um 100 Pfund Roheisen zu erschmelzen, neben 261 Pfund Eisenerzen 132 Pfund Koks und 120 Pfund Kalkstein eingesetzt. Im Hochofen Nr. 3 waren es 125 Pfund Kalkstein. Über das gesamte Betriebsjahr hatten die drei Hochöfen 58.317.496 Pfund, also rund 29.000 t Kalkstein verbraucht.[41] Andere Werke an Rhein und Ruhr setzten ähnliche Mengen des Gesteins ein – sowohl relativ im Verhältnis zum produzierten Roheisen als auch in absoluten Mengen. Im selben Betriebsjahr verbrauchte die Eisenhütte Oberhausen 38.000 t Kalkstein, um 39.000 t Roheisen herzustellen[42] und die Friedrich Wilhelms-Hütte in Mühlheim an der Ruhr 10.000 t Kalkstein für eine jährliche Produktionsmenge von 9.700 t Roheisen.[43] Im Durchschnitt war das Verhältnis des Kalksteinverbrauchs zur Roheisengewinnung etwa 1:1.

40 Ab den 1870er Jahren findet sich diese Funktion des Kalksteins dann in den allgemeinen Verbrauchsmustern der Zuschläge, vgl. Krengel, Jochen: Die deutsche Roheisenindustrie, 1871-1913. Eine quantitativ-historische Untersuchung, Berlin 1983, S. 47.

41 LeHanne, Jacob: Praktische und technische Darstellung des Hochofenwerkes der Gesellschaft »Phoenix« zu Laar bei Ruhrort, Oktober 1864, LAV NRW R, BR 101, 607, S. 64f.

42 Eisenhütte Oberhausen: Betriebsresultate, RWWA, 130, 216/3.

43 Friedrich Wilhelms-Hütte: Berichte, WWA, S7, 39.

Tabelle 1

	Erzverbrauch (t)	Brennstoffverbrauch (t)	Kalksteinverbrauch (t)	Roheisenproduktion (t)	Kalksteinverbr./Roheisenprod.
Eintrachtshütte (Hochofen I), 1851-1856[a]	105.204	66.927	37.705	37.975	99,3 %
Borbecker Hütte, 1855[b]			19.800	18.000	110,0 %
Eisenhütte Oberhausen, 1861[c]	71.671	42.354	26.720	28.301	94,4 %
Hütte Laar (Hochofen I), 1862-1863[d]	28.481	10.868	9.891	8,221	120,3 %
Hütte Laar (Hochofen III), 1862-1863[e]	19.190	11.381	9.376	7.451	125,8 %
Eisenhütte Oberhausen, Juli 1864[f]	8.702	5.245	3.439	3.570	96,3 %
Friedrich Wilhelms-Hütte, 1865[g]	25.625		10.875	9.660	112,6 %
Eisenhütte Oberhausen, 1870[h]	226.916	122.985	92.149	90.376	102,0 %

a) Schimmelbusch: Die Werke des Bergischen Gruben- und Hüttenvereins, S. 417.
b) Die Phoenixhütte, in: Berg- und Hüttenmannische Zeitung 15 (1856), S. 146.
c) Eisenhütte Oberhausen: Betriebsresultate 1861, RWWA, 130, 216/3.
d) LeHanne, Jacob: Praktische und technische Darstellung des Hochofenwerkes der Gesellschaft »Phoenix« zu Laar bei Ruhrort, Oktober 1864, LAV NRW R, BR 101, 607, S. 64f.
e) Ebd.
f) Meydam, Georg: Praktische und theoretische Darstellung des Hochofenprocesses auf der Anlage von Jacobi, Haniel & Huyssen bei Oberhausen mit Beurtheilung des ökonomischen Resultates, September 1864, LAV NRW R, BR 101, 823, S. 122.
g) Friedrich Wilhelms-Hütte: Bericht über die General-Versammlung der Aktien-Gesellschaft Bergwerks-Verein Friedrich Wilhelms-Hütte, 30.10.1866, WWA, S 7, 39.
h) Eisenhütte Oberhausen: Betriebsresultate 1870, RWWA, 130, 216/5.

In den 1850er und 1860er Jahren stieg der Kalksteinverbrauch parallel zur Produktionsmenge. Für die Eisenhütte Oberhausen lassen sich längere Zeitreihen zusammenstellen, die diesen Zusammenhang eindrücklich belegen (Abb. 4).

Abbildung 4: Eisenhütte Oberhausen: Betriebsresultate, 1859-1880.

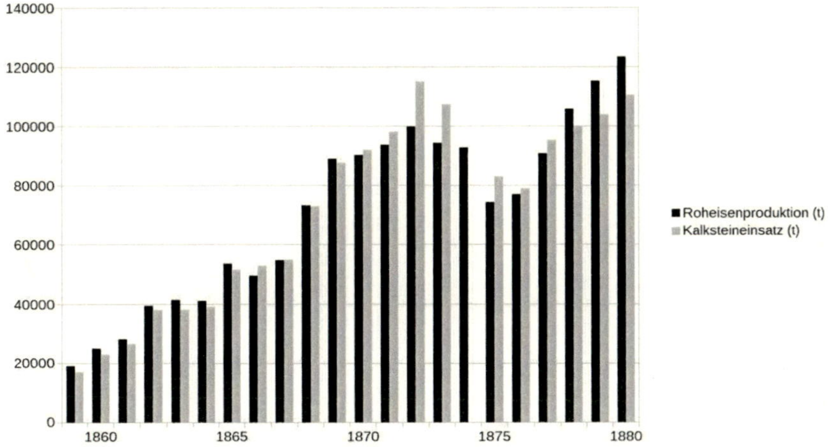

Quelle: Eigene Zusammenstellung aus: RWWA, 130, 216/2-5; RWWA, 130, 320100/0-6.

Rückschlüsse auf den Gesamtverbrauch aller Hüttenwerke an Rhein und Ruhr lassen sich nur indirekt ziehen, da für die Zuschläge keine überbetrieblichen Zahlen vorliegen. Geht man von einem Verhältnis von 1:1 zur Roheisenproduktion aus, so kann man von etwa 66.000 t im Jahre 1855, 84.000 t 1860, 177.000 t 1865 und 251.000 t Kalkstein 1870 ausgehen, die von den Hüttenwerken im Regierungsbezirk Düsseldorf, zu dem alle oben genannten Werke gehörten, verbraucht wurden.[44]

Weil die exponentielle Steigerung des Zuschlagsverbrauchs mit dem zunehmenden Verbrauch einer ganz bestimmten Sorte Kalkstein gleichzusetzen ist, ging die Zunahme der Verbrauchsmengen mit einer Konzentration auf wenige Abbauorte einher. Neben dem Neandertal betraf dies vor allem ein wachsendes Cluster von Steinbrüchen entlang der Düsseldorf-Elberfelder Chaussee bei Dornap. Dort konnte, den geologischen und chemischen Befunden zufolge ein Gestein gewonnen werden, welches mit dem aus dem Neandertal vergleichbar war.

44 Zahlen nach Jersch-Wenzel, Stefi/Krengel, Jochen/Martin, Bernd: Die Produktion der deutschen Hüttenindustrie, 1850-1914. Ein historisch-statistisches Quellenwerk, Berlin 1984, S. 172f.

Anhand der vereinzelten statistischen Daten über den Kalksteinbezug der Hüttenwerke lässt sich dieser Trend nachweisen. So bezog die Friedrich Wilhelms-Hütte, die überhaupt erst 1856 Kalkstein aus Dornap hatte untersuchen lassen, 1864 gut 40 Prozent ihres Kalksteinbedarfs dorther und schon zwei Jahre später 90 Prozent.[45] Der Kalksteinbedarf der Eisenhütte Oberhausen wurde spätestens 1888, vermutlich schon wesentlich früher, zunächst im Neandertal, dann komplett in Dornap gedeckt.[46] Bereits 1868 kam etwa die Hälfte des Gesteins, das die Eisenhütte Oberhausen verbrauchte, aus Dornap und ein Viertel aus dem Neandertal.[47] Aber auch die Entwicklung weniger bedeutender Hochofenwerke, wie der Neusser Hütte, ist indikativ: 1860 wurde in Neuss vermutlich Gestein der Grube Stolberg verwendet, aber schon 1864 hatte sich die Unternehmensleitung umorientiert und sich auf Kalkstein aus Dornap festgelegt.[48] Selbst die Phoenix AG, die ihr Werk in Kupferdreh zunächst ganz auf den Stolberger Kalkstein ausgerichtet hatte, schwenkte im Laufe der 1860er Jahre um. Am Ende des Jahrzehnts kam ein Großteil der in Kupferdreh eingesetzten Zuschläge ebenfalls aus Dornap.[49]

Wie stark die Verbreitung dieses Musters der Zuschlagsnutzung an die spezifische Ausprägung der Verhüttungspraktiken geknüpft war, zeigt der vergleichende Blick auf die Entwicklung im östlichen Teil des entstehenden Ruhrgebiets. Dort setzte sich ein Muster der Zuschlagsnutzung durch, das sich deutlich von derjenigen auf den Hüttenwerken in Hochdahl, Laar oder Oberhausen unterschied. Zunächst begann die Suche nach geeigneten Zuschlagssorten ganz ähnlich wie auf den weiter westlich gelegenen Werken. Ein Chemiker des Hörder Vereins untersuchte ab 1853 kalkhaltige Mergel- und Gesteinsschichten um den Standort des Hüttenwerks nahe Dortmund. Schließlich identifizierte er ein Kalksteinvorkommen bei Letmathe, das ähnlich den Vorkommen im Neandertal und Dornap große homogene Mengen abbaubaren Gesteins versprach.[50] Allerdings wies das dort identifizierte Gestein in chemischen Analysen einen weit geringeren Anteil an kohlensaurem Kalk auf, nämlich nur rund 85 Prozent.[51] Dennoch etablierte sich der Kalkstein aus Letmathe im Osten des Ruhrgebiets ebenso langfristig wie der aus dem Neandertal und Dornap im Westen. Regionale Divergenzen zwischen den Eigenschaftsprofilen der verwendeten Zuschläge waren eher die Regel als die Ausnahme. Ein Überblick über die in verschiedenen europäischen Regionen verwen-

45 Friedrich Wilhelms-Hütte: Berichte, WWA, S7, 39.

46 Gutehoffnungshütte AG: Verträge über gekaufte Schlacken, Kohlen, Koks und Kalksteine, 1889, RWWA, 130, 31322/0, S. 35-37; Gutehoffnungshütte AG: Geschäftsbericht 1887/88.

47 Eisenhütte Oberhausen: Jahresbericht pro 1868, [1869], RWWA, 130, 20001/33.

48 Vgl. Seeling: Die Eisenhütten in Heerdt und Mülheim am Rhein, S. 13 und 56f.

49 Phoenix AG: Ordentliche General-Versammlung, 19.10.1869, MWA, P, 1 25 11.1, S. 16.

50 Vgl. Troitzsch: Innovation, Organisation und Wissenschaft, S. 38.

51 Gutehoffnungshütte AG: Nachweisung über sämmtliche von der Hütte und hier angefertigten Analysen (Beginnend vom Januar 1873 bis Ende 1874), RWWA, 130, 3116/8.

deten Zuschläge kam Anfang der 1880er Jahre zu dem Ergebnis: »Die meisten dieser Zuschläge liefert die grosse Schaar der Kalksteine [...]. Ihre [chemische, S.H.] Zusammensetzung ist natürlich sehr verschieden, insofern [...] [sie] in beliebigen Verhältnissen variieren können.«[52] Während sich die Zuschlagsnutzung innerhalb eines regionalen Zusammenhangs auf eine eng definierte Sorte und wenige Abbauorte konzentrierte, bildeten sich verschiedene regionale Muster heraus.

Solche Differenzen konnten entstehen, weil die Praktiken der Verhüttung auf den Werken rund um Dortmund in den 1850er und 1860er Jahren einen grundlegend anderen Anpassungsprozess durchliefen, in dem es folglich zu einer anderen Einbindung des Zuschlagsgesteins als im Westen kam. Der entscheidende Impuls für den Aufbau dieser Werke war Anfang der 1850er Jahre von der Identifikation eines »Kohleeisenstein«-Vorkommens ausgegangen, in dem Eisenerze und Steinkohle gemeinsam auftraten. Zwar erwiesen sich diese Vorkommen nicht als so ergiebig wie angenommen, aber der enge Bezug zu dieser Rohstoffsorte prägte den Aufbau der Hochöfen. Die Zusammensetzung der Rohstoffe, die verschmolzen werden sollten, war schon aus diesem Grund eine deutlich andere als etwa in Oberhausen, Laar oder Hochdahl.[53] Unter diesen Voraussetzungen war es nur folgerichtig, dass auch die Zuschlagssorte eine andere sein konnte. Auch wenn sich die Erz- und Kohlebasis der Werke im Osten und Westen des Ruhrgebiets in den 1860er Jahren allmählich anglich, blieb die Divergenz der Zuschläge bestehen. Die Unterschiede bei der Zuschlagsnutzung zwischen Ost und West, die während der Adaption der Kokshochofentechnologie in den 1850er Jahren entstanden waren, überdauerten den Anlass der Divergenz – die Verhüttung von »Kohleeisenstein« – und mündeten in die langfristig bestehende Nutzung von Zuschlägen, die sich von den im Westen genutzten unterschieden. Die regionalen Differenzen unterstreichen, dass die »vorzügliche Qualität« des Rohstoffs mit der divergierenden Entwicklung von Praktiken zusammenhing.

Die zahlreichen Möglichkeiten, Zuschläge in die Praktiken der Verhüttung zu integrieren, wurden bei der Adaption der Kokshochofentechnologie unterschiedlich realisiert. Anfänglich führte die Kreativität im Umgang mit Rohstoffen und den thermochemischen Prozessen zu Lösungen, die sich von Werk zu Werk unterscheiden konnten. Zunehmend setzten sich aber regionale Muster der Zuschlagsnutzung durch – im Falle des westlichen Ruhrgebiets dasjenige, das zuerst auf der Eintrachtshütte etabliert worden war. Das dortige Produktionsverfahren basierte auf Praktiken, die auf die Integration des Kalksteins aus dem Neandertal abgestimmt und entsprechend angepasst waren. In den Jahren um 1860 verschwanden dann zunehmend Alternativen, die von dem Muster der Eintrachtshütte abwichen.

52 Dürre, Ernst: Die Anlage und der Betrieb der Eisenhütten, Bd. 1, Leipzig 1882, S. 188.

53 Vgl. Feldenkirchen, Wilfried: Die Eisen- und Stahlindustrie des Ruhrgebiets, 1879-1914. Wachstum, Finanzierung und Struktur ihrer Großunternehmen, Wiesbaden 1982, S. 58f.

5. Schließungsprozesse und Selbstbindungen

Der Zeitraum, in dem sich der Kalkstein aus dem Neandertal und Dornap als alleiniges Zuschlagsmaterial durchsetzte und zum »kritischen« Rohstoff wurde, war zugleich eine Phase ausgeprägten wirtschaftlichen Wachstums. In den Jahren ab 1850 entwickelte die Montanindustrie an Rhein und Ruhr eine beispiellose Dynamik, die mit Unterbrechungen bis 1873 anhielt. Insgesamt stieg die Zahl der Kokshochöfen in der Rheinprovinz und Westfalen auf über 100 an.[1] In derselben Periode wuchs die Produktionskapazität der einzelnen Hochöfen von durchschnittlich 2.000 t pro Jahr 1855 auf über 5.000 t um 1870.[2] Dadurch vervielfachte sich die Produktion von Roheisen im entstehenden Ruhrgebiet von 11.500 t 1850 auf 360.000 t 1870.[3] Die Bindung an eine einzige, klar definierte Sorte Kalkstein war mehr als eine Begleiterscheinung dieses Wachstums. Sie war, neben zahlreichen anderen Faktoren, eine Bedingung für den Aufschwung in der Eisen- und Stahlindustrie. Indem sie sich auf das Zuschlagsmaterial festlegten, optimierten die Werke ihre Produktionsverfahren sowohl ökonomisch als auch materiell. Schon allein aus diesem Grund verschwanden Alternativen zu dem Gestein aus dem Neandertal und Dornap. Flankiert wurde dieser Schließungsprozess von einer zunehmenden chemischen Normierung dessen, was als brauchbarer Zuschlag galt. Außerdem kam es zu einer Verfestigung räumlicher Beziehungen zwischen den Hüttenwerken im westlichen Ruhrgebiet und den Steinbrüchen im Neandertal und bei Dornap sowie schließlich zu Pfadabhängigkeiten, welche die einmal in diese Abbaustätten getätigten Investitionen nach sich zogen.

1 Vgl. Jersch-Wenzel, Stefi/Krengel, Jochen/Martin, Bernd: Die Produktion der deutschen Hüttenindustrie, 1850-1914. Ein historisch-statistisches Quellenwerk, Berlin 1984, S. 154 und 168.

2 Vgl. Weber, Wolfhard: Entfaltung der Industriewirtschaft, in: Köllmann, Wolfgang/Korte, Hermann/Petzina, Dietmar/ders. (Hg.): Das Ruhrgebiet im Industriezeitalter. Geschichte und Entwicklung, Bd. 1, Düsseldorf 1990, S. 199-336.

3 Vgl. Holtfrerich, Carl Ludwig: Quantitative Wirtschaftsgeschichte des Ruhrkohlenbergbaus im 19. Jahrhundert. Eine Führungssektoranalyse, Dortmund 1973, S. 145.

Selbstbindung als Optimierung

Schon zu Beginn der Experimente mit verschiedenen Zuschlagssorten Anfang der 1850er Jahre hatte das Ziel, Skaleneffekte zu nutzen, eine wichtige Rolle gespielt.[4] Die Suche nach einem Material, das mit über große Mengen homogenen Eigenschaften zur Verfügung stand, war von dieser Prämisse geleitet. Denn Roheisen von einer bestimmten Qualität in möglichst unveränderten Produktionsverfahren herzustellen, versprach einen erheblichen Effizienzgewinn. Mit der Einrichtung eines Hochofens waren hohe fixe Kosten verbunden, deren Nutzen zunahm, je länger der Ofen in Betrieb war und je mehr Roheisen damit produziert wurde. Einmal in Betrieb gesetzt, konnten die Hochöfen über mehrere Jahre hinweg kontinuierlich produzieren. Jede Veränderung in der Zusammensetzung der Rohstoffe war aber aufwendig und barg das Risiko, den kontinuierlichen Verhüttungsprozess zu unterbrechen. Um Skaleneffekte zu erreichen, banden sich die Hüttenwerke an Zuschlagsmaterial, dessen langfristig gleichbleibende Eigenschaften die Kontinuität des Verhüttungsprozesses versprachen. Und tatsächlich trugen diese Festlegungen, wie auf der Eintrachtshütte, dazu bei, die Produktionsmenge der einzelnen Hochöfen erheblich zu steigern.

Die Optimierung der Produktionsverfahren, die mit der Selbstbindung erreicht wurde, betraf aber auch die Qualität des Roheisens. Die dynamischen Wirtschaftszyklen, die Preußen zwischen 1850 und den frühen 1870er Jahren durchlief, waren vor allem durch Vorwärts- und Rückkopplungseffekte zwischen den drei Leitsektoren, des Eisenbahnbaus, der Metallverarbeitung und der Montanindustrie geprägt. Einerseits regte der Ausbau der Eisenbahn die Expansion des Kohlenbergbaus aber auch der Roheisenproduktion und dessen Weiterverarbeitung zu Schienen und Maschinen an – beschrieben als nachfrageinduzierter Rückkopplungseffekt. Andererseits ermöglichte die Verfügbarkeit billiger Steinkohle sowie des kostengünstigen Koksroheisens die Expansion des Eisenbahn- und Maschinenbaus – ein wesentliches Moment der sogenannten Vorwärtskopplungseffekte.[5] Bei den

---

4 Vgl. Troitzsch, Ulrich: Innovation, Organisation und Wissenschaft beim Aufbau von Hüttenwerken im Ruhrgebiet, 1850-1870, Dortmund 1977, S. 35; Zu Skaleneffekten in der Wirtschaftsgeschichte allgemein vgl. Hesse, Jan-Otmar: Wirtschaftsgeschichte. Entstehung und Wandel der modernen Wirtschaft, Frankfurt a.M. 2013, S. 92-95.

5 Vgl. Wagenblaß, Horst: Der Eisenbahnbau und das Wachstum der deutschen Eisen- und Maschinenbauindustrie, 1835-1860. Ein Beitrag zur Geschichte der Industrialisierung Deutschlands, Stuttgart 1973; Fremdling, Rainer: Eisenbahnen und deutsches Wirtschaftswachstum, 1840-1879. Ein Beitrag zur Entwicklungstheorie und zur Theorie der Infrastruktur, Dortmund 1975, S. 55f.; Spree, Reinhard: Die Wachstumszyklen der deutschen Wirtschaft von 1840 bis 1880. Mit einem konjunkturstatistischen Anhang, Berlin 1977, S. 273-303; Fremdling, Rainer: Modernisierung und Wachstum der Schwerindustrie in Deutschland, 1830-1860, in: Geschichte und Gesellschaft 5 (1979), S. 201-227; Tilly, Richard: Vom Zollverein zum Industrie-

Rück- und Vorwärtskopplungseffekten handelte es sich nicht nur um finanziell vermittelte Effekte, die sich aus der steigenden Nachfrage und Kostenersparnis ergaben. Ebenso wichtig waren Kopplungseffekte, die über die materiellen Eigenschaften der Rohstoffe und die Qualität der Zwischenprodukte vermittelt wurden.[6]

Entlang der Wertschöpfungskette vom Eisenerz bis zu Eisenbahnschienen oder Lokomotiven waren die einzelnen Verarbeitungsschritte über das Eigenschaftsprofil der Rohstoffe und Zwischenprodukte miteinander verkoppelt. Die Anforderungen an die Produkte wirkten auf die Produktionsverfahren bis hin zur Auswahl und Zusammenstellung der Rohstoffsorten zurück. Das traf Mitte des 19. Jahrhunderts ganz besonders auf die Schienenproduktion zu, bei der Roheisen zunächst mittels des sogenannten Puddelns, später dann mithilfe des Bessemerverfahrens »gefrischt« und anschließend zu Schienen ausgewalzt wurde. In diesem, der Eisenerzverhüttung nachgelagerten Prozess der Stahlherstellung, wurde dem Roheisen Kohlenstoff entzogen. Die Erwartungen an die Qualität der Schienen beeinflusste, wie der »gefrischte« Stahl beschaffen sein musste. Dies wirkte auf die Erwartungen an die Eigenschaften des dazu verwendeten Roheisens zurück, was wiederum eine bestimmte Zusammenstellung der Rohstoffsorten im Hochofen voraussetze. Diese materielle Rückkopplung war den Zeitgenossen voll bewusst. Grundsätzlich galt, dass man die Rohstoffsorten im Hochofen »immer mit Rücksicht auf das zu erzeugende Product«[7] zusammenstellte. Es war geradezu ein Kennzeichen der Eisenindustrie im 19. Jahrhundert, dass ein »erhebliche[r] organisatorische[r] Aufwand« betrieben wurde, um die einzelnen Produktionsschritte fortlaufend aufeinander abzustimmen.[8] Über die materiellen Rückkopplungseffekte wurden Erwartungen an die Eigenschaften des Produkts auf die Zusammenstellung der Rohstoffsorten im Hochofen übertragen.

In den 1850er und 1860er Jahren führten die materiellen Rückkopplungseffekte dazu, dass mit neuen Produkten – insbesondere dem Massenprodukt Eisenbahnschiene – der Einsatz von Rohstoffsorten möglich wurde, die bis dahin wenig oder gar nicht genutzt worden waren.[9] Für Roheisen, das zur Weiterverarbeitung für

---

staat. Die wirtschaftlich-soziale Entwicklung Deutschlands 1834 bis 1914, München 1990, S. 52-58.

6 Vgl. König, Wolfgang/Weber, Wolfhard: Netzwerke, Stahl und Strom. 1840 bis 1914, Berlin 1997, S. 59.

7 Balling, Carl: Compendium der metallurgischen Chemie. Propädeutik für das Studium der Hüttenkunde, Bonn 1882, S. 92.

8 Welskopp, Thomas: Arbeit und Macht im Hüttenwerk. Arbeits- und industrielle Beziehungen in der deutschen und amerikanischen Eisen- und Stahlindustrie von den 1860er bis zu den 1930er Jahren, Bonn 1994, S. 63f.

9 Vgl. Wengenroth, Ulrich: Unternehmensstrategien und technischer Fortschritt. Die deutsche und britische Stahlindustrie, 1865-1895, Göttingen 1986, S. 46; Für den Hörder Verein anschaulich: Dascher, Ottfried: Die Eisen- und Stahlindustrie des Dortmunder Raumes, 1847-1873. Entstehung und Gründerjahre, in: ders. (Hg.): Die Eisen- und Stahlindustrie im Dort-

viele herkömmliche Eisenerzeugnisse vorgesehen war, verbot sich die Verwendung von Steinkohlekoks als Brennstoff. Das unter Verwendung fossiler Brennstoffe hergestellte Roheisen galt als »unreiner und weit schwieriger zu verfrischen.«[10] Aber den Anforderungen an Eisenbahnschienen genügte das Roheisen, das mit Steinkohlekoks erschmolzen wurde. Tatsächlich absorbierte die Nachfrage der Eisenbahnen einen Großteil der Produktionssteigerungen der Roheisenherstellung in den 1850er und 1860er Jahren.[11] In diesem Zusammenhang wurde nicht nur der massenhafte Einsatz von Steinkohlekoks bei der Eisenverhüttung relevant. Vielmehr forcierte die Rückkopplung des neuen Massenprodukts die Anpassung und neue Zusammenstellung von Rohstoffsorten in den Hochöfen.[12] Die Bindung an eine Kalksteinsorte resultierte folglich auch aus den auf die Qualitätsansprüche an die neuartigen Massenprodukte hin optimierten Wertschöpfungsketten.

Die Rückkopplungseffekte waren mit materiellen Vorwärtskopplungseffekten verschränkt, die das Wachstum der Eisen- und Stahlproduktion ermöglichten. Erst der aus Steinkohle hergestellte Koks erlaubte die Verhüttung von Eisenerzen in den Mengen, die der Eisenbahnausbau ab Mitte des 19. Jahrhunderts nachfragte. Eine solche Produktionssteigerung wäre auf Grundlage von Holzkohle nicht möglich gewesen.[13] Der Einsatz der verkokten Steinkohle war zweifellos zentral, aber er war stets mit der Zusammenstellung weiterer Rohstoffe im Hochofen verknüpft. Voraussetzung für die exponentiellen Produktionssteigerungen war nicht der Rückgriff auf Steinkohlekoks alleine, sondern die Anpassung des gesamten Arrangements der Rohstoffe, die zur Verhüttung kamen. Insofern war es die Anpassung der gesamten Rohstoffzusammensetzung, die die exponentielle Ausweitung der Produktion ermöglichte. In den Mengen, in denen die Eisenbahnschienen und andere Produkte des Bahn- und Maschinenbaus abgesetzt wurden, konnten sie nur hergestellt werden, weil die Industrie auf neue Rohstoffsorten zurückgriff.[14] So war die Optimierung der Produktionsverfahren unter Einbeziehung spezifischer Kalksteinsorten Voraussetzung für die Expansion der Eisen- und Stahlproduktion.

---

munder Raum. Wirtschaftliche Entwicklung, soziale Strukturen und technologischer Wandel im 19. und 20. Jahrhundert, Dortmund 1992, S. 65-80, hier: S. 65-67.

10 Hartmann, Carl: Practische Eisenhüttenkunde, oder systematische Beschreibung des Verfahrens bei der Roheisenerzeugung, der Stabeisenfabrication, dem Giessereibetriebe und der Stahlbereitung nebst Angaben über die Anlage und den Betrieb von Eisenhütten, Bd. 3, Weimar 1843, S. 233.

11 Vgl. Fremdling: Eisenbahnen und deutsches Wirtschaftswachstum, S. 80f; Wagenblaß: Der Eisenbahnbau.

12 Vgl. Fremdling: Modernisierung und Wachstum, S. 213; Bähr, Johannes/Banken, Ralf/Flemming, Thomas: Die MAN. Eine deutsche Industriegeschichte, München 2008, S. 69f.

13 Vgl. Holtfrerich: Quantitative Wirtschaftsgeschichte des Ruhrkohlenbergbaus, S. 155f.; Sieferle, Rolf Peter: Der unterirdische Wald. Energiekrise und Industrielle Revolution, München 1982.

14 Vgl. Wagenblaß: Der Eisenbahnbau.

In direktem Zusammenhang mit den materiellen Rück- und Vorwärtskopplungseffekten stand die Kommodifizierung von Rohstoffsorten. Kommodifizierung bezeichnet die Überführung eines Stoffs in ein Wirtschaftsgut, das auf Märkten gehandelt werden kann. Sie beschreibt also in erster Linie eine ökonomische Logik. Die Kommodifizierung hat aber regelmäßig auch zur Folge, dass die in endlosen Variationen und Mischverhältnissen vorkommenden Stoffe klar definierten Kategorien zugeordnet werden, um sie als Rohstoffe marktgängig zu machen.[15] Die eindeutige Zuordnung hatte deshalb nicht nur ökonomische Vorteile, sondern beeinflusste die Adaption und weitere Entwicklung der Verhüttungstechnologie. Sie stützte das Ziel, die Gleichmäßigkeit des Produktionsprozesses über die Homogenität der verwendeten Rohstoffe sicherzustellen. Die Eindeutigkeit der Zuordnung, die für den Handel mit einem Rohstoff als Wirtschaftsgut unerlässlich ist, verstärkte die Erwartungen, die Unternehmer und Ingenieure in die Bindung an klar definierte Rohstoffsorten setzten.

Ausgangspunkt waren auch hier Ansprüche an die Qualität der Erzeugnisse, die sich insbesondere an der Standardisierung von Zwischen- und Fertigprodukten festmachten. Eine wichtige Rolle spielten dabei die Sicherheitsanforderungen, die Mitte des 19. Jahrhunderts für Dampfkessel und andere Bauteile von Anlagen und Maschinen entstanden. Die Sorge, dass diese Teile bersten und dadurch Schaden anrichten konnten, führte dazu, dass einheitliche Qualitätsstandards für die verwendeten Eisen- und Stahlsorten eingeführt und von staatlicher Seite durchgesetzt wurden.[16] So hatte sich die Hochdahler Eintrachtshütte den Ruf erworben, zuverlässig Roheisen herzustellen, welches die Abnehmer zur Weiterverarbeitung zu »besseren Stabeisen und Blecharten verwenden«.[17] Neben dem Sicherheitsaspekt hatten die allgemeinverbindlichen Qualitätsstandards auch ökonomische Bedeutung. Sie erleichterten es, die Erzeugnisse verschiedener Hersteller und Produktionschargen vergleichbar und austauschbar zu machen. Wenn Schienen, Bleche oder Gusswaren bestimmten Standards entsprachen, war das nicht nur für den

---

15 Vgl. Cronon, William: Nature's Metropolis. Chicago and the Great West, New York 1991, S. 145-147; Mutz, Mathias: Industrialisierung als Umwelt-Integration. Konzeptionelle Überlegungen zur ökologischen Basis moderner Industrieunternehmen, in: Schulz, Günther/Reith, Reinhold (Hg.): Wirtschaft und Umwelt vom Spätmittelalter bis zur Gegenwart. Auf dem Weg zu Nachhaltigkeit?, Stuttgart 2015, S. 191-213, hier: S. 208; Haller, Lea/Höhler, Sabine/Westermann, Andrea: Rechnen mit der Natur. Ökonomische Kalküle um Ressourcen, in: Berichte zur Wissenschaftsgeschichte 37 (2014), Nr. 1, S. 8-19.

16 Vgl. König/Weber: Netzwerke, Stahl und Strom, S. 60f.

17 Heusler, Conrad: Darstellung der Betriebs-Verhältnisse der Hochofen-Anlagen des Bergischen Gruben- und Hütten-Vereins zu Hochdahl und der Gesellschaft Concordia zu Eschweiler in technischer und ökonomischer Beziehung, März 1859, GStAPK, 1. HA Rep. 121, 2107, Bl. 40f.

Wettbewerb wichtig, sondern auch, um den Markt über die Produktionskapazitäten der einzelnen Hersteller hinweg mit Produkten gleichbleibender Qualität zu versorgen.[18] Vor allem wirkte die Standardisierung der Zwischen- und Fertigprodukte über die materiellen Kopplungseffekte entlang der Wertschöpfungsketten auch auf die Verwendung eindeutig definierter Rohstoffsorten zurück.

Die miteinander verkoppelte Klassifizierung von Produkten, Roheisen und Rohstoffen war eine wichtige Strategie, mit der die Eisen- und Stahlunternehmen ihre Produktionsverfahren im Aufschwung optimierten. Sie ermöglichte nicht nur, die Produktion zu skalieren und damit große Mengen an Roheisen überhaupt herstellen zu können. Die Festlegung auf klar definierte Rohstoffsorten erleichterte es auch, Qualitätsstandards einzuhalten.[19] Das galt in besonderer Weise für den Kalkstein, der als kompensatorisches Element in den Verhüttungsprozess eingebunden war. Was Kalkstein in »vorzüglicher Qualität« war, ergab sich in den 1860er Jahren deshalb nicht mehr allein aus den Wirkungen, die das Material in den thermochemischen Prozessen im Hochofen entfaltete. Immer wichtiger wurden daneben die Kategorien, denen das Gestein aus ökonomischen Gründen zugeordnet wurde. Während die Festlegung auf die eindeutig definierte Zuschlagssorte das Wachstum der Montanindustrie beförderte, führte die Selbstbindung auch dazu, dass Alternativen verschwanden, die den gebräuchlichen Kategorien nicht entsprachen.

Chemische Normierung

Um das Zuschlagsmaterial zu klassifizieren, griffen die Hüttenwerke immer häufiger auf die Verfahren der chemischen Analyse zurück. So vielfältig, wie die materiellen Eigenschaften der Gesteine auch waren, schien sich deren Qualität anhand des Anteils von kohlensaurem Kalk eindeutig bestimmen und vergleichen zu lassen. Der Anteil an kohlensaurem Kalk hatte schon in den 1850er Jahren eine wichtige Rolle bei der Identifikation von geeigneten Zuschlägen gespielt. Ab etwa 1860 entwickelten die Kriterien der chemischen Analyse aber zunehmend einen normativen Charakter.[20] Sie wurden nun gezielt genutzt, um den Aufbau von Hochöfen

18 Vgl. Rasch, Manfred: Erfahrung, Forschung und Entwicklung in der (west-)deutschen Eisen- und Stahlerzeugung. Versuch einer Begriffserklärung und Periodisierung der letzten 200 Jahre, in: Ferrum 68 (1996), S. 4-29, hier: S. 12.

19 Vgl. Troitzsch: Innovation, Organisation und Wissenschaft, S. 35.

20 Kerl, Bruno: Handbuch der metallurgischen Hüttenkunde zum Gebrauche bei Vorlesungen und zum Selbststudium, Bd. 1, Freiberg 1855, S. 218f.; Wedding, Hermann: Grundriss der Eisenhüttenkunde, Berlin 1871, S. 142f.; vgl. Krebs, Stefan: Technikwissenschaft als soziale Praxis. Über Macht und Autonomie der Aachener Eisenhüttenkunde, 1870-1914, Stuttgart 2009, S. 82f.; Misa, Thomas J.: A Nation of Steel. The Making of Modern America, 1865-1925, Bal-

zu konzipieren und die Zusammensetzung der Rohstoffe im Voraus zu berechnen. Zudem fand immer konsequenter eine Kontrolle der eingesetzten Rohstoffe und des Hochofenprozesses mittels chemischer Analysen statt.

Ganz allgemein setzte sich in den 1860er Jahren allmählich ein naturwissenschaftliches Verständnis bei der Konzeption und Steuerung der Hochöfen durch. Um 1850 hatte noch das Probieren am Hochofen im Mittelpunkt der Experimente gestanden – die Versuche der Chemiker sollten lediglich ergänzende Impulse liefern. Zwanzig Jahre später hatte sich dieses Verhältnis umgekehrt. Die Hüttenunternehmen griffen immer stärker auf wissenschaftliche Erkenntnisse und Modelle der Chemie zurück, um die Eisenerzverhüttung zu optimieren.[21] Die Jahrzehnte zwischen 1850 und 1870 waren auch hier eine Übergangsphase, in der die analytische laborbasierte Forschung gegenüber dem auf Erfahrung gründenden Wissen allmählich an Bedeutung gewann.[22]

Dieser Wandel lässt sich an der aufgewerteten Rolle des technischen Personals, den Chemikern und Ingenieuren, festmachen. Ihre Expertise ersetzte zwar das Erfahrungswissen nicht, das weiterhin nötig war, um einen Hochofen im laufenden Betrieb zu steuern. Aber was »strategische Produktionsentscheidungen« betraf, wurden diese Techniker von den Unternehmensleitungen legitimiert, Entscheidungen auf Grundlage von wissenschaftlichem Wissen zu treffen.[23] Die Rohstoffbeschaffung und die Auswahl von Zuschlagssorten fiel zweifellos in den Bereich der »strategischen Produktionsentscheidungen«. Die Hüttenwerke stellten nicht nur gezielt Techniker ein, die die Anpassung der Hochöfen nach neuesten Erkenntnissen vorantreiben sollten. Auch die Betriebsführung orientierte sich zunehmend am aktuellen wissenschaftlichen Wissensstand.[24]

Attraktiv war der Rückgriff auf die Modelle der wissenschaftlichen Chemie vor allem deswegen, weil mögliche Resultate dadurch prognostizierbar erschienen. Aus den abstrakten Überlegungen über das Zusammenwirken chemischer Bestandteile ließ sich der Gang des Schmelzprozesses im Hochofen modellieren und

timore 1995, S. 29f.; Espahangizi, Kijan/Orland, Barbara: Pseudo-Smaragde, Flussmittel und bewegte Stoffe. Überlegungen zu einer Wissensgeschichte der materiellen Welt, in: dies. (Hg.): Stoffe in Bewegung. Beiträge zu einer Wissensgeschichte der materiellen Welt, Zürich 2014, S. 11-35, hier: S. 25.

21 Vgl. Welskopp: Arbeit und Macht im Hüttenwerk, S. 87.

22 Vgl. Rasch: Erfahrung, Forschung und Entwicklung, S. 7f.; Krebs: Technikwissenschaft als soziale Praxis, S. 52-54; Beck, Ludwig: Die Geschichte des Eisens in technischer und kulturgeschichtlicher Beziehung, Bd. 4. Das XIX. Jahrhundert von 1801 bis 1860, Braunschweig 1899, S. 791-799.

23 Welskopp: Arbeit und Macht im Hüttenwerk, S. 138f.

24 Vgl. Pierenkemper, Toni: Die westfälischen Schwerindustriellen, 1852-1913. Soziale Struktur und unternehmerischer Erfolg, Göttingen 1979, S. 121f.

damit auch vorausberechnen.[25] Die Komplexität der thermochemischen Prozesse im Hochofen wurde dadurch abgebildet, dass sie in mehrere, ineinandergreifende Reaktionen zerlegt wurden, die sich in Formeln repräsentieren ließen. Ebenso, wie man sich die Schmelze im Inneren eines Hochofens als schrittweisen Prozess zahlreicher, zum Zweck der Analyse isolierbarer Reaktionen vorstellte (vgl. Abb. 1), konnten diese Reaktionen in einer Sequenz von chemischen Formeln dargestellt und berechnet werden. Das Schmelzen von Eisenerzen wurde in den 1860er Jahren immer häufiger auf diese Weise modelliert und vorausberechnet.[26]

Jacob Le Hanne, der im Oktober 1864 als Bergreferendar das Hüttenwerk der Phoenix AG in Laar beschrieb, stellte eine ausführliche Berechnung der chemischen Prozesse in den Hochöfen des Betriebs an, um seine Qualifikation zu untermauern. Wie gut er den zeitgenössischen Wissensstand über die chemischen Prozesse in ihrer ganzen Komplexität überblickte, sei dahingestellt. Jedenfalls konzentrierte Le Hanne seine Überlegungen auf das Verhältnis von Sauerstoff und Kalk. Er postulierte, dass der in den Erzen gebundene Sauerstoff restlos mit dem Kalk reagieren müsse und setzte einen entsprechenden Faktor ein, um dieses Gleichgewicht zu bestimmen:

> »Da [...] der Sauerstoffgehalt [...] gleich 33636 [Pfund ist] so müßte der sämtlicher Basen 33634*3,2/4 = 26907 [Pfund] sein; weil nun aber der letztere nur 9147 [Pfund] ist, so hat man durch Kalk die fehlenden 17760 [Pfund] Sauerstoff zu ersetzen. Durch Rechnung findet man, daß hierzu 62449 [Pfund] Kalk oder 111289 [Pfund] reiner kohlensauerer Kalk erforderlich [ist].«[27]

Inwieweit die Berechnungen des Referendars Le Hanne von den Zeitgenossen, insbesondere von seinen Prüfern, als »korrekt« angesehen wurden, lässt sich nicht rekonstruieren. Wichtiger aber als die konkreten Zusammenhänge und Zahlen, die Le Hanne präsentierte, war die Tatsache, dass er auf Prinzipien chemischer Modellbildung zurückgriff. Der Rückgriff auf naturwissenschaftliches Wissen erlaubte es ihm, die Reaktionen der einzelnen im Hochofen verschmolzenen Materialien rechnerisch nachzuvollziehen.

Ziel solcher Berechnungen war es, den Bedarf an verschiedenen Rohstoffsorten mit je spezifischer chemischer Zusammensetzung zu prognostizieren. Auf diese Weise ließ sich planen, welche Sorten Eisenerz zur Herstellung welcher Art von

---

25 Vgl. Beck: Die Geschichte des Eisens, Bd. 4, S. 800; Brock, William H.: Viewegs Geschichte der Chemie, Braunschweig 1997, S. 84-88 und S. 119-123.

26 Vgl. Espahangizi, Kijan: Stofftrajektorien. Die kriegswirtschaftliche Mobilmachung des Rohstoffs Bor, 1914-1919 (oder: was das Reagenzglas mit Sultan Tschair verbindet), in: ders./Orland, Barbara (Hg.): Stoffe in Bewegung. Beiträge zu einer Wissensgeschichte der materiellen Welt, Zürich 2014, S. 173-207.

27 LeHanne, Jacob: Praktische und technische Darstellung des Hochofenwerkes der Gesellschaft »Phoenix« zu Laar bei Ruhrort, Oktober 1864, LAV NRW R, BR 101, 607, S. 50f.

Roheisen zusammengestellt werden konnten, welche chemischen Bestandteile der verbrannte Koks abgab und wie groß die Menge an Zuschlägen sein musste, um entsprechende Roheisenqualitäten herzustellen.[28] So schloss auch Le Hanne seine Überlegungen mit der Feststellung: »Man findet alsdann das nöthige Quantum Zuschlagskalk in [...] 118468 Pfund [Kalkstein].«[29]

Damit reproduzierten die Rechenmodelle die Praktiken der Verhüttung, in die Kalkstein als kompensatorisches Element eingebunden war. Die Berechnungen waren immer so aufgebaut, dass die Zuschläge die unerwünschten Bestandteile der Erze und der Verbrennungsprodukte absorbieren konnten. Auch Le Hanne argumentierte, dass der zuzuführende Kalk mit dem Sauerstoffanteil der Erze ins Gleichgewicht zu bringen sei. Die Dosierung des Zuschlags war auch rechnerisch der Mechanismus, mit dem man versuchte, die Heterogenität von Erzen und Brennstoffen zu kompensieren. Auf Basis dieser Grundannahme erfolgte die Berechnung der nötigen Zuschlagsmenge – die ganz den Praktiken der Verhüttung folgend auf die Dosierung des Zuschlags abzielte.[30]

An dieser Stelle wurde die Modellierung der chemischen Prozesse im Hochofen allerdings ganz entscheidend vereinfacht. Der Anteil an kohlensaurem Kalk, den das Zuschlagsgestein aufwies, wurde als gesetzte Konstante in die Berechnungen einbezogen. Le Hanne legte beispielsweise seinen Ausführungen zugrunde: »man kann annehmen, [...] daß 100 Theile Zuschlagskalk [...] 94 Theile reinen kohlensauren Kalkes entsprechen.«[31] Durch die Annahme eines fixen Verhältnisses, in dem kohlensaurer Kalk im Kalkstein enthalten sei, genügte es, den ermittelten Kalkbedarf durch den festgesetzten Divisor zu dividieren, um zur Menge des Gesteins zu gelangen, die in den Hochofen eingebracht werden musste. Für die rechnerische Prognose des Hochofengangs schien die Division durch einen festgelegten Divisor ausreichend zuverlässig. Während Le Hanne den Wert 0,94 – und damit impliziert einen Anteil von 94 Prozent kohlensaurem Kalk am Gestein – in seinen Rechenoperation für angemessen hielt, lagen die entsprechenden Werte, auf die die Hüttenwerke im westlichen Ruhrgebiet zurückgriffen, oft noch höher.

---

28 Balling: Compendium der metallurgischen Chemie, S. 92.

29 LeHanne, Jacob: Praktische und technische Darstellung des Hochofenwerkes der Gesellschaft »Phoenix« zu Laar bei Ruhrort, Oktober 1864, LAV NRW R, BR 101, 607, S. 51.

30 Blair, Andrew Alexander: Die chemische Untersuchung des Eisens. Eine Zusammenstellung der bekanntesten Untersuchungsmethoden für Eisen, Stahl, Roheisen, Eisenerz, Kalkstein, Schlacke, Thon, Kohle, Koks, Verbrennungs- und Generatorgase, Berlin 1892; Balling: Compendium der metallurgischen Chemie, S. 92; Hartmann, Carl: Handbuch der Bergbau- und Hüttenkunde, oder die Aufsuchung, Gewinnung und Zugutemachung der Erze, der Stein- und Braunkohlen und anderer Mineralien. Eine Encyklopädie der Bergwerkskunde, Weimar 1858, S. 982f.

31 LeHanne, Jacob: Praktische und technische Darstellung des Hochofenwerkes der Gesellschaft »Phoenix« zu Laar bei Ruhrort, Oktober 1864, LAV NRW R, BR 101, 607, S. 51.

Sie setzten in den 1860er Jahren zunehmend Werte zwischen 0,96 und 0,99 an, die den Analysen des Gesteins aus dem Neandertal und Dornap entsprachen.

Der zur Vereinfachung eingesetzte konstante Umrechnungsfaktor wirkte auf die Auswahl der Zuschlagssorten zurück. Dass die für die Verhüttung benötigte Menge Kalkstein mit festgesetzten Faktoren berechnet wurde, hatte Konsequenzen. Für die Eisenproduktion im westlichen Ruhrgebiet bedeutete dies, dass ein Gestein in den Rechenmodellen gesetzt war, das zwischen 96 und 99 Prozent kohlensauren Kalk aufwies. Das führte wiederum dazu, dass sich aus den Berechnungen immer stärker auch der Anspruch an die Eigenschaften des Gesteins ableitete, dieser Berechnungsgrundlage auch tatsächlich zu entsprechen. Das verwendete Gestein wurde nun immer stärker auch aufgrund der rechnerisch gesetzten Prämissen selektiert. Die spezifische Einbindung des Kalksteins in die Rechenmodelle, die in den 1860er Jahren immer wichtiger für die »strategischen Produktionsentscheidungen« wurden, trug entscheidend dazu bei, dass aus den bis dahin häufig, aber keineswegs ausschließlich verwendeten 96-99 Prozent kohlensauren Kalkanteil ein notwendiges Qualitätsmerkmal wurde. Der konstante Faktor verkehrte seinen Charakter von einem rechnerischen Hilfsmittel in eine normative Vorgabe, an der die Hüttenwerke die Bewertung und Auswahl von Zuschlägen ausrichteten.[32]

Die Anforderungen an das Gestein, die durch die rechnerische Setzung verfestigt wurden, fanden unmittelbare Anwendung in der Kontrolle der Zuschlagsqualität. Die chemischen Analysen, wie sie um 1850 von Bunsens Arbeiten angeregt worden waren, wurden nun gezielt eingesetzt, um die Einhaltung normativer Vorgaben zur Gesteinsqualität zu überprüfen.[33] In unregelmäßigen Abständen entnahmen beispielsweise Chemiker der Gutehoffnungshütte Proben verschiedener Lieferungen. Dabei verglichen sie die chemischen Bestandteile von Gestein verschiedener Herkunft, um die Qualität zu sichern.[34] So stellten sie etwa zwischen 1886 und 1890 fest, dass einige Proben einen Anteil von nur 92 Prozent kohlensaurem Kalk aufwiesen, während andere mit rund 97 Prozent den normativen Vorgaben entsprachen.[35] Die Kontrolldichte wurde dabei, nicht nur bei der Gutehoffnungshütte, in den Jahrzehnten nach 1860 immer höher. Bis zur Jahrhundertwende hatte sich neben den Chemikern, die bei der Montanindustrie selbst angestellt waren, ein Netzwerk aus Prüfungsanstalten und privaten Laboratorien herausge-

---

32 Vgl. Espahangizi/Orland: Pseudo-Smaragde, S. 23f.

33 Vgl. Rasch: Erfahrung, Forschung und Entwicklung, S. 10f.

34 Gutehoffnungshütte: Nachweisung über sämmtliche von der Hütte und hier angefertigten Analysen (Beginnend vom Januar 1873 bis Ende 1874), RWWA, 130, 3116/8; Gutehoffnungshütte: Analysen angefangen Juli 1886 beendet Februar 1890, RWWA, 130, 3116/1.

35 Gutehoffnungshütte: Analysen angefangen Juli 1886 beendet Februar 1890, RWWA, 130, 3116/1.

bildet, die mit der Bewertung und Überwachung der Gesteinsqualität beauftragt werden konnten.[36]

Die Betriebsleitung der Gutehoffnungshütte etablierte die Gesteinsanalysen spätestens in den 1870er Jahren als systematisches Kontrollinstrument, um ihre Qualitätsansprüche gegenüber Lieferanten durchzusetzen.[37] Als sie im Januar 1889 insgesamt 26 Proben von 100 angekommenen Waggons mit Kalkstein analysieren ließ, stellte sich heraus, dass Lieferungen mehrerer Steinbrüche besonders niedrige Anteile an kohlensaurem Kalk aufwiesen. Es scheint, als ob die Unternehmensleitung der Gutehoffnungshütte daraufhin die betroffenen Lieferanten abgemahnt habe. Man kann nur vermuten, dass die Steinbruchbetreiber die Bedürfnisse der Gutehoffnungshütte anerkannt haben müssen – jedenfalls verringerten sich die Fälle, in denen die Qualität des Kalksteins beanstandet wurde, noch innerhalb eines Monats.[38] Gestein, das nicht den nötigen Anteil an kohlensaurem Kalk erreichte, wurde nicht nur aussortiert, die Lieferanten wurden angehalten, ihr Gestein der Qualitätsvorgabe anzupassen.

Schließlich wurde der Anteil kohlensauren Kalks auch zum entscheidenden Kriterium dafür, welche Gesteinsvorkommen überhaupt neu erschlossen werden sollten, als der Kalksteinabbau um 1900 abermals stark expandierte. Untersuchungsberichte, wie der folgende, zeigen wie sehr die Bewertung der Vorkommen zur Jahrhundertwende durch die chemische Normierung geprägt war:

> »Die chemische Untersuchung der [...] genommenen Durchschnittsproben hatte das als Anlagen beigefügte Ergebnis. Nach ihm enthält der Kalkstein 97-98 % kohlensauren Kalk [...]. Diese Zusammensetzung des Kalksteins ist sehr günstig und stellt ihn den besten Kalksteinvorkommnissen an die Seite. Sie macht ihn besonders geeignet für die Verwendung als Zuschlag beim Hochofen-Prozeß [...]. Mir liegt zum Vergleich die Analyse eines Dornaper Kalksteins vor, der an ein grosses Hüttenwerk abgesetzt wird und seiner Zusammensetzung nach in ganz auffälliger Weise mit dem unsrigen übereinstimmt«.[39]

Zu ganz anderen Ergebnissen kam die Untersuchung des Kalksteinvorkommens in der Umgebung der Grube Stolberg. Dessen Gestein wurde in den 1850er Jah-

36 Eisentraeger, August: Taschenbuch für die Stein- und Zementindustrie, Berlin 1902, S. 105-107.

37 Gutehoffnungshütte: Analysen 22. Februar 1890-1892, RWWA, 130, 3116/2; vgl. Banken, Ralf/Marx, Christian: Knowledge Transfer in the Industrial Age. The Case of Gutehoffnungshütte, 1810-1945, in: Jahrbuch für Wirtschaftsgeschichte 56 (2015), Nr. 1, S. 197-225, hier: S. 202-204.

38 Gutehoffnungshütte: Analysen angefangen Juli 1886 beendet Februar 1890, RWWA, 130, 3116/1.

39 Wunstorf: Bericht über die Untersuchung des Kalksteinvorkommens im Gutsbezirk Haus Schöller, 24.4.1912, GDNRW, L3G, 4708/002.

ren, wie gezeigt, auf dem Hüttenwerk der Phoenix AG in Kupferdreh verwendet, bevor das Unternehmen auf Kalkstein aus Dornap umschwenkte und die Steinbrüche aufgab. Als um 1900 wieder Interesse am Stolberger Kalkstein entstand, kamen die chemischen Analysen allerdings zu dem Ergebnis, dass das dortige Gestein für die Eisenverhüttung unbrauchbar sei. Das Laboratorium Schemmann, das das Gestein untersuchte, konstatierte einen geringen Gehalt an kohlensaurem Kalk von zwischen 88 und 90 Prozent.[40] Auf Grundlage dieser Befunde verwarfen die Interessenten die Reaktivierung des Steinbruchbetriebs bei der Grube Stolberg, »mit dem Bemerken, dass die Qualität der Kalksteine zu schlecht sei«.[41]

Die Bewertung der Gesteinsqualität entlang chemischer Kriterien verstärkte die Selbstbindung an eine einzige, klar definierte Sorte Kalkstein. Der Bewertung lagen naturwissenschaftliche Modellannahmen der thermochemischen Prozesse im Hochofen zugrunde, die es einerseits erleichterten, die Rohstoffzusammensetzung vorauszuberechnen und Rohstoffsorten eindeutig zu klassifizieren. Andererseits führte dies dazu, dass die Ergebnisse der chemischen Analysen als naturwissenschaftlich begründete Fakten erschienen, die kaum hinterfragt werden konnten. Im Hintergrund stand die Aufwertung eines naturwissenschaftlichen Verständnisses des Hochofenprozesses seit den 1860er Jahren, mit der die entsprechenden Vorstellungen über die thermochemischen Prozesse konsensual wurden. War der Rückgriff auf chemische Modelle und die Praktiken der Analyse ursprünglich ein Hilfsmittel, um geeignete Rohstoffsorten zu identifizieren und besser planen zu können, entfalteten sie zunehmend eine normative Kraft. Schließlich galt es als allgemein anerkannte Notwendigkeit, dass Zuschläge einen Mindestanteil von 96 Prozent kohlensaurem Kalk aufweisen mussten.[42]

Die Verfestigung räumlicher Beziehungen

»Dornap« wurde geradezu zum Synonym für diejenige Zuschlagssorte, an deren Eigenschaften schließlich alle Hochöfen im westlichen Ruhrgebiet angepasst waren. Der Ort, dem schon bei der geologischen Kartierung größte Aufmerksamkeit zu Teil geworden war, etablierte sich neben dem Neandertal bald als wichtigster Kalksteinlieferant. Demgegenüber konnten sich weder die gut erschlossenen Steinbrüche in Ratingen oder die Grube Stolberg noch transportgünstig am Rhein gelegene Lieferanten behaupten. Dabei war Dornap noch bis in die 1860er Jahre

40 Chemisch-metallurgisches Laboratorium Schemmann an RWK: Kalkstein-Vorkommen Richrath, 24.1.1911, RhK(L), AG, 116; Zimmermann, E.: Gutachten über das Kalkvorkommen von Zippenhaus. 11.9.1920, GDNRW, L3G, 4608/001.

41 RWK: Mitlieferungsvertrag Gewerkschaft Stolberg, 29.9.1911, RhK(L), AG, 116.

42 Vgl. Oates, Joseph: Lime and Limestone. Chemistry and Technology, Production and Uses, Weinheim 2008, S. 97.

vergleichsweise schlecht an die Hüttenstandorte an Ruhr und Emscher angebunden. Tatsächlich war die Identifizierung eines großen homogenen Vorkommens zunächst wichtiger gewesen als transportökonomische Überlegungen. Erst als sich Hüttenwerke bereits weitgehend auf die dort abgebaute Gesteinssorte festlegt hatten, verbesserten sich auch die Transportbeziehungen. Als das Gestein aus Dornap dann auch günstig zu transportieren war, verfestigte dies die Bedeutung des Ortes als Kalksteinlieferant.

Die räumlichen Beziehungen zwischen Hüttenwerken und Abbauorten basierten eher auf den materiellen Eigenschaften des Gesteins, als dass sie durch besonders günstige Transportbedingungen determiniert waren. Die Entwicklung der infrastrukturellen Anbindung Dornaps belegt, dass die Ergebnisse der geologischen Aufnahme und der chemischen Analysen, die den Blick auf große homogene Vorkommen gelenkt hatten, für die Konstitution der räumlichen Beziehungen entscheidend war und den Veränderungen der Transportbeziehungen vorausging. Als das Gestein Mitte der 1850er Jahre erstmals in Hüttenwerken an Rhein und Ruhr zum Einsatz kam, war Dornap aus rein transportökonomischen Gründen keine besonders günstige Wahl. Die Verbindung nach Borbeck etwa, wo das Hüttenwerk schon früh auf Kalkstein aus Dornap zurückgriff, machte einen Verladevorgang auf Ruhrschiffe und einen gut 10 Kilometer langen Straßentransport notwendig.[43] Ein direkter Bahntransport zu den etwa 30 Kilometer nördlich gelegenen Hüttenwerken im entstehenden Ruhrgebiet war, mit Ausnahme des Hüttenwerks der Phoenix AG in Kupferdreh, in den 1850er Jahren nicht möglich.

Dies war der Fall, obwohl Dornap sehr früh infrastrukturell angeschlossen war. Die Steinbrüche, aus denen in den 1850er Jahren vielversprechende Proben entnommen worden waren, lagen nicht nur entlang der Düsseldorf-Elberfelder Chaussee, einer preußischen Provinzialstraße. Sie lagen auch am Schnittpunkt der Chaussee mit der Prinz-Wilhelm-Eisenbahn, einer der ältesten Bahnstrecken in Preußen. Der Name Dornap war zunächst als Eisenbahnstation bekannt. Das erste Teilstück der Prinz-Wilhelm-Eisenbahn war bereits in den 1830er Jahren zunächst als Pferdebahn von einigen Kohlezechen bis an das südliche Ufer der Ruhr erbaut worden, wo die Kohlen auf Schiffe verladen wurden. Der weitere Ausbau der Strecke, die 1847 die Wupper erreichte, wurde vor allem für die Kohleversorgung der frühindustriellen Zentren des Bergischen Landes konzipiert. Aus diesen Gründen endete die Trasse am Südufer der Ruhr gegenüber von Steele (s. Abb. 3).[44]

43 Vgl. Koerner, Andreas: Die Phoenixhütte in Borbeck, 1847-1926, in: Beiträge zur Geschichte von Stadt und Stift Essen 109 (1997), S. 9-54, hier: S. 20.

44 Vgl. Homberg, Frank: Kohlen für Elberfeld. Die Prinz-Wilhelm-Eisenbahn durch Niederberg, in: Romerike Berge 56 (2006), Nr. 1, S. 7-16; Homberg, Frank: Der Ausbau der Prinz-Wilhelm-Eisenbahn von der Ruhr an die Wupper, in: Romerike Berge 57 (2007), Nr. 3, S. 29-39.

Schon in den 1840er Jahren thematisierten die Bahnbetreiber aber auch die Möglichkeit, Kalk und Kalksteine zu transportieren,[45] denn die Bahntrasse »durchschneidet [...] ein reichhaltiges Kalksteinlager«.[46] Zu diesem Zeitpunkt dachte der Vorstand der Bahngesellschaft allerdings noch nicht an den Verbrauch des Gesteins auf Hüttenwerken, sondern an Dünger und Baumaterialien, die »nach Holland ausgeführt« werden sollten.[47] Für die angedachte Transportbeziehung war es völlig unproblematisch, dass die Strecke am Südufer der Ruhr endete, denn von dort aus war der Wasserweg über die Ruhr und den Rhein ohnehin der effizienteste Weg in die Niederlande. Die schon länger existierenden kleineren Steinbrüche entlang der Bahntrasse wurden vor 1850 tatsächlich in begrenztem Umfang von Baustoffhändlern für den Fernhandel mit dem Gestein genutzt.[48] Jedenfalls schien eine Verlängerung der Prinz-Wilhelm-Eisenbahn über die Ruhr hinweg weder nötig, um die Städte des Bergischen Landes mit Kohle zu versorgen, noch, um auf der Rückfahrt Kalk für den niederländischen Markt abzutransportieren.

Erst Ende der 1850er Jahre rückte die nördliche Verlängerung der Prinz-Wilhelm-Bahn über die Ruhr hinweg in den Fokus. Allen voran waren es die Unternehmen der Montanindustrie, deren Standorte fast ausschließlich nördlich der Ruhr lagen, die die Streckenverlängerung unterstützten. Der Vorstand der Friedrich Wilhelms-Hütte etwa meinte, »daß uns die [...] Vollendung der Ruhrbrücke zu Steele, [...] wesentliche Vortheile zuführen [wird]. Durch diese Bahnverbindungen werden unsere Kalksteinbrüche zu Dornap [...] in direkte Verbindung mit unserer Hütte gebracht«.[49] Die Interessen der Montanunternehmen fanden schließlich bei der im Juni 1863 erfolgten Eröffnung der neuen Brücke über die Ruhr bei Steele Berücksichtigung.[50] Dadurch bestand ab Mitte der 1860er eine direkte Verbindung zwischen den Steinbrüchen in Dornap und den Hüttenwerken im entstehenden Ruhrgebiet.

Mit der Fertigstellung der Brücke bei Steele änderten sich die Transportbedingungen zugunsten von Dornap. Der Vorstand der Friedrich Wilhelms-Hütte rechnete vor:

> »Für den Kalksteinbruch bei Dornap ist nun seit Mai, wo die neue Ruhrbrücke bei Steele die Verbindung zwischen der Prinz-Wilhelm-Bahn (Steele-Vohwinkel)

45 Bericht an die Aktionäre der Prinz-Wilhelm-Eisenbahn von Steele nach Vohwinkel, Düsseldorf 1845, S. 4.

46 Weyberg, 25.8.1843, LAV NRW R, BR 109, 97.

47 Ebd.

48 Vgl. Seeling, Hans: Die Eisenhütten in Heerdt und Mülheim am Rhein, Köln 1972, S. 39f.

49 Friedrich Wilhelms-Hütte: Bericht über die General-Versammlung der Aktien-Gesellschaft Bergwerks-Verein Friedrich Wilhelms-Hütte, 28.10.1862, WWA, S 7, 39.

50 Vgl. Homberg: Der Ausbau der Prinz-Wilhelm-Eisenbahn, S. 34; Busch, Johann Rainer/Deilmann, Hans Günter: Prinz-Wilhelm-Eisenbahn. Die erste Eisenbahn-Aktiengesellschaft auf deutschem Boden, Essen 1992.

und der Bergisch-Märkischen Bahn vollendete, die Zeit herangekommen, uns direct nützlich zu werden. […] Durch die erwähnte Verbindung mit dem jenseitigen Ruhrufer sparen wir allein an Kalksteinfracht zwischen 3 und 4 Tausend Thlr. pro Jahr«.[51]

Die Ersparnis von 3000 bis 4000 Thalern, mit der der Vorstand der Friedrich Wilhelms-Hütte rechnete, war signifikant. Ihr standen Kosten von jährlich ungefähr 12.000 Thalern gegenüber, die das Unternehmen für das Zuschlagsmaterial ohne Transportkosten ausgab.[52] Die neue Verbindung nach Dornap schien die Festlegung auf das dort gewonnene Gestein nun auch transportökonomisch zu rechtfertigen.

Die Bahnverbindung, die 1863 fertiggestellt wurde, war zwar nicht die Voraussetzung für die Bildung der räumlichen Beziehung zwischen Dornap und den Standorten der Hüttenwerke. Aber sie veränderte die räumlichen Beziehungen zwischen den verschiedenen Abbauorten und den Hüttenwerken zugunsten von Dornap. Kalkstein aus Dornap galt nunmehr nicht nur als qualitativ hochwertiges Zuschlagsmaterial, sondern es war nach 1863 auch das Gestein, das im westlichen Ruhrgebiet am günstigsten zu beziehen war. Bald übertrafen die Lieferungen sogar diejenigen aus dem Neandertal. Alternativen der Zuschlagsbeschaffung verfolgten die Hüttenwerke indes überhaupt kaum noch. Mit der Bahnverbindung verfestigte sich die bereits bestehende räumliche Beziehung, die die Hüttenwerke an Dornap band.[53]

Investitionen – Kosten – Preise

Bereits vor der Fertigstellung der Bahnverbindung, in den Jahren 1856 bis 1858, hatten mehrere Hüttenwerke Steinbrüche und Grundstücke in Dornap erworben. Der Vorstand der Friedrich Wilhelms-Hütte legte im Oktober 1856 den Gesellschaftern des Unternehmens nahe, auf ein entsprechendes Angebot einzugehen.[54] Wenige Monate später kaufte das Unternehmen von Wilhelm und Carl Winters für 9500 Taler gut zweieinhalb Hektar Land in Dornap »soweit darauf der Kalkzug unter dem Grundstücke sich erstreckt«.[55] Neben der Friedrich Wilhelms-Hütte erwar-

---

51 Friedrich Wilhelms-Hütte: Bericht über die General-Versammlung der Aktien-Gesellschaft Bergwerks-Verein Friedrich Wilhelms-Hütte, 26.10.1863, WWA, S 7, 39.

52 Ebd.

53 Ähnlich vgl. Ziegler, Dieter: Kommerzielle oder militärische Interessen, Partikularismus oder Raumplanung? Bestimmungsfaktoren für die Entwicklung des Eisenbahnnetzes in Deutschland im 19. Jahrhundert, in: Wysocki, Josef (Hg.): Wirtschaftliche Integration und Wandel von Raumstrukturen im 19. und 20. Jahrhundert, Berlin 1994, S. 39-63, hier: S. 59f.

54 Friedrich Wilhelms-Hütte: Sitzung des Verwaltungsrathes, 28.10.1856, TKKA, FWH, 55.

55 Notariatsakte Berckenkamp, 13.1.1857, TKKA, FWH, 1117.

ben auch Jacobi, Haniel und Huyssen, die Phoenix AG und das Hüttenwerk Neu-Schottland aus Steele 1856/57 Kalksteinfelder in Dornap.[56] Weitere Konzerne gingen feste Lieferverträge mit lokalen Steinbruchunternehmen in Dornap ein. In den folgenden Jahren wurden zahlreiche neue Steinbrüche erschlossen, Schleppbahnen und Betriebsanlagen errichtet und die Bahnstation Dornap zu einer großen Verladestation umgebaut. Auf diese Weise flossen erhebliche Investitionen in die Dornaper Steinbruchbetriebe und es entstand ein regelrechtes Cluster von werkseigenen Steinbrüchen und solchen, die als Zulieferer von lokalen Unternehmern geführt wurden (Abb. 5).[57] Durch die Investitionen konnten die Kosten für die Kalksteingewinnung deutlich reduziert werden, aber sie schufen auch Pfadabhängigkeiten. Die sinkenden Kosten trugen ebenso wie das in Grund und Boden sowie in Betriebsanlagen angelegte Kapital dazu bei, dass sich die Hüttenwerke an Dornap als Abbauort banden.

Abbildung 5: Dornap, 1894.

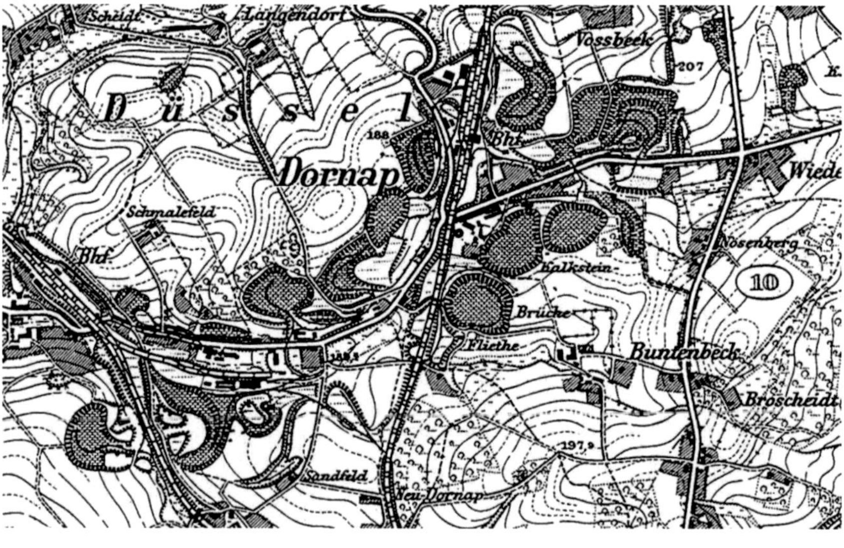

Quelle: Topographische Karte 1:25.000, Blatt Elberfeld, 1894.

---

56 Badenberg: Karte einiger Parzellen in der Gemeinde Schöller im Auftrage der Herren Jacobi, Haniel & Huyssen, 20.3.1857, RWWA, 130, 231/78; Phoenix AG: Dritte ordentliche General-Versammlung, 27.10.1856, MWA, P, 1 25 11.1, S. 17; Kopie einer Notariatsakte, o.D. [1857], TKKA, FWH, 1117.

57 Bürgermeister-Amt Wülfrath: Nachweisung über die in der Bürgermeisterei Wülfrath belegenen Sandsteingruben und Steinbrüche, Februar 1876, LAV NRW R, BR 34, 24; Mülmann, Otto von: Statistik des Regierungs-Bezirkes Düsseldorf, Iserlohn 1867, S. 477.

Der ursprüngliche Beweggrund der Hüttenwerke in Dornap zu investieren, war wiederum die Homogenität der in den Hochöfen eingesetzten Zuschläge sicherzustellen. So argumentierte der Vorstand der Phoenix AG vor der Generalversammlung des Unternehmens im Oktober 1856:

> »Der zur Verschmelzung unserer Erze erforderliche Kalkstein wurde von verschiedenen Lieferanten beschafft. Zur Vermeidung der aus unvollkommener Einhaltung der betreffenden Lieferungs-Verträge möglicher Weise entstehenden Gefahren [...] hat die Gesellschaft zwei Kalksteinbrüche gekauft, von denen der eine bei Dornap [...] gelegen [ist].«[58]

Die Grundstücksgeschäfte machten sich bald auch in Bodenpreissteigerungen bemerkbar. Einzelne Unternehmer, die in den frühen 1860er Jahren in das Geschäft mit dem Zuschlagsmaterial einsteigen wollten, beklagten sich darüber, dass die Preise für Grund und Boden in Dornap bereits deutlich über das hinausgingen, was der rein landwirtschaftliche Ertrag rechtfertige.[59] Trotz der steigenden Bodenpreise kauften aber noch in den 1860er Jahren mindestens drei Unternehmer, die meist aus dem Baustoffhandel oder der Landwirtschaft kamen, Land für den Kalksteinabbau an.[60] Die Entwicklungen auf dem Bodenmarkt spiegelten die hohe Konzentration von Investitionen am Abbauort Dornap wider.

Mit dem Kauf von Grundstücken, unter denen große homogene Kalksteinvorkommen vermutet wurden, waren die Investitionen der Unternehmen aber noch nicht abgeschlossen. Der Grunderwerb diente nicht nur der langfristigen Rohstoffsicherung. Schon im Januar 1857 beabsichtigte der Vorstand der Friedrich Wilhelms-Hütte, mit »der Anlage einer Schleppbahn vom neu erworbenen Felde nach der Station Dornap die nächsten Schritte zu thun.«[61] Bei der Schleppbahn, die bald darauf realisiert wurde, handelte es sich um eine schmalspurige Pferdebahn, die über einige hundert Meter vom Inneren des Steinbruchs zum Bahnhof an der Strecke der Prinz-Wilhelm-Eisenbahn führte.[62] An der Station Dornap selber wurden Ladebühnen erbaut, um das Gestein in die Waggons der Eisenbahngesellschaft umzuladen.

Die Friedrich Wilhelms-Hütte baute ihre Kalksteingewinnung in Dornap so weit aus, dass diese 1866 fast den gesamten Bedarf der Hütte deckte – immerhin 8500 t jährlich.[63] Auch die Phoenix AG und das Hüttenwerk Neu-Schottland

58 Phoenix AG: Dritte ordentliche General-Versammlung, 27.10.1856, MWA, P, 1 25 11.1, S. 17.

59 Protokoll: Verhandelt zu Dornap, den 1. Juni 1866, 1.6.1866, LAV NRW R, BR 34, 24.

60 Vertrag zwischen der Bergisch-Märkischen Eisenbahn-Gesellschaft und dem Kalksteinbruchbesitzer Herrn W. Schüler, 22.2.1882, RhK(L), AG, 9.

61 Friedrich Wilhelms-Hütte: Sitzung des Verwaltungsrathes, 24.1.1857, TKKA, FWH, 55.

62 Wessendorff: Situationsplan über die auf den Grundstücken des Herrn W. Schüler zu Dornap gelegenen Eisenbahnlinien, August 1875, RhK(L), EV, 581.

63 Zahlen zusammengestellt aus: Friedrich Wilhelms-Hütte: Berichte, 1864-1866, WWA, S7, 39.

sowie die lokalen Steinbruchunternehmen trieben die Erschließung ihrer Steinbrüche voran. In den frühen 1870er Jahren ließ der Gutehoffnungshütte-Konzern, der aus dem Unternehmen von Jacobi, Haniel und Huyssen hervorgegangen war, in seinem Dornaper Bruch knapp 40.000 t Kalkstein gewinnen, der über die Steeler Brücke zur Eisenhütte Oberhausen transportiert wurde.[64] Im Vergleich zu den vorindustriellen Kalksteinbrüchen handelte es sich hier um große Betriebe mit einer leistungsfähigen Erschließung.

Der Ausbau der Steinbrüche sowie der Infrastruktur aus Schleppbahnen und Ladebühnen band nicht nur Kapital, sondern war auch das Ergebnis aufwendiger Abstimmungsprozesse zwischen den verschiedenen Interessenten und Akteuren vor Ort. Die Hüttenunternehmen verhandelten mit Grundstückseigentümern und versuchten sich untereinander zu einigen. Auch die Bergisch-Märkische Eisenbahngesellschaft als Betreiberin der Prinz-Wilhelm-Bahn sowie die Königliche Eisenbahndirektion waren einbezogen, um Ladebühnen und Anschlussgleise zu genehmigen. Zudem war die Anlage der Schleppbahnen mit der Gemeindeverwaltung abzustimmen. Wenn die Trassen öffentliche Wege kreuzten oder auf diesen geführt werden sollten, stellte sich die Frage nach der Verantwortung für die Instandhaltung der Wege. In dieser Gemengelage setzten die Hüttenwerke auf Kooperationen, die allerdings immer wieder aufs Neue ausgehandelt werden mussten.[65] Für den Aufbau einer leistungsfähigen Kalksteingewinnung waren daher soziale Investitionen nötig, die die Hüttenwerke ebenso an Dornap banden wie die finanziellen Investitionen. Es erschien wenig sinnvoll, die einmal erreichten Kooperationen mit Grundstückseigentümern, Bahngesellschaft und Behörden aufzugeben und zu versuchen, diese an einem anderen Ort mühsam wieder herzustellen.

Wie wertvoll zuverlässige Kooperationen waren, zeigte sich an den Problemen, auf die August und Wilhelm Schüler stießen als sie 1866 damit begannen einen weiteren Steinbruch anzulegen, aus dem sie die Eisenindustrie beliefern wollten. Die vor Ort bestehenden sozialen Beziehungen waren zu diesem Zeitpunkt offensichtlich schon so weit verfestigt, dass die Schülers nun als lästige Konkurrenz wahrgenommen wurden. Sie konnten mit den anderen Steinbruchbetreibern und Grundeigentümern keine Einigung erzielen. Bei dem zuständigen Landratsamt in Mettmann beschwerten sie sich:

64 Gutehoffnungshütte AG: Geschäftsbericht 1881/82.

65 Kopie einer Notariatsakte, o.D. [1857], TKKA, FWH, 1117; Vertrag zwischen der Bergisch-Märkischen Eisenbahn und der Berg- und Hütten Actiengesellschaft Neu-Schottland, der Friedrich Wilhems-Hütte, den Gebrüdern Winters, 11.1.1864, RhK(L), AG, 9; Vertrag zwischen der Bergisch-Märkischen Eisenbahn-Gesellschaft und der Actien-Gesellschaft für Bergbau- und Hüttenbetrieb Phoenix, 28.7.1865, RhK(L), AG, 9.

»Zur Anlage einer Pferdebahn bedürften wir nun entweder die Grundstücke der Gesellschaft Phoenix und des Herrn Aug. Wever, oder die des Herrn Meyberg, ohne welche wir [...] den Bahnhof nicht erreichen konnten. Diese sind aber so schlimme Concurrenten und [es] haben alle unsere Bemühungen zur Erwerbung der fraglichen Grundstücke [...] nicht den geringsten Erfolg gehabt.«[66]

Dabei brachten die Gebrüder Schüler den Zusammenhang zwischen ersten Investitionen und Folgeinvestitionen auf den Punkt, der auch dem Vorgehen der Hüttenunternehmen zugrunde lag. Sie argumentierten, dass sich der Steinbruchbetrieb nur dann rentieren würde, wenn weiter in den Ausbau der Anlagen und der Infrastruktur investiert würde: »Alle Anlagen, der Ankauf der Grundstücke sowie auch die übernommenen Lieferungen sind auf eine [Pferde]bahn zur Abfuhr berechnet«.[67] Das Landratsamt akzeptierte diese Begründung und bestätigte: »ihr gesichertes Bestehen [...] [ist] von [den] Transportverhältnissen aus dem [...] Bruche wesentlich abhängig.«[68]

Nicht nur in der Argumentation der Gebrüder Schüler zeigte sich die ökonomische Überzeugung, derzufolge der Nutzen einer einmal getätigten Investition durch weitere Investitionen sichergestellt werden müsse. Sie gingen davon aus, dass die Steinbrüche optimal erschlossen und angebunden werden mussten, um deren Potenzial voll ausnutzen zu können. Zugleich nahmen sie aber auch an, dass die Steinbrüche hinreichend groß bemessen sein mussten, damit sich der Aufbau einer leistungsfähigen Infrastruktur rechnete. Das heißt, die Investitionen in den Abbauort Dornap verstärkten sich bis zu einem gewissen Punkt selbst und trieben die Expansion des Kalksteinabbaus voran. Eine ähnliche Ausweitung der Abbautätigkeit erfolgte sonst an keinem anderen Ort und führte dazu, dass Dornap bald auch den Kalksteinabbau im Neandertal, was die Abbaumengen und die Bedeutung anging, überflügelte.

Die Eigendynamik der Investitionstätigkeit wirkte sich schließlich auch auf die Preise für das Zuschlagsmaterial aus. Noch Mitte der 1850er Jahre hatten die Vorstände der Hüttenwerke mit stark steigenden Preisen für Kalkstein für den Ankauf und den Ausbau eigener Steinbrüche argumentiert. Sie gingen davon aus, dass die exponentiell ansteigende Nachfrage nach dem Gestein infolge der Umstellung auf die Kokshochofentechnologie zu einer Verteuerung führen müsse, wenn das Angebot nicht signifikant ausgeweitet würde. So hatte der Vorstand der Friedrich Wilhelms-Hütte explizit darauf aufmerksam gemacht, dass bereits in der ersten

66 Schüler an Landratsamt Mettmann: Betrifft Gesuch der Gebrüder Aug. & Wilh. Schüler um Erlaubnis zur Benutzung eines Theils der Düsseldorf-Schwelmer Staatsstraße zur Anlage einer Pferdebahn, 24.4.1866, LAV NRW R, BR 34, 101.

67 Ebd.

68 Landratsamt Mettmann: Aktennotiz, 15.5.1866, LAV NRW R, BR 34, 101.

Hälfte der 1850er Jahre »die [Preise] des Kalksteins wesentlich gestiegen sind.«[69] Und auch der Vorstand der Phoenix AG legitimierte sein Vorhaben, in Dornap zu investieren, mit der Erwartung, dass der Steinbruch »den Kalkstein zu vorteilhafteren Preisen als diejenigen irgend eines der bisher abgeschlossenen Lieferungs-Verträge« liefern würde.[70]

Mit der investitionsgetriebenen Expansion der Steinbrüche zeichnete sich Mitte der 1860er Jahre dann ein starker Preisverfall ab. Je größer die Abbaumenge, desto billiger der Abbau. Dieser Grundsatz machte sich auch bei der Preisfindung für das Zuschlagsgestein bemerkbar. Der Zusammenhang zwischen Investitionen in große, gut erschlossene Steinbrüche und den fallenden Preisen lag für die Zeitgenossen auf der Hand. Der Vorstand der Friedrich Wilhelms-Hütte zielte mit dem Ausbau sogar darauf ab, »durch succesive Ausdehnung des jetzigen Bruches [...] Gewinnungskosten zu reducieren, also unseren Hochöfen billigere Kalksteine zuzuführen«.[71] Expansion des Abbaus und Reduktion der Kosten waren im ökonomischen Denken der Verantwortlichen voneinander abhängig – wie die allgemeine Erwartung von Skaleneffekten, die auch die Selektion der Zuschlagssorte geprägt hatte.

Der Kreislauf aus fallenden Preisen und immer weiteren Investitionen schien den Hüttenwerken auf absehbare Zeit ein ausreichendes und kostengünstiges Angebot an Kalkstein zu sichern. Zudem setzte Mitte der 1860er Jahre eine bis in die 1890er Jahre anhaltende Stagnation der Preise für Industrierohstoffe ein, die sich auch auf Preise für das Zuschlagsmaterial ausgewirkt haben dürfte.[72] Dementsprechend rückte auch das Argument der Kostenkontrolle, das die Unternehmensleitungen bemüht hatten, um die Anlage eigener Steinbrüche zu rechtfertigen, Ende der 1860er Jahre wieder in den Hintergrund. Der weiterhin wachsenden Nachfrage schien nun ein stetig erweiterbares Angebot gegenüberzustehen. Die Preise für das Gestein aus Dornap konnten dadurch auf absehbare Zeit niedrig gehalten werden.

Aufgrund der gewandelten Preiserwartungen begannen die Hüttenwerke ab 1870 nach und nach ihre Steinbrüche in Dornap mitsamt Schleppbahnen und Ladebühnen zu verkaufen. Käufer waren zumeist die unabhängigen Unternehmer, die bereits Kalkstein an die Hüttenwerke lieferten. Den Anfang machte das Hüttenwerk Neu-Schottland im Jahr 1869.[73] Ihr folgte die Phoenix AG, die im Novem-

---

69 Friedrich Wilhelms-Hütte: Bericht an die General-Versammlung, 26.10.1857, WWA, S 7, 39.

70 Phoenix AG: Dritte ordentliche General-Versammlung, 27.10.1856, MWA, P, 1 25 11.1, S. 17.

71 Friedrich Wilhelms-Hütte: Auszug aus den Verhandlungen der sechzehnten ordentlichen General-Versammlung, 30.10.1869, WWA, S 7, 39, S. 7.

72 Vgl. Spree, Reinhard: Veränderungen der Muster zyklischen Wachstums der deutschen Wirtschaft von der Früh- zur Hochindustrialisierung, in: Geschichte und Gesellschaft 5 (1979), S. 228-250, hier: S. 232f.

73 Mittheilungen, in: Der Berggeist 14 (1869), S. 449.

ber 1869 ihren Bruch den Gebrüdern Schüler zum Kauf anbot.[74] Allerdings knüpfte sie den Verkauf an Bedingungen. Anstatt den Steinbruch mit Geld zu bezahlen, mussten sich die Schülers dazu verpflichten, dass »der Gegenwerth durch Lieferung von 22500 Waggon à 100 Centner Kalkstein zum Preise von Thl. 1 2/3 fco. Bahnhof Dornap geleistet wird.«[75] Die geforderte Liefermenge, gut 100.000 t, war auch im Vergleich zu den bisher jährlich in dem Steinbruch gewonnenen 12.000 t sehr hoch.[76] Dennoch willigten die Schülers ein, über Jahre hinweg einen großangelegten Steinbruchbetrieb aufrecht zu erhalten.

Der an die Verpflichtung zur weiteren Expansion der Liefermengen geknüpfte Verkauf von Steinbrüchen war kennzeichnend für die nun folgende Entwicklung. Dabei zeigte sich, wie schwach die Position der lokalen Unternehmer war, die diese Betriebe von den Hüttenwerken übernahmen. Anders als etwa die Rüdersdorfer Kalksteinbrüche bei Berlin oder die Vielzahl von Kleinstunternehmen, die hauptsächlich für Bauzwecke und den landwirtschaftlichen Bedarf produzierten,[77] waren die Dornaper Betriebe nahezu vollständig auf die Hüttenwerke als Abnehmer fixiert.[78] Unter den veränderten wirtschaftlichen Bedingungen nach der Gründerkrise 1873 verschärfte sich das Abhängigkeitsverhältnis weiter.

Als der Vorstand der Friedrich Wilhelms-Hütte im Mai 1877 darüber beriet, sich von dem Steinbruchbetrieb in Dornap zu trennen,[79] versuchte er, eine jährliche Mindestlieferung durchzusetzen, um die Abbaumengen konstant hoch zu halten. In den folgenden Verkaufsverhandlungen ging es der Friedrich Wilhelms-Hütte weniger um die Höhe des Kaufpreises,[80] als vielmehr um eine Klausel, wonach der Kaufpreis »durch Lieferungen von Kalkstein à M. 12 1/2 pro 200 Ct. abgetragen wird.«[81] Durch derartige Verkaufsmodalitäten, die die neuen Eigentümer der Steinbrüche dazu zwangen, weiterhin große Abbaukapazitäten vorzuhalten, wurde die Expansion des Abbaus in Dornap fortgeschrieben.

---

74 Phoenix AG: Sitzung des Administrationsrates, 29.11.1869, MWA, P, 1 25 11.1.

75 Phoenix AG: Sitzung des Administrationsrates, 24.1.1870, MWA, P, 1 25 11.1.

76 Phoenix AG: Ordentliche General-Versammlung, 25.10.1870, MWA, P, 1 25 11.1, S. 12.

77 Vgl. Wittling, Gernot: Der Staat als Innovator im Rüdersdorfer Kalkbergbau während der Frühindustrialisierung, in: Westermann, Ekkehard (Hg.): Vom Bergbau- zum Industrierevier, Stuttgart 1995, S. 113-124; Köhler, Eva: Rüdersdorf. Die Kalkhauptstadt am Rande Berlins, Berlin 1994; Ziegler, Dieter: Beyond the Leading Regions. Agricultural Modernization and Rural Industrialization in North-Western Germany, in: Czierpka, Juliane/Oerters, Kathrin/Thorade, Nora (Hg.): Regions, Industries and Heritage. Perspectives on Economy, Society and Culture in Modern Western Europe, Basingstoke 2015, S. 148-169.

78 Eisentraeger: Taschenbuch für die Stein- und Zementindustrie, S. 233f.; vgl. Arnold, Paul: Die Kalkindustrie am Nordrand des Rheinischen Schiefergebirges, Bonn 1961, S. 65.

79 Friedrich Wilhelms-Hütte: Sitzung des Verwaltungsrathes, 11.5.1877, TKKA, FWH, 56.

80 Friedrich Wilhelms-Hütte: Sitzung des Verwaltungsrathes, 27.6.1878, TKKA, FWH, 56.

81 Friedrich Wilhelms-Hütte: Sitzung des Verwaltungsrathes, 10.1.1879, TKKA, FWH, 56.

Die unabhängigen Unternehmer, die die Steinbrüche übernahmen, erkannten durchaus, dass die fortgesetzte Expansion des Abbaus, welche die Hüttenwerke von ihnen verlangten, in einen ruinösen Preisverfall mündete. Bereits im April 1866 lamentierten August und Wilhelm Schüler: »Kalksteine stehen bekanntlich im Preise sehr niedrig, doch wird der Absatz [...] immermehr gehoben.«[82] Während sich die Schülers nicht anders zu helfen wussten, als selber immer mehr Kalkstein zu fördern und damit zur Perpetuierung ihres Dilemmas beizutragen, versuchten andere sich dem Druck der Hüttenwerke zu entziehen. Peter Rossmüller, der den Steinbruch der Friedrich Wilhelms-Hütte erwerben wollte, sträubte sich gegen die Lieferbedingungen. Er hatte zunächst ganz andere Pläne und wollte eine Kalkbrennerei einrichten, um das Produkt an die lokale Bauindustrie abzusetzen.[83] Rossmüller behauptete, dass sich andere Steinbruchbetriebe in Abhängigkeit von den Hüttenwerken »sogar in der besseren Zeit nicht rentiert« hätten.[84] Schließlich ging Rossmüller einen Kompromiss ein, der ihn allerdings doch ganz erheblich an die Abbauinteressen der Friedrich Wilhelms-Hütte band. Im notariellen Vertrag hieß es dann: »Ankäufer liefert der Verkäuferin [...] allmonatlich ununterbrochen hundert Doppelwaggon, [...] thunlich noch mehr, keineswegs aber weniger als fünfundsiebzig Doppelwaggon gute blaue Kalksteine zum Preise von zwölf und einer halben Mark pro Doppelwaggon«.[85] Auch wenn Rossmüller damit möglicherweise einen besseren Kaufpreis erzielt hatte als die Schülers, unterwarf auch er sich dem Imperativ, die Abbaumenge hoch zu halten und für den kontinuierlichen Ausbau der Steinbrüche zu sorgen. Auf diese Weise setzten die Hüttenwerke die weitere Expansion des Kalksteinabbaus in Dornap durch.

Durch die so in Gang gesetzte Preisdynamik wurde Kalkstein aus Dornap für die Hüttenwerke im Vergleich zu anderen Abbauorten immer billiger. Als die Leitung der Eisenhütte Oberhausen 1869 einen Überblick über bestehende Lieferverträge für Kalkstein aufstellte, wurde dieser Effekt nur allzu deutlich. Die Preise, die mit einer Reihe von unabhängigen Dornaper Steinbruchunternehmen ausgehandelt worden waren, lagen inklusive Transportkosten unter denen der Lieferungen von anderen Abbauorten – auch solchen, die, wie Ratingen, deutlich näher an dem Hüttenwerk gelegen waren.[86] Die Preisfindung verfestigte also wiederum die Bindung an den Abbauort Dornap, die nun auch mit finanziellen Vorteilen bei der

82 Schüler an Landratsamt Mettmann: Betrifft Gesuch der Gebrüder Aug. & Wilh. Schüler um Erlaubnis zur Benutzung eines Theils der Düsseldorf-Schwelmer Staatsstraße zur Anlage einer Pferdebahn, 24.4.1866, LAV NRW R, BR 34, 101.

83 Rossmüller an Friedrich Wilhelms-Hütte, 28.10.1879, TKKA, FWH, 1117; Rossmüller an Friedrich Wilhelms-Hütte, 28.11.1879, TKKA, FWH, 1117.

84 Rossmüller an Friedrich Wilhelms-Hütte, 30.11.1879, TKKA, FWH, 1117.

85 Notariatsakte Rudolph: Repertorii No. 18976, 6.1.1880, TKKA, FWH, 1117.

86 Eisenhütte Oberhausen: Jahresbericht pro 1868, o.D. [1869], RWWA, 130, 20001/33.

Rohstoffbeschaffung begründet werden konnte. Spätestens um 1870 war ökonomisch kaum noch zu argumentieren, dass andernorts verfügbare Zuschlagssorten für die Eisenverhüttung genutzt werden sollten. Die finanziellen wie sozialen Investitionen in Dornap schufen eine ökonomische Logik, welche die Hüttenwerke weiter an die dort gewonnene Kalksteinsorte band.

Das Maß, in dem sich die Eisenindustrie an eine einzige, klar definierte Sorte Kalkstein band, ging also deutlich über das hinaus, was die thermodynamischen Prozesse im Hochofen erforderlich machten. Zwar waren die Verhüttungspraktiken, die sich seit den 1850er Jahren durchgesetzt hatten, auf die Zuschlagssorte, die im Neandertal und Dornap identifiziert worden war, und deren materielle Eigenschaften festgelegt. Aber die Selbstbindung durch Qualitätsstandards, chemische Normierung, Transportbeziehungen und zuletzt Investitionen überlagerte und verstärkte die Konzentration auf dieses Gestein. Das zeitgenössische Wissen über den Hochofenprozess und die Berechnungsmöglichkeiten, die daraus abgeleitet wurden, waren ebenso wirkmächtige soziale Konstruktionen wie die ökonomischen Rationalitäten, die sich an Skaleneffekten und Vorstellungen über die Kostenentwicklung festmachten. Erst diese Konstellation führte dazu, dass auch solche Alternativen verschwanden, die die Verhüttungspraktiken eigentlich zugelassen hätten.

In dem Schließungsprozess, der um 1860 einsetzte, wurde es zur unhinterfragten Selbstverständlichkeit, dass Kalkstein aus dem Neandertal und mehr noch der aus Dornap das qualitativ beste und kostengünstigste Zuschlagsmaterial war. Das war nicht nur das Resultat sozialer Konstruktion, sondern wirkte schließlich auch auf die Praktiken der Eisenverhüttung zurück. Über die Praktiken war die Konstruktion von Wissen und ökonomischer Rationalität mit routinisierten Handlungen und materiellen Arrangements verknüpft. Deshalb verfestigten sich im Schließungsprozess auch die Verhüttungspraktiken rund um den Gebrauch des eng definierten Zuschlagsmaterials. Es ist geradezu ein Kennzeichen etablierter Praktiken – und als solche musste die Eisenverhüttung mit Steinkohlekoks spätestens in den 1860er Jahren gelten –, dass sie weitgehend unreflektiert immer wieder reproduziert werden. Anders als noch zu Beginn der 1850er Jahre nahmen die Zeitgenossen die Wahl des Zuschlags nicht mehr als Problem wahr und sahen folglich auch keine Veranlassung, die Praktiken in dieser Hinsicht neu zu durchdenken. Stattdessen reproduzierten die routinisierten Handlungsabläufe an den Hochöfen des westlichen Ruhrgebiets die Selbstbindung, ohne weiter über den Gebrauch des Gesteins zu reflektieren. Dadurch schrieb sich der Kalkstein aus dem Neandertal und Dornap mit seinem spezifischen Eigenschaftsprofil in die Praktiken der Eisenverhüttung ein.

Spätestens Ende der 1860er Jahre war dieser Kalkstein ein »kritischer« Rohstoff der Eisenindustrie. Einerseits war eine starke Abhängigkeit von der eng definierten Zuschlagssorte entstanden, die nur noch an wenigen Abbauorten gewonnen wurde – ohne dass die Zeitgenossen dies problematisiert hätten. Andererseits steigerte die Selbstbindung aber auch die Produktionskapazität und die Effizienz der Eisenverhüttung. Sie ermöglichte es, Produktionsverfahren zu optimieren, sorgte für größere Planungssicherheit und senkte die Kosten der Rohstoffbeschaffung. Der Schließungsprozess, in dem Kalkstein zum »kritischen« Rohstoff wurde, war Folge und Voraussetzung des enormen wirtschaftlichen Wachstums der Hüttenindustrie zwischen den 1850er und 1870er Jahren.

6. Von der »Bessemerei« zum »Thomasieren«

Mit dem Wachstum entstanden neue Probleme, auf die sich die Aufmerksamkeit der Eisen- und Stahlindustrie richtete. Vor allem sorgte sie sich zunehmend darüber, dass die Versorgung mit Eisenerzen auf Dauer nicht mit der wachsenden Nachfrage nach Roheisen schritthalten würde. Unterdessen galt ein Großteil der bekannten Eisenerzvorkommen für die neuen Verfahren der Massenstahlherstellung als kaum brauchbar. Die britischen Metallurgen Sidney Thomas und Percy Gilchrist behaupteten, dass »nach einem rohen Ueberschlage ungefähr neun Zehntel der gesammten Eisenerzlager in Europa«, welche »mehr als einen Theil Phosphor enthalten« nicht sinnvoll verarbeitet werden könnten.[1] Schon ein geringer Anteil von 0,1 Prozent Phosphor in den Erzen galt als problematisch, weil sich das daraus gewonnene Roheisen nur schwer zu Stahl weiterverarbeiten ließ.[2] Bislang fehlte ein Produktionsverfahren, mit dem sich diese Rohstoffbasis effektiv hätte nutzbar machen lassen. Thomas und Gilchrist betonten dieses Problem als sie 1878/79 ein neuartiges Verfahren zur »Entphosphorung« von Roheisen vorstellten, das später als Thomasverfahren bekannt wurde. Dabei hatten die beiden Briten insbesondere die entscheidende Funktion »basischer« Zuschlagsmaterialien, speziell kalkhaltiger Gesteine, nachgewiesen, um Phosphor bei der Umwandlung des Roheisens zu Stahl zu entfernen. Ähnlich wie bei der Adaption der Kokshochofentechnologie drei Jahrzehnte zuvor gab es allerdings auch hier verschiedene Möglichkeiten, das Produktionsverfahren und die verwendeten Rohstoffsorten aneinander anzupassen. Anders als dreißig Jahre zuvor konnte der Anpassungsprozess an die Muster der Kalksteinnutzung anknüpfen, die inzwischen in der Eisenverhüttung etabliert waren. Dass dadurch schließlich auch Kalkstein in signifikantem Maße

1 Thomas, Sidney G./Gilchrist, Percy C.: Die Stahlerzeugung aus phosphorhaltigem Roheisen, in: Stahl und Eisen 2 (1882), Nr. 7, S. 294-302, hier: S. 294.

2 Die neue Aera der Stahlerzeugung, in: Polytechnisches Journal 158 (1860), S. 234-235; Gruner: Ueber das Frischen des Roheisens auf Schmiedeeisen und Stahl nach Bessemer's Verfahren, in: Polytechnisches Journal 161 (1861), S. 120-127; Dürre, Ernst: Die Anlage und der Betrieb der Eisenhütten, Bd. 2, Leipzig 1884, S. 296; Wedding, Hermann: Grundriss der Eisenhüttenkunde (2. Aufl.), Berlin 1880, S. 138.

eingespart wurde, erscheint widersprüchlich, zeigt aber, wie ambivalent materielle Zusammenhänge entlang der Wertschöpfungskette sein konnten.

Probleme mit Phosphor

Das Problem, das der in Erzen gebundene Phosphor verursachte, umrissen Thomas und Gilchrist wie folgt:

> »Lord Palmerstones [sic!] treffende Definition der Bezeichnung Schmutz als ›Gegenstand an der unrechten Stelle‹ kann man mit besonderem Rechte auf das Vorkommen des Phosphors [in Eisenerzen, S.H.] anwenden; obgleich an und für sich von bedeutendem Handelswerthe, fügt er den Eisenerzen, in welchen er fast allgemein verbreitet ist, den grössten Nachtheil hinsichtlich ihrer Verwendungsfähigkeit und ihres Werthes zu. [...] [D]ass im Hochofenprocess, dem ersten Schritt zur Umwandlung des Eisenerzes [...], kein Phosphor entfernt wird, [führt dazu,] dass aller im Eisenerz gewesene Phosphor sich im Roheisen wiederfindet. [...] [D]ass in keinem der [...] Verfahren, welche in grösserem Massstabe zur Stahlerzeugung dienten, Phosphor entfernt wurde, [führt dazu,] dass aller im Roheisen vorhanden gewesene Phosphor sich in dem aus demselben dargestellten Stahl wiederfand. [...] [D]ie Gegenwart von mehr als einem Theil Phosphor in 1000 Theilen Stahl [ist] nicht mit einer zuverlässigen Qualität vereinbar [...], da Phosphor, wie bekannt, in dem Stahl bei gewöhnlicher Temperatur ausserordentliche Brüchigkeit bewirkt.«[3]

Weder in den thermochemischen Prozessen, in denen Eisenerze zu Roheisen verhüttet wurden, noch in den thermochemischen Prozessen zur Weiterverarbeitung des Roheisens zu Stahl ließ sich Phosphor ohne weiteres abscheiden. Der »Schmutz« – um hier im Bilde zu bleiben – haftete so hartnäckig an dem Material, dass sich dessen Wirkung entlang der Wertschöpfungskette von den Eisenerzen bis in die Produkte fortpflanzte.

Alle Versuche dieses Problem zu beheben, von denen es in den 1860er und 1870er Jahren zahlreiche gab, setzten bei dem zweiten Glied der Wertschöpfungskette, dem sogenannten »Frischen«, an. Im Grunde war das Prinzip, die Verarbeitbarkeit des Roheisens, das aus dem Hochofen kam, in einem zweiten thermochemischen Prozess zu verbessern seit Jahrhunderten bekannt. Das »Frischen« erfolgte, um störende Bestandteile, vor allem Kohlenstoff, aus dem Roheisen zu lösen und das Roheisen dadurch in Stahl umzuwandeln, der weniger brüchig, aber auch fester und elastischer war. Dem erneut eingeschmolzenen Roheisen wurde

3 Thomas/Gilchrist: Die Stahlerzeugung aus phosphorhaltigem Roheisen, S. 294.

dazu gezielt Sauerstoff zugeführt. In den 1850er Jahren dominierte im industriellen Maßstab das sogenannte Puddeln, bei dem Arbeiter in der glühenden Roheisenmasse rührten. Mit diesem Verfahren war es zwar zum Teil gelungen, auch den Phosphoranteil zu reduzieren, aber dies machte aufwendige Modifikationen nötig, die in der Massenherstellung von Stahl kaum zu realisieren waren. Lediglich für teure Spezialprodukte lohnte der Aufwand. Die technische Weiterentwicklung des »Frischens« war unterdessen zunächst auf die Ausweitung der Produktionskapazitäten für Eisenbahnschienen und andere Massenprodukte ausgerichtet. Dabei standen vor allem die Optimierung der Sauerstoffzufuhr und die Verbesserung der Wärmeausnutzung im Mittelpunkt, während das Problem des Phosphors weiterhin ungelöst blieb. Das in den 1860er Jahren entwickelte Siemens-Martin-Verfahren beispielsweise wärmte Ofengase und Sauerstoff soweit vor, dass in dem Herd, in dem neben Roheisen auch Metallabfälle eingeschmolzen werden konnten, wesentlich höhere Temperaturen erreicht wurden als beim Puddeln.[4]

Zu den Verbesserungen gehörte auch die 1856 von Henry Bessemer entwickelte Idee, Roheisen in eigens dafür hergerichteten Konvertern, die bald als »Bessemerbirnen« bekannt wurden, zu Stahl zu verarbeiten (Abb. 6). Das Roheisen wurde in geschmolzenem Zustand in die Konverter gegossen. Durch Düsen am Boden des Konverters wurde nun Sauerstoff mit hohem Druck durch das geschmolzene Roheisen gepresst und der thermochemische Prozess in Gang gesetzt, durch den der Roheisenmasse Kohlenstoff entzogen wurde:

> »nachdem durch die auf der Bodenfläche vertheilten Düsen der Wind zugelassen worden ist, tritt das Metallbad plötzlich [...] in eine brodelnde Bewegung [...], welche zunächst in gewisser Regelmässigkeit erfolgt, wie beim Durchblasen von Wasser mit Luft [...]. Es erscheint am Maul des Converters eine Flamme, die anfänglich keine grosse Helligkeit zeigt, aber [...] sehr bald an Leuchtkraft wächst und unter Funkenwerfen allmählig die Farbe blendender Weissgluth annimmt, allerdings unter Begleitung wechselnder Farberscheinungen. Das gleichmäßige Brodeln des Bades macht nunmehr einem stossweisen Aufkochen unter heftigen, von Explosionen begleiteten Auswürfen von Schlacken und selbst Metallmassen Platz [...]. Das Ende der Operation thut sich kund in einem Nachlassen der Flammengluthfarbe und in ihrem Verschleiern durch dampfförmige Produkte«.[5]

4 Vgl. Paulinyi, Ákos: Vom Frischeherd und Puddelofen zum Bessemer- und Thomasverfahren, in: Rasch, Manfred (Hg.): Das Thomas-Verfahren in Europa. Entstehung – Entwicklung – Ende, Essen 2009, S. 25-49; Wengenroth, Ulrich: Unternehmensstrategien und technischer Fortschritt. Die deutsche und britische Stahlindustrie, 1865-1895, Göttingen 1986, S. 23-43.

5 Dürre, Ernst: Die Anlage und der Betrieb der Eisenhütten, Bd. 3, Leipzig 1892, S. 253f.

Die glühende Masse, die diese heftigen Reaktionen im Konverter durchlaufen hatte, wurde als Stahl zum Abkühlen in Formen gegossen, die sich anschließend in verschiedenen Formen auswalzen ließen.

Im Vergleich zu älteren Frischeverfahren war die Arbeit mit der Bessemerbirne äußerst schnell und leistungsfähig. Der Prozess dauerte meist weniger als eine halbe Stunde und in ein und derselben Anlage konnten große Mengen Stahl produziert werden. Zudem zeichnete sich die Arbeit mit den Konvertern dadurch aus, dass die Produktionsergebnisse weniger von den Unstetigkeiten des Betriebsablaufs und der Materialzufuhr abhängig waren.[6] Dennoch war das Bessemerverfahren von routinisierten Handlungsabläufen bestimmt, auch wenn die direkte Interaktion der Arbeiter mit dem thermochemischen Prozess, wie etwa beim Puddeln, hinter dem Bedienen der Anlage in den Hintergrund trat. Das Roheisen musste ebenso wie die Bessemerbirnen und ihre Auskleidung vorbereitet werden. Einmal in Betrieb gesetzt, wurden die Vorgänge im Konverter fortlaufend beobachtet und gemessen, um den thermochemischen Prozess über die Sauerstoffzufuhr zu regulieren.[7]

Abbildung 6: The First Form of Bessemer Movable Converter and Ladle.

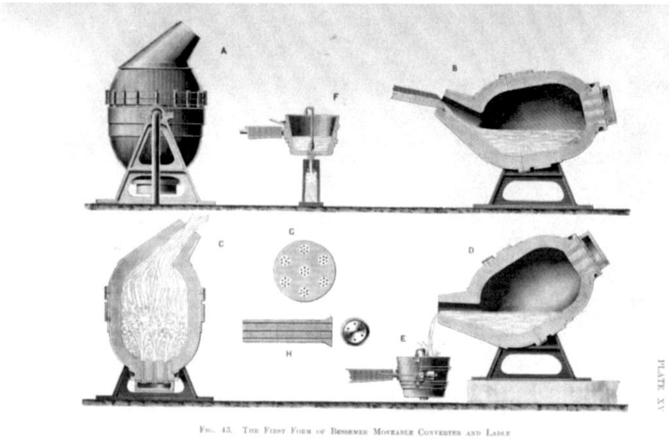

Quelle: Bessemer, Henry: An Autobiography, London 1905, Plate XV.

6 Vgl. Zumdick, Ulrich: Hüttenarbeiter im Ruhrgebiet. Die Belegschaft der Phoenix-Hütte in Duisburg-Laar, 1853-1914, Stuttgart 1990, S. 170f.

7 Vgl. Welskopp, Thomas: Arbeit und Macht im Hüttenwerk. Arbeits- und industrielle Beziehungen in der deutschen und amerikanischen Eisen- und Stahlindustrie von den 1860er bis zu den 1930er Jahren, Bonn 1994, S. 240-246.

Mit der »Bessemerei« verbreitete sich in den 1860er und 1870er Jahren ein äußerst effizientes Produktionsverfahren der Massenstahlherstellung, für das aber weiterhin nur phosphorfreies Roheisen verwendet werden konnte. Es erschien geradezu so, als ob dieser Nachteil die Kehrseite der gesteigerten Effizienz war. Bei der Untersuchung der thermochemischen Prozesse war aufgefallen, dass bei den extrem hohen Temperaturen im Konverter der Kohlenstoff im Roheisen deutlich schneller verbrannte als etwa beim Puddeln, aber: »Verbrennt der Kohlenstoff [...] zu schnell, so hat der Phosphor nicht die nöthige Zeit zu seiner Entfernung«.[8] Gerade die Effizienz des Bessemerverfahrens, große Mengen Stahl in kurzer Zeit herzustellen, galt also als Ursache für die Schwierigkeit, einen phosphorfreien Stahl herzustellen.

Das Verfahren zur »Entphosphorung«, das sich Thomas und Gilchrist 1878/79 patentieren ließen, war eine Modifikation des Bessemerverfahrens, die nicht nur bei der Dauer der thermochemischen Reaktionen, sondern vor allem auch bei den verwendeten Zuschlägen ansetzte. Zuschläge konnten zum einen direkt beigegeben werden, während das eingeschmolzene Roheisen zum Frischen in den Konverter geschüttet wurde. Zum anderen reagierte auch die feuerfeste Auskleidung der Bessemerbirnen mit dem Roheisenbad. Üblicherweise wurden die Konverter von innen mit Ziegeln ausgemauert, welche die Hitze des flüssigen Roheisens isolieren sollten. Diese Ziegel nutzten sich aber im Laufe der Zeit ab und das Material, aus dem sie hergestellt waren, reagierte mit dem flüssigen Roheisen. Insofern hatte das Material der Auskleidung eine mindestens ebenso große Wirkung auf die thermochemischen Prozesse, wie die direkte Zugabe von Zuschlägen. Beide Zusammenhänge wurden unter Experten in den 1860er und 1870er Jahren breit diskutiert, aber lange Zeit war umstritten, welches Material sich eignete, um Phosphor zu entfernen.

Auch Thomas und Gilchrist hatten zunächst ganz unterschiedliche Stoffe und Stoffkombinationen im Blick, die als Zuschläge und für die Auskleidung der Bessemerbirnen in Betracht kamen.[9] Ihre Vorschläge knüpften an eine ganze Reihe von Überlegungen und Versuchen an, die Metallurgen und Ingenieure überall in Europa anstellten.[10] So meldete beispielsweise John Bennett 1868 ein Patent an, in dem er »zur Entfernung des [...] Phosphors [...] die Anwendung von Kohlensäuregas und zwar [...] als Gebläsewind« vorsah.[11] Im selben Jahr wurde »Heaton's Stahlfrischpro-

8 Bell, Isaac Lowthian: Ueber die Ausscheidung von Kohlenstoff, Silicium, Schwefel und Phosphor im Frischfeuer, im Puddelofen und im Bessemerconverter, in: Polytechnisches Journal 225 (1877), S. 351-357, hier: S. 354.

9 Dürre: Die Anlage und der Betrieb der Eisenhütten, Bd. 3, S. 413f.

10 List, K.: Geschichtlicher Rückblick auf die Versuche der Entphosphorung des Eisens, in: Zeitschrift des Vereins Deutscher Ingenieure 23 (1879), S. 267-288.

11 Bennett, John F.: Bennett's Verfahren zum Bessemerfrischen, in: Polytechnisches Journal 188 (1868), S. 479-481, hier: S. 480.

ceß mit Anwendung von Natronsalpeter« publiziert, der ähnlich argumentierte.[12] Solche Vorschläge wurden in der Regel skeptisch aufgenommen und in Experimenten widerlegt:

> »Er [Heaton] entkohlt sein Roheisen durch Behandlung mit salpetersaurem Natron und behauptet, daß in Folge der dabei stattfindenden Reaction gleichzeitig eine vollständige Reinigung des Eisens von Schwefel und Phosphor hervorgebracht werde. Er suchte seine Behauptung durch die chemische Analyse zu erweisen; [...] allein die in Professor Miller's Berichte mitgetheilten Thatsachen sprachen dagegen. Es zeigte sich nämlich, daß das Product von Heaton's Converter nicht Stahl, nicht phosphorfrei und nicht leichtflüssig war«.[13]

Alle derartigen »Erfindungen« blieben umstritten und wurden kaum je in größerem Maßstab umgesetzt. Noch 1875 mokierte sich der Hütteningenieur Thieblemont über »die zahlreichen Versuche zur Beseitigung des Phosphors mit Hilfe von Wasserstoff und anderen Gasen, sowie [...] das Verfahren von Heaton«,[14] die alle nicht zum Erfolg geführt hätten.

So waren auch die Neuerungen, die sich mit dem Verfahren von Thomas und Gilchrist schließlich erfolgreich durchsetzten, keineswegs einzigartig und unumstritten. Die beiden Briten zogen aus der Diskussion über Zuschläge den Schluss, gebrannten Kalk in die glühende Roheisenmasse hinzuzugeben und die Bessemerbirnen mit Ziegeln aus Dolomit auszukleiden. Sie folgten damit Hinweisen, dass eine »basische« Auskleidung im Gegensatz zur bisher üblichen »sauren« Auskleidung mit Tonziegeln den entscheidenden Unterschied in den thermochemischen Prozessen machen würde.[15] Diese Überlegung entsprach den zeitgenössischen Fachdebatten, griff aber vor allem auf ältere Erfahrungen mit der Stahlherstellung zurück. Schon in den 1840er Jahren hatte etwa der Hüttenfachmann Carl Hartmann mit Blick auf die Weiterverarbeitung von Roheisen zu Stahl konstatiert: »ausnahmsweise und um schlechtes Roheisen zu reinigen, schlägt man zuweilen

12 Heaton's Stahlfrischproceß mit Anwendung von Natronsalpeter, in: Polytechnisches Journal 190 (1868), S. 465-472.

13 Kohn, Ferdinand: Ueber das Heaton'sche Verfahren zur Stahlfabrication, in: Polytechnisches Journal 191 (1869), S. 459-463, hier: S. 459f.

14 Thieblemont: Ueber die Erzeugung von Stabeisen und Stahl aus phosphorhaltigem Roheisen, in: Polytechnisches Journal 218 (1875), S. 433-437, hier: S. 434; vgl. Köstler, Hans Jörg: Die Entphosphorung als Forschungsgebiet (alt-)österreichischer Stahlmetallurgen im letzten Drittel des 19. Jahrhunderts, in: Rasch, Manfred (Hg.): Das Thomas-Verfahren in Europa. Entstehung – Entwicklung – Ende, Essen 2009, S. 214-255, hier: S. 242-244.

15 Vgl. Paulinyi: Vom Frischeherd und Puddelofen, S. 41; Bleidick, Dietmar: Zur Einführung des Thomas-Verfahrens in Deutschland, in: Rasch, Manfred (Hg.): Das Thomas-Verfahren in Europa. Entstehung – Entwicklung – Ende, Essen 2009, S. 50-112, hier: S. 88.

[…] Kalk zu.«[16] Neu war jedoch, dass Thomas und Gilchrist davon ausgingen, dass sich die entscheidenden Reaktionen im Konverter erst nach dem völligen Verbrennen des Kohlenstoffs im Roheisen vollzogen. Sie verbanden die Überlegungen zu geeigneten Zuschlägen mit den Beobachtungen über die Dauer des thermochemischen Prozesses. Es war aus ihrer Sicht notwendig, die Luft, die mit hohem Druck von unten durch den Konverter geblasen wurde, auch nach dem Verbrennen des Kohlenstoffs zuzuführen und das flüssige Roheisen damit zu »überblasen«. Erst in diesem Stadium reagiere der Phosphor und könne durch die basischen Materialien gebunden werden, so die Annahme von Thomas und Gilchrist.[17]

Ungeachtet der Kontroversen um geeignete Zuschläge waren die Erwartungen an das Verfahren, das Thomas und Gilchrist 1878/79 vorstellten, hoch. Es war nicht nur der bis dahin erfolgversprechendste Vorschlag, wie Phosphor aus Stahl zu entfernen war. In der Zwischenzeit war auch der Problemdruck weiter gestiegen, phosphorhaltige Erzvorkommen für die Massenstahlherstellung nutzbar zu machen. Zum einen wuchs die Sorge, dass die bekannten Vorkommen an phosphorfreien Erzen – nicht zuletzt aufgrund der Produktivitätssteigerungen durch das Bessemerverfahren – bald erschöpft sein würden. Tatsächlich gerieten einige Hüttenwerke schon Ende der 1860er Jahre in eine Krise und mussten die Erzversorgung umstellen – so auch die Eintrachtshütte in Hochdahl.[18] Zum anderen hatte gerade die deutsche Eisen- und Stahlindustrie das Potenzial vor Augen, das die Verhüttung phosphorreicher Erze eröffnete. Mit der Annexion Elsass-Lothringens 1871 war von Anfang an das Interesse verbunden, den Zugriff auf die sogenannten Minette, wie die stark phosphorhaltigen Eisenerze aus Lothringen genannt wurden, zu sichern.[19] Schon im Vorgriff auf zukünftige Möglichkeiten der »Entphosphorung« erwarben etwa die Gutehoffnungshütte und die Phoenix AG zwischen 1872 und 1875 Erzfelder in Lothringen, deren Nutzung zu diesem Zeitpunkt noch gar nicht realistisch in Frage kam.[20] Das Thomasverfahren, das mit »basischen«

16 Hartmann, Carl: Practische Eisenhüttenkunde, oder systematische Beschreibung des Verfahrens bei der Roheisenerzeugung, der Stabeisenfabrication, dem Giessereibetriebe und der Stahlbereitung nebst Angaben über die Anlage und den Betrieb von Eisenhütten, Bd. 4, Weimar 1846, S. 11f.

17 Vgl. Wengenroth: Unternehmensstrategien und technischer Fortschritt, S. 32-36.

18 Vgl. Seeling, Hans: Die Eisenhütte Hochdahl, 1847-1912, Wuppertal 1968, S. 53f.

19 Stenographisches Protokoll der General-Versammlung das Vereins deutscher Eisenhüttenleute vom 11. December 1881, in: Stahl und Eisen 2 (1882), Nr. 1, S. 1-26; vgl. Haus, Rainer: Lothringen und Salzgitter in der Eisenerzpolitik der deutschen Schwerindustrie von 1871-1940, Salzgitter 1991, S. 15; Kolb, Eberhard: Ökonomische Interessen und politischer Entscheidungsprozeß. Zur Aktivität deutscher Wirtschaftskreise und zur Rolle wirtschaftlicher Erwägungen in der Frage von Annexion und Grenzziehung 1870/71, in: Vierteljahrschrift für Sozial- und Wirtschaftsgeschichte 60 (1973), S. 343-385.

20 Vgl. Bähr, Johannes/Banken, Ralf/Flemming, Thomas: Die MAN. Eine deutsche Industriegeschichte, München 2008, S. 105; van de Kerkhof, Stefanie: Die Industrialisierung der lothrin-

Zuschlägen arbeitete, bot eine Lösung für das zunehmend drängende Problem der Erzversorgung und versprach ein enormes Rohstoffpotenzial nutzbar zu machen.

Versuche mit Dolomit

Im Jahre 1892, gut zehn Jahre nachdem Thomas und Gilchrist mit ihren Vorschlägen zur »Entphosphorung« von Roheisen an die Öffentlichkeit getreten waren, beschrieb der Aachener Professor für Hüttenkunde, Ernst Dürre, die Schwierigkeiten, die bei der Anpassung des Produktionsverfahrens aufgetreten waren. Rückblickend hob er vor allem die Herausforderungen hervor, die mit der »basischen« Auskleidung der Konverter verbunden waren. Dürre erinnerte sich:

> »Begegnete das Ausfüttern mit saurem Material manchen Schwierigkeiten bei der Ausführung, so musste dies in weit höherem Maasse mit dem [...] basischen Material der Fall werden, und es bestand ein sehr grosser Theil der Arbeiten bei der allmählichen Gestaltung des Processes auch thatsächlich in dem Studium und der Durchexperimentierung basischer Futtermaterialien.«[21]

Trotz der theoretischen Schlüssigkeit und entsprechender Nachweise durch Versuche erwies sich die Adaption des Thomasverfahrens im industriellen Maßstab als problematisch.[22] Der Gutehoffnungshütte-Konzern nahm beispielsweise zunächst Abstand vom Thomasverfahren. Der Unternehmensvorstand erklärte dazu im Dezember 1880, er halte »die Mängel, welche diesem Verfahren zur Zeit noch anhaften« für zu groß.[23] Andere Unternehmen an Rhein und Ruhr, namentlich der Hoerder Verein und die Rheinischen Stahlwerke, hatten zwar schon 1879 eine Generallizenz für die Patente von Thomas und Gilchrist erworben. Aber auch hier zogen sich die Experimente, die notwendig waren, um das Verfahren im industriellen Maßstab anzupassen, über mehrere Jahre.[24] Symptomatisch war die Entwicklung auf dem Werk der Phoenix AG in Laar. Das Unternehmen hatte 1881 eine Lizenz für das Thomasverfahren erworben, aber erst 1884 ging die Anlage in Betrieb. Auch danach bestanden weiterhin Probleme, vor allem mit der Dolomitauskleidung. Es

gisch-luxemburgischen Minette-Region, in: Pierenkemper, Toni (Hg.): Die Industrialisierung europäischer Montanregionen im 19. Jahrhundert, Stuttgart 2002, S. 225-275, hier: S. 227.

21 Dürre: Die Anlage und der Betrieb der Eisenhütten, Bd. 3, S. 413.

22 Vgl. Bleidick: Zur Einführung des Thomas-Verfahrens, S. 76-82; Wengenroth: Unternehmensstrategien und technischer Fortschritt, S. 198.

23 Gutehoffnungshütte AG: Achte ordentliche General-Versammlung, 15.12.1880, RWWA, 130, 320100/6; vgl. Bähr/Banken/Flemming: Die MAN, S. 107f.

24 Müller, Friedrich: Die Entphosphorung des Eisens im basischen Converter, in: Annalen für Gewerbe und Bauwesen 7 (1880), S. 273-282; vgl. Bleidick: Zur Einführung des Thomas-Verfahrens, S. 76-82.

dauerte weitere zwei Jahre, bis der Betrieb für das Unternehmen zufriedenstellend lief.[25]

Die größten Schwierigkeiten bereitete die Auskleidung der Konverter – ein Problem, das ganz unmittelbar mit den materiellen Eigenschaften des Dolomits zusammenhing. Denn der Hinweis auf Dolomit als Auskleidungsmaterial, der für die Patente von Thomas und Gilchrist zentral war, bezog sich auf alles andere als ein eindeutig definiertes Gestein. In der Chemie galt die Kombination von Calciumcarbonat und Magnesiumcarbonat als Merkmal des Dolomits. Dies korrespondierte mit dem geologischen Verständnis, wonach Dolomit eine magnesiahaltige Variante des Kalksteins war. In welchem Verhältnis das Gestein die beiden Bestandteile aufweisen musste, um bei der Stahlherstellung verwendet zu werden, war aber keineswegs eindeutig bestimmt. Josef Massenez, Betriebsleiter des Hoerder Vereins, der selbst mit dem Thomasverfahren experimentierte, erklärte 1881, die »Zusammensetzung [des] basischen [F]uttermaterials schwankt je nach der Composition der dazu verwandten Dolomite«.[26] In einem im Jahr darauf erschienenen Handbuch der Hüttenkunde konstatierte Dürre, die Zusammensetzung der Dolomite sei »natürlich sehr verschieden, insofern schon die beiden Basen, auf die es in erster Linie ankommt, in beliebigen Verhältnissen variieren können. Von Kalkcarbonat bis zum Magnesiumcarbonat gibt es eine Menge Mischverhältnisse«.[27] Es kam darauf an, im kreativen Umgang mit dem variantenreichen Material zu Lösungen zu kommen, die für die Massenstahlherstellung geeignet waren.

Rein rechnerisch ließ sich ein »optimales« Verhältnis der beiden Bestandteile Calciumcarbonat und Magnesiumcarbonat anhand chemischer Formeln bestimmen. Hermann Wedding, neben Dürre eine der profiliertesten Hochschullehrer auf dem Gebiet,[28] stellte die Überlegung an:

> »Normaler Dolomit besteht aus je einem Atom von Calcium- und Magnesiumcarbonat ($CaCO_3$+$MgCO_3$) mit 54,3 Proc. des ersteren und 45,7 Proc. des letzteren, andere Varietäten sind nach der Formel $2CaCO_3$+$MgCO_3$ oder $3CaCO_3$+$MgCO_3$ zusammengesetzt, und von da an finden sich alle Varietäten bis zum reinen Kalkspat $CaCO_3$ ohne Magnesia.«[29]

25 Vgl. Zilt, Andreas: Zur Geschichte der Thomas-Stahlwerke in Ruhrort und Meiderich, in: Rasch, Manfred (Hg.): Das Thomas-Verfahren in Europa. Entstehung – Entwicklung – Ende, Essen 2009, S. 422-443, hier: S. 427f.

26 Massenez, Josef: Fortschritte in der Fabrication von basischen Ziegeln und basischen Ofenausfütterungen, in: Stahl und Eisen 1 (1881), S. 98-100, hier: S. 98.

27 Dürre, Ernst: Die Anlage und der Betrieb der Eisenhütten, Bd. 1, Leipzig 1882, S. 188.

28 Vgl. Krebs, Stefan: Technikwissenschaft als soziale Praxis. Über Macht und Autonomie der Aachener Eisenhüttenkunde 1870-1914, Stuttgart 2009, S. 53f.

29 Wedding, Hermann: Der basische Bessemer- oder Thomas-Process. Erster Ergänzungsband zu dem ausführlichen Handbuch der Eisenhüttenkunde, Braunschweig 1884, S. 38f.

Allerdings wurde in Weddings Berechnungsmodell auch deutlich, dass gerade die Varianzen der chemischen Zusammensetzung ein Kennzeichen des Dolomits waren. Sie waren eine Herausforderung, die die Adaption des Thomasverfahrens entscheidend erschwerte. Denn die Variabilität der materiellen Eigenschaften führte regelmäßig zu Problemen mit der Haltbarkeit der Auskleidung, die »bereits nach zwei bis vier Wochen« zerfallen konnte.[30]

Um die Probleme zu kompensieren, die sich aus den schwankenden Eigenschaften des Dolomits ergaben, richtete sich die Aufmerksamkeit auch auf die routinisierten Handlungsabläufe, mit denen die Konverter ausgekleidet wurden. Es ging um die Frage, wie die Praktiken angelegt sein mussten, in denen die Auskleidung hergestellt wurde, um das Arrangement im Inneren der Konverter so anzupassen, dass sich das Material möglichst kontrolliert abnutzte. Grundsätzlich gab es eine Vielzahl von Möglichkeiten, Konverter auszukleiden:

> »Das Birnenfutter wird entweder aufgemauert oder aufgestampft. [...] Das Ausmauern mittels der gebrannten Dolomit[ziegel] [...] ohne Theer geschieht unter Anwendung eines aus derselben Masse bestehenden mit Wasser angefeuchteten oder besser eines mit Theer angemachten Mörtels [...] das [Ausmauern] mittelst der Theerziegel [Ziegel, die aus einem Gemisch aus Teer und Dolomit gebrannt wurden, S.H.] meist ganz ohne Mörtel. Eine Ausmauerung nach der ersten Art bedarf nur der Abwärmung nach der Fertigstellung. Die Theerziegel dagegen müssen nach der Ausmauerung bis zum Weichwerden erhitzt werden; dann schmelzen die Fugen von selbst zu, wie überhaupt die ganze Masse erweicht und etwas zusammensinkt. [...]
>
> Aufstampfen des Birnenfutters: [...] Die mit Theer angemachte basische Masse wird der Regel nach in den durch ein eingesetztes mit Eisenblech beschlagenes hölzernes Modell und dem Mantel der Birne gebildeten, ringförmigen Raum mit eisernen, vorgewärmten Stösseln eingestampft, und zwar nahe dem Boden meist etwas stärker als weiter oben (z.B. 350 und 250mm). Man stampft möglichst schwache Lagen, welche so lange behandelt werden, bis sie beim Stampfen keine Eindrücke mehr hinterlassen; dann wird die Oberfläche aufgekratzt, und eine neue Schicht aufgegeben.«[31]

Gelegentlich wurden beide Verfahren auch kombiniert, wie es beispielsweise auf den Werken der Gutehoffnungshütte geschah, als sie 1882 schließlich auch mit dem Thomasverfahren experimentierte: »Zu Oberhausen wird ein aus kurzen Steinen

30 Ebd., S. 67.
31 Ebd., S. 65f.

bestehendes dünnes Futter aufgemauert und gleichzeitig der zwischen demselben und dem Birnenmantel verbleibende [Zwischen-]Raum aufgestampft.«[32]

Das »Studium und [die] Durchexperimentierung basischer Futtermaterialien«,[33] auf die Dürre hinwies, betraf sowohl Versuche mit den materiellen Eigenschaften des Dolomits als auch das Herstellungsverfahren der Auskleidung. Beobachtungen der thermochemischen Prozesse im Bessemerverfahren und beim Puddeln sowie ältere Erfahrungen mit dem »Frischen« von Roheisen wiesen auf die Funktion hin, die Kalk und Dolomit in der Stahlherstellung erlangen konnten. Wie die Rückschlüsse, die sich aus diesen Beobachtungen ziehen ließen, aber in die Praktiken der Massenstahlherstellung überführt werden konnten, war zunächst offen. Deshalb war die Adaption des Produktionsverfahrens eine Herausforderung, die im kreativen Umgang mit dem Material und dessen Wirkung in den thermochemischen Prozessen der Stahlherstellung gelöst werden musste. Vor dem Hintergrund des wachsenden Problemdrucks reüssierte die »Erfindung« des Thomasverfahrens, weil sie eine mögliche Lösung vorzeichnete. Aber die eigentliche Anpassung des Produktionsverfahrens, die an die Patente von Thomas und Gilchrist anschloss, zog sich bis weit in die 1880er Jahre hinein.[34]

Der Rückgriff auf bekannte Muster

Vordergründig ging es bei den Versuchen der frühen 1880er Jahre darum, ein »chemisch optimales«[35] Material für das »basische« Frischeverfahren zu finden. Wichtiger war allerdings das Argument der Kostenoptimierung. Die Unternehmen, die mit dem Thomasverfahren experimentierten, achteten genau auf dessen Rentabilität im Vergleich zu den anderen Verfahren der Stahlherstellung. Denn die Kosten des Thomasverfahrens blieben über Jahre ein umstrittenes Thema.[36] 1882 gaben beispielsweise die Verantwortlichen für die Planung des Thomaswerks der Gutehoffnungshütte in ihrer Kalkulation freimütig zu: »Die Ausgaben für feuerfestes Material, also derjenigen Kosten, welche für Herstellung der Böden und Auskleidung der Konverter aufzuwenden [sind], sind willkürlich gegriffen«.[37] Dabei bot die Auswahl des Auskleidungsmaterials erhebliche Möglichkeiten, Kosten zu reduzieren. Die Versuche mit Dolomit konzentrierten sich deshalb nicht auf »chemisch

32 Ebd., S. 66.

33 Dürre: Die Anlage und der Betrieb der Eisenhütten, Bd. 3, S. 413.

34 Wedding, Hermann: Fortschritte des deutschen Eisenhüttenwesens seit 1876, in: Stahl und Eisen 10 (1890), S. 927-947, hier: S. 938; vgl. Bleidick: Zur Einführung des Thomas-Verfahrens, S. 88.

35 Bleidick: Zur Einführung des Thomas-Verfahrens, S. 56.

36 Vgl. Ebd., S. 76-82.

37 Gutehoffnungshütte AG: Bericht, 18.4.1882, RWWA, 130, 300108/9.

optimales« Material, sondern auf solches, das günstig zu bekommen war – günstig einerseits in dem Sinne, dass es zu einem niedrigen Preis zur Verfügung stand, andererseits in dem Sinne, dass Vorkommen bekannt und Bezugswege etabliert waren. Aus diesem Grund orientierte sich die Suche nach einem geeigneten Material an den aus der Eisenverhüttung bekannten Mustern der Zuschlagsversorgung.

Bereits bei den ersten Versuchen stellte sich heraus, dass eigentlich nicht Dolomit mit seinen mannigfaltigen Mischverhältnissen, sondern reine Magnesia die zuverlässigste Wirkung in den thermochemischen Prozessen erzielten. Schon 1881 beschrieb Massenez die Vorteile: »Man erhält auf diese Weise Converterböden von chemisch vollständig homogenem Material«.[38] Allerdings kam die Verwendung von reinen Magnesia weder in den Konvertern des Hoerder Vereins, für den Massenez arbeitete, noch anderswo im Ruhrgebiet über das Versuchsstadium hinaus. Während bald ein breiter Konsens darüber herrschte, dass reine Magnesia für das Thomasverfahren »chemisch optimal« waren, war dieses Material schwer zu bekommen. Experten gaben zu bedenken, dass nur wenige Vorkommen bekannt seien, wo das Gestein abgebaut werden konnte, und dass eine synthetische Herstellung zwar möglich, aber aufwendig sei.[39] Reine Magnesia seien schlicht »nicht in hinreichenden Mengen« verfügbar, urteilte Wedding.[40] Aus Sicht der Stahlhersteller spiegelte sich dies in einem hohen Preis für das Material wider. Reine Magnesia galten zwar als bestes Auskleidungsmaterial, aber auch als zu teuer.[41] Selbst der Verein deutscher Fabriken feuerfester Producte, der die Interessen der Hersteller vertrat, musste konstatieren, dass »[d]ie Magnesiaziegel-Fabrikation [...] nur beschränktes Interesse [hervorrrufe], weil der Absatz derselben durch den unvermeidlich hohen Preis erschwert wird.«[42] Einerseits verlangte das Wissen um die thermochemischen Prozesse in den Konvertern nach reinen Magnesia. Andererseits verhinderte das Ziel, das Thomasverfahren möglichst kosteneffizient auszugestalten, dass reine Magnesia verwendet wurden.

Vor diesem Hintergrund relativierten Experten wie Dürre und Wedding die Vorteile reiner Magnesia und stellten fest, dass auch die verschiedenen Mischverhältnisse, die den Dolomit kennzeichneten, für die Auskleidung von Konvertern geeignet seien: »Schon die unter den Dolomiten angeführten magnesiaarmen Gesteine [...] [haben] sich in der Praxis als brauchbar bewiesen haben«.[43] In einer Übersicht über »die Zusammensetzung thatsächlich verarbeiteter oder wenigstens

38 Massenez: Fortschritte in der Fabrication von basischen Ziegeln, S. 100.

39 Dechen, Heinrich: Die nutzbaren Mineralien und Gebirgsarten im Deutschen Reiche nebst einer physiographischen und geognostischen Uebersicht des Gebietes, Berlin 1873, S. 773.

40 Wedding: Der basische Bessemer- oder Thomas-Process, S. 45.

41 L.: Thomas- und Martinswerke, in: Stahl und Eisen 6 (1886), Nr. 10, S. 656-667, hier: S. 657f.

42 Berichte über Versammlungen verwandter Vereine, in: Stahl und Eisen 6 (1886), Nr. 5, S. 361-362, hier: S. 361.

43 Wedding: Der basische Bessemer- oder Thomas-Process, S. 45.

versuchter Dolomite« zeigte Wedding, dass deren Magnesiaanteil beträchtlich zwischen gut 20 Prozent und nur knapp 5 Prozent schwankte[44] – auf anderen Werken wurden die 20 Prozent dann auch noch deutlich überschritten, so dass der Hoerder Verein beispielsweise Dolomit mit einem Anteil von knapp 35 Prozent verwendete.[45] Diese Flexibilität, so sah es jedenfalls Wedding, erleichtere die Anpassung des Thomasverfahrens, weil die Suche nach einem geeignetem Auskleidungsmaterial nicht von einer bestimmten chemischen Zusammensetzung des Gesteins abhängig war.[46] Vielmehr wurde hier die Bedeutung des kreativen Umgangs mit dem Material deutlich.

Aus Sicht der Stahlunternehmen erschien demgegenüber der entscheidende Vorteil von Dolomit zu sein, dass es sich um eine Variante des Kalksteins handelte. Geologischen Erkenntnissen zufolge entstand Dolomit »durch nachherige Veränderung ursprünglich als Kalkstein abgelagerter Schichten«,[47] also in Verwitterungsprozessen, denen Kalkstein ausgesetzt gewesen war.[48] Durch die Verbindung des kohlensauren Kalks mit dem im eindringenden Wasser gelösten Magnesium wurde das Gestein »dolomitisiert«.[49] Die negative Folge war, dass die verwitterungsbedingten Unregelmäßigkeiten in Form von schwankenden Mischverhältnissen die Adaption des Thomasverfahrens erschwerten. Positiv schlussfolgerten die Zeitgenossen daraus aber, dass dort wo Kalkstein gefunden wurde, potenziell auch Dolomit zu gewinnen war. Da Dolomit bis in die 1880er Jahre nicht in größerem Maßstab abgebaut wurde, zeichnete der geologische Zusammenhang vor, damit an Orten anzusetzen, wo bereits eine Kalkindustrie bestand.

Tatsächlich gelang es den Steinbruchbetreibern in Dornap, die bereits die Kalksteinversorgung der Hüttenwerke im westlichen Ruhrgebiet dominierten,

---

44 Ebd., S. 38-40.

45 L.: Thomas- und Martinswerke, S. 657f.

46 Vgl. Beck, Ludwig: Die Geschichte des Eisens, Bd. 5. Das XIX. Jahrhundert von 1860 bis zum Schluss, Braunschweig 1903, S. 641-643.

47 Vogt, Carl/Flad, Alois/Dilger, Johann Baptist: Lehrbuch der Geologie und Petrefactenkunde. Theilweise nach Elie de Beaumont's Vorlesungen an der Ecole des Mines, Braunschweig 1846, S. 145.

48 Vgl. Geyssant, Jacques: Geologie des Calciumcarbonats, in: Tegethoff, F. Wolfgang (Hg.): Calciumcarbonat. Von der Kreidezeit ins 21. Jahrhundert, Basel 2001, S. 1-51, hier: S. 23f.

49 Vogt, Carl: Lehrbuch der Geologie und Petrefactenkunde. Theilweise nach Elie de Beaumont's Vorlesungen an der Ecole des Mines (2. Aufl.), Braunschweig 1854, S. 191f.; Bischof, Gustav: Lehrbuch der chemischen und physikalischen Geologie, Bd. 2, Bonn 1864, S. 128-134; Dürre: Die Anlage und der Betrieb der Eisenhütten, Bd. 3, S. 415; aus geologischer Sicht: Dechen, Heinrich: Erläuterungen zur Geologischen Karte der Rheinprovinz und der Provinz Westphalen, sowie einiger angrenzender Gegenden, Bd. 2. Geologische und paläontologische Übersicht der Rheinprovinz und der Provinz Westfalen sowie einiger angrenzenden Gegenden, Bonn 1884, S. 171.

sich recht schnell auch als Dolomitlieferanten zu etablieren.[50] Die intensive Erschließung und gute Anbindung der dortigen Steinbrüche hielt die Kosten niedrig. Unterdessen ermöglichte die Variabilität der für das Thomasverfahren geeigneten chemischen Zusammensetzung eine relativ flexible Auswahl hinsichtlich der materiellen Eigenschaften des Gesteins. Wedding schrieb dazu: »In der That giebt es eine grosse Menge für den basischen Process brauchbarer Dolomite, aber wenige sind bezüglich der Verfrachtung so günstig gelegen, dass sie benutzt werden können.«[51] Dies war ein deutlicher Verweis auf die Priorität, die der Kostenoptimierung gegenüber der Verwendung eines »chemisch optimalen« Materials eingeräumt wurde. Unter diesen Bedingungen avancierte der geologisch nachgewiesene Zusammenhang zwischen Kalkstein und Dolomit zum ausschlaggebenden Kriterium für die Anpassung von Produktionsverfahren und Rohstoff aneinander.

In den 1884 erschienenen Erläuterungen zur geologischen Karte von Heinrich Dechen war ziemlich genau beschrieben, wie man sich die Dolomitvorkommen bei Dornap vorstellen konnte. Seit den ersten Aufnahmen der 1850er Jahre war das geologische Wissen über die Region immer detaillierter geworden. Auf dieser Grundlage zeichneten Dechens Erläuterungen zunächst den Kalksteinzug zwischen dem Neandertal und Dornap nach. Dann spezifizierte er diese Darstellung mit Aussagen zur Verbreitung von Dolomit: »Das Vorkommen von Dolomit in Verbindung mit diesem Kalkstein ist ein sehr eigenthümliches. An vielen Stellen besteht die Oberfläche […] aus Dolomit, der nach der Tiefe in dolomitischen Kalkstein übergeht, oder diesem in den unregelmässigsten Formen Platz macht.«[52] Nach dem allgemeinen Verständnis von Dolomit als Verwitterungsform des Kalksteins konnte diese Beschreibung kaum überraschen. Allerdings machte Dechen eine ergänzende Bemerkung, die für die Identifikation nutzbarer Dolomitvorkommen höchst relevant werden sollte: es sei auffällig, dass der Dolomit »in demselben [dem Kalksteinzug] grössere linsenartige Körper« bilde.[53]

Der Hinweis auf »linsenartige Körper« aus Dolomitgestein ließ Ingenieure und Chemiker der Stahlindustrie aufhorchen. Waren die Lieferungen von Dolomit, der als Nebenprodukt des Kalksteins gewonnen wurde, kostengünstig, machten die schwankenden Eigenschaften des Materials weiterhin Schwierigkeiten. Für die Auskleidung der Konverter sei »[v]or allen Dingen [die] Gleichmässigkeit der Zusammensetzung erforderlich«, urteilte Wedding,[54] also die Homogenität des gelieferten Materials. Während Dolomit weit verbreitet war und Varianzen flexibel

50 Bergische Handelskammer: Jahres-Bericht der Bergischen Handelskammer zu Lennep, 1891, S. 39.

51 Wedding: Der basische Bessemer- oder Thomas-Process, S. 38f.

52 Dechen: Erläuterungen zur Geologischen Karte, Bd. 2, S. 171.

53 Ebd.

54 Wedding: Der basische Bessemer- oder Thomas-Process, S. 38.

eingesetzt werden konnten, kam er, wie gezeigt, in der Regel aber in äußerst heterogenen Mischverhältnissen vor.[55] Demgegenüber mussten die »Linsen«, die Dechen nachzeichnete, geradezu als Ausnahme von diesem geologischen Muster gelten. Sie suggerierten, dass hier Dolomit mit außergewöhnlich homogenen Eigenschaften zu finden sei.

Jedenfalls schienen die Unternehmensleitungen der Stahlwerke Dechens Beschreibung so verstanden zu haben, als sie ab 1890 dazu übergingen, Dolomit nicht mehr als Nebenprodukt des Kalksteins, sondern in eigenen Steinbrüchen zu gewinnen. So führte beispielsweise die Gutehoffnungshütte im Herbst 1895 erste Erkundungen des Untergrunds bei Dornap durch, um die »linsenartigen Körper« homogenen Dolomits zu identifizieren. Zwischen dem 9. und dem 19. Oktober nahmen Mitarbeiter des Unternehmens mindestens 15 Proben entlang des Kalksteinzugs von Dornap aus nach Osten. In gut einem Kilometer Entfernung stießen sie »an der tiefen Sandgrube« auf Gestein, das den Erwartungen an ein homogenes »linsenartiges« Dolomitvorkommen entsprach. Die dort genommenen Proben wiesen in chemischen Analysen einen erstaunlich hohen Grad an Homogenität auf. Das Gestein war seiner Erscheinung nach sehr unterschiedlich, zum Teil »hellgrau, grob krystallinisch«, »schwarz fein« oder »weiß grob«, aber entscheidend war der in chemischen Analysen nachgewiesene Magnesiagehalt. Und der betrug einheitlich zwischen 18 und 21 Prozent.[56] Mit den Praktiken, in denen die Gesteinsproben aufgenommen und analysiert wurden, ließ sich die Existenz der »Linsen« aus homogenem Dolomit verlässlich nachweisen.

Auf die Identifikation der Vorkommen folgten unternehmerische Entscheidungen. Schon kurz nachdem die Erkundungen des Untergrunds die Erwartungen bestätigt hatten, erwarb die Gutehoffnungshütte Grund und Boden im Bereich der »tiefen Sandgrube« in der Nähe von Schloss Lüntenbeck. Im Dezember 1896 nahm dort der erste Steinbruch den Betrieb auf, der eigens für den Abbau von Dolomit konzipiert war.[57] Während der Einrichtung des neuen Steinbruchs bestätigten die Ergebnisse weiterer Proben, dass es sich bei dem Vorkommen von Lüntenbeck um eine jener »Linsen« handeln musste, von deren Existenz man ausgegangen war.[58] In dieser Gewissheit wurde der Steinbruch in den folgenden Jahren rasch erweitert.[59] Im Geschäftsjahr 1906/07 bezog die Gutehoffnungshütte erstmals 20.000 t Dolomit aus Lüntenbeck, was in etwa dem Verbrauch des Unternehmens ent-

55 Dürre: Die Anlage und der Betrieb der Eisenhütten, Bd. 1, S. 188; Berichte über Versammlungen verwandter Vereine, S. 361.

56 Gutehoffnungshütte AG: Analysebuch vom 28.9.1894-30.12.1896, RWWA, 130, 3116/4.

57 Gutehoffnungshütte AG an Bürgermeisteramt Vohwinkel, 7.12.1896, StAW, GV, 26.

58 Gutehoffnungshütte AG: Analysebuch vom 5.1.1897-3.8.1899, RWWA, 130, 3116/5.

59 Gutehoffnungshütte AG: Fünfundzwanzigste ordentliche General-Versammlung, 1897, S. 6; Gutehoffnungshütte AG: Betr. Dolomitbruch Lüntenbeck, 19.9.1936, TKKA, TNO, 3681.

sprach. So kam schließlich sämtlicher Dolomit, den die Gutehoffnungshütte für die Stahlherstellung nutzte, von dort.[60]

Ähnlich wie die Gutehoffnungshütte hatten weitere Unternehmen begonnen, den Abbau von Dolomit ausgehend von den etablierten Kalksteinbrüchen zu reorganisieren. Sie rekurrierten auf dieselben geologischen Vorstellungen von Dolomitvorkommen als »Linsen«, die als homogene Gebilde in dem bekannten Kalksteinzug eingelagert waren.[61] Bis 1910 entstanden so in der Umgebung von Dornap zahlreiche Steinbrüche, um diese Vorkommen abzubauen. Die Unternehmen machten sich dabei das geologische Wissen um das Verhältnis von Kalkstein und Dolomit zunutze, griffen aber zugleich auf die Erschließung der Kalksteinbrüche zurück. In den meisten Fällen reichte es, die vorhandene Infrastruktur zu erweitern und die Trassen der Schleppbahnen zu verlängern. Denn oft lagen die jeweiligen Steinbrüche weniger als einen Kilometer auseinander. Zudem fassten viele Unternehmen die benachbarten Dolomit- und Kalksteinbrüche auch organisatorisch als Betriebseinheiten zusammen, um Verwaltungs- und Instandhaltungskosten zu sparen.

Die Identifikation nutzbarer Vorkommen, die einer spezifischen geologischen Vorstellung folgte und auf der Prämisse basierte, Kosten gering zu halten, prägte schließlich die materielle Kontur des Rohstoffs Dolomit. Dabei passten die Stahlwerke das Eigenschaftsprofil des Materials für die Auskleidung der Konverter so an, dass es in homogener Qualität und kostengünstig gewonnen werden konnte. Dies war möglich, weil Ingenieure und Unternehmensleitungen einerseits davon ausgingen, flexibel aus den zahllosen Varianzen des Dolomits auswählen zu können. In den Versuchen, die sie im Laufe der 1880er Jahre anstellten, konnten sie kreativ auf das Material in all seinen Mischverhältnissen zurückgreifen. Andererseits zeichneten die bestehenden Muster der Zuschlagsversorgung vor, dass das Material in enger Anlehnung an die Sorte Kalkstein konturiert wurde, die seit den 1850er Jahren die Eisenerzverhüttung dominierte. Was brauchbarer Dolomit war und welche materiellen Eigenschaften er aufweisen musste, entschied sich also vor dem Hintergrund dieser Vorannahmen und Präferenzen, die die Versuche mit dem Material leiteten.

Mit dem Eigenschaftsprofil, das brauchbaren Dolomit definierte, veränderten sich auch die thermochemischen Prozesse im Konverter. Der Dolomit der Auskleidung reagierte mit dem eingeschmolzenen Roheisen und band dabei den Phosphor, der bisher so massive Probleme verursacht hatte. Das Gestein aus der Umgebung von Dornap, das aus Sicht der Stahlunternehmen im Ruhrgebiet dafür besonders günstig war, entfaltete diese Wirkung. Mit dessen materiellen Eigenschaften

60 Gutehoffnungshütte AG: Geschäftsbericht 1906/07; Produktionsstatistik Kalkstein, Dolomitsand und Ziegelsteine, 1882-1913, RWWA, 130, 30013101/7.

61 Fuchs: Dolomitvorkommen Bieling, 12.11.1907, RhK(L), AG, 3.

ließ sich der gewollte Effekt erzielen: es wurde möglich, die großen Mengen an phosphorreichem Eisenerz für die Massenstahlherstellung zu verwenden. Die Anpassung der Stahlherstellung und des Rohstoffs Dolomit aneinander hatte aber auch noch einen weiteren Effekt: Sie wirkte auf die Nutzung von Kalkstein bei der Eisenerzverhüttung zurück.

Interdependente Stoffströme und die partielle Substitution von Kalkstein

Während sich mit dem Thomasverfahren Dolomit als neuer und »kritischer« Rohstoff etablierte, der es ermöglichte, bisher ungenutzte Eisenerzvorkommen zu erschließen,[62] stagnierte der Verbrauch von Kalkstein. Zwar nahmen die Produktionsmengen der Eisen- und Stahlindustrie ab den 1880er Jahren exponentiell zu, aber sie nutzte dafür immer weniger Kalkstein. Die Zahlen des Gutehoffnungshütten-Konzerns für die Eisenhütte Oberhausen zeigen eindrücklich, wie die Menge des produzierten Roheisens und der Kalksteineinsatz seit der Einführung des Thomasverfahrens divergierten (Abb. 7).

Wuchs der Verbrauch von Kalkstein bis etwa 1880 noch parallel zur Menge des produzierten Roheisens, setzte in den 1880er Jahren eine signifikante Divergenz ein. Zwischen 1890 und 1900 halbierte sich der Kalksteineinsatz sogar, während die Roheisenproduktion um rund 50 Prozent zunahm. Bis zum Ersten Weltkrieg stagnierte der Kalksteinverbrauch dann, obwohl sich die Roheisenproduktion nochmals verdoppelte. Dieses Verbrauchsmuster der Eisenhütte Oberhausen kann durchaus als typisch gelten. Schätzungen für die gesamte Branche bestätigen die in den 1880er Jahren einsetzende Divergenz.[63]

Der relative Rückgang des Kalksteinverbrauchs stand in einem ursächlichen Zusammenhang mit der Einführung des Thomasverfahrens. Die Produktionsentwicklung der Thomaswerke, die das aus phosphorhaltigen Erzen gewonnene Roheisen weiterverarbeiteten, gibt dafür Anhaltspunkte. In Oberhausen stellte die Gutehoffnungshütte im Geschäftsjahr 1891/92 erstmals mehr als 100.000 t Thomasstahl her, 1895/96 bereits mehr als 200.000 t und 1905/06 über 300.000 t. Vor dem Ersten Weltkrieg wurde die Marke von 500.000 t überschritten. Rechnerisch war um 1890 ein Drittel der Roheisenproduktion der Eisenhütte Oberhausen zu Thomasstahl verarbeitet worden. Dieser Anteil stieg auf knapp zwei Drittel Mitte der

62 Dolomit fand ab den späten 1880er Jahren nicht nur im Thomasverfahren, sondern auch im Siemens-Martin-Verfahren Verwendung, vgl. Wengenroth: Unternehmensstrategien und technischer Fortschritt, S. 40f.

63 Vgl. Krengel, Jochen: Die deutsche Roheisenindustrie, 1871-1913. Eine quantitativ-historische Untersuchung, Berlin 1983, S. 46f.

Abbildung 7: Eisenhütte Oberhausen: Betriebsresultate, 1859-1914.

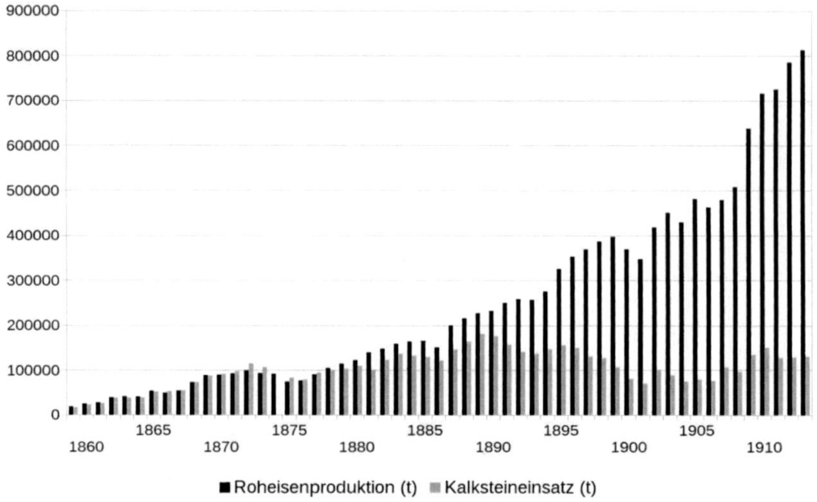

Quelle: Eigene Zusammenstellung aus: RWWA, 130, 216/2-5; RWWA, 130, 320100/0-6; GHH: Geschäftsberichte.

1900er Jahre.[64] Bei allen Schwierigkeiten, die Zahlen zu interpretieren, ist in der Tendenz eine inverse Korrelation zwischen der Produktion von Roheisen für die Stahlherstellung im Thomasverfahren und dem Verbrauch von Kalkstein bei der Eisenverhüttung deutlich erkennbar.[65] Das heißt, je höher der Anteil des Roheisens war, der aus phosphorreichem Erz erschmolzen wurde – und damit für das Thomasverfahren geeignet war –, desto geringer war die Menge an Kalkstein, die bei der Verhüttung der Eisenerze eingesetzt wurde.

Die Möglichkeit, Phosphor aus Roheisen zu entfernen, wirkte entlang der Wertschöpfungskette nicht nur auf die verwertbaren Eisenerze, sondern auf das gesamte Arrangement der Rohstoffe in den Hochöfen zurück, vor allem auch auf die im Verhüttungsprozess verwendeten Zuschläge. In dem Maße, in dem die Montanunternehmen die Stahlherstellung umstellten, konnten sie bei der Roheisenproduktion nicht nur auf phosphorhaltige Erze zurückgreifen, sondern auch die Zusammenstellung der anderen Rohstoffe anpassen. In der Regel führte dies

64 Gutehoffnungshütte AG: Geschäftsberichte 1881-1914; ähnliche Zahlen sind für das Thomaswerk der Phoenix AG in Ruhrort dokumentiert, vgl. Zilt: Zur Geschichte der Thomas-Stahlwerke, S. 430.

65 Eine detaillierte Erhebung der Verbrauchsmengen bestimmter Erzsorten und deren Kalkgehalt würde hier sicherlich zuverlässigere Zahlen bieten, ist aber auf Grundlage der vorhandenen Quellenüberlieferung nur bedingt möglich.

dazu, dass sie die Dosierung des Kalksteins im Verhüttungsprozess reduzierten – also weniger von dem Zuschlag in den Hochofen gaben, um aus den Erzen Roheisen zu schmelzen.

Aus der Geologie und aus Versuchen war bekannt, dass in den Erzen, die einen hohen Phosphorgehalt aufwiesen, meist auch ein hoher Anteil kohlensaurer Kalk gebunden war. Besonders deutlich war dies bei der lothringischen Minette, auf deren Potenzial sich die Aufmerksamkeit der deutschen Eisen- und Stahlindustrie seit dem Krieg mit Frankreich 1870/71 richtete. Nach geologischem Verständnis waren die Eisenerzvorkommen in Lothringen Teil einer Formation, die im Jura als Kalkablagerung entstanden war.[66] Auch unter Hüttenexperten herrschte das Wissen vor, dass ein hoher Kalkanteil eine der kennzeichnenden Eigenschaften der Minette sei. Zahlreiche chemische Analysen der lothringischen Erze, die die Hüttenwerke durchführen ließen, bestätigten diesen Befund und stellten ihn als besonderes Merkmal der Vorkommen explizit heraus.[67] Schon in den ersten Aufstellungen, die die Gutehoffnungshütte 1873 von einzelnen Minettevorkommen anfertigen ließ, wiesen die Chemiker des Unternehmens, anders als sonst üblich, auch den Kalkgehalt aus. Bei der Untersuchung der Minette gaben sie an, wie hoch der jeweilige Kalkanteil war, während diese Kennzahl bei anderen Analysen von Erzen keine Rolle spielte.[68] Dies deutet darauf hin, dass die Eisen- und Stahlunternehmen des Ruhrgebiets nicht nur Erwartungen an den Phosphor-, sondern auch an den erhöhten Kalkanteil der Erze knüpften – und zwar ebenfalls schon bevor deren tatsächliche Nutzung mit dem Thomasverfahren überhaupt in Betracht gezogen werden konnte.

Der hohe Kalkanteil der Minette und vergleichbarer Erze versprach Vorteile, die zwar nicht ganz so gewichtig waren, wie diejenigen, die sich aus der »Entphosphorung« ergaben. Sie spielten aber gleichwohl eine Rolle in den Überlegungen der Hüttenwerke. Der Kalkgehalt war schon länger von Interesse, weil dieser die Erze im zeitgenössischen Verständnis »leichtgängig« machte.[69] Zwar enthielten die Erze weniger Eisen, aber dafür ließen sie sich leichter schmelzen. Die Leitung der Gutehoffnungshütte hatte sich aus diesem Grund schon in den späten 1850er Jahren genauer mit solchen Erzen beschäftigt. Von ihrem Chemiker Giesberg ließ sie eine Reihe Untersuchungen mit kalkreichen Eisenerzen mit dem Ziel durchführen, »um mit unseren reichen und schwerschmelzenden Eisensteinen gemischt zu

66 Dechen: Die nutzbaren Mineralien und Gebirgsarten, S. 576f.

67 Dürre: Die Anlage und der Betrieb der Eisenhütten, Bd. 1, S. 78-80.

68 Gutehoffnungshütte AG: Nachweisung über sämmtliche von der Hütte und hier angefertigten Analysen (Beginnend vom Januar 1873 bis Ende 1874), RWWA, 130, 3116/8.

69 Hartmann, Carl: Lehrbuch der Eisenhüttenkunde, Bd. 1. Die Lehre von den Eigenschaften des Eisens, desgleichen die von den Eisenerzen, den Brennmaterialien, den Gebläsen und der Roheisenerzeugung enthaltend, Berlin 1833, S. 154; Dürre: Die Anlage und der Betrieb der Eisenhütten, Bd. 1, S. 145.

werden, um dieselben leichtflüssig zu machen.«[70] Giesberg wies zwar wie erwartet nach, dass die veränderte Zusammenstellung der Erze leichter zu schmelzen war. Er machte aber auch deutlich, dass es für die Gutehoffnungshütte nicht wirtschaftlich sei, daraus Roheisen zu gewinnen. Auch die Untersuchungen von Minetteerzen in den 1870er wiesen deshalb auf den hohen Kalkanteil hin, obwohl das Erz zu dieser Zeit noch nicht für die Massenproduktion in Betracht kam.[71] Alle Experimente und Berechnungen zeigten, dass der Einsatz kalkhaltiger Erze nur unter ganz bestimmten Umständen lohnend war.[72] Die Umstände änderten sich mit der Einführung des Thomasverfahrens.

Zunächst wurden in den 1880er Jahren Minetteerze aber nur in geringen Mengen eingesetzt. Stattdessen nutzen die Stahlhersteller an Rhein und Ruhr die neuen Möglichkeiten des Thomasverfahrens dazu, phosphorreiche Schlacke wiederzuverarbeiten, die bei der Stahlherstellung im Puddelverfahren angefallen war. Bis etwa 1890 wurde vor allem dieses Abfallprodukt in Hochöfen anstelle anderer Eisenerze eingeschmolzen, um das Roheisen für das Thomasverfahren zu gewinnen.[73] Erst in den 1890er Jahren, als sich die Transportbedingungen mit der Moselkanalisierung und neuen Eisenbahnfrachttarifen verbesserten, setzte der massenhafte Einsatz der lothringischen Minette in den Hochöfen des Ruhrgebiets ein. Nun erschloss etwa die Gutehoffnungshütte die Eisenerzvorkommen, die sie schon zwanzig Jahre zuvor erworben hatte. Daneben waren es überwiegend phosphorhaltige Erzsorten, die über den Wasserweg aus dem Hannoverischen, Schweden oder Spanien zu den Hochöfen an Rhein und Ruhr gebracht wurden, die für die Weiterverarbeitung im Thomasverfahren verhüttet wurden.[74] Das bedeutete auch, dass immer mehr Erzsorten zur Verhüttung kamen, die die Vorteile eines hohen Kalkanteils aufwiesen. Zugleich nahm der Verbrauch von Kalkstein für die Eisenverhüttung in dem Maße ab, in dem eben diese Erzsorten verhüttet wurden.[75]

Spätestens an der Wende zu den 1890er Jahren war klar, dass die Verhüttung der Minette und vergleichbarer Erze auch gezielt dazu genutzt werden konnte,

70 Giesberg an Jacobi, Haniel & Huyssen, 14.12.1857, RWWA, 130, 2010/1.

71 Gutehoffnungshütte AG: Nachweisung über sämmtliche von der Hütte und hier angefertigten Analysen (Beginnend vom Januar 1873 bis Ende 1874), RWWA, 130, 3116/8.

72 Jacobi, Haniel & Huyssen: Zusammenstellung derjenigen Erze welche nach der Analyse zusammen gehören und welche man daher zusammen lagern kann, o.D. [ca. 1855], RWWA, 130, 2010/1; Giesberg an Jacobi, Haniel & Huyssen, 31.1.1860, RWWA, 130, 2010/1; Giesberg an Jacobi, Haniel & Huyssen, 17.8.1860, RWWA, 130, 2010/1.

73 Vgl. Feldenkirchen, Wilfried: Die Eisen- und Stahlindustrie des Ruhrgebiets, 1879-1914. Wachstum, Finanzierung und Struktur ihrer Großunternehmen, Wiesbaden 1982, S. 60f.

74 Vgl. Bähr/Banken/Flemming: Die MAN, S. 105; van de Kerkhof: Die Industrialisierung der lothringisch-luxemburgischen Minette-Region, S. 261; Haus: Lothringen und Salzgitter; Treue, Wilhelm: Ilseder Hütte, 1858-1958. Ein Unternehmen der Eisenschaffenden Industrie, Peine 1958.

75 Vgl. Feldenkirchen: Die Eisen- und Stahlindustrie des Ruhrgebiets, S. 64f.

Kalkstein als Zuschlagsmaterial zu substituieren. Ihr hoher Kalkanteil machte sie nicht nur »leichtgängig«, was an sich schon als anzustrebender Vorteil galt, sondern ersetzte auch einen Teil des Kalksteins, der bisher separat zugegeben werden musste. Kalkstein zu substituieren war sicherlich kein vorrangiges Ziel der Eisen- und Stahlunternehmen. Aber es war ein höchst willkommener Nebeneffekt, den sie zunehmend systematisch berücksichtigten, wenn sie die Rohstoffzusammensetzung in den Hochöfen anpassten. Folglich fanden sich ab den 1880er Jahren in der Besprechung verschiedener Erzsorten zunehmend auch Hinweise darauf, wenn Erze »zur Darstellung von Thomas-Roheisen [...] auch nicht besonderer Kalkzuschläge« bedurften.[76] Das heißt, der Verweis auf den Kalkgehalt war zum Argument für die strategischen Entscheidungen der Unternehmen über die Zusammenstellung der Rohstoffe geworden.

Auf dieser Grundlage begann die Leitung der Gutehoffnungshütte im Frühjahr 1889, die Rohstoffbasis und speziell den Kalksteinbedarf auf der Eisenhütte Oberhausen neu zu konzipieren. Als der Aufsichtsrat über den Ausbau des Thomaswerks beriet, wurde die Frage nach den Zuschlagsstoffen erstmals auch in direktem Zusammenhang mit der Weiterentwicklung der Eisenverhüttung diskutiert: »Director Lueg [...] gibt eine Uebersicht über die Um- und Neubauten, die in der nächsten Zeit auf diesem Werke in Aussicht zu nehmen sind. Hierbei wird die Frage der Beschaffung und [des] Bedarfs in Kalksteinen [...] in eingehender Weise einer [Prüfung] unterzogen.«[77] Den Sommer über verhandelte der Aufsichtsrat dann parallel »über den [der]zeitigen Stand der Kalkstein-Lieferungs-Verträge & die weiteren Schritte, welche wegen Aufschluss der Minette-Concessionen in Aussicht genommen sind.«[78] Das Gremium diskutierte die Verhüttung von Minetteerzen in unmittelbarem Zusammenhang mit dem Ziel, den Zuschlagseinsatz zu reduzieren.

Die Entscheidung, die Verhüttung auf die für das Thomasverfahren geeigneten kalkhaltigen Erzsorten zu konzentrieren, manifestierte sich deutlich in den Verbrauchsmengen des Kalksteinzuschlags (Abb. 7). Für die Eisenhütte Oberhausen lässt sich die Trendumkehr im Kalksteinverbrauch genau datieren: Im Geschäftsjahr 1889/90, also genau zu jenem Zeitpunkt, als der Aufsichtsrat des Unternehmens über die neue Rohstoffzusammenstellung für das erweiterte Thomaswerk beriet, erreichte der Kalksteinverbrauch des Hüttenwerks mit 181.669 t einen Höchstwert. Bis 1900 wurde diese Menge mehr als halbiert und erreichte nie wieder die Werte der späten 1880er Jahre.[79] Für die Eisen- und Stahlindustrie als Ganzes zeigt

76 Kollmann, Friedrich: Die Erzlagerstätten für Thomas-Roheisen in Hannover und Braunschweig, in: Stahl und Eisen 6 (1886), Nr. 12, S. 787-788, hier: S. 787.

77 Gutehoffnungshütte AG: Protokoll der Aufsichtsrats-Sitzung, 16.4.1889, RWWA, 130, 3001090/26.

78 Gutehoffnungshütte AG: Protokoll der Aufsichtsrats-Sitzung, 29.11.1889, RWWA, 130, 3001090/26.

79 Gutehoffnungshütte AG: Geschäftsberichte, 1881-1932.

sich ein beinahe identisches Trendmuster.[80] Die Zahlen deuten daraufhin, dass die grundlegenden Veränderungen beim Arrangement der Rohstoffe in den Hochöfen, wie sie die Gutehoffnungshütte systematisch ab 1889/90 umsetzte, weit verbreitet waren.

Der Zusammenhang zwischen der Einführung des Thomasverfahrens und der partiellen Substitution des Kalksteins zeigt, wie komplex die Stoffströme von Erzen, Dolomit und Kalkstein über mehrere Glieder der Wertschöpfungskette hinweg miteinander in Wechselbeziehung standen. Erstens wurde mit dem Dolomit ein neuer Rohstoff in enger Anlehnung an die Muster der Kalksteinversorgung definiert und mobilisiert. Er kam zum Einsatz, um phosphorreiches Roheisen zu Stahl weiterzuverarbeiten. In dem Maße, in dem dies möglich war, verlagerte sich zweitens die Eisenerzbeschaffung auf phosphorreiche Erze wie die Minette, aus denen eben jenes phosphorhaltige Roheisen erschmolzen werden konnte. Das hatte wiederum, drittens, zur Folge, dass der in diesen Erzen gebundene Kalk den Kalkstein ersetzte, der als Zuschlag zur Roheisenverhüttung beigegeben werden musste. Diese Interdependenzen zwischen den Stoffströmen resultierten aus den Wirkungen, welche die Stoffe in den thermochemischen Prozessen im Konverter beziehungsweise im Hochofen entfalteten.

Im Zentrum des Wandels standen die Praktiken der Stahlherstellung und Eisenverhüttung, die die Interdependenzen zwischen den Stoffströmen herstellten. In den 1880er Jahren veränderten sich relevante Handlungsabläufe, sei es beim Auskleiden der Bessemerbirnen, beim »überblasen« der Roheisenmasse im Konverter oder der Dosierung des Kalksteinzuschlags am Hochofen. Damit veränderte sich auch, welche Stoffe wie in die Praktiken integriert waren und in den Prozessen des Produktionsverfahrens wirksam wurden. Das heißt, die spezifische Verwendung der Rohstoffe war keineswegs durch deren materiellen Eigenschaften determiniert. Vielmehr selektierten Unternehmensleitungen das Material und integrierten es in die routinisierten Abläufe der Produktion, ohne die Auswirkungen immer vollständig zu überblicken. Dadurch schufen und manipulierten sie die thermochemischen Prozesse in den Konvertern und Hochöfen, über die die Stoffströme in Beziehung zueinander standen.

Die Veränderungen der 1880er und 1890er Jahre basierten auf der systematischen Reflexion der Praktiken, in denen Eisenerze zu Roheisen und dann zu Stahl verarbeitet wurden. Unternehmensleitungen und Hüttenfachleute problematisierten routinisierte Handlungsabläufe ebenso wie die materiellen Eigenschaften der Arrangements, um den gewünschten Wandel herbeizuführen. Dabei generierten sie neues Wissen über die thermochemischen Prozesse der Stahlherstellung und über die Eigenschaften des Dolomits im Untergrund. Sie reflektierten auch, wie

---

80 Vgl. Krengel: Die deutsche Roheisenindustrie, S. 46f.

sich die Produktionsabläufe und die darin verwendeten Rohstoffe zu den unternehmerischen Zielen und Erwartungen verhielten, vor allem unter der Prämisse Kosten zu minimieren. Beides hatte entscheidenden Einfluss darauf, wie sich die Praktiken am Konverter und am Hochofen veränderten. Vor allem prägte die zeitgenössische Reflexion, wie Erze und Zuschläge, deren Eigenschaften in den thermochemischen Prozessen wirksam wurden, in die Praktiken integriert wurden.

Während die Erwartung, die Rohstoffbasis um phosphorhaltige Eisenerze zu erweitern, ein starker Beweggrund war, um über die Praktiken zu reflektieren, ist weniger klar, warum die Unternehmensleitungen in den 1880er Jahren begannen, auch die Funktion von Kalkstein zu problematisieren. Kalkstein mit dem in den Erzen gebundenen Kalk zu substituieren war ein willkommener Nebeneffekt, aber auch ein bewusst angestrebtes Ziel. Es war allerdings weder durch eine akute Verknappung des Materials noch durch steigende Preise motiviert.[81]

Der Bedarf, den beispielsweise die Gutehoffnungshütte bei verschiedenen Steinbruchunternehmen anmeldete, schwankte in den 1870er und 1880er Jahren zwar erheblich, wurde aber anscheinend immer gedeckt. Man hatte sich mit den Steinbruchbetreibern lediglich darauf geeinigt, »[b]ei starker Vermehrung oder Verminderung unseres Bedarfs [...] einen Monat vorher Nachricht [zu] geben.«[82] Dass das Angebot an Kalkstein ein ausgesprochen elastisches war, war eigentlich wenig überraschend, war doch der Betrieb der Steinbrüche ganz auf den Bedarf der Hüttenwerke ausgerichtet, um Engpässe zu vermeiden. Auch nach der überstandenen Gründerkrise stiegen unter den günstigen konjunkturellen Bedingungen der 1890er Jahre die Preise für Kalkstein im Vergleich zu anderen industriellen Grundstoffen allenfalls moderat.[83] Hatte die Gutehoffnungshütte bei einzelnen Lieferverträgen 1888 mit 3,40 Mk. je t kalkuliert, blieben die Preise in den folgenden Jahrzehnten deutlich unter der Grenze von 4 Mk. pro t.[84] Dabei

81 Wedding: Der basische Bessemer- oder Thomas-Process, S. 100-102; L.: Thomas- und Martinswerke, S. 659; Bergische Handelskammer: Jahres-Bericht 1891, S. 39; Bergische Handelskammer: Jahres-Bericht der Bergischen Handelskammer zu Lennep, 1904, S. 27.

82 Gutehoffnungshütte AG: Verträge über gekaufte Schlacken, Kohlen, Koks und Kalksteine, 1889, RWWA, 130, 31322/0, S. 36-38.

83 Gutehoffnungshütte AG: Geschäftsberichte, 1881-1932; Friedrich Wilhelms-Hütte: Berichte über die General-Versammlung der Aktien-Gesellschaft Bergwerks-Verein Friedrich Wilhelms-Hütte, 1879-1905, WWA, S 7, 39; Bergische Handelskammer: Jahres-Bericht 1891, S. 39; Bergische Handelskammer: Jahres-Bericht der Bergischen Handelskammer zu Lennep, 1900, S. 32; vgl. Krengel: Die deutsche Roheisenindustrie, S. 46f.; Spree, Reinhard: Veränderungen der Muster zyklischen Wachstums der deutschen Wirtschaft von der Früh- zur Hochindustrialisierung, in: Geschichte und Gesellschaft 5 (1979), S. 228-250, hier: S. 232f.

84 Gutehoffnungshütte AG: Verträge über gekaufte Schlacken, Kohlen, Koks und Kalksteine, 1889, RWWA, 130, 31322/0, S. 35f.; Gutehoffnungshütte AG: Berichte, 1889-1890, RWWA, 130, 300108/17; Gutehoffnungshütte AG: Berichte, 1895-1896, RWWA, 130, 300108/22; Knappertsbusch: Notiz, 10.3.1894, RhK(L), 11, 1; Union AG, 22.9.1902, TKKA, DHHU, 252.

machte sich bereits die Umstellung auf das Thomasverfahren und die partielle Substitution bemerkbar. Waren 1891 knapp 700.000 t Kalkstein verkauft worden, waren es 1896 nur noch 550.000 t.[85] Und auch als der Bedarf seit Ende der 1890er Jahre aufgrund der enormen Produktionssteigerungen in der Eisen- und Stahlindustrie allmählich wieder stieg, setzten sämtliche Steinbruchbetriebe im Jahre 1910 gemeinsam kaum mehr als 2 Millionen t ab – ein Wert der noch vor dem Ersten Weltkrieg wieder leicht zurückging.[86]

Weder die Versorgungssituation noch die Preisentwicklung waren für sich genommen besorgniserregend. Das Ziel, den Kalksteinverbrauch zu reduzieren, war also keine Reaktion auf klassische Anreize der Knappheit, des steigenden Bedarfs oder der Kostenentwicklung.[87] Entscheidend war etwas anderes: die Konstruktion eines antizipierten Versorgungsrisikos.

---

85 Rheinisch-Westfälische Kalkwerke AG: Festschrift zur Feier des 25jährigen Bestehens der A.G. Rheinisch-Westfälische Kalkwerke Dornap, Berlin 1912, S. 35.

86 Rheinisch-Westfälische Kalkwerke AG: Festschrift, S. 35; Rheinische Kalksteinwerke: Bericht über den diesjährigen Betrieb, 1910, TKKA, A, 682/1.

87 Vgl. Barbier, Edward: Scarcity and Frontiers. How Economies Have Developed Through Natural Resource Exploitation, Cambridge 2011; Reith, Reinhold: Überlegungen zur Nutzung materieller Ressourcen in der Geschichte. Auf dem Weg zur Nachhaltigkeit?, in: ders./Schulz, Günther (Hg.): Wirtschaft und Umwelt vom Spätmittelalter bis zur Gegenwart. Auf dem Weg zu Nachhaltigkeit?, Stuttgart 2015, S. 17-28.

7. Versorgungsrisiken und vertikale Integration

Es erscheint paradox, dass die Versorgung mit Kalkstein just zu jenem Zeitpunkt erstmals systematisch thematisiert wurde, als der Verbrauch sank und die Preise stagnierten. Aber dies war die Konsequenz daraus, dass Unternehmensleitungen und Hüttenexperten um 1890 begannen, das Gestein als »kritischen« Rohstoff wahrzunehmen, was bis dahin praktisch nie der Fall gewesen war. Im Aufsichtsrat der Gutehoffnungshütte kam 1885 erstmals die Sorge auf, das Unternehmen habe sich von den Dornaper Kalksteinlieferanten abhängig gemacht.[1] Auch bei anderen Eisen- und Stahlproduzenten entstand zunehmend ein Bewusstsein für die Risiken, die sich aus der Selbstbindung ergaben.[2] Denn, so wurde den Unternehmensleitungen allmählich klar, mögliche Versorgungsengpässe konnten, auch wenn sie zu diesem Zeitpunkt kaum realistisch waren, die Wertschöpfungsketten entscheidend unterbrechen und die Produktion zum Erliegen bringen. Im Zusammenhang mit der Einführung des Thomasverfahrens hatten sie intensiv über die Produktionsverfahren und deren Bindung an Kalkstein und Dolomit reflektiert. Hinzu kam das unternehmensstrategische Leitbild der vertikalen Integration aller Produktionsschritte entlang der Wertschöpfungskette von der Rohstoffbeschaffung bis zur Vermarktung, das sich in den 1890er Jahren allgemein durchsetzte.[3] Beides befeuerte den Diskurs über die potenziellen Risiken für die Versorgung mit Kalkstein.

Die Konstruktion von Versorgungsrisiken

Als die Montanunternehmen in den 1880er und 1890er Jahren ihre Rohstoffversorgung entlang des Leitbilds der vertikalen Integration neu organisierten, rückte auch der Rohstoff Kalkstein in den Fokus der Aufmerksamkeit. Ziel war es,

1 Gutehoffnungshütte AG: Protokoll der Aufsichtsrats-Sitzung, 18.8.1885, RWWA, 130, 3001090/26.

2 Gutehoffnungshütte AG: Protokoll der Aufsichtsrats-Sitzung, 17.11.1885, RWWA, 130, 3001090/26.

3 Vgl. Berghoff, Hartmut: Moderne Unternehmensgeschichte. Eine themen- und theorieorientierte Einführung, Paderborn 2004, S. 90.

möglichst alle Produktionsschritte, angefangen beim Abbau von Rohstoffen, in das eigene Unternehmen einzugliedern. Die Montanunternehmen reagierten damit auch auf Befürchtungen, dass unabhängige Zulieferer das Angebot an Rohstoffen künstlich verknappen könnten oder die Abnehmer gegeneinander ausspielen könnten. Sie unterstellten, die Lieferanten würden, gerade wenn sie sich in Verkaufskartellen organisierten, die Preise diktieren und weit über den eigentlichen Gestehungskosten ansetzen. Demgegenüber sollte die Integration der Rohstoffversorgung in das eigene Unternehmen die Kontrolle über die Kosten sicherstellen.[4]

Völlig unbegründet war die Sorge nicht. Schon 1884 versuchte eine Gruppe Dornaper Kalksteinbruchbetreiber um Wilhelm Schüler und Peter Rossmüller ein Verkaufskartell für Kalkstein zu etablieren, um das Angebot zu koordinieren und die Preise erhöhen zu können.[5] Im Gegensatz zu den Hüttenwerken waren sie nicht um die Rohstoffversorgung besorgt, sondern um die geringe Profitabilität ihrer Betriebe. In den 1860er Jahren hatten sie sich an die Eisen- und Stahlhersteller des Ruhrgebiets gebunden. Die hohen Investitionen, die sie dabei getätigt hatten, ließen sich nur durch den Verkauf großer Kalksteinmengen rechtfertigen, deren einzige Abnehmerin die Hüttenindustrie sein konnte. Entsprechend waren sie gezwungen, die Preise so zu gestalten, dass ihnen die Hüttenwerke als Abnehmer erhalten blieben. Die wirtschaftliche Krise der 1870er Jahre verschärfte diese Situation so weit, dass die niedrigen Preise aus Sicht der Steinbruchbetreiber die Existenz ihrer Unternehmen bedrohten.[6]

Auch wenn sich ein Kalksteinkartell zunächst nicht realisieren ließ, standen die Bemühungen der Montanunternehmen, die Rohstoffversorgung im Zusammenhang mit dem Aufbau der Thomaswerke zu reorganisieren, unter dem Eindruck dieses Szenarios. Mitte der 1880er Jahre hatte die Gutehoffnungshütte zuerst den

4 Vgl. Hesse, Jan-Otmar: Wirtschaftsgeschichte. Entstehung und Wandel der modernen Wirtschaft, Frankfurt a.M. 2013, S. 92-95; Fear, Jeffrey R.: Organizing Control. August Thyssen and the Construction of German Corporate Management, Cambridge, Mass. 2005, S. 253f.; Schröter, Harm G.: Kartellierung und Dekartellierung 1890-1990, in: Vierteljahrschrift für Sozial- und Wirtschaftsgeschichte 81 (1994), S. 457-493, hier: S. 458-460; Feldenkirchen, Wilfried: Die Eisen- und Stahlindustrie des Ruhrgebiets, 1879-1914. Wachstum, Finanzierung und Struktur ihrer Großunternehmen, Wiesbaden 1982, S. 263; Pierenkemper, Toni: Die westfälischen Schwerindustriellen, 1852-1913. Soziale Struktur und unternehmerischer Erfolg, Göttingen 1979, S. 130.

5 Vgl. Bauert-Keetman, Ingrid: Geschichte der Rheinisch-Westfälischen Kalkwerke (unveröffentlichtes Manuskript), o.D, S. 48-50.

6 Rheinisch-Westfälische Kalkwerke AG: Bericht über das Geschäftsjahr 1887/1888, S. 3; vgl. Bauert-Keetman: Geschichte der Rheinisch-Westfälischen Kalkwerke, S. 48f.; allgemein zur Preisentwicklung industrieller Grundstoffe vgl. Spree, Reinhard: Veränderungen der Muster zyklischen Wachstums der deutschen Wirtschaft von der Früh- zur Hochindustrialisierung, in: Geschichte und Gesellschaft 5 (1979), S. 228-250, hier: S. 232f.

Plan verfolgt, selbst einen neuen Steinbruch anzulegen. Sie war zwar das einzige der großen Montanunternehmen, das seinen 1856 in Dornap angelegten Steinbruch Hanielsfeld in den 1860er und 1870er Jahren nicht abgestoßen hatte. Aber der dortige Gesteinsabbau war viel zu gering, um den Bedarf des Hüttenwerks zu decken, ohne Material von den Dornaper Kalksteinunternehmen zuzukaufen. Einen neuen, größeren Steinbruch in Eigenregie einzurichten, schien der Leitung der Gutehoffnungshütte deshalb als geeignete Maßnahme, um nicht in Abhängigkeit von dem projektierten Kartell zu geraten.[7] Aber es zeigte sich schnell, dass die Gruppe um Schüler und Rossmüller äußerst zielstrebig agierte, um die Pläne des Hüttenkonzerns zu unterbinden. Während der Aufsichtsrat der Gutehoffnungshütte noch über die Vor- und Nachteile eines eigenen neuen Steinbruchs beriet, hatte Schüler schon die entsprechenden Grundstücke erworben.[8] Daraufhin nahm der Aufsichtsrat der Gutehoffnungshütte Abstand von dem Vorhaben und verlängerte die bestehenden Lieferverträge.[9] Das Nachgeben gegenüber den Dornaper Steinbruchunternehmern wurde im Aufsichtsrat der Gutehoffnungshütte ausgiebig und kontrovers diskutiert. Es sei »[s]eitens des Vorstandes in eingehender Weise von den Verhandlungen Kenntnis gegeben [worden], welche wegen Deckung unseres Bedarfes in Kalksteinen mit dem Dornap-Angerthaler Konsortium geführt sind.«[10] Dabei wurde deutlich, dass es kurzfristig keine Alternative zum Abschluss neuer Lieferverträge mit den Dornaper Unternehmern gebe.[11] Dennoch waren sich »Aufsichtsrath & Vorstand mit dem beabsichtigten weiteren Vorgehen einig, wonach uns[ere] Rechte in der [...] energischsten Weise verfolgt werden sollen.«[12] Etwas anderes blieb ihnen einstweilen nicht übrig – außer den Zuschlagsstoff im Zuge des Aufbaus der Thomaswerke partiell zu substituieren, um die unabhängigen Lieferanten unter Druck zu setzen.

Während im Konflikt um Preise und Kosten eine Pattsituation eingetreten war, rückte zunehmend die Planungssicherheit als Ziel der vertikalen Integration in den Fokus. Je mehr die Montanunternehmen ab den späten 1880er und dann vor allem in den 1890er Jahren wieder auf Wachstum setzten, desto stärker nahmen

---

7 Gutehoffnungshütte AG: Protokoll der Aufsichtsrats-Sitzung, 18.8.1885, RWWA, 130, 3001090/26; Gutehoffnungshütte AG: Protokoll der Aufsichtsrats-Sitzung, 17.11.1885, RWWA, 130, 3001090/26.

8 Schüler an Bürgermeisteramt Haan, 16.4.1886, StAH, G, 347A; vgl. Bauert-Keetman: Geschichte der Rheinisch-Westfälischen Kalkwerke, S. 71.

9 Gutehoffnungshütte AG: Protokoll der Aufsichtsrats-Sitzung, 18.3.1886, RWWA, 130, 3001090/26.

10 Gutehoffnungshütte AG: Protokoll der Aufsichtsrats-Sitzung, 13.12.1887, RWWA, 130, 3001090/26.

11 Vgl. Arnold, Paul: Die Kalkindustrie am Nordrand des Rheinischen Schiefergebirges, Bonn 1961, S. 88.

12 Gutehoffnungshütte AG: Protokoll der Aufsichtsrats-Sitzung, 13.12.1887, RWWA, 130, 3001090/26.

sie eine potenziell unstetige Rohstoffversorgung als Risiko für die Expansion wahr.[13] Sie befürchteten, dass das Angebot an Kalkstein nicht mit der Expansion der Eisen- und Stahlproduktion schritthalten würde, wenn es unabhängigen Lieferanten überlassen blieb. Es erschien fraglich, ob diese überhaupt in der Lage waren, den Gesteinsabbau ausreichend zu erweitern, oder aus Gründen der Preisgestaltung die Förderkapazitäten sogar künstlich verringerten. Aber auch wenn die Steinbrüche erweitert wurden, war aus Sicht der Montanunternehmen unsicher, ob darunter nicht die Qualität des gelieferten Zuschlagsmaterials litt.

Die Kalksteinlieferanten aus Dornap registrierten schon früh, dass einzelne Hüttenwerke an ihrer Fähigkeit zweifelten, Qualitätsstandards einzuhalten wenn die Steinbruchbetriebe schnell expandierten. Sie argumentierten, dass sie selbstverständlich »nur guten, für Hüttenbetrieb brauchbaren Kalkstein« anböten. Auf die von den Hüttenwerken vorgeschlagenen vertraglich festgelegten »rigorosen Qualitäts-Forderungen«, die über das bis dahin übliche Maß hinausgingen, wollten sie nicht eingehen.[14] Daraufhin versuchten die Hüttenwerke, ihren »rigorosen Qualitäts-Forderungen« durch eine immer systematischere Überprüfung der Lieferungen Nachdruck zu verleihen – beispielsweise mit den chemischen Analysen, die die Gutehoffnungshütte stichprobenartig vornehmen ließ und dabei immer wieder Unregelmäßigkeiten feststellte.[15] Die Kontrollen spiegelten einerseits die erhöhte Sensibilität für Qualitätsschwankungen wider. Andererseits dienten sie dazu, die Risiken zu dokumentieren und auf die Unzuverlässigkeit der Lieferanten zurückzuführen.

Sollte zunehmend unbrauchbarer Kalkstein geliefert werden, drohte dies die Wertschöpfungsketten entscheidend zu beeinträchtigen oder gar zu unterbrechen. Das Misstrauen gegenüber unabhängigen Lieferanten, das durch die verstärkten Qualitätskontrollen untermauert wurde, bestätigte die Notwendigkeit der vertikalen Integration. Denn die Beschaffung von Zuschlägen aus eigenen Steinbrüchen schien eine höhere Sicherheit zu bieten. Hier ließ sich nicht nur die Abbaumenge, sondern auch die Qualität des Materials besser kontrollieren und den Bedürfnissen der Hüttenwerke anpassen.[16] Die Eingliederung und Kontrolle über den Kalksteinabbau sollte einerseits gewährleisten, flexibel auf den wachsenden Bedarf an Zuschlagsmaterial reagieren zu können. Andererseits ließen sich aus Sicht der Montanunternehmen durch die Integration Qualitätsschwankungen minimieren. Beides war essentiell für die Planungssicherheit, die notwendig war, um die Wertschöpfungsketten der Eisen- und Stahlindustrie in Zeiten des Wachstums weiter auszubauen.

---

13 Vgl. Feldenkirchen: Die Eisen- und Stahlindustrie des Ruhrgebiets, S. 98f.

14 Notariatsakte, Vereinbarung der Kalkwerke, 11.7.1887, RhK(L), 06, 1.

15 Gutehoffnungshütte AG: Analysen angefangen Juli 1886 beendet Februar 1890, RWWA, 130, 3116/1; Gutehoffnungshütte AG: Analysen 22. Februar 1890 – 1892, RWWA, 130, 3116/2.

16 Vgl. Feldenkirchen: Die Eisen- und Stahlindustrie des Ruhrgebiets, S. 128.

Dabei projizierten die Montanunternehmen die Planungssicherheit auf einen immer längeren Zeithorizont. Seit den 1860er Jahren waren für Kalkstein im allgemeinen Lieferverträge mit Laufzeiten von etwa drei, fünf oder maximal acht Jahren üblich.[17] Als der Aufsichtsrat der Gutehoffnungshütte Mitte der 1880er Jahre begann, die Kalksteinversorgung zu problematisieren, argumentierte er, dass dieser Zeitraum ausgedehnt werden müsse. Für eine vorausschauende Planung hielt er 20 Jahre für notwendig.[18] In den 1900er Jahren wurde schließlich der Anspruch aufgestellt, die Versorgung mit Zuschlägen »auf etwa 60 Jahre« sicherzustellen.[19] Vor dem Hintergrund dieser Erwartungen boten die Lieferverträge mit unabhängigen Steinbruchbetrieben noch weniger die nötige Planungssicherheit.[20]

Gerade die zunehmend langfristige Orientierung prägte die Konstruktion eines Versorgungsrisikos für Kalkstein, denn im Grunde war keines der Probleme akut. Aber je länger der Zeithorizont war, für den die Montanunternehmen Planungssicherheit beanspruchten, desto größer erschienen ihnen die Unsicherheiten. Die Risiken zeichneten sich als antizipierte Versorgungsprobleme, welche die Expansionsmöglichkeiten der Eisen- und Stahlindustrie einschränkten, fast ausschließlich vor dem Hintergrund langfristiger Projektionen ab.[21] Nichtsdestotrotz erhöhte sich dadurch die Aufmerksamkeit für potenzielle Probleme mit der Quantität und Qualität der Kalksteinlieferungen, die nun auch als für die Wertschöpfungsketten »kritisch« thematisiert wurden. Denn das Leitbild der vertikalen Integration lieferte ein Denkmodell, das die Risiken entlang der Wertschöpfungskette unabhängig davon adressierte, ob sie bereits Auswirkungen zeigten. Diese spezifische Risikokonstruktion erklärt dann auch die Dramatik, die die Auseinandersetzungen um die Versorgung mit Kalkstein bis zur Jahrhundertwende annahmen, obwohl die stagnierenden Verbrauchsmengen eigentlich überhaupt keinen Anlass dazu gaben.

---

17 Mittheilungen, in: Der Berggeist 14 (1869), S. 449; Eisenhütte Oberhausen: Jahresbericht pro 1868, o.D. [1869], RWWA, 130, 20001/33; Phoenix AG: Ordentliche General-Versammlung, 25.10.1870, MWA, P, 1 25 11.1, S. 12; Gutehoffnungshütte AG: Verträge über gekaufte Schlacken, Kohlen, Koks und Kalksteine, 1889, RWWA, 130, 31322/0, S. 36f.

18 Gutehoffnungshütte AG: Protokoll der Aufsichtsrats-Sitzung, 18.3.1886, RWWA, 130, 3001090/26.

19 Verlohr an Gewerkschaft Deutscher Kaiser, 6.10.1909, TKKA, A, 682/1.

20 Gutehoffnungshütte AG: Protokoll der Aufsichtsrats-Sitzung, 18.3.1886, RWWA, 130, 3001090/26; Verlohr an Fritz Thyssen, 3.8.1907, TKKA, A, 682/1; Verlohr: Bericht über die zukünftigen Betriebsergebnisse von Schlupkothen u. Flandersbach, 28.12.1907, TKKA, A, 682/1.

21 Vgl. zu diesem Verständnis von Risiken: Itzen, Peter/Müller, Simone M.: Risk as a Category of Analysis for a Social History of the Twentieth Century. An Introduction, in: Historical Social Research/Historische Sozialforschung 41 (2016), Nr. 1, S. 7-29; Sparenberg, Ole: Ressourcenverknappung, Eigentumsrechte und ökologische Folgewirkungen am Beispiel des Tiefseebergbaus, ca. 1965-1982, in: Reith, Reinhold/Schulz, Günther (Hg.): Wirtschaft und Umwelt vom Spätmittelalter bis zur Gegenwart. Auf dem Weg zu Nachhaltigkeit?, Stuttgart 2015, S. 109-124.

Die Rheinisch-Westfälischen Kalkwerke

Die Gründung der Rheinisch-Westfälischen Kalkwerke AG (RWK)[22] im Juli 1887 markierte einen ersten Wendepunkt in der Auseinandersetzung um die Kalksteinversorgung. Sie knüpfte an das von Schüler und Rossmüller geplante Verkaufskartell an, das erfolglos geblieben war, weil viele Kleinstbetriebe die Chance sahen, ihren Absatz auf Kosten des entstehenden Kartells auszuweiten.[23] Mit der Gründung der Aktiengesellschaft schlugen die Dornaper Unternehmer nun eine neue Strategie ein, die zwei wesentliche Ziele miteinander kombinierte. Zum einen versuchten sie, möglichst alle Kalksteinlieferanten der Eisen- und Stahlindustrie zu übernehmen, um zu erreichen, was mit dem Kartell nicht gelungen war. Zum anderen diente das Unternehmen dazu, die Erschließung neuer Steinbrüche durch die Montanunternehmen zu verhindern.

Die Aktiengesellschaft war so konzipiert, dass ihr neue Anteilseigner beitreten konnten, und zwar weniger, um Kapital als vielmehr um ihre Steinbruchbetriebe und potenziell für den Gesteinsabbau nutzbares Grundeigentum einzubringen. Dazu wurden jeweils neu ausgegebene Aktien mit dem Wert der übertragenen Grundstücke verrechnet.[24] Schon die Gründungsaktionäre, Wilhelm Schüler, die Witwe Anton Winters und die 1878 in Dornap gegründete Gewerkschaft Maximilian, übertrugen nicht nur Betriebsstätten an das neue Unternehmen, sondern auch weiteres Grundeigentum. Die Gewerkschaft Maximilian brachte 15 ha ein, die Witwe Winters 28 ha und Schüler gut 98 ha, darunter jene Grundstücke, die die Gutehoffnungshütte Mitte der 1880er Jahre für einen eigenen Steinbruch ins Auge gefasst hatte.[25] Nach diesem Muster traten noch im Jahr der Gründung zwölf weitere Unternehmer mit ihrem Grundbesitz der RWK bei. Am Ende des ersten Geschäftsjahres umfasste das Eigentum der Aktiengesellschaft knapp 350 ha.[26]

Dabei war der Grundbesitz, den die Aktionäre einbrachten, wichtiger als die bestehenden Produktionskapazitäten. Hummeltenberg & Co. gehörte zu denjenigen, die ihren Betrieb 1887/88 in die RWK überführten. Das Unternehmen war schon 1872 als Zusammenschluss mehrerer lokaler Grundbesitzer in Dornap mit dem Ziel des Kalksteinabbaus entstanden. Allerdings verkaufte das Unternehmen

22 Zunächst firmierte das Unternehmen noch ein knappes Jahr unter dem Namen »Dornap-Angerthaler Actiengesellschaft für Kalkstein und Kalkindustrie«.

23 Vgl. Bauert-Keetman: Geschichte der Rheinisch-Westfälischen Kalkwerke, S. 48.

24 Vgl. zu diesem Verfahren: Tilly, Richard: Kapital, Staat und sozialer Protest in der deutschen Industrialisierung. Gesammelte Aufsätze, Göttingen 1980, S. 127.

25 Vgl. Bauert-Keetman: Geschichte der Rheinisch-Westfälischen Kalkwerke, S. 70-80.

26 Rheinisch-Westfälische Kalkwerke AG: Festschrift zur Feier des 25jährigen Bestehens der A.G. Rheinisch-Westfälische Kalkwerke Dornap, Berlin 1912, S. 35; 100 Jahre RWK, Wuppertal-Dornap 1987.

noch Mitte der 1880er Jahre kaum nennenswerte Mengen an die Eisen- und Stahlindustrie.[27] Aber Hummeltenberg brachte 6 ha Land in Dornap in die Aktiengesellschaft ein, auf dem Kalkstein abgebaut werden konnte. Dafür erhielt Hummeltenberg & Co. beziehungsweise dessen Gesellschafter nicht nur 30.000 Mk. in bar, sondern 310 neu ausgegebene RWK-Aktien zu je 1.000 Mk.[28]

Auf ähnliche Weise verleibte sich die RWK in den ersten Jahren ihres Bestehens auch Steinbruchbetriebe und Grundbesitz in der weiteren Umgebung von Dornap ein. Die Actiengesellschaft Hochdahler Kalkindustrie gehörte zu diesen Unternehmen. Die Hochdahler Kalkindustrie war erst 1885 mit der Absicht gegründet worden, ein vermutlich bereits im 18. Jahrhundert genutztes Kalksteinvorkommen in industriellem Maßstab zu erschließen.[29] Der Grundbesitzer Nicola Müller überließ der Gesellschaft, deren Hauptaktionär er wurde, 15 ha Land, auf dem das Gestein abgebaut werden sollte.[30] Das Vorhaben musste als aussichtsreich gelten, insofern als das Vorkommen auf dem geologisch identifizierten Kalksteinband zwischen dem Neandertal und Dornap lag und vermutet werden konnte, dass das Gestein ähnliche Eigenschaften aufweisen würde. Zudem lag es nur wenige hundert Meter südlich der Eisenbahnstrecke von Düsseldorf nach Elberfeld und erschien daher als leicht erschließbar. Nichtsdestotrotz musste das Unternehmen 1887, als es in den Blick der RWK geriet, als Misserfolg gelten. Die Verkaufserlöse waren ebenso bescheiden wie die Betriebsanlagen.[31] Der Anschluss an die RWK war für Müller und die anderen Anteilseigner der Hochdahler Kalkindustrie eine attraktive Option, ihr vom Scheitern bedrohtes Unternehmen abzustoßen.[32] Die RWK legte ihrerseits den Betrieb unmittelbar nach seiner Eingliederung still.[33] Pläne für eine Umstrukturierung und erneute Inbetriebnahme fasste die neue Eigentümerin nicht, sondern ließ die Anlagen über Jahrzehnte ungenutzt liegen.[34]

Obwohl sie viele der übernommenen Kleinstbetriebe stilllegte, verfolgte die RWK damit nicht vordringlich das Ziel, potenzielle Konkurrenten durch Übernah-

---

27 Lantz, Karl: Notariatsakte Rep. No. 10652, 2.1.1888, RhK(L), AG, 17; von Estorff: Protokoll, 24.11.1880, LAV NRW R, BR 7, 24578; Königliche Regierung Düsseldorf Abteilung des Inneren an Landratsamt Mettmann, 10.11.1886, LAV NRW R, BR 34, 101; Notariatsakte, Vereinbarung der Kalkwerke, 11.7.1887, RhK(L), 06, 1.

28 Statz: Notarielle Urkunde Rep. No. 631 Ankauf von E. Hummeltenberg & Co, Dornap, 6.2.1888, RhK(L), 00, 3.

29 Vgl. Bauert-Keetman: Geschichte der Rheinisch-Westfälischen Kalkwerke, S. 87f.; Eggerath, Hanna: Das Areal Karskalkofen in Hochdahl (unveröffentlichtes Manuskript), Erkrath 2006.

30 Notariatsakte Jansen, 28.3.1885, RhK(L), 06, 2.

31 Actien Gesellschaft Hochdahler Kalk-Industrie: Bilanz, 1.11.1887, RhK(L), 06, 2; Statz: Notarielle Urkunde Rep. No. 588, 31.12.1887, RhK(L), 06, 2.

32 Vertrag zwischen der Hochdahler Kalkindustrie AG und der Dornap-Angerthaler AG für Kalk und Kalkstein, 1.10.1887, RhK(L), 06, 2.

33 Rheinisch-Westfälische Kalkwerke AG: Bericht über das Geschäftsjahr 1887/1888, S. 3.

34 Benninghoff: Protokoll einer Begehung, 1.4.1898, StAE, Altakten, 343.

me auszuschalten und Förderkapazitäten zu begrenzen. Es ging ihr in erster Linie darum, den Bestrebungen der Montanindustrie zuvorzukommen, eigene Steinbrüche anzulegen. Die RWK übernahm die Hochdahler Kalkindustrie oder Hummeltenberg & Co. deshalb, weil deren Grundbesitz Zugang zu attraktiven Abbauorten gewährte. Auch wenn es den übernommenen Kleinstunternehmen aus eigener Kraft nicht gelungen war, Steinbrüche in nennenswertem Umfang zu erschließen, war zu befürchten, dass deren Betriebsstätten unter der Regie der Eisen- und Stahlindustrie erfolgreich ausgebaut werden konnten. Dies zu verhindern war das eigentliche Interesse der RWK.

Bereits mit der Gründung 1887 begann die RWK ihren räumlichen Fokus zu erweitern. In den ersten Jahren ihres Bestehens verleibte sie sich nicht nur kleinere aber aussichtsreiche Steinbruchbetriebe ein, die wie die Hochdahler Kalkindustrie außerhalb Dornaps lagen. Mit der Actiengesellschaft für Marmorindustrie im Neanderthal übernahm sie einen Standort, dessen Verbindung mit der Hüttenindustrie bis in die 1840er Jahre zurückreichte und der einer der wenigen verbliebenen Zuschlagslieferanten der Hüttenwerke im westlichen Ruhrgebiet außerhalb Dornaps war. In die gleiche Richtung ging der große strategische Schritt, Steinbruchunternehmen vor allem im westfälischen Letmathe in die neue Aktiengesellschaft zu integrieren. So wie Dornap die Hüttenwerke im westlichen Ruhrgebiet belieferte, hatte sich das Gestein aus Letmathe – mit deutlich anderen materiellen Eigenschaften – als Zuschlag in den Hochöfen im Osten des Ruhrgebiets etabliert. In den 1880er Jahren sahen sich die dortigen Kalksteinbruchbetreiber in einer ähnlichen Situation wie ihre Dornaper Pendants.[35]

Obwohl kaum zu übersehen war, dass mit dieser Strategie immense Kosten verbunden waren und die Übernahme wenig produktiver Betriebe den Gewinn schmälerten, blieb die Expansion die zentrale Unternehmensstrategie der RWK.[36] Auf einer außerordentlichen Generalversammlung am 26. Juni 1896 beschlossen die Aktionäre, das Kapital der Gesellschaft abermals zu erhöhen und neue Aktien im Nennwert von 6,3 Millionen Mk. auszugeben, um gezielt »eine größere Anzahl von Kalkwerken anzukaufen«.[37] Entsprechende Verhandlungen waren bereits zuvor geführt worden. Und so übernahm die RWK im Sommer 1896 nach dem gleichen Muster wie knapp zehn Jahre zuvor zwei ältere unabhängig verbliebene Betriebe in Dornap und drei weitere, die alternative Abbauorte im Umkreis von Dornap markierten.[38] Insbesondere im nordwestlich von Dornap gelegenen Wülf-

35 Vgl. dazu detailliert Bauert-Keetman: Geschichte der Rheinisch-Westfälischen Kalkwerke, S. 98-109.

36 Rheinisch-Westfälische Kalkwerke AG: Festschrift, S. 35; Winters/Teistel/Benrath/Lehment/Berkes: Vertrag, 21.11.1892, RhK(L), AG, 21; Winters an Vogel, 9.12.1892, RhK(L), AG, 21; Rheinisch-Westfälische Kalkwerke AG: Bericht über das Geschäftsjahr 1892/93.

37 Rheinisch-Westfälische Kalkwerke AG: Bericht über das Geschäftsjahr 1895/96, S. 4.

38 Vgl. Bauert-Keetman: Geschichte der Rheinisch-Westfälischen Kalkwerke, S. 109-111.

rath zeichnete sich ab, dass hier ein neuer Schwerpunkt des Kalksteinabbaus neben Dornap entstehen könnte. Mit den Steinbrüchen von Heinrich Rossmüller und den Gebrüdern Hein hatte die RWK aber 1896 die einzigen zu diesem Zeitpunkt in Wülfrath erschlossenen Vorkommen übernommen.[39]

Mit dieser Strategie gelang es der RWK den Hüttenwerken zuvorzukommen, noch bevor diese Konsequenzen aus der Konstruktion des Versorgungsrisikos ziehen konnten. Sie verhinderte systematisch den Aufbau eigener Steinbruchbetriebe durch die Montanunternehmen.[40] Zufrieden resümierte der Aufsichtsrat der RWK bereits auf der ersten Aktionärsversammlung im Oktober 1888:

> »Wie unsere Gesellschaft zu Stande gekommen ist, ist Ihnen bekannt [...]. Es hat hier keine Gründung, sondern eine Vereinigung der bisherigen Einzelbetriebe stattgefunden. Effektiv gekauft hat die Gesellschaft keine bestehenden Kalkgeschäfte, sondern nur Kalksteingebirge [...]; die gefürchteten Kalksteinlager sind nun auch im Besitze der Gesellschaft.«[41]

Mitte der 1890er Jahre hatte die RWK die »gefürchteten Kalksteinlager« dem Zugriff der Eisen- und Stahlunternehmen weitgehend entzogen. Durch die Übernahme fast aller unabhängigen Kalksteinproduzenten und ihres umfangreichen Grundbesitzes gelang es ihr, den Zugang zu den aussichtsreichsten Abbaustätten zu versperren. In Dornap hatte die Aktiengesellschaft faktisch ein Monopol. Aber auch an anderen Orten, wo Vorkommen von Kalkstein in ähnlicher Qualität vermutet wurden, hatte sie die Grundstücke an sich gebracht, die am einfachsten und kostengünstigsten zu erschließen waren. Übrig blieben nur Abbaustätten, wie der Aufsichtsrat der RWK mit Genugtuung feststellte, bei denen »[g]roße Arbeiten und Kosten hätten [...] aufgewandt werden müssen, um den Transportweg zu schaffen; hinzugekommen wären lang dauernde Aufschlußarbeiten,«[42] die sich kaum rentieren würden. Binnen weniger Jahre dominierte die RWK nicht nur den Markt für das Zuschlagsmaterial, sondern schien auch die zukünftigen Entwicklungsmöglichkeiten zu kontrollieren.

Vom Nutzen der Monopolisierung

So erfolgreich die Strategie der Rheinisch-Westfälischen Kalkwerke in den ersten Jahren ihres Bestehens war, so sehr stellte sie das Unternehmen vor eine kommuni-

---

39 Landratsamt Mettmann: Betrifft Steinbrüche, 25.1.1899, LAV NRW R, BR 7, 33372.

40 Vgl. Gathen, Günter von der: Kalkindustrie und Eisen- und Stahlindustrie in Nordrhein-Westfalen. Ihre Verflechtung und deren Geschichte, Köln 1955, S. 67; Arnold: Die Kalkindustrie, S. 88.

41 Rheinisch-Westfälische Kalkwerke AG: Bericht über das Geschäftsjahr 1887/1888, S. 4.

42 Ebd.

kative Herausforderung. »Man hat von einem Monopol gesprochen«, bemerkte der Aufsichtsrat schon auf der ersten Generalversammlung 1888 und entgegnete: »Ein absolutes Monopol ist ein Trugbild und nie zu erreichen.«[43] Genaugenommen war es aber die Leitung der RWK selbst, die den Begriff des Monopols zuerst verwendet hatte, um ihre Ziele zu charakterisieren.[44] Bei der Übernahme von Betrieben ließ sie kaum eine Gelegenheit aus, zu dokumentieren, dass die RWK in der Lage sei das Kalksteinangebot zu kontrollieren.[45] Adressat waren in beiden Fällen die Konzerne der Montanindustrie. Mit der scheinbar widersprüchlichen Kommunikation, mit der sie einerseits Befürchtungen zu zerstreuen suchte und andererseits Stärke demonstrieren wollte, knüpfte die RWK an die Konstruktion des Versorgungsrisikos an.

Es begann damit, dass sich die Unternehmensleitung bestenfalls halbherzig gegen den Vorwurf der Monopolisierung wehrte. Trotz der Expansion der RWK »würden immer noch Kalksteinbrüche zu eröffnen übrig bleiben«, die einen freien Wettbewerb sicherstellten, beteuerte der Aufsichtsrat 1888.[46] Auf derselben Generalversammlung erwähnte er aber auch, dass »Vorkommen von gutem brauchbaren Stein mit dem höchsten Gehalt an kohlensaurem Kalk nicht häufig und in bauwürdigen Massen sogar selten«[47] seien – Vorkommen die das Unternehmen systematisch aufkaufte. Auch wenn sich der Aufsichtsrat rhetorisch vom Begriff des Monopols distanzierte, um Kritik zu entkräften, sollte seine Argumentation darauf hinweisen, wie abhängig die Eisen- und Stahlindustrie von den Abbaustätten war, die die RWK unter ihre Kontrolle brachte.

Im Grunde war dies eine offene Warnung an die Adresse der Montanunternehmen, besser mit der RWK zu kooperieren. Anstatt eigene Steinbrüche anzulegen, was gegen die strategische Expansion der RWK ohnehin nicht zu realisieren sei, sollte die Eisen- und Stahlindustrie lieber mit ihr als unabhängiger Kalksteinlieferantin zusammenarbeiten, so die Botschaft. Damit trug die Leitung der Kalkwerke der Tatsache Rechnung, dass die Montanunternehmen zwar Konkurrenten um potenzielle Abbaustätten waren, aber gleichzeitig auch die bei weitem wichtigsten Abnehmer ihrer Produkte. Mit ihrer unterschwelligen, aber recht deutlichen Warnung, den Markt für Zuschlagsmaterial zu monopolisieren, machte sich die RWK die Konstruktion des Versorgungsrisikos zunutze. Mit dem Verweis auf die mög-

43 Ebd., S. 4f.

44 Statz: Notarielle Urkunde Rep. No. 631 Ankauf von E. Hummeltenberg & Co., Dornap, 6.2.1888, RhK(L), 00, 3.

45 Krumbiegel: Notariatsakte Rep. No. 11455, 16.7.1896, RhK(L), 10, 15a; Krumbiegel: Notarielle Urkunde Rep. No. 11457 Kaufvertrag, 16.7.1896, RhK(L), 00, 8a; Vogel an Busch, 12.8.1897, RhK(L), 10, 3.

46 Rheinisch-Westfälische Kalkwerke AG: Bericht über das Geschäftsjahr 1887/1888, S. 4f.

47 Ebd., S. 4.

liche Verknappung des Angebots baute sie Druck auf, der die Unternehmen der Eisen- und Stahlindustrie zur Kooperation bewegen sollte.

Zugleich versuchte die Leitung der Kalkwerke aber auch, das nötige Vertrauen für eine Zusammenarbeit herzustellen. In geradezu anbiedernden Tönen beschwor der Aufsichtsrat die enge Beziehung zwischen der Kalkindustrie und den Montanunternehmen, in der beide aufeinander angewiesen seien:

> »Unsere Kalkwerke sind ein integrierender Theil der vaterländischen Eisen-Industrie; wir liefern ihr das Hülfsmaterial und sind stolz darauf, ihr diesen Dienst ganz und ungetheilt leisten zu können. In hohen Preisen können und dürfen wir unseren Gewinn nicht suchen wollen«.[48]

Ein vermeintlich übergeordnetes »vaterländisches« Interesse sei die geteilte Grundlage für die Kooperation. Gemeint war etwas vage der Beitrag zur nationalen Wirtschaftsleistung und implizit auch zur Herstellung kriegswichtiger Produkte.[49] Diesem Interesse hätten sich beide Seiten zu fügen, so die Leitung der RWK: die Kalkwerke, indem sie keine ungerechtfertigten Preise verlangten, und die Montanindustrie, indem sie das Monopol akzeptierte.

Mit ihrem Werben um Vertrauen versuchte die RWK nicht nur davon zu überzeugen, dass die Abhängigkeit von ihr als Lieferantin unproblematisch war, sondern auch, dass die Monopolisierung notwendig sei, um eine zuverlässige Kalksteinversorgung sicherzustellen. Eine allzu große Konkurrenz und niedrige Preise, so argumentierte der Aufsichtsrat der RWK, mussten letztlich zu einer Verknappung des Angebots führen. Denn, das zeigte die Erfahrung der 1870er und 1880er Jahre: »Abdeckungen [d.h. die Anlage und Erweiterung von Steinbrüchen, S.H.] wurden kaum noch gemacht; Ausgaben für Erhaltung und Erneuerung des Betriebsmaterials hörten auf und mit der Leistungsfähigkeit war es vorbei.«[50] Daraus resultiere »selbstredend für die Eisen-Industrie« die »nicht geringe Gefahr«, dass Abbaumengen und die Qualität der Zuschlagslieferungen nicht mit der wachsenden Nachfrage mithalten könnten.[51] Die Monopolisierungsbemühungen der RWK seien demgegenüber geradezu als Garant für die Versorgungssicherheit zu verstehen. Nur durch die monopolartig kontrollierten Preise sei es möglich, das Zuschlagsgestein langfristig in ausreichender Qualität und Quantität bereitstellen zu können, weil nur so die notwendigen Mittel für Investitionen erwirtschaftet werden könnten.[52]

---

48 Ebd., S. 5.

49 Vgl. Haumann, Sebastian: Towards a Historical Understanding of Critical Raw Materials. Suggestions from a History of Technology Perspective, in: Gaia 27 (2018), S. 373-378, hier: S. 374.

50 Rheinisch-Westfälische Kalkwerke AG: Bericht über das Geschäftsjahr 1887/1888, S. 4.

51 Ebd.

52 Ebd., S. 5.

Mit dem Zusammenschluss zur RWK hätten die unabhängigen Steinbruchbetreiber zudem dokumentiert, dass sie in der Lage waren, die Versorgungssicherheit zu gewährleisten. 1890 glaubte der Vorstand der RWK, »den Hüttenwerken den Beweis geliefert [zu haben], daß unser Unternehmen vollständig die Garantie für die Erfüllung der [...] Lieferung ihres bedeutenden Gesammtbedarfs an Kalkstein und Kalk [...] bietet.«[53] Während die Expansionsstrategie der RWK einerseits die Anlage neuer Steinbrüche verhinderte, ermöglichte sie andererseits, die Kalksteingewinnung dort zu konsolidieren, wo bereits hohe Investitionen, vor allem in die Infrastruktur, gebunden waren. Die Leistungsfähigkeit der neuen Aktiengesellschaft bot in den Augen ihrer Gründer die Sicherheit dafür, dass die Versorgung mit Zuschlägen auch in unabhängigen Händen dem wachsenden Bedarf entsprechend erweitert werden konnte. Voraussetzung sei aber die monopolartige Kontrolle, um die besten Kalksteinvorkommen auch effizient abbauen zu können. Die Zusammenfassung bestehender und potenzieller Abbaustätten unter dem Dach der RWK minimiere das Versorgungsrisiko für die Hüttenwerke, das ansonsten unweigerlich eintreten müsse.

Um Zweifel an ihrer eigenen Bereitschaft zur Kooperation zu zerstreuen, kamen die Kalkwerke trotz des Lamentos über die zu geringe Profitabilität ihrer Betriebe den Montanunternehmen bei der Preisgestaltung entgegen. Angesichts des erklärten Ziels der RWK-Gründer, den Preisverfall aufzuhalten, war es umso erstaunlicher, dass der Direktor der Gutehoffnungshütte, Lueg, im Januar 1888 vermerken konnte, dass die RWK »uns[erem] Verein für die Dauer von 3 Jahren gegen den bestehenden Vertrag wesentliche Erleichterungen eingeräumt« hat.[54] Die Preissenkungen, welche die neue Aktiengesellschaft anbieten konnte, waren zum Teil eine Folge der Übernahme und Stilllegung unprofitabler Kleinstbetriebe.[55] Vor allem aber waren sie Teil der vertrauensbildenden Kommunikation. Bezeichnenderweise fand sich in den Geschäftsberichten der folgenden Jahre kein Hinweis mehr auf das zuvor als eklatant charakterisierte Missverhältnis von Betriebskosten und Einnahmen. Stattdessen lautete die stereotyp verwendete Formulierung der 1890er Jahre, das Unternehmen habe »ein Resultat [erzielt], welches die von uns [...] ausgesprochenen Erwartungen erfüllt hat«.[56] Von notwendig höheren Preisen war ausdrücklich nicht mehr die Rede. Tatsächlich waren die Gesteinslieferungen der RWK zu Beginn der 1890er Jahre so billig, dass die Hüttenwerke nun auch

53 Rheinisch-Westfälische Kalkwerke AG: Bericht über das Geschäftsjahr 1889/90, S. 3.
54 Gutehoffnungshütte AG: Protokoll der Aufsichtsrats-Sitzung, 21.1.1888, RWWA, 130, 3001090/26.
55 Rheinisch-Westfälische Kalkwerke AG: Festschrift, S. 11.
56 Rheinisch-Westfälische Kalkwerke AG: Bericht über das Geschäftsjahr 1890/1891, S. 3.

aus finanziellen Gründen von der Erschließung eigener Steinbrüche Abstand nahmen.[57]

Stattdessen schlossen die Montanunternehmen neue Lieferverträge mit der RWK, die sich vor allem dadurch auszeichneten, dass sie über deutlich längere Laufzeiten abgeschlossen wurden. 1896 kündigten die Kalkwerke an, ab sofort ausschließlich Verträge über mindestens zehn Jahre abzuschließen.[58] Das entsprach zwar durchaus den Interessen der Hüttenwerke an einer langfristig sicheren Versorgung mit Kalkstein, aber auch dem Interesse der RWK, die Hüttenwerke an sich zu binden. In der Ausgestaltung der Lieferverträge machten sich die Kalkwerke die Sorgen über die zukünftige Verfügbarkeit des Rohstoffs zunutze, um ihre Position zu stärken.

In der Diskussion über die Monopolisierung knüpfte die RWK nicht nur an die Konstruktion des Versorgungsrisikos an, sondern versuchte auch gezielt Einfluss auf die Vorstellungen über die Verfügbarkeit des Rohstoffs zu nehmen. Es war entscheidend, dass die Übernahme immer weiterer Steinbrüche und potenzieller Abbaustätten von der intensiven Kommunikation über die geologischen und finanziellen Grenzen der Abbaumöglichkeiten begleitet wurde. Die RWK unterstützte die Hüttenwerke geradezu in ihrer Problematisierung der möglichen quantitativen und qualitativen Restriktionen der Kalksteinversorgung. Sie konnte es sich leisten, die Hüttenwerke in ihren Befürchtungen weiter zu bestärken, weil es ihr ja gleichzeitig gelang, deren Initiativen weitgehend zu verhindern, den Abbau selbst zu betreiben und auszuweiten. Die Diskussion über die Monopolisierung wurde deshalb so offensiv vom Aufsichtsrat der RWK aufgegriffen, weil sie ihm erlaubte, gleichzeitig die Wahrnehmung von Risiken zu verschärfen und auf das eigene Rohstoffangebot als einzige Möglichkeit zu verweisen, diesen Risiken zu begegnen. Das Unternehmen baute ein argumentatives Spannungsfeld zwischen potenziellen Risiken einerseits und der Sicherheit andererseits auf, die nur sie bieten könne – und konnte ihre Expansionsstrategie dadurch bis Mitte der 1890er Jahre erfolgreich absichern.

Gegentendenzen

1896 schien ein Punkt erreicht zu sein, an dem die Strategie der RWK kippte. Immer deutlicher zeichnete sich ein starker konjunktureller Aufschwung ab und die

57 Rheinische Stahlwerke AG: Bericht des Vorstandes, 1892; Bochumer Verein: Auszug aus den Verhandlungen der 37. ordentlichen General-Versammlung, 1891.

58 Rheinisch-Westfälische Kalkwerke AG: Bericht über das Geschäftsjahr 1890/1891, S. 3; Der Zeitungs-Bote, 24.9.1896, RWWA, 130, 146-13; Bergische Handelskammer: Jahres-Bericht der Bergischen Handelskammer zu Lennep, 1899, S. 44.

Eisen- und Stahlindustrie erwartete, ihre Produktion deutlich zu steigern.[59] Als die RWK im gleichen Jahr nahezu alle verbliebenen Steinbruchbetriebe übernahm, wurde die Furcht der Hüttenwerke vor der gezielten Verknappung des Angebots, die ein Jahrzehnt lang etwas in den Hintergrund gerückt war, wieder akut. Durch die Entwicklung verunsichert, verfolgte etwa die Gutehoffnungshütte die Übernahmebestrebungen der RWK im Sommer 1896 aufmerksam. Sie versuchte Informationen zusammenzutragen, »um vielleicht durch Dritte von der Bewegung, welche seit 4-6 Wochen bezüglich der Ankäufe von Kalksteinbrüchen [...] hier herrscht, einiges zu erfahren«.[60] Mit den Übernahmen verstärkten sich die Befürchtungen so weit, dass die Gutehoffnungshütte und andere Montanunternehmen zum ersten Mal seit Ende der 1880er Jahre wieder begannen, konkret über eigene Projekte zur Kalksteinversorgung nachzudenken.

Im Sommer 1896 wurde bei der Gutehoffnungshütte zunächst über Erweiterungsmöglichkeiten des eigenen Dornaper Steinbruchs Hanielsfeld gesprochen, die auch relativ zügig umgesetzt wurden.[61] Schon im Jahr darauf konnte der Vorstand Vollzug melden: »Den Betrieb unseres Dornaper Kalksteinbruchs haben wir verstärkt und dadurch eine erhebliche Mehrförderung erzielt [...], die [...] uns von fremden Lieferanten unabhängig mach[t].«[62] Es gelang, die Abbaumenge bis 1898 zu verdoppeln und damit den Verbrauch des Hüttenwerks in Oberhausen beinahe vollständig zu decken. Allerdings erwies sich die intensivierte Ausbeutung des Steinbruchs Hanielsfeld bald als begrenzt. Trotz verschiedener Erweiterungen fiel die Abbaumenge im Jahr 1900 wieder auf das alte Pensum der Zeit vor 1896 zurück.[63] Die relativ zügige Steigerung des dortigen Abbaus konnte also nur eine vorübergehende Maßnahme sein. Zudem war die Versorgung der Gutehoffnungshütte in dieser Hinsicht ein Sonderfall, verfügte sie doch als einziges Eisen- und Stahlunternehmen Mitte der 1890er Jahre über einen betriebsbereiten Steinbruch, den sie anders als alle anderen Werke nicht in den 1860er und 1870er Jahren verkauft hatte.

Nichtsdestotrotz begannen schon sehr bald auch andere Montanunternehmen dem Beispiel der Gutehoffnungshütte zu folgen. Ein Zeitungsbericht beschrieb die gesteigerte Aktivität im September 1896:

> »[Die Unternehmenspolitik der RWK, S.H.] dürfte die Hüttenwerke veranlasst haben, danach zu streben, sich durch den Ankauf von Kalksteinlagern von den

59 Vgl. Feldenkirchen: Die Eisen- und Stahlindustrie des Ruhrgebiets, S. 98f.

60 Altenhain an Kocks, 8.6.1896, RWWA, 130, 146-13.

61 Gutehoffnungshütte AG: Bericht betreffend eventl. Erwerb der von Buntenbeck Dornap angestellten Kalksteingrundstücke, 5.6.1896, RWWA, 130, 146-13.

62 Gutehoffnungshütte AG: Fünfundzwanzigste ordentliche General-Versammlung, 1897, S. 6.

63 Gutehoffnungshütte AG: Geschäftsberichte 1881-1932; Gutehoffnungshütte AG: Sechsundzwanzigste ordentliche General-Versammlung, 1898.

> Rheinisch-Westfälischen Kalkwerken unabhängig zu machen. So hat die Gutehoffnungshütte in Oberhausen zur Erweiterung ihres Betriebes in Dornap von dem Besitzer Buntenbeck die angrenzenden 30 Morgen […] gekauft. […] Das Besitztum des Herrn J.M. Heimann am Sandfeld bei Dornap ging zu 95000 M an die Niederrheinische Hütte in Hochfeld über. Die Firma Thissen & Cie [sic!] kaufte das kalksteinreiche Gut Kocherscheidt bei Wülfrath«.[64]

Im gleichen Sinne äußerte sich die Unternehmensleitung des Bochumer Vereins. Zwar habe man bisher einen eigenen Abbau »noch nicht in Angriff genommen […], [w]ir werden dazu jedoch in den nächsten Jahren voraussichtlich genöthigt sein, weil wir den Mangel an Unabhängigkeit in der Beschaffung unseres massenhaften Bedarfs an Kalkstein, namentlich für die Hochöfen, schwer empfinden.«[65]

Die Eisen- und Stahlunternehmen griffen nun die Pläne der 1880er Jahre wieder auf und begannen, konkrete Maßnahmen zur Ausweitung und Verlagerung des Abbaus in eigene Steinbrüche zu erarbeiten. Dafür nahmen sie auch diejenigen potenziellen Abbaustätten in den Blick, die weniger aussichtsreich oder aufwendiger zu erschließen waren. In eher abgelegene Orte und solche, die als geologisch schwierig galten, war die RWK mit ihrer Expansionsstrategie nur sehr lückenhaft vorgestoßen. Dort ließen sich also durchaus neue Steinbrüche anlegen, wenn auch um den Preis hoher Erschließungskosten. So trat die Gutehoffnungshütte 1897 in Verhandlungen mit Krupp, der Phoenix AG und den Rheinischen Stahlwerken über einen gemeinsamen Steinbruchbetrieb im damals unerschlossenen Angertal zehn Kilometer nordwestlich von Dornap. Durch die Koordination der Interessen und Erwartungen der vier beteiligten Unternehmen verzögerte sich das Vorhaben zwar.[66] Aber man trieb die Planungen konsequent weiter voran. Im September 1899 meldete die Gutehoffnungshütte, nun nur noch im Verbund mit Krupp, bei der zuständigen Kommunalverwaltung die Einrichtung eines Steinbruchs im Angertal an: »Es handelt sich zunächst um die Freilegung des Kalksteinfeldes […] unter Verwendung von Muldenkippern, welche vorläufig durch Pferde oder auch durch Arbeiter befördert werden«.[67] Obwohl damit noch kein kontinuierlicher Abbau im industriellen Maßstab eingerichtet worden war, untermauerten die Einstiegsinvestitionen doch die Ernsthaftigkeit, die Pläne umzusetzen.[68]

Die Zuspitzung der Auseinandersetzung über die Kalksteinversorgung im Sommer 1896 veranlasste aber auch wieder lokale Unternehmer zum Handeln, die

---

64 Der Zeitungs-Bote, 24.9.1896, RWWA, 130, 146-13.

65 Bochumer Verein: Auszug aus den Verhandlungen der 42. ordentlichen General-Versammlung, 1896.

66 Rheinische Stahlwerke AG: Bericht des Vorstandes für das Geschäftsjahr 1897/98; Friedrich Krupp AG an Gewerkschaft Deutscher Kaiser, 6.1.1897, TKKA, Tli, 1302.

67 Gutehoffnungshütte AG an Polizeiverwaltung Hubbelrath, 16.9.1899, StAHh, A, 24.

68 Gutehoffnungshütte AG: Achtundzwanzigste ordentliche General-Versammlung, 1900.

schnell auf die neue Lage eingingen – allen voran die Baustoffhändler Otto und Ernst August Menzel. Die Menzels verfügten zu diesem Zeitpunkt bereits über Sandgruben in der Nähe von Hochdahl und hatten auch verschiedentlich Kalkstein zu Bauzwecken gewinnen lassen.[69] Sie besaßen mindestens einen kleineren Steinbruch unmittelbar an der Düssel, einige Kilometer oberhalb des Neandertals, in der Nähe des Ortes Gruiten. 1896 begannen sie diesen Betrieb systematisch auszubauen und kauften in den folgenden Jahren immer wieder Land für potenzielle Erweiterungen hinzu.[70] 1899 hatten sie unter dem Firmennamen O. & E.A. Menzel bereits ein beachtliches Unternehmen aufgebaut. Mit 90 Arbeitern unterhielten sie den zweitgrößten Steinbruchbetrieb im Kreis Mettmann, der durch eine 5,5 Kilometer lange Schmalspurbahn mit fünf Lokomotiven und 110 Waggons erschlossen wurde.[71] Zudem hatten sie insgesamt gut 145 ha Grundstücke zusammengekauft, auf denen potenziell Steinbrüche eingerichtet werden konnten.[72] Mit dieser Größe und Betriebsausstattung war O. & E.A. Menzel innerhalb weniger Jahre zu einem ernsthaften Anbieter auf dem Markt für Zuschlagskalk für die Eisen- und Stahlindustrie geworden.

Das Verhältnis der Menzels zur RWK war ambivalent. Einerseits erwuchs der RWK eine neue Konkurrenz. Andererseits zeigten sich die Menzels ausgesprochen kooperativ und suchten den Schulterschluss. Es scheint, dass Otto und Ernst August Menzel ihre Chancen, an Lieferverträge mit der Eisen- und Stahlindustrie zu gelangen, in Zusammenarbeit mit der RWK höher einschätzten. Noch im September 1896 schlossen sie einen Vertrag von ausgesprochen großer Tragweite: Sie übertrugen den Verkauf von Zuschlagsmaterial vollständig an die RWK.[73] Über einen Zeitraum von fünf Jahren banden sich die Menzels an den Monopolisten, indem sie sich zu festen Liefermengen verpflichteten, die von der RWK vermarktet werden sollten. Zudem verbot der Vertrag den Menzels, eigenständige Geschäftsbeziehungen zur Eisen- und Stahlindustrie aufzunehmen. Ausdrücklich ließ die RWK festhalten: »Ausser den vorstehenden Quantitäten dürfen Sie während der Vertrags-Dauer weitere Lieferungen an Kalkstein, Dolomit und Kalk nicht übernehmen. [...]

69 Königliche Regierung Düsseldorf: Ausschnitt aus Amtsblatt, 17.7.1889, LAV NRW R, BR 34, 270; vgl. Eggerath, Hanna: Die Schmalspurbahn in Hochdahl (unveröffentlichtes Manuskript), Erkrath 2006.

70 O. & E.A. Menzel an Bürgermeister-Amt Gruiten, 7.4.1896, StAH, G, 347A; Parnemann: Erläuterung zum Projekt über die Düsselverlegung und Anlage eines neuen Wehres in der Gemeinde Gruiten für die Firma O. & E.A. Menzel zu Elberfeld, September 1896, StAH, G, 347A; Notariatsakte Prosch: Rep. No. 984, 4.2.1898, RhK(L), AG, 31.

71 Landratsamt Mettmann an Königliche Regierung Düsseldorf: Betrifft Steinbrüche, 25.1.1899, LAV NRW R, BR 7, 33372; Bürgermeister-Amt Gruiten: Uebersicht über den Bestand an schmalspurigen Industrie- und Feldeisenbahnen nach der Aufnahme im Januar 1899, 23.1.1899, LAV NRW R, BR 34, 101.

72 Prosch: Notarielle Urkunde Nr. 636, 10.12.1900, RhK(L), 05, 2.

73 RWK an O. & E.A. Menzel, 1.9.1896, RhK(L), 05, 3.

Differenzen [...] regeln wir mit den Abnehmern.«[74] Die RWK verpflichtete sich ihrerseits zu festen Abnahmemengen und Preisen für das Gestein, das O. & E.A. Menzel ihnen lieferte.[75] Der Vertrag verschaffte den Menzels Planungssicherheit. Sie hofften, dadurch die von ihnen geplante Ausweitung des Kalksteinabbaus finanziell abzusichern.

Mit Ablauf des fünfjährigen Vertrags mit der RWK gingen die Menzels einen Schritt weiter. Sie fusionierten ihr Unternehmen mit dem erst 1898 gegründeten, aber finanzkräftigerem Betrieb der Gewerkschaft Pluto zur Bergischen Dolomit- und Weißkalkwerke AG.[76] Die neue Gesellschaft ging nun deutlicher in Konkurrenz zur RWK. Vor allem gelang es ihr schon 1902, einen recht lukrativen Liefervertrag mit der Phoenix AG für die Belieferung des Hüttenwerks in Laar abzuschließen, der mehrfach erneuert wurde.[77] Auf dieser Grundlage setzten die Bergischen Dolomit- und Weißkalkwerke zur weiteren Expansion an. Es folgten großangelegte Grundstückszukäufe von insgesamt über 100 ha entlang der Düssel bei Gruiten, um dort neue Steinbrüche anzulegen.[78] Bis 1905 wuchs der Absatz an Gestein immerhin auf ungefähr ein Viertel der Menge an, die die RWK zum Verkauf brachte, und weitere Lieferverträge folgten.[79]

Aus Sicht einiger Aktionäre der Bergischen Dolomit- und Weißkalkwerke war dieser Erfolg allerdings teuer erkauft. Auf der Generalversammlung des Jahres 1905 kam es deshalb erstmals zu Konflikten: »Ein Aktionär beklagte, daß das verflossene Geschäftsjahr wieder dividendenlos gewesen sei. [...] Die Verwaltung verteidigte demgegenüber ihre Maßnahmen [...] in längeren Ausführungen.«[80] Neben einem neuerlichen Preisrückgang rechtfertigte die Unternehmensleitung die finanzielle Entwicklung des Unternehmens mit »[z]iemlich beträchtliche[n] Aufschließungsarbeiten und außerordentliche[n] Ausbesserungen an Gebäuden usw.« und äußerte die Erwartung, dass sich diese bald rentieren würden.[81] Im Laufe der folgenden Jahre geriet das Verhältnis der Investitionen für den Grunderwerb und den Ausbau neuer Steinbrüche und der Erträge aber immer stärker in die Kritik. Anfang

74 Ebd.

75 Ebd.

76 Prosch: Notarielle Urkunde Nr. 219, 2.5.1900, RhK(L), 05, 3; Prosch: Notarielle Urkunde Nr. 636, 10.12.1900, RhK(L), 05, 2; vgl. Bauert-Keetman: Geschichte der Rheinisch-Westfälischen Kalkwerke, S. 141-143.

77 Union AG, 22.9.1902, TKKA, DHHU, 252; Vogel an ten Hompel, 8.3.1907, RhK(L), AG, 49.

78 Prosch: Kaufvertrag Nr. 491, 14.10.1901, RhK(L), 05, 2; Notariatsakte Reinarz: Kaufvertrag Reg. No. 212, 29.11.1901, RhK(L), 05, 1; Bergische Dolomit- und Weißkalkwerke an RWK, 16.4.1907, RhK(L), AG, 49.

79 Bergische Dolomit- und Weißkalkwerke A.-G., in: Tonindustrie-Zeitung 29 (1905), S. 2016; Vogel an ten Hompel, 8.3.1907, RhK(L), AG, 49.

80 Versammlungsberichte. Bergische Dolomit- und Weißkalkwerke A.-G., in: Tonindustrie-Zeitung 29 (1905), S. 15.

81 Bergische Dolomit- und Weißkalkwerke A.-G., S. 2016.

1907 nahmen schließlich die Hauptaktionäre der Bergischen Dolomit- und Weißkalkwerke Kontakt zur RWK auf, um über eine Fusion der beiden Unternehmen zu sprechen.[82] Eine Einigung wurde innerhalb weniger Wochen erzielt und im März 1907 gingen die Bergischen Dolomit- und Weißkalkwerke in der RWK auf.[83]

Die Fusion rief erwartungsgemäß ein breites Echo hervor. Alles erinnerte an die Strategie, mit der die RWK in den 1880er und 1890er Jahren den Markt monopolisiert hatte. Der *Düsseldorfer General-Anzeiger* berichtete ausführlich über das Ende der Bergischen Dolomit- und Weißkalkwerke und bot eine kritische Interpretation: »Seit ihrer Gründung im Jahre 1887 hat die Gesellschaft [die RWK, S.H.] eine energische Ausdehnungspolitik getrieben; Sobald eine nennenswerte Konkurrenz entstand, wurde sie durch Erwerb beseitigt.« Selbst den Aktionären der RWK sei »unheimlich zu Mute, daß die Gesellschaft jedes Konkurrenzunternehmen verschlingen will.«[84] Unheimlich wurde es aber vor allem den Eisen- und Stahlherstellern, die bisher Zuschläge von den Bergischen Dolomit- und Weißkalkwerken bezogen hatten. So schrieb die Leitung der Phoenix AG an die Rheinischen Stahlwerke, die inzwischen auch Abnehmer des Gruitener Unternehmens geworden waren: »Wie wir gestern erfuhren, sind die Gruitener Werke inzwischen von den Rheinisch-Westfälischen Kalkwerken zu Dornap aufgekauft worden, sodass bei Ablauf [...] unserer Verträge man uns zweifellos die Daumenschraube aufsetzen wird«.[85] Mit der Übernahme der Bergischen Dolomit- und Weißkalkwerke durch die RWK erhöhte sich abermals die Sensibilität für die eigene Abhängigkeit und die damit verbundenen Risiken.

Die »Daumenschrauben« konnte die RWK 1907 indes kaum noch anlegen – dafür war vor allem die Initiative verantwortlich, die August Thyssen im Sommer 1896, auf dem Höhepunkt der Monopolisierung durch die RWK, ergriffen hatte. Beunruhigt registrierte man in Dornap im Oktober 1896, dass es Thyssen gelungen war, den Gutshof Kocherscheidt mitsamt Ländereien zu kaufen.[86] Das Gelände im Nordosten von Wülfrath lag auf dem geologisch bekannten Kalksteinzug und grenzte unmittelbar an die Steinbruchbetriebe an, die die RWK erst wenige Monate zuvor übernommen hatte. Thyssen ließ keinen Zweifel daran, sein Vorhaben zügig und energisch voranzutreiben. Schon im September hatte Thyssen bei der zuständigen Eisenbahndirektion beantragt, einen komplett neuen Bahnanschluss

82 Bergisch-Märkische Industrie-Gesellschaft an ten Hompel, 18.2.1907, RhK(L), AG, 49.

83 ten Hompel: Protokoll, 20.3.1907, RhK(L), AG, 49; Notariatsakte Krumbiegel: Verschmelzungsvertrag, 25.3.1907, RhK(L), AG, 49.

84 Industrie, Handel und Verkehr, in: Düsseldorfer General-Anzeiger, 21.4.1907, RhK(L), AG, 49.

85 Phoenix AG an Rheinische Stahlwerke AG: Betr. Kalksteinbrüche im Angertal, 28.3.1907, MWA, P, 6 25 46.

86 Knobbe an RWK, 6.10.1896, RhK(L), 10, 2.

und ein großangelegtes Verladegleis bei Gut Kocherscheidt anlegen zu dürfen.[87] Die weiteren Vorbereitungen für die Anlage eines eigenen Steinbruchs schritten schnell voran. Im Oktober 1899 erfolgte die erste Lieferung aus dem bald Schlupkothen genannten Betrieb und Thyssen reduzierte den Bezug von Gestein von der RWK auf die Hälfte.[88]

1896 markierte einen zweiten Wendepunkt in der Auseinandersetzung über die Kalksteinversorgung. Den Unternehmen der Eisen- und Stahlindustrie erschien die Gefahr, keinen ausreichend gesicherten Zugriff auf den »kritischen« Rohstoff zu haben, akuter denn je. Die Monopolisierung durch die RWK hatte einen Grad erreicht, bei dem aus Sicht der Montanunternehmen eine künstliche Verknappung des Kalksteinangebots absehbar war. Vor dem Hintergrund des starken konjunkturellen Aufschwungs ab Mitte der 1890er Jahre musste die dominante Stellung der RWK zu signifikanten Preissteigerungen und schlimmstenfalls zu Versorgungsengpässen führen, die die Wertschöpfungsketten in einer Phase des Wachstums empfindlich zu beeinträchtigen drohten.[89] Damit setzte schließlich doch die Entwicklung ein, welche die RWK um jeden Preis verhindern wollte, nämlich die Ausweitung und Verlagerung des Kalksteinabbaus als Reaktion auf die antizipierten Versorgungsrisiken.

Thyssens Rheinische Kalksteinwerke

Eine Schlüsselrolle bei der systematischen Ausweitung der Kalksteingewinnung um die Jahrhundertwende spielte August Thyssen. Der Konzern, den er seit den 1870er Jahren aufgebaut hatte, war im Vergleich zu den etablierten Unternehmen wie der Gutehoffnungshütte oder der Phoenix AG ein Nachzügler in der Eisen- und Stahlherstellung. Erst 1890 ließ Thyssen ein größeres Stahlwerk in Bruckhausen bei Duisburg errichten, wo vier Jahre später auch Thomaskonverter installiert wurden, die 1898 einen Großteil der Produktion ausmachten.[90] Allerdings war das Bruckhausener Werk zunächst kein finanzieller Erfolg. Aus Sicht Thyssens waren es vor allem die Kosten für die Rohstoffe, die die Profitabilität des Werks empfindlich schmälerten. Während das Unternehmen über eigene Kohlezechen verfügte, musste Roheisen, aber auch die Zuschläge für die Stahlherstellung zugekauft werden. Die entsprechenden Märkte wurden unterdessen immer stärker von Kartellen und

87 Thyssen an Königliche Eisenbahndirection zu Elberfeld: Betr. Anschluß an die Strecke Aprath-Wülfrath, 10.9.1896, TKKA, Tli, 1302.

88 Vgl. Entwicklungsgeschichte der Firma Thyssen & Co., Kalkwerke, Wülfrath, o.D., TKKA, A, 1062.

89 Vgl. Feldenkirchen: Die Eisen- und Stahlindustrie des Ruhrgebiets, S. 98f.

90 Vgl. Treue, Wilhelm: Die Feuer verlöschen nie. August-Thyssen-Hütte, 1890-1926, Düsseldorf 1966, S. 46.

Monopolisten wie der RWK kontrolliert. Der Aufbau des neuen Stahlwerks schien entscheidend dadurch gehemmt, dass der Konzern bei der Beschaffung der Rohstoffe von fremden Lieferanten abhängig war. Im Fall der Zuschläge, deren Preise kaum stiegen, war es wohl vor allem die Sorge über die eigene Abhängigkeit, die handlungsleitend wurde. Für einen Nachzügler auf dem Gebiet der Roheisenproduktion wie Thyssen sah die Situation besonders dramatisch aus. Daraus erwuchs der Impetus für eine äußerst energische Umsetzung der vertikalen Integration.[91]

Der Aufbau mehrerer Hochöfen auf dem Bruckhausener Werk ab 1895 war ein erster wichtiger Schritt in diese Richtung. Zwei Jahre später stellte der Thyssen-Konzern dort eigenes Roheisen her.[92] Die Planungen für eigene Hochöfen erhöhten die Bedeutung einer gesicherten Kalksteinversorgung noch weiter. Die Frage nach der Versorgung mit Zuschlägen hatte sich bereits im Zusammenhang mit dem Aufbau des Stahlwerks gestellt und dort schon dazu beigetragen, dass Thyssen die Abhängigkeit von Rohstofflieferanten als dringendes Problem sah. Mit der Aufnahme der Eisenerzverhüttung stellte sich diese Frage erneut und in verschärfter Form. Wenn Thyssen also im Sommer 1896 zielstrebig auf die Einrichtung eines Kalksteinbruchs bei Wülfrath hinarbeitete, dann lag dies auch an der besonderen Situation, in der er sich beim Ausbau seiner Bruckhausener Hütte zu einem integrierten Eisen- und Stahlwerk befand.

Die Eröffnung des Steinbruchs Schlupkothen bei Wülfrath im Oktober 1899 war aber nur der Auftakt zu einem viel größer angelegten Plan, der auf die Etablierung eines Kalksteinunternehmens unter Kontrolle der Eisen- und Stahlindustrie hinauslief. Thyssens Vorstellungen gingen zunehmend dahin, die gesamte Montanindustrie des westlichen Ruhrgebiets zu beliefern. Das erforderte zum einen eine ganz erhebliche Ausweitung des Abbaus. Zum anderen konnte dieses Vorhaben nur erfolgreich sein, wenn es gelang, die anderen Hüttenwerke einzubeziehen. Beides ging Thyssen 1903 mit der Gründung der Rheinischen Kalksteinwerke als einem eigenständigen Unternehmen innerhalb des Thyssen-Konzerns an.[93]

Für die Rheinischen Kalksteinwerke erwarb Thyssen im Frühjahr 1903 ausgedehnten Grundbesitz, der die Anlage von Steinbrüchen in bisher unbekannter Dimension möglich machte. Es handelte sich um eine insgesamt 75 ha große zusammenhängende Fläche in der Gemarkung Flandersbach am Oberlauf des Angerbachs.[94] Vielen Beobachtern, die mit den Betrieben der RWK und Schlupkothen vertraut waren, erschien das Vorhaben Thyssens ausgesprochen ambitioniert. Als

---

91 Vgl. Fear: Organizing Control, S. 253f.; Lesczenski, Jörg: August Thyssen, 1842-1926. Lebenswelt eines Wirtschaftsbürgers, Essen 2008, S. 94f.

92 Vgl. Treue: Die Feuer verlöschen nie, S. 48f.

93 Vgl. Klaß, Gert von: 50 Jahre Rheinische Kalk-Steinwerke, Wülfrath. Ein Beitrag zur Geschichte der deutschen Kalkindustrie, Darmstadt 1953.

94 Rheinische Kalksteinwerke: Aufstellung des Grundbesitzes der Rheinischen Kalksteinwerke G.m.b.H., Wülfrath, 1904, TKKA, A, 529/1.

der Umfang des Projekts in ersten Umrissen öffentlich bekannt wurde, stellte etwa die lokale *Wülfrather Zeitung* fest, dass die geplante Anlage die »kürzlich am Schlupkothen hergestellte an Umfang noch übertreffen soll.«[95] Konzernintern war die Dimensionierung des Abbaus nicht unumstritten. Noch 1907, als die erste Ausbaustufe abgeschlossen war, wurde moniert, »dass das Unternehmen zu großzügig angelegt sei und keine Aussicht auf angemessene Verzinsung gewährleiste.«[96] Conrad Verlohr, den August Thyssen als Geschäftsführer der Rheinischen Kalksteinwerke mit dem Ausbau des Betriebs betraut hatte,[97] meinte dagegen,

> »dass für die Entwicklung die genügende Zeit gelassen werden müsse, dass das Unternehmen allerdings mehr Geld erfordert habe, als im voraus zu übersehen gewesen sei, dass aber die Aufschlüsse durchaus nach Wunsch seien und dass unter normalen Verhältnissen Flandersbach zweifellos leistungsfähiger sei, wie Dornap und selbst Schlupkothen.«[98]

Im Allgemeinen galt der Steinbruch Flandersbach als großer Wurf. Zwar war die Erschließung aufwendig und machte erhebliche Investitionen erforderlich. Wegen der von Anfang an groß ausgelegten Dimension, die alle existierenden Steinbrüche bei weitem übertraf, hatte das Projekt aber auch das Potenzial, die Kalksteinversorgung langfristig abzusichern.

Zu den Erwartungen, die an den großangelegten Betrieb in Flandersbach geknüpft wurden, trugen nicht zuletzt die Projektionen bei, die Verlohr systematisch verbreitete. Schon vor Inbetriebnahme des Steinbruchs, im Dezember 1904, hatte Verlohr Berechnungen angestellt, die einerseits die Wirtschaftlichkeit des Betriebs belegen sollten. Andererseits setzte er in diesen Berechnungen Zielgrößen des Abbaus fest, mit denen er kalkulierte. Verlohr projizierte eine Abbaumenge von jährlich 300.000 t Kalkstein, bei denen sich die zu investierenden 2,3 Millionen Mk. rentierten.[99] Als 1905 die Aufnahme des regulären Betriebs bevorstand, wurden diese Erwartungen nochmals konkretisiert:

> »Vom Tage der Inbetriebnahme [...] an, werden wir sofort arbeitstäglich etwa 400 t Kalkstein nach Meiderich und Bruckhausen [an die zum Thyssen-Konzern gehörenden Hüttenwerke, S.H.] versenden können. Ab 1. Januar nächsten Jahres [1906] haben wir vertragliche Lieferungsverpflichtungen [...], sodass arbeitstäglich etwa

95 Wülfrather Zeitung, 8.8.1904, StAWü.
96 Verlohr an Thyssen, 28.6.1907, MWA, P, 7 77 14.
97 Vgl. Fear: Organizing Control, S. 277f.
98 Verlohr an Thyssen, 28.6.1907, MWA, P, 7 77 14.
99 Verlohr an Fritz Thyssen, 15.12.1904, TKKA, A, 682/1.

> 1700 t Kalksteine gewonnen werden müssen, was zu ermöglichen wir zuversichtlich hoffen.«[100]

Die konkretisierte Zusage summierte sich nun schon auf etwa 500.000 t, die jährlich abgebaut werden sollten. Im August 1907 präsentierte Verlohr abermals eine neue Zielgröße: »das vorgesteckte Ziel [wird] in 1 1/2 Jahren [...] erreicht werden können. Es würden also vom 1. Januar 1909 an gewonnen [...] pro Jahr: 300 x 3000 t Kalkstein = 900.000 t«.[101] Das war etwa das Doppelte der Menge dessen, was die RWK auf dem Höhepunkt ihrer Monopolisierungsstrategie produziert hatte.[102]

Voraussetzung für die anvisierte Steigerung der Produktionsmenge waren die kontinuierliche Vergrößerung des Steinbruchbetriebs und weitere Investitionen, wie Verlohr klarstellte. Sein Konzept für die Rheinischen Kalksteinwerke war konsequent auf Wachstum ausgerichtet. Apodiktisch erklärte Verlohr: »Heute lässt sich bereits sagen, dass das früher als genügend in Aussicht genommene Maximalquantum [...] nicht mehr ausreichen wird.«[103] Die kontinuierliche Steigerung der angestrebten Abbaumengen war geradezu in das unternehmerische Selbstverständnis eingeschrieben. Regelmäßig kombinierte Verlohr seine Wachstumserwartungen, sicherlich auch im eigenen Interesse, mit der Forderung nach weiteren Investitionen zur Vergrößerung des Betriebs: »U.E. darf bei den Vorrichtungsarbeiten kein Stillstand eintreten, [...] was eine Neuausgabe [...] für Aufschliessung der Brüche [von] M. 100000,- und für Vermehrung d. Lokomot. u. Transportwagen [von] M. 100000,-«[104] notwendig mache. Das Wachstum der Fördermenge war keineswegs primär an einem konkreten Bedarf ausgerichtet, sondern vielmehr eine programmatische Grundsatzentscheidung, die durch anhaltend hohe Investitionen realisiert werden sollte.

Die wiederholte Anhebung der projizierten Abbaumengen basierte zu einem ganz erheblichen Teil auf potenziellen Lieferungen, für die es noch gar keine feste Vertragsgrundlage gab. Ende 1907, als Verlohr die 900.000 t als jährliche Fördermenge anvisierte, legte er seinen Berechnungen nicht nur den antizipierten Verbrauch der Hüttenwerke des Thyssen-Konzerns zugrunde. Spekulativ hinzu rechnete er den Absatz an andere Unternehmen der Eisen- und Stahlindustrie. Nur wenn diese Abnehmer mitberechnet wurden, konnte man auf die Fördermenge von

---

100 Rheinische Kalksteinwerke: Betriebs- und Geschäftsbericht der Rheinischen Kalksteinwerke G.m.b.H. Wülfrath für die Versammlung der Gesellschafter am 15. Juni 1905, 14.6.1905, TKKA, A, 258/1.

101 Verlohr an Fritz Thyssen, 3.8.1907, TKKA, A, 682/1.

102 Rheinisch-Westfälische Kalkwerke AG: Festschrift, S. 35.

103 Rheinische Kalksteinwerke: Betriebs- und Geschäftsbericht der Rheinischen Kalksteinwerke G.m.b.H. Wülfrath pro 1909, 30.4.1910, TKKA, A, 258/1.

104 Verlohr an Fritz Thyssen, 3.8.1907, TKKA, A, 682/1.

900.000 t kommen.[105] Folglich hing der Erfolg des Unternehmens aus Sicht von Verlohr entscheidend davon ab, dass diese Hüttenwerke auch tatsächlich zu festen Abnehmern wurden: »Kommen Gutehoffnungshütte und Phoenix nicht hinzu, so werden die Rheinischen Kalksteinwerke schon in einigen Jahren eine wesentliche Ueberproduktion, aber keinen genügenden Absatz haben.«[106]

Um andere Unternehmen der Stahl- und Eisenindustrie als Abnehmer fest zu binden, ließ Thyssen sie als Gesellschafter an den Rheinischen Kalksteinwerken teilhaben.[107] Reine Lieferverträge, die durchaus auch in nennenswertem Umfang abgeschlossen wurden, reichten als Grundlage für die Dimensionierung und das Wachstum des Steinbruchbetriebs aus Sicht von Thyssen und Verlohr nicht aus.[108] Bereits ein knappes Jahr nach der Gründung der Rheinischen Kalksteinwerke wurde die Friedr. Krupp AG zur Miteigentümerin.[109] Für Krupp kam die Beteiligung im Mai 1904 genau zur rechten Zeit. Ähnlich wie Thyssen war das Unternehmen, das sich bisher auf die Stahlherstellung konzentriert hatte, erst in den 1890er Jahren zur Roheisenverhüttung in großem Maßstab übergegangen. 1895 hatte Krupp begonnen, in Rheinhausen, einige Kilometer rheinaufwärts von Thyssens Hütte in Bruckhausen, ein integriertes Eisen- und Stahlwerk zu errichten. Bis 1913 entstanden dort insgesamt zehn Hochöfen und ein umfangreiches Thomaswerk.[110] Mit der Beteiligung an den Rheinischen Kalksteinwerken legte Krupp sich darauf fest, einen Großteil der benötigten Zuschläge von dort zu beziehen – immerhin knapp 300.000 t.[111] Auch die Aufnahme weiterer Gesellschafter diente in erster Linie dazu, den Absatz für den in Flandersbach projektierten Gesteinsabbau zu sichern.

Erst auf Grundlage solcher Bindungen, wie sie Krupp 1904 eingegangen war, ließ sich der Aufbau der Rheinischen Kalksteinwerke in der von Thyssen geplanten Dimension rechtfertigen. Verlohr war sich völlig im Klaren darüber, wie wichtig die Einbeziehung anderer Eisen- und Stahlunternehmen für das Vorhaben war: »Durch den Beitritt der Firma Friedr. Krupp bezw. durch den dauernd gewährleisteten grossen Absatz an diese Firma gewinnt unser Unternehmen ganz wesentlich

105 Verlohr: Bericht über die zukünftigen Betriebsergebnisse von Schlupkothen u. Flandersbach, 28.12.1907, TKKA, A, 682/1.

106 Verlohr: Berechnung des Gewinnes für die jetzigen 4 Beteiligten der Rheinischen Kalksteinwerke G.m.b.H., Wülfrath, wenn Gutehoffnungshütte und Phoenix als Mitglieder aufgenommen werden, 4.4.1907, MWA, P, 7 77 14.

107 Zum organisatorischen Aufbau des Thyssen-Konzerns vgl. Fear: Organizing Control, S. 296f.

108 Rheinische Kalksteinwerke: Protokoll der Aufsichtsrats-Sitzung, 8.6.1904, MWA, P, 7 77 14.1; Rheinische Kalksteinwerke an Gewerkschaft Deutscher Kaiser, 12.2.1906, TKKA, A, 529/1.

109 Notariatsakte Feldhaus: Notariatsregister Nr. 386, 16.5.1904, TKKA, A, 258/1.

110 Vgl. Gall, Lothar: Krupp. Der Aufstieg eines Industrieimperiums, Berlin 2000, S. 262-267; Wengenroth, Ulrich: Unternehmensstrategien und technischer Fortschritt. Die deutsche und britische Stahlindustrie, 1865-1895, Göttingen 1986, S. 211-216.

111 Verlohr: An die Herren Aufsichtsrats-Mitglieder der Rheinischen-Kalksteinwerke G.m.b.H., 15.4.1904, MWA, P, 7 77 14.

an Bedeutung.«[112] Folglich blieb es nicht bei der Beteiligung von Krupp. Bis zum Ersten Weltkrieg wurden mit der Phoenix AG, der Gutehoffnungshütte und der Gelsenkirchener Bergwerks AG ähnliche Verträge abgeschlossen.[113]

Mit der beständigen Erweiterung des Abnehmerkreises und den damit verbundenen Lieferverpflichtungen bewegten sich die Rheinischen Kalksteinwerke allerdings bald am Rande der Kapazität. Als Ende 1907 zum ersten Mal eine Beteiligung der Gutehoffnungshütte eruiert wurde, sprach sich Verlohr zunächst sogar dafür aus, eine entsprechende Vereinbarung zu verschieben:

> »Was den Beitritt der Gutehoffnungshütte betrifft, so haben Herr zur Mühlen [Betriebsleiter der Rheinischen Kalksteinwerke, S.H.] und ich dieserhalb Bedenken, ob die grossen Mengen [...] prompt geliefert werden können. [...] Bezüglich ausreichender Mengen für die fernere Zukunft waltet ein Bedenken nicht ob, da [...] grössere Kalksteinvorkommen vorhanden und ohne Schwierigkeiten aufzuschliessen sind.«[114]

Schließlich nahmen Verlohr und Thyssen aber in Kauf, dass die tatsächlichen Fördermengen den Projektionen hinterherhinken könnten. Die Bindung der Abnehmer an die Rheinischen Kalksteinwerke war ihnen offensichtlich wichtiger als das Erreichen der angestrebten Fördermengen. Bis 1909 gelang es zwar, jährlich rund 500.000 t Kalkstein zu fördern, und bis zum Ersten Weltkrieg konnte diese Zahl nochmals bis auf gut 700.000 t gesteigert werden, aber damit bewegte man sich deutlich unterhalb der von Verlohr projizierten Mengen.[115]

Anstatt auf die Einbeziehung weiterer Hüttenwerke als Abnehmer zu verzichten, versuchte Verlohr die entstehende Differenz zwischen den Projektionen und der tatsächlichen Fördermenge durch Zukäufe bei fremden Anbietern zu überbrücken. Ab 1910 drohte sich die anhaltend große Differenz zu einem ernsthaften Problem zu entwickeln. Im Dezember des Jahres musste Verlohr konstatieren: »Zur Erfüllung unserer Lieferungsverpflichtungen waren wir genötigt, [...] Aushülfsmen-

---

112 Ebd.

113 Notariatsakte Wallach: Not. Reg. Nr. 100, 17.11.1917, TKKA, A, 258/2; Notariatsakte, 6.3.1908, TKKA, A, 529/2; Grundzüge zur Verschmelzung Schlupkothen-Flandersbach entsprechend den Beschlüssen der Aufsichtsratssitzung der Rheinische Kalksteinwerke G.m.b.H vom 6. Februar 1917, TKKA, A, 258/2.

114 Verlohr: Bericht über die zukünftigen Betriebsergebnisse von Schlupkothen u. Flandersbach, 28.12.1907, TKKA, A, 682/1.

115 Rheinische Kalksteinwerke: Bericht, 11.12.1912, TKKA, A, 682/1; Rheinische Kalksteinwerke GmbH: Betriebs- und Geschäftsbericht pro 1906, TKKA, A, 682/2; Rheinische Kalksteinwerke GmbH: Betriebs- und Geschäftsbericht pro 1907, TKKA, A, 682/2; Rheinische Kalksteinwerke GmbH: Betriebs- und Geschäftsbericht pro 1908, TKKA, A, 682/2; Rheinische Kalksteinwerke GmbH: Bericht über den diesjährigen Betrieb, 1910, TKKA, A, 682/1; Rheinische Kalksteinwerke GmbH: Bericht pro Monat ..., TKKA, A, 683.

gen aus kleineren inländischen Kalksteinbrüchen und aus Belgien zu beziehen.«[116] Diese Ersatzlieferungen reichten aber nicht aus, sodass die Beteiligung der Rheinischen Stahlwerke als weiterer Abnehmer im Oktober 1911 abgelehnt werden musste.[117] Schließlich schien kein Weg daran vorbeizuführen, mit der RWK Kontakt über mögliche Kalksteinlieferungen aufzunehmen.[118] Die Verhandlungen mit dem Konkurrenzunternehmen erwiesen sich erwartungsgemäß als schwierig. Verlohr berichtete: »Von einem Aufsichtsratsmitgliede von Dornap [Sitz der RWK] wurde mir sogar offen erklärt, man habe kein Interesse an Aushülfsmengen, da Wülfrath [Sitz der Rheinischen Kalksteinwerke] sich dann auf Kosten von Dornap entwickele.«[119]

Die Kooperationsverweigerung der RWK zielte auf den neuralgischen Punkt in der unternehmerischen Konzeption der Rheinischen Kalksteinwerke, nämlich die Verknüpfung der Wachstumsprojektionen mit der festen Bindung von Abnehmern. Das erkannte auch Verlohr:

> »Von den Rheinisch-Westfälischen Kalkwerken in Dornap, die sehr wohl in der Lage wären, uns auszuhelfen, ist diese Hülfe nicht zu erwarten. Obschon anscheinend ein besseres Verhältnis eingetreten ist, hat Dornap neuerdings offenbar das Bestreben, uns durch Nichthülfe möglichst in Verlegenheit zu bringen«.[120]

In der Weigerung der RWK sah Verlohr weniger eine Gefahr für die kurzfristigen Geschäfte der Rheinischen Kalksteinwerke, als vielmehr die Gefahr des Vertrauensverlustes aufziehen. Es dürfte zwar allgemein bekannt gewesen sein, dass der Abbau in Flandersbach hinter den Projektionen zurückblieb, aber solange dieses Defizit kompensiert werden konnte, ließ es sich als vorübergehendes Problem abtun. Dagegen musste Verlohr auf jeden Fall vermeiden, dass die Diskrepanz als strukturelles Defizit wahrgenommen wurde.

Die Erwartung, dass ein kontinuierliches Wachstum der Abbau- und Liefermengen langfristig erreicht werden konnte, war entscheidend für die Rheinischen Kalksteinwerke. Obwohl das Unternehmen die gesteckten Ziele regelmäßig verfehlte, zeigte sich Verlohr stets zuversichtlich, was die Steigerung der Abbaumengen anging. Als die Rheinischen Kalksteinwerke 1909 wieder einmal weniger Gestein abbauten als vorgesehen, gab Verlohr vorübergehende Probleme unumwunden zu und folgerte: »[D]ie Förderung [...] wird verdoppelt werden müssen«. Um die grundsätzliche Validität der Wachstumserwartungen zu stützen, fügte er aber direkt hinzu, dass dies »dank der umfangreichen Vorrichtungsarbeiten möglich

116 Verlohr an Gewerkschaft Deutscher Kaiser, 10.12.1910, TKKA, A, 682/1.
117 Rheinische Kalksteinwerke: Sitzung des Aufsichtsrates, 9.10.1911, TKKA, A, 529/1.
118 Rheinische Kalksteinwerke: Betriebs- und Geschäftsbericht der Rheinischen Kalksteinwerke G.m.b.H. Wülfrath pro 1909, 30.4.1910, TKKA, A, 258/1; Verlohr an Gewerkschaft Deutscher Kaiser, 10.12.1910, TKKA, A, 682/1.
119 Verlohr an Schäfer, 3.8.1911, MWA, P, 7 77 14.
120 Rheinische Kalksteinwerke: Bericht, 11.12.1912, TKKA, A, 682/1.

sein wird.«[121] Es ist nicht überliefert, dass August Thyssen Verlohr jemals für die Verfehlung der Abbauziele kritisierte. Vielmehr scheint der Konzernchef Verlohrs Strategie gestützt und hohe Investitionen, vor allem in Grund und Boden, auch bei zurückbleibenden Resultaten akzeptiert zu haben.[122] Das deutet darauf hin, dass nicht Thyssen der Adressat der optimistischen Projektionen war, sondern die Leitungsgremien anderer Hüttenwerke. Die Projektionen und Berechnungen, die Verlohr vorlegte, sollten dokumentieren, dass die Rheinischen Kalksteinwerke in der Lage seien, Kalkstein langfristig in Mengen abzubauen, die ausreichten, um damit die gesamte Eisen- und Stahlindustrie im westlichen Ruhrgebiet zu beliefern. Im Gegensatz zu den Erfahrungen, die die Hüttenwerke mit der RWK gemacht hatten, die offensichtlich an einer künstlichen Verknappung des Angebots interessiert war, boten die Wachstumsversprechungen Verlohrs scheinbar Sicherheit.

Die allzu optimistischen Projektionen für die Rheinischen Kalksteinwerke hatten damit primär die Funktion, Versorgungssicherheit zu suggerieren. Sie sollten nicht nur immer weitere Investitionen legitimieren, indem sie sich die Sorge vor potenziellen Versorgungsrisiken zunutze machten. Sie sollten vor allem zeigen, dass das Unternehmen beliebige Mengen Kalkstein kosteneffizient zur Verfügung stellen und Risiken der Rohstoffversorgung minimieren konnte. Ungeachtet der zwischenzeitlichen Schwierigkeiten konnte Verlohr dies erfolgreich vermitteln. Mit dem Aufbau des Werks in Flandersbach gelang es ihm nicht nur Thyssens Erwartungen an die vertikale Integration umzusetzen, sondern auch einen Wandel der Risikowahrnehmung in Gang zu setzen.

Die Erosion des Versorgungsrisikos

Um 1910 ebbte die Diskussion über die Versorgungsrisiken allmählich ab. Mit dem Aufbau der Rheinischen Kalksteinwerke erschien erstens die Verknappung, die in den 1880er Jahren als potenzielles Entwicklungshemmnis ausgemacht worden war, aufgehoben oder zumindest erheblich weiter in die Zukunft verschoben. Aus Sicht der Eisen- und Stahlindustrie entspannte sich die Lage der Rohstoffversorgung zu Beginn der 1910er Jahre auch ganz allgemein, nicht nur in Bezug auf Kalkstein.[123] Zweitens löste sich die Abhängigkeit von fremden Lieferanten, namentlich der RWK, die vor dem Hintergrund des Leitbilds der vertikalen Integration als

121 Rheinische Kalksteinwerke: Betriebs- und Geschäftsbericht der Rheinischen Kalksteinwerke, G.m.b.H., Wülfrath pro 1908, 10.5.1909, TKKA, A, 529/1.

122 Vgl. Lesczenski: August Thyssen, S. 105.

123 Vgl. Fischer, Georg: Globalisierte Geologie. Eine Wissensgeschichte des Eisenerzes in Brasilien (1876-1914), Frankfurt a.M. 2017, S. 90.

problematisch gelten musste. Stattdessen begann der scheinbar beliebig erweiterbare Kalksteinabbau unter der Kontrolle der Eisen- und Stahlunternehmen wie in Flandersbach die Wahrnehmung zu bestimmen. Die intensive Thematisierung von potenziellen Versorgungsrisiken, die seit den 1880er Jahren den Diskurs ebenso wie die Unternehmensstrategien bestimmt hatte, rückte in den Hintergrund.

An dieser Entwicklung änderte auch der Erste Weltkrieg nichts Wesentliches. Zwar kam es im Verlauf des Kriegs und der anschließenden Besetzung des Rheinlandes und des Ruhrgebiets zu erheblichen Schwierigkeiten bei der Kalksteinversorgung. Die Kalk- und Hüttenunternehmen klagten über den Mangel an Arbeitskräften und Transportmitteln sowie über Probleme an den Grenzen der Besatzungszonen.[124] Kurzzeitig flammten die Sorgen um die Versorgungssicherheit wieder auf, wenn auch unter ganz anderen Bedingungen. Am Ende des Kriegs verschärfte sich die Diskussion im Zusammenhang mit der Zwangsbewirtschaftung von Rohstoffen. Der zu diesem Zweck 1918 gegründete Deutsche Kalkbund forderte, die Anlage und Erweiterung von Steinbrüchen per Verfügung des Reichswirtschaftsministeriums zu beschränken.[125] Dagegen wehrte sich insbesondere Verlohr, der mit der besonderen Bedeutung der Steinbrüche für die Hüttenwerke argumentierte. Er wollte

> »keinen Zweifel darüber aufkommen lassen, dass die Werke sich des Rechtes der weiteren Entwicklung oder der Neugründung von Werken zwecks Deckung ihres Selbstbedarfes nicht begeben und daher auch keinem Verbande zustimmen könnten, der anstrebe, [...] die Entwicklung und Neugründung von Werken zur Herstellung des Selbstbedarfs [zu] erschweren oder gar [zu] verb[iet]en.«[126]

Während die Regulierungsversuche des Kalkbundes als mögliche Gefahr gesehen wurden, begannen Thyssen, die Phoenix AG, die Rheinischen Stahlwerke, die Deutsch-Luxemburgische Bergwerks- und Hütten-AG und Hoesch 1919 damit, Aktien der RWK aufzukaufen.[127] Die Inflation und die allgemeine Flucht in Sachwerte begünstigte diese Strategie. Bei der Generalversammlung der RWK im Oktober 1921 traten Vertreter der Hüttenwerke dann als Mehrheitsaktionäre auf.

---

124 Verlohr: Rheinische Kalksteinwerke G.m.b.H., Wülfrath. Betriebs- und Geschäftsbericht über das Jahr 1914, 1.6.1915, TKKA, A, 258/1; Kipper: Bericht über die Verhandlung mit Herrn Regierungsrat Precht, Eisenbahndirektion Elberfeld, 20.11.1919, RWWA, 130, 30242/11; RWK an Reichsbahndirektion Elberfeld: Betrifft Gestellung von Wagen für den Kalkstein-Transport, 11.4.1921, RhK(L), AG, 124; Ludowigs: An die Gesellschafter, 11.12.1923, TKKA, A, 9448.

125 Vgl. Kasig, Werner/Weiskorn, Birgit: Zur Geschichte der deutschen Kalkindustrie und ihrer Organisationen, Düsseldorf 1992, S. 81-84.

126 Verlohr: Betriebs- und Geschäftsbericht der Rheinischen Kalksteinwerke G.m.b.H., Wülfrath und der Gewerkschaft Hibernia, Wülfrath, für das Geschäftsjahr 1917, 8.7.1918, TKKA, A, 258/2.

127 Rothe an Deutsche Bank, Emissions-Abteilung, 30.10.1919, DB, F55, 2331; Phoenix AG: Bericht über das Geschäftsjahr 1920/21, S. 11.

Gemeinsam verfügten sie über rund 75 Prozent der Aktien und nahmen systematisch Einfluss auf die weitere Entwicklung des Unternehmens.[128] Ein Großteil der RWK-Aktien ging bei deren Gründung 1926 an die Vereinigten Stahlwerke über, in denen sich Thyssen, die Phoenix AG, die Rheinischen Stahlwerke und einige andere zusammengeschlossen hatten.[129] Mit der Übernahme der RWK hatten die Hüttenwerke in den 1920er Jahren ihre Abhängigkeit von fremden Lieferanten vollends überwunden. Damit galten die Risiken, zumindest was die unternehmerische Kontrolle anging, als weitgehend beseitigt.

Seit den 1880er Jahren hatten Fragen der Unternehmensstrategie, die 1926 endgültig entschieden waren, im Zentrum der Auseinandersetzung über die Kalksteinversorgung gestanden. Die antizipierten Versorgungsrisiken wirkten sich zunächst auf die unternehmerische Organisation des Abbaus aus, die sich durch Übernahmen, Beteiligungen und Neugründungen mehrfach grundlegend wandelte. Die Leitungsgremien der Eisen- und Stahlwerke handelten ebenso wie die Besitzer der Kalksteinbrüche vor dem Erwartungshorizont, dass Kalkstein in Zukunft ein knappes Gut werden könnte. Sie taten dies mit entgegengesetzten Zielen und antagonistischen Strategien, die sich vor allem in der Konkurrenz um Abbaustätten und Produktionskapazitäten niederschlugen.

Die profiliertesten Kontrahenten in dieser Auseinandersetzung, die RWK und Thyssen, knüpften gezielt an die antizipierten Versorgungsrisiken an und versuchten, auf deren Konstruktion Einfluss zu nehmen. Sie bedienten sich der Vorstellung, dass eine Verknappung eintreten könne und die Wertschöpfungsketten der Eisen- und Stahlindustrie gefährdet seien, um ihre jeweiligen Strategien zu stützen. Aber sie setzten auch alles daran, den Diskurs über die Risiken zu formen – die RWK, indem sie über die Notwendigkeit der Monopolisierung kommunizierte, und Verlohr, indem er den nahezu beliebig erweiterbaren Steinbruchbetrieb in Flandersbach projektierte. Letzteres trug entscheidend dazu bei, dass ein Versorgungsrisiko schließlich kaum noch wahrgenommen wurde.

Es waren aber nicht nur die Wahrnehmung von Risiken und die unternehmerische Organisation, die sich wandelten. Auch der Abbau des Gesteins veränderte sich zwischen den 1880er Jahren und dem Ersten Weltkrieg tiefgreifend. So sehr die Konstruktion der Versorgungsrisiken ein diskursives Phänomen war, war sie zugleich mit einem signifikanten materiellen Wandel verflochten. Die Steinbrüche wurden nicht nur immer größer und griffen immer stärker in den Untergrund ein.

---

128 Deutsche Bank, Filiale Köln: Betrifft Rheinisch-Westfälische Kalkwerke Dornap Aktien, 31.7.1925, DB, F55, 617; vgl. Bauert-Keetman: Geschichte der Rheinisch-Westfälischen Kalkwerke, S. 165-167.

129 Berliner Börsen-Zeitung: Rheinisch-Westfälische Kalkwerke A.-G. in Dornap, 2.7.1926, DB, D43, 348; Vereinigte Stahlwerke: Firma Rheinisch-Westfälische Kalkwerke Akt.-Ges., 1.1.1935, TKKA, DHHU, 1407; vgl. Reckendrees, Alfred: Das »Stahltrust«-Projekt. Die Gründung der Vereinigte Stahlwerke A.G. und ihre Unternehmensentwicklung, 1926-1933/34, München 2000.

Sie erforderten auch immer komplexere Erschließungs- und Infrastrukturmaßnahmen, die auf das Engste mit dem Wissen über geologische Zusammenhänge in Beziehung standen. Vor allem drang der Kalksteinabbau in dieser Phase an Orte wie das Angertal, Wülfrath oder Gruiten vor, an denen das Gestein bis dahin nicht im industriellen Maßstab gewonnen worden war.

Abbildung 8: Überblickskarte 1900.

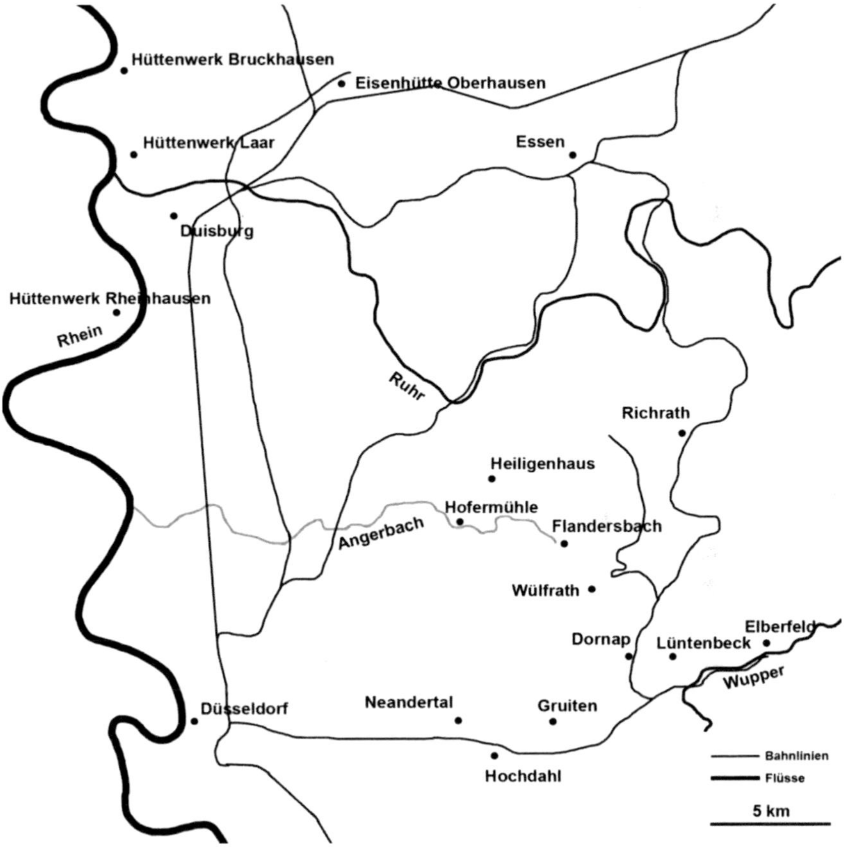

8. Ausweitung des Kalksteinabbaus[1]

Die Kalksteinformation, die im Angertal zu Tage trat, war prinzipiell bekannt, als der Aufsichtsrat der Gutehoffnungshütte 1885 zum ersten Mal darüber beriet, ob ein eigener Steinbruch dort eingerichtet werden könne.[2] Es gab nur zwei Probleme: Erstens war das Tal nicht gut erschlossen, geschweige denn an das Eisenbahnnetz angebunden, um das Zuschlagsmaterial abzutransportieren. Zweitens war strittig, ob der Kalkstein, der dort gewonnen werden konnte, auch für die Eisen- und Stahlproduktion geeignet war und wo genau das Gestein in ausreichend großen Mengen abgebaut werden konnte. Diese Unwägbarkeiten hielten die Gutehoffnungshütte und andere Montanunternehmen zunächst davon ab, im Angertal aktiv zu werden, gaben aber der Spekulation über das Potenzial der dortigen Kalksteinformation Auftrieb. Auch hier brachte das Jahr 1896 die Wende. In den darauffolgenden Jahren wurde das Tal zusammen mit der Gegend um Gruiten und Wülfrath zum Schauplatz des Konfliktes zwischen der RWK und den Montanunternehmen. Hier kollidierten die expansiven Unternehmensstrategien über Fragen der räumlichen Restrukturierung des Kalksteinabbaus. Dabei griffen die Konkurrenz um strategisch wichtige Grundstücke, die geologische Identifikation nutzbarer Kalksteinvorkommen und die Projektierung von Infrastrukturmaßnahmen ineinander, um den Zugriff auf potenzielle Abbaustätten zu sichern und diese zu erschließen.

Spekulationen über einen neuen Abbauort

Die fehlende Anbindung war in den späten 1880er Jahren eher das geringere Problem, das die Ausweitung und Verlagerung des Kalksteinabbaus in das Angertal

1 Teile dieses Kapitels sind bereits veröffentlicht worden: Haumann, Sebastian: Konkurrenz um Kalkstein. Rohstoffsicherung der Montanindustrie und die Dynamik räumlicher Relationen um 1900, in: Jahrbuch für Wirtschaftsgeschichte 57 (2016), Nr. 1, S. 29-58.

2 Gutehoffnungshütte AG: Protokoll der Aufsichtsrats-Sitzung, 18.8.1885, RWWA, 130, 3001090/26; Gutehoffnungshütte AG: Protokoll der Aufsichtsrats-Sitzung, 17.11.1885, RWWA, 130, 3001090/26.

verhinderte. Vor allem war unklar, ob und wie viel für die Eisen- und Stahlherstellung nutzbarer Kalkstein entlang des Angerbachs überhaupt vorhanden war. Seit der Frühen Neuzeit gab es im Angertal zwar Steinbrüche, in denen Kalkstein für Bauzwecke gebrochen wurde. Auch die geologischen Aufnahmen Mitte des 19. Jahrhunderts hatten die dortige Kalksteinformation erfasst und in Zusammenhang mit dem Vorkommen von Dornap gestellt.[3] Aber während es als geologisch erwiesen galt, dass die Formation im Angertal mit derjenigen in Dornap identisch sei, fand vor den 1880er Jahren keine Untersuchung statt, ob sich das Gestein auch für die Eisen- und Stahlherstellung eignen könnte. Es sei nicht sicher, dass die Gesteinsvorkommen im Angertal »in Bezug auf Qualität dem Dornaper gleichzustellen« seien, urteilte etwa 1888 der Aufsichtsrat der RWK.[4] Die Befunde der wissenschaftlichen Geologie boten dafür nur grobe Anhaltspunkte, orientierten sich deren erdgeschichtliches Erkenntnisinteresse und die daraus abgeleiteten Gesteinsklassifikationen doch an gänzlich anderen Kriterien. Somit galt für die Formation im Angertal zwar die geologisch begründete Vermutung, dass das Gestein als Zuschlagsmaterial geeignet sein könne, als abbauwürdiges Vorkommen war sie aber noch nicht identifiziert.

Mehr als einen ersten Anhaltspunkt konnten die geologischen Erkenntnisse nicht liefern, als die Unternehmensleitung der Gutehoffnungshütte 1885 erstmals über die mögliche Ausweitung der Kalksteinversorgung nachdachte. Vermutlich hatte sie mit einem Blick auf die Geologische Karte festgestellt, dass dort die Gesteinsformationen im Tal der Anger und die in Dornap als identisch dargestellt waren.[5] Für ihre Zwecke war die Karte aber zu ungenau und unzuverlässig. Schon der große Maßstab machte Probleme und ließ nur grobe Schätzungen über den Umfang der Vorkommen zu. Entsprechende Versuche wirkten unbeholfen: Das Auftreten des Kalksteins im Angertal sei »auf der [...] Karte in einer Ausdehnung von 15mm in der Richtung SW NO und 4 mm breit angegeben, so daß sich bei dem Maßstabe der Karte von 1:80000 eine Flächenausdehnung [von] 38 Hecktar« ergebe, rechnete ein Bergbeamter im Dezember 1890 vor.[6] Noch schwerwiegender war,

3 Murchison, Roderick Impey/Sedgwick, Adam: Ueber die älteren oder Paläozoischen Gebilde im Norden von Deutschland und Belgien verglichen mit Formationen desselben Alters in Großbritannien, Stuttgart 1844, S. 14; vgl. Heikaus, Walter: Auf den Spuren der Kalkstraße. Uraltes Kalkgewerbe im ehemaligen Amt Angermund, in: Angerland Jahrbuch 1 (1968), S. 40-55.

4 Rheinisch-Westfälische Kalkwerke AG: Bericht über das Geschäftsjahr 1887/1888, S. 4.

5 Geologische Karte der Rheinprovinz und der Provinz Westfalen, Section Düsseldorf, 1858, http://nbn-resolving.de/urn:nbn:de:hbz:6:1-134116 (Zugriff am 6.3.2020); vgl. Banken, Ralf/Marx, Christian: Knowledge Transfer in the Industrial Age. The Case of Gutehoffnungshütte, 1810-1945, in: Jahrbuch für Wirtschaftsgeschichte 56 (2015), Nr. 1, S. 197-225, hier: S. 205.

6 Oberbergamt Bonn an Regierung Düsseldorf, 3.12.1890, LAV NRW R, BR 7, 13932.

dass sich die Klassifikation der Gesteinsformation, wie sie auf der Karte eingetragen waren, nur ansatzweise mit den Kriterien deckte, die ihrer Verwendbarkeit als Zuschlag zugrunde gelegt wurden. Auch graduelle Unterschiede zwischen Gesteinssorten, die für die Verwendbarkeit der Rohstoffe entscheidend sein konnten, waren überhaupt nicht dargestellt.

Dennoch hatten die Überlegungen zum Angertal für die Eisen- und Stahlindustrie vor dem Hintergrund der antizipierten Versorgungsrisiken bereits in den 1880er Jahren höchste Relevanz. Im Sommer 1890 erschien sogar ein mehrseitiger Artikel in *Stahl und Eisen*, der Verbandszeitschrift des einflussreichen Vereins Deutscher Eisenhüttenleute, zur »wirthschaftliche[n] Erschliessung des Angerthals«. Darin hieß es, dass »das genannte Thal [...] unerschöpfliche Lager eines für die niederrheinisch-westfälische Hochofenindustrie höchst werthvollen Kalkstein besitzt, dessen Gewinnung in grösserem Massstabe« unbedingt anzustreben sei.[7] Im selben Jahr sprach die Handelskammer Essen, die der Montanindustrie nahestand, in einem Bericht von dem »große[n] Umfang der Kalksteinbrüche bei Hofermühle [im Angertal, S.H.] mit 215 ha und de[m] höhere[n] Werth derselben für die Eisenindustrie zu Verhüttungszwecken«.[8] Dass hier so präzise Zahlen genannt wurden, muss verwundern, denn zu diesem Zeitpunkt war die Ausdehnung der Vorkommen genauso wenig identifiziert, wie Steinbrüche »in große[m] Umfang« existierten. Vermutlich basierten auch die Zahlen der Handelskammer Essen auf recht oberflächlichen Berechnungen. Jedenfalls entsprachen die 215 ha ziemlich genau dem in der Geologischen Karte als Kalksteinformation markierten Bereich bei Hofermühle.[9]

So pauschal wie *Stahl und Eisen* und die Essener Handelskammer über das Angertal berichteten, war die Aussage zu diesem Zeitpunkt sicherlich nicht haltbar. Ganz entgegen der euphorischen Erwartungen machte sich bei der Leitung der Gutehoffnungshütte zu Beginn der 1890er Jahre eine gewisse Resignation breit. Es stellte sich die Frage, ob die Erwartungen, die an die Eigenschaften des Gesteins geknüpft waren, nicht überzogen seien. Auf einmal hieß es unternehmensintern: »Die Ausbeutung der Kalksteinfelder im Angerthal hat [...] den Nachtheil schlechterer Kalksteinqualität.«[10] Offensichtlich konnte man nicht nur unterschiedlicher Meinung über die Gesteinseigenschaften sein, sondern konnte seine Meinung je nach Lage ändern. In Ermangelung hinreichend verlässlichen Wissens mussten

7 Die wirthschaftliche Erschliessung des Angerthals, in: Stahl und Eisen 10 (1890), Nr. 8, S. 723-725, hier: S. 724.

8 Handelskammer Essen: Betrifft Eisenbahnlinie Velbert-Heiligenhaus nach Hösel oder Kettwig, 1.10.1890, LAV NRW R, BR 7, 13932.

9 Geologische Karte der Rheinprovinz und der Provinz Westfalen, Section Düsseldorf, 1858, http://nbn-resolving.de/urn:nbn:de:hbz:6:1-134116 (Zugriff am 6.3.2020).

10 Gutehoffnungshütte AG: Bericht betreffend eventl. Erwerb der von Buntenbeck Dornap angestellten Kalksteingrundstücke, 5.6.1896, RWWA, 130, 146-13.

die Annahmen über die Möglichkeit, das Versorgungsrisiko durch eine Ausweitung und Verlagerung an diesen neuen Abbauort zu minimieren, hochgradig spekulativ sein.

Das Angertal war dabei keineswegs der einzige Abbauort, dessen Potenzial hoch eingeschätzt wurde. Auch wenn es besonders profiliert in den Überlegungen der Montanunternehmen auftauchte, waren die Gegend um Wülfrath oder der Gebietsstreifen, der sich von Dornap westlich über Gruiten bis zum Neandertal hinzog, ebenso Kandidaten für die Ausweitung und Verlagerung der Kalksteingewinnung. Auch dort existierten Kalksteinformationen, die mit denen in Dornap geologisch identisch waren.[11] Und auch dort gab es oftmals seit der Frühen Neuzeit kleinere Kalksteinbrüche. Diese Abbaustätten waren meist sogar einfacher zu erschließen als das Angertal, weil sie an bestehende Bahnstrecken angeschlossen werden konnten. Aber dies waren zugleich auch die Gegenden, in denen die RWK ihre Expansionsstrategie besonders systematisch vorantrieb, um sich aussichtsreiche Grundstücke zu sichern. Dabei war auch hier um 1890 oftmals noch unklar, ob und in welchem Umfang Gestein abgebaut werden konnte, das sich für die Zwecke der Eisen- und Stahlherstellung eignete.

Verlässliches Wissen über die materiellen Eigenschaften des Kalksteins entstand, wie in den 1850er Jahren, erst in den Praktiken der detaillierten geologischen Aufnahme und der chemischen Analyse von Gesteinsproben. Anders als in den 1850er Jahren standen die Kriterien aber fest, nach denen sich bewerten ließ, ob Gestein als Zuschlag für die Eisenverhüttung und Stahlherstellung geeignet war: Es musste, wie die in Dornap und dem Neandertal abgebauten Zuschläge, einen gut 96prozentigen Anteil an kohlensaurem Kalk aufweisen, der in den Verfahren der chemischen Analyse nachzuweisen war. Diese Bedingungen waren gesetzt, um zu beurteilen, ob der an potenziellen Abbauorten vorgefundene Kalkstein »in Bezug auf Qualität dem Dornaper gleichzustellen«[12] sei und in hinreichend großen homogenen Mengen zur Verfügung stand. Nur wenn diese Kriterien über die, in dieser Hinsicht unzureichenden, geologischen Befunde hinaus erfüllt waren, galt ein Vorkommen als abbauwürdig.[13]

Dazu konnten die Montanunternehmen zunehmend auf die sogenannte »praktische Geologie« zurückgreifen, die sich als neues Forschungsfeld etablierte. Ende des 19. Jahrhunderts hatte die gezielte Erkundung von Rohstofflagerstätten zu einer Konvergenz von wissenschaftlicher Geologie und Anwendungswissen geführt.

---

11 Geologische Karte der Rheinprovinz und der Provinz Westfalen, Section Düsseldorf, 1858, http://nbn-resolving.de/urn:nbn:de:hbz:6:1-134116 (Zugriff am 6.3.2020).

12 Rheinisch-Westfälische Kalkwerke AG: Bericht über das Geschäftsjahr 1887/1888, S. 4.

13 Vgl. Oates, Joseph: Lime and Limestone. Chemistry and Technology, Production and Uses, Weinheim 2008, S. 27f.

Der neue Ansatz war politisch gewollt und wurde durch die Geologischen Landesanstalten gefördert, um einen Überblick über potenziell nutzbare Rohstoffe zu gewinnen. Dies wirkte sich nicht nur auf die Theoriebildung aus, die vom Entstehungsprozess der jeweiligen Rohstoffvorkommen anstatt wie bisher in der Geologie üblich von erdgeschichtlichen Abläufen her gedacht wurde. Die praktische Geologie stellte auch neue Methoden und Modelle zur Verfügung, die zur Bestimmung der Verbreitung und Ausdehnung von Vorkommen genutzt werden konnten.[14] Die entsprechenden Methoden und Modelle fanden schließlich auch bei der Identifikation von Kalksteinvorkommen Anwendung, wobei hier die interessierten Unternehmen lange Zeit die treibende Kraft waren. Erst in den 1910er Jahren begann auch die staatliche Preußische Geologische Landesanstalt Kalksteinvorkommen systematisch zu erfassen.[15]

Anders als die staatlichen Untersuchungen war die detaillierte geologische Aufnahme und die Entnahme von Gesteinsproben zur chemischen Analyse unter der Ägide der Unternehmen aber von der Kooperation der jeweiligen Grundbesitzer abhängig. Wie kooperativ sich diese zeigten, hing unter anderem davon ab, was sie sich von dem gesteigerten Interesse der Eisen- und Stahlwerke wie auch dem der RWK versprachen. Um verlässliches Wissen über die Eigenschaften und Ausdehnung der Vorkommen an neuen Abbauorten im Angertal, bei Wülfrath oder Gruiten zu erhalten, war es deshalb unumgänglich, auf die Erwartungen der lokalen Grundbesitzer einzugehen. Deswegen erfolgte die Identifikation von Kalksteinvorkommen fast ausschließlich im Zusammenhang mit konkreten Grundstücksgeschäften.

Grunderwerb und die Identifikation neuer Kalksteinvorkommen

Erst nachdem die Monopolisierungsstrategie der RWK 1896 ihren Höhepunkt erreicht hatte, folgten aus den Spekulationen über die potenziellen neuen Abbauorte

---

14 Vgl. Fischer, Georg: Globalisierte Geologie. Eine Wissensgeschichte des Eisenerzes in Brasilien (1876-1914), Frankfurt a.M. 2017, S. 67; Schimkat, Peter: Geologie in Deutschland. Zur Etablierung einer naturwissenschaftlichen Disziplin im 19. Jahrhundert, Augsburg 2008, S. 89; Lusznat, M./Thiermann, A.: Die Entwicklung der geologischen Landesaufnahme in Nordrhein-Westfalen nach 1873, in: Fortschritte in der Geologie von Rheinland und Westfalen 23 (1973), S. 55-102, hier: S. 77; Hoyer, Peter/Köwing, Klaus/Quitzow, Hans Wilhelm/Rabitz, Albrecht/Stadler, Gerhard/Vogler, Hermann: Die Lagerstättenforschung in Nordrhein-Westfalen durch den Geologischen Staatsdienst, in: Fortschritte in der Geologie von Rheinland und Westfalen 23 (1973), S. 135-198, hier: S. 175.

15 Steuer, A.: Der Wert geologischer Untersuchungen in der Steinbruchindustrie, in: Der Steinbruch 5 (1910), S. 198-200; Wunstorf: Bericht über die Untersuchung des Kalksteinvorkommens im Gutsbezirk Haus Schöller, 24.4.1912, GDNRW, L3G, 4708/002.

konkrete Initiativen der Montanunternehmen. Um 1900 setze eine intensive Aktivität auf dem Bodenmarkt ein, um im Angertal, bei Wülfrath und bei Gruiten brauchbare Kalksteinvorkommen unter Kontrolle zu bringen. Diese Aktivität griff mit den Praktiken ineinander, in denen sich verlässliches Wissen über die materiellen Eigenschaften des Untergrunds herstellen ließ: Die Entscheidung über den Kauf eines Grundstücks beruhte auf den Ergebnissen der geologischen Aufnahme und der chemischen Analyse, zugleich konnte dieses Wissen in der Regel aber erst in den Verhandlungen über ein konkretes Grundstücksgeschäft generiert werden. Dabei standen die Unternehmen der Eisen- und Stahlindustrie in erbitterter Konkurrenz zur RWK. Die Kalkwerke verfolgten weiterhin die Strategie, aussichtsreiche Grundstücke zu erwerben, um sie dem Zugriff der Montanunternehmen zu entziehen. Allerdings wusste auch die Leitung der RWK nicht, wo genau sich diese Grundstücke befanden. Folglich standen beide Seiten vor der gleichen Herausforderung, die Identifikation der Vorkommen und ihre Aktivitäten auf dem Bodenmarkt unter Bedingungen verschärfter Konkurrenz zu koordinieren.

Unter den zahlreichen Projekten, die nach 1896 in Angriff genommen wurden, war der Aufbau des Steinbruchbetriebs in Flandersbach am Oberlauf der Anger das ambitionierteste und damit auch das Vorhaben, das in der Konkurrenz um die notwendigen Grundstücke am schwierigsten zu realisieren war. Der Steinbruch, der unter der Leitung von Conrad Verlohr das Herzstück von Thyssens Rheinischen Kalksteinwerken werden sollte, stieß auf heftigen Widerstand der RWK. Mitten in der entscheidenden Phase des Grunderwerbs, im Februar 1904, traf sich Albert Vogel, einer der Direktoren der RWK, mit dem Aufsichtsratsmitglied Bernhard Drerup, um zu eruieren, wie sie das Projekt Thyssens verhindern konnten. Vogel und Drerup ging es darum, die Entwicklungsmöglichkeiten der Rheinischen Kalksteinwerke »abzuschneiden«, indem sie Thyssen beim Ankauf entscheidender Grundstücke zuvorkamen.[16]

Allerdings musste Vogel einräumen, dass man zunächst gar nicht gewusst habe, wo genau die Grenzen des Kalksteinvorkommens zu setzen waren, um die sich Thyssen in Flandersbach bemühte. Das Treffen mit Drerup endete für den Direktor der RWK unbefriedigend, weil sie »nicht feststellen konnten, um wieviel Morgen Kalkstein es sich [...] handele.«[17] Vogel und Drerup hatten sich zunächst »[a]n Hand [...] der Dechenschen Karte [die 1858 erschienene Sektion der Geologischen Karte, S.H.] und der Karte von Flandersbach [...] über die Projekte Thyssen [...] orientiert.«[18] Auf dieser Grundlage waren sie aber nicht in der Lage, definitiv zu be-

16 Vogel: Flandersbach, 20.2.1904, RhK(L), 04, 23.

17 Ebd.

18 Ebd.; die Karte liegt als Digitalisat vor: Geologische Karte der Rheinprovinz und der Provinz Westfalen, Section Düsseldorf, 1858, http://nbn-resolving.de/urn:nbn:de:hbz:6:1-134116 (Zugriff am 6.3.2020).

stimmen, wo eine Ausweitung des Kalksteinabbaus möglich war. Vielmehr bewegten sich Vogel und Drerup damit noch auf dem Stand der spekulativen Annahmen der 1880er und 1890er Jahre, wie ihnen selbst wohl bewusst war.

Es war deshalb unerlässlich, genaueres Wissen über die Kalksteinvorkommen zu erlangen. Das Treffen von Vogel und Drerup bildete den Auftakt für eine ganze Reihe von Verhandlungen mit Grundbesitzern, unter deren Grundstücken potenziell weiteres nutzbares Gestein lag. Aber es war auch der Auftakt für eine umfangreiche Erkundung des Untergrunds in Flandersbach. Beides war gleichermaßen wichtig, sowohl um die Maßnahmen der Konkurrenz antizipieren zu können als auch um eigene Kaufentscheidungen zu legitimieren.

Ihre Erkundungen in Flandersbach begannen Vogel und Drerup zunächst damit, den Kontakt zu lokalen Grundeigentümern herzustellen und dabei zugleich lokales Wissen über den Untergrund zusammenzutragen. Dieses lokale Wissen konnte gerade in bäuerlichen Kreisen recht umfassend sein, da sie den Boden nicht nur landwirtschaftlich nutzten, sondern oft auch für den Eigenbedarf an Baumaterial Steine brachen. Vogel fuhr in seiner Notiz vom Februar 1904 fort: »Heute morgen fuhren wir nach […] Flandersbach, wo wir den auf Wunsch des Herrn Drerup bestellten Verwalter Steinbeck antrafen. […] Herr Drerup [hielt] es für zweckmässig, dass sich Herr Steinbeck […] in unauffälliger Weise nach dem Kalkstein-Vorkommen erkundige.«[19] Carl Steinbeck stand als Verwalter des landwirtschaftlichen Besitzes der RWK in engem Kontakt zur bäuerlichen Gesellschaft. Er verwaltete die Grundstücke des Unternehmens, die bis zum Beginn des Kalksteinabbaus an Landwirte verpachtet wurden. Über seine Kontakte trug Steinbeck aber auch das lokale Wissen über den Untergrund zusammen und berichtete dem Vorstand der RWK regelmäßig über seine Erkundigungen.[20]

Mit diesem Vorgehen begaben sich die Kalkwerke tendenziell jedoch in Abhängigkeit von den Informationen, die ihnen von verkaufswilligen Grundbesitzern gezielt zugetragen wurden – und diese Informationen erwiesen sich oft als problematisch. Insbesondere was Ausdehnung und die Eigenschaften anging, neigten Verkaufsinteressenten dazu, die Kalksteinvorkommen unter ihrem Eigentum als besonders umfangreich und für Zuschlagszwecke besonders geeignet zu beschreiben. Ein Grundbesitzer rechnete vor, »[d]as Kalksteinfeld kann bis zur Sohle von 159,60 m abgebaut werden, ehe sich Wasser einstellt. [Der] niedrigste Punkt [liegt] au[f] – 184,56, der höchste Punkt des Geländes liegt auf – 206,19. Danach ergibt sich eine abbaubare Menge von 1.755.000 Kubickmeter.«[21] Ein anderer legte seiner schriftlichen Grundstücksofferte eine Zigarrenkiste mit Gesteinsproben bei.[22]

19 Ebd.
20 Steinbeck an RWK, 19.1.1914, RhK(L), AG, 101.
21 Hesse an Böninger, 26.6.1907, RhK(L), OO, 14.
22 RWK an Binsfeld, 17.4.1909, RhK(L), AG, 2.

In einem dritten Fall wurde die Offerte um Ergebnisse einer chemischen Analyse ergänzt, die beweisen sollten, dass das dort abzubauende Gestein optimal für die Verwendung bei der Eisen- und Stahlherstellung sei.[23] Die Leitung der RWK blieb den Behauptungen der Verkäufer gegenüber in der Regel ebenso skeptisch wie Verlohr auf Seiten des Thyssen-Konzerns.

Grundsätzlich waren die Identifikation und die Bewertung der Kalksteinvorkommen umstritten und so wuchs die Bedeutung der Praktiken, die die Ausdehnung und die Eigenschaften der Vorkommen verifizieren sollten. Die Unternehmen, die an einem potenziellen Vorkommen interessiert waren, ließen das lokale Wissen, das ihnen vor allem verkaufswillige Grundbesitzer zutrugen, deshalb stets durch die eigene Erkundung des Untergrunds und die Entnahme von Gesteinsproben überprüfen.[24] Die sogenannten Schürfversuche waren das wichtigste Instrument der Abbauinteressenten, um das Wissen über den Untergrund zu verifizieren. Dazu griff man im frühen 20. Jahrhundert noch zu einfachsten Methoden. Mit Schaufeln und Spitzhacken wurden Löcher gegraben, die, wie in einem typischen Beispiel,

> »mit einer Länge von 4,0 m und einer Breite von 3,0 m angefangen, dann terrassenförmig im östlichen Teile des Loches bis auf 3,60 m Tiefe niedergebracht [wurde], wo es noch 1 m lang und 2,0 m breit war. Durchquert wurden: 0,25 m Mutterboden, dann 3,10 m Lehm und schließlich noch 0,25 m Schiefer. Unter diesem Schiefer fand sich blauer fester Kalk und wurde die Arbeit eingestellt.«[25]

Häufig stellten sich dabei Differenzen zwischen den Angaben der Grundbesitzer und den Befunden der Schürfversuche heraus: »Eine genaue Untersuchung des [...] Geländes habe ergeben, dass in dem erwähnten Höhenzuge Kalkstein nicht sitze und die Besitzung in der Hauptsache anstatt Kalkstein Schiefer enthalte.«[26] Schließlich hatten Verkäufer ein Interesse daran, ein möglichst großes Vorkommen nachzuweisen, da sie hofften, dadurch den Wert ihres Eigentums zu steigern. Mitunter kam es deswegen sogar zu Betrugsversuchen. Merklich pikiert schrieb Verlohr im April 1904 an Friedrich Wilhelm Erbach, der dem Thyssen-Konzern ein Grundstück in Flandersbach zum Verkauf angeboten hatte:

> »dass in fragl. Versuchsloch, welches gelegentlich der Anwesenheit des Herrn Aug. Thyssen am 9. cr. Vormittags, [...] von Ihrem jüngsten Sohne gegraben worden ist, bei einer Teufe von 2,4 m Schiefer festgestellt worden sei. Das Gleiche sei bei 2,75 m Teufe in einem etwas mehr nördlich gelegenen Loche der Fall. Da

23 Dormann&Hesse an RWK, 28.1.1908, RhK(L), AG, 2.

24 Verlohr: An die Herren Aufsichtsrats-Mitglieder der Rheinischen-Kalksteinwerke G.m.b.H., 15.4.1904, MWA, P, 7 77 14.

25 Henn: Schürfarbeiten auf Schmalefeld betr., 2.12.1911, RhK(L), 00, 38.

26 Prosch: Notariatsakte, No. 301, 16.5.1904, RhK(L), RKW, 1656-2-6.

> nun das erste Loch [...] lose Kalksteine enthielt, unterliegt es keinem Zweifel, dass dieselben hineingetragen worden sind und bitte ich Sie, bevor ich mich in dieser Angelegenheit an meinen Vollmachtgeber wende, um gefl. Aufklärung.«[27]

Trotz des offensichtlichen Interessengegensatzes waren die Kaufinteressenten auf die Kooperation der Grundbesitzer angewiesen. Denn um ein Gelände begehen und gar Gesteinsproben entnehmen zu dürfen, brauchte man die Zustimmung des Eigentümers. War es vermutlich nie ganz einfach, eine solche Zustimmung zu erhalten, hatte sich die Frage im Umfeld der neuen Steinbruchprojekte um 1900 zu einem hochsensiblen Thema entwickelt. Als Mitarbeiter der RWK Ende 1907 auf einem Grundstück, auf das sich auch Verlohrs Interesse richtete, ohne Zustimmung Proben entnahmen, forderte Verlohr drastisch: »der Pächter Imbusch hätte [die] Leute mit der Peitsche fortjagen sollen.«[28] Immerhin, so argumentierte Verlohr, hätten seine Rheinischen Kalksteinwerke »feste Anstellung auf das Vorkommen«,[29] das heißt, sie seien in verbindliche Verkaufsverhandlungen mit dem Eigentümer getreten. Tatsächlich war es im Normalfall so, dass Grundbesitzer den Zugang und die Entnahme von Proben nur unter der Voraussetzung konkreter Verkaufsaussichten gewährten. Auch deswegen war die verlässliche Identifikation von Kalksteinvorkommen fast zwingend an Grundstücksgeschäfte geknüpft.

Die Verhandlungen über die Grundstücke, die Philipp Bieling 1905 bei Gruiten zum Kauf anbot, geben einen detaillierten Einblick in die umstrittene Bewertung und die Praktiken, in denen verlässliches Wissen über die Vorkommen generiert wurde. Konkret ging es um ein Angebot an die RWK über ein 42 ha großes Gelände, unter dem Bieling zufolge Dolomit zu finden sei. Direktor Vogel bestätigte in einer ersten Reaktion, dass die Grundstücke potenziell interessant seien. Es handle sich um »Flächen, welche in der Dechen'schen Karte Kalksteine [die geologische Karte differenzierte nicht zwischen Kalkstein und Dolomit, S.H.] als Untergrund haben«.[30] Um zu dokumentieren, dass seine Grundstücke tatsächlich geeignetes Gestein in großen Mengen enthielten, hatte Bieling einen 14-seitigen Prospekt zusammengestellt. Darin präsentierte er Berechnungen über das Volumen des abbaubaren Gesteins und die Ergebnisse chemischer Analysen, die er eigens hatte anfertigen lassen.[31] Zentral für Bielings Argumentation war eine Karte (Abb. 9), auf der er eine »Grenze des Dolomit Vorkommens« (gestrichelte Linie am oberen Rand des Kartenausschnitts) eingetragen und die Entnahmestellen von vier Proben

27 Verlohr an Erbach, 29.4.1904, RhK(L), RKW, 1656-2-6.

28 Fuchs: Dolomitvorkommen Bieling, 10.1.1908, RhK(L), AG, 3.

29 Ebd.

30 Vogel: Dolomitvorkommen Vohwinkel-Osterholz, 10.04,1905, RhK(L), AG, 3.

31 Bieling, Philipp: Dolomit-Vorkommen Gruiten-Vohwinkel, enthaltend: Kataster-Auszug, chem. Analyse, Massenberechnung, Querprofile, Parzellenkarte, o.D. [1905], RhK(L), AG, 3.

zur chemischen Analyse dokumentiert hatte (Probe I-IV, in schwarzer Schrift), um seine Behauptungen über die Ausdehnung des Vorkommens zu belegen.

Abbildung 9: Ausschnitt aus: Lageplan Dolomit-Vorkommen nördlich der Straße Gruiten-Vohwinkel, ca. 1:2500, 1905 [Ergänzungen 1907].

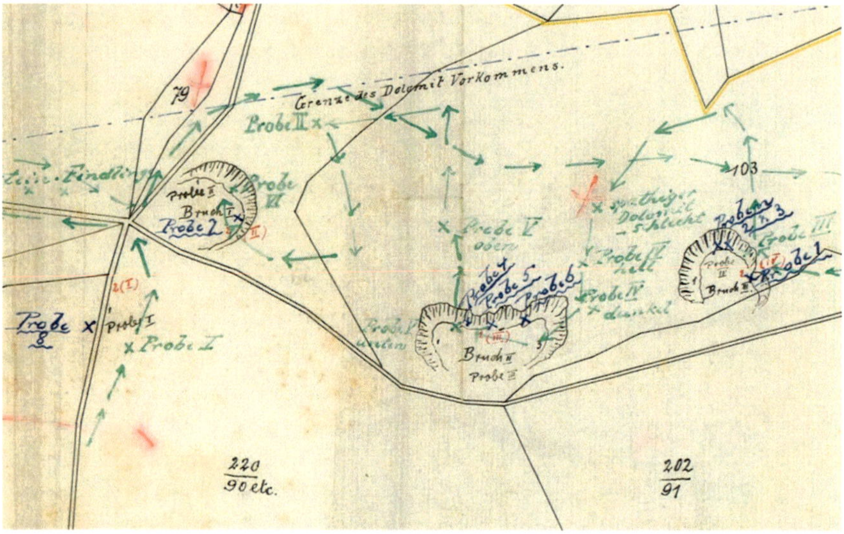

Quelle: RhK(L), AG, 3.

Trotz Bielings Bemühungen stagnierten die Verhandlungen, bevor Eduard Fuchs, der die Angelegenheit als neuer Direktor der RWK inzwischen von Vogel übernommen hatte, im Herbst 1907 zur Überprüfung von Bielings Angaben schritt. Dazu griff Fuchs die Karte auf, die Bieling 1905 angefertigt hatte, und ergänzte sie. Fuchs ließ auf Bielings Karte den Verlauf einer eigenen Begehung und eine Probeentnahme am 28. Oktober 1907 (Abb. 9, Probe I-VI, in grüner Schrift) und eine vom 4. November 1907 (Probe 1-8) einzeichnen. Im Protokoll zur Begehung vom 4. November hieß es, diese Proben seien »einzeln verpackt [...] an den Chemiker F. Schammann zu Düsseldorf zur Analysierung auf kohlensauere Magnesia geschickt« worden.[32] Die Ergebnisse waren durchaus vielversprechend.[33]

Derartige Proben waren allerdings nur an solchen Stellen genommen worden, an denen Gestein gefunden wurde, das dem Augenschein nach Kalkstein oder Dolomit sein konnte. Wichtig waren daher auch die Wege der Begehung, an denen

32 Schlenkhoff: Protokoll, 4.11.1907, RhK(L), AG, 3.

33 Schemmann an Bergische Dolomit- und Weißkalkwerke, 7.11.1907, RhK(L), AG, 3.

keine Proben entnommen worden waren (Abb. 9, grün gestrichelte Linie aus Pfeilen). Was man dort vorfand lohnte offensichtlich nicht der genaueren chemischen Analyse – die Eintragung »spathiger Dolomit – schlecht« durch Fuchs deutet darauf hin. Auffällig ist, dass die positiv bewerteten Proben wesentlich weiter südlich genommen wurden, als die im ursprünglichen Plan Bielings angegebene »Grenze des Dolomit Vorkommens« es nahegelegt hätte. Das Gelände zwischen den Stellen der Probeentnahme im Süden und der »Grenze« im Norden war im Oktober 1907 durchquert worden, ohne Proben zu nehmen. Offensichtlich tat sich eine Diskrepanz zwischen den Vorstellungen des Verkäufers über die Ausdehnung des Vorkommens, dokumentiert durch die von Bieling eingezogene »Grenze«, und dem, was die potenziellen Käufer um Fuchs vermuteten, auf. Um ihre Vermutung zu erhärten und eine aus ihrer Sicht verlässliche Grenze des Vorkommens zu ziehen, führten die Kaufinteressenten im Januar 1908 abermals Schürfe durch.[34]

Die Ergebnisse der Schürfe im Januar 1908 wurden auf einer neuen Karte eingetragen (Abb. 10). In diese Karte wurde auch die aus Bielings Karte übernommene vermeintliche nördliche Grenze des Vorkommens übertragen, die nun explizit als »Bieling'sche Dolomitgrenze« (gestrichelte Linie am oberen Rand des Kartenausschnitts) bezeichnet wurde. Entscheidend aber war die neu eingezeichnete eigene »Dolomitgrenze« als durchgezogene und farblich hervorgehobene Linie (hervorgehobene Linie etwa in der Mitte des Kartenausschnitts), die wesentlich weiter südlich verlief als der von Bieling behauptete Grenzverlauf. Die neue Linie führte hart an drei Schürfstellen vom Januar 1908 entlang, die mit »Dolomit 1,30m«, »Dolomit 1,70m« und »Dolomit 1,50m« beschriftet waren. Nördlich waren vier Schürfe mit »Schiefer« bezeichnet. Entgegen dem, was Bielings Karte aus dem Jahre 1905 suggerierte, zeigte die neue Karte ganz im Sinne der Käufer eine weit geringere Ausdehnung des Vorkommens.

Im Ergebnis kam Fuchs zu dem Schluss:

> »Das Vorkommen ist von [den Aufsichtsratsmitgliedern, S.H.] Schäfer, Schlenkhoff und mir wiederholt besichtigt und die Qualität des Materials für vorzüglich befunden worden. Die von mir [...] gemachten Schürfe ergeben jedoch eine weit geringere Ausdehnung des Vorkommens, als ursprünglich angenommen [...], sodass das abbaufähige Dolomitvorkommen auf einige wenige [...] Morgen zusammenschrumpft«.[35]

Vorkommen konnten nicht nur »zusammenschrumpfen«, potenzielle Abbauorte konnten auch komplett wegfallen. In manchen Fällen führte die Entnahme von Proben und deren chemische Analyse zu dem Ergebnis, dass das vorgefundene Gestein nicht den Anforderungen der Eisen- und Stahlherstellung entsprach, obwohl zuvor

34 Fuchs: Dolomitvorkommen Bieling, 12.11.1907, RhK(L), AG, 3.

35 Fuchs an Barnewitz: Grundstückserwerb Gruiten, 1.3.1908, RhK(L), 05, 8.

Abbildung 10: Ausschnitt aus: Situations-Plan zum Dolomit-Vorkommen nördlich der Straße Gruiten-Vohwinkel, 1:5000, 1908.

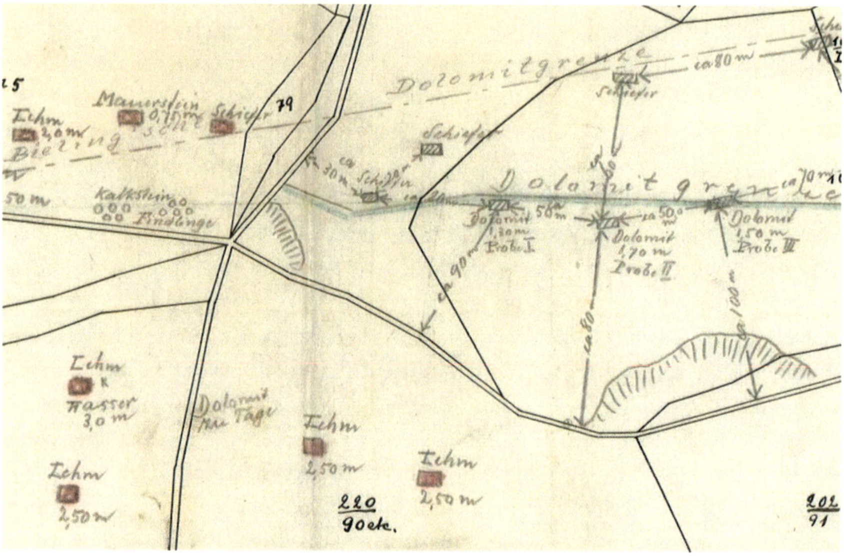

Quelle: RhK(L), AG, 3.

große Erwartungen an den potenziellen Abbauort geknüpft worden waren. In der Gemeinde Richrath zwischen Dornap und Kupferdreh waren beispielsweise Kalksteinformationen bekannt, deren Abbau sehr aussichtsreich erscheinen musste. Geologisch gehörte das Gestein »zu dem langgestreckten Kalksteinzuge, welcher von Windrath bis Hösel führt«, berichtete Friedrich Krumm, der Experte der RWK für diese Fragen.[36] Die Bedingungen für eine Förderung waren geradezu ideal: Das Gelände wurde von einer Bahnstrecke mit direktem Anschluss in das Ruhrgebiet tangiert und »an vielen Stellen steht der Kalkfelsen zu Tage an«, so dass keine aufwendigen Vorbereitungsarbeiten notwendig seien.[37] Die Steinbrüche von Richrath schienen als potenzieller neuer Abbauort prädestiniert.

Aber erst als eine Reihe von Eigentümern versuchte, ihre Grundstücke gezielt für die Anlage von Steinbrüchen zu vermarkten, wurde deutlich, dass es sich hier nicht um ein Kalksteinvorkommen im Sinne der Eisen- und Stahlindustrie handelte. Auf die Angebote der Grundbesitzer hin ließen verschiedene Hüttenwerke

36 Krumm: Betr. Kalksteingelände Leffmann Mülheim Ruhr, 22.10.1907, RhK(L), AG, 116.
37 Ebd.

und die RWK Schürfversuche durchführen. Zwar sollen »[d]ie Resultate der Bohrversuche [...] nicht besonders befriedigt haben«, aber »[i]mmerhin dürfte es sich empfehlen, die Proben, an verschiedenen Bruchstellen genommen, analysieren zu lassen,« so das erste Urteil, das sich die Leitung der RWK bildete.[38] Allerdings waren die Ergebnisse dieser chemischen Analyse dann doch recht eindeutig. Das Gestein enthielt nach Mitteilung des Chemikers Schemmann nur zwischen 88 und 91 Prozent kohlensauren Kalk.[39] Damit verfehlten die Proben deutlich die chemisch gefassten Kriterien, die für die Verwendbarkeit von Kalkstein bei der Eisen- und Stahlherstellung angelegt wurden. Trotz vielversprechender Ausgangsbedingungen verfolgten weder die RWK noch eines der Montanunternehmen die Pläne in Richrath weiter, da »die Qualität der Kalksteine zu schlecht sei und [...] dieses Projekt wegen der schlechten Qualität auch in Zukunft nicht zur Ausführung kommen dürfte.«[40]

Insgesamt waren die so identifizierten Vorkommen deutlich enger abgegrenzt als die Formationen, die auf der geologischen Karte dargestellt waren und die in den Jahrzehnten zuvor potenzielle Abbauorte ausgewiesen hatten.[41] Dennoch konnten die Vorkommen nicht beliebig »zusammenschrumpfen«. Dadurch, dass die Identifikation auf den kombinierten Verfahren der Aufnahme und Analyse basierte, war sie an die materiellen Eigenschaften des Untergrunds zurückgebunden. Es war entscheidend, dass Kaufverhandlungen mit systematischen Begehungen, Schürfversuchen und der Entnahme von Proben sowie deren chemische Analyse ineinandergriffen. Für wie wichtig dieses Verfahren allgemein gehalten wurde, zeigt auch die regelmäßige persönliche Anwesenheit von Aufsichtsratsmitgliedern der RWK oder August Thyssens. In der Kombination der Praktiken wurde verlässliches Wissen über die materiellen Eigenschaften des Untergrunds hergestellt, um daran Entscheidungen über den Erwerb von Grund und Boden festzumachen.

Wissen und Interessen auf dem Bodenmarkt

Die Identifikation von Kalkstein- beziehungsweise Dolomitvorkommen wurde dadurch noch komplizierter, dass der Handel mit Grund und Boden selbstver-

38 RWK: Kalksteinvorkommen in Richrath, 18.1.1911, RhK(L), AG, 116.

39 Chemisch-metallurgisches Laboratorium Schemmann an RWK: Kalkstein-Vorkommen Richrath, 24.1.1911, RhK(L), AG, 116.

40 RWK: Mitlieferungsvertrag Gewerkschaft Stolberg, 29.9.1911, RhK(L), AG, 116.

41 Vgl. Westermann, Andrea: Geology and World Politics. Mineral Resource Appraisals as Tools of Geopolitical Calculation, 1919-1939, in: Historical Social Research/Historische Sozialforschung 40 (2015), Nr. 2, S. 151-173, hier: S. 153f.

ständlich auch eine soziale Bedeutung hatte.[42] Die Ausdehnung und Eigenschaften der Vorkommen waren nicht nur umstritten, ihre Bestimmung war auch von den sozialen Beziehungen abhängig, in denen verlässliches Wissen generiert werden konnte. Von der Kooperationsbereitschaft der Eigentümer, die im Regelfall notwendig war, um ein Gelände zu begehen und Proben zu entnehmen, war bereits die Rede. Auch die Zirkulation von Wissen über den Untergrund war entscheidend von dem Verhältnis zwischen den Unternehmen, die in Konkurrenz zueinander standen, Grundeigentümern, Pächtern und Vermittlern geprägt, die oftmals ihre ganz eigene Agenda verfolgten. Wie Wissen generiert wurde, wie es weitergegeben oder vorenthalten wurde, hing von den Interessen und Beziehungen einer Vielzahl lokaler Akteure ab, die die Steinbruchprojekte aufmerksam verfolgten.

Zu Beginn des 20. Jahrhunderts traten die konkurrierenden Kalk- und Hüttenwerke in einen ländlichen Bodenmarkt ein, auf dem persönliche Beziehungen beim Kauf und Verkauf von Grundstücken noch äußerst wichtig waren. Traditionell waren die Transaktionen in die langfristige Aufrechterhaltung reziproker sozialer Bindungen eingebettet. Insofern war Grund und Boden keine beliebig handelbare Ware, sondern sein Austausch war ein Bindeglied, das die ländliche Gesellschaft zusammenhielt.[43] Deshalb war der ländliche Bodenmarkt stark von »verwandtschaftliche[n] Bindungen, Rücksichten und Interessen« geprägt.[44] Grundstückstransaktionen wurden als Gegenstand der Gestaltung und Ausdruck von Beziehungen innerhalb der ländlichen Gesellschaft verstanden.[45]

Entsprechend zirkulierten Informationen über Grundstücksgeschäfte, aber auch Informationen über die Erkundung von Vorkommen, in einer Art und Weise, welche die sozialen Verhältnisse widerspiegelte. So beklagte sich Fuchs, der als Direktor der RWK erst um die Jahrhundertwende aus dem russischen Teil Polens

---

42 Für einen Überblick über den ländlichen Bodenmarkt im 19. und 20. Jahrhundert vgl. Mahlerwein, Gunter: Grundzüge der Agrargeschichte, Bd. 3. Die Moderne, 1880-2010, Köln 2016, S. 42-52.

43 Vgl. Fertig, Georg: Zwischen Xenophobie und Freundschaftspreis. Landmarkt und familiäre Beziehungen in Westfalen, 1830-1866, in: Jahrbuch für Wirtschaftsgeschichte (2005), Nr. 1, S. 53-76, hier: S. 73; Fertig, Georg: Äcker, Wirte, Gaben. Ländlicher Bodenmarkt und liberale Eigentumsordnung im Westfalen des 19. Jahrhunderts, Berlin 2007; Konersmann, Frank: Von Betriebsgrößen zu Wirtschaftspraktiken. Die Betriebsgrößenfrage in der deutschen Agrar- und Sozialgeschichte, in: Prass, Reiner/Schlumbohm, Jürgen/Béaur, Gérard/Duhamelle, Christophe (Hg.): Ländliche Gesellschaften in Deutschland und Frankreich, 18.-19. Jahrhundert, Göttingen 2003, S. 125-143; Bauer, Alfred: Ländliche Gesellschaft und Agrarwirtschaft im Hunsrück zwischen Tradition und Innovation, 1870-1914, Trier 2009, S. 81-92.

44 Konersmann: Von Betriebsgrößen zu Wirtschaftspraktiken, S. 143.

45 Aus praxistheoretischer Perspektive vgl. Schläppi, Daniel: Die Ökonomie sozialer Beziehungen. Forschungsperspektiven hinsichtlich von Praktiken menschlichen Wirtschaftens im Umgang mit Ressourcen, in: Brendecke, Arndt (Hg.): Praktiken der Frühen Neuzeit. Akteure – Handlungen – Artefakte, Köln 2015, S. 684-695.

nach Gruiten gekommen war, über die »grosse Reserviertheit« der Bauern ihm gegenüber.[46] Als Fremder hatte er kaum direkten Zugang zu den lokalen Netzwerken, was aus seiner Sicht den Ankauf potenzieller Kalksteinvorkommen massiv erschwerte. Er war auf Vermittler angewiesen, die gelegentlich auch eigensinnig agierten. Allerdings waren auch verwandtschaftliche oder nachbarschaftliche Beziehungen, über die vor allem die Gründer der RWK durchaus verfügten, nicht immer nur hilfreich. Denn auch persönliche Abneigung konnte ein Grund sein, Informationen zurückzuhalten oder selektiv weiterzutragen. So hatte beispielsweise der Rentner Birschel der RWK von einer Grundstücksbegehung durch Thyssen berichtet, weil er sich mit dem Industriellen »früher herumprozessierte«.[47] Andere versprachen sich Vorteile für ihren sozialen Status, wenn sie selektiv Informationen vorenthielten oder weitergaben. Wieder andere fühlten sich von einem der Unternehmen abhängig, insbesondere wenn sie von den Kalkwerken Land pachteten.

Dabei war die Zuverlässigkeit und Genauigkeit der kolportierten Informationen nicht immer groß. Verwundert erkundigte sich etwa die Direktion der RWK bei Steinbeck, der als Verwalter ihres landwirtschaftlichen Besitzes eine wichtige Vermittlerfunktion zwischen dem Unternehmen und seinen Pächtern innehatte, nach der Substanz einer Mitteilung, die sie am Vortag erreicht hatte. Ihr Pächter Uessler habe berichtet, »dass sein Nachbar Farrenkothen anscheinend mit Thyssen oder einem sonstigen industriellen Unternehmen (vielleicht den Rheinischen Stahlwerken) wegen Verkauf seines Anwesens in Unterhandlung stehe und ein Kaufabschluss schon in den nächsten Tagen zu erwarten sei.«[48] Auf ähnlich schwach fundierten Mutmaßungen basierten die Behauptungen, die Birschel nutzte, um Thyssen zu schaden: »Es beschrieb jemand, der die Herrn [bei einer Begehung im November 1907, S.H.] gesehen hatte, dem Rentner Wilhelm Birschel [...] die auffällige Nase des einen, und dieser erkannte hieraus sofort Thyssen«.[49] Solche Informationen verbreiteten sich meist über Hörensagen und basierten zum Teil auf dünnster Grundlage oder gar Gerüchten, die allerdings auch gezielt gestreut werden konnten.

Ein häufiger Anlass für Vermutungen waren die Grundstücksbegehungen und die Entnahme von Proben, die von der lokalen Bevölkerung genauestens beobachtet wurden. So berichtete ein anonymer Informant, die Gutehoffnungshütte habe im Angertal bei Eggerscheid »umfangreiche Schürfarbeiten [...] angestellt, welche aber, wie man hört, zu einem negativen Resultat geführt haben«.[50] Die konkurrierenden Unternehmen wiederum versuchten ihre Untersuchungen geheimzuhalten

---

46 Fuchs an Barnewitz: Grundstückserwerb Gruiten, 1.3.1908, RhK(L), 05, 8.

47 Fuchs: Dolomitvorkommen Bieling, 13.12.1907, RhK(L), AG, 3.

48 RWK an Steinbeck, 28.2.1914, RhK(L), 04, 35.

49 Fuchs: Dolomitvorkommen Bieling, 13.12.1907, RhK(L), AG, 3.

50 Krumm: Angebot Dormann-Hesse p. Kalkgelände Eggerscheid, 12.2.1908, RhK(L), AG, 2.

oder zu verschleiern. Nicht zufällig forderte Aufsichtsratsmitglied Drerup, Steinbeck solle sich »in unauffälliger Weise«[51] für die RWK über die Kalksteinvorkommen in Flandersbach erkundigen. Bei einem anderen Grundgeschäft schrieb die Leitung der RWK ihrem Mitarbeiter vor Ort: »Wir ersuchen Sie daher, *gelegentlich* [Herv. i. O.] mit Herrn Kamp hierüber zu sprechen, ohne jedoch bei ihm irgendwie den Eindruck zu erwecken, als hätten wir grosses Interesse«.[52] Aus Sicht der Kalk- und Hüttenwerke mussten ihre Kaufinteressen so wenig wie möglich erkennbar sein, »da die Leute bekanntlich dann höhere Forderungen zu stellen pflegen, bezw. es dann schwierig ist, mit ihnen zu verhandeln.«[53]

Allerdings erwiesen sich die Versuche, die Erkundungen geheimzuhalten, als weitgehend erfolglos. Gerade die Entnahme von Proben hinterließ Spuren, die für Beobachter gut erkennbar waren. So konnten beispielsweise Untersuchungen, die die Gutehoffnungshütte im Februar 1908 im Angertal hatte durchführen lassen, leicht nachvollzogen werden: »Die Schürfarbeiten haben zu beiden Seiten des Thales stattgefunden. Aus diesen und aus den östl. und westl. gelegenen alten Brüchen wurden frische Handstücke zur Probe entnommen.«[54] Dadurch dass die Verfahren zur Identifikation von Vorkommen immer auch als ein Hinweis auf Kaufabsichten gedeutet wurden, verbreiteten sich entsprechende Informationen schnell, wenn auch zum Teil ungenau oder verfälscht, über die lokalen Netzwerke.

Die erhöhte Aufmerksamkeit der lokalen Bevölkerung resultierte auch daraus, dass die Aktivitäten der Kalk- und Hüttenwerke dazu beitrugen, aus landwirtschaftlichem Grund und Boden vollends eine marktgängige Ware zu machen. Die Marktfähigkeit und Preisbildung von Grundstücken wurden von der lokalen Bevölkerung aufmerksam registriert. Aus der Beobachtung von Verkaufsverhandlungen in der Nachbarschaft ließen sich Rückschlüsse auf die Wertentwicklung des eigenen Grundbesitzes ziehen und in Verhandlungen nutzen.[55] Diese Entwicklung überlagerte und ersetzte zunehmend die Funktionen des Bodenmarktes im Rahmen des sozialen Gefüges, nicht nur im Angertal, bei Wülfrath und Gruiten, sondern deutschlandweit.[56] Aber in kaum einer anderen ländlichen Region forcier-

---

51 Vogel: Flandersbach, 20.2.1904, RhK(L), 04, 23.

52 RWK an Abteilung Gruiten: Grundstückangebot von Otto Kamp, Habbach bei Gruiten, 13.2.1914, RhK(L), 05, 22.

53 Ebd.

54 Krumm: Angebot Dormann-Hesse p. Kalkgelände Eggerscheid, 12.2.1908, RhK(L), AG, 2.

55 RWK an Abteilung Gruiten: Grundstückangebot von Otto Kamp, Habbach bei Gruiten, 13.2.1914, RhK(L), 05, 22; RWK an Steinbeck, 28.2.1914, RhK(L), 04, 35; vgl. Rudzinski, Marco: Ein Unternehmen und »seine« Stadt. Der Bochumer Verein und Bochum vor dem Ersten Weltkrieg, Essen 2012, S. 213f.

56 Vgl. Mai, Gunther: Die Agrarische Transition. Agrarische Gesellschaften in Europa und die Herausforderungen der industriellen Moderne im 19. und 20. Jahrhundert, in: Geschichte und Gesellschaft 33 (2007), S. 471-514; Troßbach, Werner/Zimmermann, Clemens: Die Ge-

te das Auftreten finanzkräftiger Kaufinteressenten den Trend zu marktförmigen Grundstückstransaktionen so signifikant.

Insbesondere bei Todesfällen wurde deutlich, wie die Kalk- und Hüttenwerke Erben gezielt dazu bewegten, ihren landwirtschaftlichen Besitz nicht innerhalb von familialen oder nachbarschaftlichen Netzwerken weiterzugeben, sondern zu verkaufen. So hatte die Gutehoffnungshütte einen Vorvertrag mit Grundbesitzer Buntenbeck jr. abgeschlossen. Darin vertrat Buntenbeck jr. seinen offenbar schwer erkrankten Onkel, dessen Ableben erwartet wurde. Bei dessen Tod, so lautete die Vereinbarung, würde die Gutehoffnungshütte das Grundstück zu einem festen Preis übernehmen.[57] Allerdings »durfte der alte Herr von dem Abkommen nichts wissen.«[58] Buntenbeck jr. habe zwar versprochen, »den alten Herrn [...] wegen des Verkaufs zu fragen. Er hat dies bis jetzt nicht gethan und wird es auch wohl nicht gerne wollen,« hieß es über den Erben.[59] Die Sorge schien berechtigt, denn »[d]er alte Herr kann uns [...] den Braten gehörig verderben.«[60] Man erhoffte den baldigen Tod des älteren Buntenbeck, um die Grundstückstransaktion wie vereinbart durchführen zu können. Während Buntenbeck jr. schnell mit der Gutehoffnungshütte einig geworden war, hatte sein Onkel offensichtlich erhebliche Vorbehalte gegen einen Verkauf an das Unternehmen. Vermutlich hatte der Verkauf der Grundstücke für ihn eine viel größere soziale Bedeutung als für seinen Neffen, der daraus möglichst schnell Kapital schlagen wollte. Der Erbgang war deswegen für die Kalk- und Hüttenwerke immer auch eine Chance, Grundstückstransaktionen aus ihrer Verknüpfung mit sozialen Beziehungen zu lösen.

Wie das Verhalten des jüngeren Buntenbeck zeigt, gab es auch auf Seiten der Grundeigentümer oft ein starkes Interesse, an die Kalk- und Hüttenwerke zu verkaufen. Die Gegend um Gruiten, Wülfrath und das Angertal war von einer kleinteiligen Eigentumsstruktur geprägt und die landwirtschaftlichen Betriebe daher von dem anhaltenden Preisverfall für Agrarprodukte Ende des 19. Jahrhunderts besonders betroffen.[61] Der Ausstieg aus der Landwirtschaft konnte unter diesen Bedingungen ein wichtiges Motiv für den Verkauf von Grund und Boden sein, um sich als »Rentner« zur Ruhe zu setzen. Das Einkommen, das durch den Verkauf erzielt werden konnte, bot eine attraktive Alternative zur landwirtschaftlichen Tätigkeit, die immer weniger profitabel erschien.

---

schichte des Dorfes. Von den Anfängen im Frankenreich zur bundesdeutschen Gegenwart, Stuttgart 2006, S. 177f.

57 Vereinbarung zwischen Friedrich Buntenbeck und der Gutehoffnungshütte, 3.6.1896, RWWA, 130, 146-13.

58 Altenhain an Kocks, 9.9.1896, RWWA, 130, 146-13.

59 Strässer an Altenhain, 25.8.1896, RWWA, 130, 146-13.

60 Ebd.

61 Vgl. Mai: Die Agrarische Transition.

Unterdessen flossen mit dem Engagement der Kalk- und Hüttenwerke ungeheure Kapitalmengen in den ländlichen Grundstücksmarkt. Als Ausgaben für den Grunderwerb der Rheinischen Kalksteinwerke in Flandersbach sind allein in den Jahren 1903/04 800.000 Mk. dokumentiert. In sämtlichen Fällen, in denen Thyssen oder die RWK große Grundstücke von rund 40 ha erwarben, bezahlten sie dafür um die 200.000 Mk.[62] Zwischen Buntenbeck jr. und der Gutehoffnungshütte waren knapp 150.000 Mk. als Kaufpreis vereinbart.[63] Mit solchen Verkaufserlösen konnten sich Landwirte bequem als Rentiers zur Ruhe setzen. Im Vergleich zu dem durchschnittlichen Jahresverdienst von 2800 Mk., den beispielsweise mittlere Beamte zu dieser Zeit erzielten,[64] konnten sie durch den Verkauf ihrer Grundstücke an beachtliche Vermögen gelangen.

Aufgrund der Sorgen über mögliche Versorgungsrisiken waren die Unternehmen bereit, finanzielle Mittel für den Grunderwerb aufzuwenden, die nicht mehr mit der rein landwirtschaftlichen Nutzung der Flächen im Verhältnis standen.[65] Hinzu kam, dass die Konkurrenz der Unternehmen untereinander die Preise hoch trieb.[66] Mitunter sind Preissteigerungen im Verlauf der Verkaufsverhandlungen um bis zu 200 Prozent dokumentiert.[67] Die Rheinischen Kalksteinwerke bezahlten in Flandersbach durchschnittlich knapp 5000 Mk./ha – eine im Verhältnis zum landwirtschaftlichen Ertrag hohe Summe. Bei den wesentlich zahlreicheren, kleineren Grundstückstransaktionen schwankten die Preise erheblich. Für einige, meist allerdings bebaute, Grundstücke unter einem Hektar wurde bis zu 25.000 Mk./ha bezahlt.[68] Demgegenüber bewegten sich die in der Rheinprovinz für landwirtschaftlichen Grund und Boden üblichen Preise um die 2500 Mk./ha. Bei Flächen zwischen 20 und 100 ha stieg dieser Wert auch bei ertragreichen Grundstücken kaum über 3000 Mk./ha.[69] Die Kaufpreise, die die Kalk- und Hüttenwerke bereit waren zu zahlen, lagen im Durchschnitt etwa doppelt so hoch wie die Preise für vergleichbare landwirtschaftlich genutzte Flächen.

---

62 Eigene Zusammenstellung verschiedener dokumentierter Grundstücksgeschäfte, 1895-1914, Quellen in: RhK(L); RWWA, 130; TKKA, A; MWA, P.

63 Vereinbarung zwischen Friedrich Buntenbeck und der Gutehoffnungshütte, 3.6.1896, RWWA, 130, 146-13.

64 Vgl. Hohorst, Gerd/Kocka, Jürgen/Ritter, Gerhard A.: Sozialgeschichtliches Arbeitsbuch II. Materialien zur Statistik des Kaiserreichs, 1870-1914, München 1978, S. 112.

65 Für Thyssen vgl. Lesczenski, Jörg: August Thyssen, 1842-1926. Lebenswelt eines Wirtschaftsbürgers, Essen 2008, S. 105; Gathen, Günter von der: Kalkindustrie und Eisen- und Stahlindustrie in Nordrhein-Westfalen. Ihre Verflechtung und deren Geschichte, Köln 1955, S. 67.

66 Kürten an RWK, 13.8.1907, RhK(L), AG, 2.

67 Notariatsakte Reinarz: Kaufvertrag Reg. No. 212, 29.11.1901, RhK(L), 05, 1.

68 Eigene Zusammenstellung verschiedener dokumentierter Grundstücksgeschäfte, 1895-1914, Quellen in: RhK(L); RWWA, 130; TKKA, A; MWA, P.

69 Rothkegel, Walter: Die Kaufpreise für ländliche Besitzungen im Königreich Preußen von 1895-1906, Leipzig 1910, S. 80 und S. 252-255.

Immer häufiger wurde dabei von den verkaufswilligen Eigentümern das Wissen um die Lage der jeweiligen Grundstücke bei der Preisbildung ins Spiel gebracht. Ausgehend von den Ballungszentren wurde die Lage von Grundstücken Ende des 19. Jahrhunderts allgemein für die Preisfindung wichtiger[70] – im Zusammenhang mit der Identifikation von Kalkstein- und Dolomitvorkommen gewann dieser Trend einen besonderen Akzent. Viele Besitzer spekulierten darauf, dass ihre Grundstücke von den Kalk- und Hüttenwerken aufgekauft werden mussten, weil sie so gelegen waren, dass der Gesteinsabbau ohne sie nicht möglich war. So hatte RWK-Direktor Vogel mit dem Grundbesitzer Stinshoff »einige scharfe Auseinandersetzungen, weil er behauptete, wenn man wolle, könne man einen Kalksteinbetrieb stillegen.«[71] Tatsächlich konnte auch eine wenige Quadratmeter große Parzelle zum Problem werden, wenn sie »in fremde[m] Besitz ein Pflock in unserem Fleische«[72] wurde, wie es Fuchs etwas pathetisch ausdrückte. Genau das war z.B. bei den nur 2500 m^2 umfassenden Grundstücken Körsgens der Fall, die »wie eine Insel mitten in unserem Terrain liegen und denen unsere Bruch- und Gleis-Anlagen schon sehr nahe gerückt sind.«[73] Solche Parzellen konnten den Abbau verhindern oder zur Einstellung der Arbeiten zwingen, das wussten sowohl die Verkäufer als auch die Kalkwerke. Deshalb schienen einige Besitzer ihr Eigentum aufgrund der Lage gar »als eine Goldgrube« zu betrachten.[74]

Aufgrund der äußerst kleinteiligen Besitzstruktur war es durchaus eine Herausforderung, eine für den Steinbruchbetrieb ausreichend große Fläche restlos zu erwerben.[75] Für seinen Betrieb in Flandersbach hatte Thyssen beispielsweise innerhalb weniger Monate mit nicht weniger als 21 Eigentümern Kaufverträge abgeschlossen. Die 75 ha große Fläche setzte sich aus drei größeren Ländereien, aber vor allem aus vielen deutlich kleineren Besitzungen zusammen, die im Durchschnitt knapp neun Hektar, im Einzelfall sogar nur wenige hundert Quadratmeter groß waren.[76] Unabhängig davon, ob ein Grundstück unmittelbar als Abbaufläche oder für die Erschließung der Steinbrüche vorgesehen war, bezogen sich die Kaufverhandlungen immer auf das Wissen über die Kalksteinvorkommen.

Um angesichts steigender Preisforderungen und der Sensibilität der lokalen Bevölkerung für ihre Kaufabsichten den expansiven Grunderwerb fortzusetzen,

70 Vgl. Nützenadel, Alexander: Städtischer Immobilienmarkt und Finanzkrisen im späten 19. Jahrhundert, in: Jahrbuch für Wirtschaftsgeschichte (2011), Nr. 1, S. 97-114, hier: S. 102f.

71 Vogel: Angelegenheit W. Stinshoff, 18.3.1903, RhK(L), 04, 40.

72 Fuchs an Barnewitz: Grundstückserwerb Gruiten, 1.3.1908, RhK(L), 05, 8.

73 RWK Abteilung Gruiten an Zentrale, 24.6.1911, RhK(L), 05, 19.

74 RWK: Erben Wilh. Bergmann, Dornap, 26.7.1910, RhK(L), 00, 20.

75 Göbel, Ernst: Der ländliche Grundbesitz und die Bodenzersplitterung in der Preußischen Rheinprovinz, Euskirchen 1915, S. 44-51.

76 Rheinische Kalksteinwerke: Aufstellung des Grundbesitzes der Rheinischen Kalksteinwerke G.m.b.H., Wülfrath, 1904, TKKA, A, 529/1.

begannen die Kalk- und Hüttenwerke ihrerseits damit, sich soziale Beziehungen nutzbar zu machen. Um die Jahrhundertwende bedienten sie sich dabei zunächst Mittelsmännern, die einerseits in Grundgeschäften erfahren waren und über Kontakte in die lokale Bevölkerung verfügten. Andererseits sollten sie nicht unmittelbar mit einem der Unternehmen in Zusammenhang gebracht werden können. Wilhelm Kalversiep und Nicola Müller erfüllten diese Anforderungen. Beide engagierten sich schon vor 1900 mit spekulativen Grundstücksgeschäften in Wülfrath und Gruiten. Beide hatten auch vorübergehend auf eigene Rechnung Kalksteingewinnung betrieben, hatten wohl aber bald bemerkt, dass sie stärker profitieren konnten, wenn sie die entsprechenden Grundstücke an die großen Kalkwerke weiterverkauften.[77] Da sie nicht nur im Auftrag der Kalkwerke agierten, sondern auf eigene Rechnung ähnliche Geschäfte machten, war es für Außenstehende schwierig, das konkrete Kaufinteresse auszumachen. Zudem konnten sie mitunter auch mit wechselnden Auftraggebern zusammenarbeiten. Müller etwa, der eng mit der RWK kooperierte, bot einzelne Grundstücke nach den Beobachtungen von Fuchs auch Thyssen an.[78] Auf der anderen Seite hieß es bei Verlohr: »[U]nser früherer Vermittler, Herr W. Kalversiep […] [hat] sein neues Projekt der Firma Friedr. Krupp, Essen, angetragen, obgleich er sich uns gegenüber verpflichtet hatte,« während »die Spekulanten Römer und Müller […] zwischen unserem Besitz und dem von Kalversiep« ein Grundstück zu vermarkten suchten.[79]

Grundstückshändler wie Kalversiep oder Müller waren offensichtlich wichtige Schnittstellen zwischen den Kalk- und Hüttenwerken und den lokalen Grundbesitzern. Durch ihre Vermittlerrolle wurde es einerseits schwieriger, die konkreten Kaufinteressen der Unternehmen auszumachen. Andererseits handelten sie durchaus eigensinnig in wechselnden Koalitionen und waren dadurch auch für die konkurrierenden Unternehmen schwer einzuschätzen. In dieser Rolle entwickelten sie auch eine starke Position gegenüber potenziellen Verkäufern. Müller wusste z.B. um die finanziellen Abhängigkeiten verschuldeter Bauern und versuchte diese Informationen in seinem Sinne auszunutzen.[80] Es ging nicht nur darum, Informationen über Besitzverhältnisse und Besitzer zusammenzutragen und Kaufverhandlungen so zu führen, dass möglichst nicht auf die Interessen der Kalkwerke

---

77 Bürgermeister-Amt Wülfrath: Nachweisung über die in der Bürgermeisterei Wülfrath belegenen Sandsteingruben und Steinbrüche, 1876, LAV NRW R, BR 34, 24; Vertrag zwischen der Hochdahler Kalkindustrie AG und der Dornap-Angerthaler AG für Kalk und Kalkstein, 1.10.1887, RhK(L), 06, 2.

78 Fuchs an Barnewitz: Grundstückserwerb Gruiten, 1.3.1908, RhK(L), 05, 8.

79 Verlohr: An die Herren Aufsichtsrats-Mitglieder der Rheinischen-Kalksteinwerke G.m.b.H., 15.4.1904, MWA, P, 7 77 14.

80 Müller an Bergische Dolomit- und Weißkalkwerke, 11.7.1901, RhK(L), 05, 2; Vogel: Kauf Geschwister Jülicher, 17.3.1908, RhK(L), 05, 9.

zurückgeschlossen werden konnte. Es ging auch darum, Einfluss auf die lokale Bevölkerung und die Verkaufsentscheidungen der Grundeigentümer zu nehmen.

In dem Maße, in dem die Kalkwerke in den 1900er Jahren zu wichtigen Akteuren der lokalen Wirtschaft der neuen Abbauorte aufstiegen, konnten sie auch selber sozialen Druck auf potenzielle Verkäufer aufbauen. Zum einen beauftragte man das technische Personal der Unternehmen, das anders als die leitenden Angestellten oft familiär mit den bäuerlichen Grundeigentümern verbunden war. Zu Wilhelm Körsgen schickte Fuchs beispielsweise »unseren Werksbauführer mit dem Auftrage, Körsgen zu bearbeiten, thunlichst einen Verkauf [an Thyssen, S.H.] zu inhibieren.«[81] Zum anderen versuchte Fuchs, Schlüsselfiguren des lokalen Lebens finanziell an sich zu binden, etwa den Polizeisergeanten Meersmann, der »sich bis jetzt als zuverlässig erwiesen hat und dessen Provisionen uns reichlich Nutzen gebracht haben,«[82] weswegen sich Meersmann schließlich auch mit einer Anzeige Thyssens konfrontiert sah, »in Verletzung seiner Amtspflicht […] Grundstücksgeschäfte gemacht [zu] haben.«[83]

Allmählich wurde die Position der Kalkwerke auf dem lokalen Bodenmarkt so stark, dass sie den Druck auf die lokalen Netzwerke potenzieller Verkäufer weiter erhöhen konnten. Sie instrumentalisierten dazu einzelne verkaufswillige Eigentümer, denen sie glaubhaft machten, dass die angebotenen Grundstücke nur zusammen mit weiteren Grundstücken von Nachbarn für sie von Interesse seien. Das Kalkül der Unternehmen war, dass die Verkaufsinteressenten dann in ihrem Sinne auf die Nachbarn einwirkten.[84] In dieser Konstellation versuchten verkaufswillige Eigentümer, die Meinungsführerschaft über ihre Umgebung zu erringen und für den geschlossenen Verkauf an eines der konkurrierenden Unternehmen zu sorgen. Mitunter konnte dies zu Verwerfungen in der lokalen Gesellschaft führen, wie im Falle Kocherscheidts, der »befürchtete, daß ihm die Bewohner von Flandersbach eine solche Tätigkeit verübeln würden«.[85] Wie hoch der soziale Druck werden konnte, wurde deutlich, wenn das Engagement schließlich nicht zum gewünschten Verkauf führte. Dann konnten die Erwartungen ins Gegenteil, in tiefes Misstrauen gegenüber den Kalkwerken, umschlagen und jegliche Verkaufsverhandlungen blockieren: »An Thyssens Manipulationen knüpften verschiedene hiesige Bauern

---

81 Fuchs an Barnewitz: Grundstückserwerb Gruiten, 1.3.1908, RhK(L), 05, 8; vgl. Rudzinski: Ein Unternehmen und »seine« Stadt, S. 231.

82 Bergische Dolomit- und Weißkalkwerke an RWK: Betrifft Grunderwerb Besitz Biller, 30.4.1907, RhK(L), 05, 4.

83 Fuchs an Barnewitz: Grundstückserwerb Gruiten, 1.3.1908, RhK(L), 05, 8.

84 RWK Abteilung Gruiten an Zentrale: Grundstücksangebot des Herrn Kamp, 12.2.1914, RhK(L), 05, 22; RWK: Grundstücksankauf der Westdeutschen Kalkwerke bei Wülfrath, 22.3.1913, RhK(L), AG, 112.

85 Vogel: Notiz, 14.3.1904, RhK(L), 04, 21.

übertriebene Hoffnungen [...]. Wo diese Projekte als gescheitert angesehen werden, ist die Erbitterung [...] gross.«[86]

Die Akkumulation großer Grundbesitze durch Thyssen, die RWK und andere Unternehmen war ein tiefer Eingriff in die ansonsten ausgesprochen kleinteilige Besitz- und Agrarstruktur der Region zwischen Rhein und Wupper. Die RWK verfügte um 1900 schon über 700 ha und am Vorabend des Ersten Weltkriegs über 1400 ha. Im Kreis Mettmann, zu dem Gruiten, Wülfrath und das Angertal gehörten, gab es demgegenüber lediglich zwei landwirtschaftliche Betriebe, die mehr als 100 ha bewirtschafteten.[87] Damit stiegen die Kalk- und Hüttenwerke auch zu den größten Grundbesitzern in einer ganzen Reihe von Kommunen auf. In der Bürgermeisterei Wülfrath, einer mit 3481 ha für die regionalen Verhältnisse großen Verwaltungseinheit, besaßen die RWK schließlich knapp 200 ha und Thyssens Rheinische Kalksteinwerke mindestens 250 ha. Insgesamt verfügten Unternehmen, die dort Kalkstein abbauten, über 15 Prozent der Gemeindefläche. Ihr Grundbesitz war damit ähnlich groß wie der der Montanunternehmen in den Ruhrstädten.[88] In der Gemeinde Gruiten machten die 238 ha, die die RWK dort innerhalb eines Jahrzehnts erworben hatte, sogar knapp 40 Prozent der Gemarkung aus.[89]

Um 1910 war die Expansion der Kalk- und Hüttenwerke auf dem Bodenmarkt im Wesentlichen abgeschlossen und kam im Krieg für die nächsten Jahrzehnte völlig zum Erliegen. Immer häufiger signalisierten die Unternehmen verkaufswilligen Grundbesitzern ihre Ablehnung und schickten, wie die RWK im Sommer 1911, ein Angebot »von Kalksteinfeldern bei Vohwinkel und Flandersbach [...] dankend zurück«.[90] Aufgrund der inzwischen weitgehend als abgeschlossen geltenden Identifikation von abbauwürdigen Vorkommen kam es zu immer weniger Kaufabschlüssen. Die verbliebenen Grundstücke beurteilten die Kalk- und Hüttenwerke als ungeeignet. Entweder, weil sie nicht zu erschließen waren,[91] oder weil das Gestein den

86 Fuchs an Barnewitz: Grundstückserwerb Gruiten, 1.3.1908, RhK(L), 05, 8.

87 Dokumentierte Grundstücksgeschäfte, 1895-1914, Quellen in: MWA, P; RhK(L); RWWA, 130; TKKA, A; Göbel: Der ländliche Grundbesitz, S. 44-51.

88 Vgl. Reif, Heinz: Landwirtschaft im industriellen Ballungsraum, in: Köllmann, Wolfgang/Korte, Hermann/Petzina, Dietmar/Weber, Wolfhard (Hg.): Das Ruhrgebiet im Industriezeitalter. Geschichte und Entwicklung, Bd. 1, Düsseldorf 1990, S. 337-393, hier: S. 345.

89 Königliches Statistisches Bureau: Gemeindelexikon für die Provinz Rheinland. Auf Grund der Materialien der Volkszählung vom 1. Dezember 1885 und anderer amtlicher Quellen, Berlin 1888, S. 78-93; Rheinisch-Westfälische Kalkwerke AG: Festschrift zur Feier des 25jährigen Bestehens der A.G. Rheinisch-Westfälische Kalkwerke Dornap, Berlin 1912, S. 23; Rheinische Kalksteinwerke: Betriebs- und Geschäftsbericht der Rheinischen Kalksteinwerke G.m.b.H. Wülfrath für die Versammlung der Gesellschafter am 15. Juni 1905, TKKA, A, 258/1; Rheinische Kalksteinwerke: Vorläufiger Betriebsbericht pro 1913, TKKA, A, 258/1.

90 RWK an Bergisch-Märkische Industrie-Gesellschaft: Kalksteinfelder Vohwinkel-Flandersbach, 7.6.1911, RhK(L), AG, 1.

91 Meisloch an Schnuch, 4.5.1913, RhK(L), AG, 112.

Qualitätskriterien nicht entsprach. So berichtete RWK-Verwalter Steinbeck im Januar 1914 von einem Grundstücksangebot, das er für völlig aussichtslos hielt, denn »[d]as Kalksteingebirge ist an Material ganz schlecht, mehr Erde wie Steine. Die Hälfte der Steine sind nicht tauglich für Hüttenwerke.«[92] Ein Jahr zuvor hatte die RWK sogar zum ersten Mal größere Ländereien wieder verkauft. Die 40 ha großen Parzellen, die hier zur Disposition standen, »enthalten weder Kalkstein noch Dolomit«.[93] Die Akkumulation von Grundbesitz war damit beendet.

Innerhalb von rund 15 Jahren, zwischen 1896 und 1910, hatte sich der Bodenmarkt an den Orten, an denen Kalkstein- und Dolomitvorkommen vermutet und identifiziert wurden, stark gewandelt. Die Kalk- und Hüttenwerke stiegen zu dominanten Akteuren auf. Dazu bot der allgemeine Trend zu einem stärker an finanziellem Gewinn als an sozialen Bindungen ausgerichteten Grundstückhandel ein günstiges Klima. Nichtsdestotrotz blieb die Zirkulation von Wissen weiterhin in soziale Beziehungen eingebettet. Dabei griffen die hohen Erwartungen an die tatsächlichen oder vermeintlichen Kaufabsichten mit der Identifikation von Gesteinsvorkommen inenander. Wenn Informationen über Begehungen und die Entnahme von Proben beobachtet, gezielt kolportiert und verbreitet wurden, oder wenn die Lage von Grundstücken in Bezug zu den Vorkommen für Verhandlungen genutzt wurde, dann zeigt dies die enorme Bedeutung, die dem Wissen über Vorkommen für das Agieren auf dem Bodenmarkt zukam. Weil die Identifikation von Vorkommen und der Grunderwerb ineinandergriffen, folgte die Ausweitung und Verlagerung des Kalksteinabbaus, die um 1900 einsetzte, aus dem Zusammenwirken der Erkundung des Untergrunds und dem durch soziale Beziehungen geprägten Handel mit Grund und Boden.

Umkämpfte Transportbeziehungen

Voraussetzung für die Ausweitung und Verlagerung des Kalksteinabbaus war neben der Identifikation der Vorkommen und dem Grunderwerb die infrastrukturelle Erschließung der neuen Abbauorte. Schon die ersten Überlegungen, die die Gutehoffnungshütte Mitte der 1880er Jahre zur Kalksteinförderung im Angertal angestellt hatte, basierten auf der Idee, eine Eisenbahnlinie durch das Tal zu führen:[94] »Es wird die Erbauung einer breitspurigen Bahn […] – es sollen täglich annähernd 150 Doppelwaggons Kalksteine befördert werden – […] beabsichtigt,«[95] wusste der

92 Steinbeck an RWK, 19.1.1914, RhK(L), AG, 101.

93 RWK Abteilung Gruiten: Grundstücksverkauf an die Rettungsanstalt »Düsselthal«, 28.3.1913, RhK(L), 05, 22.

94 Gutehoffnungshütte AG: Protokoll der Aufsichtsrats-Sitzung, 22.9.1891, RWWA, 130, 3001090/26.

95 Wülfrather Anzeiger, 10.12.1885, StAHh.

Wülfrather Anzeiger bereits 1885 von dem großangelegten Vorhaben zu berichten. Zunächst blieb die projektierte »Angerthalbahn« aber nur Teil der Spekulationen über den potenziellen Abbauort. Erst nach 1896 verdichteten sich die Pläne in dem Maße, in dem Vorkommen identifiziert und Grundstücke in großem Stil erworben wurden. In den öffentlichkeitswirksam geführten Debatten der 1890er Jahre erschien der Bau der Bahnverbindung jedoch als das zentrale Problem – entsprechend umstritten war sie.

Die Pläne für die Angerthalbahn, welche die Unternehmen der Montanindustrie aufgriffen, konnten an eine Konzession für den Bau einer Eisenbahnlinie anknüpfen, die die Rheinische Eisenbahn-Gesellschaft schon 1873 erhalten hatte. Diese Konzession hatte allerdings noch nichts mit dem Kalksteinabbau zu tun gehabt und kam auch nie zur Ausführung.[96] Auch schien die staatliche Eisenbahnverwaltung aufgrund der Erfahrungen der Gründerkrise nicht mehr geneigt, den Plan weiter zu unterstützen. Durch die Einbettung in den neuen Zusammenhang der Kalksteingewinnung, so hofften die Hüttenwerke, ließen sich die Planungen wiederbeleben. Der Abbau von Zuschlagsgestein sei ein in den 1870er Jahren nicht ausreichend gewürdigter Nutzen der Angerthalbahn. Und mit diesem, wie die Hüttenwerke meinten, zwingenden Argument sei nun der Bau der Bahn doch zu rechtfertigen.[97]

Wie kaum anders zu erwarten war, wehrten sich die Steinbruchbesitzer in Dornap, die eine Ausweitung und Verlagerung des Kalksteinabbaus zu unterbinden suchten, vehement dagegen, das Angertal zu erschließen. Im März 1887 wandten sich die Dornaper Steinbruchbesitzer mit einer Petition an das Preußische Ministerium für öffentliche Arbeiten. Darin stellten sie klar: »[D]ie […] Kalksteinindustrie […] wünscht für sich weitere Bahnverbindungen nicht, und genügt deren Leistungsfähigkeit für den gegenwärtigen Consum in überreichem Maaße.«[98] Der Bau der Angerthalbahn, so warnten sie, würde dagegen »[d]ie blühende Industrie Dornap's und Umgegend […] unzweifelhaft zum Erliegen« bringen.[99] Selbst die Hüttenwerke würden nicht profitieren, denn »der Vortheil käme lediglich und allein den Spekulanten zu Gute, die im Angerthal große Fels-Parthien an sich gebracht haben.«[100] In ihrem abschließenden Appell an den Minister verbanden die Dornaper Steinbruchbetreiber ihre Opposition gegen die Verlagerung des Kalksteinabbaus mit dem Verweis auf das Allgemeinwohl.

Auch wenn die Dornaper Steinbruchbetreiber die Erschließung des Angertals vorerst verhindert hatten, hielten die Hüttenwerke die Debatte öffentlichkeitswirk-

96 Gemeinde Wülfrath an Gemeinde Ratingen, 13.8.1878, StAR, 1, 518.
97 Protokoll, 9.5.1890, LAV NRW R, BR 7, 13932.
98 Petition der Bewohner von Dornap und Umgegend gegen Ausbau der Bahn Wülfrath-Ratingen, 23.3.1887, RhK(L), AG, 32.
99 Ebd.
100 Ebd.

sam am Leben. Der Bericht, den *Stahl und Eisen* 1890 über die »wirthschaftliche Erschliessung des Angerthals« publizierte, legte einen besonderen Schwerpunkt auf die fehlende Bahnanbindung.[101] In den folgenden Jahren wandten sich die Gutehoffnungshütte und die Friedr. Krupp AG wiederholt an die preußische Ministerialbürokratie und boten an, die Grunderwerbskosten für den Bahnbau zu übernehmen.[102] Die politisch einflussreiche Nordwestliche Gruppe des Vereins deutscher Eisen- und Stahlindustrieller beschloss, ein Gutachten an die Regierung zu senden, in dem der Eisenbahnstrecke durch das Angertal ein großer wirtschaftlicher Nutzen nachgewiesen wurde.[103] Die Einflussnahme auf die Politik zeitigte bald erste Erfolge als auch das Regierungspräsidium in Düsseldorf für die Interessen der Hüttenwerke Stellung bezog: »Die Nachtheile, welche die Concurrenz der Dornaper Kalksteinindustrie ohne Zweifel zufügen wird,« sei gegenüber dem Nutzen der Angerthalbahn für die allgemeine wirtschaftliche Entwicklung zu vernachlässigen, urteilte das Regierungspräsidium.[104] Die Debatten, die in den frühen 1890er Jahren bis in Details – von Frachtraten über Steigungsgefälle einzelner Streckenvarianten bis hin zu Kosten für Enteignungsverfahren[105] – geführt wurden, täuschten darüber hinweg, dass zu diesem Zeitpunkt noch kaum verlässliches Wissen über die Ausdehnung und Eigenschaften der Kalksteinvorkommen vorhanden war.

Erst in der zweiten Hälfte der 1890er Jahre begannen die Hüttenwerke die detaillierte Streckenplanung für die Angerthalbahn, die Identifikation von Kalksteinvorkommen und den Grunderwerb zusammenzuführen. Verhandelt wurde über die Punkte, an denen Anschlussgleise gelegt werden sollten, über die mögliche Kapazität der Steinbrüche, die dadurch erschlossen werden konnten, aber auch über Details, wie das Höhenprofil der Trasse, die mit der geplanten Abbautiefe in Zusammenhang stand.[106] Je konkreter über die Trassierung verhandelt wurde, desto wichtiger wurden der Grunderwerb und das verlässliche Wissen über den Untergrund.

101 Die wirthschaftliche Erschliessung des Angerthals.

102 Friedrich Krupp AG an Preußisches Ministerium für Handel und Gewerbe, 5.2.1891, GStAPK, 1. HA Rep. 120, C X 2 Nr. 3 Bd. 5; Gutehoffnungshütte AG: Protokoll der Aufsichtsrats-Sitzung, 22.9.1891, RWWA, 130, 3001090/26.

103 Die wirthschaftliche Erschliessung des Angerthals.

104 Königliche Regierung Düsseldorf an Oberpräsidium der Rheinprovinz, 22.1.1891, LAV NRW R, BR 7, 13932.

105 Die Aushandlung der Streckenvarianten dokumentiert die Akte LAV NRW R, BR 7, 13932.

106 Preußisches Ministerium für öffentliche Arbeiten an Vering und Wächter Lokalbahn Bau- und Betriebsgesellschaft, 21.3.1894, LAV NRW R, BR 7, 13932; Königliche Regierung Düsseldorf an Landratsamt Mettmann, 31.3.1894, StAR, 1, 518; Stinshoff an Phoenix AG, 6.5.1896, MWA, P, 4 25 30; Friedr. Krupp AG an Phoenix AG, 23.4.1895, MWA, P, 6 25 46; Schalker Gruben- und Hütten-Verein an Gewerkschaft Deutscher Kaiser, 2.11.1896, TKKA, Tli, 1302; RWK an Bürgermeister-Amt Heiligenhaus, 12.4.1900, RhK(L), 04, 14; Protokoll, 6.2.1901, LAV NRW R, BR 34, 101.

In diese Aushandlungen brachte sich 1897 zum ersten Mal Thyssen mit der Forderung ein, auch Flandersbach an die projektierte Bahnstrecke anzubinden.[107] Über das dortige Kalksteinvorkommen am Oberlauf des Angerbachs war bis dahin kaum etwas bekannt. Zudem lag es etwas abseits der potenziellen Abbauorte, auf die sich die Gutehoffnungshütte und die anderen Unternehmen der Eisen- und Stahlindustrie konzentrierten. Entsprechend war eine Erschießung von Flandersbach durch die Angerthalbahn ursprünglich nicht vorgesehen.[108] Allerdings besaß auch Thyssen zu diesem Zeitpunkt noch überhaupt keine Grundstücke in Flandersbach, wohin er die Angerthalbahn umzuleiten hoffte. Umso wichtiger waren die Erkundung des Vorkommens und die Aufnahme von Kontakten mit verkaufswilligen Grundeigentümern. Die Verlegung der projektierten Bahntrasse durch das obere Ende des Angertals, die bisher gar nicht zur Debatte stand, machte nur Sinn, wenn Thyssen gleichzeitig versuchte, das dortige Kalksteinvorkommen zu identifizieren und das Gelände in sein Eigentum zu bringen.

Als schließlich 1901 mit dem Bau der Angerthalbahn unter Berücksichtigung von Thyssens Forderungen begonnen wurde, verlagerte sich der Konflikt um die Erschließung neuer Abbaustätten auf die Anlage von Anschlussgleisen. Da die RWK das Bahnprojekt nicht hatte verhindern können, nutze sie nun ihren strategisch erworbenen Grundbesitz, um zu verhindern, dass die Steinbrüche der Hüttenwerke mit der Angerthalbahn verbunden werden konnten. Bei Hofermühle führte die direkte Verbindung beispielsweise über die Grundstücke, die Schüler und die RWK bereits 1885 erworben hatten, und erschwerte es, hier Anschlussgleise zu verlegen.[109] Aber auch an anderen Orten war es ein Problem, wenn potenzielle Abbaustätten durch fremden Grundbesitz »von der Bahn abgeschnitten« waren.[110]

Aufs Ganze gesehen war das Ergebnis des jahrelangen Ringens um die Angerthalbahn aus Sicht der Eisen- und Stahlwerke aber ein Erfolg, waren sie doch dem Ziel, den Kalksteinabbau auszuweiten und zu verlagern, einen entscheidenden Schritt näher gekommen. So konnte die Leitung der Gutehoffnungshütte auf der Generalversammlung im Herbst 1903 vermelden: »Anfangs Juni 1903 ist nach Fertigstellung der Bahnlinie Wülfrath-Ratingen West [die Angerthalbahn, S.H.] die endgültige Inbetriebnahme des Kalksteinbruches Wiel […] erfolgt.«[111] Damit habe

107 Königliche Eisenbahndirection zu Elberfeld an Gewerkschaft Deutscher Kaiser: Anschlussgleis an eine Nebenbahn Wülfrath-Ratingen, 6.1.1897, TKKA, Tli, 1302; Barmer Zeitung: Wülfrath-Ratingen West, 3.5.1897, RhK(L), AG, 32; Friedr. Krupp AG an Gewerkschaft Deutscher Kaiser, 6.1.1897, TKKA, Tli, 1302.

108 Die wirthschaftliche Erschliessung des Angerthals, S. 725.

109 Bürgermeister-Amt Heiligenhaus an Landratsamt Mettmann, 13.9.1901, LAV NRW R, BR 34, 101; Verlohr an Vogel, 11.8.1902, RhK(L), 10, 7.

110 Gutehoffnungshütte AG: Bericht betreffend eventl. Erwerb der von Buntenbeck Dornap angestellten Kalksteingrundstücke, 5.6.1896, RWWA, 130, 146-13.

111 Gutehoffnungshütte AG: Einunddreißigste ordentliche General-Versammlung, 1903, S. 14.

man sich aus der Abhängigkeit von der RWK gelöst und das Versorgungsrisiko erheblich reduzieren können. Die Angerthalbahn hatte die neuen Abbauorte, über die seit den 1880er Jahren spekuliert wurde, infrastrukturell erschlossen.

Die neuen Abbauorte

Um 1900 nahm die räumliche Restrukturierung des Kalksteinabbaus auch im materiellen Sinne Dynamik auf. Die Projektionen und Spekulationen über neue Abbauorte wurden mit der Einrichtung einer ganzen Reihe großer Steinbrüche realisiert. Signifikant war zum einen die räumliche Ausweitung. Um 1910 existierten Steinbrüche in Wülfrath, Gruiten und dem Angertal, wo zuvor allerhöchstens Reste frühneuzeitlicher Steinbrüche vorhanden gewesen waren (Abb. 11). Zum anderen waren die neuen Betriebe deutlich größer angelegt als diejenigen, die seit Jahrzehnten im Neandertal und in Dornap bestanden hatten. Der Steinbruch in Flandersbach galt bald gar als größter in Europa.[112] Diese Abbaubetriebe griffen stärker und invasiver in den Untergrund ein als die zahlreichen kleineren Steinbrüche, die noch Mitte der 1880er Jahre die Zuschlagsversorgung dominiert hatten. Sie veränderten die Topografie in einem bis dahin unbekannten Ausmaß.

Im Angertal gingen 1903 sowohl der Steinbruch Wiel, den die Gutehoffnungshütte gemeinsam mit Krupp eingerichtet hatte, als auch der angrenzende Bruch Hofermühle der RWK in Betrieb. Im Jahr darauf folgte Thyssens Großprojekt in Flandersbach, das schon 1907 durch den zweiten, unmittelbar südlich gelegenen, Steinbruch Prangenhaus ergänzt wurde. Im Nordosten von Wülfrath lagen sich Betriebe der RWK und der Steinbruch Schlupkothen, den Thyssen bereits 1899 angelegt hatte, auf beiden Seiten der Provinzialstraße gegenüber. In der Gegend um Gruiten war in den Jahren seit 1896 durch die Fusion der Gewerkschaft Pluto mit der Firma O. & E.A. Menzel zu den Bergischen Dolomit- und Weißkalkwerken und deren Übernahme durch die RWK eine geradezu unübersichtliche Agglomeration von Steinbrüchen entstanden. Insgesamt waren bei Gruiten um 1900 neun Steinbrüche erschlossen worden, die verstreut in einem fünf Kilometer langen Korridor im Tal der Düssel lagen. In gut einem Jahrzehnt hatte sich die Anzahl der Steinbrüche, deren Ausdehnung und Förderkapazität vervielfacht.

Gerade der Betrieb in Flandersbach zeichnete sich durch seine systematische Erschließung und Erweiterung aus. Ende 1903 beschloss die Leitung der Rheinischen Kalksteinwerke, mit den Aufschlussarbeiten gleich an zwei Stellen anzusetzen.[113] Die Vorarbeiten begannen im folgenden Jahr mit der Verlegung von An-

112 Vgl. Klaß, Gert von: 50 Jahre Rheinische Kalk-Steinwerke, Wülfrath. Ein Beitrag zur Geschichte der deutschen Kalkindustrie, Darmstadt 1953.

113 Rheinische Kalksteinwerke: Protokoll der Aufsichtsrats-Sitzung, 30.12.1903, MWA, P, 7 77 14.1.

Abbildung 11: Inbetriebnahme neuer Steinbrüche um 1900. Die in den 1850er und 1860er Jahren entstandenen Steinbrüche in Dornap und im Neandertal sind schwarz markiert. Die seit den 1880er Jahren in Betrieb genommenen Steinbrüche sind grau markiert und mit dem jeweiligen Jahr der Inbetriebnahme versehen. Die Ausdehnung der Steinbrüche entspricht dem Stand von 1965.

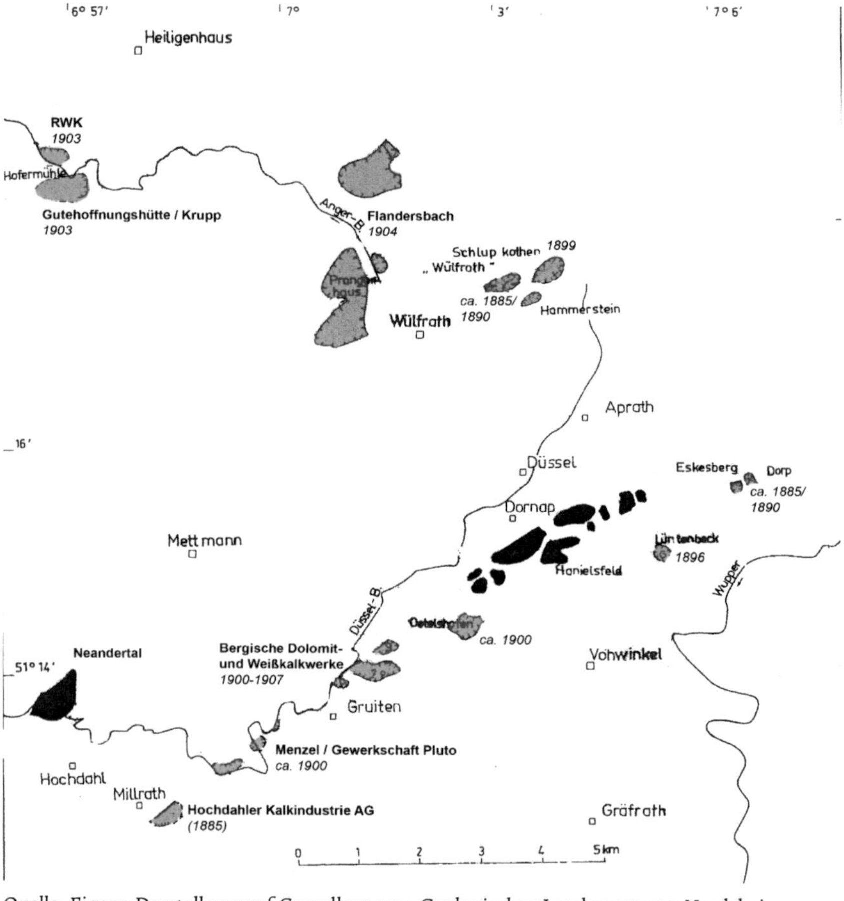

Quelle: Eigene Darstellung auf Grundlage von: Geologisches Landesamt von Nordrhein-Westfalen: Hydrogeologische Karte von Nordrhein-Westfalen, Krefeld 1965.

schlussgleisen zwischen der Angerthalbahn und den Abbaupunkten. Im August 1904 wurden die Erdschichten über dem Kalkstein großflächig abgetragen. Parallel dazu wurde der Abbau an einer dritten Stelle vorbereitet.[114] Drei Jahre später waren die drei Bruchstellen so weit entwickelt, dass »mit der Vorrichtung der um za. [sic!] 7 m tieferen Sohle in Brüchen I und II« begonnen werden konnte und »Aufschliessungsarbeiten im neuen Bruch IV (Prangenhaus) [...] aufgenommen [und] zweckmässig so betrieben [werden sollten], dass dieser Bruch [...] zum zweiseitigen Abbau fertig steht.«[115] Der Betrieb in Flandersbach wurde auf diese Weise nicht nur kontinuierlich immer mehr erweitert, die einzelnen Abbaustellen waren auch ausgesprochen groß angelegt. Der gerade erst neu erschlossene Bruch IV »ist 500 Meter lang, kann aber [...] noch um 120 Meter verlängert werden. Nach Fertigstellung der zweiten Abbausohle wird Bruch IV infolge seiner zweiseitigen Abbauwände eine Leistungsfähigkeit von arbeitstäglich 1500 Tonnen haben«, hieß es im Geschäftsbericht der Rheinischen Kalksteinwerke.[116] Durch die systematische Erweiterung erreichte die Förderkapazität 1907 gut 500.000 t und stieg bis 1913 auf gut 700.000 t an.[117] Auf diese Art und Weise waren bis in die 1920er Jahre bereits 25 ha, etwa ein Viertel des Grundbesitzes der Rheinischen Kalksteinwerke in Flandersbach, zum Abbau gekommen, wo noch 1896 praktisch kein Gestein gefördert worden war.[118]

Als der Geologe Werner Paeckelmann im Dezember 1936 ein Gutachten über die Kalksteinvorkommen bei Wülfrath vorlegte, blickte er auf die rund 40jährige Expansion des Abbaus zurück. Schon der Vergleich mit der topografischen Karte von 1892 mache »die bisherige rapide Vergrösserung der Steinbrüche durch den verstärkten Abbau der letzten Jahre sinnfällig.«[119] In diesem Zeitraum war die Abbaufläche allein der Brüche von Wülfrath und Flandersbach auf 39 ha angewachsen.[120] Hinzu kamen Flächen, auf denen Halden mit Abraum aus unnutzbarem

114 Rheinische Kalksteinwerke: Betriebs- und Geschäftsbericht der Rheinischen Kalksteinwerke G.m.b.H. Wülfrath für die Versammlung der Gesellschafter am 15. Juni 1905, TKKA, A, 258/1.

115 Rheinische Kalksteinwerke: Betriebs- und Geschäftsbericht pro 1907, 8.5.1908, TKKA, A, 682/2; vgl. Klaß: 50 Jahre Rheinische Kalk-Steinwerke, S. 32.

116 Rheinische Kalksteinwerke: Betriebs- und Geschäftsbericht pro 1908, 10.5.1909, TKKA, A, 529/1.

117 Rheinische Kalksteinwerke: Bericht, 11.12.1912, TKKA, A, 682/1; Rheinische Kalksteinwerke GmbH: Betriebs- und Geschäftsbericht pro 1906, TKKA, A, 682/2; Rheinische Kalksteinwerke GmbH: Betriebs- und Geschäftsbericht pro 1907, TKKA, A, 682/2; Rheinische Kalksteinwerke GmbH: Betriebs- und Geschäftsbericht pro 1908, TKKA, A, 682/2; Rheinische Kalksteinwerke GmbH: Bericht über den diesjährigen Betrieb, 1910, TKKA, A, 682/1; Rheinische Kalksteinwerke GmbH: Bericht pro Monat ..., TKKA, A, 683.

118 Zahlen nach Werner, Verena: Die historische und räumliche Entwicklung der Kalkindustrie im Raum Wülfrath unter besonderer Berücksichtigung der Folgenutzung beanspruchter Flächen (Dipl., Ruhr-Universität Bochum, Geographisches Institut), Bochum 2007.

119 Paeckelmann an Rheinische Kalksteinwerke: Gutachten über die geologischen Grundlagen der zukünftigen Abbaumöglichkeiten des Wülfrather Kalkes, 8.12.1936, GDNRW, L3G, 4708/008, S. 2.

120 Zahlen nach Werner: Die historische und räumliche Entwicklung der Kalkindustrie.

Gestein und Erdresten aufgeschüttet worden waren. Dafür habe man zahlreiche »Bauernhöfe mit ihrem fruchtbaren Ackerland preisgeben« müssen,[121] denn der Abbau des Gesteins im Tagebau führte zu einem unumkehrbaren Verbrauch von Flächen. Die wachsenden Steinbrüche waren ein schwerwiegender Eingriff in die landwirtschaftliche Bodennutzung und die Topografie der Landschaft.

So sehr die Spekulationen über neue Abbauorte und die Strategien des Grunderwerbs auf die diskursive Konstruktion von Versorgungsrisiken reagierten, waren sie zugleich mit einem signifikanten materiellen Wandel verflochten. Einerseits banden die Praktiken der detaillierten geologischen Aufnahme und chemischen Analyse spekulative Interessen und die Aktivitäten auf dem Bodenmarkt an die materiellen Eigenschaften des Untergrunds zurück. Akteure wie Thyssen oder die RWK realisierten ihre Projekte erst, wenn sie Vorkommen verlässlich identifizieren konnten, ohne dass ihre Vorhaben dadurch determiniert gewesen wären. Andererseits zogen die realisierten Projekte einen massiven materiellen Wandel nach sich. Der Abbau griff nicht nur immer stärker in den Untergrund und die Topografie ein. Mit den zunehmend mechanisierten Erschließungs- und Infrastrukturmaßnahmen beschleunigte und intensivierte sich der materielle Wandel.

121 Paeckelmann an Rheinische Kalksteinwerke: Gutachten über die geologischen Grundlagen der zukünftigen Abbaumöglichkeiten des Wülfrather Kalkes, 8.12.1936, GDNRW, L3G, 4708/008, S. 6f.

9. Mechanisierung der Steinbrüche

Die Expansion der Steinbrüche, die der Geologe Paeckelmann als auffälligstes Kennzeichen der Entwicklung seit den 1890er Jahren ausgemacht hatte, war nicht zu trennen von dem Wandel der Praktiken, mit denen das Gestein gewonnen wurde. Paeckelmann führte die enorme räumliche Ausweitung auf die »Umstellung der Steinbruchbetriebe von der früher üblichen Handgewinnung weitgehend auf eine rein mechanische Gewinnung und Aufbereitung« zurück.[1] Durch den Einsatz von Sprengstoffen, Bohrmaschinen und Seilbahnsystemen erreichte der Kalksteinabbau zu Beginn des 20. Jahrhunderts eine neue Intensität. Die Maßnahmen führten aber auch zu einer Konzentration des Abbaus auf solche Steinbruchbetriebe, die groß genug dimensioniert waren, um die erheblichen Kosten für die Anschaffung von Maschinen und Anlagen zu rechtfertigen. In dem Maße, in dem die Praktiken der Kalksteingewinnung mechanisiert wurden, wandelte sich der raumgreifende Charakter des Abbaus hin zu Abbaustätten, die immer weiter in die Fläche und in die Tiefe ausgriffen.

Arbeit in den Steinbrüchen

Obwohl sie noch weitgehend in Handarbeit betrieben wurden, hatten die Steinbrüche im Neandertal und in Dornap bereits seit den 1850er Jahren ausgesprochenen Fabrikcharakter. Die Brüche unterschieden sich schon hinsichtlich der Betriebsstruktur von traditionellen Formen der Gesteinsgewinnung im Nebenerwerb und den zahlreichen eigentümergeführten Kleinstbetrieben.[2] Bereits 1866 hatten

1 Paeckelmann an Rheinische Kalksteinwerke: Gutachten über die geologischen Grundlagen der zukünftigen Abbaumöglichkeiten des Wülfrather Kalkes, 8.12.1936, GDNRW, L3G, 4708/008, S. 2.

2 Vgl. Bartels, Christoph: Schieferdörfer. Dachschieferbergbau im Linksrheingebiet vom Ende des Feudalzeitalters bis zur Weltwirtschaftskrise (1790-1929), Pfaffenweiler 1986.

die Gebrüder Schüler angegeben, 130 Arbeiter rekrutiert zu haben.[3] Typisch dürften aber bis in die 1890er Jahre Betriebe mit etwa 30 Arbeitern gewesen sein.[4] Ab der Jahrhundertwende nahmen die Betriebsgrößen nochmals deutlich zu und die RWK beschäftigte ca. 600 Arbeiter in Dornap sowie 200 im Neandertal. Bei den Rheinischen Kalksteinwerken in Flandersbach waren etwa 500 Arbeiter beschäftigt.[5] Dabei handelte es sich ausschließlich um Lohnarbeiter, zu einem Großteil um italienische Zuwanderer.[6] Geleitet wurden die Unternehmen spätestens um die Jahrhundertwende nicht mehr durch die Eigentümer, wenngleich einzelne Aufsichtsratsmitglieder der RWK oder August Thyssen sich immer wieder in konkrete Entscheidungen einschalteten, sondern durch ein professionelles Management aus angestellten Direktoren. Diesen waren Betriebsführer in den einzelnen Steinbrüchen untergeordnet, die zumeist auch technische Expertise einbrachten. Der Kalksteinabbau, der die Eisen- und Stahlindustrie versorgte, war in arbeitsorganisatorischer Hinsicht stark zentralisiert und personalintensiv.[7]

Folglich waren auch die Praktiken der industriellen Kalksteingewinnung eher an Fabrikarbeit als an handwerklichen Verfahren traditioneller Steinbrüche orientiert. Sie waren arbeitsteilig in zunehmend spezialisierten und voneinander separierten Arbeitsschritten organisiert.[8] Erdarbeiten, die notwendig waren, um die Vorkommen freizulegen, galten als die einfachste Aufgabe. Demgegenüber war das eigentliche Brechen des Gesteins schon anspruchsvoller, spielte hier doch Erfahrungswissen über die Struktur von Felsmassen und deren Verhalten bei den Brecharbeiten eine gewisse Rolle. Die Sprengarbeiten, mit denen größere Gesteinsmassen gelöst wurden, mussten mit dem Anbohren der Sprenglöcher und der Arbeit der Brecher koordiniert sein. Diese Aufgabe wurde zunehmend an designierte Sprengmeister übertragen.[9] Der Transport des gebrochenen Gesteins innerhalb

3 Schüler an Landratsamt Mettmann: Gesuch der Gebrüder Aug. & Wilh. Schüler um Erlaubnis zur Benutzung eines Theils der Düsseldorf-Schwelmer Staatsstraße zur Anlage einer Pferdebahn, 24.4.1866, LAV NRW R, BR 34, 101.

4 Bürgermeister-Amt Wülfrath: Nachweisung über die in der Bürgermeisterei Wülfrath belegenen Sandsteingruben und Steinbrüche, Februar 1876, LAV NRW R, BR 34, 24.

5 Kirschbaum: Betrifft Kalkstein pp. Betriebe, 23.1.1899, LAV NRW R, BR 34, 270; Kratz: Steinbrüche, Verfügung VI732, 24.1.1899, LAV NRW R, BR 34, 270; Rheinische Kalksteinwerke: Betriebs- und Geschäftsbericht der Rheinischen Kalksteinwerke, G.m.b.H., Wülfrath pro 1908, 10.5.1909, TKKA, A, 529/1.

6 Vgl. Ritter, Gerhard A./Tenfelde, Klaus: Arbeiter im deutschen Kaiserreich, 1871 bis 1914, Bonn 1992, S. 189; Arnold, Paul: Die Kalkindustrie am Nordrand des Rheinischen Schiefergebirges, Bonn 1961, S. 100.

7 Vgl. Burhop, Carsten: Wirtschaftsgeschichte des Kaiserreichs 1871-1918, Göttingen 2011, S. 140.

8 Vgl. Bluma, Lars/Uhl, Karsten (Hg.): Kontrollierte Arbeit – disziplinierte Körper? Zur Sozial- und Kulturgeschichte der Industriearbeit im 19. und 20. Jahrhundert, Bielefeld 2012.

9 Spielmann, Alexander: Ueber Sprengarbeit in den Betrieben der Ton-, Zement-, und Kalkindustrie, in: Zeitschrift für das gesamte Schiess- und Sprengstoffwesen 8 (1913), S. 385-387.

der Steinbrüche war ebenso ein eigenes Aufgabenfeld, wie das anschließende Aussortieren von Erdresten, bevor das Gestein in Eisenbahnwaggons geladen wurde.

Fast alle diese Arbeitsschritte fanden unter Zuhilfenahme spezieller Geräte statt, die zunächst noch ausschließlich mit Muskelkraft genutzt wurden, dann aber mechanisch und ab den 1900er Jahren auch elektrisch betrieben wurden. 1876 umfasste das Inventar des Steinbruchs, den die Friedrich Wilhelms-Hütte in Dornap unterhielt, »14 Keilhauer, 10 Krätzer, 3 Stampfer, 12 Gußstahlfäußtel (schwere), 14 Gußstahlfäustel (leichte), 14 Schaufeln mit Stil, 13 Dreheisen, [...] 156 Kg Gußstahlbohrer, 15 Transportwagen, 4 Schiebkarren, 3 Schleppbretter, 1 Wagenschmierbehälter, 114 Meter Laufdielen, [...] 1 Pferd«.[10] Die schwere körperliche Arbeit, die mit der Verwendung dieser Geräte verknüpft war, ist geradezu greifbar. Dreißig Jahre später war die Arbeit in den Steinbrüchen zwar nicht weniger schwer, aber die Geräte, die inzwischen zur Verfügung standen, erlaubten mit demselben Arbeitseinsatz größere Mengen Gestein zu lösen und zu transportieren. 1910 dachten die Rheinischen Kalksteinwerke über die Anschaffung eines Baggers nach, der pro Stunde 100 t Gestein oder Erde bewegen konnte.[11] Wenige Jahre zuvor waren in verschiedenen Steinbrüchen pneumatische Bohranlagen zum Einsatz gekommen.[12] Und in den 1920er Jahren wurden verbreitet Seilbahnen und Sortieranlagen installiert.[13]

Schließlich waren die Löhne der größte variable Kostenfaktor bei dem Betrieb von Steinbrüchen. Im Jahr ihrer Gründung zahlte die RWK gut 460.000 Mk. an ihre Arbeiter, also gut doppelt so viel, wie sie für die größten Grundstückstransaktion ausgab.[14] Dementsprechend stark schwankte im Lauf der Jahrzehnte die Zahl der Arbeiter, die in den Steinbrüchen beschäftigt waren. In wirtschaftlich schwierigen Zeiten, wie Mitte der 1870er Jahre, wurde die Arbeit reduziert oder ganz ausgesetzt. Von den vier Steinbrüchen, aus denen die Gebrüder Schüler in Dornap die Phoenix AG und einige andere Hüttenwerke belieferten, waren 1876 drei außer Betrieb, in einem waren 20 statt der üblichen 25 Arbeiter beschäftigt. Insgesamt lagen in die-

10 Friedrich Wilhelms-Hütte: Inventar-Verzeichnis des Dornaper Kalkstein-Bruches, 4.12.1876, TKKA, FWH, 1117.

11 Verlohr an Gewerkschaft Deutscher Kaiser, 10.12.1910, TKKA, A, 682/1.

12 Fiebelkorn, M.: Gesteinsbohrmaschinen, in: Eisentraeger, August (Hg.): Taschenbuch für die Stein- und Zementindustrie, Berlin 1902, S. 165-168.

13 Vgl. Bleidick, Dietmar: Bergtechnik im 20. Jahrhundert. Mechanisierung in Abbau und Förderung, in: Ziegler, Dieter (Hg.): Rohstoffgewinnung im Strukturwandel. Der deutsche Bergbau im 20. Jahrhundert (=Geschichte des deutschen Bergbaus, Bd. 4), Münster 2013, S. 355-411; Kasig, Werner/Weiskorn, Birgit: Zur Geschichte der deutschen Kalkindustrie und ihrer Organisationen, Düsseldorf 1992, S. 88; Klaß, Gert von: 50 Jahre Rheinische Kalk-Steinwerke, Wülfrath. Ein Beitrag zur Geschichte der deutschen Kalkindustrie, Darmstadt 1953, S. 47f.

14 Rheinisch-Westfälische Kalkwerke AG: Festschrift zur Feier des 25jährigen Bestehens der A.G. Rheinisch-Westfälische Kalkwerke Dornap, Berlin 1912, S. 35.

sem Jahr von 15 Betrieben sechs still und sieben hatten ihre Belegschaft reduziert.[15] In der Phase des Wachstums ab Mitte der 1890er Jahre stieg die Zahl der Arbeiter dann wieder deutlich, in den großen Steinbrüchen auf mehrere hundert, an.

Steigende Kosten für Arbeitskräfte in Zeiten des Wachstums waren ein wichtiger Impuls für die Mechanisierung. Aber im Grunde waren die Unternehmer schon zuvor daran interessiert, mehr Gestein in kürzerer Zeit mit weniger Personal zu gewinnen. Der Einsatz von Sprengstoffen, Maschinen und Transportanalgen konnte die Effizienz des Steinbruchbetriebs erhöhen, sofern sich ihre Anschaffung im Verhältnis zu den Arbeitskosten lohnte. Vor allem veränderten sich mit der Mechanisierung aber die Praktiken der Gesteinsgewinnung, indem sie neuartige Hilfsmittel und Geräte in die routinisierten Handlungsabläufe der Arbeiter einführte.

Sprengen und Bohren

Der Einsatz von Sprengstoffen war die erste, aber lange Zeit auch kontroverseste Maßnahme, um die Effizienz des Kalksteinabbaus zu erhöhen. Seit den späten 1860er Jahren wurden Sprengstoffe in die Praktiken der Kalksteingewinnung eingebunden, um das Abbauvolumen zu steigern. Dabei bildeten sich spezielle Handlungsroutinen heraus, wobei grob zwischen zwei Verfahren unterschieden wurde, dem »Schnür- und Kesselschießen« und dem »Lasseschießen«. Bei ersterem sollte vertikal in das Gestein gebohrt und der Hohlraum anschließend mit Sprengstoff befüllt werden. Ziel war es, Gestein abzusprengen. Bei letzterem Verfahren sollte eine bestehende Fuge im Gestein, eine »Lasse«, durch Bohren erweitert werden. Mit kleinen Mengen Sprengstoff sollte das Gestein zunächst entlang der Fuge gelöst werden und schließlich mit einer starken Sprengladung zum Abbrechen gebracht werden.[16] Dabei kam es auf die Erfahrung der Arbeiter auch in Details an, wie etwa dem Winkel, in dem einzelne Bohrlöcher angebracht wurden, und der Menge an Sprengstoff, die im jeweiligen Fall notwendig war, um kontrolliert zu sprengen.[17] Dadurch ließen sich große Gesteinsmengen aus dem Fels lösen, die anschließend von Arbeitern zerkleinert und in Transportwagen verladen werden konnten.

Die staatlichen Behörden beobachteten die Verwendung von Sprengstoffen als Gefahr für die öffentliche Sicherheit kritisch. 1870 beschäftigte sich das Mettmanner Landratsamt erstmals mit der Frage, wie der vermehrte Gebrauch in den Kalk-

---

15 Bürgermeister-Amt Wülfrath: Nachweisung über die in der Bürgermeisterei Wülfrath belegenen Sandsteingruben und Steinbrüche, Februar 1876, LAV NRW R, BR 34, 24.

16 Popp: Schnür-, Kessel- und Lassenschießen, in: Eisentraeger, August (Hg.): Taschenbuch für die Stein- und Zementindustrie, Berlin 1905, S. 257-259.

17 RWK: Betrifft Sprengungen in Dornap, 14.12.1910, RhK(L), 00, 33; vgl. Oates, Joseph: Lime and Limestone. Chemistry and Technology, Production and Uses, Weinheim 2008, S. 29-31.

steinbrüchen kontrolliert werden könne.[18] Zum einen sorgten sich die Behörden vor unbeabsichtigten Explosionen.[19] Zum anderen war die Verbreitung und der Zugang zu Sprengstoffen auch ein politisch sensibles Thema, weil befürchtet wurde, diese könnten für terroristische Anschläge oder Sabotageaktionen missbraucht werden. Vor allem in der Zeit der Sozialistengesetze sahen staatliche Stellen darin eine Bedrohung, die das 1884 vom Reichstag erlassene Gesetz gegen den verbrecherischen und gemeingefährlichen Gebrauch von Sprengstoffen auch explizit adressierte.[20]

Die Arbeit in den Steinbruchbetrieben war von den zunehmenden Kontrollbemühungen insofern betroffen, als die Distribution und Aufbewahrung von Sprengstoffen zu einem wichtigem logistischen Problem wurde. Im Januar 1870 ordnete der Landrat des Kreises Mettmann zunächst an, dass »Sicherheitshütten« angelegt werden müssten. Diese sollten die Sprengstoffe vor allzu starker Hitzeentwicklung und vor Blitzeinschlägen schützen. Sie sollten aber auch gegen Diebstahl gesichert sein.[21] Die entsprechenden Anforderungen an die technischen Maßnahmen zum Schutz vor Einbrüchen wurden immer ausgefeilter. Mitte der 1880er Jahre planten Steinbruchbetreiber Sprengstofflager mit »3 gut verschließbaren Thüren«,[22] um zu demonstrieren, dass sie die Sicherheitsanforderungen ernst nahmen. Zu Beginn des 20. Jahrhunderts war dann beispielsweise »[d]ie Thür des Magazins [...] derart mit einem electrischen Contactapparate zu versehen, daß beim Öffnen derselben im Wächterhause Alarmsignale gegeben werden.«[23]

Tatsächlich kam es immer wieder zu Diebstählen, wie dem, den Friedrich Büren aus Dornap im Frühjahr 1884 zur Anzeige brachte:

> »Gegen Mitte März ds. Js. wollte ich eines Tages Dynamit aus meinem Aufbewahrungsraum – ein Gewölbe [...] mit eiserner Thüre und großem Vorhängeschloß – entnehmen und fand das Vorhängeschloß zertrümmert an der Erde liegend, [...] und eine Kiste voll Dynamit Patronen, etwa 40 Pfd. gestohlen. [...] Wer den Dieb-

18 Landratsamt Mettmann an Königliche Regierung Düsseldorf, 15.1.1870, LAV NRW R, BR 7, 24577.

19 Spielmann: Sprengarbeit in den Betrieben der Ton-, Zement-, und Kalkindustrie.

20 Vgl. Mühlnikel, Marcus: »Fürst, sind Sie unverletzt?«. Attentate im Kaiserreich, 1871-1914, Paderborn 2014, S. 180-183.

21 Landratsamt Mettmann an Königliche Regierung Düsseldorf, 15.1.1870, LAV NRW R, BR 7, 24577; Königliche Regierung Düsseldorf Abteilung des Inneren an Landratsamt Mettmann 21.10.1886, StAW, JIII, 224a; Wolff an Actiengesellschaft für Marmor-Industrie Hochdahl, 27.8.1887, LAV NRW R, BR 7, 34252.

22 Schürmann: Beschreibung über das projectierte Dynamitlager für Herrn F. Schürmann, 19.9.1885, StAW, JIII, 224a.

23 Königliche Regierung Düsseldorf an Landratsamt Düsseldorf, 4.7.1901, LAV NRW R, BR 7, 34243.

stahl ausgeführt hat weiß ich nicht, ich hege auch gegen niemanden einen Verdacht.«[24]

Obwohl Büren niemanden beschuldigte, fiel der Verdacht auf die Arbeiter der Dornaper Steinbrüche. Das Landratsamt vermutete hinter den Diebstählen einen bevorstehenden Aufstand.[25] Wahrscheinlich reagierten die Arbeiter aber darauf, dass sie die verwendeten Sprengstoffe selbst bezahlen mussten, denn die Kosten für den Sprengstoff wurden mit ihrem Akkordlohn verrechnet. Die Unternehmer versprachen sich davon, Arbeiter zum effizienten Einsatz der Sprengstoffe zu zwingen. Im Sinne der Sicherheit sei es aber angezeigt, auf diese Form der Distribution zu verzichten, so der Landrat.[26]

Insgesamt stellte die legale wie illegale Zirkulation immer weiter anwachsender Mengen Sprengstoffs die Behörden vor große Herausforderungen. So hatte sich im Lagergebäude der AG für Marmorindustrie im Neandertal im Laufe einiger Jahre 6.125 kg Dynamit statt der zugelassenen 900 kg angesammelt, wie bei einer Kontrolle aufgefallen war.[27] Das Landratsamt hielt den Zustand für unhaltbar und gab zu bedenken: »Solche Quantitäten Dynamit, wie sie die Marmorindustrie [...] gelagert hat, sind unter allen Umständen nicht [polizeilich] zu decken.«[28] Der zuständige Bürgermeister erklärte dazu: »Ich besitze keinen Polizeibeamten, um das Dynamit der Marmor-Industrie zu Neanderthal gegen Angriffe von großen Arbeitermassen zu schützen.«[29]

Da die zahlreichen Lagergebäude der einzelnen Betriebe nur schwer zu überwachen und gegen befürchtete Aufstände zu sichern waren, forcierte das Landratsamt in den 1880er Jahren die Zentralisierung der Sprengstoffaufbewahrung.[30] Auch gegen den Willen der Steinbruchbetreiber ging es rigoros gegen solche Lager vor, für die seiner Ansicht nach keine gültige Genehmigung vorlag, so etwa für »das Dynamitlagerhaus am Eingang des Schüler'schen Steinbruchs No. III.[...] [O]bwohl das fragliche Lagerhaus seit länger als 20 Jahren bestanden hat und be-

24 Bürgermeister-Amt Wülfrath: Aktennotiz, 19.5.1884, LAV NRW R, BR 7, 34252.

25 Landratsamt Mettmann: Betr. Bewachung der Dynamitlagerräume, 17.5.1886, StAH, G, 347A.

26 Landrat von Estorff: Protokoll der zweiten Vernehmung der Steinbruchbesitzer des Dornaper Kalkindustriegebiets, 24.11.1880, LAV NRW R, BR 7, 24578; Landratsamt Mettmann an Königliche Regierung Düsseldorf Abteilung des Inneren: Betr. polizeiliche Maßregeln wegen Aufbewahrung und Verbrauch des Dynamits in Dornap, 4.5.1881, LAV NRW R, BR 7, 24578.

27 Bürgermeisteramt Haan an Landratsamt Mettmann: Erweiterung der Genehmigung betreffend das Quantum des zu lagernden Dynamits seitens des Wilhelm Pasch, Direktor der Marmor-Industrie zu Neanderthal, 13.7.1886, StAH, G, 347A.

28 Landratsamt Mettmann: Betr. Bewachung der Dynamitlagerräume, 17.5.1886, StAH, G, 347A.

29 Bürgermeisteramt Haan an Landratsamt Mettmann, 29.5.1886, StAH, G, 347A.

30 Landrat von Estorff: Protokoll der zweiten Vernehmung der Steinbruchbesitzer des Dornaper Kalkindustriegebiets, 24.11.1880, LAV NRW R, BR 7, 24578.

nutzt worden ist, [konnte] eine Concession nicht vorgelegt werden«.[31] Stattdessen setzte das Landratsamt durch, dass alle Steinbruchbetreiber ihre Sprengmaterialien in einem gemeinsamen Lager aufbewahrten, das der Sprengstoffhändler Carl Thielenhaus 1886 in Dornap einrichtete. Aus diesem konnte jeden Morgen der Tagesbedarf entnommen werden.[32] Die zentralisierte Lagerung erleichterte die Kontrolle und führte zu einer restriktiveren Distribution der Sprengstoffe.

Auch der Personenkreis, der mit Sprengstoffen arbeiten durfte, wurde immer stärker eingegrenzt. Im November 1880 beriet der Landrat mit den Dornaper Steinbruchbetreibern darüber, wie das Anbringen und Zünden von Sprengschüssen auf »besonders zuverlässige Personen« beschränkt werden konnte.[33] Mit Erlass des Gesetzes gegen den verbrecherischen und gemeingefährlichen Gebrauch von Sprengstoffen vier Jahre später verlangte das Landratsamt von den Unternehmen, Personen zu benennen, die als Sprengmeister für die Anwendung der Sprengstoffe in den Steinbrüchen verantwortlich waren.[34] Meist nannten die Steinbruchbetreiber Namen von älteren Vorarbeitern, die seit langem ortsansässig waren. Die besondere Vertrauenswürdigkeit der als Sprengmeister legitimierten Arbeiter gründete primär darauf, dass sie fest in die lokalen Netzwerke und deren Sozialkontrolle eingebunden waren.[35] Mittelfristig bildete sich mit den Sprengmeistern eine eigene technisch und sozial qualifizierte Berufsgruppe heraus.

Die Sprengmeister waren schließlich auch diejenigen, die für das Bohren der Sprenglöcher verantwortlich waren, und damit für jenen Arbeitsvorgang, der nach 1900 in den meisten Steinbrüchen als erstes systematisch mechanisiert wurde. Der Vorstand von Thyssens Rheinischen Kalksteinwerken berichtete den Gesellschaftern euphorisch: »Zum Zwecke der schnelleren und billigeren Gewinnung der Kalksteine sind eingehende Versuche mit maschinellem Bohren gemacht worden, die gute Resultate geliefert haben.«[36] Die maschinell betriebenen Schlagbohrmaschi-

31 Landratsamt Mettmann an Königliche Regierung Düsseldorf, Abteilung des Inneren: Betr. Dynamit-Lager und Dynamit-Handel in Dornap, 20.6.1881, LAV NRW R, BR 7, 24578.

32 Vereinbarung zwischen Schürmann, Meyberg, Schüler, Gewerkschaft Maximilian, Hummeltenberg, Heymann, Thielenhaus, Wollf, 4.8.1885, RhK(L), 00, 30; Kolk an Landratsamt Mettmann: Revision der Explosivstofflager, 14.1.1886, StAH, G, 347A; Schüler an Bürgermeisteramt Haan, 26.7.1886, StAH, G, 347A; Bürgermeisteramt Sonnborn: Aktennotiz, 30.12.1887, StAW, GV, 26.

33 Landrat von Estorff: Protokoll der zweiten Vernehmung der Steinbruchbesitzer des Dornaper Kalkindustriegebiets, 24.11.1880, LAV NRW R, BR 7, 24578.

34 Landratsamt Mettmann: Erlaubnisschein No. 28, 2.1.1885, StAH, G, 347A.

35 Schüler an Bürgermeisteramt Haan, 16.4.1886, StAH, G, 347A; Birschel an Bürgermeisteramt Sonnborn, 23.12.1887, StAW, GV, 26.

36 Rheinische Kalksteinwerke: Betriebs- und Geschäftsbericht der Rheinischen Kalksteinwerke G.m.b.H. Wülfrath für die Versammlung der Gesellschafter am 30. April 1906, 25.5.1906, TKKA, A, 258/1; vgl. Breckle, Reiner/Grote, Henning: Sprengen – Brechen – Mahlen. Die Technologie der Kalk- und Zementherstellung, in: Albrecht, Helmuth (Hg.): Kalk und Zement in

nen versprachen eine deutliche Arbeitsersparnis. Der Vorstand der Rheinischen Kalksteinwerke gab an, die gleiche Menge Gestein mit acht statt der bisher notwendigen 40 Arbeiter gewinnen zu können.[37] Ähnlich reduzierte die RWK ihre Belegschaft parallel zur Einführung von Bohrmaschinen von 2400 auf 1800 Arbeiter. Die gezahlten Löhne gingen um 15 Prozent zurück.[38] Zugleich ließ sich mit dem Einsatz von maschinellen Bohrmaschinen die Abbaumenge steigern. Die Bohrlöcher, in die die Sprengstoffe eingesetzt wurden, konnten schneller und tiefer gebohrt werden, so dass Sprengungen häufiger durchgeführt wurden und größere Mengen an Gestein auf einmal gelöst werden konnten.

Dennoch gab es eine verbreitete Skepsis gegenüber dem maschinellen Bohren, die mit den Praktiken des Bohrens und den dafür notwendigen infrastrukturellen Voraussetzungen zusammenhing.[39] Die Anwendung der neuartigen Geräte warf eine ganze Reihe von Problemen auf. Das im *Taschenbuch für die Stein- und Zementindustrie* veröffentlichte Foto eines Mannes (Abb. 12), der scheinbar mühelos drei pneumatisch betriebene Bohrmaschinen bedient, ist gestellt und irreführend. Zwar zeigt das Bild das Arrangement aus Bohrern, Pressluftschläuchen, Befestigungsgestellen und Gestein, aber es blendet die damit verknüpften Arbeitsabläufe aus. Zum einen suggeriert das Foto, dass der Bohrvorgang, einmal eingerichtet, automatisiert vonstattengehe. Tatsächlich aber musste dieses Arrangement beständig überwacht und angepasst werden, um einen reibungslosen Fortgang sicherzustellen. Weder lässt sich auf dem Bild erkennen, dass die Bohrlöcher regelmäßig ausgespült werden mussten, noch, dass die Bohrköpfe während eines Bohrvorgangs in der Regel mehrfach ausgetauscht wurden. Mit dem Umrüsten auf zunehmend kleinere Bohrköpfe konnte ein konisch zulaufendes Loch gebohrt werden, in das sich die durch Reibung entzündlichen Sprengmittel sicherer einfüllen ließen.[40] Zum anderen fehlen in der Aufnahme die eigentlichen Anwender des Arrangements – der abgebildete Mann ist vermutlich ein Betriebsleiter und kein Arbeiter.

Als mit den ersten Bohrmaschinen probeweise gearbeitet wurde, hatte der Vorstand der Rheinischen Kalksteinwerke zur Vorsicht gemahnt und erklärt, dass »wir es nicht wagen [dürfen], die Einführung der maschinellen Bohrarbeit stärker zu betreiben, [...] da ein Teil der Arbeiter ihr auch heute noch misstrauisch gegenüber

Württemberg. Industriegeschichte an Südrand der Schwäbischen Alb, Ubstadt-Weiher 1991, S. 58-100, hier: S. 66.

37 Rheinische Kalksteinwerke: Betriebs- und Geschäftsbericht pro 1906, 16.4.1907, TKKA, A, 682/2; Rheinische Kalksteinwerke: Betriebs- und Geschäftsbericht der Rheinischen Kalksteinwerke G.m.b.H. Wülfrath pro 1909, 30.4.1910, TKKA, A, 258/1.

38 Rheinisch-Westfälische Kalkwerke AG: Festschrift, S. 35; RWK: Bericht des Vorstandes, 14.9.1909, RhK(L), AG, 41.

39 Verlohr an Thyssen, 28.6.1907, MWA, P, 7 77 14.

40 Fiebelkorn: Gesteinsbohrmaschinen.

Abbildung 12: Maschinelle Gesteinsbohrung, 1911.

Quelle: Eisentraeger, August (Hg.): Taschenbuch für die Stein- und Zementindustrie, Berlin 1911, S. 51.

steht.«[41] Ursache war wohl weniger die Angst vor dem Verlust des Arbeitsplatzes, als vielmehr eine bis dahin in dieser Intensität unbekannte Staubentwicklung und die Vibration der Maschinen, die sich auf die Muskulatur der Arbeiter auswirkte. Gerade das Thema Staubentwicklung spielte für die Nutzung von Bohrmaschinen eine Rolle. Kurz nach der verbreiteten Einführung von Bohrmaschinen begann die Konstruktion von Staubfängern aller Art.[42] Bei der Auswahl der Maschinen, von denen um 1900 zahllose Modelle auf den Markt kamen, achteten die Betriebsleiter auch zunehmend darauf, dass die »Bohrhämmer [...] im Gebrauch weniger Stöße verursachen.«[43] Beides schien die Arbeitsabläufe erheblich zu verbessern. Um 1910

41 Rheinische Kalksteinwerke: Bericht der Rheinischen Kalksteinwerke G.m.b.H., Wülfrath, 30.11.1906, TKKA, A, 682/1.

42 Gewerbe-Inspektion Vohwinkel an Königliche Regierung Düsseldorf, 1.10.1907, LAV NRW R, BR 7, 33376.

43 Pillmann: Betrifft Bohrhämmer, 26.2.1912, RhK(L), AG, 122.

hatten sich die Arbeiter die Maschinen so weit angeeignet, dass inzwischen das Bohren per Hand als unangenehm galt, wie ein Bericht der Elberfelder Handelskammer suggeriert: »In [...] Bruchbetrieben, [...] welche [...] maschinelle Gesteinsbohrung noch nicht besitzen, hat sich ein Arbeitermangel bemerkbar gemacht, da bei den Arbeitern die bisherige Handbohrung nicht mehr beliebt ist.«[44]

Das Angebot an Bohrmaschinen war immens und bei der Auswahl der Geräte spielten sowohl Erfahrungen mit der Handhabung als auch das Zusammenwirken der Bohrer mit verschiedenen Gesteinsarten eine entscheidende Rolle.[45] In Anbetracht des Produktangebots ließ beispielsweise der technische Direktor der RWK, Heitfeld, im Dezember 1910 eine Versuchsreihe mit 15 verschiedenen Modellen durchführen. Wichtig war ihm nicht nur die Leistung und der Energieverbrauch, sondern vor allem das Verhalten der Geräte in Wechselwirkung mit den materiellen Eigenschaften des Gesteins, das in Dornap anstand. Sie mussten einerseits kraftvoll genug sein, um die Felsen zu perforieren, durften aber andererseits kein allzu hohes Drehmoment erreichen, um nicht schnell abzunutzen.[46] Die Auswahl der Bohrmaschinen orientierte sich an den Arbeitsabläufen ebenso wie an der Wechselwirkung mit den materiellen Eigenschaften des Gesteins.

Der zeitgenössisch übliche Begriff der »Bohranlage« beschrieb die Maschinerie zutreffend, denn die zunächst mit Pressluft betriebenen Bohrmaschinen erforderten eine komplexe Infrastruktur. Die pneumatische Energie wurde zentral mit Dampfmaschinen erzeugt und musste über Rohr- und Schlauchsysteme an den Einsatzort übertragen werden.[47] Wie aufwendig es sein konnte, eine solche Infrastruktur zu installieren und mit dem Fortschritt des Abbaus fortlaufend umzubauen, wird in einem Bericht der RWK Mitte der 1900er Jahre deutlich:

> »Der schon mit maschineller Bohranlage versehene Teil unserer Brüche [in Dornap, S.H.] erhielt auf der oberen Sohle eine zweite Pressluftleitung, da bei dem hier vorhandenen Etagenbau die Abzweigungen der Pressluftzuführung nach den einzelnen Bohrstellen wegen ihrer Länge mancherlei Umstände und zeitraubende Verlegungsarbeiten verursachten.«[48]

---

44 Handelskammer Elberfeld: Jahresbericht der Handelskammer zu Elberfeld 1910, Elberfeld 1911, S. 68.

45 Badermann: Elektrisch betriebener Gesteinsbohrer, in: Der Steinbruch 4 (1909), S. 343-345; Fiebelkorn: Gesteinsbohrmaschinen.

46 Heitfeld: Aufstellung über die am 15 u. 16. Dez. 1910 in der Abteilung Gruiten gemachten Versuche mit Bohrhämmern von Flottmann, Dezember 1910, RhK(L), AG, 122.

47 Fiebelkorn: Gesteinsbohrmaschinen; Rheinische Kalksteinwerke: Betriebs- und Geschäftsbericht der Rheinischen Kalksteinwerke G.m.b.H. Wülfrath für die Versammlung der Gesellschafter am 30. April 1906, 25.5.1906, TKKA, A, 258/1.

48 RWK: Bericht des Vorstandes, 14.9.1909, RhK(L), AG, 41.

Ab 1907 wurden zunächst die Dampfmaschinen durch elektrisch betriebene Kompressoren ersetzt, um den Luftdruck in den Systemen aus Rohren und Schläuchen herzustellen.[49] Wenig später kamen dann auch elektrisch betriebene Bohrmaschinen zum Einsatz, die eine ganz andere Infrastruktur benötigten.

Infrastruktursysteme

Der Transport des Gesteins war der erste Bereich der Gesteinsgewinnung, in dem Steinbruchbetreiber schon lange vor 1900 Maschinen einsetzten. Dampf- und dann auch elektrisch betriebene Lokomotiven ersetzten seit den 1870er Jahren menschliche und vor allem tierische Muskelkraft. Mit dieser Umstellung ging ein massiver Ausbau des Streckennetzes der Betriebsbahnen einher, die immer längere Strecken zurücklegten.[50] Dabei handelte es sich stets um lokale Infrastrukturen. Die schmalspurigen Transportsysteme stellten die Verbindung zwischen den Stellen in den Steinbrüchen her, an denen Gestein gewonnen wurde, und den Verladestationen an den Eisenbahnstrecken, an denen es umgeladen wurde. Zudem waren diese Transportsysteme äußerst flexibel angelegt. Insbesondere in den dynamischen Arrangements der Steinbrüche wurde die Streckenführung häufig angepasst und Schienenstränge neu verlegt.

Noch 1866 setzten die Gebrüder Schüler in ihrem Steinbruch 16 Pferde ein, um das gebrochene Gestein zum Dornaper Bahnhof zu transportieren, bevor sie die Tiere 1872, als erstes Unternehmen, durch Dampflokomotiven ersetzten.[51] Lange waren sie damit aber eine Ausnahme, weil die lokalen Behörden Vorbehalte gegen den Dampfbetrieb auf den Schleppbahnen hatten.[52] Noch 1889 schrieb die für die Steinbrüche im Neandertal zuständige Kommunalbehörde ausdrücklich vor: »[D]er Betrieb darf nur durch lebende Kraft und nicht durch Dampfmaschinen erfolgen«.[53] Wenn Dampflokomotiven doch genehmigt wurden, dann meist unter der Auflage, dass diese nicht schneller als 10km/h fahren durften und dass die Tras-

---

49 Rheinische Kalksteinwerke: Betriebs- und Geschäftsbericht pro 1906, 16.4.1907, TKKA, A, 682/2; Vogel an Rheinisch-Westfälisches Elektrizitätswerk, 5.4.1907, RhK(L), AG, 27; Gutehoffnungshütte AG: Vierzigste ordentliche General-Versammlung, 1912, S. 12.

50 Vgl. Breckle/Grote: Sprengen – Brechen – Mahlen, S. 61.

51 Schüler an Landratsamt Mettmann: Betrifft Gesuch der Gebrüder Aug. & Wilh. Schüler um Erlaubnis zur Benutzung eines Theils der Düsseldorf-Schwelmer Staatsstraße zur Anlage einer Pferdebahn, 24.4.1866, LAV NRW R, BR 34, 101; Königliche Regierung Düsseldorf Abteilung des Inneren an Schüler, 14.6.1872, LAV NRW R, BR 34, 101.

52 Landratsamt Mettmann an Königliche Regierung Düsseldorf, 23.11.1889, LAV NRW R, BR 34, 101.

53 Bender an Vogel, 6.7.1889, StAE, Altakten, 1137.

sen besonders abgesichert werden mussten.[54] Ein Problem ganz anderer Art stellte die Wasserversorgung für die Dampflokomotiven dar. Nicht überall war Wasser verfügbar und zum Teil mussten eigens Wasserbehälter oder Teiche angelegt werden, um den Gesteinstransport auf Dampflokomotiven umstellen zu können.[55] Aus all diesen Gründen wurden Pferdebahnen noch bis weit in das 20. Jahrhundert auch in großen Steinbrüchen genutzt. Erst 1912 erhielt etwa der Dolomitbruch der Gutehoffnungshütte in Lüntenbeck die erste Lokomotive.[56] Vielerorts bestand der Betrieb mit Pferden, Dampf- und später auch Elektrolokomotiven nebeneinander.[57]

Insgesamt überwogen die Vorteile der Lokomotiven gegenüber Pferden vor allem, weil dadurch die Ausweitung des Streckennetzes möglich wurde und auch abgelegenere Abbaustätten erschlossen werden konnten. Bis in den 1880er Jahren Lokomotiven zum Einsatz kamen, verbanden die sogenannten Schleppbahnen die Brüche auf direktem Wege mit den Umladestellen.[58] Aber schon 1887 verfügte der Betrieb von Wilhelm Schüler in Dornap über 768 m Strecke, zwei Lokomotiven und 20 Kippwagen mit je 2,5 t Ladefähigkeit. Das im gleichen Jahr mit Schüler zur RWK fusionierte Unternehmen Schürmann Söhne unterhielt 475 m Schienen, eine Lokomotive und 19 Transportwagen.[59] In den darauffolgenden Jahren entwickelte sich der Betriebsbahnbestand auf dem Gebiet der Bürgermeistereien Wülfrath und Gruiten, zu denen auch die Steinbrüche in Dornap administrativ gehörten, rasant weiter. 1893 verfügte die RWK schon über 11,2 Kilometer Schmalspurbahnen, die sie mit 6 Lokomotiven und 138 Waggons zu je 2,5 t befuhr.[60] Zehn Jahre später war das Netz der RWK auf knapp 50 Kilometer angewachsen und die Anzahl der Waggons hatte sich verdoppelt. Thyssens noch relativ jungen Rheinischen Kalksteinwerke verfügten über weitere sieben Kilometer Schmalspurbahnen, auf

---

54 Landratsamt Mettmann an Königliche Regierung Düsseldorf: Betrifft Gesuch des Steinbruchbesitzers Ferd. Stöcker zu Hahnenfurth um Genehmigung zum Betrieb einer Schleppbahn durch Lokomotiven an Stelle des bisherigen Pferdebetriebes, 3.2.1892, LAV NRW R, BR 34, 101; Königliche Regierung Düsseldorf: Genehmigung, 14.3.1900, StAH, G, 381.

55 Dickmann an Gutehoffnungshütte AG, 22.2.1883, RWWA, 130, 131-1.

56 Gutehoffnungshütte AG: Vierzigste ordentliche General-Versammlung.

57 Dickmann an Gutehoffnungshütte AG, 22.2.1883, RWWA, 130, 131-1; Königliche Regierung Düsseldorf: Ausschnitt aus Amtsblatt, 17.7.1889, LAV NRW R, BR 34, 270; Königliche Regierung Düsseldorf an RWK, 21.9.1892, LAV NRW R, BR 34, 101; vgl. McShane, Clay/Tarr, Joel: The Horse in the City. Living Machines in the Nineteenth Century, Baltimore 2007.

58 Mülmann, Otto von: Statistik des Regierungs-Bezirkes Düsseldorf, Bd. 2, Teil 2, Iserlohn 1867, S. 477f.

59 Middeldorf: Notizen über schmalspurige Bahnen von W. Schüler, H. Meyberg, T. Schürmann in der Gemeinde Schöller, 20.1.1887, StAH, G, 347A.

60 Bürgermeister-Amt Wülfrath: Uebersicht über den Bestand der schmalspurigen Industrie- und Feldbahnen nach der Aufnahme im Januar 1893, 14.1.1893, LAV NRW R, BR 34, 101.

denen sie neun Lokomotiven und 228 Waggons einsetzten.[61] Die größte Ausdehnung erreichte das Streckennetz der Unternehmen dann in den Jahren vor dem Ersten Weltkrieg, als insgesamt gut 100 Kilometer Schmalspurbahnen verlegt waren.[62] Diese Entfernungen waren mit Pferden nicht mehr sinnvoll zu bewältigen und sie geben einen Eindruck von der Größenordnung der Transportsysteme, die im Zusammenhang mit der Mechanisierung entstanden.

Ungeachtet des rasanten Wachstums des Netzwerks handelte es sich bei einem Großteil der verlegten Schienenstränge nicht um dauerhafte Konstruktionen. Vielmehr kam es den Unternehmen auf die Flexibilität der Transportverbindungen an. Der Bau der Schmalspurbahnen erfolgte vor allem mit Blick auf die Möglichkeit, Schienen wieder zu entfernen und bei Bedarf an anderer Stelle neu zu verlegen. Meist wurden Trassen deshalb auch ohne besondere Berücksichtigung des Unterbaus oder kreuzender Wege angelegt. Schon Ende der 1860er Jahre war der Bereich der Düsseldorf-Elberfelder Chaussee in Dornap gekennzeichnet von »quer über den Weg liegenden Schienen, wie die nach der rechten und der linken Seite [...] abbiegenden Schienen«.[63] In Pachtverträgen war mitunter geregelt, dass die Kalkwerke das Recht hatten, Schienen jederzeit nach Bedarf über die betreffenden Grundstücke zu verlegen.[64] Die ganze Anlage der Infrastruktur ermöglichte, Transportwege auch kurzfristig zu verändern und anzupassen, wenn es für die Betriebsführung oder die Unternehmenspolitik erforderlich schien.

Vor allem in den Steinbrüchen war die Flexibilität des Transportsystems wichtig. Schienen mussten so nah wie möglich an die aktuellen Abbaustellen gelegt werden, damit Arbeiter die gebrochenen Gesteinsmassen mit Schaufeln in Waggons laden konnten. Sie sollten aber zugleich einen möglichst effizienten Arbeitsablauf ermöglichen.[65] Dadurch kam es zur kontinuierlichen Anpassung des Transportsystems in den Steinbrüchen. Die provisorische Anlage der Schienenwege und ihr dadurch bedingter schlechter Zustand waren unmittelbar auf diese Notwendigkeit zurückzuführen. »Die Gleise können, weil sie häufig der abgegrabenen Bruchwand nachgerückt werden müssen, nicht so sorgfältig verlegt werden, wie es [...] notwendig wäre«, urteilte Paul Ludowigs, der die Leitung von Thyssens Rheinischen

61 Bürgermeister-Amt Wülfrath: Uebersicht über den Bestand an schmalspurigen Industrie- und Feldeisenbahnen nach der Aufnahme im Januar 1905, 16.1.1905, LAV NRW R, BR 34, 101; Bürgermeister-Amt Gruiten: Uebersicht über den Bestand an schmalspurigen Industrie- und Feldeisenbahnen nach der Aufnahme im Januar 1905, 25.1.1905, LAV NRW R, BR 34, 101.

62 Bürgermeister-Amt Gruiten: Uebersicht über den Bestand an Schmalspurbahnen im Jahre 1913, 2.1.1914, LAV NRW R, BR 34, 101.

63 Urteil in der Klage Lange gegen Schüler, 19.7.1869, RhK(L), AG, 16.

64 Oster: Notariatsakte No. 11836, 12.7.1878, RhK(L), EV, 1.

65 Blumberg, Carl: Gleisanordnung im Steinbruch, in: Tonindustrie-Zeitung 51 (1927), S. 902-903.

Kalksteinwerken von Verlohr übernommen hatte.[66] Auch hierbei schien der Einsatz von Pferden zunehmend ungeeignet. Beobachter sprachen mit Blick auf den schlechten Zustand der Schienenwege gar von »Thierquälerei«, wenn Pferde die großen Lasten entlang der nur provisorisch angelegten Trassen ziehen mussten.[67] Die Mechanisierung des Transportsystems vereinfachte die flexible Organisation des Steinbruchbetriebs.

Schwieriger war es demgegenüber mit den Betriebsbahnen, egal ob mit Pferden, dampf- oder elektrisch betrieben, große Höhenunterschiede zu überwinden. Dies bereitete sowohl für die Strecken zwischen den Steinbrüchen und den Verladestationen als auch innerhalb der Steinbrüche Probleme. In einigen Fällen hing davon sogar ab, ob ein Vorkommen überhaupt erschlossen werden konnte, wenn »die Steine [...] sämtlich aus der Tiefe heraus geschafft werden« mussten.[68] Da die Bahntrassen eine gewisse Steigung nicht überschreiten konnten, orientierte sich der Ausbau der Brüche deswegen lange Zeit an den Möglichkeiten, die die Streckenführung der Betriebsbahnen erlaubte. Meist setzte die dadurch bedingte spiralförmige Anlage von Steinbrüchen dem Abbau enge Grenzen.

Deswegen kamen in einigen Steinbrüchen zunächst Aufzugsanlagen in Gebrauch, um steile Anstiege zu überwinden. Im Neandertal wurde schon 1899 eine »elektrische Bergbahn« installiert, die eine ältere Konstruktion ersetzte, mit der das Gestein aus dem tief gelegenen Taleinschnitt zum Hochdahler Bahnhof und zur Eintrachtshütte transportiert wurde.[69] Eine ähnliche Aufzugsanlage ließ die RWK 1907 auch in Dornap errichten.[70] Aus diesen Anlagen entwickelten sich bis in die 1920er Jahre immer ausgeklügeltere Fördersysteme, insbesondere Ketten- oder Seilbahnen und später auch Förderbänder.[71] Für die Rheinischen Kalksteinwerke in Flandersbach plante Ludowigs 1921 eine ausgedehnte Kettenbahn, in die befüllte wie entleerte Wagen eingehängt werden sollten, um sie zwischen den Arbeitsstellen im Bruch und der Verladestelle an der Angerthalbahn zu transportieren.[72] Wenige Jahre später begann die RWK damit, ihre Betriebsbahnen in grö-

66 Ludowigs: Bericht, 16.9.1921, TKKA, A, 9448.

67 Ernenputsch/Knappertsbusch/Eigen/Schmahl/Küpper/Killmer/Stöcker an Königliche Regierung Düsseldorf Abteilung des Inneren, 23.2.1873, LAV NRW R, BR 34, 43.

68 Meisloch an Schnuch, 4.5.1913, RhK(L), AG, 112.

69 Königliche Regierung Düsseldorf an RWK, 4.4.1899, LAV NRW R, BR 34, 270; vgl. Berndt, Uwe: Im Dienst der Kalkindustrie. Transportbahnen in Hochdahl und Umgebung, Erkrath 2017, S. 7f.

70 Krumm: Betr. Massenberechnung des Betriebs Korten am Sandfeld, 27.7.1907, RhK(L), 00, 10a.

71 Clausen, B.: Kabelluftbahnen als Abraum- und Beschickungsanalgen, in: Der Steinbruch 4 (1909), S. 160-165.

72 Ludowigs: Bericht, 16.9.1921, TKKA, A, 9448; Niederschrift über die Gesellschafterversammlung der Rheinischen Kalksteinwerke GmbH, 28.9.1921, TKKA, A, 9448; vgl. Klaß: 50 Jahre Rheinische Kalk-Steinwerke, S. 43f.

ßerem Umfang durch Seilbahnen zu ergänzen, um Transportverbindungen auch über schwierige Geländeverhältnisse herzustellen (Abb. 13).[73]

Abbildung 13: Übergang Seilbahn Mettmanner Straße, 1925.

Quelle: Stadtarchiv Haan, BF G 2.3.4 Rhe22.

Der Aufbau der Seil- und Kettenbahnen, aber auch der zunehmende Einsatz von Elektrolokomotiven und die Umstellung der Bohranlagen und anderer Geräte machte die umfassende Elektrifizierung der Steinbruchbetriebe erforderlich.[74] 1911 verfügte die RWK in Dornap bereits über zehn und Thyssens Rheinische Kalksteinwerke über 20 Elektrolokomotiven, welche die dampfgetriebenen schon fast vollständig verdrängt hatten.[75] Daneben entstanden gänzlich neue Einsatzgebiete für elektrischen Strom, wie die Beleuchtung der Steinbrüche.[76] Die Ausstattung mit Bogenlampen und Glühbirnen setzte um 1905 ein und wuchs rasant.[77] Ein Jahrzehnt später war der Steinbruchbetrieb vielerorts so weit elektrifiziert, dass die

73 Regierungspräsidium Düsseldorf an RWK, 27.11.1925, LAV NRW R, BR 34, 502; vgl. Kasig/Weiskorn: Zur Geschichte der deutschen Kalkindustrie, S. 88; Berndt: Im Dienst der Kalkindustrie, S. 33f.

74 Freyberg, Max: Maschinelle Fördermethoden beim Steinbruchbetrieb, in: Der Steinbruch 4 (1909), S. 97-102; Neue Konstruktionen in Hebezeugen, Transportanlagen und Kraftmaschinen etc., in: Der Steinbruch 7 (1912), S. 607-632.

75 Bürgermeister-Amt Wülfrath: Uebersicht über den Bestand an schmalspurigen Industrie- und Feldeisenbahnen nach der Aufnahme im Januar 1911, 14.1.1911, LAV NRW R, BR 34, 101.

76 Die Beleuchtungsfrage in der Steinbruchindustrie, in: Der Steinbruch 8 (1913), S. 46-50.

77 Wülfrather Zeitung, 27.1.1904, StAWü; RWK an Bürgermeister Kaiser, 26.9.1903, StAE, Altakten, 343; Vogel: Lieferung des Rhein.-Westf. Elektrizitätswerks nach Hofermühle, 28.8.1906,

Engpässe in der Stromversorgung am Ende des Ersten Weltkriegs zum Produktionsausfall führten. So mussten die Betriebe der Gutehoffnungshütte 1917 und 1918 die Produktion mehrfach aufgrund von Stromausfällen einstellen. Es konnte weder gebohrt werden, noch konnte gesprengtes Gestein verladen werden.[78]

Voraussetzung und zugleich Stimulus für die Elektrifizierung der Betriebsanlagen war die zuverlässige Versorgung mit elektrischem Strom und ein entsprechendes Infrastruktursystem. In den eher ländlich geprägten Gegenden des Kreises Mettmann erfolgte die Stromversorgung bis in die 1910er Jahre zunächst dezentral. Neben zahlreich installierten Generatoren ließen die Kalksteinunternehmen nach der Jahrhundertwende mehrere Mühlen zu Kraftwerken umbauen.[79] Die ausgeprägte Ergiebigkeit der dem Kalkgestein entspringenden Bäche war hier ein Vorteil, um eine gleichmäßige und ununterbrochene Stromversorgung sicherzustellen.[80] Für die Kalkwerke war dies ein wichtiges Argument: »Die vorhandene Wasserkraft könnte durch Einbau einer neuen Turbine auf etwa 50 PS gebracht werden, die als Reserve für den in der Abteilung Hofermühle stationierten Kompressor« dienen könnte, resümierte ein leitender Angestellter der RWK das Angebot, eine Mühle zu kaufen.[81] Als Reserve behielt die Wasserkraft noch lange Zeit Bedeutung. Noch in den 1930er Jahren installierte die RWK an der Düssel eine Turbine zur Stromerzeugung.[82]

Die Hauptlast der Stromversorgung deckten zu diesem Zeitpunkt allerdings bereits die zentralisierten Netzwerke ab, insbesondere das der Rheinisch-Westfälischen Elektrizitätswerke (RWE). Im Jahre 1906 expandierte die RWE auch in die Teile des Kreises Mettmann, in denen die Kalkindustrie ihren Schwerpunkt hatte. Es waren nicht zuletzt die großen Unternehmen dieser Branche, die sich als Interessenten und Nutzer für den Anschluss an das Stromnetz eingesetzt hatten

---

RhK(L), AG, 27; Gutehoffnungshütte AG: Vierzigste ordentliche General-Versammlung, S. 12; Verzeichnis der von der RWK installierten elektrischen Anlagen, 18.7.1906, RhK(L), AG, 27.

78 Gutehoffnungshütte, Abteilung Kalksteinbrüche: Aktennotiz, 23.4.1917, TKKA, TNO, 3680; Gutehoffnungshütte, Abteilung Kalksteinbrüche: Betrifft Dolomitbruch Lüntenbeck, Stromlieferung vom Städt. Elektr. Werk Elberfeld, 21.3.1918, TKKA, TNO, 3680; Halbfass, Wilhelm: Deutschland, nutze deine Wasserkräfte! Ein Mahnruf an das deutsche Volk, Leipzig 1919, S. 50f.

79 Stinshoff an RWK, 8.10.1910, RhK(L), 04, 39; Bericht: Kalksteinfelder, Juni 1911, RhK(L), AG, 1; vgl. Zumbrägel, Christian: »Viele wenige machen ein Viel«. Eine Technik- und Umweltgeschichte der Kleinwasserkraft (1880-1930), Paderborn 2018.

80 Wülfrather Zeitung, 27.1.1904, StAWü.

81 RWK an Schäfer, 9.1.1913, RhK(L), 04, 39.

82 Bezirksausschuss Düsseldorf, Erste Abteilung: Sicherstellungsbeschluss, 24.10.1930, LAV NRW R, BR 1028, 79.

und nun die Vernetzung entscheidend mitformten.[83] Einfluss übten neben der RWK vor allem die im Kalksteinabbau engagierten Montanunternehmen aus, die auf einen schnellen Anschluss drängten und zum Teil als Miteigentümer des Energiekonzerns RWE ein starkes Interesse an der Ausweitung des Versorgungsnetzes hatten: Thyssen, Krupp und der Gutehoffnungshütte-Konzern.[84] Schon im Oktober 1906 vermeldete Albert Vogel, einer der Direktoren der RWK, einen ersten Erfolg seiner Verhandlungen mit der RWE:

> »Heute war Herr Direktor Goldenberg [von der RWE, S.H.] mit einem Ingenieur hier. Herr G. teilte mit, dass seine Gesellschaft die Stromlieferung in Wülfrath bereits übernommen habe [...] Im Laufe der nächsten Woche soll damit begonnen werden, die Kabel von Flandersbach bis nach Wülfrath zu verlegen. [...] Sobald wie möglich sollen auch Kabel nach Dornap gelegt werden.«[85]

Der Effekt dieser Interventionen lässt sich am Fortschritt des Netzausbaus deutlich ablesen: Zum einen gehörten Wülfrath, Gruiten, Flandersbach, Dornap oder Hofermühle zu den ersten Orten, die jenseits der Ruhr- und Emscherstädte mit elektrischem Strom versorgt wurden. Im Kreis Mettmann griff das Netz der RWE als erstes in den ländlichen Raum aus. Zum anderen waren die Standorte der Steinbrüche wichtige Knoten- und Verteilerpunkte im entstehenden Infrastruktursystem der Stromversorgung.[86]

So wie die Elektrifizierung seit der Jahrhundertwende zunehmend den öffentlichen Raum der Städte und den Alltag prägte, veränderte die Installation elektrischer Anlagen auch die Praktiken der Kalksteingewinnung.[87] Die Einführung elektrischer Beleuchtung ermöglichte, auch bei Dunkelheit zu arbeiten. Dies sei eine signifikante Verbesserung des Betriebsablaufs, wie der Vorstand der Rheinischen Kalksteinwerke bemerkte: »Um bei den kurzen Wintertagen die Verladung und den Transport der Kalksteine [...] auch nach Eintritt der Dunkelheit vornehmen

83 Vgl. Schott, Dieter: Die Vernetzung der Stadt. Kommunale Energiepolitik, öffentlicher Nahverkehr und die »Produktion« der modernen Stadt – Darmstadt – Mannheim – Mainz, 1880-1918, Darmstadt 1999, S. 41.

84 Vogel: Rheinisch-Westfälisches Elektricitätswerk, Essen, 27.8.1907, RhK(L), AG, 27; Vogel: Lieferung des Rhein.-Westf. Elektrizitätswerks nach Hofermühle, 28.8.1906, RhK(L), AG, 27; vgl. König, Wolfgang/Weber, Wolfhard: Netzwerke, Stahl und Strom. 1840 bis 1914, Berlin 1997, S. 355.

85 Vogel: Betrifft Stromlieferung seitens R.W.E. Essen, 6.10.1906, RhK(L), AG, 27.

86 Vgl. Horstmann, Theo: »Das Rückgrat der wirtschaftlichen und kommunalen Entwicklung«. Anfänge, Entfaltung und Formierung der öffentlichen Stromversorgung im Ruhrgebiet, in: Döring, Peter/ders. (Hg.): Revier unter Strom. Fotografien zur Elektrizitätsgeschichte des Ruhrgebiets, Essen 2010, S. 18-37.

87 Vgl. Schivelbusch, Wolfgang: Lichtblicke. Zur Geschichte der künstlichen Helligkeit im 19. Jahrhundert, München 1983; Melbin, Murray: Night as Frontier. Colonizing the World after Dark, New York 1987.

zu können, war eine elektrische Lichtanlage dringend erforderlich.«[88] Die Tagesrhythmen, die die Gewinnungspraktiken geprägt hatten, verloren durch die technischen Neuerungen teilweise an Bedeutung – saisonale Schwankungen aufgrund von Witterungsverhältnissen blieben freilich bestehen.[89]

Auf den Tagesablauf der Arbeit in den Steinbrüchen hatte die Einführung der elektrischen Beleuchtung spürbare Auswirkungen. Die nächtliche Arbeit in Steinbrüchen war im 19. Jahrhundert aus Sicherheitsgründen verboten. Da »Nacht« durch den Eintritt der Dunkelheit definiert war, schien die genauere Regulierung ebenso überflüssig wie eine systematische Überwachung dieser Vorschrift.[90] Die Gewinnungspraktiken waren durch die »natürlichen« Rhythmen von Tag und Nacht strukturiert. Mit der Installation von Lichtanlagen ab der Jahrhundertwende büßte diese Vorgabe allerdings an Eindeutigkeit ein und wurde umstritten. Als etwa der Polizeisergeant Meersmann die Arbeiter Domeniko, Tradi und Garzelli Cesto an einem 17. April gegen 21:15 Uhr bei Bohrarbeiten beobachtete, schien ihm ein klarer Verstoß gegen das Verbot der Nachtarbeit vorzuliegen. Eine Bestrafung der Arbeiter und ihrer Vorgesetzten erwies sich im folgenden allerdings als schwierig.[91] Denn es dürfte zum Zeitpunkt von Meersmanns Beobachtung zwar schon recht dunkel gewesen sein, aber vermutlich arbeiteten Domeniko, Tradi und Garzelli Cesto mit Beleuchtung, die es ihnen überhaupt erst ermöglichte, zu dieser Zeit zu bohren. Es ist wenig verwunderlich, dass dieser Umbruch in den Gewinnungspraktiken seinen Ausdruck in zahlreichen Beschwerden über Nachtarbeit fand, die sich in den 1900er Jahren häuften.

Aufschlussreich sind die Bemerkungen, die der Steinbrucharbeiter Johann Honscheidt 1905 im Zuge von Ermittlungen zur Nachtarbeit zu Protokoll gab. Darin kontrastierte er seine eigene, auf dem älteren Zeitregime basierende Tätigkeit in einem offensichtlich noch unbeleuchteten Steinbruch mit den Betriebsabläufen in den bereits stärker elektrifizierten Steinbrüchen Thyssens:

> »Wir hören [...] regelmäßig auf zu arbeiten, sobald die Abenddämmerung eingetreten ist [...]. Auf [dem] Wege [nach Hause] komme ich an dem [...] Steinbruchbetriebe der Firma Thyssen & Comp. zu Schlupkothen-Kocherscheidt vorbei. Im Vorbeigehen habe ich nun im vorigen Sommer bezw. im Anfange dss. Jrs. einigemale

88 Rheinische Kalksteinwerke: Betriebs- und Geschäftsbericht der Rheinischen Kalksteinwerke G.m.b.H. Wülfrath für die Versammlung der Gesellschafter am 30. April 1906, 25.5.1906, TKKA, A, 258/1.

89 Rheinisch-Westfälische Kalkwerke AG: Bericht über das Geschäftsjahr 1890/91, S. 3; Verlohr an Gewerkschaft Deutscher Kaiser, 10.12.1910, TKKA, A, 682/1.

90 Königliche Regierung Düsseldorf Abteilung des Inneren: Polizei-Verordnung, 10.3.1860, LAV NRW R, BR 7, 24577; Königliche Regierung Düsseldorf an Landräthe und Oberbürgermeister im Regierungsbezirk Düsseldorf, 3.1.1890, LAV NRW R, BR 34, 24.

91 Bürgermeister Kolk an Landratsamt Mettmann: Beschwerde des Johannes Linnemann aus Dornap, 3.5.1905, LAV NRW R, BR 34, 270.

> [sic!] gehört, daß jemand in dem Thyssen'schen Bruche noch mit Bohrlochschlagen beschäftigt war.«[92]

Es war kein Zufall, dass Honscheidt die Arbeit bei Dunkelheit an den Betriebsabläufen der Thyssen'schen Steinbrüche festmachte. Die Einführung der elektrischen Beleuchtung, wie die Mechanisierung insgesamt, erfolgte zuerst in den großen Betrieben, die systematisch expandierten. Thyssens Steinbruch Schlupkothen gehörte eindeutig zu den Vorreitern dieser Entwicklung. Dort beobachtete Honscheidt 1905 die ersten Ansätze der Elektrifizierung und bemerkte, auch wenn er dies selber so nicht formulierte, die Möglichkeiten, die sie aus Sicht der Unternehmensleitungen für die fortgesetzte Expansion der Steinbrüche bot.

Rationalisierung und der Erste Weltkrieg

1929 veröffentlichte Paul Ludowigs, seit 1919 Direktor der Thyssen'schen Rheinischen Kalksteinwerke, einen Aufsatz in der *Tonindustrie-Zeitung*, dem führenden Fachjournal der Branche, mit dem Titel »Was kann die deutsche Kalkindustrie in ihren Rationalisierungsbestrebungen von Amerika lernen?«. Darin beschrieb er, mit einem Unterton der Bewunderung, die Errungenschaften der US-Amerikanischen Steinbruchindustrie: »In der klaren übersichtlichen Anordnung der Betriebe [...], in der Auswahl zweckentsprechender Maschinen und in der Ausschaltung von Störungsquellen sind die Amerikaner Meister.«[93] Die hohe Effizienz, mit der die Steinbruchunternehmen in den USA arbeiteten, beruhe auf der systematischen Mechanisierung der Betriebe, so Ludowigs. Dadurch erwirtschafte sie trotz der allgemein höheren Löhne größere Gewinne als die deutsche Kalkindustrie. Effizienz setzte er gleich mit einem großen Abbauvolumen bei möglichst geringen Kosten für Personal und Instandhaltung. Mit seinen Überlegungen bezog sich Ludowigs auf die Debatten über die Rationalisierung von Betriebsabläufen, die in den 1920er Jahren zu einem dominanten unternehmerischen Leitbild avancierte.[94]

Implizit warb Ludowigs mit dem Verweis auf die Fortschritte in den USA auch für seine eigenen Leistungen in den 1920er Jahren. Ludowigs, der sich systematisch mit Fragen der Betriebsorganisation beschäftigte, war einer der führenden Köpfe hinter der Reorganisation der Kalksteingewinnung nach dem Ersten Weltkrieg.

---

92 Bürgermeister-Amt Wülfrath: Aussage Johann Honscheidt, 7.4.1905, LAV NRW R, BR 34, 270.

93 Ludowigs: Was kann die deutsche Kalkindustrie in ihren Rationalisierungsbestrebungen von Amerika lernen?, in: Tonindustrie-Zeitung 53 (1929), S. 543-545, hier: S. 544.

94 Vgl. Kleinschmidt, Christian: Rationalisierung als Unternehmensstrategie. Die Eisen- und Stahlindustrie des Ruhrgebiets zwischen Jahrhundertwende und Weltwirtschaftskrise, Essen 1993.

Dabei hatte der Trend zur Mechanisierung, wie gezeigt, bereits lange vor 1914 eingesetzt. Als Ludowigs 1919 die Geschäftsführung der Rheinischen Kalksteinwerke von Conrad Verlohr übernahm, wurden bei vielen Arbeitsschritten bereits Maschinen eingesetzt, die zumeist auch schon elektrisch betrieben waren. Auch andere Unternehmen, wie die RWK, hatten bereits vor dem Ersten Weltkrieg mit der Mechanisierung ihrer Steinbrüche in größerem Umfang begonnen.[95] Allerdings waren im Krieg viele der Probleme, die im Sinne der Rationalisierung thematisiert wurden, deutlicher als zuvor hervorgetreten und ließen eine systematischere Mechanisierung der Betriebe notwendig erscheinen.[96]

Als einschneidendste Folge des Kriegs nahmen die Leitungsgremien der Kalksteinunternehmen den Mangel an Arbeitskräften wahr. Viele Arbeiter wurden zum Militärdienst eingezogen, gerade auch diejenigen, die aus Italien kamen und einen Großteil der Belegschaften ausgemacht hatten. Bereits der Geschäftsbericht der Rheinischen Kalksteinwerke für 1914 klagte, dass »die frühere Normalförderung infolge Fortgangs eines grossen Teiles unserer italienischen Arbeiter in ihre Heimat zurückgegangen« sei.[97] Die Leitung der RWK zeichnete 1916 ein ähnliches Bild: »Auch wir beschäftigten vor dem Kriege etwa 633 Italiener und verfügen [...] heute über etwa 310 italienische Arbeiter.«[98] Die Abwanderung der Italiener ließ sich aber nach Einschätzung der Behörden nicht verhindern. Zwar sei ein »zielbewusstes Bestreben der italienischen Regierung, diese Arbeiter, welche grösstenteils dienstpflichtig und kriegsbrauchbar sind, dem italienischen Heere zuzuführen« zu erkennen, aber »solange sich Deutschland mit Italien nicht im Kriege befindet, [kann] die Rückkehr der Italiener deutscherseits nicht gehindert werden«.[99] Stattdessen bemühten sich die Kalkwerke, Arbeiter aus dem besetzten Belgien anzuwerben. Inwieweit hier Zwang eine Rolle spielte, lässt sich nicht rekonstruieren. Vor allem aber kam es schon 1914 zum Einsatz von Kriegsgefangenen aus Russland und Frankreich.[100] Den Unternehmensführungen war die prekäre Lage, in die sie sich damit brachten, voll bewusst. Unabhängig vom Ausgang des Kriegs würden

95 Vgl. 50 Jahre Betriebsabteilung Schlupkothen der Rheinische Kalksteinwerke GmbH., Wülfrath, Düsseldorf 1948; 100 Jahre RWK, Wuppertal-Dornap 1987.

96 Vgl. Kleinschmidt: Rationalisierung als Unternehmensstrategie, S. 15.

97 Verlohr: Rheinische Kalksteinwerke G.m.b.H., Wülfrath. Betriebs- und Geschäftsbericht über das Jahr 1914, 1.6.1915, TKKA, A, 258/1.

98 RWK an Stellvertretendes Generalkommando VII A.K., o.D. [1916], RhK(L), AG, 47.

99 Ebd.

100 Schlüter an Handelskammer Elberfeld, 28.8.1915, RhK(L), AG, 47; Schlüter an Handelskammer Elberfeld, 16.12.1915, RhK(L), AG, 47; Verlohr: Rheinische Kalksteinwerke G.m.b.H., Wülfrath. Betriebs- und Geschäftsbericht über das Jahr 1914, 1.6.1915, TKKA, A, 258/1; vgl. Ziegler, Dieter: Kriegswirtschaft, Kriegsfolgenbewältigung, Kriegsvorbereitung. Der deutsche Bergbau im dauernden Ausnahmezustand, 1914-1945, in: ders. (Hg.): Rohstoffgewinnung im Strukturwandel. Der deutsche Bergbau im 20. Jahrhundert (=Geschichte des deutschen Bergbaus, Bd. 4), Münster 2013, S. 15-182, hier: S. 34.

sie auf die Arbeitskraft der Kriegsgefangenen, deren Leistungsfähigkeit allgemein als »schlecht« beschrieben wurde, nach Kriegsende verzichten müssen.[101]

Mit dem Kriegsende schienen sich die schlimmsten Befürchtungen zu bestätigen. Von den einst 550 Arbeitern, die die Rheinischen Kalksteinwerke in Flandersbach beschäftigten, waren im Dezember 1918 nur noch 190 verblieben.[102] Die ganze Dramatik, die das Kriegsende aus Sicht der Unternehmen mit sich brachte, wird in einem Bericht der RWK vom Dezember 1918 deutlich:

> »Infolge der in der ersten Hälfte des November eingetretenen politischen und wirtschaftlichen Umwälzung [...] hat die Erzeugung [...] einen wesentlichen Rückgang erfahren. Die abtransportierten Kriegsgefangenen konnten nicht sofort durch freie Arbeiter ersetzt werden, obgleich bekanntlich eine sehr grosse Zahl von Arbeitslosen in der Umgegend unserer Betriebe vorhanden war. Die meisten Arbeiter, welche sich meldeten, haben [...] kurz nach der Aufnahme der Arbeit diese wieder verlassen, weil ihnen solche nicht zusagte bezw. sie die Arbeiten nicht verrichten konnten. Ferner ist das Gewinnresultat von November ungemein ungünstig beeinflusst worden durch die hohen Lohnforderungen [...], die wir [...] schliesslich doch gewähren mussten, wie wir auch die geforderte verkürzte Arbeitszeit von täglich 8 Stunden zuzugestehen gezwungen waren, um Ausschreitungen zu vermeiden.«[103]

Die Arbeit in den Brüchen war trotz der Erfolge der Arbeiterbewegung unattraktiv, weil sie hart und die Entlohnung niedrig war. Es sei beinahe unmöglich gewesen, Steinbrecher oder Erdarbeiter zu finden, lamentierte der Vorstand der Rheinischen Kalksteinwerke im Januar 1919: »Obwohl in den Grosstädten Elberfeld-Barmen usw. grosse Arbeitsnot herrscht, sind die Leute doch nicht zu bewegen, in Steinbrüchen zu arbeiten.«[104] Die Arbeiter, die schließlich doch gefunden werden konnten, enttäuschten die Unternehmen. Verlohr beklagte deren geringe Leistungsbereitschaft und schlechte Qualifikation in deutlichen Worten: »Die Zahlen beweisen, [...] [dass] die geschulten italienischen Steinbrecher nicht in so kurzer Zeit durch ungeübte, aber umso anspruchsvollere, deutsche Arbeiter, die an allen Ecken und Enden den Betrieb aufhalten, zu ersetzen sind«.[105]

Zwar war es die Arbeitsmoral, über die sich Unternehmer und Direktoren echauffierten, aber mindestens genauso problematisch war der Mangel an Erfah-

---

101 Verlohr: Rheinische Kalksteinwerke G.m.b.H., Wülfrath. Betriebs- und Geschäftsbericht über das Geschäftsjahr 1915, 15.5.1916, TKKA, A, 258/1.

102 Rheinische Kalksteinwerke: Betriebs- und Geschäftsbericht der Rheinischen Kalksteinwerke G.m.b.H., Wülfrath, über das Geschäftsjahr 1913, 9.5.1914, TKKA, A, 682/2; Rheinische Kalksteinwerke: Bericht über den Monat Dezember 1918, 11.1.1919, TKKA, A, 529/1.

103 RWK an Deutsche Bank, Filiale Köln, 30.12.1918, DB, F55, 2870.

104 Rheinische Kalksteinwerke: Bericht über den Monat Dezember 1918, 11.1.1919, TKKA, A, 529/1.

105 Verlohr an Fritz Thyssen, 28.7.1920, TKKA, A, 9393.

rungswissen, das mit den vornehmlich italienischen Arbeitern der Vorkriegszeit verloren gegangen war. Die neu eingestellten Arbeiter seien nicht einmal in der Lage, die »verschiedenen Materialien [...] und Erde für die Bodenkippe« voneinander zu trennen. Die Sortierung nach Steingrößen, die von den Steinbrechern vor dem Ersten Weltkrieg offensichtlich recht zuverlässig in Eigenverantwortung durchgeführt worden war, sei völlig zum Erliegen gekommen.[106]

Vor dem Hintergrund dieser Erfahrungen schien es geboten, die Tätigkeiten, die zuvor von Arbeitern durchgeführt wurden, nach Möglichkeit durch Maschinen zu ersetzen. »Infolgedessen,« so erklärte der neue Direktor der Rheinischen Kalksteinwerke, Ludowigs, Thyssen und den anderen Mitgesellschaftern Anfang 1922,

> »muss der Gedanke, uns von der Arbeiterfrage frei zu machen, alles andere beherrschen. Wir rechnen damit, [...] mit Jahresende die Aenderung und Erweiterung der Betriebsanlagen durchgeführt zu haben. Damit soll eine Erhöhung der Steinförderung [...] erreicht werden, ohne dass ein einziger Arbeiter mehr einzustellen ist.«[107]

Die mechanisierten Großanlagen sollten diejenigen Aufgaben übernehmen, die den Arbeitern aus Gründen der Effizienz, aber auch der Qualitätssicherung nicht mehr zugetraut wurden. Mit Blick auf das fehlende Erfahrungswissen, das nötig war, um Steine zu sortieren, ließ Ludowigs in den Steinbrüchen der Rheinischen Kalksteinwerke die bald auch in anderen Betrieben üblichen Sortier- und Waschanlagen sowie Steinbrechmaschinen installieren.[108] Dadurch konnte das Gestein voll automatisiert von Erde gereinigt, nach Größen sortiert und bei Bedarf auf die gewünschte Größe zerkleinert werden. Arbeiter konnten die gebrochenen Steine nun ungeachtet ihrer jeweiligen Eigenschaften zur Aufbereitung verladen: »Bei den modernen [B]etrieben gehen alle Verunreinigungen in das Fördergut und mit diesem in den Brecher und in die Wäsche.«[109] Erst dort erfolgte die mechanische Reinigung von Erdresten und die Sortierung des Gesteins »vermittels Stangenrost und Siebtrommel auf trockenem Wege [...] [und] einer Waschung und Sortierung nach verschiedenen Korngrößen.«[110] Die Mechanisierung und die damit verbundene Re-

---

106 Ludowigs: Bericht, 16.9.1921, TKKA, A, 9448.

107 Ludowigs an die Gesellschafter der Rheinischen Kalksteinwerke, 28.4.1922, TKKA, A, 9448; Klaß: 50 Jahre Rheinische Kalk-Steinwerke, S. 43f.; vgl. Kleinschmidt: Rationalisierung als Unternehmensstrategie, S. 131f.

108 Ludowigs an die Gesellschafter der Rheinischen Kalksteinwerke, 11.12.1923, TKKA, A, 9448; Ludowigs: Was kann die deutsche Kalkindustrie, S. 543.

109 Paeckelmann: Gutachten über die geologischen Grundlagen der zukünftigen Abbaumöglichkeiten des Wülfrather Kalkes, 8.12.1936, GDNRW, L3G, 4708/008, S. 8f.

110 Rheinische Kalksteinwerke: Niederschrift über die Besprechung der technischen Herren der Gesellschafter btr. Bau einer Kalksteinwäscheanlage in Schlupkothen, 11.7.1923, TKKA, A, 9448.

organisation des Betriebs beschleunigte aus Sicht der Unternehmensleitungen die Arbeitsabläufe und war geeignet, die Qualität der gelieferten Produkte zuverlässiger zu sichern.[111]

Neben den fehlenden oder unqualifizierten Arbeitern traten während und nach dem Krieg weitere Probleme verstärkt auf, die zu Störungen und Stockungen des Betriebsablaufs führten. Zuerst kam es bei den Sprengstoffen, die auch militärisch genutzt werden konnten, zu Lieferengpässen. Behelfslösungen, die auf andere, nicht vom Militär beanspruchte Sprengstoffe zurückgriffen, erzielten nicht die von den Unternehmen erwartete Wirkung.[112] Ein zweiter notorischer Engpass war die Versorgung mit Eisenbahnwaggons, um die die Kalkwerke wie andere Wirtschaftsunternehmen mit dem Militär konkurrierten. Auch nach Kriegsende verbesserte sich die Situation nicht grundlegend.[113] Vielmehr kamen mit der Rheinland- und später der Ruhrbesetzung sowie den Folgen der Reparationen weitere Hindernisse für den Transport von Kalkstein hinzu.[114]

Auch in dieser Hinsicht zog Ludowigs Lehren aus den Erfahrungen des Weltkriegs, um die Betriebsabläufe zu optimieren. Seine Aufmerksamkeit richtete sich auf die ineffiziente Auslastung der Lokomotiven und Waggons in den Steinbrüchen, die er auf die unzweckmäßige Anlage der Schienenstränge zurückführte:

> »Bisher wurden auf den parallel zur Bruchwand verlegten Gleise die Wagen für die Steinbrecher aufgestellt. Jedem Steinbrecher wurden je nach Leistungsfähigkeit 2-4 Wagen zur Beladung hingestellt. Die Abfuhr der beladenen Wagen und die Zustellung neuer Wagen erfolgte zweimal täglich. [...] Sind die zugestellten Wagen beladen, so gehen die Arbeiter grösstenteils nach Hause, da die Zustellung neuer leerer Wagen geraume Zeit erfordert.«[115]

Ludowigs störte, dass das Tempo dieses Verfahrens von den langsamsten Arbeitern abhängig sei und die Wagen »ungleich schnell [...] beladen« würden. Stattdessen müsse »[d]er Steinbrecher [...] ungehindert von seinen Arbeitskollegen den leeren

111 Vgl. Klaß: 50 Jahre Rheinische Kalk-Steinwerke, S. 47f.

112 Verlohr: Rheinische Kalksteinwerke G.m.b.H., Wülfrath. Betriebs- und Geschäftsbericht über das Jahr 1914, 1.6.1915, TKKA, A, 258/1; Spielberg, W.: Versorgung der Steinbruchbetriebe mit Sprengstoffen im Kriege, in: Tonindustrie-Zeitung 40 (1916), S. 393-394.

113 Kipper: Bericht über die Verhandlung mit Herrn Regierungsrat Precht, Eisenbahndirektion Elberfeld, 20.11.1919, RWWA, 130, 30242/11; RWK: Gestellung von O-Wagen für den Kalksteinversand auf den rheinischen Stationen im Monat März 1920, 3.5.1920, RhK(L), AG, 124.

114 RWK: Betrifft Gestellung von Wagen für den Kalkstein-Transport, 11.4.1921, RhK(L), AG, 124; Ludowigs an die Gesellschafter der Rheinischen Kalksteinwerke, 11.12.1923, TKKA, A, 9448.

115 Ludowigs: Bericht, 16.9.1921, TKKA, A, 9448.

Wagen in Empfang nehmen, den beladenen abgeben können.«[116] Dazu sei die Reorganisation des Transportsystems nötig.[117]

Die von Ludowigs konzipierte Kettenbahn erfüllte diese Anforderungen und veränderte die Gewinnungspraktiken tiefgreifend. Statt wie bisher üblich zweimal täglich neue Wagen zu stellen, sorgte die neue Anlage für einen stetigen Fluss von Wagen, der den Arbeitern jederzeit das nötige Transportmaterial zur Verfügung stellte.[118] Auf diese Weise konnte an mehr Stellen der Bruchwand gleichzeitig gearbeitet werden. Zudem konnten vermehrt ungelernte Arbeiter eingesetzt werden, denn der flexible An- und Abtransport der Wagen ermöglichte, die Betriebsabläufe noch viel stärker arbeitsteilig zu organisieren.[119] Nach Ludowigs Vorstellungen erleichterte die Kettenbahn auch den Arbeitern ihre Aufgaben, weil sie kleinere Wagen verwendete, die leichter zu befüllen seien und »ohne grössere Kraftaufwendung von dem einzelnen Steinbrecher bewegt werden können.«[120] Im Laufe der 1920er Jahre setzte Ludowigs abermals eine Optimierung des Transportsystems durch, als die Rheinischen Kalksteinwerke fortlaufende Förderbänder installierten. Durch dieses System wurde der Transport von Wagen, der noch im Ersten Weltkrieg als neuralgischer Flaschenhals galt, fast völlig obsolet.[121]

Als Teil der Rationalisierungsbemühungen ging es bei der Mechanisierung der Steinbrüche nicht nur darum Arbeitskosten zu sparen, sondern darum, die Stetigkeit des Betriebsablaufs sicherzustellen. Unterbrechungen des kontinuierlichen Betriebs, die laut Ludowigs im konventionellen Steinbruchbetrieb immer wieder durch schlecht organisierte Arbeitsabläufe oder Störungen verursacht wurden, sollten dadurch vermieden werden. Tempo, Menge und Kontinuität waren in der unternehmerischen Vorstellung der Schlüssel zu einer verbesserten Effizienz der Gesteinsgewinnung.[122] Auch wenn Ludowigs und andere erst in den 1920er Jahren entsprechende Konzepte artikulierten, waren deren Grundlagen bereits um 1900 in der Mechanisierung der Steinbrüche gelegt.

Mechanisierung als Faktor der raumgreifenden Expansion

Die Mechanisierung und die räumliche Expansion der Steinbrüche waren zwei sich gegenseitig verstärkende Prozesse. Um Bohranalgen, Lokomotiven oder Seil-

116 Ludowigs: Bericht, 8.2.1921, TKKA, A, 9448; vgl. Kleinschmidt: Rationalisierung als Unternehmensstrategie, S. 59.

117 Ludowigs: Bericht, 16.9.1921, TKKA, A, 9448.

118 Ludowigs: Bericht, 8.2.1921, TKKA, A, 9448.

119 Ludowigs: Bericht, 16.9.1921, TKKA, A, 9448.

120 Ebd.

121 Ludowigs: Was kann die deutsche Kalkindustrie, S. 543-545.

122 Vgl. Bleidick: Bergtechnik im 20. Jahrhundert, S. 357.

bahnen effizient einsetzen zu können, mussten die Brüche einerseits eine gewisse Größe aufweisen. Erst ab einem bestimmten Abbauvolumen rechnete sich die Installation der aufwendigen Maschinerie, wie der Vorstand der Rheinischen Kalksteinwerke mit Blick auf den ersten Probebetrieb mit einer Bohranlage resümierte: »Die Differenz [zu den Kosten des Bohrens im Handbetrieb, S.H.] reicht [...] nicht aus, die Selbstkosten zu decken, was erst bei grösserer Auslastung der Bohranlage der Fall sein wird.«[123] Andererseits machte es erst der Einsatz von Sprengstoffen, Maschinen und der Aufbau von Infrastruktursystemen möglich, Steinbrüche in großer Dimension einzurichten und zu betreiben. Auch das erkannte die Leitung der Rheinischen Kalksteinwerke sehr bald, als sie feststellte, dass ohne die neue Bohranlage »die Förderung bedeutend geringer« bleiben würde.[124] In den Steinbruchprojekten des frühen 20. Jahrhunderts griffen die Mechanisierung und die Ausweitung des Kalksteinabbaus ineinander.[125]

Die Anschaffung von Geräten und die Installation von Anlagen war mit hohen Einstiegsinvestitionen verbunden. Die größte Einzelinvestition bis zum Ersten Weltkrieg tätigte der Thyssen-Konzern bei dem Aufbau des Steinbruchs Flandersbach. Für diesen veranschlagte Verlohr insgesamt 2,3 Millionen Mk., bevor überhaupt mit der Kalksteinförderung begonnen werden konnte.[126] Auch nach Inbetriebnahme blieb die fortlaufende Erweiterung einer der größten Kostenpunkte des Betriebs in Flandersbach: jährlich etwa 200.000 Mk. Ein Großteil davon entfiel auf die infrastrukturelle Erschließung und die maschinelle Ausstattung.[127] Der Grenznutzen dieser Investitionen war umso höher, je mehr Gestein mit den entsprechenden Einrichtungen gefördert werden konnte. Deshalb zielten die Unternehmensleitungen darauf ab, mechanisierte Steinbrüche möglichst groß zu dimensionieren.

Dabei bestimmte zunächst die Flächenausdehnung und Geschlossenheit des Grundbesitzes das potenzielle Abbauvolumen. Es war deshalb ein vordringliches Ziel der Grunderwerbsstrategien, Flächen so zu arrondieren, dass auf ihnen möglichst große Steinbruchbetriebe eingerichtet werden konnten. Grundstücke, die stark in die Flächen der Kalkwerke hineinragten, und selbst kleinste Parzellen in fremdem Besitz konnten dies aufgrund ihrer Lage erschweren. Der Steinbruch Flandersbach galt auch deshalb als großer Wurf, weil es Thyssen gelungen war, eine 75 ha große, vor allem aber geschlossene und gut arrondierte Fläche zu erwer-

123 Rheinische Kalksteinwerke: Bericht der Rheinischen Kalksteinwerke G.m.b.H., Wülfrath, 30.11.1906, TKKA, A, 682/1.

124 Ebd.

125 Vgl. Bleidick: Bergtechnik im 20. Jahrhundert, S. 357.

126 Verlohr an Fritz Thyssen, 15.12.1904, TKKA, A, 682/1.

127 Verlohr an Fritz Thyssen, 3.8.1907, TKKA, A, 682/1; Rheinische Kalksteinwerke: Bericht an die Herren des Aufsichtsrates, 5.10.1907, TKKA, A, 682/1.

ben.[128] Der Grunderwerb der Hütten- und Kalkwerke orientierte sich zunehmend an den Möglichkeiten der Mechanisierung.

Dies schlug sich auch auf den Umgang mit den bereits erworbenen Flächen nieder, die nun kurzfristig für den Abbau bereitstehen mussten, um die Steinbrüche nach Bedarf erweitern zu können. In der Regel verpachteten die Hütten- und Kalkwerke ihre Grundstücke, die sie zunächst nicht benötigten, zur landwirtschaftlichen Nutzung. Allerdings blieb die Verfügungsgewalt der Pächter eingeschränkt. In den entsprechenden Verträgen behielten sich die Unternehmen vor, Teilflächen, die zur Steingewinnung gebraucht wurden, jederzeit innerhalb weniger Wochen oder Monate zurückzufordern. Der landwirtschaftliche Jahreszyklus war diesem Bedürfnis im Zweifelsfall nachgeordnet, auch wenn die RWK gelegentlich Entschädigungen für noch nicht reifes Getreide zahlte, das der Gesteinsgewinnung weichen musste. Aber gerade die RWK verfolgte eine äußerst restriktive Verpachtungspolitik.[129] Sie war der für die Mechanisierung erforderlichen fortschreitenden Expansion der Steinbrüche klar untergeordnet.

Die räumliche Expansion der Steinbrüche zeichnete sich nicht nur durch den Zusammenhang von Mechanisierung und Flächenökonomie aus, sondern ebenso durch ein zunehmendes Ausgreifen in die Tiefe. Beide Faktoren, Fläche und Tiefe, bestimmten das Abbauvolumen und waren eng aufeinander bezogen. Als die RWK 1905 die benachbarten Steinbrüche von Fritz Korten und Peter Köppen am östlichen Rand von Dornap übernahmen,[130] galten die beiden Kleinstbetriebe als kaum entwicklungsfähig. Ihre Leistungsfähigkeit sei aufgrund der beschränkten Grundfläche, auf der sie jeweils operierten, »geringfügig«.[131] Allerdings schien die Zusammenlegung der beiden Steinbrüche erhebliches Potenzial zu bieten. Friedrich Krumm, Experte für die Evaluation von Gesteinsvorkommen im Dienste der RWK, beschrieb den Untergrund zwischen den beiden benachbarten Brüchen: »Das Vorkommen ist im Korten'schen Bruch zum Teil aufgedeckt [...] [und setzt sich] bis in den Fr. Köppen'schen Bruch« fort.[132] Nur eine »stehen gebliebene Felsrippe« zwischen den beiden Brüchen verhindere einen effizienteren Abbau des Vorkommens, so Krumm.[133] Durch die Zusammenlegung der beiden Betriebe und ihrer Flächen unter dem Dach der RWK konnte dieses Hemmnis jedoch beseitigt werden.

128 Rheinische Kalksteinwerke: Aufstellung des Grundbesitzes der Rheinischen Kalksteinwerke G.m.b.H., Wülfrath, 1904, TKKA, A, 529/1.

129 Rheinische Kalksteinwerke: Aufstellung des Grundbesitzes der Rheinischen Kalksteinwerke G.m.b.H., Wülfrath, 1904, TKKA, A, 529/1; Notariatsakte Jansen, 28.3.1885, RhK(L), 06, 2; RWK: Radenberg, 27.9.1904, RhK(L), 00, 5a.

130 Krumbiegel: Abschrift Notarielle Urkunde, 25.1.1902, RhK(L), 00, 10a; Krumbiegel: Notarielle Urkunde Reg. No. 1805/05 Kaufvertrag zwischen Korten und RWK 29.9.1905, RhK(L), 00, 6a.

131 RWK: Aktennotiz, 5.9.1901, RhK(L), 00, 10a.

132 Krumm: Dolomitvorkommen am Sandfeld zu Dornap, 1.11.1905, RhK(L), 00, 10a.

133 Krumm: Betr. Massenberechnung des Betriebs Korten am Sandfeld, 27.7.1907, RhK(L), 00, 10a.

Die Vereinigung der beiden Steinbrüche ermöglichte, den Abbau auch weiter in die Tiefe auszuweiten, mithin das Volumen zu vervielfachen und den Betrieb zu mechanisieren. Weder in dem Steinbruch von Köppen, noch dem von Korten waren zuvor in nennenswertem Umfang Maschinen vorhanden gewesen.[134] Unmittelbar nach der Übernahme beider Betriebe nahm die RWK den Bau eines maschinellen Aufzugs in Angriff. Mit dieser Anlage ließ sich zum einen die tägliche Fördermenge erhöhen. Zum anderen ermöglichte der Aufzug, jene tieferen Gesteinsschichten zu erschließen, die in den Kleinstbetrieben Kortens und Köppens nicht zu gewinnen gewesen waren. Insgesamt, so kalkulierte Krumm für die Unternehmensleitung der RWK, könne die Menge des abbaubaren Gesteins durch die Zusammenlegung verdoppelt werden.[135] Nach dem gleichen Muster verband die RWK noch vor dem Ersten Weltkrieg zahlreiche ihrer Steinbrüche in Dornap zu einem einzigen Großbetrieb.

Eine möglichst große zusammenhängende Fläche war für die Expansion in die Tiefe entscheidend. Das hing damit zusammen, wie die Steinbrüche angelegt und räumlich organisiert waren.[136] Einerseits strebten die Kalkwerke danach, ihren Grundbesitz optimal auszunutzen. Zunächst aber waren mit dem sogenannten Abdecken, also dem Abtragen von Erdschichten, die über den Gesteinsvorkommen lagerten, hohe unrentierliche Kosten verbunden.[137] In Dornap und Wülfrath handelte es sich dabei meist um eine ein bis drei Meter dicke Schicht aus Lehm und verfestigten Sanden. Darunter war die »sehr unregelmässige und ›verkarstete‹ Oberfläche« der Kalksteinvorkommen zu finden.[138] Um an die Gesteinsvorkommen zu gelangen, wurde

> »[d]ie geschlossene Lehmdecke [...] vor der Kalksteingewinnung naturgemäss abgeräumt und auf Halde geschüttet. Diese Abdeckung bereitet wegen der zackigen und zerrissenen Oberfläche des Kalkes erhebliche Schwierigkeiten, wird aber sehr sorgfältig durchgeführt. Auch die grossen Sandeinspülungen, die örtlich bis zu hektargrosse Flächen einnehmen, werden nach Möglichkeit schon vor der Kalkgewinnung ausgeräumt.«[139]

134 Köppen an RWK, 13.9.1901, RhK(L), 00, 10a; Korten an RWK, 24.7.1905, RhK(L), 00, 6a.

135 Krumm: Betr. Massenberechnung des Betriebs Korten am Sandfeld, 27.7.1907, RhK(L), 00, 10a.

136 Jaeger, J.: Technische und praktische Gesichtspunkte bei rationeller Anlage und dem Abbau eines Steinbruches im allgemeinen, in: Der Steinbruch 1 (1906), S. 235-236; für den untertägigen Bergbau vgl. Bleidick: Bergtechnik im 20. Jahrhundert, S. 364-368.

137 Vgl. Oates: Lime and Limestone, S. 29.

138 Paeckelmann: Geologisches Gutachten über das Massenkalk-Vorkommen von Wülfrath, 1926, GDNRW, L3G, 4708/007.

139 Paeckelmann: Gutachten über die geologischen Grundlagen der zukünftigen Abbaumöglichkeiten des Wülfrather Kalkes, 8.12.1936, GDNRW, L3G, 4708/008, S. 8f.

Insgesamt konnten die Deckschichten und Verunreinigungen, die als Abraum entsorgt werden mussten, etwa ein Drittel der gesamten Fördermenge ausmachen.[140] Schon allein aus diesem Grund wollten die Unternehmen die einmal erschlossenen Vorkommen möglichst weit in die Tiefe abbauen.[141]

Andererseits waren diesem Ziel durch die materiellen Eigenschaften des Untergrunds Grenzen gesetzt. Damit die Arbeiter die Brech- beziehungsweise Sprengvorgänge durchführen konnten und das Gestein nicht unkontrolliert herabfiel, musste die Einrichtung der Steinbrüche der Struktur der Felsmassen angepasst sein. Die Abbauhöhe an den einzelnen Arbeitsstellen war daher auf wenige Meter limitiert. Aus diesen Prämissen ergab sich die Anlage der Steinbrüche in mehreren Sohlen oder Strossen, die meist spiralförmig oder in Stufen in das Gestein getrieben wurden (Abb. 14). Dadurch liefen die Steinbrüche mit zunehmender Tiefe immer kleiner zu.

Abbildung 14: Bruch V in Dornap, ca. 1910.

Quelle: Rheinisch-Westfälische Kalkwerke AG: Festschrift zur Feier des 25jährigen Bestehens der A.G. Rheinisch-Westfälische Kalkwerke Dornap, Berlin 1912, S. 8.

Ein weiteres Problem, das der Untergrund für die Expansion der Steinbrüche bereithielt, war das Grundwasser. Über Jahrhunderte war die Ausbautiefe von Steinbrüchen durch den Grundwasserspiegel begrenzt. Anders als im untertägigen

140 Gutehoffnungshütte, Abteilung Kalksteinbrüche: Betrifft Anschüttung, 11.8.1936, TKKA, TNO, 3681.

141 Rheinische Kalksteinwerke: Betriebs- und Geschäftsbericht pro 1906, 16.4.1907, TKKA, A, 682/2.

Kohle- und Erzbergbau kamen Pumpsysteme nur in Ausnahmefällen zum Einsatz. Noch zu Beginn des 20. Jahrhunderts wurde beim Erreichen des Grundwasserspiegels der Abbau vielerorts eingestellt. So litt der Steinbruch Eskesberg der RWK im Januar 1906 darunter, dass »wie im verg. Jahre, die 3te Sohle des Bruches fast ständig unter Wasser steht.«[142] In den darauffolgenden Jahren wurde der Steinbruch dann nur noch während der Sommermonate betrieben.[143]

In den 1900er Jahren setze aber ein Umdenken ein, das Verlohr folgendermaßen beschrieb:

> »Während wir früher der Ansicht waren, den Kalkstein einstweilen nur bis zur Wassersohle abzubauen, sind wir heute der Meinung, dass es erheblich billiger und richtiger sein wird, den Betrieb auch unter der Wassersohle sobald wie möglich vorzunehmen, da die Wasserhebung auf 10-20 m in keinem Verhältnis zu den Kosten der Erdbewegung [beim Abdecken, S.H.] steht.«[144]

Durch entsprechende Maßnahmen ließ sich das Abbauvolumen erheblich steigern. Der Geologe Paeckelmann rechnete für den Betrieb in Flandersbach vor, es gebe »31,6 Millionen cbm Kalk, der bis zum Grundwasserspiegel abgebaut werden kann. Bei einer Absenkung des Grundwasserspiegels um 20 m würde sich diese Menge auf etwa 55 Millionen cbm erhöhen.«[145] Die Aussicht auf die signifikante Steigerung des Abbauvolumens ohne zusätzliche Investitionen in Abdeckmaßnahmen oder neue Anlagen führte zu der Entscheidung, noch stärker als bisher in den Untergrund einzugreifen.

Anders als Verlohr meinte, setzte sich nicht das Abpumpen des einsickernden Grundwassers durch, sondern Maßnahmen, mit denen der Wasserspiegel über Eingriffe in Fließgewässer und unterirdische Wasserleiter manipuliert wurde.[146] Anstatt Wasser mit Pumpen anzuheben und in höhergelegene Bäche abzuleiten, sollten diese Maßnahmen für den kontinuierlichen Abfluss von Wasser aus den Steinbrüchen sorgen. Zu diesem Zweck legten die Kalkwerke zunächst Bachläufe tiefer, möglichst bis unter das Niveau der Steinbrüche. Über unterirdische Stollen oder Einschnitte in den Untergrund wurden die so veränderten Bachläufe mit den Steinbrüchen verbunden, aus denen das Wasser abfließen sollte. Mit einem solchen Eingriff hofften die Rheinischen Kalksteinwerke bereits 1906, den Wasserspiegel in ihrem Flandersbacher Betrieb um ganze acht Meter abzusenken und eine neue Abbausohle zu erschließen.[147] Dazu hatte das Unternehmen zuvor schon

142 RWK Abteilung Elberfeld an Zentrale, 23.1.1906, RhK(L), 11, 4.

143 Vogel: Angelegenheit Lipken, 15.3.1906, RhK(L), 11, 4.

144 Verlohr an Fritz Thyssen, 3.8.1907, TKKA, A, 682/1.

145 Paeckelmann: Geologisches Gutachten über das Massenkalk-Vorkommen von Wülfrath, 1926, GDNRW, L3G, 4708/007.

146 Rheinische Kalksteinwerke: Betriebs- und Geschäftsbericht pro 1906, TKKA, A, 682/2.

147 Ebd.

Vorkehrungen getroffen, die es ermöglichen sollten, »die Vorflut [des Angerbaches] [...] um im Durchschnitt mindestens 15 m zu senken,« in den das Wasser aus dem Steinbruch abgeleitet werden sollte.[148] Aufwendiger war es, das Wasser aus Steinbrüchen abzuleiten, die weiter von Bachläufen entfernt lagen oder aufgrund der Geländeverhältnisse schwieriger zu entwässern waren. In solchen Fällen ließen die Kalkwerke zunehmend Wasserrohre verlegen oder oft mehrere hundert Meter lange unterirdische Stollen graben.[149]

Die Eingriffe in den unterirdischen Wasserhaushalt sorgten ebenso wie die Installation von Bohranalgen, Aufzügen oder Seilbahnen dafür, dass sich der Kalksteinabbau schließlich auf große Steinbrüche konzentrierte. Alle diese Maßnahmen rentierten sich nur an solchen Standorten, an denen große Mengen Gestein gewonnen werden konnten, und dies war in der Regel dort, wo die Kalkwerke über große zusammenhängende Flächen verfügten und in die Tiefe vordringen konnten.[150] Im Gegenzug gaben die Kalkwerke beginnend in den 1910er Jahren und dann verstärkt in den 1920er Jahren Betriebseinheiten auf kleineren Flächen auf. Das zeigte sich vor allem bei der RWK, die aufgrund ihrer Entstehungsgeschichte auch über zahlreiche dezentrale Betriebsstätten auf kleinem Landbesitz verfügte. Der Steinbruch Eskesberg etwa, wo das Unternehmen kein Entwässerungssystem installierte, weil er auf lediglich 7 ha operierte, galt innerhalb der Unternehmensführung schon früh als Problemfall.[151] Zwar bestand eine direkte Bahnanbindung, aber die Expansionsmöglichkeiten waren begrenzt, so dass die Abteilung schon vor dem Ersten Weltkrieg »auf ihren Bestand beschränkt« blieb, während die Betriebe auf großem Grundbesitz kräftig ausgebaut wurden.[152] Es waren die kleinen, verstreuten Steinbruchbetriebe, die dann in der Zwischenkriegszeit unter wirtschaftlichem Druck als erste aufgegeben wurden.[153] Die großen Betriebseinheiten blieben dage-

---

148 Rheinische Kalksteinwerke: Betriebs- und Geschäftsbericht der Rheinischen Kalksteinwerke G.m.b.H. Wülfrath für die Versammlung der Gesellschafter am 15. Juni 1905, TKKA, A, 258/1.

149 RWK: Betrifft Grundstücksankauf von F.W. Buntenbeck in Dornap 1909, 23.12.1909, RhK(L), 00, 18; Ludowigs: Bericht, 8.2.1921, TKKA, A, 9448.

150 Vgl. Beckmann, Dieter: Die Entwicklung der Kalkindustrie im Bergisch-Märkischen Raum. Eine wirtschaftsgeographische Skizze, in: ders./Knübel, Hans (Hg.): Beiträge zur Landeskunde des Bergisch-Märkischen Raumes, Wuppertal 1981, S. 187-224, hier: S. 199.

151 Rheinisch-Westfälische Kalkwerke AG: Festschrift, S. 23; Vogel: Angelegenheit Lipken, 15.3.1906, RhK(L), 11, 4.

152 Rheinisch-Westfälische Kalkwerke AG: Geschäfts-Bericht für das Jahr 1912/1913, S. 5.

153 Deutscher Kalkbund: Wirtschaftslage der Kalkindustrie, 23.3.1923, BA, R 3101, 6125; Bürgermeisteramt Gruiten: Wesentliche Vorkommnisse in Handel und Industrie und Veränderungen der politischen Lage, 31.10.1928, LAV NRW R, BR 34, 382; Bürgermeisteramt Gruiten: Bericht für die Jahre 1930-1932, StAE, H, 675.

gen langfristig bestehen – der Steinbruch Flandersbach, der zu den ersten gehörte, die systematisch mechanisiert wurden, bis heute.[154]

Insgesamt erhöhte die Mechanisierung und der Ausbau groß dimensionierter Steinbrüche die Produktionskapazität so weit, dass die Sorgen vor möglichen Versorgungsrisiken, die Auslöser dieser Entwicklung gewesen waren, vollständig in den Hintergrund traten. Aber mit den neuen Großbetrieben, in denen die Kalkwerke aufwendige Anlagen installierten und Maschinen sowie Sprengstoffe in bis dahin unbekanntem Ausmaß einsetzten, entstanden auch neuartige Belastungen und Gefahren. Die Expansion der Steinbrüche und die immer intensiver betriebene Gesteinsgewinnung zogen einen massiven materiellen Wandel von Topografie und Untergrund nach sich. Sie verschärften auch eine ganze Reihe von sozialen und ökologischen Problemen, die aus dem Kalksteinabbau folgten.

154 Vgl. Haumann, Sebastian: Konkurrenz um Kalkstein. Rohstoffsicherung der Montanindustrie und die Dynamik räumlicher Relationen um 1900, in: Jahrbuch für Wirtschaftsgeschichte 57 (2016), Nr. 1, S. 29-58, hier: S. 55f.; Zahlen nach Werner, Verena: Die historische und räumliche Entwicklung der Kalkindustrie im Raum Wülfrath unter besonderer Berücksichtigung der Folgenutzung beanspruchter Flächen (Dipl., Ruhr-Universität Bochum, Geographisches Institut), Bochum 2007.

10. Gefahren und Arbeitssicherheit

Ganz unmittelbar bekamen diejenigen die Folgen des zunehmend intensiv betriebenen Kalksteinabbaus zu spüren, die in den Steinbrüchen arbeiteten. Gefährlich war die Arbeit in Steinbrüchen seit jeher, aber durch den Einsatz von Sprengstoffen, mechanisierten Anlagen und die immer weiter in die Tiefe ausgreifenden Abbaustätten entstanden neuartige Risiken. Dabei waren Arbeiter nicht nur gefährdet, sondern zugleich auch diejenigen, die die routinisierten Handlungsabläufe vollzogen, die über Sicherheit und Gefahr mitentschieden. So ereignete sich am 3. Juni 1914 ein Unfall im Gruitener Betrieb der RWK, von dem der Steinbrecher Giovanni Pasqualotto »grössere Fleischwunden an der rechten Hand, einen komplizierten Bruch der linken Mittelhand und am linken Oberschenkel mehrere kleine Hautwunden« davontrug. Im Bericht dazu hieß es:

> »Der Schiessmeister Kolb besetzte ein 3 m tiefes Bohrloch mit Gelatinedynamit [...], wobei Kolb die einzelnen Patronen einführte und Pasqualotto dieselben mit einem hölzernen Ladestock eindrückte. Nachdem 4 Patronen in das Bohrloch eingeführt waren, wurde zur Einbringung der Zündpatrone geschritten, an der [die] Zündkapsel und eine 3,2 m lange Zündschnur ordnungsmässig befestigt waren. Die Zündpatrone explodierte, nachdem der Ladestock erst ungefähr bis zur halben Tiefe des Bohrlochs heruntergedrückt war, und brachte dem Pasqualotto die angegebenen Verletzungen bei.«[1]

Pasqualotto war Opfer der Gefahren, die den Gewinnungspraktiken nach allgemeinem Dafürhalten inhärent waren. Obwohl er und Kolb den Anweisungen entsprechend gehandelt hatten, kam es zu dem Unfall, weil die beiden Arbeiter die Wechselwirkung zwischen ihren Handlungen, den materiellen Eigenschaften des Gesteins und dem Sprengstoff nicht vollständig kontrollieren konnten. Vermutlich war die vorzeitige Explosion durch die Reibung zwischen der Zündpatrone und der Wand des Bohrlochs ausgelöst worden. Derartige physikalische Wechselwirkungen

1 Königliche Gewerbe-Inspektion Vohwinkel: Betrifft Explosionsunfälle, 2.7.1914, LAV NRW R, BR 7, 33376.

zwischen menschlichem Handeln, Geräten, Maschinen, Hilfsmitteln und den Eigenschaften des Gesteins kennzeichneten die Arbeit in den Steinbrüchen nicht nur in Bezug auf das Sprengen. Bei den mechanisierten Steinbrüchen handelte es sich um komplexe materielle Arrangements, welche durch die Praktiken der Gesteinsgewinnung regelrecht geformt wurden. Mitunter konnten die Handlungsroutinen an diesen Arrangements aber auch unerwartete und lebensbedrohliche Wirkungen entfalten, die im 19. und frühen 20. Jahrhundert als letztlich schwer vermeidbar galten.[2]

Unfälle im Steinbruch

Mit seinen Fleischwunden und Knochenbrüchen war Pasqualotto noch glimpflich davongekommen. Die Todesrate war bei Unfällen in den Steinbrüchen relativ hoch. Schon Ende der 1870er Jahre, als erst vergleichsweise wenig Sprengstoffe und Maschinen zum Einsatz kamen, gab es unter den gut 250 Arbeitern in den Dornaper Steinbrüchen »jährlich [...] 5 bis 6 Unglücksfälle [...], von denen mehrere gewöhnlich den Tod der Verletzten herbeiführen.«[3] Die große Gefährdung der Arbeiter und hohe Letalität der Unfälle in den Steinbrüchen war notorisch.[4] Im letzten Viertel des 19. Jahrhunderts kamen in den Steinbrüchen des Deutschen Reichs jährlich etwa 200 Arbeiter ums Leben,[5] wobei nur ein Teil der Unfälle auf das Sprengen zurückgeführt wurde. Daneben wurde fast die Hälfte aller Todesfälle »durch herabfallendes Gestein bezw. einstürzende Erd- und Gesteinsmassen« verursacht.[6]

Nicht zuletzt aufgrund der hohen Unfallziffern und Todesraten wurde die Anlage und der Betrieb von Steinbrüchen Gegenstand staatlicher Regulierung. Anstelle der inzwischen obsolet gewordenen frühneuzeitlichen Bergordnungen, nach denen die Arbeit in den Kalksteinbrüchen von den Bergämtern zu überwachen war,[7]

2 Vgl. Andrews, Thomas G.: Work, Nature, and History. A Single Question, that Once Moved Like Light, in: Isenberg, Andrew C. (Hg.): The Oxford Handbook of Environmental History, New York 2014, S. 425-466.

3 Bürgermeisteramt Haan an Landratsamt Mettmann, 16.2.1876, LAV NRW R, BR 34, 24.

4 Bericht über die Steinbrüche und Sandgruben im Kreis Mettmann, 30.3.1876, LAV NRW R, BR 34, 24; Bürgermeisteramt Mettmann an Landratsamt Mettmann: Betrieb der Steinbrüche u.s.w., 18.5.1876, LAV NRW R, BR 34, 24.

5 Für Unfallzahlen, die bis in das Jahr 1885 zurückreichen s. Verwaltungsbericht des Vorstandes der Steinbruchs-Berufsgenossenschaft für das Rechnungsjahr 1903, Berlin 1904.

6 Statistik der entschädigungspflichtigen Unfälle der Steinbruchs-Berufsgenossenschaft vom 1. Oktober 1885 bis ult. Juli 1886, in: Monatsschrift für die Steinbruchs-Berufsgenossenschaft 1 (1886), Nr. 4, S. 20-21.

7 Oberbergamt Bonn: Bergwerks-Regeln, die bergpolizeiliche Verordnung für den Steinbruchs-Betrieb im Bergamts-Bezirk Siegen betreffend, 13.2.1826, LAV NRW W, Oberbergamt Dortmund, 962.

erließen die preußischen Regierungspräsidien ab den 1850er Jahren lokale Polizeiverordnungen. Mit der Überwachung beauftragten sie die kommunale Ortspolizei.[8] In den Polizeiverordnungen war unter anderem geregelt, dass bei Nacht nicht gearbeitet werden durfte und dass Frauen die Tätigkeit im Steinbruch aus Sicherheitsgründen grundsätzlich verboten war.[9] Vor allem aber schrieben sie vor, welche Abbauverfahren und Hilfsmittel zulässig waren und wie ein Steinbruch angelegt sein sollte. Mit dem stark wachsenden Abbauvolumen, der Mechanisierung und der Expansion der Brüche mussten diese Verordnungen allerdings etwa alle zehn Jahre revidiert und angepasst werden, um mit den Veränderungen mitzuhalten.[10]

Über die Gründe für die lebensbedrohlichen Unfälle gab es indes die unterschiedlichsten Meinungen, die eng mit der Frage zusammenhingen, wer für die Unfälle die Verantwortung trug. Üblicherweise gehörten Glück und Zufall zu den Faktoren, die bemüht wurden, um Unfälle zu erklären. Pasqualottos Pech war es, dass er mit seinem Ladestock eine im Bohrloch verhakte Sprengpatrone »durch Reibung oder Zerrung« zur vorzeitigen Explosion gebracht hatte.[11] Völlig unvorhersehbar erschien auch der Unfall, bei dem Giacomo Viale im Steinbruch Lüntenbeck tödlich verletzt wurde:

> »Viale wurde beim Sprengen durch einen Stein am Kopfe derart getroffen, daß er einen Schädelbruch erlitt und einige Tage nach dem Unfall starb. Der Verunglückte stand 100 m vom Sprengorte entfernt. Zwischen ihm und dem Sprengorte stand außerdem eine 10 m hohe Bergwand. [...] Viale und sein neben ihm stehender Arbeitsgenosse sahen den Stein kommen. Letzterer sprang zur Seite, während Viale sich bückte und schwer am Hinterkopf getroffen wurde.«[12]

Aus Sicht der Steinbruchunternehmer forderten viele Arbeiter aber auch das Glück heraus. Es sei nicht der bloße Zufall, sondern die Fahrlässigkeit der Arbeiter, die sie in Gefahr brachte. Immer wenn über die Risiken reflektiert wurde, wurde betont,

8 Mülmann, Otto von: Statistik des Regierungs-Bezirkes Düsseldorf, Bd. 2, Teil 2, Iserlohn 1867, S. 478; vgl. Ayaß, Wolfgang: Einleitung, in: Born, Karl Erich/Henning, Hansjoachim/Tennstedt, Florian (Hg.): Arbeiterschutz (=Quellensammlung zur Geschichte der deutschen Sozialpolitik, 1867-1914, II. Abteilung, Bd. 3), Darmstadt 1998, S. XIX-LII, hier: S. XLVI.

9 Vgl. Ebd., S. XLIX.

10 Königliche Regierung Düsseldorf, Abteilung des Inneren: Polizei-Verordnung, 10.3.1860, LAV NRW R, BR 7, 24577; Bürgermeister-Amt Wülfrath an Landratsamt Mettmann, 6.1.1870, LAV NRW R, BR 7, 24577; Königliche Regierung Düsseldorf: Polizeiverordnung betreffend die Anlage und den Betrieb von Steinbrüchen, Mergel-, Thon-, Lehm-, Kies- und Sandgruben, 2.4.1878, LAV NRW R, BR 7, 24578; Königliche Regierung Düsseldorf: Auszug aus dem Amtsblatt, 9.7.1910, LAV NRW R, BR 7, 33373.

11 Königliche Gewerbe-Inspektion Vohwinkel: Betrifft Explosionsunfälle, 2.7.1914, LAV NRW R, BR 7, 33376.

12 Königliche Gewerbe-Inspektion Vohwinkel: Betrifft Unfälle durch Sprengstoffe, 13.7.1912, LAV NRW R, BR 7, 33376.

dass die sichere Durchführung der Kalksteingewinnung vor allem in der Hand der Arbeiter selbst liege. Oft wurde dieses Argument kombiniert mit der Bemerkung, die geschädigten Arbeiter hätten sich über die ausdrücklichen Anweisungen und Vorschriften hinweggesetzt.[13] Gerade Vertreter aus Unternehmerkreisen versuchten die Verantwortung für Unfälle immer wieder auf diese Weise den Arbeitern zuzuschreiben.

Solch selbstschädigendes Fehlverhalten musste aber nicht zwingend auf die Eigensinnigkeit der Arbeiter zurückgeführt werden. Vielmehr gab es Hinweise auf Kommunikationsdefizite. Die Betriebsleiter und Sprengmeister, die die Arbeitsschritte und Sicherheitsmaßnahmen im Steinbruch koordinieren und anordnen sollten, hatten mitunter sprachliche Verständigungsschwierigkeiten, waren doch knapp die Hälfte aller Arbeiter in den Steinbrüchen im Kreis Mettmann italienischer Herkunft.[14] Aber auch die Unternehmen standen in der Kritik, Sicherheitsmaßnahmen nicht ausreichend zu kommunizieren und durchzusetzen. »So lange die Bruchbesitzer nicht auch dafür verantwortlich gemacht werden, daß die Arbeiter die vorgeschriebenen Sicherheitsmaßregeln anwenden, werden die Unfälle sich fortwährend wiederholen«, klagte der Mettmanner Bürgermeister bereits in den 1870er Jahren.[15] Die Unternehmen und ihre Betriebsleiter waren demnach zumindest mitverantwortlich.

Weitsichtige Beobachter verwiesen auf die Bedeutung von Erfahrung, die entscheidend zu einer sichereren Durchführung der Arbeiten im Steinbruch beitrüge. Auch wenn Verhaltensregeln im Prinzip bekannt waren, hing die Umsetzung der vorgeschriebenen Arbeitsabläufe im Einzelfall von der Beurteilung der Situation durch die Arbeiter ab. Es gehörte zum Erfahrungswissen der Steinarbeiter, die Spaltenbildung im Felsen zu interpretieren, Bohrungen entsprechend anzusetzen und den Einsatz von Sprengstoffen anzupassen.[16] Es sei deshalb ein Sicherheitsvorteil, wenn Unternehmen ihr »Geschäft [...] mit Arbeitern betrieben, welche [...] in dieser Beschäftigung herangewachsen und erfahren sind.«[17] Erfahrungswissen im Umgang mit dem Gestein trug dazu bei, Unfälle zu verhindern.

13 Ebd.

14 Regierung zu Köln: Unterrichtskurse für Schießmeister in Steinbrüchen, 22.6.1901, GStAPK, 1. HA Rep. 120, BB VII 1 Nr. 4 Adh. 27 Bd. 1; Königliche Regierung Düsseldorf: Auszug aus dem Amtsblatt, 9.7.1910, LAV NRW R, BR 7, 33373; vgl. Arnold, Paul: Die Kalkindustrie am Nordrand des Rheinischen Schiefergebirges, Bonn 1961, S. 100.

15 Bürgermeisteramt Mettmann an Landratsamt Mettmann, 22.2.1876, LAV NRW R, BR 34, 24.

16 Königlicher Gewerbeinspektor Düsseldorf: Betrifft den Bericht des Gewerbe-Inspektors über die Zulässigkeit des Sprengens mittels geschnürter Bohrlöcher, 2.5.1892, LAV NRW R, BR 7, 33372.

17 Bürgermeisteramt Mettmann: Betrieb der Steinbrüche u.s.w., 18.5.1876, LAV NRW R, BR 34, 24.

Immer wieder wurde auch die verbreitete Akkordarbeit für Unfälle verantwortlich gemacht. So kam es nach Ansicht eines Steinbruchbesitzers oft zu Unfällen beim Sprengen, »da Akkordarbeiter das natürliche Interesse haben, durch stark wirkende Schüsse sich ihre Arbeit möglichst zu erleichtern.«[18] Ein »natürliches Interesse« der Arbeiter war dies freilich nicht. Die Arbeiter standen aufgrund des Entlohnungssystems unter starkem Zeitdruck, den die Unternehmer zu verantworten hatten. Mit dem Akkordsystem übertrugen die Unternehmer ihr eigenes Interesse an einem effizienten Abbau auf die Arbeiter. Das führte häufig dazu, dass Schutzmaßnahmen auch deshalb nicht umgesetzt wurden, weil sie dem Interesse der Arbeiter an einem möglichst hohen Verdienst entgegenstanden.[19]

Die Vertreter der Arbeiter, die zum Ende des 19. Jahrhunderts gewerkschaftlich organisiert waren, wiesen dagegen auf ganz andere Ursachen der Gefahren hin. Bei wachsenden Betriebsgrößen wuchs der Anteil von unqualifizierten und unerfahreneren Arbeitern, die sich selber und andere in Gefahr bringen konnten.[20] Zudem kam es vermutlich auch bei der Gesteinsgewinnung um 1900 zu einer Zunahme der Arbeitsintensität. Ähnlich wie im Bergbau dürfte insbesondere der Aufwand für unrentierliche Arbeiten, die sich nicht unmittelbar in Produktionsziffern niederschlugen, zugenommen haben. Erschöpfungs- und Ermüdungserscheinungen beeinträchtigten die Sicherheit zusätzlich.[21] Die sozialistische Zeitschrift *Der Steinarbeiter* stellte den Zusammenhang zwischen der Überbeanspruchung der Arbeiter und einem erhöhten Unfallrisiko explizit her. Aus ihrer Sicht konnte die Arbeitssicherheit in den Steinbrüchen vor allem durch die Verkürzung der täglichen Arbeitszeit verbessert werden.[22]

Im Gegensatz zu den Unfällen wurde die alltägliche Gesundheitsbelastung, der die Arbeiter in den Steinbrüchen ausgesetzt waren, um 1900 erst allmählich thematisiert. Dabei nahmen die Belastungen etwa durch die Einführung von mechanischen Bohrmaschinen deutlich zu.[23] Die Staubentwicklung schädige langfristig die Atmungsorgane, wie der für Dornap zuständige Gewerbeinspektor klagte: »Durch

18 Zur Schußdeckungsfrage, in: Monatsschrift für die Steinbruchs-Berufsgenossenschaft 3 (1888), Nr. 3, S. 18-19, hier: S. 18f.

19 Zeitlohn oder Stücklohn, in: Der Steinarbeiter 3 (1899), Nr. 28; vgl. Poser, Stefan: Museum der Gefahren. Die gesellschaftliche Bedeutung der Sicherheitstechnik – Das Beispiel der Hygiene-Ausstellungen und Museen für Arbeitsschutz in Wien, Berlin und Dresden um die Jahrhundertwende, Münster 1998, S. 39.

20 Vgl. Völkening, Ulrich: Unfallentwicklung und -verhütung im Bergbau des Deutschen Kaiserreiches, Bremerhaven 1980, S. 57-59.

21 Ebd., 69f.

22 Uebersicht über die entschädigungspflichtigen Unfälle im Jahre 1898, in: Der Steinarbeiter 3 (1899), Nr. 23.

23 Vgl. Ritter, Gerhard A./Tenfelde, Klaus: Arbeiter im deutschen Kaiserreich, 1871 bis 1914, Bonn 1992, S. 374.

diese Bohrmethode wird eine ganz erhebliche Staubentwicklung an den Arbeitsstellen hervorgerufen, die meines Erachtens auf Dauer zu Gesundheitsschädigungen der Arbeiter führen kann.«[24] Die Arbeiter waren offensichtlich selber auch für die langfristigen Folgen solcher Gesundheitsrisiken sensibel. Sie monierten beispielsweise Bohrhämmer, die ihrer Meinung nach zu starke Stöße verursachten und dadurch Gelenke und Muskulatur übermäßig belasteten.[25]

Auffällig war, dass sich die Häufigkeit und Schwere der Unfälle ebenso wie der Gesundheitsrisiken zwischen verschiedenen Gesteinssorten unterschied, also die materiellen Eigenschaften des abgebauten Gesteins einen wichtigen Einfluss hatten. Basalt oder auch Sandstein wurden als kompakte Formationen wahrgenommen und ihr Verhalten beim Abbau schien einer relativ leicht nachvollziehbaren Gesetzmäßigkeit zu folgen. Dagegen konnte Kalkstein stark zerklüftet sein – mit Wirkungen, die als schwer berechenbar galten. Diese Unberechenbarkeit des Kalksteins als zerklüftetem Gestein erhielt zusätzliche Brisanz durch seine Witterungsabhängigkeit.[26] Selbst kleinste Risse in Gesteinspartien, die durch den Abbau exponiert zu Tage traten, konnten bei Regen mit Wasser volllaufen und über Winter konnten Frostschäden die Festigkeit von Kalksteinwänden stark beeinträchtigen.[27] Entsprechend zeichnete die Unfallstatistik ein Bild, wonach es bei der Arbeit am Kalkstein nicht unbedingt zu mehr, aber zu schwereren Unfällen kam als etwa in Sandstein- oder Basaltsteinbrüchen.[28]

Derartige Beobachtungen stützten die Tendenz, die Gefahren zu naturalisieren, das heißt, sie als Risiken zu interpretieren, die aus den letztlich unkontrollierbaren Eigenschaften des Gesteins resultierten. Als solche war niemand für sie verantwortlich und sie mussten in Kauf genommen werden. Diese Argumentation ignorierte aber, dass die materiellen Eigenschaften des Untergrunds in Praktiken einbezogen waren, die sich um die Jahrhundertwende äußerst dynamisch veränderten. Die Verwendung von Sprengstoffen und maschinellen Bohrmaschinen, die Expansion der Steinbrüche und die fabrikmäßige Organisation der Arbeit warfen neue Probleme für die Arbeitssicherheit auf und verschärften altbekannte. Zwar war das Gestein als Teil des Arrangements der Steinbrüche schwer berechenbar,

---

24 Königliche Gewerbe-Inspektion Vohwinkel: Tagebuch No. 1401, 1.10.1907, LAV NRW R, BR 7, 33376.

25 Pillmann an RWK: Betrifft Bohrhämmer, 26.2.1912, RhK(L), AG, 122.

26 Popp: Der gegenwärtige Stand der Unfallverhütung in Steinbrüchen und Gräbereien, in: Eisentraeger, August (Hg.): Taschenbuch für die Stein- und Zementindustrie, Berlin 1902, S. 128-148, hier: S. 133.

27 Königliche Regierung Düsseldorf an Landräthe und Oberbürgermeister im Regierungsbezirk Düsseldorf, 3.1.1890, LAV NRW R, BR 34, 24.

28 Zusammenstellung der Unfälle und ihrer Belastung für die einzelnen Betriebsgruppen. Unfälle aus 1886, in: Monatsschrift für die Steinbruchs-Berufsgenossenschaft 3 (1888), Nr. 4, S. 28-29.

aber andere Elemente der Praktiken, wie das Bohren und Sprengen, trugen ebenso zur Entstehung von Gefahren bei – und zwar in wachsendem Maße.

Wenn das Sprengen missglückte

Insbesondere der Einsatz von Sprengstoffen war eine Herausforderung. Trotz vielfältiger Verfahrensregeln, um ihren Einsatz möglichst effektiv und sicher zu machen, kam es immer wieder zu schweren Unfällen, wie die Fälle Pasqualottos und Viales zeigen. Probleme gab es nicht nur, als der Gebrauch von Sprengstoffen in den 1870er Jahren noch neu war, wenig Erfahrungen vorlagen und verbindliche Regeln fehlten. Das angestrebte Maß an Sicherheit konnte bis in das 20. Jahrhundert hinein nie erreicht werden. Unterdessen trug ein nicht abreißender Strom von Untersuchungen und Erhebungen dazu bei, dass Behörden, Experten und Unternehmen kontinuierlich über die Unfallursachen reflektierten. Dennoch gelang es nicht, die Risiken des Sprengens wirksam und dauerhaft unter Kontrolle zu bringen. Sprengen blieb eine Gefahr – und das hatte mit der spezifischen Integration der Sprengstoffe in die Gewinnungspraktiken und den Wechselwirkungen mit den materiellen Eigenschaften des Gesteins zu tun.[29]

Zu Beginn der 1870er Jahre war es noch weitgehend unklar, wie die Praktiken der Gesteinsgewinnung so modifiziert werden könnten, dass ein sicheres Sprengen möglich war. Als das Mettmanner Landratsamt 1872 mit ersten Beschwerden über umherfliegende Sprengstücke konfrontiert wurde, konstatierte es, dass »das Sprengen der Steinmassen durchaus nicht in der Gewalt der Arbeiter liegt und so die gesprengten Steinmassen nicht vorauszusehende Richtungen einschlagen« könnten.[30] Die Lösung des Problems sahen die Behörden in einer detaillierteren Regulierung, die zu einer besseren Anpassung der Kalksteingewinnung an die Wirkung der Sprengstoffe führen sollte. Tatsächlich wurde die Regulierungsdichte mit Bezug auf die Durchführung von Sprengungen immer höher.[31]

Die Regulierung betraf die Handlungsabläufe, die zu nutzenden Geräte, die Sprengstoffe und andere Hilfsmittel. In den Polizeiverordnungen, die von einer

29 Vgl. Uekötter, Frank: Umweltgeschichte im 19. und 20. Jahrhundert, München 2007, S. 66.

30 Landratsamt Mettmann: Aktennotiz, 19.9.1872, LAV NRW R, BR 7, 24577.

31 Bürgermeister Kirschbaum: Bemerkungen zu den Abänderungs-Vorschlägen des Herrn Fabriken-Inspektors Dr. Wolff zur Polizeiverordnung betr. Anlage und Betrieb von Steinbrüchen, 28.2.1877, LAV NRW R, BR 7, 24578; Bürgermeister-Amt Wülfrath an Landratsamt Mettmann, 31.1.1878, LAV NRW R, BR 34, 24; Landratsamt Mettmann an Königliche Regierung Düsseldorf: Betrifft Entwurf einer neuen Bezirks-Polizeiverordnung über die Anlage und den Betrieb von Steinbrüchen und Gräbereien, 28.2.1890, LAV NRW R, BR 7, 33372; Königliche Regierung Düsseldorf: Auszug aus dem Amtsblatt, 9.7.1910, LAV NRW R, BR 7, 33373.

wachsenden Ratgeberliteratur flankiert wurden, fand sich eine Vielzahl von Instruktionen, wie die zu sprengenden Felsen vorbereitet und Sprengstoffe dosiert werden sollten und wie die Sprengschüsse anzubringen und abzusichern seien. Für den Abbau von Kalkstein galt beispielsweise das »Schnür- und Kesselschießen«, bei dem ein vertikal in das Gestein gebohrter Hohlraum mit Sprengstoff befüllt wurde, im Allgemeinen als zu gefährlich und war verboten, weil die Wirkung kaum zu kontrollieren war. Jedenfalls gab etwa die RWK in den 1890er Jahren an, völlig auf dieses Verfahren zu verzichten.[32] Auch die Arbeitsschritte, die Pasqualotto und Kolb vollzogen hatten, entsprachen normativen Vorgaben. Sie hatten den Sprengstoff mit einem »hölzernen Ladestock [...] in das Bohrloch eingeführt« und dabei »eine 3,2 m lange Zündschnur ordnungsmässig befestigt«.[33] Der Unfall Pasqualottos machte aus Sicht der Zeitgenossen aber auch deutlich, dass selbst dann keine absolute Sicherheit bestand, wenn Sprengstoffe den Instruktionen entsprechend eingebracht wurden.

Neben dem Befüllen der Sprenglöcher richtete sich besondere Aufmerksamkeit auf das sogenannte Decken der Sprengschüsse, also Maßnahmen, die verhindern sollten, dass Gestein unkontrolliert umherflog und zu Verletzungen führte, die im Fall Viales tödlich endeten. Wenn das Sprengen missglückte, erschien es für Außenstehende oft so, als ob »[d]ie Schüsse in den Brüchen [...] mangelhaft oder vielleicht gar nicht gedeckt« würden.[34] Die Polizeiverordnung schrieb allerdings detailliert vor: »Die Schüsse sind vor dem Abbrennen mit Wirrdraht, Faschinen, Flechtwerk und dergleichen abzudecken, wenn die Umgebung durch umherfliegende Sprengstücke gefährdet werden kann.«[35] Über geeignete Deckmaterialien und deren Verwendung wurde in der Ratgeberliteratur ausführlich berichtet. So empfahl ein Steinbruchbesitzer:

> »Ich habe nun gefunden, daß unter allen Umständen die Verwendung von Wirrdraht das beste, billigste und am bequemsten zu handhabende Material ist. [...] Die Form, welche ich Ihnen übersandt habe, dürfte wohl die kleinste sein und hat nur einen Durchmesser von 80cm, und ein Gewicht von 11 Kilo; gewöhnlich haben dieselben einen Durchmesser von 1,25 m und wiegen etwa 20-25 Kilo. [...] Selbst in den allerschwierigsten Lagen läßt sich dieser Wirrdraht anbringen, so z.B. an einer hohen Felswand [...] zieht man einige von den Drähten heraus und und klemmt

32 Königlicher Gewerbeinspektor Düsseldorf an Königliche Regierung Düsseldorf: Betrifft den Bericht des Gewerbe-Inspektors über die Zulässigkeit des Sprengens mittels geschnürter Bohrlöcher, 2.5.1892, LAV NRW R, BR 7, 33372.

33 Königliche Gewerbe-Inspektion Vohwinkel: Betrifft Explosionsunfälle, 2.7.1914, LAV NRW R, BR 7, 33376.

34 Stamm an Landrat Scherenberg, 1.7.1897, LAV NRW R, BR 34, 270.

35 Königliche Regierung Düsseldorf: Auszug aus dem Amtsblatt, 9.7.1910, LAV NRW R, BR 7, 33373.

> sie in eine Spalte [...] Gerade die kleinen Steine, welche weit fliegen und so gefahrbringend sind, setzen sich in den Draht fest.«[36]

Die Wirksamkeit der Abdeckmaterialien, hier Wirrdraht, wurde immer im Verhältnis zur Qualität und Quantität der eingesetzten Sprengmittel gesehen. Weitgehende Einigkeit herrschte in der Ratgeberliteratur darüber, möglichst geringe Mengen Sprengstoff einzusetzen: »Hauptbedingung bleibt, für alle Fälle dem Bohrloche eine möglichst schwache Ladung zu geben, und zwar so, daß die Vorgabe nicht in faustgroßen Stücken umhergeschleudert, sondern nur gelockert wird.«[37] Dagegen erforderte die Tatsache, dass um 1900 immer neue Varianten von Sprengstoffen erhältlich waren, Empfehlungen und polizeiliche Vorschriften immer wieder zu aktualisieren.[38] War es in den ersten Jahrzehnten der Sprengstoffverwendung um »Nitroglyzerin« und »Dynamit« gegangen,[39] kamen in den 1880er Jahren immer weitere Spezialprodukte in Gebrauch. So hatte die AG für Marmorindustrie im Neandertal 1887 »Roburit« für Versuchszwecke beschafft, »da wir doch allen sich bietenden Fortschritten in der Sprengtechnik folgen müssen.«[40] Oft waren die Experimente mit neuen Sprengstoffen, wie »Yonckite«, die von ihren Produzenten als sicherer angepriesen wurden, aber nicht erfolgreich und wurden von den Behörden verboten.[41]

Es waren indes vor allem die Eigenschaften des Gesteins, die aus Sicht der Zeitgenossen ein schwer abzuschätzender Unsicherheitsfaktor blieben. Sprengladungen konnten eine unerwartete Wirkung entfalten, beispielsweise wenn eine Zündpatrone »in eine [...] Drüse geraten ist, wie sie in Form faustgrosser Höhlungen in dolomitischem Gestein häufig sind.«[42] Ein Experte thematisierte die häufig als problematisch wahrgenommene Heterogenität des Gesteins: »Man stößt aber öfter

---

36 Zur Schußdeckungsfrage, in: Monatsschrift für die Steinbruchs-Berufsgenossenschaft 3 (1888), Nr. 3, S. 18-19.

37 Ebd.

38 Ueber die Frage des Abbaues mit großen oder kleinen Schüssen, in: Der Steinbruch 6 (1911), S. 463-464; Königliche Regierung Düsseldorf an Landratsamt Mettmann, 26.1.1909, LAV NRW R, BR 7, 33373; Die Sprengarbeit in den Kalksteinbrüchen bei Berg. Gladbach, 1887, GStAPK, 1. HA Rep. 120, BB VII 1 Nr. 4 Adh. 27 Bd. 1.

39 Landratsamt Mettmann an Königliche Regierung Düsseldorf, 15.1.1870, LAV NRW R, BR 7, 24577.

40 Actiengesellschaft für Marmorindustrie an Hirsch, 25.10.1887, StAW, J III, 224a; vgl. Bown, Stephen R.: A Most Damnable Invention. Dynamite, Nitrates, and the Making of the Modern World, New York 2005, S. 121-141.

41 Königliche Gewerbe-Inspektion Vohwinkel an Königliche Regierung Düsseldorf: Betrifft Sprengstoffe, 12.5.1911, LAV NRW R, BR 7, 34252; Wolff an Actiengesellschaft für Marmor-Industrie Hochdahl, 27.8.1887, LAV NRW R, BR 7, 34252.

42 Königliche Gewerbe-Inspektion Vohwinkel an Königliche Regierung Düsseldorf: Betrifft Explosionsunfälle, 2.7.1914, LAV NRW R, BR 7, 33376.

auf Gesteinsschichten, Knappsteine, Kugeln, die sehr hart sind und beim Sprengen oft weit fliegen.«[43] Es sei das Auftreten von »ziemlich losem Gestein«, das alle Bemühungen konterkariere, die Sprengung von Kalksteinfelsen zu decken, argumentierten mehrere Wülfrather Kalksteinunternehmer, als sie sich mit einer zunehmenden Zahl von Unfällen konfrontiert sahen.[44] In anderen Fällen rückte die räumliche Anlage des Steinbruchs in das Zentrum der Auseinandersetzung, wenn die Gefahr beispielsweise von Sprengarbeiten an »ein[em] hervortretende[n] Felsen« ausging.[45] Diese »natürlichen« Bedingungen und Unwägbarkeiten verhinderten, so die Steinbruchbetreiber, die Praktiken des Sprengens aller Regulierung zum Trotz sicherer zu machen.

Stattdessen behaupteten Steinbruchunternehmen in solchen Fällen, »daß [...] keine Mittel zu Gebote ständen [sic!], das Umherfliegen von Steinen in wirksamer Weise zu verhindern oder einzuschränken«.[46] Als Ende der 1870er Jahre die Novellierung der Polizeiverordnung anstand, verlangten sie Straffreiheit, wenn sie nachweisen konnten, »daß die Deckung der Sprengladung überhaupt unmöglich gewesen [...] ist.«[47] Mit der Bemerkung, wegen der Eigenschaften des Gesteins werde »eine absolute Sicherheit nicht herbeizuführen sein«, lenkte das Mettmanner Landratsamt schließlich ein.[48] Eine solche Argumentation war einerseits sicherlich ein Vorwand, um von Versäumnissen abzulenken. Andererseits waren gerade die materiellen Eigenschaften des Gesteins zweifellos ein Unsicherheitsfaktor, der in den Praktiken der Kalksteingewinnung wirksam wurde. Es war leicht, den offensichtlichen Widerspruch zwischen einer immer detaillierteren Regulierung und deren Wirkungslosigkeit an den Unwägbarkeiten festzumachen, die der Untergrund barg.

Der Verweis auf die »natürlichen« Eigenschaften des Gesteins verdeckte aber, dass diese erst in bestimmten Praktiken wirksam wurden. Unfälle resultierten aus dem Zusammenwirken von Sprengstoffen, Deckungsmaterialen und dem Untergrund, die in spezifischen Arbeitsschritten arrangiert wurden, zu dem das Bohren von Löchern oder das Dosieren der Sprengstoffmenge gehörten. Wenn auch die anhaltende Reflexion über Ursachen und mögliche Lösungen die Anpassung von

43 Zur Schußdeckungsfrage, S. 18f.

44 Bürgermeister Kirschbaum: Bemerkungen zu den Abänderungs-Vorschlägen des Herrn Fabriken-Inspektors Dr. Wolff zur Polizeiverordnung betr. Anlage und Betrieb von Steinbrüchen, 28.2.1877, LAV NRW R, BR 7, 24578.

45 Bürgermeister Kratz an Landratsamt Mettmann, 8.7.1897, LAV NRW R, BR 34, 270.

46 Landrat Scherenberg an Gewerbeinspektor Schmick, 26.7.1897, LAV NRW R, BR 34, 270.

47 Bürgermeister Kirschbaum: Bemerkungen zu den Abänderungs-Vorschlägen des Herrn Fabriken-Inspektors Dr. Wolff zur Polizeiverordnung betr. Anlage und Betrieb von Steinbrüchen, 28.2.1877, LAV NRW R, BR 7, 24578.

48 Landratsamt Mettmann: Aktennotiz, 19.9.1872, LAV NRW R, BR 7, 24577.

Vorschriften und Instruktionen in Gang setzte, gelang es nicht, Handlungsabläufe und materielle Arrangements so zu verknüpfen, dass das eingeforderte Maß an Sicherheit dadurch hergestellt werden konnte.[49]

Die »Natur« der Gefahr

Als Eduard Fuchs, zu diesem Zeitpunkt Direktor der Bergischen Dolomit- und Weißkalkwerke, im Herbst 1903 wegen fahrlässiger Tötung vor dem Landgericht Elberfeld stand, zeigte sich, dass Arbeitsunfälle nicht primär auf naturalisierte Risiken, sondern auf den intensiv betriebenen Gesteinsabbau zurückzuführen waren. Im vorangegangenen Mai war der Erdarbeiter Josef Schmitz unter einstürzendem Abraum begraben worden und erlag wenig später seinen Verletzungen. Aufgrund der Schwere des Falls schaltete sich der zuständige Gewerbeinspektor Fröhlich ein und erstattete Strafanzeige gegen Fuchs sowie den Betriebsleiter des betroffenen Steinbruchs IIIa, Peter Schneider. Fuchs und Schneider wurde zur Last gelegt, dass der Abbau und die Beseitigung des Abraums nicht den Vorschriften entsprechend erfolgt sei. Dies hätten die beiden aber sicherstellen müssen. Sie hätten damit gegen die geltende Polizeiverordnung über die Anlage und den Betrieb von Steinbrüchen verstoßen.[50]

Zunächst zielte die Strategie der Verteidigung darauf ab, Schmitz eigenes Verschulden an dem Unfall nachzuweisen. Schmitz habe die ausdrückliche Anweisung der Betriebsleitung missachtet, nicht an dem Abhang zu arbeiten, der ihn schließlich unter sich begrub.[51] Im Laufe der Gerichtsverhandlung gegen Fuchs kam zur Sprache, dass der verunglückte Schmitz die Abraumböschung, die ihn später begrub, »unterminiert« habe. Dies habe Schmitz entgegen der Anweisung der Betriebsleitung getan, »weil er dort leichter arbeiten und seinen Karren füllen konnte.«[52] Als Erdarbeiter war Schmitz im Akkordlohn beschäftigt. Seine Bezahlung richtete sich nach der Anzahl der mit Abraum befüllten Karren.[53] Der Entlohnungsmodus habe Schmitz möglicherweise dazu verleitet, die Anweisungen nicht zu befolgen, gestand Fuchs ein. Gleichzeitig hielt er das Akkordsystem aber für die von ihm angestrebte Steigerung der Produktivität des Steinbruchbetriebs für unerlässlich:

49 Vgl. Uekötter: Umweltgeschichte, S. 66.
50 Staatsanwaltschaft Elberfeld: Anklageschrift im Fall Fuchs und Genossen, 31.8.1903, RhK(L), AG, 22; Fuchs: Briefentwurf, 4.11.1903, RhK(L), AG, 22.
51 Kelders: Erwiderung in der Strafsache Fuchs und Genossen, 22.9.1903, RhK(L), AG, 22.
52 Ebd.
53 Staatsanwaltschaft Elberfeld: Anklageschrift im Fall Fuchs und Genossen, 31.8.1903, RhK(L), AG, 22.

»Es ist richtig, dass meine Tendenz dahingeht thunlichst alle Leute in Accord zu bringen, und dass ich das Accordsystem so intensiv ausgebildet habe, wie unter meinen Vorgängern nie der Fall gewesen. Wie sollte es aber wohl möglich sein, bei [...] den abzuräumenden und fortzuschaffenden Erdmassen den Status zu halten, wenn nicht Accordarbeit mit der denkbar schärfsten Lohnkontrolle Hand in Hand ginge.«[54]

Der Steigerung des Abbauvolumens, für die das Abdecken der Kalksteinvorkommen die Voraussetzung war, räumte Fuchs bei der Organisation des Steinbruchbetriebs die Priorität gegenüber den Sicherheitsbedenken gegen das Akkordsystem ein. Darin konnte er auch nichts Verwerfliches erkennen, sondern empörte sich über die Unachtsamkeit und vermeintliche Disziplinlosigkeit, mit der sich die Arbeiter selbst in Gefahr brächten.

Bemerkenswert im Fall Schmitz war, dass die Staatsanwaltschaft dieses Argument von vorneherein nicht gelten ließ, sondern sich auf die Mängel im Arrangement des Abbaus kaprizierte. So rückte die Böschung der Abraumhalde, die Schmitz unter sich begraben hatte, in den Mittelpunkt der Auseinandersetzung. Die Staatsanwaltschaft berief sich auf die Polizeiverordnung, wonach eine Böschung aus »losen Erdmassen« nur einem Winkel von bis zu 45° aufweisen durfte und zudem durch Abstufungen gesichert werden musste.[55] Im vorliegenden Fall stellte sie fest: »Die den Abraum darstellende lose Erde bildet an der Unfallstelle einen 4 bis 6 m hohen Erdwall, der in einem Erhöhungswinkel von wenigstens 55 bis 60 Grad und ohne Absätze aufzuweisen aufstieg«.[56] Dass die Böschung steiler anstieg als 45°, wurde von Fuchs auch nicht bestritten, aber er verwies darauf, dass die Polizeiverordnung in dieser Hinsicht dehnbar sei und die Gewerbeinspektion ähnliche Fälle bisher nicht moniert habe. Es gebe gute Gründe, die eine Abweichung von der Norm rechtfertigten, so der Direktor der Bergischen Dolomit- und Weißkalkwerke.[57] Unterdessen versuchte sein Anwalt das verbleibende Risiko zu naturalisieren, »denn die Böschung war ja von Natur so.«[58]

Es waren die materiellen Eigenschaften des Abraums, die aus Sicht von Fuchs und seinem Anwalt einen steileren Anstieg erlaubten. Denn die Vorschriften waren explizit in Relation zu den Eigenschaften des abgeräumten Materials formuliert:

54 Fuchs: Briefentwurf, 4.11.1903, RhK(L), AG, 22.

55 Königliche Regierung Düsseldorf: Polizeiverordnung über den Betrieb von Steinbrüchen, 20.11.1895, LAV NRW R, BR 7, 33372.

56 Staatsanwaltschaft Elberfeld: Anklageschrift im Fall Fuchs und Genossen, 31.8.1903, RhK(L), AG, 22.

57 Landgericht Elberfeld: Gerichtsbeschluss im Fall Fuchs und Genossen, 17.10.1903, RhK(L), AG, 22; Fuchs: Briefentwurf, 4.11.1903, RhK(L), AG, 22.

58 Kelders: Weitere Revisionsbegründung in der Strafsache gegen Fuchs & Genossen, 27.11.1903, RhK(L), AG, 22.

Sie galten für »lose Erdmassen«. Bei dem Abraum, der über Schmitz hereingebrochen war, habe es sich aber um verfestigten Lehm und Ton gehandelt.[59] Die Zusammensetzung der abgeräumten Deckschichten, die auf der Halde angehäuft worden waren, charakterisierte Fuchs als bestehend aus: »ca. 50-70cm humosem, von Wurzelwerk durchwachsenen Waldboden und darunter aus festem Thon, der zum grössten Teil so hart ist, dass er mit der Spitzhacke losgelöst werden muss.«[60] Die Halde aus dem so charakterisierten Material war im Jahr zuvor angelegt worden. Die Arbeit hatte dann aber über Winter geruht und war erst im April 1903 wieder aufgenommen worden. Inzwischen hatten Erosionsprozesse die Eigenschaften der Halde verändert, wie Fuchs zu seiner Verteidigung ausführte und mit einem nicht überlieferten Situationsplan belegte:

> »Wie aus der Situation ersichtlich, ist die Abraumböschung in ihrer gesamten Erstreckung nach Westsüdwest geneigt und somit Wind und Wetter ganz besonders ausgesetzt. Dazu kommt noch, dass das Terrain nordöstlich der Abraumböschung steigt und von diesem höher gelegenen Terrain das Wasser nach der Böschung zu fliesst. Durch Regen, Schnee und das von der Höhe kommende Wasser werden alljährlich im Winter Thonteilchen vom Böschungsrande abgeschwemmt, die sich, oft einen halben Meter mächtig, am Fusse der Böschung ansammeln [...]. Es findet hierbei jedoch kein Rutschen statt, sondern ein langsames Fliessen einzelner, kleiner Thonpartikelchen.«[61]

Dieser Erosionsprozess hatte einerseits das Abraummaterial, vor allem den großen Tonanteil, verdichtet, andererseits die Böschung ausgewaschen, Furchen und potenzielle Gefahrenstellen gebildet. Schließlich »stürzte das vom Regen durchnässte und deshalb fest zusammengeballte Erdreich aus den oberen Schichten nach und begrub den Schmitz unter sich,« wie die Staatsanwaltschaft Fuchs' Darstellung ergänzte.[62] Die Halde bestand demnach aus festem Material – das einen steileren Böschungswinkel zuließ – war aber gleichzeitig von potenziellen Abbruchstellen punktiert.

Der Fokus der zeitgenössischen Debatte auf Zusammenhänge zwischen Eigenschaften des Untergrunds und der Gefährdung der Arbeiter wurde dadurch verstärkt, dass Entschädigungsfälle vor allem auf Grundlage von naturwissenschaftlicher Expertise bewertet wurden. Naturwissenschaftliches Wissen wurde verwendet, um arbeitsplatzbedingte Risiken zu definieren und zu interpretieren.[63] Den

59 Kelders: Erwiderung in der Strafsache Fuchs und Genossen, 22.9.1903, RhK(L), AG, 22.
60 Fuchs: Briefentwurf, 4.11.1903, RhK(L), AG, 22.
61 Ebd.
62 Staatsanwaltschaft Elberfeld: Anklageschrift im Fall Fuchs und Genossen, 31.8.1903, RhK(L), AG, 22.
63 Vgl. Moses, Julia: Contesting Risk. Specialist Knowledge and Workplace Accidents in Britain, Germany, and Italy, 1870-1920, in: Brückweh, Kerstin/Schumann, Dirk/Wetzell, Richard F./Zie-

verantwortlichen Unternehmern kam die naturwissenschaftlich unterlegte Thematisierung der Arbeitssicherheit in Steinbrüchen entgegen, um darauf hinzuweisen, dass die Risiken der Steinbrucharbeit von »natürlichen«, schwer vorhersehbaren Faktoren ausgingen.[64]

Zu behaupten, die Abraumböschung sei »von Natur aus so«, wie es auch Fuchs' Anwalt getan hatte, griff aber zu kurz. Vielmehr war die Halde Teil des Arrangements des Steinbruchs, für dessen Anlage Menschen verantwortlich waren. Die Topografie des Steinbruchs, auf die Fuchs in seiner Darstellung ausführlich rekurrierte, war dem Ziel eines effektiven Kalksteinabbaus angepasst. Dass die Halde »nach Westsüdwest geneigt« und damit der Erosion durch Wind und Regen ausgesetzt war, war keineswegs ein Zufall. Gleiches galt für die Beobachtung, dass die Halde den Wasserabfluss vom »höher gelegenen Terrain« im Nordosten blockierte. Erosionsschutz war kein Aspekt, der bei der Anlage der Halde relevant gewesen war. Wie Fuchs ausführte, seien »zwei Prinzipien massgebend, einmal muss das Abraumgleis nach der Halde zu Gefälle haben, damit die beladenen Wagen leicht fortrollen, andererseits muss aber die Halde [...] so disponiert werden, dass sich auf einer möglichst kleinen Fläche viel Erdreich aufschütten lässt.«[65] Beide Prinzipien, die der Anlage der Abraumhalde zugrunde lagen, spiegelten das Ziel einer optimalen Flächennutzung und infrastrukturellen Erschließung wider, die Grundlage für den intensivierten Abbau waren.

Für die Ausgestaltung des Arrangements aus Abraum, Gestein, Wasserabflüssen und Gleisanlagen hatte Fuchs eine erhebliche Verantwortung. Fuchs' Ausführungen verweisen deutlich auf sein Ziel, die Abbaustätte zu optimieren, um die Effizienz der Gewinnung zu steigern. Die entsprechende Verknüpfung von Arbeitsabläufen mit räumlichen Konstellationen, wie das Gefälle für die Bewegung von beladenen Wagen, oder das ausgeprägte Bewusstsein für Flächenökonomie formulierte er explizit als Anspruch an die Organisation des Betriebs. Dieser Anspruch wirkte sich auch auf die Abraumbeseitigung, also die Lage, materielle Zusammensetzung sowie den Böschungswinkel der Halden aus.

Schmitz war indes nicht das einzige Todesopfer im Steinbruch IIIa. Innerhalb weniger Jahre nachdem Fuchs die Direktion der Bergischen Dolomit- und Weißkalkwerke übernommen hatte, waren dort insgesamt acht Arbeiter ums Leben gekommen. Einige waren bei der Beseitigung von Abraum verunglückt, andere bei der Arbeit an den Steilwänden der immer tiefer in den Untergrund einschneidenden Abbaustätte. Die Ursachen ähnelten sich:

---

mann, Benjamin (Hg.): Engineering Society. The Role of the Human and Social Sciences in Modern Societies, 1880-1980, Basingstoke 2012, S. 59-78, hier: S. 67.

64 Vgl. Hannig, Nicolai: Die Suche nach Prävention. Naturgefahren im 19. und 20. Jahrhundert, in: Historische Zeitschrift 300 (2015), S. 33-65, hier: S. 40f.

65 Fuchs: Briefentwurf, 4.11.1903, RhK(L), AG, 22.

»Der Bruch 3a […] wird in einer Strosse von ungefähr 20 m Höhe betrieben. Da das Gestein massig und unzerklüftet ist, so steht diese Abbaumethode [nicht] in Widerspruch zu den Bestimmungen […] der Polizeiverordnung […]. Trotzdem muß ein ursächlicher Zusammenhang zwischen der großen Abbau-Höhe und der großen Zahl der tötlichen [sic!] Unfälle (8) in diesem Bruch angenommen werden.«[66]

Die Vorfälle im Bruch IIIa riefen aus Sicht der Gewerbeinspektion, der Staatsanwaltschaft und anderen Behördenvertretern nach einer grundlegenden Veränderung des Steinbrucharrangements. Ein gutes Jahr nach dem Tod von Schmitz, im Spätherbst 1904, begann sich die Diskussion über die Sicherheit im Bruch IIIa zu verdichten. Beunruhigt von der anhaltend hohen Zahl der Todesfälle nahm Gewerbeinspektor Fröhlich die Initiative auf. Er glaubte an einen Zusammenhang zwischen dem Arrangement des Steinbruchs und dem besonders hohen Unfallrisiko. Deswegen schlug er vor, in die hohen Abbauwände des Bruchs eine Zwischensohle einzuziehen, also die Wand abzustufen.[67] Die Ortspolizeibehörde, die eine solche Maßnahme anordnen konnte, zögerte zunächst. Sie wollte den Betriebsablauf möglichst nicht hemmen und räumte den Kalkwerken schließlich eine einjährige Frist ein, um eine Zwischensohle einzurichten.[68] Erst ganz zum Ende des Folgejahres begannen die Bergischen Dolomit- und Weißkalkwerke mit den Arbeiten an der zweiten Sohle, auf die sich die Kalksteingewinnung 1906 konzentrierte.[69]

Diese Intervention der Behörden beeinflusste das Arrangement des Steinbruchs in einer Weise, die Fuchs' Vorstellungen von einem effizienten Abbau eigentlich zuwiderlief. Bürgermeister Kolk berichtete von einem Gespräch mit Fuchs und dessen Betriebsleiter, die äußerten, »es sei unmöglich einen Schmalspurstrang in die obere Sohle zu legen«.[70] Stattdessen müssten die gebrochenen Steine von der Zwischensohle per Hand auf die tiefere Sohle geworfen werden, um dort verladen zu werden. Dies ging aber nur solange, »bis die Entfernung vom Rande der Sohle so groß sei, daß die Steine nicht mehr nach unten geworfen werden könnten.«[71] Die abgestufte Steinbruchwand erforderte nicht nur einen zusätzlichen manuellen Arbeitsschritt und zwang geradezu zu kleinteiligem Abbau, sondern führte auch dazu, dass die Arbeit am Fuß des Steinbruchs über lange Zeit

66 Gewerbeinspektor Fröhlich an Landratsamt Mettmann, 11.11.1904, LAV NRW R, BR 34, 270.

67 Ebd.

68 Bürgermeister-Amt Gruiten an Bergische Dolomit- und Weißkalkwerke, 2.12.1904, LAV NRW R, BR 34, 270; Gewerbeinspektor Fröhlich an Landratsamt Mettmann, 28.11.1904, LAV NRW R, BR 34, 270.

69 Bürgermeister-Amt Gruiten an Landratsamt Mettmann: Betrieb in den Steinbrüchen zu Ehlenbeck, 1.12.1905, LAV NRW R, BR 34, 270.

70 Bürgermeister Kolk an Landratsamt Mettmann, 10.4.1907, LAV NRW R, BR 34, 270.

71 Ebd.

ruhen musste – das alles konnte nicht im Interesse der Betriebsführung sein.[72] Im Fall des Bruchs IIIa waren die Unfallzahlen jedoch so eklatant hoch, dass sich die Behörden schließlich mit ihren Sicherheitsvorstellungen durchsetzten.[73]

In der Aufarbeitung der Todesfälle in Bruch IIIa wurde nur allzu deutlich, dass die »natürlichen« Eigenschaften des Abraums und des Untergrunds nicht allein die Ursache waren. Vielmehr legte das Strafverfahren gegen Fuchs die komplexeren Wechselwirkungen zwischen den Arbeitsabläufen und dem Arrangement des Steinbruchs frei. Der Abraum hatte Schmitz unter sich begraben, weil die Arbeitsvorgänge, die er ausführte, und die Anlage der Erdhalde zusammenwirkten und so eine unvorhergesehene Dynamik in Gang setzten. Schmitz' Tod war die Folge der spezifischen Einbindung von Abraum und Gestein in Praktiken der Gesteinsgewinnung, für die Fuchs die Verantwortung trug. Dass Fuchs schließlich doch nicht wegen fahrlässiger Tötung verurteilt wurde und Direktor der Bergischen Dolomit- und Weißkalkwerke und später der RWK blieb, lag daran, dass ihm die Verantwortung für den Tod der Arbeiter dennoch nicht uneingeschränkt zugeordnet wurde. Zwar scheint es insbesondere dem Gewerbeinspektor Fröhlich, der sich für eine Strafverfolgung einsetzte, bewusst gewesen zu sein, dass Fuchs eine erhebliche Mitschuld traf, da er über das Arrangement des Steinbruchs entscheiden konnte. Die Richter ließen sich von dieser Interpretation aber nicht überzeugen. Die Frage nach der Verantwortung für die Gefahren, die aus den Praktiken der Kalksteingewinnung in ihrer Wechselwirkung mit den Arrangements resultierten, blieb aus Sicht der Zeitgenossen ein letztlich unlösbares Rechtsproblem.[74]

Arbeitssicherheit und die Vorschriften der Steinbruchs-Berufsgenossenschaft

Die Beurteilung der Schuld an Arbeitsunfällen war ein Thema, mit dem sich die preußische Rechtsprechung ohnehin schwertat. In der Regel kamen die Unfälle auch überhaupt nicht vor Gericht, sondern wurden von den Berufsgenossenschaften behandelt. Die Berufsgenossenschaften waren Mitte der 1880er Jahre im Rahmen der Bismarck'schen Sozialgesetzgebung entstanden – darunter 1885 die

---

72 RWK an Königliche Regierung Düsseldorf: Beschwerde gegen eine polizeiliche Verfügung des Herrn Bürgermeisters zu Gruiten, 30.9.1907, LAV NRW R, BR 7, 33376.

73 Königliche Regierung Düsseldorf an Bürgermeister-Amt Gruiten, 21.10.1907, LAV NRW R, BR 34, 270.

74 Vgl. Uekötter, Frank: Das organisierte Versagen. Die deutsche Gewerbeaufsicht und die Luftverschmutzung vor dem ökologischen Zeitalter, in: Archiv für Sozialgeschichte 43 (2003), S. 127-150, hier: S. 149; Brüggemeier, Franz-Josef: Das unendliche Meer der Lüfte. Luftverschmutzung, Industrialisierung und Risikodebatten im 19. Jahrhundert, Essen 1996, S. 139f.

Steinbruchs-Berufsgenossenschaft (StBG). Sie waren in erster Linie für die Unfallversicherung der Arbeiter zuständig, die durch die Zwangsmitgliedschaft aller Unternehmen einer Branche finanziert wurde. Das System hatte den Zweck, die Frage nach der Verantwortung durch obligatorische Entschädigungszahlungen an die verunfallten Arbeiter zu umgehen. Denn die berufsgenossenschaftlichen Entschädigungen wurden unabhängig davon gezahlt, wer den Unfall zu verantworten hatte. In den meisten, wenn auch nicht in allen Fällen, wie das Beispiel des Erdarbeiters Schmitz zeigt, wurden Arbeitsunfälle daher nicht weiter gerichtlich verfolgt. Die Unfallversicherung behob das Problem, die Ursachen der Gefahr eindeutig feststellen zu müssen.[75]

Eigentlich hatten die Berufsgenossenschaften ein Interesse daran, die Zahl der Unfälle zu minimieren, um die Beitragssätze zur Versicherung niedrig zu halten. Gesetzlich verpflichtet waren sie, zu diesem Zweck branchenspezifische Unfallverhütungsvorschriften zu erlassen und Aufsichtsbeamte einzusetzen, die für die Einhaltung der Vorschriften sorgen sollten.[76] Allerdings waren die Berufsgenossenschaften nach dem Selbstverwaltungsprinzip organisiert. Das bedeutete, dass die Überwachung von Betrieben und die Beurteilung von Schadensfällen letztlich in den Händen der Vorstände der Berufsgenossenschaften lagen, die von den Unternehmen gewählt wurden. Der inhärente Zwiespalt, der in der Organisation der Unfallversicherung angelegt war, führte dazu, dass einerseits die Berufsgenossenschaften die Betriebe systematischer überwachten als dies etwa die Ortspolizei tat. Aber andererseits verhinderte diese Organisationsform vielfach durchgreifende Maßnahmen zur Verbesserung der Sicherheitslage, wenn ihnen die Interessen der Unternehmen entgegenstanden.[77]

Zudem entstand eine Konkurrenz zwischen den berufsgenossenschaftlichen Unfallverhütungsvorschriften und den lokalen Polizeiverordnungen. Dies führte bei Steinbruchbetreibern ebenso wie Arbeitern regelmäßig zu Irritationen darüber,

---

75 Vgl. Ritter/Tenfelde: Arbeiter im deutschen Kaiserreich, S. 373; Boyer, Josef: Unfallversicherung und Unternehmer im Bergbau. Die Knappschafts-Berufsgenossenschaft, 1885-1945, München 1995; Ayaß: Einleitung 1998; Andersen, Arne: Arbeiterschutz in Deutschland im 19. und frühen 20. Jahrhundert, in: Archiv für Sozialgeschichte 31 (1991), S. 61-83; Moses, Julia: The First Modern Risk. Workplace Accidents and the Origins of European Social States, Cambridge 2018.

76 Ayaß, Wolfgang: Einleitung, in: Henning, Hansjoachim/Tennstedt, Florian (Hg.): Die Revision der Unfallversicherungsgesetze und die Praxis der Unfallversicherung (=Quellensammlung zur Geschichte der deutschen Sozialpolitik, 1867-1914, III. Abteilung, Bd. 2), Darmstadt 2009, S. XV-XLII, hier: S. XXXIII.

77 Vgl. Wickenhagen, Ernst: Geschichte der gewerblichen Unfallversicherung. Wesen und Wirken der gewerblichen Berufsgenossenschaften, München 1980; Simons, Rolf: Staatliche Gewerbeaufsicht und gewerbliche Berufsgenossenschaften. Entstehung und Entwicklung des dualen Aufsichtssystems im Arbeitsschutz in Deutschland von den Anfängen bis zum Ende der Weimarer Republik, Frankfurt a.M. 1984, S. 77f.

welche Regularien maßgeblich seien. Der Steinbruchs-Berufsgenossenschaft wiederum waren die ausgeprägten Variationen der lokalen Verordnungen ein Dorn im Auge, da sie eine einheitliche versicherungsrechtliche Beurteilung von Unfällen erschwerte. Sie setzte auf Standardisierung und die Anpassung der Polizeiverordnungen an die von ihr erlassenen versicherungsrechtlichen Vorschriften.[78] Dieses Ansinnen stieß bei den Regierungspräsidien und den Kommunalbehörden auf wenig Verständnis. Sie argumentierten, dass die berufsgenossenschaftlichen Unfallverhütungsvorschriften weitaus detailliertere Bestimmungen enthielten, die für die Frage der Entschädigung wichtig, nicht jedoch justiziabel seien.[79] Ähnlich wie die Gewerbeaufsicht trotz einiger Kritik ihre eigenen Sicherheitsbestimmungen beibehielt, aufgrund derer sie gelegentlich in den Betrieb von Steinbrüchen eingriff, wurde auch die ortspolizeiliche Überwachung nicht auf die berufsgenossenschaftlichen Unfallverhütungsvorschriften abgestimmt.[80]

Dessen ungeachtet nahm die Dichte der Kontrollen und Interventionen in den Steinbruchbetrieben in den 1890er Jahren zu.[81] Im Unterschied zu den Polizeiverordnungen wurde die Einhaltung der Unfallverhütungsvorschriften nicht nur anlassbezogen überwacht. Die StBG beauftragte eigene »technische Beamte« mit der regelmäßigen Revision der Steinbrüche. Bei Gründung der Berufsgenossenschaft wurde von den knapp 1400 Betrieben in der Rheinprovinz etwa die Hälfte jährlich besichtigt, 1913 fand dann in fast allen der nun 1800 Steinbrüche eine Revision statt.[82] Tatsächlich scheint die kontinuierliche Überwachung einen Effekt gehabt zu haben. In den 1890er Jahren ging die Zahl der bei Revisionen beanstandeten Verstöße gegen die Unfallverhütungsvorschriften deutlich zurück: Bei

78 Statistik der entschädigungspflichtigen Unfälle der Steinbruchs-Berufsgenossenschaft; Das Verhältniß der genossenschaftlichen Unfallverhütungsvorschriften zu den Polizeivorschriften, in: Monatsschrift für die Steinbruchs-Berufsgenossenschaft 2 (1887), Nr. 3, S. 13; Steinbruch-Berufsgenossenschaft Section IV an Königliche Regierung Düsseldorf, 7.12.1888, LAV NRW R, BR 7, 24578.

79 Königliche Regierung Düsseldorf: Zu I. III. B. 3236, 1895, LAV NRW R, BR 7, 33372; Preußisches Ministerium für Handel und Gewerbe an sämtliche königliche Ober-Präsidenten, 3.12.1896, GStAPK, 1. HA Rep. 120, BB VII 1 Nr. 4 Adh. 27 Bd. 1; Königliche Regierung Düsseldorf an Preußisches Ministerium für Handel und Gewerbe, 22.1.1897, LAV NRW R, BR 7, 33372; vgl. zu ähnlichen Diskussionen in der Knappschafts-Berufsgenossenschaft Boyer: Unfallversicherung und Unternehmer, S. 114f.

80 Vgl. Ayaß: Einleitung 2009, S. XXXIVf.; Simons: Staatliche Gewerbeaufsicht.

81 Vgl. Ritter/Tenfelde: Arbeiter im deutschen Kaiserreich, S. 385-388.

82 Monatsschrift für die Steinbruchs-Berufsgenossenschaft 1 (1886), Nr. 4; Jahresberichte der Beauftragten der Steinbruchs-Berufsgenossenschaft für 1895, in: Monatsschrift für die Steinbruchs-Berufsgenossenschaft 11 (1896), Nr. 7, S. 71-72; Steinbruchs-Berufsgenossenschaft: Jahresbericht der technischen Aufsichtsbeamten der Steinbruchs-Berufsgenossenschaft für das Jahr 1913, BA, R 89, 14467, S. 45-46; vgl. Simons: Staatliche Gewerbeaufsicht, S. 171-174.

etwa 750 jährlichen Besichtigungen von 455 im Jahr 1889 auf 150 fünf Jahre später.[83] Auch im Hinblick auf die Unfallzahlen setzte eine Verbesserung ein. Zwar blieben die absoluten Fallzahlen auf ausgesprochen hohem Niveau und stiegen sogar leicht an, aber relativ zur wachsenden Arbeiterzahl nahmen Verletzungen und Sterbefälle zwischen 1885 und 1914 ab. Die gemeldeten Unfälle pro Arbeiter halbierten sich bis zum Ersten Weltkrieg. Auch die Letalität der Unfälle ging, auf hohem Niveau, deutlich zurück: 1886 führten 28 Prozent der Unfälle zum Tod, 1914 waren es 9 Prozent.[84] Einiges deutet darauf hin, dass diese Zahlen aufgrund der höheren Kontroll- und Meldedichte statistische Artefakte waren und wenig über die konkrete Gefährdungslage in den Steinbrüchen aussagen.

Die meisten der um 1900 diskutierten Unfallursachen ging die StBG jedenfalls aktiv an, indem sie stärker regulierte und überwachte, Einfluss auf Unternehmer zu nehmen suchte und die Verbesserung des Wissensstandes und der Kommunikation anstrebte.[85] Diese Maßnahmen, so interpretierte Paul Lohmar, der spätere Geschäftsführer der StBG in der Rheinprovinz, 1896 die Unfallstatistik, hätten dazu beigetragen, »daß die Betriebe jetzt weit ordnungsgemäßer geführt werden«.[86] Nun hätte man

> »erwarten sollen, daß in Folge dieses Umstandes die Zahl der Unfälle abgenommen habe; dies ist jedoch nicht der Fall [...] [D]iese Zusammenstellung erhellt, daß [...] die Zahl der leichteren Unfälle etwa in dem gleichen Maße zunimmt, wie die Zahl der schweren Unfälle abnimmt [...] Es ist allerdings zu berücksichtigen, daß die Arbeiter in neuerer Zeit vielfach Entschädigungsansprüche geltend machen für Verletzungen, die sie früher kaum beachteten.«[87]

Auch wenn die gestiegene Aufmerksamkeit für die Risiken sowohl unter Arbeitern als auch bei den Unternehmen zu einer gewissen Verbesserung der Arbeitssicherheit führte, beseitigten die Maßnahmen der StBG kaum die Ursachen der Gefähr-

---

83 Lohmar, Paul: Unfallhäufigkeit und Unfallverhütung in der Sektion IV (Köln) der Steinbruchs-Berufsgenossenschaft, in: Monatsschrift für die Steinbruchs-Berufsgenossenschaft 11 (1896), Nr. 8, S. 80-81; vgl. Ritter/Tenfelde: Arbeiter im deutschen Kaiserreich, S. 378.

84 Verwaltungsbericht des Vorstandes der Steinbruchs-Berufsgenossenschaft für das Rechnungsjahr 1903; Verwaltungsbericht des Vorstandes der Steinbruchs-Berufsgenossenschaft für das Rechnungsjahr 1925, Berlin 1926; für ähnliche Muster beim Kohlenbergbau vgl. Völkening: Unfallentwicklung und -verhütung, S. 27.

85 Monatsschrift für die Steinbruchs-Berufsgenossenschaft 1 (1886), Nr. 4; Jahresberichte der Beauftragten der Steinbruchs-Berufsgenossenschaft für 1895, in: Monatsschrift für die Steinbruchs-Berufsgenossenschaft 11 (1896), Nr. 7, S. 71-72; Steinbruchs-Berufsgenossenschaft: Jahresbericht der technischen Aufsichtsbeamten der Steinbruchs-Berufsgenossenschaft für das Jahr 1913, BA, R 89, 14467, S. 4546.

86 Lohmar: Unfallhäufigkeit, S. 80f.; vgl. Ritter/Tenfelde: Arbeiter im deutschen Kaiserreich, S. 375f.

87 Lohmar: Unfallhäufigkeit, S. 80f.

dung. Die gemischte Bilanz, die Lohmar zum zehnjährigen Bestehen der StBG zog, zeigte: Die immer dichter werdende Regulierung traf, auch wenn sie befolgt wurde und Betriebe »ordnungsgemäßer geführt« wurden als zuvor, nicht den Kern der Gefahrenlage.

Die anhaltend hohe Gefährdung der Arbeiter in den Steinbrüchen resultierte aus den Gewinnungspraktiken, die sich um 1900 tiefgreifend veränderten und neuartige Risiken hervorbrachten. Demgegenüber rekurrierte Lohmar in seiner Interpretation der Unfallstatistik auf die Risiken, die sich über Jahrzehnte, wenn nicht gar Jahrhunderte vermeintlich wenig verändert hätten. Er suggerierte damit, dass sie dem Gesteinsabbau grundsätzlich inhärent seien.[88] Weder thematisierte er die Mechanisierung oder die zunehmende Verwendung von Sprengmitteln noch die Expansion der Brüche als Grund dafür, dass der Erfolg der StBG begrenzt blieb. Denn damit hätte Lohmar die Prämisse der Effizienzsteigerung infrage gestellt, die dem Wandel der Praktiken und Steinbrucharrangements zugrunde lag. Aber genau in den Wechselwirkungen zwischen Arbeitsabläufen, Maschinen, Sprengstoffen, der Anlage der Steinbrüche und den materiellen Eigenschaften des Gesteins entstanden die Risiken, die Arbeiter wie Pasqualotto, Viale oder Schmitz nicht vollständig kontrollieren konnten.

88 Ebd.

11. Soziale und ökologische Folgen

Jenseits der Arbeitsrisiken bargen die fortschreitende Expansion der Steinbrüche und der intensiv betriebene Abbau erhebliches Konfliktpotenzial, weil die Kalksteingewinnung massive Auswirkungen auf die lokalen Lebensbedingungen hatte. So beschwerte sich Johann Stamm, Nachbar der Steinbrüche der Firma O. & E.A. Menzel, 1897,

> »daß Steine [...] nicht einzeln, sondern in solchen Mengen auf mein Eigentum fliegen, daß sie Dachziegel zerschlagen, starke Kronen der Obstbäume beschädigt werden, Wiesen und Felder mit einer solchen Masse von Steinen besäet werden, daß ich allwöchentlich ganze Schiebkarren voll muß auflesen lassen.«[1]

Noch schwerer als der wirtschaftliche Schaden wog aus Stamms Sicht, dass es »in höchstem Grade lebensgefährlich [ist], hier zu wohnen, auf meinem Eigentum zu arbeiten, Vieh auf meine Wiesen zu treiben u.s.f.«.[2] In einer agrarisch geprägten Gesellschaft, für die die Landnutzung zentrale Bedeutung hatte, wurden nicht nur die Belastungen durch das Sprengen, sondern auch der Flächenverbrauch und die Eingriffe in den Wasserhaushalt zum Gegenstand von Auseinandersetzungen. Diese Konflikte waren immer auch in nachbarschaftliche und lokalpolitische Verhältnisse eingebettet und wurden in ihrer sozialen Dimension thematisiert.[3] Unter diesen Bedingungen reflektierte die lokale Gesellschaft über die ökologischen und sozialen Folgen des Kalksteinabbaus und entwickelte verschiedene Formen der Schadensregulierung. Auch wenn die Ursachen selten beseitigt wurden, war die lokale Gesellschaft dadurch in der Lage, mit den Eingriffen und Belastungen des Kalksteinabbaus umzugehen.[4]

1 Stamm an Landrat Scherenberg, 1.7.1897, LAV NRW R, BR 34, 270.

2 Ebd.

3 Vgl. Pichler-Baumgartner, Luisa: »Environmental Justice« als analytische Kategorie der Wirtschafts-, Sozial- und Umweltgeschichte? Schwierigkeiten und Potenziale einer Anwendung, in: Vierteljahrschrift für Sozial- und Wirtschaftsgeschichte 102 (2015), S. 472-491.

4 Vgl. Andersen, Arne/Ott, René: Risikoperzeption im Industrialisierungszeitalter am Beispiel des Hüttenwesens, in: Archiv für Sozialgeschichte 28 (1988), S. 75-109.

Polizeiverordnungen und lokale Überwachung

Mit seiner Beschwerde über die Sprengarbeiten im Steinbruch von O. & E.A. Menzel forderte Stamm den Landrat des Kreises Mettmann zu nichts anderem auf, als für die Einhaltung der Polizeiverordnung zu sorgen. Die Verordnung richtete sich, neben der Arbeitssicherheit, darauf, Belästigungen und Gefahren für die Nachbarschaft zu unterbinden. Genau das passierte aber in den seltensten Fällen. Schon wenige Jahre nach Erlass der ersten Polizeiverordnung »über das Verfahren bei Anlage und Betrieb von Steinbrüchen, Mergel-, Thon-, Lehm-, Kies-, und Sandgruben« für den Regierungsbezirk Düsseldorf im März 1860[5] wurden wiederholt Vollzugsdefizite konstatiert. Auf eine Umfrage des Regierungspräsidiums, das die Verordnung erlassen hatte, lamentierte der für Dornap zuständige Kreisbaubeamte: »Leider [...] scheinen die sorglosen Steinbrecher Kunde von dieser Verordnung nicht zu haben«.[6] Aber auch wenn Verstöße moniert wurden, würden diese nicht konsequent geahndet, so die Kritik.[7] Tatsächlich war die Polizeiverordnung ein äußerst schwaches Instrument, weil die kommunale Ortspolizei sie lokal auslegen und umsetzen musste.[8] Vor allem aber waren die Bestimmungen ebenso wie deren Anwendung im Einzelfall umstritten, wenn sie auf die spezifischen materiellen Eigenschaften von Gestein und Untergrund bezogen wurden.

Die Polizeiverordnung enthielt detaillierte Vorgaben, wie die Steinbrüche als Arrangement angelegt sein sollten. Geregelt waren etwa der Mindestabstand zu Nachbargrundstücken, zulässige Böschungswinkel, die Anlage von Abraumhalden, aber auch die Form der Steinbrüche selbst. So hieß es beispielsweise in §5:

> »Das Unterminieren oder Unterhöhlen der Grubenwände [...] ist unter allen Umständen verboten. Die Polizeibehörden haben darauf zu sehen, daß die Wände eine der Beschaffenheit des Materials entsprechende Böschung erhalten. Ein Böschungswinkel von mehr als 80 Grad ist untersagt.«[9]

Ob und wie diese Bestimmungen im Einzelfall zur Anwendung gebracht werden mussten, sollte aber ausdrücklich von den materiellen Eigenschaften des Unter-

5 Königliche Regierung Düsseldorf, Abteilung des Inneren: Polizei-Verordnung, 10.3.1860, LAV NRW R, BR 7, 24577.

6 Kreisbaubeamter Elberfeld an Königliche Regierung Düsseldorf Abteilung des Inneren, 26.7.1869, LAV NRW R, BR 7, 24577.

7 Bürgermeisteramt Haan an Landratsamt Mettmann, 13.12.1869, LAV NRW R, BR 7, 24577; Königliche Regierung Düsseldorf, Abteilung des Inneren an sämtliche Landräthe und Kreisbaubeamte, 29.7.1870, LAV NRW R, BR 7, 24577.

8 Mülmann, Otto von: Statistik des Regierungs-Bezirkes Düsseldorf, Bd. 2, Teil 2, Iserlohn 1867, S. 478.

9 Königliche Regierung Düsseldorf, Abteilung des Inneren: Polizei-Verordnung, 10.3.1860, LAV NRW R, BR 7, 24577.

grunds abhängig gemacht werden. Nicht nur der Böschungswinkel konnte je nach »Beschaffenheit des Materials«[10] von den zulässigen 80° abweichen. Auch andere Aspekte des Abbaus konnten im Ermessen der Behörden mit Verweis auf die jeweiligen Eigenschaften des Untergrunds abweichend reguliert werden. Schon die frühen Überlegungen zur Polizeiverordnung verfolgten das Ziel, eine in dieser Hinsicht flexible Handhabe zu ermöglichen:

> »Die Natur der Sache bringt es mit sich, daß [...] für den Betrieb der Steinbrüche, welche ja nach der Lage und Beschaffenheit der Lagerstätten [...] unter sehr abweichenden Verhältnissen geführt werden muß, für alle Fälle ausreichende Vorsichtsmaßregeln [...] nicht vorgeschrieben werden können. Es musste vielmehr dem umsichtigen Ermessen der Polizei-Behörden überlassen werden, diese allgemeinen Bestimmungen durch besondere Anordnungen nach der Beschaffenheit der einzelnen Gruben und Brüche zu ergänzen.«[11]

In den verschiedenen Novellen der Polizeiverordnung bis zum Ersten Weltkrieg setzte sich dieser Trend fort. So empfahl 1878 das Oberbergamt Dortmund in einer Stellungnahme, konkrete Abstandsmaße aus der Polizeiverordnung zu streichen. Diese hingen »in jedem einzelnen Falle von der Festigkeit resp. Wandfestigkeit des bezüglichen Gesteins ab, und muß die Festsetzung für das Maß jener, in jedem speciellen Falle eruiert werden.«[12] Die im selben Jahr überarbeitete Polizeiverordnung differenzierte dann stärker zwischen den abgebauten Gesteinsarten und enthielt für die Böschungswinkel lediglich »Empfehlungen«.[13] In die novellierte Verordnung von 1890 wurden dann auch explizit abbautechnische Maßnahmen aufgenommen, die weitere Möglichkeiten eröffneten, legal von den gesetzten Anforderungen abzuweichen, »wie Stehenlassen genügend starker Pfeiler, Absteifung mit genügend starkem Holz etc.«[14] In der letzten Version der Polizeiverordnung vor dem Ersten Weltkrieg, die 1910 publiziert wurde, fehlten schließlich fast alle konkreten Angaben zu Böschungswinkeln und Mindestabständen. Obwohl die Verordnung von 1910 wesentlich umfangreicher und in vielerlei Hinsicht detaillierter war als die ursprüngliche Verordnung von 1860, blieb sie in Bezug auf das Arrangement der Steinbrüche so vage wie keine ihrer Vorgängerinnen:

10 Ebd.

11 Königliche Regierung Arnsberg, Abtheilung des Inneren, 30.1.1851, LAV NRW R, BR 7, 24577.

12 Oberbergamt Dortmund an Königliche Regierung Düsseldorf, 15.1.1878, LAV NRW R, BR 7, 24578.

13 Königliche Regierung Düsseldorf: Polizeiverordnung betreffend die Anlage und den Betrieb von Steinbrüchen, Mergel-, Thon-, Lehm-, Kies- und Sandgruben, 2.4.1878, LAV NRW R, BR 7, 24578.

14 Königliche Regierung Düsseldorf an Landräthe und Oberbürgermeister im Regierungsbezirk Düsseldorf, 3.1.1890, LAV NRW R, BR 34, 24.

»Die Böschungen, die Höhe und Breite der Abbau- und Abraumstroßen (Abtreppungen) sind der Beschaffenheit des Materials entsprechend so einzurichten und zu erhalten, wie es der Schutz der Arbeiter, der Nachbargrundstücke und etwa in der Nähe befindlicher Verkehrswege bedingt. [...] Die Böschung der Wände soll bei losen Massen 60 Grad in der Regel nicht übersteigen, sofern das Hereinbrechen nicht durch Mauerung oder sonstige Schutzmittel verhindert ist.«[15]

Während es zwischen 1860 und 1910 zur schrittweisen Deregulierung bei den formal konkretisierten Vorgaben kam, wuchs der Bewertung der materiellen Eigenschaften des Untergrunds eine immer größere rechtliche Bedeutung zu. Die fallspezifische Reflexion über das Arrangement der Steinbrüche und die Beurteilung des Untergrunds wurden zur rechtlichen Grundlage für die Regulierung der Gesteinsgewinnung.

Die rechtlichen Vorgaben setzten allerdings voraus, dass es eine verbindliche Beurteilung der materiellen Eigenschaften des Untergrunds gab, während in der Praxis genau das oft umstritten war. Es gab durchaus unterschiedliche Meinungen darüber, ob es sich im jeweiligen Einzelfall um feste oder »lose Massen« handelte, aus denen eine Böschung bestand, oder ob Gefahren durch »Stützpfeiler« ausreichend kompensiert werden konnten.[16] Im Fall der getöteten Arbeiter in Bruch IIIa stritten Fuchs und Gewerbeinspektor Fröhlich darüber, ob das Gestein an der betreffenden Stelle »unzerklüftet« war.[17] Von der Beurteilung der jeweiligen Situation hing ab, ob und wie der Abbau von Kalkstein zulässig war – und diese war selten eindeutig.

Eigentlich war es die Aufgabe der Ortspolizei, die Eigenschaften des Untergrunds im Hinblick auf die Zulässigkeit von Abbauverfahren zu bewerten. Es sei dem »umsichtigen Ermessen der Polizei-Behörden überlassen« in Kenntnis der »Beschaffenheit der einzelnen Gruben und Brüche« Vorgaben für den Abbaubetrieb zu machen.[18] Die weitreichenden Befugnisse, die die Polizeiverordnung den lokalen Behörden einräumte, spiegelte die Bedeutung wider, die der fallspezifischen Beurteilung beigemessen wurde:[19]

»§1 Die Anlage und der Betrieb von Steinbrüchen und Gruben [...] darf nur nach vorheriger Anzeige an die Orts-Polizei-Behörde begonnen werden. Die Behörde wird die Stelle, woselbst der Betrieb beabsichtigt wird, – nach Umständen unter

15 Königliche Regierung Düsseldorf: Auszug aus dem Amtsblatt, 9.7.1910, LAV NRW R, BR 7, 33373.

16 Ebd.

17 Gewerbeinspektor Fröhlich an Landratsamt Mettmann, 11.11.1904, LAV NRW R, BR 34, 270.

18 Königliche Regierung Arnsberg, Abtheilung des Inneren, 30.1.1851, LAV NRW R, BR 7, 24577.

19 Vgl. Uekötter, Frank: Das organisierte Versagen. Die deutsche Gewerbeaufsicht und die Luftverschmutzung vor dem ökologischen Zeitalter, in: Archiv für Sozialgeschichte 43 (2003), S. 127-150, hier: S. 129.

> Zuziehung von Sachverständigen – besichtigen [...]
> §2 Die Polizeibehörde ist berechtigt, auch für bereits bestehende Steinbrüche und Gruben diejenigen Vorkehrungen anzuordnen, welche für die öffentliche Sicherheit notwendig sind.
> §3 Solche Anlagen von deren Benutzung, aller Vorsichtsmaßregeln ungeachtet, eine Gefahr nicht zu entfernen ist, [...] müssen [...] auf Anweisung der Polizei-Behörde gänzlich gesperrt, jedem Gebrauche entzogen und soweit erforderlich zugefüllt werden.«[20]

Faktisch waren die Ortspolizeibehörden aber meist gar nicht in der Lage, den an sie gestellten Anforderungen gerecht zu werden. Gerade die neuen, im industriellen Maßstab angelegten Steinbrüche überstiegen ihre Expertise und fachliche Kompetenz, wie das preußische Ministerium für Handel und Gewerbe zu bedenken gab. Es habe deswegen die Bergbehörden »angewiesen, dafür Sorge zu tragen, daß [...] die Bergbeamten auch bei Untersuchung der Zulässigkeit solcher Steinbrüche, welche nicht unter bergpolizeiliche Aufsicht fallen, ihre Hülfe und gutachterliche Äußerung bereitwillig eintreten lassen.«[21] Von dieser Möglichkeit machten die Ortspolizeibehörden aber so gut wie keinen Gebrauch. Denn es war nicht nur die fehlende Expertise, die sie davon abhielt, Steinbruchbetriebe zu überwachen und zu regulieren, sondern auch die sozialen und politischen Bedingungen, unter denen die Ortspolizei agierte.

Immer wieder beklagten sich Beschwerdeführer wie Stamm beim Landrat oder dem Regierungspräsidenten über die Inaktivität und Gleichgültigkeit der Ortspolizeibehörden. Damit verbanden sie die Hoffnung, dass sich die übergeordneten Instanzen ihrer Sache annehmen und ihrerseits Druck auf die kommunalen Behörden ausüben würden.[22] Dann konnte es sein, dass die Gendarmerie stichprobenartige Kontrollen durchführte, in Dornap etwa in den Sommermonaten des Jahres 1876.[23] In den 1880er und 1890er Jahren übernahm die staatliche Gewerbeaufsicht diese Aufgabe von Fall zu Fall. Aber auch ihre Kontrollen waren meist

20 Königliche Regierung Düsseldorf, Abteilung des Inneren: Polizei-Verordnung, 10.3.1860, LAV NRW R, BR 7, 24577.

21 Preußisches Ministerium für Handel und Gewerbe an Königliche Regierung Düsseldorf, 16.2.1853, LAV NRW R, BR 7, 24577.

22 Weinacker an Königliche Regierung Düsseldorf, 5.7.1885, LAV NRW R, BR 7, 33375; Pfeffer an Landratsamt Mettmann, 31.5.1888, LAV NRW R, BR 34, 24; Stamm an Landrat Scherenberg, 1.7.1897, LAV NRW R, BR 34, 270; Bergmann an Königliche Regierung Düsseldorf: Anzeige und Beschwerde gegen die Leitung der Actien-Gesellschaft Rheinisch-Westfälische Kalkwerke zu Dornap, 26.2.1898, LAV NRW R, BR 7, 33375.

23 Gendarmerie-Brigade Station Dornap: Verschiedene Anzeigen wegen Grubenpolizei-Contravention, 1876, LAV NRW R, BR 34, 24.

anlassbezogen und erfolgten in Reaktion auf Beschwerden.[24] Um der lückenhaften Überwachung entgegenzuwirken, forderte schließlich sogar der Mettmanner Landrat, den Ortspolizeibehörden konkretere Vorgaben zu machen. Es sei erforderlich, »daß seitens der königlichen Regierung eine stete technische Beaufsichtigung dieser Steinbrüche [...] angeordnet wird.«[25] Das lehnte das Regierungspräsidium jedoch ebenso ab wie eine zentralisierte Aufsicht durch die Regierungsbehörden.[26] Unterdessen blieb die reguläre Aufsicht durch die Ortspolizei notorisch lax.

Genaugenommen handelte es sich bei der laxen Durchsetzung der Polizeiverordnung um ein strukturelles Vollzugsdefizit. Die Ortspolizisten, die im Einzelfall entscheiden sollten, welche Abbaumaßnahmen zulässig waren, verfügten weder über ausreichende Fachkenntnisse noch über den gesellschaftlichen Status, um sich gegenüber den Steinbruchbetreibern durchzusetzen. Sie standen in der Hierarchie der lokalen Gesellschaft weit unten und waren innerhalb der Gemeindeverwaltung an die Weisungen der Bürgermeister gebunden. Die Bürgermeister wiederum waren im Unterschied zu den staatlich eingesetzten Beamten und Landräten eng in die lokalen Netzwerke eingebunden.[27] Ihre Entscheidungen hingen von der Unterstützung durch die gewählten Gemeinderäte ab, denen zwar selten Steinbruchbesitzer angehörten, in denen aber die Interessen der Kalkwerke meist starke Vertreter hatten. Zudem fehlte es auch den Bürgermeistern als Vorgesetzten der Ortspolizei in der Regel an Expertise, um Einzelheiten des Steinbruchbetriebs und der materiellen Eigenschaften des Untergrunds sicher beurteilen zu können. Der Wülfrather Bürgermeister Kirschbaum meinte beispielsweise, dass er nicht in der Lage sei, einzuschätzen »[o]b der Abraum bis zu 80° Böschung haben darf, [...] wie die Grubenbesitzer behaupten«.[28] In der Regel vermieden Bürgermeister auf

---

24 Die Revision der Sandgruben bezw. Steinbrüche durch den für den für den Königl. Gewerberath beauftragten Kgl. Reg. Baumeister Grünwald zu Düsseldorf, 13.8.1887, StAW, GV, 26; Melcher an Bürgermeisteramt Sonnborn, 22.10.1887, StAW, GV, 26; vgl. Simons, Rolf: Staatliche Gewerbeaufsicht und gewerbliche Berufsgenossenschaften. Entstehung und Entwicklung des dualen Aufsichtssystems im Arbeitsschutz in Deutschland von den Anfängen bis zum Ende der Weimarer Republik, Frankfurt a.M. 1984.

25 Landratsamt Mettmann an Königliche Regierung Düsseldorf, Abteilung des Inneren, 5.6.1876, LAV NRW R, BR 7, 24577.

26 Königliche Regierung Düsseldorf, Abteilung des Inneren an Landratsamt Mettmann, 1.7.1876, LAV NRW R, BR 7, 24577.

27 Zur ähnlichen politischen Stellung der Oberbürgermeister vgl. Hofmann, Wolfgang: Bürgerschaftliche Repräsentanz und kommunale Daseinsvorsorge. Studien zur neueren Stadtgeschichte, Stuttgart 2012, S. 132f.

28 Bürgermeister Kirschbaum: Bemerkungen zu den Abänderungs-Vorschlägen des Herrn Fabriken-Inspektors Dr. Wolff zur Polizeiverordnung betr. Anlage und Betrieb von Steinbrüchen, 28.2.1877, LAV NRW R, BR 7, 24578.

diese Weise die direkte Konfrontation mit den Steinbruchbetreibern, solange es nicht zu Beschwerden kam.

Demgegenüber waren die Steinbruchbesitzer häufig in der Lage, erheblichen sozialen und politischen Druck aufzubauen, um ihr Interesse an einer nachsichtigen Handhabung der Polizeiverordnung durchzusetzen. Sie waren gut vernetzt und ihr unternehmerisches Engagement wurde als wichtig für die lokale wirtschaftliche Entwicklung angesehen. Oft waren sie familiär mit Honoratioren in politischen Gremien und dem einflussreichen Grundbesitzertum verbunden, dem nicht wenige der Steinbruchbetreiber entstammten. Zudem waren ihre Betriebe wichtige Arbeitgeber in den ländlich geprägten Kommunen. Schon 1876 beschäftigten sie in den Bürgermeistereien Haan und Wülfrath, in denen die meisten Kalksteinbrüche gelegen waren, 262 beziehungsweise 200 Arbeiter – bei etwa 5000 Einwohnern immerhin 5 Prozent der Bevölkerung.[29] Diese wirtschaftliche Bedeutung machten Steinbruchbetreiber mitunter gezielt für politische Forderungen geltend, wenn sie etwa wie in Dornap in den 1880er Jahren darauf hinwiesen, dass 833 Arbeiter und deren 3468 Familienangehörige von der Prosperität ihrer Unternehmen abhängig seien.[30] Ein Unternehmer argumentierte gegenüber dem zuständigen Bürgermeisteramt explizit, der Abbau nach Vorschrift »würde die Einstellung des Bruchbetriebes bedingen und [es] würde[n] hierdurch [...] hunderte Arbeiter brodlos [sic!] werden.«[31] Aufgrund der sozialen Position der Steinbruchbetreiber war die Wahrscheinlichkeit, von den kommunalen Behörden wegen Verstößen gegen die Polizeiverordnung belangt zu werden, gering.[32] Nichtsdestotrotz konnten Beschwerden zu lästigen Behinderungen im laufenden Betrieb oder bei der Erweiterung der Steinbrüche führen.

Die Chancen dafür, dass sich Bestimmungen der Polizeiverordnung durchsetzen ließen, stiegen, wenn ein öffentliches Interesse geltend gemacht werden konnte. Die gefahrlose Nutzung des Dornaper Bahnhofs beispielsweise lag eindeutig im öffentlichen Interesse, als sich 1872 die Eisenbahndirektion in Elberfeld über den Ausbau des Steinbruchs von Friedrich Schürmann beschwerte.[33] Bei einer Ortsbesichtigung des Steinbruchs befand der Landrat, dass »sein Herantreten auf 13

---

29 Bericht über die Steinbrüche und Sandgruben im Kreis Mettmann, 30.3.1876, LAV NRW R, BR 34, 24; Kaiserliches Statistisches Amt (Hg.): Die Volkszählung im Deutschen Reich am 1. Dezember 1880, Berlin 1883, S. 44.

30 Zusammenstellung der mit den Kalksteinbrüchen und Kalkbrennereien von Dornap und Umgebung beschäftigten Personen und deren unterhaltenen Hausstands-Angehörigen, [1887], RhK(L), AG, 32.

31 O. & E.A. Menzel an Bürgermeister-Amt Gruiten, 24.3.1899, StAH, G, 348.

32 Vgl. Brüggemeier, Franz-Josef: A Nature Fit for Industry. The Environmental History of the Ruhr Basin 1940-1990, in: Environmental History Review 18 (1994), S. 35-54, hier: S. 45f.

33 Königliche Eisenbahndirection zu Elberfeld an Landrat Tiedemann, 27.12.1872, LAV NRW R, BR 34, 24.

Meter an das Bahnhofs-Gebäude« kaum zulässig sei, weil der Untergrund an dieser Stelle »in den Kalksteinlagern vorkommende Zerklüftungen« aufwies.[34] Einige Wochen später beriet die Stadtverordnetenversammlung über mögliche Sicherungsmaßnahmen und in den folgenden Konsultationen verpflichtete die Kommune Schürmann dazu, bei der Erweiterung des Bruchs detaillierte Vorgaben einzuhalten.[35]

Überhaupt war die Beeinträchtigung von Verkehrswegen der häufigste Anlass für die Ortspolizeibehörden, regulierend tätig zu werden. Entsprechenden Beschwerden gingen sie verhältnismäßig energisch nach. Als dem für Dornap zuständigen Bürgermeisteramt von Wülfrath im Frühjahr 1881 berichtet wurde, »daß [...] [d]er [von] den Firmen A. Winters und P. Rossmüller gemeinsam benutzte (Kommunal-)Weg nach der Vossbeck [...] durch Rutschungen sehr gefährdet, auf der Rossmüller'schen Seite z.Th. schon verschwunden ist«,[36] schritt die Ortspolizei ein. Einige Wochen später meldete das Bürgermeisteramt Vollzug: »[D]ie Wiederherstellung des durch Erdrutschungen beschädigten [...] Weges« sei »angeordnet worden« und man habe »diese[r] Anordnung durch Festsetzung von [S]trafen gegen Winters und Rossmüller Nachdruck gegeben«. Vor allem sei »gegen dieselben wegen Verletzung dieser Vorschrift [der Polizeiverordnung, S.H.] Strafantrag gestellt worden.«[37] Um dem Vorwurf zuvorzukommen, sie hätte sich durch eine laxe Beaufsichtigung an der Gefährdung des öffentlichen Verkehrs mitschuldig gemacht, schloss die Kommunalbehörde ihren Bericht mit der Bemerkung: »Der Steinbruchbetrieb wird so genau kontrol[l]iert, wie es die Vorschriften nur zulassen.«[38] Solange der Zustand des Weges nicht Gegenstand eines Konflikts war, dürfte die Ortspolizei die Steinbruchbetriebe aber kaum so genau kontrolliert haben, wie sie behauptete.

Gleiches galt für Privatwege, die unter der Expansion der Steinbrüche litten. Die Verletzung von grundbuchlich eingetragenen Wegerechten barg erhebliches Konfliktpotenzial, weil die Möglichkeit, ein fremdes Grundstück überqueren zu dürfen, zu den Eigentumsrechten an vielen Parzellen gehörte, die keinen direkten Anschluss an das öffentliche Wegenetz hatten. Ohne ein Eingreifen der Behörden bot die Polizeiverordnung den Inhabern der Wegerechte aber wenig Schutz, wie der Anwalt des geschädigten Lange in größter Dramatik beschrieb:

---

34 Landratsamt Mettmann: Aktennotiz, 19.9.1872, LAV NRW R, BR 7, 24577.

35 Gemeinde Wülfrath: Auszug aus dem Protokoll der Stadtverordneten Versammlung zu Wülfrath, 23.10.1872, LAV NRW R, BR 7, 24577; Protokoll: Verhandelt Dornap, den 17. Juni 1873, LAV NRW R, BR 34, 24; Königliche Regierung Düsseldorf, Abteilung des Inneren: Instruction für den vereidigten Aufseher des Steinbruchs der Gebrüder Schürmann zu Dornap, 22.8.1873, LAV NRW R, BR 34, 24.

36 Wolff an Landratsamt Mettmann, 12.4.1881, LAV NRW R, BR 34, 24.

37 Bürgermeister-Amt Wülfrath, 5.5.1881, LAV NRW R, BR 34, 24.

38 Ebd.

> »Die Beklagte [RWK, S.H.] hat nun den [...] Weg völlig verändert; das Land zu beiden Seiten desselben ist völlig abgegraben und unter demselben her [ist] ein Tunnel gebrochen worden. [...] Der Weg hat infolge dieser Veränderungen auf einer grossen Strecke zu beiden Seiten einen tiefen Abgrund. Er kann nicht mehr befahren werden wegen der Gefahr des Absturzes und ist bei schlechtem Wetter, besonders zur Winterszeit ganz unbefahrbar. Dieser Weg ist der einzige Zugang für das Gut Schlingensiepen zur Elberfeld-Düsseldorfer Strasse. Die Beklagte ist vergeblich aufgefordert worden, den alten Zustand wieder herzustellen und die Kläger in ihren Gerechtsamen [den Wegerechten, S.H.] bezw. deren Ausübung nicht zu behindern oder zu beschweren.«[39]

Die RWK, aber auch die Ortspolizei hielten diesen Zustand allerdings für mit der Polizeiverordnung vereinbar. Insbesondere die Vorschriften über Mindestabstände zu fremden Grundstücken und Wegen seien den Umständen entsprechend angemessen berücksichtigt worden, argumentierte die Leitung der RWK. Dem folgte die Ortspolizeibehörde mit der Ansicht, die Gefahr ergebe sich allein aus der subjektiven Wahrnehmung des »tiefen Abgrund[s]«.[40]

Die Beurteilung angemessener Mindestabstände, Böschungswinkel und weiterer Modalitäten des Gesteinsabbaus war immer auch Gegenstand von Aushandlungsprozessen über die materiellen Eigenschaften des Untergrunds. Beschwerdeführer wie Stamm oder Lange verwiesen auf die Arrangements der Steinbrüche, die ihrer Meinung nach nicht geeignet waren, Gefahren und Belastungen zu verhindern. Demgegenüber argumentierten die Steinbruchbetreiber, Untergrund und Gestein seien so beschaffen, dass Gefahren auf ein Minimum reduziert seien. Unterdessen begründeten Bürgermeister und Ortspolizisten ihre Inaktivität mit fehlender Expertise in diesen Fragen. Unter den bestehenden rechtlichen Bedingungen waren Auseinandersetzungen um die »Beschaffenheit der Lagerstätten«[41] auf das Engste mit den sozialen Verhältnissen der lokalen Gesellschaft verzahnt.[42]

Zwischen Nachbarschaftskonflikten und Eigentumsschäden

Die lokalen Auseinandersetzungen um den Kalksteinabbau waren nicht nur Kontroversen um die behördliche Überwachung und Regulierung, sondern immer auch Nachbarschaftskonflikte. Aufgrund der zunehmend intensiven Abbauverfahren nahmen die Belastungen um 1900 und damit auch die Zahl von Konflikten

39 Klageschrift in Sachen Lange gegen die Aktiengesellschaft Rheinisch-Westfälische Kalkwerke zu Dornap, 14.1.1903, RhK(L), AG, 16.

40 Ebd.

41 Königliche Regierung Arnsberg, Abtheilung des Inneren, 30.1.1851, LAV NRW R, BR 7, 24577.

42 Vgl. Uekötter: Das organisierte Versagen, S. 127f.

signifikant zu. Außerdem erhöhte sich die Sensibilität der lokalen Gesellschaft für die Folgen des Gesteinsabbaus, die zunehmend kritisch reflektiert wurden. Das musste auch Ferdinand Stöcker erfahren, der einen der größeren Steinbrüche in Dornap betrieb, als sein Nachbar Joseph Pfeffer ihn 1888 anzeigte.[43] Pfeffer schrieb, er fühle sich dazu

> »bewogen, dem Herrn F. Stöcker das gerichtlich klären zu lassen, dass die Steine aus seinem Steinbruch herübergeflogen sind. [...] [W]elche Garantie gibt mir der Stöcker, wenn mein Gebäude durch die beständigen Erderschütterungen, welche durch die Dynamitsprengungen hervorgerufen werden, in einigen Jahren unbewohnbar wird, indem sich Risse im Mauerwerk bilden, die Decken los werden, oder der Wasserfang undicht wird?«[44]

Der als Leiter der Ortspolizeibehörde zuständige Bürgermeister wiegelte ab, dass »tatsächlich[e] Gefährdungen bzw. Beschädigungen von Menschen und Eigenthum durch den Stöcken'schen Steinbruchbetrieb nicht vorgekommen« seien und »der [...] Umstand, daß der Steinbruch in der Nähe Ihres Eigenthums belegen sei, für sich allein keinen Grund für ein polizeiliches Verbot des Steinbruchbetriebes abgeben kann.«[45] Zudem habe »Pfeffer s. Zt. das Baugrundstück von Stöcker gekauft«, er müsse also um die Gefahrenlage gewusst haben, ergriff der Bürgermeister Partei für Stöcker.[46] Demgegenüber wurde vermutet, dass Pfeffer von der RWK, »welche mit Aerger die Concurrenzunternehmen ansieht, angestachelt worden sei.«[47] Die nachbarschaftlichen Auseinandersetzungen wie die zwischen Pfeffer und Stöcker waren weit mehr als individuelle Konflikte. In ihnen ging es um das Zusammenleben der lokalen Gesellschaft unter den Bedingungen der Belastungen durch den Kalksteinabbau.

Wie sehr solche Konflikte in die sozialen Verhältnisse vor Ort eingebettet waren und diese Verhältnisse beeinflussten, zeigte sich in der langwierigen Auseinandersetzung, die der Gastwirt Friedrich Bergmann 1898 in Dornap anzettelte. Bergmann klagte, wie andere Nachbarn auch, über die Folgen der verstärkten Sprengungen. Und auch in diesem Fall ergaben die Untersuchungen der Ortspolizei keine Anhaltspunkte für gravierende Verstöße gegen die Polizeiverordnung.[48] Allerdings war Bergmann besonders hartnäckig. Von keinem anderen Anwohner sind

43 Bürgermeister-Amt Wülfrath an Underberg-Albrechts, 23.3.1888, LAV NRW R, BR 34, 24.

44 Pfeffer an Landratsamt Mettmann, 31.5.1888, LAV NRW R, BR 34, 24.

45 Bürgermeister-Amt Wülfrath an Underberg-Albrechts, 23.3.1888, LAV NRW R, BR 34, 24.

46 Bürgermeister-Amt Wülfrath: Betrifft den Stöcken'schen Steinbruchbetrieb, 11.6.1888, LAV NRW R, BR 34, 24.

47 Roehrig an Königliche Regierung Düsseldorf Abteilung des Inneren, 29.5.1888, LAV NRW R, BR 7, 33375.

48 Landrat Scherenberg an Königliche Regierung Düsseldorf, 26.3.1898, LAV NRW R, BR 7, 33375.

so viele Eingaben überliefert: Zwischen 1898 und 1913 beklagte er sich nicht weniger als achtmal schriftlich wie mündlich bei Behörden und Direktoren der RWK.[49] Obwohl umherfliegende Sprengstücke in der Dornaper Bevölkerung allgemein als Ärgernis empfunden wurden, begannen sich seine Nachbarn im Laufe der Zeit von Bergmann zu distanzieren und ihn offen für seine übertriebenen Beschwerden zu kritisieren. Viele seiner Aussagen über die Schäden durch Sprengstücke seien unzutreffend, meinten andere Dornaper. In ihren Darstellungen verlor sich die Dramatik, die Bergmanns Beschwerden kennzeichnete.[50] Herr Riegels etwa, von dessen Ehefrau Bergmann berichtet hatte, sie sei durch Steinsplitter am Arm verletzt worden, gab zu Protokoll: »Es ist zwar richtig, daß an fraglichem Tage beim Sprengen im Steinbruch [...] Steinsplitter gegen mein Haus geflogen sind [...]. Die Angabe, daß meine Frau verletzt worden sei, ist unrichtig.«[51] Es ist ein in den Quellen einmaliger Vorgang, dass sich im Sommer 1901, auf dem Höhepunkt der Bergmann'schen Beschwerdewelle, fünf Anwohner Dornaps entnervt beim Bürgermeister über ihren Nachbarn ausließen, »daß der hier ansässige Wirth Fr. Bergmann [...] ständig bei den verschiedenen Behörden Klage führt«.[52] Demgegenüber verwiesen sie auf die Bemühungen in den Steinbruchbetrieben, die Gefahr zu minimieren.

Offensichtlich bewerteten viele Bewohner Dornaps die Belastung durch Sprengstücke als eine unvermeidbare Nebenfolge des Kalksteinabbaus, über die man sich zwar beschweren konnte, die aber letztlich akzeptiert werden müsse und könne. Gründe für die Relativierung der Gefahr – die Tatsache, dass Steine flogen, wurde von niemandem bestritten – waren in den sozialen Beziehungen des Ortes Dornap zu finden. Bergmanns Nachbarn, die sich über dessen anhaltende Beschwerden aufregten, meinten: »Sollten diese durch nichts zu beweisenden Eingaben [Bergmanns, S.H.] Erfolg haben, so wird ein großer Theil der unterzeichneten Geschäftsinhaber schwer geschädigt und eine Menge Arbeiter

---

49 Bergmann an Königliche Regierung Düsseldorf: Anzeige und Beschwerde gegen die Leitung der Actien-Gesellschaft Rheinisch-Westfälische Kalkwerke zu Dornap, 26.2.1898, LAV NRW R, BR 7, 33375; Bergmann an Königliche Regierung Düsseldorf, 22.5.1898, LAV NRW R, BR 7, 33375; Bergmann an Bürgermeister-Amt Gruiten, 20.6.1898, StAH, G, 348; Königliche Regierung Düsseldorf an Bergmann, 25.7.1901, LAV NRW R, BR 34, 270; RWK: Betrifft Beschwerde Fritz Bergmann, Dornap, 17.7.1902, RhK(L), 00, 33; RWK: Betrifft Sprengungen in Dornap, 14.12.1910, RhK(L), 00, 33; RWK: Betrifft Sprengungen, 6.5.1913, RhK(L), 00, 33; Bergmann an Königliche Regierung Düsseldorf, 7.5.1913, LAV NRW R, BR 7, 33376; Bergmann an RWK, 8.5.1913, RhK(L), 00, 33.

50 Landrat Scherenberg an Königliche Regierung Düsseldorf: Verfügung vom 16. Juni 1901 I.F. 4435I, 19.6.1901, LAV NRW R, BR 7, 33375.

51 Riegels: Aussage zu Protokoll, 22.7.1898, StAH, G, 348.

52 Willing/Meurer/Lauer/Dinstuhl/Gillhaus an Bürgermeister Kirschbaum, 22.6.1901, LAV NRW R, BR 7, 33375.

brotlos.«[53] Als Ladenbesitzer und Handwerker profitierten sie von der Nähe zu den Steinbruchbetrieben, die auch der wichtigste Arbeitgeber waren. Die größte Sorge vor Ort war, dass Steinbrüche aufgrund von Beschwerden und strenger Überwachung geschlossen würden – eine Sorge, die von den Kalkwerken aktiv genährt wurde.[54] Es war allerdings mehr als die bloße Drohung der Unternehmen, Betriebe stilllegen zu müssen, die Anwohner dazu brachte, Steinschläge als unvermeidbar und akzeptabel einzuschätzen. Riegels etwa sagte, er sei überzeugt, »daß der Bruchmeister Ruppert und der Schießmeister Hasenbach beide zuverlässige Leute sind und beim Sprengen die größte Mühe anwenden.«[55] Aus solchen Aussagen sprach Vertrauen und die Überzeugung, dass die Praktiker des Sprengens als Mitglieder der lokalen Gemeinschaft so gewissenhaft wie möglich und ihren Nachbarn gegenüber verantwortungsvoll handelten. Beschwerden galten nur als angebracht, insofern sie zur Verbesserung der Situation beitrugen. Aus diesem Konsens, der sich aus sozialen Abhängigkeiten und Vertrauen speiste, scherte Bergmann aus.

Wenn Anwohner juristisch gegen die Kalkwerke vorgingen, dann meist, weil sie einen konkreten Schaden an ihrem Eigentum nachweisen wollten. Sowohl Pfeffer als auch Stamm hatten ausdrücklich darauf hingewiesen, dass ihre Grundstücke und Immobilien durch die Sprengarbeiten beschädigt würden. Während Stamm sich um seine Obstbäume, Felder und sein Vieh sorgte,[56] befürchtete Pfeffer, er werde »keinen Miether mehr in [sein] Haus bekommen«.[57] Die Problematisierung von Gefahren oder Belästigungen, die die Nutzbarkeit und den Wert des Eigentums zu mindern drohten, waren nicht nur der häufigste, sondern auch der erfolgversprechendste Anlass für Klagen. Da preußische Behörden und Gerichte in der Regel kein generelles öffentliches Interesse an der Reduzierung industrieller Umweltbelastung erkannten, wurden deren Folgen als privatrechtliche Auseinandersetzung um die Beeinträchtigung von Eigentum verhandelt. Deshalb war es entscheidend, einen konkreten ökonomischen Schaden nachzuweisen, um zu erreichen, dass Gefahren und Belastungen abgestellt werden mussten.[58]

---

53 Ebd.

54 O. & E.A. Menzel an Bürgermeister-Amt Gruiten, 24.3.1899, StAH, G, 348.

55 Riegels: Aussage zu Protokoll, 22.7.1898, StAH, G, 348.

56 Stamm an Landrat Scherenberg, 1.7.1897, LAV NRW R, BR 34, 270.

57 Pfeffer an Landratsamt Mettmann, 31.5.1888, LAV NRW R, BR 34, 24.

58 Vgl. Brüggemeier, Franz-Josef: Das unendliche Meer der Lüfte. Luftverschmutzung, Industrialisierung und Risikodebatten im 19. Jahrhundert, Essen 1996, S. 142f.; Brüggemeier, Franz-Josef: »Wo der Märker Eisen reckt und streckt«. Umweltprobleme durch die Hörder Eisen- und Stahlindustrie im 19. und frühen 20. Jahrhundert, in: Dascher, Ottfried (Hg.): Die Eisen- und Stahlindustrie im Dortmunder Raum. Wirtschaftliche Entwicklung, soziale Strukturen und technologischer Wandel im 19. und 20. Jahrhundert, Dortmund 1992, S. 117-134, hier: S. 131.

Die preußische Rechtsprechung legte in solchen Fällen das Verursacherprinzip zugrunde. Um zu einem Urteil zu kommen, musste der Verursacher der Schäden eindeutig identifiziert und dessen Verantwortung im Einzelfall festgestellt werden. Umweltbelastungen ließen sich aber oft nur schwer eindeutig zuordnen. Dies galt für die Verschmutzung von Luft und Wasser ebenso wie für die Gefährdung und Belastung von Anwohnern und Arbeitern durch Sprengstücke oder Erdrutschungen.[59] So hatte auch Bergmann Schwierigkeiten, sich juristisch durchzusetzen, weil ihm aufgrund der Lage seines Eigentums zwischen den Brüchen der RWK und dem Steinbruch Hanielsfeld der Gutehoffnungshütte entgegengehalten wurde: »Von welcher Seite der auf den Hof des Bergmann geflogene Stein gekommen ist, lässt sich nicht mit Sicherheit feststellen.«[60] Hinzu kam, dass Ursachen oftmals naturalisiert wurden, also den Eigenschaften des Gesteins oder Untergrunds zugeschrieben wurden und dadurch als schlicht unberechenbar galten. Entsprechend wurden Gefahren und Belastungen in der Regel als unumgängliche Folge industrieller Produktion wie auch der Kalksteingewinnung angesehen, die auch unter größten Anstrengungen nicht auszuschließen seien. Wegen der Problematisierung der Abbaufolgen, die auf das Verursacherprinzip fixiert war, blieb die Suche nach Verantwortlichen deshalb meist ergebnislos.[61]

Wenn doch ein verantwortlicher Betrieb identifiziert werden konnte, bedeutete dies aber noch nicht, dass daraus eine Verurteilung und entsprechende Maßnahmen zur Beseitigung der Belastung folgten. Wenn ein Verursacher gefunden, aber eine Gefahr oder Belastung nicht abgestellt werden konnte, entschieden Richter meist zugunsten der wirtschaftlichen Interessen, die die Unternehmen geltend machten, und drängten auf einen Vergleich.[62] Dabei konnte die Beurteilung der Gerichte erheblich variieren. Denn was an einem Ort geahndet wurde, konnte an einem anderen Ort als ortsübliche Belastung eingestuft werden, die von den Anwohnern akzeptiert werden musste.[63] Ortsüblich war in Dornap und anderen Orten des Kalksteinabbaus, dass Sprengstücke Häuser beschädigten oder Wege in Steinbrüche abrutschten. Dies waren Missstände, die zu beheben waren, aber meist keine Gründe juristisch einzuschreiten.

---

59 Vgl. Brüggemeier, Franz-Josef: Eine Kränkung des Rechtsgefühls? Soziale Frage, Umweltprobleme und Verursacherprinzip im 19. Jahrhundert, in: Abelshauser, Werner (Hg.): Umweltgeschichte. Umweltverträgliches Wirtschaften in historischer Perspektive, Göttingen 1994, S. 106-142, hier: S. 106; Büschenfeld, Jürgen: Flüsse und Kloaken. Umweltfragen im Zeitalter der Industrialisierung (1870-1918), Stuttgart 1997.

60 Königliche Gewerbe-Inspektion Vohwinkel an Königliche Regierung Düsseldorf: Tgb. No. 1098, 12.6.1913, LAV NRW R, BR 7, 33376.

61 Vgl. Uekötter: Das organisierte Versagen, S. 141.

62 Vgl. Ebd.

63 Vgl. Brüggemeier: »Wo der Märker Eisen reckt und streckt«, S. 133f.

Unterdessen wuchs unter den immer häufiger werdenden Beschwerden in den Jahren nach 1900 der Druck auf die Bürgermeister und Ortspolizeibehörden, tätig zu werden. Die Gleichgültigkeit, mit der viele Bürgermeister den Problemen des Kalksteinabbaus im späten 19. Jahrhundert gegenübergestanden hatten, war in Anbetracht der Entwicklung nicht mehr opportun. Zugleich mahnten die Kalkwerke an, dass Eingriffe der Behörden in die immer stärker auf Effizienz ausgerichteten Steinbrüche oder langwierige Überprüfungen zu Unterbrechungen im Betriebsablauf und wirtschaftlichen Schäden führen würden. Die Bürgermeister sahen sich einerseits dem wachsenden Druck der Anwohner ausgesetzt, andererseits mussten sie um die Profitabilität der für ihre Gemeinden so wichtigen Unternehmen besorgt sein. In dieser Situation reagierten sie deshalb auch jetzt nicht, indem sie unter Verweis auf die Polizeiverordnung in die Abbautätigkeit eingriffen, sondern sie begannen, zwischen Kontrahenten und Nachbarn zu vermitteln.

Am deutlichsten lässt sich die vermittelnde Position, die viele kommunale Amtsträger nach 1900 einnahmen, am Verhalten des Bürgermeisters Kolk aus Gruiten nachzeichnen. Als der Landwirt Julius Wetter sich im Sommer 1905 zum ersten Mal über die Sprengarbeiten der Bergischen Dolomit- und Weißkalkwerke beschwerte, schenkte Kolk dem Problem zunächst keine Beachtung.[64] Dann aber ergriffen benachbarte Landwirte Partei für Wetter und baten den Landrat, den Fall zu untersuchen.[65] Daraufhin besuchte Kolk den betreffenden Steinbruch und die angrenzenden Felder im September 1905 einige Male persönlich. Verunsichert durch den Druck der Anwohner einerseits und die Aussagen von Betriebsleitern und Unternehmensleitung andererseits, konnte sich Kolk nicht zu einem eigenen Urteil durchringen. Stattdessen forderte er eine gutachterliche Expertise des Gewerbeinspektors an.[66] Den ganzen Herbst und Winter stand der Bruch VI der Bergischen Dolomit- und Weißkalkwerke unter verstärkter Beobachtung der Behörden. Aus Sicht der Kalkwerke ließ die Präsenz der Überwachungsorgane nichts Gutes erwarten. Schließlich kam der Gewerbeinspektor zu dem Schluss, eine Einschränkung des Abbaus werde sich »mit Rücksicht auf die Gefahr, welche [...] sowohl für die auf den Grundstücken beschäftigten Personen, wie auch für die Passanten des öffentlichen Weges [...] [besteht], ein behördliches Einschreiten nicht vermeiden lassen«.[67] Daraufhin versuchte Kolk die Situation zu entschärfen, indem er nochmals Gespräche führte. Schließlich verfügte Kolk im März 1906, dass nur noch dreimal täglich gesprengt werden dürfe und zwar zu festgesetzten

64 Bürgermeister Kolk: Beschwerde des Julius Wetter bezgl. der Sprengarbeiten in einem Steinbruch, 19.8.1905, LAV NRW R, BR 34, 29.

65 Stöcker an Landratsamt Mettmann, 30.9.1905, LAV NRW R, BR 34, 29; Bürgermeister Kolk an Bergische Dolomit- und Weißkalkwerke, 29.3.1906, LAV NRW R, BR 34, 29.

66 Bürgermeister Kolk an Landratsamt Mettmann, 4.10.1905, LAV NRW R, BR 34, 29.

67 Königlicher Gewerbeinspektor an Landratsamt Mettmann: No. 3314, 21.11.1905, LAV NRW R, BR 34, 29.

und mit den Kalkwerken abgestimmten Zeiten.[68] Auf diese Maßnahme konnte das Unternehmen seine Betriebsabläufe einstellen, während Wetter die Nutzung seiner Felder entsprechend auf bestimmte Tageszeiten konzentrierte. Dadurch war es Kolk gelungen, den Konflikt zu beruhigen.

Weil die gesellschaftliche Reflexion über die Folgen des Steinbruchbetriebs in ein komplexes Geflecht aus sozialen Beziehungen, Vertrauen, Antipathie, wirtschaftlichen Interessen, Eigentums- und Verursacherfragen vor Ort eingebettet war, war der Umgang mit diesen Folgen primär auf Schadensregulierung ausgerichtet. Aus diesem Grund griffen auch die kommunalen Amtsträger allenfalls vermittelnd ein. Kaum ein Mitglied der lokalen Gesellschaft in Dornap, aber auch in Gruiten oder Wülfrath übte grundsätzliche Kritik am immer intensiver betriebenen Kalksteinabbau, obwohl die sozialen wie ökologischen Folgen klar erkennbar waren und auch angesprochen wurden. Jeder in der Nachbarschaft der Steinbrüche war betroffen, profitierte aber zugleich in der ein oder anderen Form von der Kalksteingewinnung. Wenn die Schadensregulierung zum üblichen Umgang mit den Folgen des Abbaus wurde, geschah dies auch aus der Erwartung heraus, dass die verschiedenen Ansprüche in Einklang zu bringen seien und dass auf diese Weise möglichst viele Mitglieder der lokalen Gesellschaft profitieren würden.

Schadensregulierung

Schadensregulierung bedeutete in den meisten Fällen finanzielle Kompensation. »[N]atürlich [sei er] bereit für eventl. ersichtlichen Schaden vollen Ersatz zu leisten«,[69] sicherte Steinbruchbesitzer Otto Menzel dem geschädigten Stamm zu. Die finanzielle Entschädigung gehörte um 1900 zum üblichen Repertoire, um Umweltkonflikte zu befrieden. Zum Teil konnten Beschwerdeführer so erheblich von den Belastungen profitieren und nicht wenige zielten in ihren Klagen deswegen von vorneherein gar nicht darauf, Missstände abzustellen, sondern Entschädigungszahlungen als Einnahmequelle zu erschließen. Für die Unternehmen waren Zahlungen unterdessen ein Weg, um Widerstände auszuräumen, ohne sich mit den Ursachen der Belastungen auseinandersetzen zu müssen. Dadurch bildete sich ein System der Schadensregulierung heraus, das neben der finanziellen Kompensation auch technische Lösungen umfasste.[70]

---

68 Bürgermeister Kolk an Bergische Dolomit- und Weißkalkwerke, 29.3.1906, LAV NRW R, BR 34, 29.

69 Bürgermeister Kratz an Landratsamt Mettmann, 8.7.1897, LAV NRW R, BR 34, 270.

70 Für ähnliche Befunde der Forschung zur Geschichte der Luftverschmutzung vgl. Brüggemeier, Franz-Josef/Rommelspacher, Thomas: Blauer Himmel über der Ruhr. Geschichte der Umwelt im Ruhrgebiet, 1840-1990, Essen 1992; Mosley, Stephen: The Chimney of the World. A History

Die RWK hatte die finanzielle Kompensation sogar systematisch institutionalisiert, um möglichen Konflikten vorzubeugen. In den 1900er Jahren ging sie dazu über, betroffenen Nachbarn nicht mehr nur fallbezogen, sondern pauschal Entschädigungen zu zahlen. Ein Landwirt, dessen Ackerfläche von mehreren Brüchen umschlossen war, erhielt von der RWK jährlich 40 Mark, um seine Ansprüche abzugelten.[71] Das Unternehmen versuchte sogar, solche Formen des modus vivendi über entsprechende Eintragungen in das Grundbuch auch formal abzusichern. Ob es zulässig war, die Verpflichtung, Steinschlag zu dulden, in das Grundbuch einzutragen, war bei den Gerichten aber umstritten.[72] Trotzdem musste es aus Sicht der Kalkwerke ökonomisch sinnvoll erscheinen, Schadensansprüche von vorneherein abzugelten.

Obwohl das Kalkül der Unternehmen in der Regel aufging, kam es immer wieder auch zu Fällen, in denen Betroffene den finanziellen Ausgleich infrage stellten. Bergmann etwa war mit der ihm angebotenen Kompensation nicht zufrieden. Ihm ging es ums Prinzip. Er argumentierte mit dem hohen Risiko für die körperliche Unversehrtheit, das nicht durch Geldzahlungen ausgeglichen werden könne:

> »Mit dem Ersatz des Materialschadens ist aber keineswegs die Verpflichtung der [...] Gesellschaft [RWK] erfüllt, denn es kommt weniger der ersetzbare Materialschaden in Betracht, als vielmehr die stete Gefahr für Gesundheit und Leben der hiesigen Bewohner und Passanten der Straße, sowie Gästen der Gasthäuser«.[73]

Bergmann holte weit aus, um zu demonstrieren, wie sehr das Leben in Dornap durch die unzureichenden Sicherheitsvorkehrungen der Steinbruchbetriebe beeinträchtigt werde. Geradezu systematisch trug er Beweise dafür zusammen, dass eine andauernde Gefahr für Leib und Leben bestünde: »Nach einer im vorigen Jahre durch die Zeitungen gegangenen Notiz [...] sollen einem Knaben, der sich auf der Straße befunden habe durch einen Sprengstein schwere Kopfverletzungen zuge-

---

of Smoke Pollution in Victorian and Edwardian Manchester, Cambridge 2001; Uekötter, Frank: Von der Rauchplage zur ökologischen Revolution. Eine Geschichte der Luftverschmutzung in Deutschland und den USA, 1880-1970, Essen 2003; Thorsheim, Peter: Inventing Pollution. Coal, Smoke, and Culture in Britain Since 1800, Athens 2006; Gilhaus, Ulrike: »Schmerzenskinder der Industrie«. Umweltverschmutzung, Umweltpolitik und sozialer Protest im Industriezeitalter in Westfalen, 1845-1914, Paderborn 1995, S. 275f.; Uekötter, Frank: Umweltgeschichte im 19. und 20. Jahrhundert, München 2007, S. 11.

71 RWK Abteilung Gruiten an Zentrale, 24.6.1911, RhK(L), 05, 19.

72 Krumbiegel an RWK, 28.9.1906, RhK(L), 00, 9; Landgericht Elberfeld: Beschluss in Sachen Königliches Amtsgericht betreffend das Grundbuch von Unterdüssel Band 3, [1912], RhK(L), 00, 30.

73 Bergmann an Königliche Regierung Düsseldorf: Anzeige und Beschwerde gegen die Leitung der Actien-Gesellschaft Rheinisch-Westfälische Kalkwerke zu Dornap, 26.2.1898, LAV NRW R, BR 7, 33375.

fügt worden sein, u.s.w.«[74] Fast so schwer wie die Gefährdung der körperlichen Unversehrtheit wog aus der Sicht Bergmanns die Einschränkung der Bewegungsfreiheit. Er sah nicht ein, dass »für gewisse Stunden des Tages [...] der Verkehr auf den Chausseen gehemmt wird, [...] denn der freie Verkehr auf den Provinzialstraßen liegt im öffentlichen Interesse und steht als solcher über dem Privatinteresse der Rheinisch-Westfälischen Kalkwerke zu Dornap.«[75] Bergmann stellte die Gefährdung der Allgemeinheit dem Eigeninteresse des Unternehmens gegenüber. Das machte er den Adressaten seiner Beschwerden, dem zuständigen Bürgermeisteramt und dem Regierungspräsidium, besonders deutlich.

Körperliche Unversehrtheit und Bewegungsfreiheit seien so grundlegende Rechte, argumentierte Bergmann, dass die Kalkwerke dazu verpflichtet werden müssten, endlich auch die Ursachen der Gefährdung anzugehen. Sie müssten gezwungen werden, ihre Sprengverfahren so zu ändern, dass eine Gefahr ausgeschlossen werden konnte.[76] Für ihn stand fest, dass der Einsatz von Bohrmaschinen und die dadurch mögliche Verwendung immer größerer Mengen Sprengstoff für die Gefährdung ursächlich war. Er erläuterte:

> »Während früher Bohrlöcher von kleinem Durchmesser eingebohrt und mit weniger Sprengstoff besetzt wurden, werden nun maschinell hergestellte Bohrlöcher von viel größerem Durchmesser hergestellt und mit ungeheuren Sprengstoffladungen gefüllt. Sprengungen unter Anwendung einer Ladung von 25 Pfd. Dynamit sind durchaus keine Seltenheit. [...] Solche und ähnliche Sprengschüsse werden dann etwa 150 bis 200 in einem Tage zur Explosion gebracht, und fliegen die Steine nachweislich 50 bis 60 Meter hoch und 600 Meter weit.«[77]

Damit traf Bergmanns Klage die Einbindung von Sprengstoffen in die Praktiken der Kalksteingewinnung, die nach wie vor viele Probleme bereitete, weil sie von dem Ziel eines effizienten Abbaus bestimmt war. Dagegen forderte Bergmann, wozu Unternehmer und Betriebsleiter offensichtlich nicht in der Lage oder Willens waren: die gesamten Gewinnungspraktiken so zu modifizieren, dass das Sprengen sicher war.

Stattdessen begannen die Kalkwerke eine technische Lösung zu entwickeln, um Bergmanns Beschwerden zu begegnen. In Absprache mit dem zuständigen Gewerbeinspektor planten sie, einen Schutzwall zwischen dem Steinbruch und dem Grundstück Bergmanns anzulegen, der Schäden an dessen Eigentum verhindern

74 Ebd.

75 Ebd.

76 Ebd.

77 Bergmann an Königliche Regierung Düsseldorf, 7.5.1913, LAV NRW R, BR 7, 33376.

sollte. Vorgesehen war eine massive Anschüttung aus Abraum, die das Haus Bergmanns weit überragen sollte (Abb. 15).[78]

Abbildung 15: Ausschnitt aus: Situationsplan des Steinbruchs No. 7, o.D.

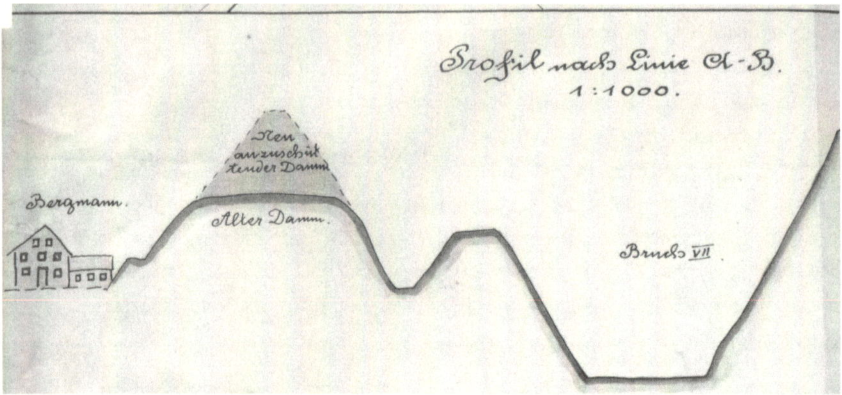

Quelle: LAV NRW R, BR 7, 33375, Situationsplan des Steinbruchs No. 7.

Als der Wall im Jahre 1902 fertiggestellt war, attestierte der Landrat, dieser habe »eine solche Ausdehnung und Höhe erreicht, dass es nur noch im Falle des Zusammentreffens verschiedener unglücklicher Umstände möglich ist, dass kleinere Sprengstücke über diesen Wall hinweg auf das Grundstück des Beschwerdeführers fallen.«[79] Auch aus Sicht des Landrats war es folgerichtig, die Gefährdung durch einen Wall zu reduzieren, anstatt beim Sprengvorgang anzusetzen. Das Sprengen selbst sowie der Einsatz von Sprengmitteln und Deckmaterialien blieben unverändert, weil daran nichts zu beanstanden sei, wie der zuständige Gewerbeinspektor befand.[80]

---

78 Gewerbeinspektor Simon an Königliche Regierung Düsseldorf, 29.10.1898, LAV NRW R, BR 7, 33375; Landrat Scherenberg an Königliche Regierung Düsseldorf: Verfügung vom 16. Juni 1901 I.F. 4435I, 19.6.1901, LAV NRW R, BR 7, 33375.

79 Landratsamt Mettmann an Königliche Regierung Düsseldorf, 14.8.1902, LAV NRW R, BR 7, 33375.

80 Gewerbeinspektor Simon an Königliche Regierung Düsseldorf: Betrifft Beschwerde Bergmann gegen den Betrieb der Rhein.-Westf. Kalkwerke in Dornap, 29.10.1898, LAV NRW R, BR 7, 33375; Gewerbeinspektor Simon an Königliche Regierung Düsseldorf: Betrifft Beschwerde Bergmann gegen den Betrieb der Rhein.-Westf. Kalkwerke in Dornap, 14.3.1899, LAV NRW R, BR 7, 33375; vgl. Moses, Julia: Risk, Humanity and Injuries to the Body Politic. Governmental Representations of »the Industrial Accident Problem« in Britain, Germany and Italy, 1870-1900, in: van den Broek, Ilja/Smit, Christianne/Wolffram, Dirk Jan (Hg.): Imagination and Commitment, Leuven u.a. 2010, S. 209-231, hier: S. 227.

Der Bau eines Schutzwalls war eine eher ungewöhnliche Maßnahme der Schadensregulierung und hatte wahrscheinlich mit der Konfliktstrategie Bergmanns zu tun. Ähnliche technische Lösungen waren aber durchaus häufig. Im Konflikt zwischen Pfeffer und Stöcker hatte beispielsweise der Landrat verfügt: »Der Abbau, welcher jetzt mit südwärts sehender Angriffsfront besteht, ist so zu führen, daß binnen 6 Monaten die Angriffsfront von Ost beginnend in der Richtung nach Westen vor[an]schreitet.«[81] Die Gesteinsgewinnung durfte nicht mehr dem Haus Pfeffers zugewandt sein, sondern musste parallel zu den gefährdeten Nachbargrundstücken erfolgen. Die räumliche Neuausrichtung des Abbaus war eine Lösung, die verhindern sollte, dass Pfeffers Eigentum weiterhin geschädigt wurde. Der Wall war ebenso wie die Neuausrichtung der Abbautätigkeit ein korrigierender Eingriff in das Arrangement der Steinbrüche. Allerdings war beiden Maßnahmen gemein, dass auch sie nicht bei den Ursachen, dem Zusammenwirken von Sprengstoffen und Gestein, ansetzten, sondern darauf abzielten, die Folgen zu minimieren.[82]

Die Schadensregulierung mittels derartiger technischer Lösungen war unterdessen auch aus Sicht der meisten Betroffenen angemessen. Sie reduzierten Belastungen und Gefahren mitunter spürbar und sie schienen zu beweisen, dass Beschwerden über Abbaufolgen handfeste Konsequenzen nach sich zogen: die Reflexion über die jeweiligen Verhältnisse beeinflusste die weitere Entwicklung des Arrangements der Steinbrüche. Was dabei nicht thematisiert wurde, waren indes die von Bergmann angesprochenen Gewinnungspraktiken, in denen die Gefahren entstanden. Die Abbauverfahren so zu verändern, dass es erst gar nicht zu Belastungen und Gefahren kommen konnte, galt schlicht als unrealistisch. Deswegen waren Maßnahmen der Schadensregulierung, ob finanziell oder technisch, der Modus, in dem die lokale Gesellschaft mit den Folgen des Kalksteinabbaus umging.

Gefahrenräume

Inwieweit es Bergmann tatsächlich in selbstloser Absicht um die Beseitigung von Gefahrenquellen ging, wie er gerne betonte, lässt sich schwer beurteilen, denn seine Beschwerden hatten noch eine zweite Stoßrichtung. Neben existenziellen Sorgen um seine körperliche Unversehrtheit und die seiner Nachbarn, hatte er die Absicht, sein Grundstück zu verkaufen. Bergmann wusste, dass die Kalkwerke immer häufiger versuchten, den Klagen von Nachbarn zuvorzukommen, indem sie gefährdete Grundstücke aufkauften. Unter dem Eindruck der wachsenden Zahl von Konflikten schien es den Unternehmen sinnvoll, die Verfügungsgewalt über

81 Königliche Regierung Düsseldorf: Zu I III B 3517, 23.6.1888, LAV NRW R, BR 7, 33375.

82 Zu dieser Art von »end-of-pipe« Technologien vgl. Brüggemeier: Das unendliche Meer der Lüfte, S. 235-244; Gilhaus: »Schmerzenskinder der Industrie«, S. 351-354.

solche Flächen zu gewinnen, die von den Abbaufolgen besonders schwer betroffen waren. Das galt sowohl für privates Grundeigentum als auch für öffentliche Wege. Es ging den Kalkwerken darum, das Konfliktpotenzial in den Gefahrenräumen zu entschärfen, indem sie diese Räume der fremden Nutzung entzogen. Auch dies war eine Form der Schadensregulierung, aber zugleich ein Eingriff in gewachsene räumliche Beziehungen.[83]

Je intensiver die Kalkwerke Maschinen und Sprengstoffe einsetzten, desto mehr weiteten sich der Radius der Gefahrenräume und die Belastungen aus. Neben den umherfliegenden Steinen und Erschütterungen durch das Sprengen durchschnitt ein immer dichteres Netz von Betriebsbahnen Felder und Äcker, während Wasser aus den Abflussstollen Überschwemmungen auf tiefer gelegenen Grundstücken verursachte. Mit dem Erwerb von Grundstücken vollzogen die Kalkwerke letztlich diese Ausweitung nach, um den Sprengstoffeinsatz erhöhen und die Möglichkeiten der Mechanisierung voll ausschöpfen zu können, ohne dass Konflikte die Effizienzsteigerung behinderten. Wegen der zunehmenden Belastungen waren viele Eigentümer schließlich auch bereit, die gefährdeten Flächen an die Kalkwerke zu verkaufen. Oft empfanden sie die Ausweitung der Gefahrenräume als »indirekten Zwang«, den Unternehmen ihren Grund und Boden zu überlassen.[84]

Mit diesem indirekten Zwang sah sich auch Bergmann konfrontiert. Anstatt hinzunehmen, dass sein Grundbesitz wegen der Gefährdung durch Steinschläge an Wert eingebüßt hatte, versuchte Bergmann von den Kalkwerken ein möglichst hohes Kaufangebot zur Befriedung der Situation zu erzwingen.[85] Kurz nach seiner ersten Beschwerde im Februar 1898 bot Bergmann seine Immobilien der RWK für 58.500 Mk. an. Das Unternehmen hielt dieses Angebot jedoch für entschieden zu hoch. Der gerechtfertigte Wert belaufe sich auf maximal 45.000 Mk.[86] Die Hartnäckigkeit, mit der Bergmann in der Folge agierte, zahlte sich für ihn schließlich aus. 15 Jahre nachdem er seine Fehde mit den Kalkwerken aufgenommen hatte, schien ein Ankauf unumgänglich. Auch der Schutzwall hatte nur vorübergehend

83 Vgl. Reif, Heinz: Landwirtschaft im industriellen Ballungsraum, in: Köllmann, Wolfgang/Korte, Hermann/Petzina, Dietmar/Weber, Wolfhard (Hg.): Das Ruhrgebiet im Industriezeitalter. Geschichte und Entwicklung, Bd. 1, Düsseldorf 1990, S. 337-393, hier: S. 347; Rudzinski, Marco: Ein Unternehmen und »seine« Stadt. Der Bochumer Verein und Bochum vor dem Ersten Weltkrieg, Essen 2012, S. 213f.; Brüggemeier: A Nature Fit for Industry, S. 42; Rau, Susanne: Räume. Konzepte Wahrnehmungen Nutzungen, Frankfurt a.M. 2013, S. 15.

84 Reif: Landwirtschaft im industriellen Ballungsraum, S. 347.; vgl. Uekötter, Frank: Bergbau und Umwelt im 19. und 20. Jahrhundert, in: Ziegler, Dieter (Hg.): Rohstoffgewinnung im Strukturwandel. Der deutsche Bergbau im 20. Jahrhundert (=Geschichte des deutschen Bergbaus, Bd. 4), Münster 2013, S. 539-570, hier: S. 552.

85 Gewerbeinspektor Simon an Königliche Regierung Düsseldorf, 18.7.1901, LAV NRW R, BR 7, 33375.

86 RWK: Protokoll der Aufsichtsratssitzung, 5.5.1898, RhK(L), AG, 39.

dazu geführt, dass Bergmann sich zurückhielt.[87] Genervt von den andauernden Vorwürfen und der Überprüfung durch die Behörden notierte der Prokurist der RWK im Frühsommer 1913: »Ich habe [Bürgermeister Kirschbaum] gebeten, gelegentlich der Ortsbesichtigung Fühlung mit Bergmann über den etwa von ihm geforderten Preis seines Besitztums« aufzunehmen.[88] In den anschließenden Verhandlungen konnte sich Bergmann recht erfolgreich durchsetzen: die Kalkwerke zahlten ihm 80.000 Mk., erheblich mehr als er 15 Jahre zuvor gefordert hatte. Die RWK bestanden jedoch darauf, einen ansonsten ungewöhnlichen Zusatz in den Kaufvertrag aufzunehmen:

> »Der Verkäufer verpflichtet sich, [...] innerhalb einer Entfernung von 500 m von unseren einzelnen Betriebsstellen sich weder niederzulassen noch anzukaufen [...]. Diese Verpflichtung wird dem Verkäufer aus dem Grunde auferlegt, um gegen Schadensersatzansprüche, welche aus dem Betriebe dieser Steinbrüche [...] erwachsen könnten, gesichert zu sein. Die Ankäuferin hat sich zum Erwerbe des Besitztums [...] zu einem ihr verhältnismässig zu hoch erscheinenden Preise lediglich mit Rücksicht auf die wiederholten Beschwerden des Verkäufers wegen angeblicher Belästigungen [...] bei der Polizeibehörde veranlasst gesehen.«[89]

Dass der Vertrag dem Verkäufer einen Mindestabstand zu den Betrieben auferlegte, zeigt, wie wichtig es der RWK war, Bergmann dauerhaft aus dem Gefahrenraum zu entfernen, um ihm die Grundlage für seine Klagen zu entziehen. Dafür war das Unternehmen bereit, einen ausgesprochen hohen Preis zu zahlen.

Selbstverständlich versuchten auch andere verkaufswillige Nachbarn, die Situation ähnlich wie Bergmann auszunutzen. Eine Offerte an die RWK machte dies nur allzu deutlich: »Kaufen Sie den Hof [...] Sie müssen doch auch denken dann hört alle Streitigkeit auf. Sie wissen doch auch ganz genau das [sic!] die Steine auf den Hof fliegen und wenn Sie sich auch noch so in acht nehmen.«[90] Tatsächlich nahmen Grundstückskäufe mit dem ausdrücklichen und alleinigen Ziel der Konfliktvermeidung zu.[91] Auch Stamm, der 1897 gegen O. & E.A. Menzel Beschwerde geführt hatte, konnte seinen Hof am Ende der Auseinandersetzung für 27.000 Mk. an das Unternehmen verkaufen.[92] 27.000 oder gar 80.000 Mk. waren große Summen für Grundstücke, die die Kalkwerke zu keinem anderen Zweck als der Befriedung von Konflikten kauften.

---

87 RWK: Betrifft Sprengungen in Dornap, 14.12.1910, RhK(L), 00, 33.

88 RWK: Betrifft Sprengungen Friedr. Bergmann, 29.5.1913, RhK(L), 00, 33.

89 RWK an Notar de Ridder, 2.10.1913, RhK(L), 00, 33.

90 Berkenkopf an RWK, 14.8.1908, RhK(L), 00, 17.

91 Binaker an Landratsamt Mettmann, 25.10.1899, LAV NRW R, BR 34, 270; RWK: Betrifft Gütchen »Grosse Bück«, 13.8.1909, RhK(L), 00, 17.

92 Notar Prosch: Repertorii No. 984, 4.2.1898, RhK(L), AG, 31.

Ähnlich verhielt es sich mit öffentlichen Wegen, welche die sich ausweitenden Gefahrenräume durchzogen. In den Polizeiverordnungen war seit den 1860er Jahren festgelegt, dass Straßen und Wege während der Sprengungen abgesperrt werden mussten und Passanten mit Fahnen gewarnt werden sollten. Eine erfolgreiche Maßnahme, wie der Landrat meinte, als er befand, dass »das in der Umgebung von Brüchen verkehrende Publikum die Fähnchen aus längerer Gewöhnung kennt und bei deren Anblick sich schon ohne weitere Warnung zurückzieht.«[93] Diese Einschätzung war allerdings insofern optimistisch, als entsprechende Warnungen alles andere als zuverlässig waren. Bei Stichprobenkontrollen durch die Gendarmerie fiel immer wieder auf, dass Steinbruchbetreiber die Vorschrift missachteten.[94] Mitunter wurden Warnungen, wenn sie erfolgten, auch als Zumutung empfunden und führten zu Konflikten: »Der Bruchmeister Gaggia hat unsere [Feld]arbeiter schon angeschrien und zum Fortlaufen vor den Sprengarbeiten aufgefordert und als ich ihm vorhielt, er habe doch unseren Leuten nichts zu befehlen, hat er mich in gemeiner Art beschimpft.«[95] Insgesamt erwies sich diese Art, die Gefahr für öffentliche Wege zu minimieren, als unzuverlässig und konfliktträchtig. Vor allem war das vorgeschriebene Warnsystem zu umständlich, um einen kontinuierlichen und effizienten Abbau zu betreiben.

Die Aufhebung und Verlegung von Wegen bot eine Lösung, um das Warnsystem zu umgehen, das die Unternehmensleitungen zunehmend als Hemmnis für einen effizienten Betrieb wahrnahmen. Die Betriebsleitung des Steinbruchs Hanielsfeld, der zum Gutehoffnungshütte-Konzern gehörte, hatte ausdrücklich »kein Interesse daran, dass in der Nähe ihres Steinbruchs ein öffentlicher Weg vorbeiführt.«[96] Grundsätzlich bestand die Möglichkeit, bei den Kommunalbehörden zu beantragen, solche öffentlichen Wegerechte aufzuheben. Allerdings war es keineswegs selbstverständlich, dass solchen Anträgen auch stattgegeben wurde – die Aufhebung und Verlegung von Straßen und Wegen war eine kommunalpolitische Angelegenheit von großer Bedeutung.[97]

Nicht immer waren Kommunalpolitiker geneigt, den Wünschen der Kalkwerke nachzukommen. Während die Vertreter im Wülfrather Gemeinderat selten Beden-

---

93 Landratsamt Mettmann an Königliche Regierung Düsseldorf, 28.2.1890, LAV NRW R, BR 7, 33372.

94 Gendarmerie-Brigade Station Dornap: Anzeige wegen Grubenpolizei-Contravention, 19.5.1876, LAV NRW R, BR 34, 24; Gendarmerie-Brigade Station Dornap: Anzeige wegen Grubenpolizei-Contravention, 30.9.1876, LAV NRW R, BR 34, 24; Gendarmerie-Brigade Station Dornap: I. Anzeige wegen Grubenpolizei-Contravention, 1.10.1876, LAV NRW R, BR 34, 24.

95 Bürgermeister Kolk: Beschwerde des Julius Wetter bezgl. der Sprengarbeiten in einem Steinbruch, 19.8.1905, LAV NRW R, BR 34, 29.

96 Strässer: Betrifft Grunderwerb Buntenbeck, 1.10.1912, RWWA, 130, 148-9.

97 Rat der Gemeinde Wülfrath: Gemeinderatsprotokoll, 31.12.1895, StAWü.

ken äußerten, sperrte sich die Gemeinde Mettmann, auf deren Gebiet zahlreiche Steinbrüche der RWK lagen, immer wieder gegen die Verlegung von Wegen. RWK-Direktor Fuchs beschwerte sich: »Wenn ich mir vergegenwärtige, mit welch geringen Friktionen die Thyssenschen Werke in der Gemeinde Wülfrath ihre zahlreichen Wegeeinziehungsanträge durchsetzen, empören mich die von Mettmanner Seite ausgehenden Schikanen«.[98] Der Vorschlag, den die Leitung des Steinbruchs Hanielsfeld intern diskutierte, »die Wege stillschweigend ab[zu]bauen«,[99] wurde aber wohl von keinem der Unternehmen ernsthaft verfolgt. Dazu war die Aufmerksamkeit der lokalen Gesellschaft für diese Wege zu groß.

Stattdessen bemühten sich die Unternehmensleitungen darum, die Vorteile der Wegverlegung herauszustreichen. Die neuen Wege, die fernab der Steinbruchbetriebe liegen sollten, wurden als kürzer als die bisherigen Verbindungen gepriesen: »Für die aus der Richtung von Elberfeld kommenden Passanten bedeutet der neue Weg [...] keinen Umweg, für die aus der Richtung von Wieden und Dornap sogar eine bedeutende Abkürzung.«[100] Sie waren vermeintlich besser angelegt, z.B. dadurch, dass »die Steigungsverhältnisse durchweg 1:25 betragen, günstiger und besser fahrbar [...], als der zu beseitigende Weg« seien.[101] Vor allem erklärten sich die Kalkwerke bereit, die Kosten für die Anlage und den Unterhalt der neuen Wege zu übernehmen.[102]

Die Unternehmen präsentierten die Vorteile der Wegverlegungen öffentlich, etwa in der Lokalzeitung, weil die Bevölkerung Verlegungen als schwerwiegende Eingriffe in räumliche Beziehungen empfand. Sie tangierten offensichtlich alltägliche Bewegungsmuster und Anwohner befürchteten, in Zukunft von ihren Nachbarn und den Hauptstraßen abgeschnitten zu sein oder erhebliche Umwege in Kauf nehmen zu müssen. Gegenüber einem Antrag Thyssens machte Wülfraths Bürgermeister Kirschbaum geltend, dass der öffentliche Weg bestehen bleiben müsse, weil »er bis in die neueste Zeit beliebig von jedermann als Fußweg benutzt« wurde.[103] Die Gemeinde Mettmann lehnte ein Gesuch der RWK ab, da »verschiedene [...] Einsprüche Mettmanner Einwohner« vorlagen.[104] Für die Anwohner und Nutzer hatten die Wege, welche die Kalkwerke aufheben lassen wollten, eine große Bedeutung. Dennoch gelang es den Unternehmen in der Regel, sich unter Hinweis

98 Fuchs: Grundstückabtretung Gemeinde Mettmann, 10.7.1909, RhK(L), 05, 10.

99 Altenhain an Kocks, 6.5.1896, RWWA, 130, 141/13.

100 RWK an Wege-Polizeiverwaltung Vohwinkel, 20.10.1905, RhK(L), 00, 16.

101 RWK an Bürgermeister-Amt Heiligenhaus, 3.1.1911, RhK(L), 04, 34.

102 Wülfrather Zeitung, 2.3.1904, StAWü; Wülfrather Zeitung, 31.8.1904, StAWü.

103 Bürgermeister Kirschbaum an Landratsamt Mettmann, 12.10.1898, LAV NRW R, BR 34, 101.

104 Fuchs: Wegeparzellen Thunis, 10.7.1909, RhK(L), 05, 10.

auf die Vorteile der neuen Wege und mit ökonomischem Druck gegen die Einwände aus der lokalen Bevölkerung durchzusetzen.[105]

Mit der Verlegung von Wegen und dem Aufkauf gefährdeter Grundstücke griffen die Kalkwerke weit über die eigentlichen Steinbrüche hinaus in die räumlichen Beziehungen an den Abbauorten ein. Sie entzogen große Flächen dem öffentlichen Zugang und schränkten Nutzungsmöglichkeiten ein, die einen effektiven Abbau zu behindern drohten.[106] Dadurch gelang es ihnen, die wachsenden Gefahrenräume weitgehend unter Kontrolle zu bringen und die Konflikte um Schäden an fremdem Eigentum und öffentlichen Wegen zu vermeiden. Für die lokale Bevölkerung wirkten sich diese Eingriffe unmittelbar auf den Alltag aus, dadurch dass Wegebeziehungen gekappt und die Bewirtschaftung von Acker- und Weideland den Ansprüchen der neuen Eigentümer untergeordnet wurde. Daneben stellten sich zunehmend auch ökologische Folgen ein, die sich vor allem am Wasserhaushalt und einer sichtbaren Landschaftsveränderung zeigten.

Wasserhaushalt und Landschaftsveränderung

Die Folgen des intensiv betriebenen Kalksteinabbaus griffen oft noch deutlich weiter in den Raum aus, als die Gefahren und Belastungen, die sich unmittelbar im Alltag der lokalen Gesellschaft bemerkbar machten – insbesondere Veränderungen im Grundwasserhaushalt und in der Landschaft.[107] Allerdings wurden diese ökologischen Folgen seltener problematisiert, weil sie sich nur schwer als Eigentumsschäden fassen ließen, die einen konkreten Rechtsanspruch begründeten. Sie fielen damit durch das Raster, das die Zeitgenossen allgemein anlegten, um Abbaufolgen zu beurteilen.[108] Denn die Absenkung des Grundwasserspiegels, Voraussetzung für die Expansion in die Tiefe, machte sich zum Teil weit von den Steinbrüchen entfernt bemerkbar und war kaum auf einen einzelnen Verursacher zurückzuführen. Unterdessen erzeugten die Anlage und Erweiterung von Steinbrüchen in die Fläche riesige Mengen Abraum, die auf weithin sichtbaren Halden gelagert wurden, aber an sich keine Eigentumsrechte tangierten. Mit der Ausweitung des Kalksteinabbaus wurden diese Folgen um 1900 immer einschneidender. Dennoch setzte eine allgemeine Kritik nur allmählich ein.

---

105 Bürgermeister Kirschbaum an Landratsamt Mettmann, 5.12.1898, LAV NRW R, BR 34, 101; Wülfrather Zeitung, 2.3.1904, StAWü; Fuchs: Grundstückabtretung Gemeinde Mettmann, 10.7.1909, RhK(L), 05, 10.

106 Vgl. Rudzinski: Ein Unternehmen und »seine« Stadt, S. 241-249.

107 Vgl. Bayerl, Günter/Maier, Dirk (Hg.): Die Niederlausitz vom 18. Jahrhundert bis heute. Eine gestörte Kulturlandschaft? Münster 2002.

108 Vgl. Brüggemeier: »Wo der Märker Eisen reckt und streckt«, S. 131.

Erst in den 1920er Jahren begannen Geologen, darunter auch Paeckelmann, die Eingriffe der Kalkwerke in den Wasserhaushalt genauer zu untersuchen. Die Eigenschaften der Kalksteinformationen galten in dieser Hinsicht als sehr komplex. Paeckelmann erklärte, das Wasser »versinkt vielmehr auf [sic!] Klüften, die den Kalk zahlreich durchsetzen, schnell in die Tiefe, sammelt sich in Spalten und Höhlen, um unterirdisch bis zu einer geeigneten Austrittsstelle abzufliessen. Die Kalkzüge wirken wie Schwämme.«[109] Auch detaillierte Untersuchungen des Untergrunds schienen wenig sichere Erkenntnisse über den Wasserhaushalt zu liefern. Selbst explorative Bohrungen, die die Unternehmen gelegentlich vornehmen ließen, versprachen »keinen ganz sicheren Erfolg, da der Kalk an sich wasserundurchlässig ist und nur auf Klüften Wasser führt. Die Bohrung könnte also recht gut an Wasserklüften vorbeigehen, ohne sie anzuschneiden.«[110] Das machte es besonders schwer, Veränderungen im Wasserhaushalt eindeutigen Ursachen zuzuordnen oder gar zu prognostizieren.

Dennoch warnte Paeckelmann die Kalkwerke vor den möglichen Folgen der Expansion in die Tiefe. Obwohl, oder gerade weil, nicht eindeutig zu klären war, wie sich die Eingriffe auswirken würden, mahnte er zur Vorsicht. Bevor weitere Maßnahmen zur Grundwasserabsenkung im Steinbruch ergriffen würden, sei es »ratsam zunächst abzuwarten, ob der [...] Wasserlösungsstollen nicht die Wasserversorgung der Stadt Wülfrath beeinträchtigt«.[111] Denn, so argumentierte Paeckelmann, der Steinbruch und die Quellen, aus denen Wülfrath versorgt wurde, »stehen durch den südlichen Wülfrath-Hammersteiner Kalkzug in hydrologischer Verbindung. Es ist daher bei weiterer Vertiefung des Steinbruchs damit zu rechnen, dass die Wülfrather Quellen in Mitleidenschaft gezogen werden.«[112] Trotz des Wissens um die möglichen Folgen waren die Eingriffe in die hydrologische Struktur aus Sicht der Unternehmen unumgänglich.[113] Für diejenigen, die auf die Versorgung aus den tranchierten Wasserleitern angewiesen waren, konnte die Sorglosigkeit der Kalkwerke gravierende Konsequenzen haben.

Obwohl Klagen über versiegte Quellen und Brunnen kein Massenphänomen waren, kam es immer wieder zu Beschwerden. So gingen einige Anwohner in den

109 Paeckelmann: Geologisches Gutachten über das Massenkalk-Vorkommen von Wülfrath, 1926, GDNRW, L3G, 4708/007.

110 Gutachten über das Marmorvorkommen der Elberfelder Marmorwerke, 8.10.1921, RWWA, 385, 30-2.

111 Paeckelmann: Gutachten für den Bochumer Verein für Bergbau- und Gusstahlfabrikation Abtg. Kalkwerk Wülfrath über die geologischen Verhältnisse des Massenkalks bei Wülfrath-Hammerstein, 27.10.1921, GDNRW, L3G, 4708/005, S. 15-18.

112 Paeckelmann: Anlage zum Gutachten über die geologischen Grundlagen der zukünftigen Abbaumöglichkeiten des Wülfrather Kalkes, 12.11.1936, GDNRW, L3G, 4708/008.

113 Gutachten über das Marmorvorkommen der Elberfelder Marmorwerke, 8.10.1921, RWWA, 385, 30-2.

1920er Jahren gegen die RWK vor, die »durch Vertiefung einer Bruchanlage einem grossen Teile des [...] Osterholzes mit vielen verstreut liegenden kleinen Gehöften das Wasser entzogen [habe], da sich dieses nach der tief gelegenen Bruchanlage zieht.«[114] In einem Gutachten, das das Unternehmen anfertigen ließ, hieß es zu den Vorwürfen lapidar:

> »Der Betrieb würde [...] nicht mehr lohnend sein, wenn die Unternehmer weitere Vertiefungen unterlassen müssten, bloss damit die Nachbarn Wasser behalten. [...] Wasser können sich die Nachbarn durch Tieferlegen ihrer Brunnen oder Neuanlegung solcher verschaffen. [...] Vielleicht sind aber die Werke, [...] geneigt, eine freiwillige Zugabe zur Vertiefung der Brunnen oder Anlegung neuer zu leisten. [...] Sollten sie sich ablehnend verhalten, so bleibt nichts anderes übrig, als dass der Staat um Hilfe angegangen wird, denn es liegt doch im öffentlichen Interesse, auch wegen der Gesundheit von Menschen und Vieh, dass jeder Einwohner Wasser in seinem Gehöft hat.«[115]

In der Auseinandersetzung zeichnete sich ab, dass sich die Beurteilung ökologischer Folgen nach dem Ersten Weltkrieg verschoben hatte. Auch wenn die Kalkwerke davon ausgingen, dass nicht sie, sondern der Staat in der Pflicht sei, war der Erhalt der Grundwasserversorgung in das öffentliche Interesse gerückt.

Eine zweite Folge, die zunehmend öffentliches Interesse weckte, war die Landschaftsveränderung. Die Steinbrüche selbst waren dabei weniger im Fokus als die Abraumhalden, die am Rande der Brüche anwuchsen. Eine weitere Verwendung der Lehm- und Sandmassen gab es, abgesehen von geringen Mengen, die im lokalen Straßenbau und für die Planierung von Bauland genutzt wurden, nicht.[116] Je größer die Steinbrüche wurden, desto größer wurde auch die Menge an Abraum, der dauerhaft auf Halden gelagert werden musste. 1923 waren allein in der Bürgermeisterei Gruiten gut 17 ha Land mit Abraum überschüttet.[117]

Mit der Expansion der Steinbrüche wurde die Flächenökonomie der Abraumlagerung eine immer wichtigere Angelegenheit für die Unternehmensleitungen. Fuchs stellte als Direktor der RWK den Grundsatz auf, »die Halde [muss], den Terrainverhältnissen entsprechend, so disponiert werden, dass sich auf einer möglichst kleinen Fläche viel Erdreich aufschütten lässt«.[118] Fuchs hatte gute Gründe

---

114 Delius: Rechtsgutachten, 18.9.1925, StAH, Acc. 2002/04, 68.

115 Ebd.

116 Berckenkamp: Notariatsakte, 13.1.1857, TKKA, FWH, 1117; Bürgermeister-Amt Wülfrath: Protokoll, 25.9.1876, RhK(L), AG, 18; Engberg: Betrifft Grundstücksankauf Johann Hollbeck-Düsseldorf, 20.8.1927, RhK(L), 06, 12.

117 Bürgermeister-Amt Gruiten: Nachweisung über die land- und forstwirtschaftliche Ausnutzung der Oedlandflächen der mit Abraum beschütteten Grundflächen der Steinbrüche, 28.9.1923, StAH, G, 198.

118 Fuchs, 4.11.1903, RhK(L), AG, 22.

dafür, den überlegten und sparsamen Verbrauch von Flächen anzumahnen. Flächen, die einmal mit Abraum überschüttet waren, konnten später nur unter größtem Aufwand wieder freigelegt werden. Um zu verhindern, dass Halden abbauwürdige Vorkommen zudeckten, kauften die Kalkwerke gelegentlich zusätzliche Grundstücke für die Anlage von Halden an. Auch hier galt eine möglichst effiziente Ausnutzung der oft teuer erkauften Flächen als Ziel. So erwarb die RWK 1910 ein Grundstück eigens für den Abraum, der in ihren Dornaper Brüchen anfiel. Der technische Leiter des Unternehmens, Heitfeld, argumentierte:

> »Die Erdarbeiten in und auf unseren Gruben in Dornap mehren sich von Jahr zu Jahr, die Schuttdämme wachsen dadurch sehr schnell [...]. Der Rentier Rudolf Greeff, Barmen, besitzt anstossend an unsere Schuttfelder der Gruben II, III u. V geeignetes Terrain wovon wir [...] einen Streifen [...] kaufen würden. Die Fläche würde 1 Hektar 65ar groß sein und [es würde] Platz für rund 200.000 cbm Schutt geschafft werden; außerdem würden wir unsere eigenen Grundstücke für die Schutt[halden] besser ausnutzen können.«[119]

Auf diese Weise entstanden seit Beginn des 20. Jahrhunderts Halden, die nicht nur immer größere Flächen einnahmen, sondern aufgrund der flächenökonomischen Prämissen, wie sie Fuchs aufgestellt hatte, »dass sich auf einer möglichst kleinen Fläche viel Erdreich aufschütten lässt«,[120] auch immer mehr in die Höhe wuchsen.

Als problematisch wurde zunächst aber nicht die Dimension der Halden, sondern deren Konsistenz und Stabilität wahrgenommen – wobei die Probleme mit der Vergrößerung der Ablagerungen auf möglichst kleinen Flächen deutlich zunahmen. Die Halden waren zum einen anfällig für Witterungs- und Erosionseinflüsse. Nach Regengüssen konnte es vorkommen, dass die aufgetürmten Lehm- und Sandmassen »in Bewegung gerathen, da [sie] in Folge anhaltenden Regens vollständig durchweicht war[en]«,[121] wie es in einer Nacht im Januar 1906 geschehen war. Zum anderen konnte abfließendes Oberflächenwasser oder aufsteigendes Grundwasser die Stabilität der Halden beeinträchtigen. Paeckelmann warnte ausdrücklich vor der Anlage von Halden, »wenn sie in Talungen mit aufsteigendem Quellwasser aufgeschüttet« werden. »Rutschungen und Verschlämmungen« seien dann »fast unvermeidlich«, so der Geologe.[122]

Genau das passierte, als die Bergischen Dolomit- und Weißkalkwerke 1906 »ihre Abraumhalden dem Düsselbache zu nahe« brachten.[123] Dagegen klagte eine Reihe von Fischern, die behaupteten, »daß die Erdmassen [...] sich loslösen und in den

119 Heitfeld: Betrifft Grunderwerb von Rud. Greeff Barmen, 25.10.1910, RhK(L), 00, 34.

120 Fuchs, 4.11.1903, RhK(L), AG, 22.

121 Krumm: Betrifft den Betrieb Aprath, 9.1.1906, RhK(L), 00, 5a.

122 Paeckelmann: Gutachten über die geologischen Grundlagen der zukünftigen Abbaumöglichkeiten des Wülfrather Kalkes, 8.12.1936, GDNRW, L3G, 4708/008, S. 10.

123 Landratsamt Mettmann an Bürgermeister-Amt Gruiten, 19.4.1906, StAH, G, 295.

Bach rollten. Dadurch werde der Bach verunreinigt und die Fischzucht gefährdet.«[124] Tatsächlich, so konstatierte das zuständige Bürgermeisteramt in Gruiten später, gehe von der Halde regelmäßig eine Belastung des Bachs aus, »da diese Strecke im Ueberschwemmungsgebiet der Düssel liegt.«[125] Bei höherem Wasserstand riss der Bach Teile des Abraums mit und destabilisierte die Halde dadurch weiter. In größeren Mengen konnte der erodierte Abraum die Wasserqualität und die Fließeigenschaften der Bäche sichtlich verändern. Nicht nur die Fischer an der Düssel beschwerten sich darüber, sondern auch Anrainer des Angerbachs, der »in den letzten Jahren eine über das gewöhnliche Mass hinausgehende Verschlammung« zeigte.[126] Zusammen mit dem Grundwasser, das die Kalkwerke über die Abflussstollen aus ihren Steinbrüchen in den Angerbach leiteten, kam es dadurch zu »andauernden, zahlreichen Überschwemmungen«, die »sich öfters auch auf Grundstücke, die nicht unmittelbar an die Anger stossen,« erstreckten.[127] Betroffen von der Erosion der Halden und der Überschwemmungsgefahr waren nicht nur die unmittelbaren Nachbarn, sondern auch die Unterlieger entlang der Gewässersysteme.

Über solche räumlich entfernten und zu Beginn des 20. Jahrhunderts rechtlich schwer zu fassenden ökologischen Abbaufolgen reflektierten die Zeitgenossen weit weniger als über die eigentumsschädigenden Gefahren des Sprengens. Dementsprechend blieb der Druck auf Unternehmen wie Behörden, hier tätig zu werden, um Konflikte zu entschärfen, gering. Auseinandersetzungen erreichten selten ein Niveau, das vergleichbare Formen der Schadensregulierung notwendig gemacht hätte. In der unmittelbaren Nachbarschaft der Steinbrüche führten Konflikte zwar auch nicht dazu, dass die Ursachen der Gefahren und Belastungen beseitigt wurden. Aber dort wurden die Folgen des intensiv betriebenen Kalksteinabbaus zunehmend über finanzielle Kompensationen ausgeglichen oder durch technische Lösungen minimiert. Auf diese Weise entstand in der lokalen Gesellschaft der unmittelbar betroffenen Abbauorte ein Modus, in dem sie mit den wachsenden Gefahren und Belastungen umgehen konnte. Für den Umgang mit den Folgen für den Wasserhaushalt oder der Landschaftsveränderung fehlte ein solcher Modus lange Zeit.

Diese ökologischen Folgen wurden erst konsequent problematisiert, als sich ab den 1910er Jahren ein neuer Beurteilungsmaßstab herausbildete, in dem Natur und Landschaft zum Gegenstand des öffentlichen Interesses avancierten. Am Vorabend des Ersten Weltkriegs begann sich die gesellschaftliche Wahrnehmung

---

124 Ebd.

125 Bürgermeister-Amt Gruiten an RWK, 6.11.1912, StAH, G, 295.

126 Bürgermeister-Amt Angermund an Landratsamt Düsseldorf, 18.7.1913, LAV NRW R, BR 17, 424.

127 Ebd.

der Umwelt unter dem Eindruck einer wachsenden Natur- und Heimatschutzbewegung zu verändern. Deren Forderungen und Interventionen bezogen sich auch auf die Folgen des Kalksteinabbaus. So gewann schließlich die Kritik an der Instabilität der Halden und der Beeinträchtigung der Fließgewässer in dem Maße an Relevanz, in dem sie sich mit der ästhetisch fundierten Kritik des Natur- und Heimatschutzes verband.

12. Renaturierung

Um 1910 erreichte die gesellschaftliche Reflexion über die Landschaftsveränderung eine neue Qualität. Noch 1904 hatte die *Wülfrather Zeitung* die Anlage neuer Kalksteinbrüche im Angertal ausdrücklich begrüßt. Es sei die Zeit gekommen, »wo unser schönes Angertal von einem großartigem Bombardement heimgesucht wird, um die Schätze, die hier vergraben sind, zu heben.«[1] Schon vier Jahre später schlug das Mettmanner Landratsamt mit Blick auf das Neandertal deutlich kritischere Töne an: »Die Verunstaltung des Landschaftsbildes [...] durch die Kalksteinanlagen ist [...] im allgemeinen Volksinteresse [...] zu beklagen.«[2] Hinter der Neubewertung der Abbaufolgen standen zunächst nicht so sehr Sorgen um die Beeinträchtigung von Ökosystemen – dieser Gedanke begann erst in den 1920er Jahren eine gewisse Rolle zu spielen. Die Kritik an der Überformung der Landschaft war in erster Linie ästhetisch motiviert.[3] Entsprechend setzten die Maßnahmen, die im Sinne des Naturschutzes getroffen wurden, bei der Gestalt des Landschaftsbilds an. Sie zielten darauf ab, die von den Steinbruchbetrieben in Anspruch genommenen Flächen nach Möglichkeit in einen Zustand zu versetzen, der den Vorstellungen einer »natürlichen« Landschaft entsprach.[4] Dennoch trugen diese Maßnahmen langfris-

1 Wülfrather Zeitung, 27.1.1904, StAWü.

2 Landratsamt Mettmann an Königliche Regierung Düsseldorf, 25.9.1908, LAV NRW R, BR 7, 8995.

3 Vgl. Kaiser, Marion: »Freilich ist die Industrie oft ein Feind der Romantik – erstere aber gewinnbringend«. Konflikte durch den Kalksteinabbau an der Lahn, in: Der Anschnitt 67 (2015), Nr. 1, S. 15-28; Uekötter, Frank: Bergbau und Umwelt im 19. und 20. Jahrhundert, in: Ziegler, Dieter (Hg.): Rohstoffgewinnung im Strukturwandel. Der deutsche Bergbau im 20. Jahrhundert (=Geschichte des deutschen Bergbaus, Bd. 4), Münster 2013, S. 539-570, hier: S. 555; Knaut, Andreas: Die Anfänge des staatlichen Naturschutzes. Die frühe regierungsamtliche Organisation des Natur- und Landschaftsschutzes in Preußen, Bayern und Württemberg, in: Abelshauser, Werner (Hg.): Umweltgeschichte. Umweltverträgliches Wirtschaften in historischer Perspektive, Göttingen 1994, S. 143-162; Sieferle, Rolf Peter: Naturlandschaft, Kulturlandschaft, Industrielandschaft, in: Comparativ 4 (1995), S. 40-56.

4 Vgl. Trepl, Ludwig: Die Idee der Landschaft. Eine Kulturgeschichte von der Aufklärung bis zur Ökologiebewegung, Bielefeld 2012.

tig auch zur Renaturierung im Sinne einer Bewältigung der massiven Eingriffe der Kalksteingewinnung in das Ökosystem bei.

Die Steinbruchlandschaft als Naturschutzgebiet

Zwischen dem euphorischen Kommentar, den die *Wülfrather Zeitung* 1904 veröffentlicht hatte, und der Kritik des Mettmanner Landratsamts lagen jene Jahre, in denen die Natur- und Heimatschutzbewegung an politischem Gewicht gewann. Die Bewegung, in der sich seit dem ausgehenden 19. Jahrhundert Kritiker von Industrialisierungs- und Modernisierungsfolgen sammelten, konnte auf Reichsebene erste Forderungen durchsetzen.[5] 1906 war die staatliche Stelle für Naturdenkmalpflege entstanden, die zwar faktisch kaum Kompetenzen hatte, aber öffentlichkeitswirksam agitierte. Sie organisierte ihre Tätigkeit vor allem über die Kooperation mit Kommunalverwaltungen und lokalen Honoratioren.[6] So hatte sich auch das Landratsamt in Mettmann noch im selben Jahr veranlasst gesehen, den Bürgermeistern des Kreises die Mitgliedschaft im halbstaatlichen Rheinischen Verein für Denkmalpflege und Heimatschutz nahezulegen, der mit der Stelle für Naturdenkmalpflege kooperierte.[7]

Die dadurch angestoßenen Debatten über den Umgang mit den Folgen des Kalksteinabbaus machten sich in den folgenden Jahren besonders an den Steinbrüchen des Neandertals fest. Das Tal des Düsselbachs war der erste Ort, an dem in den 1850er Jahren Kalkstein für die Hüttenwerke im industriellen Maßstab abgebaut worden war. Auch zu Beginn des 20. Jahrhunderts war es noch einer der wichtigsten Standorte der Kalkwerke. Entsprechend deutliche Spuren hatte die Abbautätigkeit in der Landschaft hinterlassen. Dessen ungeachtet wurde das Neandertal »wegen seiner Naturschönheit« viel besucht,[8] wie das Landratsamt 1908 feststellte. Tatsächlich war das Tal ein beliebtes Ausflugsziel der Bewohner aus den benachbarten Großstädten. Aber es gab auch ein bildungsbürgerliches Interesse an dem Ort, der in der Romantik zahlreiche Maler und Dichter angezogen hatte. Schließlich hatte das Tal, in dem 1856 der homo neanderthalensis entdeckt worden war, unter

5 Vgl. Schmoll, Friedemann: Erinnerung an die Natur. Die Geschichte des Naturschutzes im deutschen Kaiserreich, Frankfurt a.M. 2004.

6 Bergisches Komittee für Naturdenkmalpflege: Bericht über das bergische Komitee für Naturdenkmalpflege, 28.5.1923, StAH, G, 198; vgl. Knaut: Die Anfänge des staatlichen Naturschutzes, S. 143-162; Oberkrome, Willi: »Deutsche Heimat«. Nationale Konzeption und regionale Praxis von Naturschutz, Landschaftsgestaltung und Kulturpolitik in Westfalen-Lippe und Thüringen, 1900-1960, Paderborn 2004, S. 48-56.

7 Landratsamt Mettmann an Gemeinde Vohwinkel, 30.11.1906, StAW, AVII174a.

8 Landratsamt Mettmann an Königliche Regierung Düsseldorf, 25.9.1908, LAV NRW R, BR 7, 8995.

Naturwissenschaftlern eine herausragende Bedeutung. Der Widerspruch zwischen der bereits deutlich fortgeschrittenen Überformung durch die Gesteinsgewinnung und dem breiten Interesse an der »Natur« des Tals wurde von den Zeitgenossen indes zunächst kaum wahrgenommen.

Die ästhetische Bewertung der Steinbrüche im Neandertal knüpfte erstaunlich bruchlos an die Darstellungen der Romantik in der ersten Hälfte des 19. Jahrhunderts an. Johann Heinrich Bongards 1835 erschienene »Wanderung zur Neandershöhle«[9] war nur eines der zahlreichen literarischen und künstlerischen Produkte, die die Urwüchsigkeit der Düsselschlucht im Neandertal zelebrierten, bevor der industrielle Kalksteinabbau sie überformte.[10] Obwohl sich das Aussehen der Schlucht signifikant verändert hatte, entstanden auch an der Wende zum 20. Jahrhundert noch Kunstwerke, die das inzwischen von Steinbrüchen durchzogene Tal unverändert als romantischen Ort präsentierten.[11] Auch populäre Darstellungen spiegelten diese Ästhetik wider. Auf den zahlreichen Postkarten, die Besucher des Neandertals um 1900 kaufen konnten, nahm der aktive Steinbruchbetrieb fast immer eine prominente Stelle ein (Abb. 16).

Abbildung 16: Neandertal, Postkarte ca. 1910.

Quelle: Sammlung Feuser.

9 Bongard, Johann Heinrich: Wanderung zur Neandershöhle. Eine topographische Skizze der Gegend von Erkrath an der Düssel, Düsseldorf 1835.

10 Vgl. Eggerath, Hanna: Im Gesteins. Das Neandertal vor der Entdeckung des Neandertalers, in: Journal. Jahrbuch des Kreises Mettmann 29 (2009), S. 73-80; Eggerath, Hanna/Rose, Anton: Im Gesteins. Das ursprüngliche Neandertal in Bildern des 19. Jahrhunderts, Köln 1996.

11 Vgl. Schürmann, Manfred/Eulner, Lothar: »Steinbruchlandschaft Neandertal«, in: Niederbergische Geschichte 1 (1994), S. 64-73.

Trotz des aktiven Gesteinsabbaus war das Neandertal offensichtlich ein attraktives Ausflugsziel. Darauf lassen auch Initiativen des lokalen Verkehrs- und Verschönerungsvereins für Erkrath und Umgebung schließen. So organisierte der Verein im Sommer 1911 ein Volksfest im Neandertal, bei dem es nicht etwa darum ging, die Attraktivität des von Steinbrüchen geprägten Tals für Besucher zu steigern. Man hoffte umgekehrt, dass die Stadt Erkrath von der Popularität des Tals vor ihren Toren profitieren würde.[12] Jedenfalls scheinen die Steinbrüche vor dem Ersten Weltkrieg eher als Attraktion denn als Ärgernis wahrgenommen worden zu sein.

Das ausgesprochen starke naturkundliche Interesse am Neandertal profitierte ebenfalls vom Steinbruchbetrieb. Es war unter Naturwissenschaftlern ebenso wie unter interessierten Laien bekannt, dass der homo neanderthalensis im Jahre 1856 bei Abbauarbeiten in einem der dortigen Kalksteinbrüche entdeckt worden war. Es sei »das unbestrittene Verdienst der im Neandertal vorherrschenden Kalkindustrie, den in wissenschaftlicher und kulturhistorischer Beziehung bedeutsamen Fund [...] ermöglicht zu haben«, konstatierte ein Zeitungsartikel, der sich ansonsten kritisch mit dem Zustand des Tals auseinandersetzte.[13] Auch noch zu Beginn des 20. Jahrhunderts wurden in den Steinbrüchen immer wieder »Mammutzähne sowie primitive Werkzeuge aus der Urzeit gefunden«.[14] Als Problem nahmen professionelle Geologen und Spezialisten für die Ur- und Frühgeschichte weniger den fortschreitenden Abbau, der ja die von ihnen untersuchten Objekte freilegte, sondern vielmehr »das wilde Räubern aus Erwerbszwecken sammelnder Pseudogeologen« wahr.[15]

Allerdings entstand auch der Wunsch, die Abbauaktivitäten der Kalkwerke stärker im Sinne des naturkundlichen Interesses zu steuern. Bestimmte Stellen sollten demnach nicht weiter abgebaut werden, da sie aus naturwissenschaftlichen Gründen erhaltenswert seien. Das galt zum einen für den Fundort des Neandertalmenschens, an dem über die Jahre einzig der sogenannte Rabenstein stehen geblieben war. Er war geradezu zu einem Erinnerungsort der Ur- und Frühgeschichte geworden, der nicht nur Wissenschaftler, sondern auch eine breite Besucheröf-

12 Verkehrs- und Verschönerungsverein für Erkrath und Umgebung: Sitzungsprotokoll, 15.5.1911, StAE, Altakten, 343.

13 Eine Autostraße durch das Neandertal?, in: Rheinisches Land. Beilage der Düsseldorfer Nachrichten 52 (1927), Nr. 138; Paeckelmann, Wolfgang: Naturdenkmäler, in: Mitteilungen des Rheinischen Vereins für Denkmalpflege und Heimatschutz 4 (1910), S. 119-128.

14 Bauer, Emil: Beiträge zur Geologie der innerhalb des Gebietes Mettmann, Millrath, Hochdahl, Erkrath und Hubbelrath des Regierungsbezirks Düsseldorf aufgeschlossenen mittel- und oberdevonischen Schichten unter Berücksichtigung der auflagernden Tertiär- und Diluvialvorkommen, 1908, GStAPK, 1. HA Rep. 194, 1499, S. 86f.

15 Paeckelmann an Landwehr, 27.11.1919, LAV NRW R, BR 34, 559.

fentlichkeit anzog.[16] Es ging zum anderen um den Erhalt besonderer geologischer Formationen und der Vegetation, die in den letzten Überresten der ehemaligen Schlucht im Neandertal zu finden waren und hier studiert werden konnten. So sei der Rabenstein auch deshalb unbedingt erhaltungswürdig, weil »[d]ie dem Bache zugewandte Seite [...] die natürliche Wand und [...] Trägerin von recht seltenen, einzigartigen Pflanzen [ist], vor allem eines Farnes, der an dieser Stelle die Nordgrenze seiner Verbreitung erfährt, des Vollfarnes, Ceterach officinarum.«[17] Der Kalksteinabbau sollte unbedingt so erfolgen, dass solche »Naturdenkmäler«, wie der Rabenstein, erhalten bleiben konnten.

Die Rede vom »Naturdenkmal« und der »Naturdenkmalpflege« war bezeichnend. Entgegen der Forderungen aus Teilen der Natur- und Heimatschutzbewegung, Landschaften flächenhaft zu schützen, hatte sich eine pragmatischere Linie durchgesetzt. In Zusammenarbeit mit Behörden und den Kommunen setzte die staatliche Stelle für Naturdenkmalpflege auf Inventarisierung und die wissenschaftliche Beschreibung herausragender Einzelobjekte. Diese sollten, wo möglich, im Einvernehmen mit den jeweiligen Eigentümern unter Schutz gestellt werden.[18] Der Rabenstein im Neandertal erfüllte diese Voraussetzungen. Es handelte sich um einen gut 5 m hohen Felsüberrest auf einer Grundfläche von wenigen hundert Quadratmetern – also um ein durchaus überschaubares Einzelobjekt (Abb. 16, Bildmitte). Die Eigentümerin, die RWK, hatte den Felsen wegen dessen naturkundlicher Bedeutung freiwillig erhalten, so behauptete jedenfalls ein Aufsichtsratsmitglied später, und war bereit, das Areal auch formal unter Schutz stellen zu lassen.[19]

Die Kooperationsbereitschaft der RWK beschränkte sich allerdings auf den Rabenstein. Initiativen des lokalen Komitees für Naturdenkmalpflege, weitere Teile aus dem Grundbesitz des Unternehmens unter Schutz zu stellen, lehnten die Kalkwerke kategorisch ab. Unternehmensintern belächelte man die Vorstellungen der Naturschützer als naive Schwärmerei:

> »Frau Lührmann-Lukas [stellvertretende Vorsitzende der Ortsgruppe des Komitees für Naturdenkmalpflege, S.H.] besuchte uns heute Vormittag hierselbst, um mit uns Rücksprache zu nehmen betreffs Erhaltung der landschaftlichen Schönheiten im Neandertal [...]. In langen Ausführungen wies sie auf die Bestrebungen

16 Rein, Richard: Führer durch das Naturschutzgebiet Neandertal, 1934; Das Neandertal, in: Beiträge zur Naturdenkmalpflege 11 (1926), S. 297-301; Elberfelder Generalanzeiger: Das Neandertal als Naturschutzgebiet, 16.8.1921, RhK(L), AG, 126; Bürgermeisteramt Gruiten: Naturdenkmalpflege, 17.8.1922, StAH, G, 198; Rein an RWK, 20.3.1925, RhK(L), AG, 126.

17 Bergisches Komitee für Naturdenkmalpflege an RWK, 20.9.1919, RhK(L), AG, 126.

18 Vgl. Oberkrome: »Deutsche Heimat«, S. 52-56.

19 Bergisches Komitee für Naturdenkmalpflege an RWK, 20.9.1919, RhK(L), AG, 126; Bürgermeisteramt Gruiten: Naturdenkmalpflege, 17.8.1922, StAH, G, 198.

des Komités hin und wollte hören, ob unsere Gesellschaft bereit sei, den Neandertaler Besitz an das erwähnte Komité zu übereignen«.[20]

Dass hier eine Frau die Interessen des Naturschutzes vortrug, machte die Sache nicht einfacher. Die Leitung der RWK unterstellte Lührmann-Lukas und dem Vorsitzenden der Ortsgruppe, dem Maler Eduard Daelen, ein fehlendes Bewusstsein für die wirtschaftlichen Notwendigkeiten. Entsprechend lakonisch reagierte die Unternehmensleitung: »Wir haben der Dame erklärt, daß von einer Abtretung unseres Grundbesitzes bezw. von einer Stillegung unseres dortigen Betriebes keine Rede sein könne.«[21]

Während die massive Landschaftsveränderung seit den 1850er Jahren kaum kritisiert wurde, sahen Naturschützerinnen und Naturschützer nach Ende des Ersten Weltkriegs die zukünftige Entwicklung mit Sorge. Möglicherweise trug dazu die Erfahrung bei, dass die Kalkwerke über punktuelle Zugeständnisse hinaus nicht kooperationsbereit waren. Hinzu kam ein weiteres Konfliktfeld, das nach Kriegsende in das Zentrum der Aufmerksamkeit rückte: Naturschützerinnen und Naturschützer warfen den Kalkwerken vor, dass der Baumbestand auf den Grundstücken der Kalkwerke rücksichtslos abgeholzt werde. In Folge des Weltkriegs kam es zu einem verbreiteten Mangel an Brennholz, das sich Nachbarn offensichtlich auch auf den Grundstücken der Kalkwerke besorgten, ohne dass diese etwas dagegen unternahmen. In dieser Frage positionierte sich das Komitee für Naturdenkmalpflege 1920 in einem Aufruf zum ersten Mal auch öffentlich gegen die Steinbruchindustrie und deren vermeintlich sorglosen Umgang mit den »Zierden der heimatlichen Natur«.[22]

Das Komitee für Naturdenkmalpflege forderte nun, Ziele des Natur- und Landschaftsschutzes auch gegen den Willen der Kalkwerke durchzusetzen. Dazu ließ sich das 1907 erlassene Gesetz zum Schutz landschaftlich hervorragender Gegenden heranziehen. Allerdings war Naturschützern wie kommunalen Behörden klar, dass die Möglichkeiten des Gesetzes äußerst begrenzt waren.[23] Das Landratsamt in Mettmann stellte nach einer Besprechung mit den Bürgermeistern über die Zukunft des Steinbruchbetriebs im Neandertal fest: »das Gesetz vom 15. Juli 1907 [zum Schutz landschaftlich hervorragender Gegenden] bietet hierfür keine Handhabe.«[24] Versuche, Bodeneigentum im Neandertal aufzukaufen, um es der industriellen Nutzung zu entziehen, scheiterten an der Grundstückspolitik der Kalkwer-

20 RWK: Betrifft Erhaltung der Naturschönheiten im Neanderthal, 24.11.1920, RhK(L), AG, 126.

21 RWK: Betrifft Erhaltung der Naturschönheiten des Neanderthals, 25.11.1920, RhK(L), AG, 126.

22 Landschaftskomitee für Naturdenkmalpflege am rechten Niederrhein: Aufruf an alle Naturfreunde. Rettet und erhaltet unser herrliches, in der ganzen Welt bekanntes Neandertal!, 1920, LAV NRW R, BR 34, 3.

23 Königliche Regierung Düsseldorf an Landratsamt Mettmann, 17.6.1910, StAH, G, 197.

24 Landratsamt Mettmann an Königliche Regierung Düsseldorf, 25.9.1908, LAV NRW R, BR 7, 8995.

ke und in den frühen 1920er Jahren auch inflationsbedingt.[25] Der Naturschutz blieb von staatlichen Interventionen abhängig.

In den 1920er Jahren erweiterte sich aber der Handlungsspielraum, den Naturschützer in Zusammenarbeit mit den Behörden nutzen konnten. Es gelang der lokalen Landschaftsschutzbewegung nicht nur, die kommunale Verwaltung für ihre Ziele zu vereinnahmen. Sie erreichte auch, dass das preußische Ministerium für Landwirtschaft, Domänen und Forsten das Neandertal im August 1921 großräumig per Verordnung zum Naturschutzgebiet erklärte. Die Verordnung hatte zunächst eher symbolischen Charakter.[26] Aber zusammen mit dem Gesetz zur Erhaltung des Baumbestandes, das ein Jahr später in Kraft trat, wurde die Ausweitung von Steinbruchbetrieben doch erheblich erschwert. Fortan musste die Abholzung von Bäumen in diesem Gebiet einzeln genehmigt werden, auch derjenigen Bäume, die der Kalksteingewinnung weichen mussten.[27]

Auf der neuen rechtlichen Grundlage arrangierten sich Kalksteinunternehmen und lokale Behörden. Die RWK versicherte, »dass wir nicht die Absicht haben, unsere Waldbestände abzutreiben, sondern im Gegenteil stets bestrebt sind, solche nach Möglichkeit und solange unser fortschreitender Betrieb irgend gestattet zu schonen und zu pflegen.«[28] Die Direktion der RWK wies die Betriebsleitung im Neandertal an, Baumfällungen strikter zu kontrollieren und auf das Maß zu beschränken, das für die Abbauaktivitäten notwendig war.[29] Im Gegenzug erteilten die zuständigen Gemeindeverwaltungen großzügige Ausnahmegenehmigungen.[30] Dafür dass die Kalkwerke den Behörden ihr Entgegenkommen beim Baumbestand der nicht zum Abbau vorgesehenen Flächen signalisierten, konnten sie über die Flächen, die sie unmittelbar für die Gesteinsgewinnung brauchten, weiterhin uneingeschränkt verfügen. Um Konflikte zu vermeiden, zeigte sich das Unterneh-

25 RWK: Betrifft Erhaltung der Naturschönheiten im Neanderthal, 24.11.1920, RhK(L), AG, 126; Bürgermeister-Amt Gruiten an Landratsamt Mettmann: Naturschutzgebiete, 13.1.1921, StAH, G, 197.

26 Rein: Führer durch das Naturschutzgebiet Neandertal; Regierungspräsidium Düsseldorf: Polizeiverordnung zum Schutze des Naturschutzgebietes Neandertal, 28.8.1921, StAE, H, 540; RWK an Abteilung Neanderthal: Betrifft Naturschutzgebiet Neanderthal, 16.8.1921, RhK(L), AG, 126; Bürgermeister-Amt Gruiten an RWK, 22.1.1921, RhK(L), AG, 126.

27 Bürgermeister-Amt Gruiten: Verzeichnis der Baumbestände und Grünflächen auf Grund des Gesetzes vom 29.7.1922, 11.4.1923, LAV NRW R, BR 34, 559; Bürgermeisteramt Mettmann: Verzeichnis der Baumbestände und Grünflächen auf Grund des Gesetzes vom 29. Juli 1922, o.D. [1923], LAV NRW R, BR 34, 559.

28 RWK an Bürgermeister-Amt Gruiten: Betr. Naturschutzgebiet Neanderthal, 31.1.1921, RhK(L), AG, 126.

29 RWK an Abteilung Neanderthal: Betrifft Naturschutzgebiet Neanderthal, 16.8.1921, RhK(L), AG, 126; Jaensch an Armbrustmacher, 14.12.1921, StAH, G, 200.

30 Armbrustmacher an Jaensch, 13.12.1921, StAH, G, 200.

men, wie schon bei der Unterschutzstellung des Rabensteins, kooperativ, solange der geforderte Naturschutz den laufenden Abbaubetrieb nicht beeinträchtigte.

Der Betrieb und Ausbau der Steinbrüche selbst ließ sich aus Gründen des Naturschutzes nicht untersagen. 1924 forderte das Bürgermeisteramt von Mettmann, das der Neuanlage von Steinbrüchen im Neandertal inzwischen kritisch gegenüberstand: »[Die] bestehende Polizei-Verordnung zum Schutze des Naturschutzgebietes Neandertal [muss] dahin ergänzt werden, daß ein Abbruch von Talwänden und Höhen verboten ist.«[31] Als Anfang der 1930er Jahre über die Revision der Naturschutzbestimmungen für das Neandertal verhandelt wurde, zeichnete sich tatsächlich eine Verschärfung der Vorschriften ab. Naturschützer meldeten die Forderung an, »daß Schutt und Abraumhalden im Schutzgebiet nur mit Genehmigung angelegt werden dürfen und daß vorher ein Gutachten der Landschaftsstelle für Naturdenkmalpflege einzuholen ist.«[32] Bürgermeister Armbrustmacher von Gruiten, der für den östlichen Teil des Neandertals zuständig war und bis dahin recht unternehmerfreundlich agiert hatte, pflichtete nun bei, eine stärkere Regulierung der Gesteinsgewinnung aus Naturschutzgründen sei geboten. Jede Erweiterung des Betriebs müsse beantragt und gutachterlich unter dem Gesichtspunkt des Landschafts- und Naturschutzes überprüft werden.[33]

Der Konflikt, der sich zwischen Naturschutzinteressen und den Interessen der Kalkwerke zuzuspitzen begann, wurde schließlich durch die Folgen der Weltwirtschaftskrise obsolet. Schon Ende 1928 hatte sich angekündigt, dass ein Großteil der in der Bürgermeisterei Gruiten gelegenen Steinbrüche im Tal der Düssel stillgelegt werden würde.[34] Zwar war zu diesem Zeitpunkt noch nicht von einer allgemeinen Krise die Rede. Aber es war absehbar, dass die überwiegend kleinen Steinbrüche im Zuge der Konzentration der Kalksteingewinnung auf die großen Betriebsstätten geschlossen werden würden. Auch der Steinbruchbetrieb der RWK im Neandertal, der zwar recht umfangreich, inzwischen aber im Vergleich zu Dornap und Flandersbach deutlich in seiner Ausdehnung beschränkt war, gehörte zu den Verlierern des Konzentrationsprozesses. Im Dezember 1931 legte das Unternehmen den Betrieb im Neandertal – zunächst vorübergehend und dann dauerhaft – still.[35]

---

31 Bürgermeisteramt Mettmann an Landratsamt Mettmann, 17.5.1924, LAV NRW R, BR 34, 559.

32 Naturschutzverein Neandertal e.V.: Bericht des geschäftsführenden Vorstandes des Naturschutzvereins Neandertal e.V. über das Geschäftsjahr 1930.

33 Armbrustmacher an Landratsamt Mettmann: Betrifft Polizeiverordnung zum Schutze des Neandertals, 7.7.1930, StAE, H, 540.

34 Gemeinde Gruiten an Landratsamt Mettmann: Wesentliche Vorkommnisse in Handel und Industrie und Veränderungen der politischen Lage, 31.10.1928, LAV NRW R, BR 34, 382.

35 Bürgermeisteramt Gruiten: Bericht für die Jahre 1930-1932, StAE, H, 675; RWK an Landratsamt Düsseldorf-Mettmann, 18.5.1932, RhK(L), 05, 58; vgl. Arnold, Paul: Die Kalkindustrie am Nordrand des Rheinischen Schiefergebirges, Bonn 1961, S. 94.

Begrünung und Landschaftsplanung

Schon 1925 hatte Oberstudienrat Richard Rein, einer der Protagonisten der lokalen Naturschutzbewegung, seine Vorstellungen für jene Zeit formuliert, wenn die RWK ihren Steinbruch im Neandertal aufgegeben hätte. Er erwartete:

> »Wenn der Steinbruchbetrieb [...] zur Ruhe kommt, dürfen keine Abraumhalden hier verstürzt werden; die grauen Kalkfelsen bleiben frei, bleichen weiß aus und besiedeln sich wieder mit der Kalkflora, die zur Zeit verschwunden ist. Schwarze Kiefern können hier und da auf Vorsprüngen und in Felsnestern angepflanzt werden und werden sich malerisch von dem weißen Hintergrunde abheben. [...] So wird es nun möglich sein, begangene Fehler auszugleichen«.[36]

In den 1920er Jahren verdichteten sich die Ideen, wie die von der Kalksteingewinnung gezeichnete Landschaft wieder in einen »natürlichen« Zustand zurückversetzt werden könnte. Es ging darum, »begangene Fehler auszugleichen«, wie Rein formulierte. Die Renaturierung, die dadurch angestoßen wurde, war ein aktiver Gestaltungsprozess, in dem ästhetische und zunehmend auch ökologische Vorstellungen ineinandergriffen.

Noch deutlicher als Rein strich Fritz Muthmann, Beigeordneter der Gemeinde Vohwinkel, zu der auch einige der Dornaper Betriebe gehörten, die Notwendigkeit heraus, die Renaturierung gezielt zu planen. Muthmann konstatierte, aufgelassene Steinbrüche »brauchen Pflege«. Es sei die »Aufgabe eines Kreises ernstdenkender Männer [...], schon jetzt vorausschauend eine Harmonie in der Landschaft herbeizuführen, welche [zur Zeit noch] durch die Industrie gestört wird.«[37] Entsprechende Maßnahmen müssten planvoll vorbereitet und durchgeführt werden, damit Steinbrüche einstmals »ein schönes landschaftliches Bild bieten werden [...] [und] idyllisch wirken.«[38] Daneben fanden in den 1920er Jahren vermehrt Überlegungen Eingang in die Argumentation, die sich nicht nur auf die ästhetischen Qualitäten der Landschaft richteten, sondern auch auf die Wiederherstellung von Ökosystemen. Die Gestaltung der stillgelegten Steinbrüche müsse nicht nur ästhetischen Ansprüchen genügen, sondern es sollten auch gezielt Vogelschutzgehölze angelegt werden, wie beispielsweise der Naturschutzverein Neandertal forderte.[39]

Während aufgelassene Steinbrüche leicht zu romantischen Felsformationen oder wertvollen Biotopen verklärt werden konnten, waren die Abraumhalden weder idyllisch, noch verwandelten sie sich ohne Weiteres in artenreiche Ökosysteme. Ihre Renaturierung war im Vergleich zu den Steinbrüchen aufwendig.

---

36 Rein, Richard: Das Naturschutzgebiet Neandertal, in: Mitteilungen des Rheinischen Vereins für Denkmalpflege und Heimatschutz 18 (1925), S. 162-174, hier: S. 174.

37 Muthmann: Eingabe, o.D. [1922], StAH, G, 198.

38 Ebd.

39 Naturschutzverein Neandertal e.V. an RWK, 9.1.1929, RhK(L), AC, 126.

Die 17 ha Haldenflächen in der Gemeinde Gruiten boten 1923 ein desolates Bild. Sofern sie nicht mehr weiter angeschüttet wurden, waren sie nur spärlich mit Gras bewachsen. In der Regel waren sie »zu steinig«, um sie als Ackerfläche zu gebrauchen, und so dienten sie überwiegend als Schaf- und Ziegenweiden.[40] Die Halden lagen nachdem sie nicht mehr genutzt wurden entblößt und erosionsgefährdet da und blieben »lange Jahre kahl, dürr und farbenfremd in der Umgebung.«[41]

Erste Initiativen zur Begrünung der Halden hatte es schon vor dem Ersten Weltkrieg gegeben. Der Gruitener Bürgermeister Kolk berichtete 1910 davon, »[d]ie Rheinisch-Westfälischen Kalkwerke [...] durch persönliche Verhandlungen [...] in den letzten Jahren dazu angeregt [zu] habe[n,] einen großen Theil der Schutthalden [...] zu bepflanzen«.[42] Anfang der 1920er Jahre war die Begrünung wiederholt Gegenstand von Besprechungen, die im Landratsamt mit den Bürgermeistern und Vertretern der Kalksteinunternehmen geführt wurden.[43] Von Unternehmensseite wurde beteuert, »daß es bereits seit Jahren ihr Bestreben gewesen sei, Schutthalden und Steinbrüche zu bepflanzen, [und] daß bereits viele 10000 Baumpflanzen der verschiedensten Art ausgesetzt seien.«[44] Aufs Ganze gesehen hatten die Bemühungen zunächst jedoch wenig Erfolg.

Die Probleme, die bei der Begrünung auftraten, hatten mit dem Arrangement der Halden zu tun. Ihre Böschungen waren oft steil und der Boden, der ja aus angeschüttetem Abraum bestand, stark erosionsgefährdet. Vor allem wenn die Halden regelmäßig betreten wurden oder gar Ziegen- oder Schafherden auf ihnen weideten, konnte sich der neue Bewuchs nicht entfalten. Offensichtlich wurden entsprechende Verbote systematisch missachtet: »Die Schafe verderben sehr viel durch Abbeißen und Zertreten der jungen Triebe und Ausschläge; auch leiden die Dämme und Böschungen in den Brüchen,« hieß es in einem unternehmensinternen Bericht der RWK.[45] Die begrünten Halden waren äußerst empfindlich gegenüber menschlicher und tierischer Nutzung und die Kalkwerke beklagten, »daß die Bevölkerung [...] bisher alles zerstört habe«, was sie angepflanzt hätten.[46]

---

40 Bürgermeister-Amt Gruiten: Nachweisung über die land- und forstwirtschaftliche Ausnutzung der Oedlandflächen der mit Abraum beschütteten Grundflächen der Steinbrüche, 28.9.1923, StAH, G, 198.

41 Muthmann: Eingabe, o.D. [1922], StAH, G, 198.

42 Kolk an Landratsamt Mettmann: Schutz des Waldes, 22.9.1910, StAH, G, 200.

43 Begrünung von Schutthalden und Steinbrüchen, 1922, StAH, G, 198; Landratsamt Mettmann: Auszug aus der Niederschrift der Bürgermeisterkonferenz vom 31. Juli 1922, 3.8.1922, LAV NRW R, BR 34, 559.

44 Paeckelmann: Protokoll einer Besprechung über Begrünung der Schutthalden und Steinbrüche im rheinisch-westfälischen Kalkgebiet, 19.5.1922, LAV NRW R, BR 34, 559.

45 RWK Abteilung Gruiten an Zentrale: Betrifft Beschwerde über den Schäfer Engemann, 27.4.1927, RhK(L), EV, 10.

46 Paeckelmann: Protokoll einer Besprechung über Begrünung der Schutthalden und Steinbrüche im rheinisch-westfälischen Kalkgebiet, 19.5.1922, LAV NRW R, BR 34, 559.

Die besonderen Eigenschaften des Bodens hatten erheblichen Einfluss auf den Bewuchs. Vielfach war der gelagerte Abraum stark durchmischt und mit Steinen durchsetzt. Die Halden eigneten sich deshalb nur für bestimmte Pflanzenarten als Standort. Zwar gab es Pflanzen, die sich dort von selbst verbreiteten, aber gerade diese Arten hielten Naturschützer für ungeeignet und problematisch. Wenn sie ihrem Schicksal überlassen würden, seien Halden »Brutstätte für ausserordentlich lästiges Unkraut, wie Huflattich (Tussilago farfara), Schachtelhalm (Equistum arvense), Hirtentäschelkraut (Capsella bursa pastoris)«, meinte etwa Muthmann.[47] Mit ihren flachen Wurzen trügen sie weder zur Stabilität der Halden bei, noch gäben sie ein ästhetisches Bild ab. Stattdessen schlug Muthmann vor, »[e]s müssten Lupinen, Phaulia und ähnliche tiefwurzelnde Pflanzen angesät werden, welche durch ihre Farben angenehm wirken und die hässlichen, schmutzig gelben Dämme verbergen.« Er ergänzte: »Noch besser würde es sein, Bäume anzupflanzen und zwar […] Weiden (namentlich mit männlichen Blüten) vielleicht auch Birken, Ulmen und ähnliche Bestände.«[48] Es zeigte sich aber, dass es gar nicht so einfach war, die von Muthmann präferierten Arten auf dem Boden der Halden anzupflanzen.

Im Frühjahr 1922 kündigte das lokale Komitee für Naturdenkmalpflege an, dass es spezielle Samenmischungen für die Begrünung von Halden entwickeln werde. Die Zusammenstellung der Samen solle »möglichst dem natürlichen Anfluge der Schutthalden« entsprechen. Jedoch »können natürlich auch Pflanzensamen hineingenommen werden, die an sich nicht zum natürlichen Anflug gehören, die aber zur schnellen Begrünung und Befestigung der Halden wertvoll sind.«[49] Diese Versuche setzte die RWK auf eigene Initiative fort. Im Jahr darauf ließ sie in Dornap einen »Versuchsgarten« anlegen, in dem eruiert werden sollte, welche Pflanzen sich für die Begrünung besonders eigneten.[50] Am Ende erntete die RWK sogar Lob von Seiten der Naturschützer: »[A]uf den Schutthalden der Rhein[isch-]Westfälischen Kalkwerke wurden ausgedehnte und erfolgreiche Versuche zur beschleunigten Begrünung unternommen, die voraussichtlich grundlegend für alle derartigen Fälle sein werden.«[51]

Auf Grundlage der Versuche wurde die Begrünung von Halden zunehmend planmäßig betrieben, um »landschaftliche Qualitäten« herzustellen und hervorzuheben. In den 1920er Jahren konnten industriell geprägte Gegenden als wertvoll gelten, wenn es gelang, Abbau- und Produktionsstätten an die Prämissen des

47 Muthmann: Eingabe, o.D. [1922], StAH, G, 198.

48 Ebd.

49 Paeckelmann: Protokoll einer Besprechung über Begrünung der Schutthalden und Steinbrüche im rheinisch-westfälischen Kalkgebiet, 19.5.1922, LAV NRW R, BR 34, 559.

50 RWK Abteilung Gruiten an Armbrustmacher, 24.4.1923, StAH, G, 198.

51 Landschaftsstelle für Naturdenkmalpflege im Bergischen Land an RWK, 17.12.1924, RhK(L), AG, 126.

Naturschutzes anzupassen. Gerade in der Begrünung und Aufforstung von Brachflächen und Abraumhalden der Kalkwerke konnte sogar eine Verbesserung landschaftlicher Qualitäten gesehen werden.[52] In dieser Frage überschnitten sich die Ziele von Naturschützern mit denjenigen, die auf eine touristische Nutzung abhoben. Als Ausflugsziel war das Neandertal zwar etabliert, konnte aber in seiner ästhetischen Wirkung auch aus Sicht von Akteuren wie dem Erkrather Verkehrs- und Verschönerungsverein verbessert werden. Die touristische Erschließung und der Naturschutz im Sinne einer Verbesserung des Landschaftsbilds fielen in den 1920er Jahren vor allem bei der Einrichtung des Naturschutzgebiets Neandertal eng zusammen. In Abstimmung mit den Begrünungsmaßnahmen wurden Wanderwege und eine neue Autostraße angelegt. Es ging darum, die »Naturschönheit« des Tals in Szene zu setzen und zugänglich zu machen, um einerseits Besucher anzuziehen, und um andererseits das Naturbewusstsein der Besucher zu fördern.[53]

Dabei wurde das Landschaftsbild nicht erst unter der nationalsozialistischen Herrschaft im Sinne der Volkstumsideologie gedeutet. So hatte Muthmann seine Initiative zur Renaturierung bereits 1922 folgendermaßen begründet:

> »Ein jeder Bewohner hat das Recht auf die Schönheit seiner Heimat, das Heimatgefühl ist die Wurzel der ethischen Regungen und das Heimatgefühl wird gehoben und ausgebildet durch die harmonischen Bilder, welche die Natur geschaffen hat. Jede Landschaft hat ein gewisses Gepräge und dieses Gepräge ruft Innenbilder hervor, welche bestimmend für Gemüt und Empfinden sind.«[54]

Muthmanns Argumente zeichneten Überzeugungen nach, die später zur Grundlage nationalsozialistischer Naturschutzpolitik wurden.[55] Dazu gehörte auch die Wiederherstellung der »natürlichen« Landschaft im Umfeld der Kalksteinbrüche, die das zuständige Forstamt ab 1935 forcierte. Die Vorgaben, die nach 1933 staatlicherseits gemacht wurden, waren zum Teil sehr detailliert und beruhten auf spezifischen Landschaftsvorstellungen.[56] Die von der Kalksteingewinnung überformte Landschaft war somit zum Gegenstand systematischer und staatlich legitimierter Planung geworden.

---

52 Vgl. Oberkrome: »Deutsche Heimat«, S. 61-64; Maier, Dirk: »Machen Sie der Niederlausitz diese Freude! Sie ist doch schon in der Eiszeit zu kurz gekommen!«. Facetten der Wahrnehmung einer Landschaft seit 1850, in: Bayerl, Günter (Hg.): Die Niederlausitz vom 18. Jahrhundert bis heute. Eine gestörte Kulturlandschaft?, Münster 2002, S. 119-147, hier: S. 141-143.

53 Naturschutzverein Neandertal e.V. an RWK, 2.2.1925, RhK(L), AG, 126; Rein: Hände weg vom Neandertal!; Rein: Führer durch das Naturschutzgebiet Neandertal; vgl. Paul, Johann: Autoverkehr und Straßenprojekte im Naturschutzgebiet Siebengebirge, 1918-1945, in: Rheinische Heimatpflege 42 (2005), S. 189-209.

54 Muthmann: Eingabe, o.D. [1922], StAH, G, 198.

55 Vgl. Oberkrome: »Deutsche Heimat«.

56 Forstamt Bergisches Land: Kulturplan für die Aufforstungen des V.V.H. Heiligenhaus auf dem Gelände der Rhein.-Westf. Kalkwerke in Hofermühle, 1935, RhK(L), AG, 126.

Die Ziele der Landschaftsplanung, die bereits in den 1920er Jahren entwickelt wurden und sich recht problemlos in die nationalsozialistische Ideologie und Politik integrieren ließen, gingen über Begrünungsmaßnahmen weit hinaus. Die Anlage und Renaturierung von Steinbrüchen und Halden war in die räumliche Planung in einem umfassenden Sinn eingebettet. Im Regierungsbezirk Düsseldorf existierte seit 1910 eine Kommission, die sich mit der Koordination von Grünflächen und Verkehrswegen befasste. Aus dieser Initiative gingen nach dem Ersten Weltkrieg der Siedlungsverband Ruhrkohlebezirk und der Landesplanungsverband Düsseldorf hervor – zwei einflussreiche Institutionen der Raumplanung, die von der Bezirksregierung und den Kommunen getragen wurden.[57] Sie befassten sich systematisch sowohl mit den Folgen der Kalksteingewinnung als auch mit der Projektion zukünftiger Abbauaktivitäten.[58]

Als 1938 beispielsweise eine Autobahntrasse im Bereich des Angertals geplant wurde, glichen die Behörden die Linienführung mit der Ausdehnung von Kalkstein- und Dolomitvorkommen ab. In dem Gutachten, das der Geologe Paeckelmann zu diesem Zweck anfertigte, trug er die Vorkommen auf einer Karte ein und zeichnete darüber den »projektierte[n] Verlauf der Reichsautobahn [...] und zwar mit drei verschiedenen Linienführungen.«[59] Die Ergebnisse, die Paeckelmann zusammenfasste, flossen dergestalt in die Entscheidungsfindung der Planungsbehörden ein, dass sie die südlichste Linienführung bevorzugten, weil das nördlich gelegene »Dolomitvorkommen [...] nicht durchschnitten werden darf.«[60] Die in der Zukunft nutzbaren Vorkommen wurden in dem umfassenden Planungsansatz, der sich in den 1920er und 1930er Jahren entwickelte, ebenso zum Gegenstand der Landschafts- und Raumplanung wie die Renaturierung der aufgelassenen Steinbrüche.

Wenn die Kalksteingewinnung und ihre Folgen in die Landschaftsplanung einbezogen wurden, ging es vornehmlich darum, die industrielle Nutzung harmonischer in die Umwelt einzufügen. Ganz unterbinden wollten auch erklärte Naturschützer den Abbau nicht.[61] Ungeachtet zunehmender staatlicher Planungsbe-

---

57 Landesplanungsverband Düsseldorf: Bericht über das erste Geschäftsjahr des Landesplanungsverbandes Düsseldorf 1925/26, Berlin 1926; vgl. Oberkrome: »Deutsche Heimat«, S. 131-137.

58 Vgl. Hoyer, Peter/Köwing, Klaus/Quitzow, Hans Wilhelm/Rabitz, Albrecht/Stadler, Gerhard/Vogler, Hermann: Die Lagerstättenforschung in Nordrhein-Westfalen durch den Geologischen Staatsdienst, in: Fortschritte in der Geologie von Rheinland und Westfalen 23 (1973), S. 135-198, hier: S. 176.

59 Paeckelmann: Gutachten über die Dolomitvorkommen bei Heiligenhaus, 10.12.1938, GDN-RW, L3G, 4608/002, S. 1f.

60 Reichsautobahndirektion an Generalinspektor für das deutsche Straßenwesen: Betr. RAB Düsseldorf-Hattingen-Schwerte, 23.5.1939, BA, R 4601, 1016.

61 Schulze-Naumburg, Paul: Naturschutz und Industrie, in: Beiträge zur Naturdenkmalpflege 10 (1926), S. 498-513.

fugnisse und Eingriffsmöglichkeiten betonten sie, dass ein konsensualer Ausgleich zwischen den Interessen gefunden werden könne. Selbst auf dem Höhepunkt der Debatten über die Begrünung von Halden erklärten die Naturschützer um Muthmann, »daß es sich bei allen ihren Maßnahmen und Anregungen niemals um einen Eingriff in die industrielle Entwicklung [...] handeln könne.«[62] Renaturierung bedeutete, die massive Landschaftsveränderung und die ökologischen Folgen des Kalksteinabbaus im Einklang mit den Interessen der Unternehmen aufzufangen. Und so blieb auch die Umsetzung von Renaturierungsmaßnahmen weitgehend auf die Kooperationsbereitschaft der Kalkwerke angewiesen.[63]

Schon 1927 lobte ein lokaler Verkehrsverein die RWK in diesem Sinne für ihre Bemühungen: »Wie wir zu unserer lebhaften Freude festgestellt haben, haben Sie in den letzten Jahren grössere Parzellen [...] aufgeforstet und dadurch auch der Allgemeinheit einen sehr grossen Dienst erwiesen.«[64] Auch Naturschützer bewerteten die Kooperationsbereitschaft und die Maßnahmen der Kalkindustrie ausgesprochen positiv. Dabei kam den Unternehmen zupass, dass sich Steinbrüche und Halden aufgrund mangelnder Nutzungsalternativen zu ökologisch wertvollen Biotopen entwickeln konnten.[65] Nach dem Zweiten Weltkrieg wurde dieser Umgang mit den Folgen des Kalksteinabbaus dann geradezu als Erfolgsgeschichte gedeutet. Auch heute gilt beispielsweise das Neandertal, wie viele andere verlassene Betriebsstätten der Kalkindustrie, als »Lebensstätte [...] seltener und gefährdeter Tier- und Pflanzenarten [...] [und] Standort für gefährdete Biotoptypen«.[66]

Die »natürliche« Landschaft, welche die Renaturierung herstellte, war freilich eine andere als die, die vor den Eingriffen des Kalksteinabbaus existiert hatte. Die gezielte und planmäßige Gestaltung aufgelassener Steinbrüche und die Begrünung von Abraumhalden war ein ebenso einschneidender Eingriff wie die Abbauaktivitäten, die ihnen vorangegangen waren. Sie knüpften an die spezifische Problematisierung der Abbaufolgen an, die meist ästhetisch, zunehmend aber auch ökologisch argumentierte und sich mit Versatzstücken völkischer Ideologie verbinden ließ. Dennoch prägte die gesellschaftliche Reflexion über Landschaft und Ökosysteme, die die Natur- und Heimatschutzbewegung um 1910 angestoßen hatte, den

62 Paeckelmann: Protokoll einer Besprechung über Begrünung der Schutthalden und Steinbrüche im rheinisch-westfälischen Kalkgebiet, 19.5.1922, LAV NRW R, BR 34, 559; vgl. Oberkrome: »Deutsche Heimat«, S. 61-64.

63 Vgl. Uekötter: Bergbau und Umwelt, S. 552.

64 Vereinigung für Verkehr und Heimatpflege in Heiligenhaus an RWK, 17.11.1927, RhK(L), AG, 126.

65 Vgl. Uekötter: Bergbau und Umwelt, S. 555; Arnold: Die Kalkindustrie, S. 32f.

66 Landesamt für Natur, Umwelt und Verbraucherschutz Nordrhein-Westfalen: Naturschutzgebiet Neandertal, http://nsg.naturschutzinformationen.nrw.de/nsg/de/fachinfo/gebiete/gesamt/ME-002 (Zugriff am 10.10.2016); Stadtnetz Wülfrath: Die Wülfrather Kalksteinbrüche heute, www.wuelfrath.net/kultur-tourismus/museen-ausstellungen/zeittunnel/steinbrueche/(Zugriff am 9.10.2016).

langfristigen Umgang mit den Abbaufolgen. Sie fügte der Auseinandersetzung mit den Folgen der Kalksteingewinnung eine weitere Ebene hinzu, in der Landschaft und Natur zum Gegenstand öffentlichen Interesses geworden waren. So wurden auch diejenigen ökologischen Folgen problematisiert und angegangen, die noch um 1900 kaum thematisiert werden konnten.

13. Schlussbemerkungen

Kalkstein war ein »kritischer« Rohstoff der Industrialisierung. Er erlangte eine unverzichtbare Funktion in den relevanten Wertschöpfungsketten der Eisen- und Stahlindustrie, wurde zum Gegenstand von Versorgungsrisiken und sein Abbau zog massive soziale und ökologische Folgen nach sich.[1] Die Stoffgeschichte des Kalksteins zeigt, dass der historische Wandel von Technologien, Ökonomie und Wissen, die dem zugrunde lag, untrennbar mit materiellem Wandel verflochten ist. Zunächst betraf dies die Kontur des Rohstoffs selbst. Mit der Adaption der Kokshochofentechnologie entschied sich, welches Eigenschaftsprofil ein geeignetes Zuschlagsmaterial haben musste, das in den thermochemischen Prozessen wirksam wurde. Die Konstruktion von Versorgungsrisiken erscheint demgegenüber auf den ersten Blick als ein diskursives Phänomen der Reflexion über die Folgen der Selbstbindung an einen bestimmten Rohstoff. Allerdings kam es auch in diesem Zusammenhang zu materiellen Veränderungen – einerseits in den Wertschöpfungsketten der Eisen- und Stahlindustrie, andererseits in der Expansion des Kalksteinabbaus. Die sozialen und ökologischen Folgen schließlich resultierten aus den Wechselwirkungen zwischen der Effizienzsteigerung und den materiellen Eigenschaften des Gesteins, die die Zeitgenossen nicht vollständig kontrollierten.

In der Stoffgeschichte des Kalksteins zeigen sich Muster, die für ein historisches Verständnis »kritischer« Rohstoffe, aber auch der Geschichte der Rohstoffnutzung allgemein, instruktiv sind. Sie historisiert das Gestein und bezieht den Wandel des Materials systematisch in die Analyse ein. Dabei wird deutlich, wie die materiellen Eigenschaften des Stoffs und physikalische wie chemische Prozesse in Wechselwirkung mit der Konstruktion von Technologien, Wissen, Ideen und ökonomischen Erwartungen geformt wurden. Zugleich wirkte das so geformte Eigenschaftsprofil auf chemische und physikalische Prozesse bei der Gewinnung und Verarbeitung der Rohstoffe – nicht immer in der vorhergesehenen Weise – zurück.

1 Vgl. EU Commission Ad hoc Working Group on Defining Critical Raw Materials: Report on Critical Raw Materials, 2010; Blengini, G.A./Blagoeva, D./Dewulf, J. u.a.: Assessment of the Methodology for Establishing the EU List of Critical Raw Materials. Background Report, Luxemburg 2017.

Eine Stoffgeschichte muss das gesamte Spannungsfeld dieser Zusammenhänge berücksichtigen. Das leistet der praxeologische Ansatz, den diese Studie verfolgt. In den untersuchten Praktiken kristallisierte sich eine Vielzahl von Wechselbeziehungen heraus, die die Stoffgeschichte des Kalksteins ausmachen. Wenn aus diesem Fokus auf konkrete Praktiken folgt, dass hier eine Mikrostudie mit regionalem Zuschnitt entstanden ist, so zeigen die Ergebnisse dennoch verallgemeinerbare Muster auf, die auf andere Rohstoffe, andere Räume und andere historische Situationen zu übertragen sind.

Spielräume und Kreativität

Im Rückblick erscheint es klar und ohne Alternative: Kalkstein, der in der Eisen- und Stahlherstellung verwendet werden kann, ist durch einen Anteil von rund 97 Prozent $CaCO_3$ definiert.[2] Aus Sicht der Zeitgenossen des 19. Jahrhunderts stellte sich die Situation allerdings grundsätzlich anders dar. Was die »vorzügliche Qualität«[3] des Kalksteins ausmachte, ergab sich erst im Laufe der Entwicklung, indem sich der Rohstoff und die Produktionsverfahren der neuen Kokshochofentechnologie aneinander anpassten. Dabei »fanden« die Zeitgenossen nicht einfach das »richtige« Material, sondern konturierten das Eigenschaftsprofil des Rohstoffs. Denn die thermochemischen Prozesse im Hochofen hätten es auch zugelassen, andere Kalksteinsorten zu benutzen – jedenfalls wurden mindestens bis in die 1860er Jahre Kokshochöfen erfolgreich mit Zuschlagsmaterial betrieben, das erkennbar anders konturiert war.[4]

Auch für andere Rohstoffe sind solche Varianzen bekannt. Sie sind aber bisher kaum systematisch interpretiert worden. So lässt sich aus der umfangreichen Literatur zur Industrialisierung ableiten, dass die unterschiedlichen regionalen Entwicklungspfade auch mit Unterschieden zwischen Holz- und später Steinkohle-

2 Vgl. Oates, Joseph: Lime and Limestone. Chemistry and Technology, Production and Uses, Weinheim 2008, S. 97; Geyssant, Jacques: Geologie des Calciumcarbonats, in: Tegethoff, F. Wolfgang (Hg.): Calciumcarbonat. Von der Kreidezeit ins 21. Jahrhundert, Basel 2001, S. 1-51, hier: S. 25f.

3 Heusler, Conrad: Darstellung der Betriebs-Verhältnisse der Hochofen-Anlagen des Bergischen Gruben- und Hütten-Vereins zu Hochdahl und der Gesellschaft Concordia zu Eschweiler in technischer und ökonomischer Beziehung, März 1859, GStAPK, 1. HA Rep. 121, 2107, Bl. 1.

4 Vgl. Troitzsch, Ulrich: Innovation, Organisation und Wissenschaft beim Aufbau von Hüttenwerken im Ruhrgebiet, 1850-1870, Dortmund 1977, S. 38; Dürre, Ernst: Die Anlage und der Betrieb der Eisenhütten, Bd. 1, Leipzig 1882, S. 188.

sorten zusammenhingen.[5] Auch die Vielzahl von Eisenerzsorten werden in nahezu jeder Darstellung der Industrialisierung thematisiert, weil ihre jeweils spezifischen Eigenschaften offensichtlich bei der Konstruktion von Technologien und Produkten eine erhebliche Rolle spielten.[6] Obwohl die Forschung Varianzen zwischen den Stoffsorten als relevant einschätzt, werden diese Rohstoffsorten meist als unveränderliche Faktoren historischer Entwicklung verstanden. Über die historische Dynamik der Varianzen ist indessen wenig bekannt. Am weitesten in diese Richtung geht die Forschung zu Nahrungsmitteln, beispielsweise zur Geschichte von Milch, Salz oder Bananen.[7] Dabei wird deutlich, dass die Eigenschaften dieser Produkte im Laufe der Zeit zunehmend eindeutig definiert und materiell konturiert wurden, während Varianzen ausselektiert wurden. Allerdings gründete sich diese Entwicklung im Fall der Nahrungsmittel hauptsächlich auf Veränderungen in der sozialen Konstruktion von Geschmack. Auf die Geschichte von Industrierohstoffen, bei der die physikalischen und chemischen Wechselwirkungen stärker im Fokus stehen, lassen sich diese Erklärungsansätze deshalb nur bedingt übertragen. Dennoch können sie wichtige Anhaltspunkte geben.[8]

Offensichtlich bestanden und bestehen Spielräume der Rohstoffnutzung, die zwar nicht beliebig, aber doch deutlich weiter sind, als die historische Forschung üblicherweise annimmt. Die Möglichkeiten, Rohstoffe zu konturieren und in physikalische wie chemische Prozesse einzubringen, sind vielfältiger als das, was historisch realisiert wird – und dies nicht etwa, weil Menschen Stoffe beliebig konstruieren könnten, sondern gerade aufgrund der materiellen Eigenschaften der Stoffe, die eine vielfältigere Nutzung als die realisierte zulassen. Die Varianzen und der Wandel von Rohstoffen weisen darauf hin. Dabei schließt diese Interpretation nicht aus, dass es auch materielle Eigenschaften, physikalische oder chemische Prozesse gibt, die jenseits menschlicher Kontrolle oder zeitgenössischen Wissens wirksam wurden. Es geht aus stoffgeschichtlicher Perspektive vielmehr darum, zu

5 Vgl. z.B. Radkau, Joachim: Holz – wie ein Naturstoff Geschichte schreibt, München 2012, S. 42f.; Thorade, Nora: Das Schwarze Gold. Eine Stoffgeschichte der Steinkohle im 19. Jahrhundert, Paderborn 2020.

6 Am deutlichsten wird dies bei: Misa, Thomas J.: A Nation of Steel. The Making of Modern America, 1865-1925, Baltimore 1995.

7 Vgl. Smith-Howard, Kendra: Pure and Modern Milk. An Environmental History since 1900, Oxford 2014; Vogel, Jakob: Ein schillerndes Kristall. Eine Wissensgeschichte des Salzes zwischen Früher Neuzeit und Moderne, Köln 2008; Soluri, John: Banana Cultures. Agriculture, Consumption, and Environmental Change in Honduras and the United States, Austin 2005.

8 Vgl. z.B. Steffen, Katrin: Stoffe auf Reisen. Die transnationalen Akteure Jan Czochralski und Ludwik Hirszfeld und die lokale Bedingtheit der Entstehung von Wissen, in: Berichte zur Wissenschaftsgeschichte 43 (2020), S. 74-95.

untersuchen, wie, warum und mit welchen Folgen ein spezifischer Ausschnitt aus dem Spielraum des materiell Möglichen historisch realisiert wurde.[9]

Allzu oft hat die Geschichtswissenschaft aktuelle naturwissenschaftliche Befunde übernommen, um Muster der historischen Rohstoffnutzung zu erklären, ohne zu berücksichtigen, dass dieses Wissen Produkt der Entwicklung ist, die es zu untersuchen gilt. Es sei Aufgabe der geisteswissenschaftlichen Forschung, so Sabine Höhler, zu analysieren, »how technoscientific knowledge and practices are constructed and appear universal and true [...] and yet provoke real material consequences«.[10] In Anlehnung an Lorraine Daston ließe sich diese Forderung dahingehend interpretieren, dass Rohstoffe keineswegs, wie es im Rückblick oft erscheint, »unvermeidlicherweise« ein bestimmtes Eigenschaftsprofil aufweisen müssen.[11] Vielmehr lässt sich zeigen, dass die materielle Kontur eines Rohstoffs zu »einem bestimmten Zeitpunkt an einem bestimmten Ort entstanden« ist. Das bedeutet Daston zufolge im Umkehrschluss aber nicht, die »Gültigkeit« des Wissens zu bestreiten, das dabei entstanden ist und sich langfristig durchgesetzt hat.[12] Entscheidend ist aber, dass das Wissen um die Verwendbarkeit eines in spezifischer Weise konturierten Rohstoffs nur eine von zahlreichen Möglichkeiten repräsentiert, die historisch bestanden haben.[13]

Dessen ungeachtet ist die Konstruktion von Wissen einerseits an die materiellen Eigenschaften der Stoffe zurückgebunden – also nicht beliebig konstruierbar – und andererseits – auch wenn es selektiv und unvollkommen ist – handlungsleitend, weil Rohstoffe »epistemische Dinge« im weiteren Sinne sind.[14] Als solche waren Stoffe Gegenstand von Wissensbemühungen, die zugleich vorzeichneten, wie die zeitgenössischen Akteure die Möglichkeiten des materiellen Spielraums realisierten. Je nach Perspektive, Interesse und Erwartungen der Zeitgenossen standen durchaus verschiedene Aspekte im Vordergrund, wenn es darum ging, einen Rohstoff als »epistemisches Ding« zu erfassen. Dabei wurden unterschiedliche Dimensionen materieller Eigenschaften angesprochen: Kalkstein war gleichzeitig ein Bestandteil erdgeschichtlicher Formationen, Zuschlagsmaterial im Hochofenprozess, zu brechendes Gestein und ein Handelsgut. Entsprechend existierten unter-

---

9 Vgl. Lipartito, Kenneth: Reassembling the Economic. New Departures in Historical Materialism, in: The American Historical Review 121 (2016), S. 101-139, hier: S. 135.

10 Höhler, Sabine: Spaceship Earth in the Environmental Age, 1960-1990, London 2015, S. 15.

11 Daston, Lorraine: Wunder, Beweise und Tatsachen. Zur Geschichte der Rationalität, Frankfurt a.M. 2001, S. 9.

12 Ebd.

13 Vgl. Espahangizi, Kijan: Stofftrajektorien. Die kriegswirtschaftliche Mobilmachung des Rohstoffs Bor, 1914-1919 (oder: was das Reagenzglas mit Sultan Tschair verbindet), in: ders./Orland, Barbara (Hg.): Stoffe in Bewegung. Beiträge zu einer Wissensgeschichte der materiellen Welt, Zürich 2014, S. 173-207.

14 Rheinberger, Hans-Jörg: Experimentalsysteme und epistemische Dinge. Eine Geschichte der Proteinsynthese im Reagenzglas (2. Aufl.), Göttingen 2002.

schiedliche Kriterien, die bei der Bewertung des Materials angelegt wurden, und unterschiedliche Verfahren, um Wissen über die Verwendbarkeit des Rohstoffs zu generieren. Dabei überlagerten sich die Perspektiven, Interessen und Erwartungen, die auf den Rohstoff als »epistemisches Ding« gerichtet waren, soweit, dass sich das entstehende Wissen über die Verwendbarkeit auf einen spezifischen Ausschnitt aus dem Spielraum des materiell Möglichen verengte.

Das handlungsleitende Wissen, das vorzeichnete, welche Möglichkeiten die Zeitgenossen realisierten, entstand an der Schnittstelle von mehreren Praktiken. Diese folgten aus den unterschiedlichen Perspektiven auf den Rohstoff, griffen aber ineinander. Zu ihnen zählten insbesondere Praktiken der geologischen Aufnahme, der chemischen Analyse, der metallurgischen Versuche, der Arbeit an den Hochöfen, aber auch des Grunderwerbs, der juristischen Bewertung und viele weitere. Sie standen einerseits darüber in enger Beziehung zueinander, dass in all diese Praktiken das gleiche materielle Element – der Kalkstein – eingebunden war. Der Stoff selbst verband die Praktiken miteinander. Andererseits waren sie über Zielvorstellungen, Erwartungen oder Wissensbestände verknüpft, die in mehreren Praktiken gleichzeitig eine Rolle spielten. Insbesondere Unternehmer, aber auch Ingenieure oder Grundeigentümer verbanden regelmäßig die verschiedenen Praktiken, indem sie Wissen zwischen diesen Praktiken übertrugen oder ihre Interessen auf mehrere Praktiken projizierten und dementsprechend ausgestalteten.[15] Die Beziehungen beeinflussten nicht nur, welche Zielvorstellungen oder welches Wissen in die einzelnen Praktiken Eingang fanden, sondern auch, wie und welche materiellen Eigenschaften des Rohstoffs Wirkung entfalteten.

Dass sich Produktionsverfahren und Rohstoffe *aneinander* anpassten, hängt unmittelbar mit den in Beziehung zueinanderstehenden Praktiken zusammen. Denn durch die geteilten materiellen wie sozialen Elemente beeinflussten sich diejenigen Praktiken, die Teil des Produktionsverfahrens waren, und solche, die zur Konturierung des Rohstoffs beitrugen, gegenseitig. Die Versuche und Arbeitsabläufe an den Hochöfen standen auf diese Weise in Wechselbeziehung mit der geologischen Aufnahme und der chemischen Analyse des Materials. Dabei entstand ein Verfahren der Produktion und ein spezifisch definierter Rohstoff, die aufeinander abgestimmt waren. Dieses Entwicklungsmuster erinnert an das von dem Technikhistoriker Thomas Hughes entwickelte Konzept der Large Technological Systems.[16] Diesem Ansatz zufolge entstanden neuartige Produktionssysteme wenn unternehmerische Organisation, institutionelle Rahmenbedingungen und vor allem Wis-

15 Vgl. Shove, Elizabeth/Pantzar, Mika/Watson, Matt: The Dynamics of Social Practice. Everyday Life and how it Changes, Los Angeles 2012, S. 88f.

16 Hughes, Thomas P.: The Evolution of Large Technological Systems, in: ders./Bijker, Wiebe/Pinch, Trevor (Hg.): The Social Construction of Technological Systems. New Directions in the Sociology and History of Technology, Cambridge, Mass. 1987, S. 51-82.

sensbestände einerseits und die Ausgestaltung technischer Artefakte wie Maschinen, Anlagen oder Infrastrukturnetze andererseits so aneinander angepasst wurden, dass sie ineinandergriffen. Explizit erwähnte Hughes dabei auch Rohstoffe, ohne auf deren Rolle genauer einzugehen: »Because they are [...] adapted in order to function in systems, natural resources [...] also qualify as system artifacts.«[17] Folgt man diesem Gedanken, ist das in dieser Studie herausgearbeitete Muster der Anpassung auf andere Technologische Systeme zu übertragen, in die Rohstoffe eingebunden sind, beispielsweise auf die von Hughes intensiv erforschten Systeme der Energieversorgung.[18]

Dabei basierte die Anpassung auf einem bemerkenswert kreativen Umgang mit den Materialeigenschaften der Rohstoffe sowie physikalischen und chemischen Prozessen. Immer wieder versuchten die Zeitgenossen, bisher ungenutzte oder anders genutzte Stoffe in ihre Praktiken zu integrieren und zogen daraus Rückschlüsse über deren Verwendbarkeit.[19] Da die Verknüpfungen zwischen Praktiken und materiellen Arrangements mit jeder Performanz aufs Neue hergestellt werden, boten sich hierbei Möglichkeiten für eine kreative Anpassung.[20] Entsprechende Bemühungen waren einerseits durch Fortschrittserwartungen und ökonomische Interessen motiviert. Andererseits nutzten die Zeitgenossen den materiellen Spielraum, indem sie auf, zum Teil neue, Vorstellungen und Methoden zurückgriffen, die einen neuen Blick auf die Eigenschaften von Stoffen und deren Wirkungsweise eröffneten. Dadurch dass Kreativität in Praktiken verortet ist, war sie keineswegs beliebig, sondern immer an die materiellen Eigenschaften, physikalischen und chemischen Prozesse zurückgebunden, mit denen sie in Wechselwirkung stand.

Der kreative Umgang mit Stoffeigenschaften und chemischen Prozessen wurde im 19. Jahrhundert durch den tiefgreifenden Wandel gleich mehrerer der ineinandergreifenden Praktiken verstärkt. Ausgangspunkt war ein Naturverständnis, das sich bereits im 18. Jahrhundert herausgebildet hatte und die Beobachtung und Erfassung der Natur zunehmend dem Primat der Nützlichkeit unterordnete. Dieses Naturverständnis zielte auf die systematische Erschließung von Ressourcen und verband sich im 19. Jahrhundert mit einem Wachstumsparadigma, das wirtschaftliche Entwicklung an die Mobilisierung von Rohstoffen knüpfte.[21] Das

17 Ebd., S. 51.

18 Vgl. Zumbrägel, Christian: Die vorindustriellen Holzströme Wiens. Ein sozionaturales großtechnisches System?, in: Technikgeschichte 81 (2014), S. 335-362.

19 Vgl. Trentmann, Frank: Materiality in the Future of History. Things, Practices and Politics, in: Journal of British Studies 48 (2009), S. 283-307, hier: S. 294; LeCain, Timothy J.: The Matter of History. How Things Create the Past, Cambridge, Mass. 2017.

20 Shove/Pantzar/Watson: The Dynamics of Social Practice, S. 97-117; Reckwitz, Andreas: Toward a Theory of Social Practices. A Development in Culturalist Theorizing, in: European Journal of Social Theory 5 (2002), S. 243-263, hier: S. 250.

21 Vgl. Bayerl, Günter: Prolegomenon der »Großen Industrie«. Der technisch-ökonomische Blick auf die Natur im 18. Jahrhundert, in: Abelshauser, Werner (Hg.): Umweltgeschichte. Umwelt-

hatte einen weitreichenden Einfluss vor allem auf naturwissenschaftliche Erkenntnisinteressen und Erklärungsmodelle. Gerade von der Geologie und dann zunehmend von der Chemie wurde erwartet, dass sie Wissen über die Verfügbarkeit und Verwendbarkeit von Materialien systematisch hervorbrachte.[22] Insbesondere reüssierten chemische Elemente als »Verrechnungseinheiten«,[23] die zur Beurteilung materieller Eigenschaften und zur Modellierung chemischer Prozesse herangezogen werden konnten. Das neuartige Denken über Natur und die Methoden der Wissensgenerierung, die damit einhergingen, befeuerten die Kreativität. Es war von entscheidender Bedeutung, dass die Adaption der Kokshochofentechnologie Mitte des 19. Jahrhunderts mit der dynamischen Entwicklung naturwissenschaftlicher Erklärungsmodelle und Verfahren koinzidierte. Diese historische Konstellation forcierte den Anpassungsprozess.

Die Kreativität, die Gesellschaften im Umgang mit Stoffen entfalten, ist aus stoffgeschichtlicher Perspektive ein wesentlicher Faktor für den historischen Wandel der Rohstoffnutzung. Denn dabei entscheidet sich, wie der materielle Spielraum realisiert wird. Vor allem in Phasen erhöhter Kreativität, wie Mitte des 19. Jahrhunderts, lässt sich eine besonders ausgeprägte Dynamik im miteinander verflochtenen gesellschaftlichen und materiellen Wandel der Rohstoffnutzung erkennen. In diesen Phasen beschleunigt sich die Konstruktion von ökonomischen Erwartungen, Ideen, Technologien und Wissen. Damit verändert sich durch die Selektion und Manipulation von Stoffen, physikalischen und chemischen Prozessen aber zugleich auch, wie und welche materiellen Eigenschaften wirksam werden. Zieht man den Wandel des Materials systematisch in die historische Analyse ein, zeigt sich nicht nur für den Rohstoff Kalkstein die Bedeutung der Kreativität innerhalb des breiteren Spielraums des materiell Möglichen.

---

verträgliches Wirtschaften in historischer Perspektive, Göttingen 1994, S. 29-56; Popplow, Marcus (Hg.): Landschaften agrarisch-ökonomischen Wissens. Strategien innovativer Ressourcennutzung in Zeitschriften und Sozietäten des 18. Jahrhunderts, Münster 2010; Bonneuil, Christophe/Fressoz, Jean-Baptiste: The Shock of the Anthropocene. The Earth, History and Us, London 2017, S. 202; Klein, Ursula: Nützliches Wissen. Die Erfindung der Technikwissenschaften, Göttingen 2016; Schauz, Désirée: Nützlichkeit und Erkenntnisfortschritt. Eine Geschichte des modernen Wissenschaftsverständnisses, Göttingen 2020.

22 Vgl. Haller, Lea/Höhler, Sabine/Westermann, Andrea: Rechnen mit der Natur. Ökonomische Kalküle um Ressourcen, in: Berichte zur Wissenschaftsgeschichte 37 (2014), Nr. 1, S. 8-19; Fritscher, Bernhard: Geowissenschaften und Moderne. Studien zur Kulturgeschichte der Mineralogie und chemischen Geologie (1848-1926), Habil.-Schr., München 1998.

23 Espahangizi: Stofftrajektorien.

Selbstbindungen und transformative Reflexion

Kreativität im Umgang mit dem Material war die eine Seite des historischen Wandels der Kalksteinnutzung, die andere waren die verschiedenen Formen der Selbstbindung. Mit der Selbstbindung verschwanden Varianzen – und dies nicht etwa nur, weil die Zeitgenossen alternative Möglichkeiten nicht mehr wahrnahmen, sondern weil sie durch die Praktiken auch materiell eingeschränkt wurden. Dabei gab es gute Gründe, sich auf eine eng definierte Rohstoffsorte festzulegen. Die Festlegung und vor allem die Normierung, welche die Vorstellung von chemischen Elementen als »Verrechnungseinheiten« möglich machte, versprach Effizienzgewinne durch Skaleneffekte, höhere Erträge aus einmal getätigten Investitionen und Planungssicherheit. Sie war also primär ökonomisch motiviert. Ihre ganze Tragweite erlangte die Festlegung aber durch die materielle Selbstbindung, die damit einherging. Denn je enger das Eigenschaftsprofil des Rohstoffs, aber auch die chemischen und physikalischen Prozesse gefasst wurden, desto besser ließen sich die ökonomisch erwünschten Effekte erzielen.

In der Wirtschaftsgeschichte gibt es eine Reihe von Modellen, die auf die Bedeutung der Selbstbindung hinweisen. Dazu zählen die genannten Skaleneffekte, die eintreten wenn große Mengen des immer gleichen Materials verarbeitet werden können,[24] und insbesondere das Modell der Pfadabhängigkeiten. Waren Rohstoff und Produktionsverfahren einmal aneinander angepasst, war es nur unter hohen Kosten möglich, den eingeschlagenen Entwicklungspfad wieder zu verlassen. Dabei handelte es sich nicht nur um Kosten finanzieller Art, wie etwa die Investitionen in die Kalksteinbrüche oder die Transportinfrastruktur. Die Kosten hingen auch mit den materiellen Eigenschaften und Wirkungen der selektierten Rohstoffsorte zusammen. Eine Umstellung auf eine andere Sorte war aufwendig und hätte beispielsweise erfordert, neues Wissen über die Eigenschaften und die Verfügbarkeit des Materials zu generieren. Vor allem war damit aber die Ungewissheit und letztlich auch die Unsicherheit verbunden, ob ein von der etablierten Rohstoffsorte abweichendes Material die erwarteten Wirkungen entfaltete. Auf solche materiell bedingten Langzeitwirkungen einmal getroffener Festlegungen hat die Umweltgeschichte in den letzten Jahren hingewiesen.[25] In diesem Zusammenhang beschrieb

---

24 Zum Überblick vgl. Hesse, Jan-Otmar: Wirtschaftsgeschichte. Entstehung und Wandel der modernen Wirtschaft, Frankfurt a.M. 2013, S. 92-95; Berghoff, Hartmut: Moderne Unternehmensgeschichte. Eine themen- und theorieorientierte Einführung, Paderborn 2004, S. 88.

25 Vgl. Bernhardt, Christoph: Path-Dependency and Trajectories, in: Haumann, Sebastian/Knoll, Martin/Mares, Detlev (Hg.): Concepts of Urban-Environmental History, Bielefeld 2020, S. 65-77, Winiwarter, Verena/Schmid, Martin: Socio-Natural Sites, in: Haumann, Sebastian/Knoll, Martin/Mares, Detlev (Hg.): Concepts of Urban-Environmental History, Bielefeld 2020, S. 33-50.

Verena Winiwarter die Pfadabhängigkeiten, die durch materielle Arrangements geschaffen werden, explizit als eine Form gesellschaftlicher Selbstbindung.[26] Für die Geschichte der Rohstoffnutzung scheinen diese Muster besonders relevant zu sein.

Aus praxeologischer Sicht korrespondiert Selbstbindung damit, dass sich Praktiken verfestigen und stabilisieren. Aufgrund ihres performativen Charakters sind Praktiken zwar grundsätzlich dynamisch, aber als Routinen können sie, wenn sie einmal etabliert sind, geringe Variabilität aufweisen.[27] Wie dabei stabile soziale Ordnung entsteht, hat neben der umfassenden Frühneuzeitforschung zu diesem Zusammenhang Thomas Welskopp am Beispiel der Arbeit im Hüttenwerk analysiert.[28] Den gleichen Effekt haben stabilisierte Praktiken aber auch auf die Nutzung bestimmter Rohstoffsorten. Genauso wie bei sozialen Beziehungen können aus routinisierten Handlungsabläufen unhinterfragte Selbstverständlichkeiten über deren spezifische Verknüpfung mit materiellen Arrangements hervorgehen. Auf diese Weise entstehen Normen, Wissen und letztlich ökonomische Rationalitäten, die in Praktiken hervorgebracht und aktualisiert werden und dadurch an die materiellen Eigenschaften von spezifischen Rohstoffen zurückgebunden sind.[29] Zur Selbstbindung, die einer wirtschaftlichen Logik folgt, kommt es, weil diese Logik den materiellen Wechselwirkungen entspricht, die in stabilisierten Praktiken reproduziert werden.

Die potenziellen Risiken bei der Versorgung mit Kalkstein waren die Kehrseite der Selbstbindung – allerdings wurden sie unterschiedlich wahrgenommen, reflektiert und interpretiert. Versorgungsrisiken sind ein definierendes Merkmal »kritischer« Rohstoffe, aber aus geschichtswissenschaftlicher Sicht sind Risiken eine Frage der gesellschaftlichen Bewertung – sie sind Gegenstand sozialer Konstruk-

---

26 Winiwarter, Verena: Wien und seine Gewässer. Nutzen, Turbulenz und Risiko in langfristiger Perspektive (Vortrag, Abschlusstagung des DFG-Projektverbunds »Wege zur nachhaltigen Entwicklung von Städten«, TU Darmstadt, 18.6.2015).

27 Vgl. Shove/Pantzar/Watson: The Dynamics of Social Practice, S. 125.

28 Welskopp, Thomas: Arbeit und Macht im Hüttenwerk. Arbeits- und industrielle Beziehungen in der deutschen und amerikanischen Eisen- und Stahlindustrie von den 1860er bis zu den 1930er Jahren, Bonn 1994; Für einen Überblick vgl. Brendecke, Arndt (Hg.): Praktiken der Frühen Neuzeit. Akteure – Handlungen – Artefakte, Köln 2015; Haasis, Lucas/Rieske, Constantin (Hg.): Historische Praxeologie. Dimensionen vergangenen Handelns, Paderborn 2015.

29 Vgl. Reckwitz: Toward a Theory of Social Practices, S. 253; Joyce, Patrick: What is the Social in Social History?, in: Past & Present 206 (2010), S. 213-248; Bennett, Tony/Joyce, Patrick (Hg.): Material Powers. Cultural Studies, History and the Material Turn, Milton Park u.a. 2010; Espahangizi: Stofftrajektorien.

tion.[30] Die Stoffgeschichte des Kalksteins zeigt dabei sehr deutlich die Extreme dieser Risikokonstruktion: zunächst nahmen die Zeitgenossen keinerlei Gefahren für die Versorgung wahr, dann sahen sie existenzbedrohende Engpässe heraufziehen, die sich weder aus einer akuten Verknappung noch aus steigenden Preisen für das Gestein ableiten ließen. Dennoch war das Material nicht unbegrenzt verfügbar und mit der Selbstbindung hatte sich die Eisen- und Stahlindustrie von einer eng definierten Rohstoffsorte und ihren Lieferanten abhängig gemacht.

Inwiefern der Mangel an Rohstoffen ein sozial konstruiertes Problem in der Wahrnehmung der Zeitgenossen war, oder ob es auch zu realen Engpässen kam, hat die historische Forschung am Beispiel der »Holznot«-Debatte des 18. Jahrhunderts intensiv diskutiert. Ähnlich wie bei den Risiken der Kalksteinversorgung korrespondierte die verbreitete Sorge über den Mangel an Holz nur bedingt mit dessen tatsächlicher Verfügbarkeit. Das Holzangebot war zwar nicht beliebig erweiterbar, aber zu einer realen Knappheit kam es allenfalls regional, für bestimmte soziale Gruppen oder Industrien. Dessen ungeachtet existierte ein allgemeines und ausgeprägtes Bewusstsein darüber, dass eine bedrohliche Verknappung potenziell eintreten könne.[31] Noch deutlicher zeigt sich dieses Muster der Konstruktion von Versorgungsrisiken in neueren Studien zur Geschichte des Erdöls. Sowohl im ersten Drittel des 19. Jahrhundert als auch während der Ölpreiskrisen der 1970er Jahre kam es zu einer künstlichen Verknappung, die allerdings in ganz unterschiedliche Deutungszusammenhänge eingebettet war. Die Endlichkeit der Ölvorkommen wurde vor dem Hintergrund der jeweiligen geopolitischen Lage zum Risiko.[32]

---

30 Vgl. Itzen, Peter/Müller, Simone M.: Risk as a Category of Analysis for a Social History of the Twentieth Century. An Introduction, in: Historical Social Research/Historische Sozialforschung 41 (2016), Nr. 1, S. 7-29; Zachmann, Karin: Risk in Historical Perspective. Concepts, Contexts, and Conjunctions, in: Klüppelberg, Claudia/Straub, Daniel/Welpe, Isabell (Hg.): Risk. A Multidisciplinary Introduction, 2014, S. 3-36.

31 Vgl. Sieferle: Der unterirdische Wald, S. 105-107; Radkau, Joachim: Holzverknappung und Krisenbewusstsein im 18. Jahrhundert, in: Geschichte und Gesellschaft 9 (1983), S. 513-543; Radkau, Joachim: Zur angeblichen Energiekrise des 18. Jahrhunderts. Revisionistische Betrachtungen über die »Holznot«, in: Vierteljahrschrift für Sozial- und Wirtschaftsgeschichte 73 (1986), S. 1-37; Grewe, Bernd-Stefan: »Man sollte sehen und weinen!« Holznotalarm und Waldzerstörung vor der Industrialisierung, in: Uekötter, Frank (Hg.): Wird Kassandra heiser? Die Geschichte falscher Ökoalarme, Stuttgart 2004, S. 24-40.

32 Vgl. Mitchell, Timothy: Carbon Democracy. Political Power in the Age of Oil, London 2013; Dietrich, Christopher R.W.: Oil Revolution. Sovereign Rights and the Economic Culture of Decolonization, Cambridge 2017; Priest, Tyler: Hubbert's Peak. The Great Debate over the End of Oil, in: Historical Studies in the Natural Sciences 44 (2014), S. 37-79; Painter, David S.: Oil and Geopolitics. The Oil Crises of the 1970s and the Cold War, in: Historical Social Research 39 (2014), S. 186-208; Graf, Rüdiger: Öl und Souveränität. Petroknowledge und Energiepolitik in den USA und Westeuropa in den 1970er Jahren, Berlin 2014.

Die Reflexion über den antizipierten oder tatsächlichen Mangel an Holz, Öl oder Kalkstein war immer auch ein diskursives Phänomen, auf das die zeitgenössischen Akteure gezielt Einfluss zu nehmen suchten. Das Reden über Rohstoffknappheit spielte dabei eine ebenso zentrale Rolle wie das ostentative Lamentieren über Lieferunsicherheiten und mögliche Produktionsausfälle, das Erstellen von Statistiken und Zukunftsszenarien.[33] Oftmals sollte damit demonstriert werden, dass nicht nur partikulare Interessen eines Unternehmens oder einer Industrie in Gefahr waren, sondern der gesellschaftliche Wohlstand und Fortschritt insgesamt.[34] In jedem Fall hatten Klagen über Holznot und Ölkrisen einen ausgesprochen instrumentellen Charakter.[35] Sie standen in engem Zusammenhang mit der Preisgestaltung, konnten aber auch helfen, die Abhängigkeit von fremden Staaten oder eigensinnigen Lieferanten zu problematisieren. Bei der Konstruktion von Versorgungsrisiken ging es also meist überhaupt nicht darum, auf eine reale Verknappung zu reagieren. Vielmehr entstand um das Problem der Versorgungsrisiken ein Diskurs, der in erster Linie auf die Bedingungen der Verfügbarkeit zielte.

Während die Forschung zu Holz und Öl die Folgen der Risikokonstruktion vor allem auf der Ebene von Regulierung, Macht- oder Lieferbeziehungen gesucht hat, zeigt die Stoffgeschichte des Kalksteins, dass daraus auch materieller Wandel resultierte: zum einen die partielle Substitution von Kalkstein durch kalkhaltige Eisenerze, zum anderen die Expansion des Abbaus. Ersteres gelang durch die veränderte Zusammenstellung der Rohstoffe, die in den interdependenten thermochemischen Prozessen der Eisen- und Stahlproduktion Wirkung entfalteten. Letzteres involvierte das Arrangement der Steinbrüche, die immer intensiver in den Untergrund eingriffen. Daraus entstanden zwei scheinbar gegenläufige Tendenzen: ein sparsamerer Verbrauch des Rohstoffs und die Ausweitung der Abbaumenge. Beide Muster sind von der historischen Forschung als Reaktion auf Versorgungsrisiken ausführlich diskutiert worden.[36] Der historisch arbeitende Umweltökonom Edward Barbier entwickelte gar ein Modell, in dem er Verknappung und Versorgungsrisiken allgemein als »incentives [...] to innovate and conserve more of these resources [or to] obtaining and developing more of them« beschrieb.[37] Die Tat-

33 Vgl. Haller/Höhler/Westermann: Rechnen mit der Natur.

34 Vgl. z.B. Jacobs, Meg: Panic at the Pump. The Energy Crisis and the Transformation of American Politics in the 1970s, New York 2017.

35 Vgl. Grewe: »Man sollte sehen und weinen!«.

36 Vgl. zum Überblick: Reith, Reinhold: Überlegungen zur Nutzung materieller Ressourcen in der Geschichte. Auf dem Weg zur Nachhaltigkeit?, in: ders./Schulz, Günther (Hg.): Wirtschaft und Umwelt vom Spätmittelalter bis zur Gegenwart. Auf dem Weg zu Nachhaltigkeit?, Stuttgart 2015, S. 17-28; Siegenthaler, Hansjörg (Hg.): Ressourcenverknappung als Problem der Wirtschaftsgeschichte, Berlin 1990.

37 Barbier, Edward: Scarcity and Frontiers. How Economies Have Developed Through Natural Resource Exploitation, Cambridge 2011, S. 7.

sache, dass im Fall des industriell genutzten Kalksteins beide Muster gleichzeitig einsetzten, scheint eine zeittypische Erscheinung gewesen zu sein. Auch für andere Rohstoffe lässt sich in der Phase zwischen 1890 und 1914 ein zum Teil widersprüchliches Nebeneinander von zunehmenden Substituierungsmöglichkeiten und der Fixierung auf Kontrolle und Expansion der Gewinnung feststellen.[38] Der materielle Wandel war also, auch wenn er aus einer spezifischen Risikokonstruktion resultierte, komplex, mehrdimensional und nicht determiniert.

Die diskursive Reflexion kann zu materiellem Wandel führen, weil Gesellschaften in der Lage sind, auf dieser Grundlage ihre Praktiken gezielt zu transformieren.[39] Auch in den oben skizzierten Diskursen gerieten routinisierte Handlungsabläufe der Rohstoffnutzung und -beschaffung in den Blick, und zwar stets zusammen mit den materiellen Arrangements, mit denen sie verknüpft waren. Um zu analysieren, wie gesellschaftliche Reflexion zum Wandel von Praktiken und Umwelt beiträgt, haben Verena Winiwarter und Martin Schmid das Modell der sozionaturalen Schauplätze entwickelt, das in seiner Systematik zum Verständnis des Wandels der Rohstoffnutzung beitragen kann.[40] Denn auch in Bezug auf Rohstoffe war die Beobachtung und Bewertung von Risiken Anlass, über die entsprechenden Praktiken in all ihren Verknüpfungen nachzudenken. Aber zugleich griffen die Zeitgenossen in komplexe materielle Wechselwirkungen ein, die sie nicht beliebig verändern konnten und deren Folgen sie nicht immer vollständig überblickten.

Die Fähigkeit zur transformativen Reflexion bildete trotz der Grenzen, die die Wechselwirkungen mit dem materiellen Wandel setzten, in gewisser Weise den Gegenpart zur Selbstbindung. Dieser Befund entspricht einem umfassenden Transformationsmuster, das Franz-Josef Brüggemeier treffend mit dem Bild der »Schranken der Natur« beschrieben hat, die immer wieder verschoben, aber niemals überwunden werden.[41] Demnach haben Gesellschaften ihren Umgang mit der Umwelt, zu dem die Nutzung von Rohstoffen ganz wesentlich gehört, immer wieder problematisiert, insbesondere wenn sich Situationen krisenhaft zuzuspitzen drohten. Sie zogen daraus Konsequenzen, die materiellen Wandel mit sich brachten und die problematisierten »Schranken« erfolgreich verschoben. Dabei entstanden aber wiederum neue Probleme, die aus unvorhergesehenen oder unbeachteten Wechselwirkungen mit chemischen, physikalischen und auch

38 Vgl. Brüggemeier, Franz-Josef: Schranken der Natur. Umwelt und Gesellschaft, 1750-2013, Essen 2014, S. 163; Vikström, Hanna: A Scarce Resource? The Debate on Metals in Sweden 1870-1918, in: The Extractive Industries and Society 3 (2016), S. 772-781.

39 Vgl. Welskopp, Thomas: Die Dualität von Struktur und Handeln. Anthony Giddens' Strukturierungstheorie als »praxeologischer« Ansatz in der Geschichtswissenschaft, in: Suter, Andreas/Hettling, Manfred (Hg.): Struktur und Ereignis, Göttingen 2001, S. 99-119, hier: S. 105.

40 Vgl. Winiwarter/Schmid: Socio-Natural Sites.

41 Brüggemeier: Schranken der Natur.

biologischen Prozessen resultierten.[42] So ließen viele Gesellschaften wiederkehrende Knappheitserfahrungen der Vormoderne – von Nahrungsmitteln bis zu Brennstoffen – im 19. und 20. Jahrhundert hinter sich und schufen dadurch zugleich ökologische Probleme, die sie – wie den Klimawandel – auch heute noch nicht in ihrer ganzen Komplexität erfassen.

Ökologische Folgen und Umweltgerechtigkeit

Die ökologischen Folgen, die bei der Gewinnung des »kritischen« Rohstoffs Kalkstein entstanden, waren zwar lokal begrenzt, aber für die Betroffenen nichtsdestotrotz gravierend. Während die aktuelle Diskussion über fossile Brennstoffe die Aufmerksamkeit auf die globalen Auswirkungen der Rohstoffnutzung gezogen hat, sind es in den meisten Fällen die räumlich begrenzten Nebenwirkungen, die Menschen als konkrete Beeinträchtigung erfahren. Erhöhte Gesundheitsrisiken, die Degradation von Ökosystemen, welche die Lebensgrundlage der lokalen Bevölkerung bilden, oder eine massive Landschaftsveränderung sind typische Folgen.[43] Im Zusammenhang mit den sogenannten seltenen Erden, die in Windrädern oder Akkus für Elektroautos verbaut werden, stellt sich gar die Frage, inwieweit lokale Belastungen in Kauf genommen werden, um den globalen CO_2-Ausstoß zu reduzieren.[44]

Offensichtlich waren die ökologischen Folgen des Kalksteinabbaus sozial und vor allem räumlich ungleich verteilt. Auf die Relevanz dieses Umstandes macht das Konzept der »environmental justice« aufmerksam, das auch in der Umweltgeschichte rezipiert worden ist.[45] Das Erkenntnisinteresse richtet sich auf die sozial

42 Vgl. Soentgen, Jens: Konfliktstoffe. Über Kohlendioxid, Heroin und andere strittige Substanzen, München 2019; für andere Themenbereiche der Umweltgeschichte beispielsweise der Stadt- und Umweltgeschichte vgl. Schott, Dieter: Europäische Urbanisierung (1000-2000). Eine umwelthistorische Einführung, Köln 2014; Tarr, Joel A. (Hg.): The Search for the Ultimate Sink. Urban Pollution in Historical Perspective, Akron 1996.

43 Vgl. Ross, Corey: Ecology and Power in the Age of Empire. Europe and the Transformation of the Tropical World, Oxford 2017; Van Horssen, Jessica: A Town Called Asbestos. Environmental Contamination, Health, and Resilience in a Resource Community, Vancouver 2016; Schmidt, Claudia: Entscheidungen im Alltag. Stoffgeschichten und Kritikalitätsbewertungen, in: Müller, Markus M. (Hg.): Nachhaltigkeit neu denken. Rio + X – Impulse für Bildung und Wissenschaft, München 2014, S. 167-172.

44 Vgl. Marschall, Luitgard/Holdinghausen, Heike: Seltene Erden. Umkämpfte Rohstoffe des Hightech-Zeitalters, München 2017, S. 96-127.

45 Vgl. Pichler-Baumgartner, Luisa: »Environmental Justice« als analytische Kategorie der Wirtschafts-, Sozial- und Umweltgeschichte? Schwierigkeiten und Potenziale einer Anwendung, in: Vierteljahrschrift für Sozial- und Wirtschaftsgeschichte 102 (2015), S. 472-491; Massard-Guilbaud, Geneviève/Rodger, Richard (Hg.): Environmental and Social Justice in the City. Historical Perspectives, Cambridge 2011; Cutter, Susan L. (Hg.): Hazards, Vulnerability

ungleiche Verteilung von Beeinträchtigungen für die Gesundheit und die Lebensqualität, wobei die Ungleichverteilung »stets [...] eine räumliche Komponente« aufweist.[46] Gefragt wird nach den Auswirkungen von Umweltgefahren und Belastungen im Rahmen sozialräumlicher Ungleichheiten, die dazu führen, dass bestimmte Gruppen – in der Regel solche, die auch in anderer Hinsicht benachteiligt sind – überproportional von Gesundheitsrisiken und der Beeinträchtigung der Lebensqualität betroffen sind, weil sie in der Nachbarschaft der Gefahren- und Belastungsquellen leben oder arbeiten. Im Sinne von environmental justice handelte es sich bei dem Abbau von Kalkstein um ein regelrecht raumgreifendes Phänomen.

Mit der Expansion der Steinbrüche und der Intensivierung des Abbaus nahmen die Gefahren und Belastungen der Kalksteingewinnung um die Jahrhundertwende signifikant zu. Die Unternehmensleitungen führten neue Maschinen und Sprengstoffe ein, ließen immer tiefere und größere Steinbrüche anlegen und reorganisierten Betriebsabläufe, um die Effizienz des Steinbruchbetriebs zu erhöhen. Dadurch veränderten sie die Praktiken der Gesteinsgewinnung, ohne dabei aber die Wechselwirkung mit den materiellen Eigenschaften des Untergrunds angemessen zu berücksichtigen. Die verantwortlichen Betriebsleiter und Direktoren stellten die Nebenfolgen, die daraus resultierten, meist als unvermeidlich dar. Für Anwohnerinnen und Anwohner brachten sie zum Teil erhebliche Einschnitte in die Lebensbedingungen, für Arbeiter konnten sie mitunter tödlich sein. Eine ganz ähnliche Konstellation hat Thomas Andrews für die wachsende Gefährdung von Arbeitern in US-amerikanischen Kohlebergwerken zu Beginn des 20. Jahrhunderts beschrieben. Auch dort produzierte die Spannung zwischen den von den Unternehmen forcierten Eingriffen und dem unzureichenden Verständnis für die materiellen Wechselwirkungen Risiken, die am Ende die Arbeiter zu tragen hatten.[47] Im Bergbau wie in den Steinbrüchen entstanden Gefahren und Belastungen dadurch, dass die Maßnahmen zur Effizienzsteigerung der materiellen Komplexität des Untergrunds nicht gerecht wurden.

Die Aktivitäten, mit denen die Kalkindustrie ihre Arbeiter und Nachbarschaft gefährdete, in Ökosysteme eingriff und sozialräumliche Strukturen überformte, wurden bereits zeitgenössisch als Problem der environmental justice thematisiert.[48] Auch wenn der Begriff um 1900 noch nicht existierte, waren die Folgen des expandierenden Kalksteinabbaus Gegenstand kritischer gesellschaftlicher Reflexion, die sehr wohl auf Fragen der Umweltgerechtigkeit abzielte. Zahlreiche

---

and Environmental Justice, London 2006; Platt, Harold L.: Shock Cities. The Environmental Transformation and Reform of Manchester and Chicago, Chicago 2005; Flanagan, Maureen A.: Environmental Justice in the City. A Theme for Urban Environmental History, in: Environmental History 5 (2000), S. 159-164.

46 Pichler-Baumgartner: »Environmental Justice« als analytische Kategorie, S. 474.

47 Andrews, Thomas G.: Killing for Coal. America's Deadliest Labor War, Cambridge, Mass. 2008.

48 Vgl. Pichler-Baumgartner: »Environmental Justice« als analytische Kategorie, S. 485f.

Studien haben gezeigt, dass Beschwerden über Emissionen und andere Umweltbelastungen bereits im 19. Jahrhundert nicht ungewöhnlich waren.[49] Zwar ging es dabei vornehmlich um Schadensregulierung, also einen Ausgleich für die Folgen, und eher selten darum, die Ursachen abzustellen. Dennoch wurden Umweltbelastung und -risiken als Probleme von Recht und Gerechtigkeit wahrgenommen und entsprechend verhandelt. Zugleich waren Gerechtigkeitsempfinden und Rechtsauslegung in die sozialen Beziehungen und Machtverhältnisse vor Ort eingebettet, was erheblichen Einfluss darauf hatte, wie die Abbaufolgen problematisiert wurden[50] – vor allem wenn die Regulierung, wie im Fall des Kalksteins, über lokal administrierte Polizeiverordnungen erfolgte. Insofern war Umweltgerechtigkeit aus Sicht der Zeitgenossen eine Frage, in der sich ökologische und soziale Verhältnisse erkennbar überlagerten.

Die Bemühungen, die Folgen der Kalksteingewinnung zu regulieren, bildeten eine wichtige Reflexionsebene, hatten allerdings nur einen begrenzten Effekt, weil sich materielle Wechselwirkungen immer wieder der Regulierung entzogen. Für die Aushandlung von Umweltgerechtigkeit waren sie zentral, obwohl sie die Probleme selten lösten. Denn die Ursachen für Gefahren und Belastungen waren schwierig normativ zu erfassen. Die historische Forschung zu Gefahrenstoffen hat gezeigt, dass dies vor allem an der umstrittenen Zuordnung, Bewertung und Voraussage von Gesundheits- und Umweltrisiken lag.[51] Kalkstein war zwar kein Gefahrenstoff in diesem Sinne, aber auch hier entstanden Risiken im Umgang mit dem Material, über deren Ursachen und Erträglichkeit die Zeitgenossen stritten. Weder das Erfahrungswissen der Arbeiter noch wissenschaftliche Untersuchungen oder juristische Urteile konnten sich in dieser Hinsicht als Bewertungsgrundlage durchsetzen. Auch die entsprechenden Vorkehrungen und Interventionen, seien es technische Lösungen oder Sicherheitsvorschriften für die Arbeitsabläufe, vermochten die Gefahren und Belastungen nicht dauerhaft zu minimieren.

So nahm trotz aller Regulierungsbemühungen und Interventionen die Konfliktträchtigkeit der Kalksteingewinnung zu, bis schließlich die Konfliktträchtigkeit selbst zum unübersehbaren Problem wurde. Denn dabei verdichtete sich die

---

49 Vgl. Gilhaus, Ulrike: »Schmerzenskinder der Industrie«. Umweltverschmutzung, Umweltpolitik und sozialer Protest im Industriezeitalter in Westfalen, 1845-1914, Paderborn 1995; Brüggemeier, Franz-Josef: Das unendliche Meer der Lüfte. Luftverschmutzung, Industrialisierung und Risikodebatten im 19. Jahrhundert, Essen 1996; Uekötter, Frank: Von der Rauchplage zur ökologischen Revolution. Eine Geschichte der Luftverschmutzung in Deutschland und den USA, 1880-1970, Essen 2003.

50 Vgl. Uekötter, Frank: Bergbau und Umwelt im 19. und 20. Jahrhundert, in: Ziegler, Dieter (Hg.): Rohstoffgewinnung im Strukturwandel. Der deutsche Bergbau im 20. Jahrhundert (=Geschichte des deutschen Bergbaus, Bd. 4), Münster 2013, S. 539-570, hier: S. 541.

51 Zum Überblick vgl. Kirchhelle, Claas: Toxic Tales. Recent Histories of Pollution, Poisoning, and Pesticides (ca. 1800-2010), in: NTM 26 (2018), S. 213-229.

konkrete Erfahrung von Gefahr und Belastung zu Vorstellungen der Umweltgerechtigkeit, die zunehmend auch politische Relevanz erlangten. Es war nicht nur der Heimat- und Landschaftsschutz, der im frühen 20. Jahrhundert begann Forderungen zu stellen. Auch im Zusammenhang mit der Wasserversorgung oder der eingeschränkten Nutzbarkeit landwirtschaftlicher Flächen stellten die Zeitgenossen die Recht- und Verhältnismäßigkeit der bergbaulichen Eingriffe immer häufiger grundsätzlich infrage. Die Konflikte um die ökologischen Folgen wurden von individuellen Fällen zu einem gesellschaftlichen Problem von öffentlichem Interesse. Langfristig führte das zu einem stärker präventiven Umgang mit Gefahren und Belastungen, der solchen, zu Fragen der Umweltgerechtigkeit zugespitzten, Konflikten vorbeugen sollte.[52] Ob und wie dies erfolgreich gelang, konnte in dieser Studie nicht mehr untersucht werden. Der Blick auf die aktuelle Rohstoffgewinnung lässt aber einen Zusammenhang zwischen der Reduzierung von Gefahren und Belastungen und den historischen Möglichkeiten betroffener Gruppen vermuten, diese als Frage der Gerechtigkeit zu thematisieren.

Ausblick auf die Zukunft der Rohstoffgeschichte

Die Geschichte von Rohstoffen ist Teil der großen Fragen der Menschheit, die derzeit diskutiert werden: Sind wir auf dem Weg in das »Anthropozän« und welche Konsequenzen sind daraus zu ziehen? Ist nachhaltige Entwicklung möglich, in der ökologische, soziale und ökonomische Erfordernisse im Gleichgewicht stehen? Wie kann eine gerechte Verteilung von Umweltrisiken und Lebenschancen hergestellt werden?[53] Bei all diesen Fragen spielt der Umgang mit Rohstoffen, ihre Gewinnung, Verarbeitung und ihr Verbrauch – neben zahlreichen anderen Faktoren – eine wichtige Rolle. Zugleich ist die gegenwärtige Nutzung von Rohstoffen historisch tief verwurzelt: Sie entstand mit der Industrialisierung im 18. und 19. Jahrhundert, mit der »Columbian Exchange« im 16. Jahrhundert und zum Teil schon mit der Neolithischen Revolution vor mehr als 10.000 Jahren. Vieles spricht dafür, dass wir uns aus einigen dieser historischen Bindungen lösen müssen, während die zukünftige Entwicklung von Veränderungen abhängig sein wird, die jetzt zu treffen sind. Der Beitrag der historischen Forschung ist ein doppelter: Es geht zum einen darum, das Gewordensein der gegenwärtigen Rohstoffnutzung zu verstehen,

52 Vgl. Hannig, Nicolai: Kalkulierte Gefahren. Naturkatastrophen und Vorsorge seit 1800, Göttingen 2019.

53 Zum Überblick vgl. Haumann, Sebastian: Zwischen »Nachhaltigkeit« und »Anthropozän«. Neue Tendenzen in der Umweltgeschichte, in: Neue Politische Literatur 64 (2019), S. 295-326; Chakrabarty, Dipesh: Anthropocene Time, in: History and Theory 57 (2018), S. 5-32; Trischler, Helmuth: The Anthropocene. A Challenge for the History of Science, Technology, and the Environment, in: NTM 24 (2016), S. 309-335.

und zum anderen darum, Gestaltungsmöglichkeiten und Veränderungspotenziale für die Zukunft aufzuzeigen.

Stoffgeschichten können den Wandel der Rohstoffnutzung im zeitlichen Längsschnitt analysieren und so Verläufe, Wendepunkte und temporale Zusammenhänge über Jahrzehnte, Jahrhunderte oder gar Jahrtausende herausarbeiten. In der hier präsentierten Stoffgeschichte des Kalksteins als »kritischem« Rohstoff verdichteten sich mehrere solcher Verschiebungen in einem Zeitraum von etwa 50 bis 100 Jahren. Dabei zeigt sich nicht nur, wie Gesellschaften einen Rohstoff nutzbar machten und sich banden, sondern auch wie sie sich, zumindest teilweise, davon lösen konnten. Bezeichnenderweise bewertete die EU Working Group on Defining Critical Raw Materials Kalkstein 2010 nicht mehr als »kritisch«. Obwohl sie dem Gestein nach wie vor eine wichtige Funktion in relevanten Wertschöpfungsketten attestierte, erkannte sie keinerlei Versorgungsrisiken.[54] Diese Bewertung verweist auf die Lösungen, die sich zwischen den 1890er Jahren und dem Ersten Weltkrieg herausgebildet hatten. Vor dem Hintergrund der aktuellen Fragen wäre es wichtig, mehr solcher Stoffgeschichten zu schreiben, in denen nicht nur die Entstehung von Problemen nachgezeichnet wird, sondern auch Lösungsansätze zu finden sind.

Kreativität entscheidet über materiellen Wandel, so ließe sich ein wesentlicher Befund dieser Studie zuspitzen. Gemeint ist nicht eine Kreativität, die es Menschen erlauben würde, die Rohstoffnutzung beliebig zu gestalten, sondern eine Kreativität, die sich im menschlichen Umgang mit dem Material entfaltet.[55] Die Geschichte deutet darauf hin, dass die Möglichkeiten zum kreativen Umgang mit materiellen Eigenschaften, physikalischen, chemischen oder biologischen Prozessen weitreichender sind, als aus gegenwartsfixierter Perspektive weithin angenommen wird. In historischer Perspektive werden diese Spielräume deutlicher sichtbar. Sie zeigen sich in den Anpassungsprozessen von Rohstoffen und Produktionsverfahren aneinander oder auch im diachronen Vergleich. Außerdem lassen sich Phasen erhöhter Kreativität ausmachen, die für die Geschichte von Rohstoffen entscheidende Wendepunkte waren. In diesen Phasen konnte sich der materielle Wandel verstärken, weil die mit ihm verflochtenen technologischen, wissenschaftlichen und wirtschaftlichen Grundlagen der Rohstoffnutzung ineinandergriffen und ihrerseits äußerst dynamischen Veränderungen unterworfen waren.

Selbstbindung steht in einem dialektischen Verhältnis zur Kreativität. Sie resultiert aus dem kreativen Umgang mit Rohstoffen und schränkt diesen zugleich

54 EU Commission Ad hoc Working Group on Defining Critical Raw Materials: Report on Critical Raw Materials, 2010, S. 6; Zu alternativen Definitionen, die diese Situation auch explizit widerspiegeln vgl. Andersson, Patrik: Chinese Assessments of »Critical« and »Strategic« Raw Materials. Concepts, Categories, Policies, and Implications, in: The Extractive Industries and Society 7 (2020), S. 127-137.

55 Vgl. LeCain: The Matter of History, S. 11.

im Laufe der Zeit ein. Das führt aber keineswegs nur dazu, dass sich Entwicklungsmöglichkeiten verengen, sondern trägt auch zu einer effizienteren Nutzung von Materialien bei. Mit Blick auf die Geschichte könnte man sogar sagen, je komplexer die Wertschöpfungsketten werden, desto wichtiger ist die Festlegung auf eindeutig und eng abgegrenzte Rohstoffe. Problematisch wird es allerdings, wenn Gesellschaften die Selbstbindung nicht mehr hinterfragen, weil Festlegungen in einem Schließungsprozess zu technisch-ökonomischen und materiellen Notwendigkeiten geronnen sind. Denn die gesellschaftliche Reflexion über Rohstoffnutzung hat eine entscheidende historische Funktion: Weil Gesellschaften auf diese Weise in der Lage sind, ihre Praktiken zu transformieren, kann sie materiellen Wandel anregen.

Das hat auch Konsequenzen für die Frage nach der Endlichkeit von Rohstoffen. Zwar sind die auf der Erde vorhandenen Rohstoffe begrenzt und dies kann über kurz oder lang zu einer globalen Krise führen. Aber es ist Gesellschaften – oft in Reaktion auf antizipierte Krisen – bisher immer wieder gelungen, ihren Umgang mit Rohstoffen so zu modifizieren, dass diese Grenze nicht erreicht wurde. Sie haben Materialien sparsamer verbraucht, neue Rohstoffe erschlossen und knappe substituiert.[56] Die aktuelle Beschäftigung mit »kritischen« Rohstoffen reiht sich in diese Geschichte ein. Folglich scheint Endlichkeit eher ein Problem der Selbstbindung zu sein.[57] Damit wird nicht bestritten, dass globale Rohstoffvorräte absolut limitiert sind. Aber wo die Grenzen liegen, hängt von ihrer Integration in Praktiken ab – genauer von den materiellen Möglichkeiten, die historisch realisiert werden. Ob es auf Dauer möglich sein wird, die Grenzen immer weiter zu verschieben, oder sich die Menschheit dadurch immer tiefer in unberechenbare Langzeitfolgen verstrickt, ist an dieser Stelle letztlich nicht zu entscheiden.[58]

Auf absehbare Zukunft wird es jedenfalls weiterhin darauf ankommen, Spielräume des materiell Möglichen kreativ zu nutzen. Dazu könnte es sinnvoll sein, Stoffe stärker im Zusammenhang mit den Praktiken zu betrachten, in denen sie genutzt werden, und die systematische gesellschaftliche Reflexion darüber anzuregen.[59] Ob dadurch auch das Ziel einer nachhaltigen Entwicklung zu erreichen ist,

---

56 Vgl. Reith, Reinhold: Naturale Ressourcen. Was hat die Wirtschaftsgeschichte mit der Umweltgeschichte zu tun?, in: Karner, Stefan (Hg.): Wirtschaft – Geschichte – Politik. Festschrift Gerald Schöpfer, Graz 2012, S. 241-256, hier: S. 251f.; Barbier: Scarcity and Frontiers; Reller, Armin/Marschall, Luitgard/Meissner, Simon/Schmidt, Claudia (Hg.): Ressourcenstrategien. Eine Einführung in den nachhaltigen Umgang mit Ressourcen, Darmstadt 2013.

57 Ähnlichen Fragen geht auch Timothy Mitchell nach: Mitchell: Carbon Democracy.

58 Vgl. LeCain, Timothy J.: Against the Anthropocene. A Neo-Materialist Perspective, in: International Journal of History, Culture, and Modernity 3 (2015), S. 1-28; Brüggemeier: Schranken der Natur.

59 Vgl. Böschen, Stefan/Reller, Armin/Soentgen, Jens: Stoffgeschichten. Eine neue Perspektive für transdisziplinäre Umweltforschung, in: Gaia 13 (2004), S. 19-25.

wie es gegenwärtig oft diskutiert wird, ist aus umweltgeschichtlicher Sicht jedoch fraglich.[60] Wichtiger scheint es, die Historizität von Praktiken in den Blick zu nehmen, wie es zuletzt einige Studien zur Energiewende getan haben. Sie gehen davon aus, dass der reflexive Wandel von Praktiken eine entscheidende Voraussetzung für die Reduzierung des Energieverbrauchs und die Umstellung auf regenerative Energieträger sein wird. Bezeichnenderweise beteiligen sich auch Historikerinnen und Historiker aktiv an dieser Forschungsdebatte.[61] Weder die Energiewende noch die nachhaltige Nutzung von Rohstoffen oder die Verringerung der Umweltbelastung sind rein naturwissenschaftlich zu lösende Aufgaben, weil sie die kreative Dynamik von Praktiken betreffen.

Der Wandel der Rohstoffnutzung ist immer materieller *und* sozialer Wandel. Weil beides nicht voneinander zu trennen ist, muss beides gemeinsam untersucht werden. Praktiken sind die Schnittstelle, über die materieller und sozialer Wandel miteinander verknüpft sind, sei es bei der Generierung von Wissen, der Verarbeitung oder der Gewinnung von Rohstoffen. Dabei waren es Menschen – ihr Wissen, ihre Interessen und ihre Handlungen an Hochöfen, in Steinbrüchen, in Laboren und auf dem Grundstücksmarkt –, die Kalkstein zum »kritischen« Rohstoff machten. Aber sie taten dies immer mit Blick auf und in Wechselwirkung mit den jeweiligen materiellen Arrangements. In diesem Sinne eröffnet die praxeologische Stoffgeschichte eine neue Perspektive auf die Industrialisierung wie auch auf aktuelle Herausforderungen, die den Wandel der Rohstoffnutzung voraussetzen.

60 Vgl. Reith, Reinhold/Schulz, Günther (Hg.): Wirtschaft und Umwelt vom Spätmittelalter bis zur Gegenwart. Auf dem Weg zu Nachhaltigkeit?, Stuttgart 2015; Reller/Marschall/Meißner/Schmidt (Hg.): Ressourcenstrategien; Reith: Naturale Ressourcen; Berghoff, Hartmut/Rome, Adam (Hg.): Green Capitalism? Business and the Environment in the Twentieth Century, Philadelphia 2017.

61 Vgl. Labanca, Nicola/Pereira, Ângela Guimarães/Watson, Matt u.a.: Transforming Innovation for Decarbonisation? Insights from Combining Complex Systems and Social Practice Perspectives, in: Energy Research & Social Science 65 (2020), DOI: 10.1016/j.erss.2020.101452; Trentmann, Frank/Carlsson-Hyslop, Anna: The Evolution of Energy Demand in Britain. Politics, Daily Life, and Public Housing, 1920s-1970s, in: The Historical Journal 61 (2018), S. 807-839; Trentmann, Frank/Chappells, Heather: Sustainable Consumption in History. Ideas, Resources and Practices, in: Reisch, Lucia A./Thøgersen, John (Hg.): Handbook of Research on Sustainable Consumption, 2015, S. 51-70; Shove/Pantzar/Watson: The Dynamics of Social Practice, S. 139-164; Røpke, Inge: Theories of Practice. New Inspiration for Ecological Economic Studies on Consumption, in: Ecological Economics 68 (2009), S. 2490-2497.

Quellen- und Literaturverzeichnis

Archivalien

Bundesarchiv, Berlin-Lichterfelde (BA)
Best. R 89 Reichsversicherungsamt.
Best. R 3101 Reichswirtschaftsministerium.
Best. R 4601 Reichsautobahndirektion.

Deutsche Bank Historisches Archiv, Frankfurt a.M. (DB)
Best. D43.
Best. F55.

Geologischer Dienst NRW, Archiv, Krefeld (GDNRW)
L3G Geologische Gutachten.

Geheimes Staatsarchiv Preussischer Kulturbesitz, Berlin (GStAPK)
I. HA Rep. 120 Ministerium für Handel und Gewerbe.
I. HA Rep. 121 MfHuG, Berg-, Hütten- und Salinenverwaltung.
I. HA Rep. 194 Geologische Landesanstalt.

Landesarchiv Nordrhein-Westfalen, Abteilung Rheinland, Duisburg (LAV NRW R)
BR 7 Regierung Düsseldorf.
BR 17 Landratsamt Düsseldorf.
BR 34 Landratsamt Mettmann.
BR 101 Oberbergamt Bonn.
BR 109 Bergamt Werden.
BR 1028 Regierung Düsseldorf – Wasserwirtschaft.
BR 1059 Bergamt Werden.
BR 1421 Oberbergamt Dortmund.
Kartensammlung – Abteilung 1.

Landesarchiv Nordrhein-Westfalen, Abteilung Westfalen, Münster (LAV NRW W)
Best. Oberbergamt Dortmund.
Sammlung Fot.

Mannesmann Werksarchiv, Mühlheim an der Ruhr (MWA)
Best. P Phoenix.

Rheinkalk GmbH, Archiv der Liegenschaftsabteilung, Wülfrath (RhK(L))
Best. 00 Werk Dornap.
Best. 04 Werk Hofermühle.
Best. 05 Werk Gruiten.
Best. 06 Werk Neandertal.
Best. 10 Werk Wülfrath.
Best. 11 Werk Elberfeld.
Best. AG Allgemeine Geschäftsakten.
Best. EV Erloschene Verträge.
Best. RKW Rheinische Kalksteinwerke.

Rheinisch-Westfälisches Wirtschaftsarchiv, Köln (RWWA)
Best. 130 Gutehoffnungshütte.
Best. 385 Matthes und Weber.

Stadtarchiv Erkrath (StAE)
Best. Altakten.
Best. H Gemeinde Hochdahl.

Stadtarchiv Haan (StAH)
Acc. 2002/04.
Best. G Amt Gruiten.

Stadtarchiv Heiligenhaus (StAHh)
Best. A Altakten.
Zeitungsdatenbank.

Stadtarchiv Ratingen (StAR)
Best. 1 Altakten.

Stadtarchiv Wuppertal (StAW)
Best. Altakten.

Stadtarchiv Wülfrath (StAWü)
Zeitungsdatenbank.

ThyssenKrupp Konzernarchiv, Duisburg (TKKA)
Best. A August Thyssen-Hütte.
Best. DHHU Dortmund-Hörder Hüttenunion.
Best. FWH Friedrich Wilhelms-Hütte.
Best. Tli Thyssen Liegenschaften.
Best. TNO Thyssen Niederrhein AG Werk Oberhausen.

Westfälisches Wirtschaftsarchiv, Dortmund (WWA)
S 7 Geschäftsberichte.

Publizierte Quellen

Badermann: Elektrisch betriebener Gesteinsbohrer, in: Der Steinbruch 4 (1909), S. 343-345.
Balling, Carl: Compendium der metallurgischen Chemie. Propädeutik für das Studium der Hüttenkunde, Bonn 1882.
Beck, Ludwig: Die Geschichte des Eisens in technischer und kulturgeschichtlicher Beziehung, Bd. 4. Das XIX. Jahrhundert von 1801 bis 1860, Braunschweig 1899.
Beck, Ludwig: Die Geschichte des Eisens in technischer und kulturgeschichtlicher Beziehung, Bd. 5. Das XIX. Jahrhundert von 1860 bis zum Schluss, Braunschweig 1903.
Bell, Isaac Lowthian: Ueber die Ausscheidung von Kohlenstoff, Silicium, Schwefel und Phosphor im Frischfeuer, im Puddelofen und im Bessemerconverter, in: Polytechnisches Journal 225 (1877), S. 351-357.
Bennett, John F.: Bennett's Verfahren zum Bessemerfrischen, in: Polytechnisches Journal 188 (1868), S. 479-481.
Bergische Dolomit- und Weißkalkwerke A.-G., in: Tonindustrie-Zeitung 29 (1905), S. 2016.
Bergische Handelskammer: Jahres-Bericht der Bergischen Handelskammer zu Lennep, 1891.
Bergische Handelskammer: Jahres-Bericht der Bergischen Handelskammer zu Lennep, 1900.

Bergische Handelskammer: Jahres-Bericht der Bergischen Handelskammer zu Lennep, 1904.

Bericht an die Aktionäre der Prinz-Wilhelm-Eisenbahn von Steele nach Vohwinkel, Düsseldorf 1845.

Berichte über Versammlungen verwandter Vereine, in: Stahl und Eisen 6 (1886), Nr. 5, S. 361-362.

Bessemer, Henry: An Autobiography, London 1905.

Bischof, Gustav: Lehrbuch der chemischen und physikalischen Geologie, Bd. 2, Bonn 1864.

Blair, Andrew Alexander: Die chemische Untersuchung des Eisens. Eine Zusammenstellung der bekanntesten Untersuchungsmethoden für Eisen, Stahl, Roheisen, Eisenerz, Kalkstein, Schlacke, Thon, Kohle, Koks, Verbrennungs- und Generatorgase, Berlin 1892.

Blumberg, Carl: Gleisanordnung im Steinbruch, in: Tonindustrie-Zeitung 51 (1927), S. 902-903.

Bochumer Verein: Auszug aus den Verhandlungen der 37. ordentlichen General-Versammlung, 1891.

Bochumer Verein: Auszug aus den Verhandlungen der 42. ordentlichen General-Versammlung, 1896.

Bongard, Johann Heinrich: Wanderung zur Neandershöhle. Eine topographische Skizze der Gegend von Erkrath an der Düssel, Düsseldorf 1835.

Bunsen, Robert/Playfair, L.: Über den Proceß der englischen Roheisenbereitung, in: Polytechnisches Journal 107 (1848), S. 271-284.

Clausen, B.: Kabelluftbahnen als Abraum- und Beschickungsanalgen, in: Der Steinbruch 4 (1909), S. 160-165.

Cotta, Bernhard: Anleitung zum Studium der Geognosie und Geologie, Dresden 1842.

Das Europäische Eisenhütten-Gewerbe. Statistisch, commerziell und technisch von einem erfahrenen Eisenhüttenmann, Leipzig 1848.

Das Neandertal, in: Beiträge zur Naturdenkmalpflege 11 (1926), S. 297-301.

Das Verhältniß der genossenschaftlichen Unfallverhütungsvorschriften zu den Polizeivorschriften, in: Monatsschrift für die Steinbruchs-Berufsgenossenschaft 2 (1887), Nr. 3, S. 13.

Dechen, Heinrich: Ueber die Schichten im Liegenden des Steinkohlengebirges an der Ruhr, in: Verhandlungen des Naturhistorischen Vereins der Preussischen Rheinlande und Westfalens 7 (1850), S. 186-208.

Dechen, Heinrich: Notiz über die Geologische Uebersichts-Karte der Rheinprovinz und der Provinz Westphalen, in: Verhandlungen des Naturhistorischen Vereins der Preussischen Rheinlande und Westfalens 23 (1866), S. 171-218.

Dechen, Heinrich: Die nutzbaren Mineralien und Gebirgsarten im Deutschen Reiche nebst einer physiographischen und geognostischen Uebersicht des Gebietes, Berlin 1873.

Dechen, Heinrich: Erläuterungen zur Geologischen Karte der Rheinprovinz und der Provinz Westphalen, sowie einiger angrenzender Gegenden, Bd. 2. Geologische und paläontologische Übersicht der Rheinprovinz und der Provinz Westfalen sowie einiger angrenzenden Gegenden, Bonn 1884.

Die Beleuchtungsfrage in der Steinbruchindustrie, in: Der Steinbruch 8 (1913), S. 46-50.

Die Friedrich-Wilhelmshütte bei Mühlheim, in: Berg- und Hüttenmännische Zeitung 10 (1851), S. 744.

Die neue Aera der Stahlerzeugung, in: Polytechnisches Journal 158 (1860), S. 234-235.

Die Phoenixhütte, in: Berg- und Hüttenmännische Zeitung 15 (1856), S. 146.

Die wirthschaftliche Erschliessung des Angerthals, in: Stahl und Eisen 10 (1890), Nr. 8, S. 723-725.

Dürre, Ernst: Die Anlage und der Betrieb der Eisenhütten, Bd. 1, Leipzig 1882.

Dürre, Ernst: Die Anlage und der Betrieb der Eisenhütten, Bd. 2, Leipzig 1884.

Dürre, Ernst: Die Anlage und der Betrieb der Eisenhütten, Bd. 3, Leipzig 1892.

Eine Autostraße durch das Neandertal?, in: Rheinisches Land. Beilage der Düsseldorfer Nachrichten 52 (1927), Nr. 138.

Eck: Ueber den Betrieb der Coakshohöfen in Belgien, mit besonderer Beziehung auf die Königshütte in Oberschlesien, in: Archiv für Mineralogie, Geognosie, Bergbau und Hüttenkunde 23 (1850), S. 661-728.

Eck: Ueber die Anwendung des gebrannten Kalks statt des rohen Kalksteins bei dem Betriebe der Kohkshohöfen auf der Königshütte in Oberschlesien, in: Polytechnisches Journal 130 (1853), S. 349-354.

Eisentraeger, August (Hg.): Taschenbuch für die Stein- und Zementindustrie, Berlin 1902.

Eisentraeger, August (Hg.): Taschenbuch für die Stein- und Zementindustrie, Berlin 1911.

Fiebelkorn, M.: Gesteinsbohrmaschinen, in: Eisentraeger, August (Hg.): Taschenbuch für die Stein- und Zementindustrie, Berlin 1902, S. 165-168.

Freyberg, Max: Maschinelle Fördermethoden beim Steinbruchbetrieb, in: Der Steinbruch 4 (1909), S. 97-102.

Göbel, Ernst: Der ländliche Grundbesitz und die Bodenzersplitterung in der Preußischen Rheinprovinz, Euskirchen 1915.

Gräff, H.: Handbuch des preußischen Bergrechts, Breslau 1855.

Gruner: Ueber das Frischen des Roheisens auf Schmiedeeisen und Stahl nach Bessemer's Verfahren, in: Polytechnisches Journal 161 (1861), S. 120-127.

Gutehoffnungshütte AG: Geschäftsberichte, 1881-1932.

Gutehoffnungshütte AG: Fünfundzwanzigste ordentliche General-Versammlung, 1897.
Gutehoffnungshütte AG: Sechsundzwanzigste ordentliche General-Versammlung, 1898.
Gutehoffnungshütte AG: Achtundzwanzigste ordentliche General-Versammlung, 1900.
Gutehoffnungshütte AG: Einunddreißigste ordentliche General-Versammlung, 1903.
Gutehoffnungshütte AG: Vierzigste ordentliche General-Versammlung, 1912.
Halbfass, Wilhelm: Deutschland, nutze deine Wasserkräfte! Ein Mahnruf an das deutsche Volk, Leipzig 1919.
Handelskammer Elberfeld: Jahresbericht der Handelskammer zu Elberfeld 1910, Elberfeld 1911.
Hartmann, Carl: Lehrbuch der Eisenhüttenkunde, Bd. 1. Die Lehre von den Eigenschaften des Eisens, desgleichen die von den Eisenerzen, den Brennmaterialien, den Gebläsen und der Roheisenerzeugung enthaltend, Berlin 1833.
Hartmann, Carl: Practische Eisenhüttenkunde, oder systematische Beschreibung des Verfahrens bei der Roheisenerzeugung und der Stabeisenfabrication nebst Angaben über die Anlage und den Betrieb von Eisenhütten, Bd. 1, Weimar 1839.
Hartmann, Carl: Practische Eisenhüttenkunde, oder systematische Beschreibung des Verfahrens bei der Roheisenerzeugung, der Stabeisenfabrication, dem Giessereibetriebe und der Stahlbereitung nebst Angaben über die Anlage und den Betrieb von Eisenhütten, Bd. 3, Weimar 1843.
Hartmann, Carl: Practische Eisenhüttenkunde, oder systematische Beschreibung des Verfahrens bei der Roheisenerzeugung, der Stabeisenfabrication, dem Giessereibetriebe und der Stahlbereitung nebst Angaben über die Anlage und den Betrieb von Eisenhütten, Bd. 4, Weimar 1846.
Hartmann, Carl: Handbuch der Bergbau- und Hüttenkunde, oder die Aufsuchung, Gewinnung und Zugutemachung der Erze, der Stein- und Braunkohlen und anderer Mineralien. Eine Encyklopädie der Bergwerkskunde, Weimar 1858.
Heaton's Stahlfrischproceß mit Anwendung von Natronsalpeter, in: Polytechnisches Journal 190 (1868), S. 465-472.
Jaeger, J.: Technische und praktische Gesichtspunkte bei rationeller Anlage und dem Abbau eines Steinbruches im allgemeinen, in: Der Steinbruch 1 (1906), S. 235-236.
Jahresberichte der Beauftragten der Steinbruchs-Berufsgenossenschaft für 1895, in: Monatsschrift für die Steinbruchs-Berufsgenossenschaft 11 (1896), Nr. 7, S. 71-72.
Janoyer: Ueber den Einfluß der Beschickung auf die Festigkeit des Roheisens, in: Polytechnisches Journal 141 (1856), S. 104-109.

Kaiserliches Statistisches Amt (Hg.): Die Volkszählung im Deutschen Reich am 1. Dezember 1880, Berlin 1883.
Karsten, Carl Johann Bernhard: Handbuch der Eisenhüttenkunde, Bd. 2. Von den Eisenerzen, von den Brennmaterialien und von den Gebläsen (3. Aufl.), Berlin 1841.
Karsten, Carl Johann Bernhard: Handbuch der Eisenhüttenkunde, Bd. 3. Roheisenerzeugung, Umschmelzung des Roheisens und Gießereibetrieb (3. Aufl.), Berlin 1841.
Katalog der Provinzial-Gewerbe-Ausstellung für Rheinland und Westphalen in Düsseldorf, Düsseldorf 1852.
Kerl, Bruno: Handbuch der metallurgischen Hüttenkunde zum Gebrauche bei Vorlesungen und zum Selbststudium, Bd. 1, Freiberg 1855.
Kerl, Bruno: Handbuch der metallurgischen Hüttenkunde zum Gebrauche bei Vorlesungen und zum Selbststudium, Bd. 3, Leipzig 1864.
Kohn, Ferdinand: Ueber das Heaton'sche Verfahren zur Stahlfabrication, in: Polytechnisches Journal 191 (1869), S. 459-463.
Kollmann, Friedrich: Die Erzlagerstätten für Thomas-Roheisen in Hannover und Braunschweig, in: Stahl und Eisen 6 (1886), Nr. 12, S. 787-788.
Königliches Statistisches Bureau: Gemeindelexikon für die Provinz Rheinland. Auf Grund der Materialien der Volkszählung vom 1. Dezember 1885 und anderer amtlicher Quellen, Berlin 1888.
L.: Thomas- und Martinswerke, in: Stahl und Eisen 6 (1886), Nr. 10, S. 656-667.
Landesplanungsverband Düsseldorf: Bericht über das erste Geschäftsjahr des Landesplanungsverbandes Düsseldorf 1925/26, Berlin 1926.
Laubenheimer, A.: Ueber die Eisenwerke in Süd-Wales, in: Polytechnisches Journal 97 (1845), S. 105-124.
Leonhard, Carl Cäsar: Lehrbuch der Geognosie und Geologie (2. Aufl.), Stuttgart 1846.
List, K.: Geschichtlicher Rückblick auf die Versuche der Entphosphorung des Eisens, in: Zeitschrift des Vereins Deutscher Ingenieure 23 (1879), S. 267-288.
Lohmar, Paul: Unfallhäufigkeit und Unfallverhütung in der Sektion IV (Köln) der Steinbruchs-Berufsgenossenschaft, in: Monatsschrift für die Steinbruchs-Berufsgenossenschaft 11 (1896), Nr. 8, S. 80-81.
Ludowigs, Paul: Was kann die deutsche Kalkindustrie in ihren Rationalisierungsbestrebungen von Amerika lernen?, in: Tonindustrie-Zeitung 53 (1929), S. 543-545.
Massenez, Josef: Die Hochofen- und Walzanlage Phoenix zu Laar bei Ruhrort, in: Die baulichen Anlagen auf den Berg-, Hütten- und Salinenwerken in Preussen 3 (1864), Nr. 1, S. 1-14.
Massenez, Josef: Fortschritte in der Fabrication von basischen Ziegeln und basischen Ofenausfütterungen, in: Stahl und Eisen 1 (1881), S. 98-100.

Mischler, Peter: Das deutsche Eisenhüttengewerbe vom Standpunkte der Staatswirthschaft, Stuttgart 1852.
Mittheilungen, in: Der Berggeist 14 (1869), S. 449.
Monatsschrift für die Steinbruchs-Berufsgenossenschaft 1 (1886), Nr. 4.
Müller, Friedrich: Die Entphosphorung des Eisens im basischen Converter, in: Annalen für Gewerbe und Bauwesen 7 (1880), S. 273-282.
Mülmann, Otto von: Statistik des Regierungs-Bezirkes Düsseldorf, Iserlohn 1867.
Mülmann, Otto von: Statistik des Regierungs-Bezirkes Düsseldorf, Bd. 2, Teil 2, Iserlohn 1867.
Murchison, Roderick Impey/Sedgwick, Adam: On the Distribution and Classification of the Older or Palæozoic Deposits of the North of Germany and Belgium, and their Comparison with Formations of the Same Age in the British Isles, in: Transactions of the Geological Society of London 6 (1842), Nr. 2, S. 221-301.
Murchison, Roderick Impey/Sedgwick, Adam: Ueber die älteren oder Paläozoischen Gebilde im Norden von Deutschland und Belgien verglichen mit Formationen desselben Alters in Großbritannien, Stuttgart 1844.
Naturschutzverein Neandertal e.V.: Bericht des geschäftsführenden Vorstandes des Naturschutzvereins Neandertal e.V. über das Geschäftsjahr 1930.
Neue Konstruktionen in Hebezeugen, Transportanlagen und Kraftmaschinen etc., in: Der Steinbruch 7 (1912), S. 607-632.
Nöggerath, Jakob: Das Gebirge in Rheinland-Westphalen nach mineralogischem und chemischem Bezuge, Bd. 2, Bonn 1823.
Oechelhäuser, Wilhelm: Denkschrift über den Vertrag des Zollvereins mit Belgien und die Lage der vereinsländischen Eisenindustrie im Auftrag der am 5. Mai zu Kassel versammelten Vertreter der vereinsländischen Eisenindustrie, Frankfurt a.M. 1851.
Oechelhäuser, Wilhelm: Die Eisenindustrie des Zollvereins in ihrer neuen Entwicklung, Duisburg 1855.
Paeckelmann, Wolfgang: Naturdenkmäler, in: Mitteilungen des Rheinischen Vereins für Denkmalpflege und Heimatschutz 4 (1910), S. 119-128.
Phoenix AG: Bericht über das Geschäftsjahr 1920/21.
Popp: Der gegenwärtige Stand der Unfallverhütung in Steinbrüchen und Gräbereien, in: Eisentraeger, August (Hg.): Taschenbuch für die Stein- und Zementindustrie, Berlin 1902, S. 128-148.
Popp: Schnür-, Kessel- und Lassenschießen, in: Eisentraeger, August (Hg.): Taschenbuch für die Stein- und Zementindustrie, Berlin 1905, S. 257-259.
Rein, Richard: Das Naturschutzgebiet Neandertal, in: Mitteilungen des Rheinischen Vereins für Denkmalpflege und Heimatschutz 18 (1925), S. 162-174.
Rein, Richard: Führer durch das Naturschutzgebiet Neandertal, 1934.
Rheinische Stahlwerke AG: Bericht des Vorstandes, 1892.
Rheinische Stahlwerke AG: Bericht des Vorstandes für das Geschäftsjahr 1897/1898.

Rheinisch-Westfälische Kalkwerke AG: Bericht über das Geschäftsjahr 1887/1888.
Rheinisch-Westfälische Kalkwerke AG: Bericht über das Geschäftsjahr 1889/1890.
Rheinisch-Westfälische Kalkwerke AG: Bericht über das Geschäftsjahr 1890/1891.
Rheinisch-Westfälische Kalkwerke AG: Bericht über das Geschäftsjahr 1892/1893.
Rheinisch-Westfälische Kalkwerke AG: Bericht über das Geschäftsjahr 1895/1896.
Rheinisch-Westfälische Kalkwerke AG: Festschrift zur Feier des 25jährigen Bestehens der A.G. Rheinisch-Westfälische Kalkwerke Dornap, Berlin 1912.
Rheinisch-Westfälische Kalkwerke AG: Geschäfts-Bericht für das Jahr 1912/1913.
Roemer, Carl Ferdinand: Das Rheinische Übergangsgebirge. Eine paläontologisch-geognostische Darstellung, Hannover 1844.
Rothkegel, Walter: Die Kaufpreise für ländliche Besitzungen im Königreich Preußen von 1895-1906, Leipzig 1910.
Schimmelbusch, Julius: Die Werke des Bergischen Gruben- und Hüttenvereins, in: Berg- und Hüttenmännische Zeitung 15 (1856), Nr. 50, S. 417-419.
Schulze-Naumburg, Paul: Naturschutz und Industrie, in: Beiträge zur Naturdenkmalpflege 10 (1926), S. 498-513.
Spielberg, W.: Versorgung der Steinbruchbetriebe mit Sprengstoffen im Kriege, in: Tonindustrie-Zeitung 40 (1916), S. 393-394.
Spielmann, Alexander: Ueber Sprengarbeit in den Betrieben der Ton-, Zement-, und Kalkindustrie, in: Zeitschrift für das gesamte Schiess- und Sprengstoffwesen 8 (1913), S. 385-387.
Statistik der entschädigungspflichtigen Unfälle der Steinbruchs-Berufsgenossenschaft vom 1. Oktober 1885 bis ult. Juli 1886, in: Monatsschrift für die Steinbruchs-Berufsgenossenschaft 1 (1886), Nr. 4, S. 20-21.
Statistik der entschädigungspflichtigen Unfälle der Steinbruchs-Berufsgenossenschaft; Das Verhältniß der genossenschaftlichen Unfallverhütungsvorschriften zu den Polizeivorschriften, in: Monatsschrift für die Steinbruchs-Berufsgenossenschaft 2 (1887), Nr. 3, S. 13.
Stenographisches Protokoll der General-Versammlung das Vereins deutscher Eisenhüttenleute vom 11. December 1881, in: Stahl und Eisen 2 (1882), Nr. 1, S. 1-26.
Steuer, A.: Der Wert geologischer Untersuchungen in der Steinbruchindustrie, in: Der Steinbruch 5 (1910), S. 198-200.
Thieblemont: Ueber die Erzeugung von Stabeisen und Stahl aus phosphorhaltigem Roheisen, in: Polytechnisches Journal 218 (1875), S. 433-437.
Thomas, Sidney G./Gilchrist, Percy C.: Die Stahlerzeugung aus phosphorhaltigem Roheisen, in: Stahl und Eisen 2 (1882), Nr. 7, S. 294-302.
Topographische Karte 1:25.000, Blatt Elberfeld, 1894.
Ueber die Anwendung von gebranntem Kalk anstatt Kalksteins in den Hohöfen, in: Polytechnisches Journal 119 (1851), S. 353-355.

Ueber die Frage des Abbaues mit großen oder kleinen Schüssen, in: Der Steinbruch 6 (1911), S. 463-464.
Uebersicht der Production des Bergwerks-, Steinbruchs-, Hütten- und Salinen-Betriebes in der Preussischen Monarchie, 1842.
Uebersicht über die entschädigungspflichtigen Unfälle im Jahre 1898, in: Der Steinarbeiter 3 (1899), Nr. 23.
Versammlungsberichte. Bergische Dolomit- und Weißkalkwerke A.-G., in: Tonindustrie-Zeitung 29 (1905), S. 15.
Verwaltungsbericht des Vorstandes der Steinbruchs-Berufsgenossenschaft für das Rechnungsjahr 1903, Berlin 1904.
Verwaltungsbericht des Vorstandes der Steinbruchs-Berufsgenossenschaft für das Rechnungsjahr 1925, Berlin 1926.
Vogt, Carl/Flad, Alois/Dilger, Johann Baptist: Lehrbuch der Geologie und Petrefactenkunde. Theilweise nach Elie de Beaumont's Vorlesungen an der Ecole des Mines, Braunschweig 1846.
Vogt, Carl: Lehrbuch der Geologie und Petrefactenkunde. Theilweise nach Elie de Beaumont's Vorlesungen an der Ecole des Mines (2. Aufl.), Braunschweig 1854.
Wedding, Hermann: Grundriss der Eisenhüttenkunde, Berlin 1871.
Wedding, Hermann: Grundriss der Eisenhüttenkunde (2. Aufl.), Berlin 1880.
Wedding, Hermann: Der basische Bessemer- oder Thomas-Process. Erster Ergänzungsband zu dem ausführlichen Handbuch der Eisenhüttenkunde, Braunschweig 1884.
Wedding, Hermann: Fortschritte des deutschen Eisenhüttenwesens seit 1876, in: Stahl und Eisen 10 (1890), S. 927-947.
Wedding, Hermann: Ausführliches Handbuch der Eisenhüttenkunde, Bd. 2, Braunschweig 1902.
Zeitlohn oder Stücklohn, in: Der Steinarbeiter 3 (1899), Nr. 28.
Zur Schußdeckungsfrage, in: Monatsschrift für die Steinbruchs-Berufsgenossenschaft 3 (1888), Nr. 3, S. 18-19.
Zusammenstellung der Unfälle und ihrer Belastung für die einzelnen Betriebsgruppen. Unfälle aus 1886, in: Monatsschrift für die Steinbruchs-Berufsgenossenschaft 3 (1888), Nr. 4, S. 28-29.

Literaturverzeichnis

50 Jahre Betriebsabteilung Schlupkothen der Rheinische Kalksteinwerke GmbH., Wülfrath, Düsseldorf 1948.
100 Jahre RWK, Wuppertal-Dornap 1987.

EU Commission Ad hoc Working Group on Defining Critical Raw Materials: Report on Critical Raw Materials, 2010.

EU Commission Ad hoc Working Group on Defining Critical Raw Materials: Report on Critical Raw Materials for the EU, 2014.

Adriaanse, Albert u.a.: Stoffströme. Die materielle Basis von Industriegesellschaften, Berlin 1998.

Akong, Charles: Reframing Matter. Towards a Material-Discursive Framework for Africa's Minerals, in: The Extractive Industries and Society 7 (2020), S. 461-469.

Albrecht, Helmuth (Hg.): Kalk und Zement in Württemberg. Industriegeschichte an Südrand der Schwäbischen Alb, Ubstadt-Weiher 1991.

Allen, Robert C.: The British Industrial Revolution in Global Perspective, Cambridge 2009.

Andersen, Arne: Arbeiterschutz in Deutschland im 19. und frühen 20. Jahrhundert, in: Archiv für Sozialgeschichte 31 (1991), S. 61-83.

Andersen, Arne/Ott, René: Risikoperzeption im Industrialisierungszeitalter am Beispiel des Hüttenwesens, in: Archiv für Sozialgeschichte 28 (1988), S. 75-109.

Andersson, Patrik: Chinese Assessments of »Critical« and »Strategic« Raw Materials. Concepts, Categories, Policies, and Implications, in: The Extractive Industries and Society 7 (2020), S. 127-137.

Andrews, Thomas G.: Killing for Coal. America's Deadliest Labor War, Cambridge, Mass. 2008.

Andrews, Thomas G.: Work, Nature, and History. A Single Question, that Once Moved Like Light, in: Isenberg, Andrew C. (Hg.): The Oxford Handbook of Environmental History, New York 2014, S. 425-466.

Appadurai, Arjun (Hg.): The Social Life of Things. Commodities in Cultural Perspective, Cambridge 1988.

Arnold, Paul: Die Kalkindustrie am Nordrand des Rheinischen Schiefergebirges, Bonn 1961.

Ayaß, Wolfgang: Einleitung, in: Born, Karl Erich/Henning, Hansjoachim/Tennstedt, Florian (Hg.): Arbeiterschutz (=Quellensammlung zur Geschichte der deutschen Sozialpolitik, 1867-1914, II. Abteilung, Bd. 3), Darmstadt 1998, S. XIX-LII.

Ayaß, Wolfgang: Einleitung, in: Henning, Hansjoachim/Tennstedt, Florian (Hg.): Die Revision der Unfallversicherungsgesetze und die Praxis der Unfallversicherung (=Quellensammlung zur Geschichte der deutschen Sozialpolitik, 1867-1914, III. Abteilung, Bd. 2), Darmstadt 2009, S. XV-XLII.

Badia-Miró, Marc/Pinilla, Vicente/Willebald, Henry (Hg.): Natural Resources and Economic Growth. Learning from History, New York 2015.

Bähr, Johannes/Banken, Ralf/Flemming, Thomas: Die MAN. Eine deutsche Industriegeschichte, München 2008.

Banken, Ralf: The Diffusion of Coke Smelting and Puddling in Germany, 1796-1860, in: Evans, Chris/Ryden, Göran (Hg.): The Industrial Revolution in Iron. The Impact of British Coal Technology in Nineteenth-Century Europe, Aldershot 2005, S. 55-73.

Banken, Ralf/Marx, Christian: Knowledge Transfer in the Industrial Age. The Case of Gutehoffnungshütte, 1810-1945, in: Jahrbuch für Wirtschaftsgeschichte 56 (2015), Nr. 1, S. 197-225.

Barad, Karen: Agentieller Realismus. Über die Bedeutung materiell-diskursiver Praktiken, Berlin 2012.

Barbier, Edward: Scarcity and Frontiers. How Economies Have Developed Through Natural Resource Exploitation, Cambridge 2011.

Bartels, Christoph: Schieferdörfer. Dachschieferbergbau im Linksrheingebiet vom Ende des Feudalzeitalters bis zur Weltwirtschaftskrise (1790-1929), Pfaffenweiler 1986.

Bauer, Alfred: Ländliche Gesellschaft und Agrarwirtschaft im Hunsrück zwischen Tradition und Innovation, 1870-1914, Trier 2009.

Bauert-Keetman, Ingrid: Geschichte der Rheinisch-Westfälischen Kalkwerke (unveröffentlichtes Manuskript), o.D.

Bayerl, Günter: Prolegomenon der »Großen Industrie«. Der technisch-ökonomische Blick auf die Natur im 18. Jahrhundert, in: Abelshauser, Werner (Hg.): Umweltgeschichte. Umweltverträgliches Wirtschaften in historischer Perspektive, Göttingen 1994, S. 29-56.

Bayerl, Günter/Maier, Dirk (Hg.): Die Niederlausitz vom 18. Jahrhundert bis heute. Eine gestörte Kulturlandschaft?, Münster 2002.

Beattie, James/Melillo, Edward D./O'Gorman, Emily (Hg.): Eco-Cultural Networks and the British Empire. New Views on Environmental History, London 2015.

Beckert, Sven: King Cotton. Eine Geschichte des globalen Kapitalismus, München 2014.

Beckmann, Dieter: Die Entwicklung der Kalkindustrie im Bergisch-Märkischen Raum. Eine wirtschaftsgeographische Skizze, in: ders./Knübel, Hans (Hg.): Beiträge zur Landeskunde des Bergisch-Märkischen Raumes, Wuppertal 1981, S. 187-224.

Bekasova, Alexandra: From Common Rocks to Valuable Industrial Resources. Limestone in Nineteenth-Century Russia, in: The Extractive Industries and Society 7 (2020), S. 8-19.

Belliger, Andréa/Krieger, David J. (Hg.): ANThology. Ein einführendes Handbuch zur Akteur-Netzwerk-Theorie, Bielefeld 2006.

Bennett, Jane: Vibrant Matter. A Political Ecology of Things, Durham 2010.

Bennett, Tony/Joyce, Patrick (Hg.): Material Powers. Cultural Studies, History and the Material Turn, Milton Park u.a. 2010.

Berghoff, Hartmut: Moderne Unternehmensgeschichte. Eine themen- und theorieorientierte Einführung, Paderborn 2004.

Berghoff, Hartmut/Mutz, Mathias: Missing Links? Business History and Environmental Change, in: Jahrbuch für Wirtschaftsgeschichte (2009), Nr. 2, S. 9-22.

Berghoff, Hartmut/Rome, Adam (Hg.): Green Capitalism? Business and the Environment in the Twentieth Century, Philadelphia 2017.

Berndt, Uwe: Im Dienst der Kalkindustrie. Transportbahnen in Hochdahl und Umgebung, Erkrath 2017.

Bernhardt, Christoph: Path-Dependency and Trajectories, in: Haumann, Sebastian/Knoll, Martin/Mares, Detlev (Hg.): Concepts of Urban-Environmental History, Bielefeld 2020, S. 65-77.

Beyer, Burkhard: Die frühe Eisen- und Stahlindustrie im Ruhrgebiet. Standortbedingungen und technische Entwicklungen bis 1850, in: Rasch, Manfred/Bleidick, Dietmar (Hg.): Technikgeschichte im Ruhrgebiet – Technikgeschichte für das Ruhrgebiet, Essen 2004, S. 559-577.

Bleidick, Dietmar: Zur Einführung des Thomas-Verfahrens in Deutschland, in: Rasch, Manfred (Hg.): Das Thomas-Verfahren in Europa. Entstehung – Entwicklung – Ende, Essen 2009, S. 50-112.

Bleidick, Dietmar: Bergtechnik im 20. Jahrhundert. Mechanisierung in Abbau und Förderung, in: Ziegler, Dieter (Hg.): Rohstoffgewinnung im Strukturwandel. Der deutsche Bergbau im 20. Jahrhundert (=Geschichte des deutschen Bergbaus, Bd. 4), Münster 2013, S. 355-411.

Blengini, G.A./Blagoeva, D./Dewulf, J. u.a.: Assessment of the Methodology for Establishing the EU List of Critical Raw Materials. Background Report, Luxemburg 2017.

Bluma, Lars/Uhl, Karsten (Hg.): Kontrollierte Arbeit – disziplinierte Körper? Zur Sozial- und Kulturgeschichte der Industriearbeit im 19. und 20. Jahrhundert, Bielefeld 2012.

Böschen, Stefan/Reller, Armin/Soentgen, Jens: Stoffgeschichten. Eine neue Perspektive für transdisziplinäre Umweltforschung, in: Gaia 13 (2004), S. 19-25.

Bonneuil, Christophe/Fressoz, Jean-Baptiste: The Shock of the Anthropocene. The Earth, History and Us, London 2017.

Bown, Stephen R.: A Most Damnable Invention. Dynamite, Nitrates, and the Making of the Modern World, New York 2005.

Boyer, Josef: Unfallversicherung und Unternehmer im Bergbau. Die Knappschafts-Berufsgenossenschaft, 1885-1945, München 1995.

Brandes, Sören/Zierenberg, Malte: Doing Capitalism. Praxelogische Perspektiven, in: Mittelweg 36 26 (2017), S. 3-24.

Breckle, Reiner/Grote, Henning: Sprengen – Brechen – Mahlen. Die Technologie der Kalk- und Zementherstellung, in: Albrecht, Helmuth (Hg.): Kalk und Zement in Württemberg. Industriegeschichte an Südrand der Schwäbischen Alb, Ubstadt-Weiher 1991, S. 58-100.

Brendecke, Arndt (Hg.): Praktiken der Frühen Neuzeit. Akteure – Handlungen – Artefakte, Köln 2015.

Brock, William H.: Viewegs Geschichte der Chemie, Braunschweig 1997.

Brose, Eric Dorn: The Politics of Technological Change in Prussia. Out of the Shadow of Antiquity, 1809-1848, Princeton, NJ 1993.

Brüggemeier, Franz-Josef: »Wo der Märker Eisen reckt und streckt«. Umweltprobleme durch die Hörder Eisen- und Stahlindustrie im 19. und frühen 20. Jahrhundert, in: Dascher, Ottfried (Hg.): Die Eisen- und Stahlindustrie im Dortmunder Raum. Wirtschaftliche Entwicklung, soziale Strukturen und technologischer Wandel im 19. und 20. Jahrhundert, Dortmund 1992, S. 117-134.

Brüggemeier, Franz-Josef: Eine Kränkung des Rechtsgefühls? Soziale Frage, Umweltprobleme und Verursacherprinzip im 19. Jahrhundert, in: Abelshauser, Werner (Hg.): Umweltgeschichte. Umweltverträgliches Wirtschaften in historischer Perspektive, Göttingen 1994, S. 106-142.

Brüggemeier, Franz-Josef: A Nature Fit for Industry. The Environmental History of the Ruhr Basin 1940-1990, in: Environmental History Review 18 (1994), S. 35-54.

Brüggemeier, Franz-Josef: Das unendliche Meer der Lüfte. Luftverschmutzung, Industrialisierung und Risikodebatten im 19. Jahrhundert, Essen 1996.

Brüggemeier, Franz-Josef: Schranken der Natur. Umwelt und Gesellschaft, 1750-2013, Essen 2014.

Brüggemeier, Franz-Josef: Grubengold. Das Zeitalter der Kohle von 1750 bis heute, 2018.

Brüggemeier, Franz-Josef/Rommelspacher, Thomas: Blauer Himmel über der Ruhr. Geschichte der Umwelt im Ruhrgebiet, 1840-1990, Essen 1992.

Büschenfeld, Jürgen: Flüsse und Kloaken. Umweltfragen im Zeitalter der Industrialisierung (1870-1918), Stuttgart 1997.

Burhop, Carsten: Wirtschaftsgeschichte des Kaiserreichs 1871-1918, Göttingen 2011.

Busch, Johann Rainer/Deilmann, Hans Günter: Prinz-Wilhelm-Eisenbahn. Die erste Eisenbahn-Aktiengesellschaft auf deutschem Boden, Essen 1992.

Chakrabarty, Dipesh: Anthropocene Time, in: History and Theory 57 (2018), S. 5-32.

Cohen, Benjamin R.: Surveying Nature. Environmental Dimensions of Virginia's First Scientific Survey, 1835-1842, in: Environmental History 11 (2006), S. 37-69.

Coole, Diana H./Frost, Samantha (Hg.): New Materialisms. Ontology, Agency, and Politics, Durham 2010.

Cronon, William: Nature's Metropolis. Chicago and the Great West, New York 1991.

Cutcliffe, Stephen H./Reuss, Martin (Hg.): The Illusory Boundary. Environment and Technology in History, Charlottesville 2010.

Cutter, Susan L. (Hg.): Hazards, Vulnerability and Environmental Justice, London 2006.

Dascher, Ottfried: Die Eisen- und Stahlindustrie des Dortmunder Raumes, 1847-1873. Entstehung und Gründerjahre, in: ders. (Hg.): Die Eisen- und Stahlindustrie im Dortmunder Raum. Wirtschaftliche Entwicklung, soziale Strukturen und technologischer Wandel im 19. und 20. Jahrhundert, Dortmund 1992, S. 65-80.

Daston, Lorraine: Wunder, Beweise und Tatsachen. Zur Geschichte der Rationalität, Frankfurt a.M. 2001.

Davies, Jeremy: The Birth of the Anthropocene, Oakland 2016.

Dietrich, Christopher R.W.: Oil Revolution. Sovereign Rights and the Economic Culture of Decolonization, Cambridge 2017.

Eggerath, Hanna: Das Areal Karskalkofen in Hochdahl (unveröffentlichtes Manuskript), Erkrath 2006.

Eggerath, Hanna: Die Schmalspurbahn in Hochdahl (unveröffentlichtes Manuskript), Erkrath 2006.

Eggerath, Hanna: Im Gesteins. Das Neandertal vor der Entdeckung des Neandertalers, in: Journal. Jahrbuch des Kreises Mettmann 29 (2009), S. 73-80.

Eggerath, Hanna/Rose, Anton: Im Gesteins. Das ursprüngliche Neandertal in Bildern des 19. Jahrhunderts, Köln 1996.

Epple, Moritz/Zittel, Claus (Hg.): Science as Cultural Practice, Bd. 1. Cultures and Politics of Research from the Early Modern Period to the Age of Extremes, Berlin 2010.

Espahangizi, Kijan: Stofftrajektorien. Die kriegswirtschaftliche Mobilmachung des Rohstoffs Bor, 1914-1919 (oder: was das Reagenzglas mit Sultan Tschair verbindet), in: ders./Orland, Barbara (Hg.): Stoffe in Bewegung. Beiträge zu einer Wissensgeschichte der materiellen Welt, Zürich 2014, S. 173-207.

Espahangizi, Kijan/Orland, Barbara: Pseudo-Smaragde, Flussmittel und bewegte Stoffe. Überlegungen zu einer Wissensgeschichte der materiellen Welt, in: dies. (Hg.): Stoffe in Bewegung. Beiträge zu einer Wissensgeschichte der materiellen Welt, Zürich 2014, S. 11-35.

Evans, Chris/Ryden, Göran (Hg.): The Industrial Revolution in Iron. The Impact of British Coal Technology in Nineteenth-Century Europe, Aldershot 2005.

Exner, Andreas/Held, Martin/Kümmerer, Klaus (Hg.): Kritische Metalle in der Großen Transformation, Berlin 2016.

Fear, Jeffrey R.: Organizing Control. August Thyssen and the Construction of German Corporate Management, Cambridge, Mass. 2005.

Feldenkirchen, Wilfried: Zum Einfluss der Standortfaktoren auf die Eisen- und Stahlindustrie des Ruhrgebiets (bis 1914), in: Blaich, Fritz (Hg.): Entwicklungsprobleme einer Region. Das Beispiel Rheinland und Westfalen im 19. Jahrhundert, Berlin 1981, S. 47-87.

Feldenkirchen, Wilfried: Die Eisen- und Stahlindustrie des Ruhrgebiets, 1879-1914. Wachstum, Finanzierung und Struktur ihrer Großunternehmen, Wiesbaden 1982.

Felten, Sebastian: Wie fest ist das Gestein? Extraktion von Arbeiterwissen im Bergbau des 18. Jahrhunderts, in: WerkstattGeschichte 81 (2020), S. 15-36.

Fertig, Georg: Zwischen Xenophobie und Freundschaftspreis. Landmarkt und familiäre Beziehungen in Westfalen, 1830-1866, in: Jahrbuch für Wirtschaftsgeschichte (2005), Nr. 1, S. 53-76.

Fertig, Georg: Äcker, Wirte, Gaben. Ländlicher Bodenmarkt und liberale Eigentumsordnung im Westfalen des 19. Jahrhunderts, Berlin 2007.

Fischer, Georg: Globalisierte Geologie. Eine Wissensgeschichte des Eisenerzes in Brasilien (1876-1914), Frankfurt a.M. 2017.

Fischer, Wolfram: Wirtschaft und Gesellschaft im Zeitalter der Industrialisierung. Aufsätze, Studien, Vorträge, Göttingen 1972.

Flanagan, Maureen A.: Environmental Justice in the City. A Theme for Urban Environmental History, in: Environmental History 5 (2000), S. 159-164.

Frehner, Brian: Finding Oil. The Nature of Petroleum Geology, 1859-1920, Lincoln 2011.

Fremdling, Rainer: Eisenbahnen und deutsches Wirtschaftswachstum, 1840-1879. Ein Beitrag zur Entwicklungstheorie und zur Theorie der Infrastruktur, Dortmund 1975.

Fremdling, Rainer: Modernisierung und Wachstum der Schwerindustrie in Deutschland, 1830-1860, in: Geschichte und Gesellschaft 5 (1979), S. 201-227.

Fremdling, Rainer: Technologischer Wandel und internationaler Handel im 18. und 19. Jahrhundert. Die Eisenindustrien in Großbritannien, Belgien, Frankreich und Deutschland, Berlin 1986.

Fremdling, Rainer: Transfer Patterns of British Technology to the Continent. The Case of the Iron Industry, in: European Review of Economic History 4 (2000), S. 195-222.

Fremdling, Rainer: European Iron Industry from the Late 17th to the Middle of the 19th Century. The Struggle Between an »Advanced Organic Economy« (Based on Wood) and a »Mineral-Based Energy Economy« (Based on Coal), in: Hardach, Karl (Hg.): Internationale Studien zur Geschichte von Wirtschaft und Gesellschaft, Frankfurt a.M. 2012, S. 211-227.

Fritscher, Bernhard: Vulkane und Hochöfen. Zur Rolle metallurgischer Erfahrungen bei der Entwicklung der experimentellen Petrologie, in: Technikgeschichte 60 (1993), S. 27-43.

Fritscher, Bernhard: Geowissenschaften und Moderne. Studien zur Kulturgeschichte der Mineralogie und chemischen Geologie (1848-1926), Habil.-Schr., München 1998.

Fritscher, Bernhard: Erdgeschichtsschreibung als montanistische Praxis. Zum nationalen Stil einer »preußischen Geognosie«, in: Schleiff, Hartmut/Konecny, Peter (Hg.): Staat, Bergbau und Bergakademie. Montanexperten im 18. und frühen 19. Jahrhundert, Stuttgart 2013, S. 205-229.

Füssel, Marian: Praktiken historisieren. Geschichtswissenschaft und Praxistheorie im Dialog, in: Schäfer, Franka/Daniel, Anna/Hillebrandt, Frank (Hg.): Methoden einer Soziologie der Praxis, Bielefeld 2015, S. 267-287.

Füssel, Marian: Praxeologische Perspektiven in der Frühneuzeitforschung, in: Brendecke, Arndt (Hg.): Praktiken der Frühen Neuzeit. Akteure – Handlungen – Artefakte, Köln 2015, S. 21-33.

Gall, Lothar: Krupp. Der Aufstieg eines Industrieimperiums, Berlin 2000.

Gathen, Günter von der: Kalkindustrie und Eisen- und Stahlindustrie in Nordrhein-Westfalen. Ihre Verflechtung und deren Geschichte, Köln 1955.

Geyssant, Jacques: Geologie des Calciumcarbonats, in: Tegethoff, F. Wolfgang (Hg.): Calciumcarbonat. Von der Kreidezeit ins 21. Jahrhundert, Basel 2001, S. 1-51.

Giddens, Anthony: The Constitution of Society. Outline of the Theory of Structuration, Cambridge 1984.

Gilhaus, Ulrike: »Schmerzenskinder der Industrie«. Umweltverschmutzung, Umweltpolitik und sozialer Protest im Industriezeitalter in Westfalen, 1845-1914, Paderborn 1995.

Graf, Rüdiger: Öl und Souveränität. Petroknowledge und Energiepolitik in den USA und Westeuropa in den 1970er Jahren, Berlin 2014.

Grewe, Bernd-Stefan: »Man sollte sehen und weinen!« Holznotalarm und Waldzerstörung vor der Industrialisierung, in: Uekötter, Frank (Hg.): Wird Kassandra heiser? Die Geschichte falscher Ökoalarme, Stuttgart 2004, S. 24-40.

Grewe, Bernd-Stefan: Global Commodities and Commodity Chains, in: Tirthankar, Roy/Riello, Giorgio (Hg.): Global Economy History, London 2019, S. 215-228.

Grindle, Roger L.: The Maine Lime Industry. A Study in Business History, 1880-1900, Ann Arbor 1971.

Guntau, Martin: Geologische Institutionen und staatliche Initiativen in der Geschichte, in: Büttner, Manfred (Hg.): Geosciences/Geowissenschaften. Proceedings of the Symposium of the XVIIIth International Congress of History of Science, III. Teil, Bochum 1991, S. 229-240.

Haasis, Lucas/Rieske, Constantin (Hg.): Historische Praxeologie. Dimensionen vergangenen Handelns, Paderborn 2015.

Haasis, Lucas/Rieske, Constantin: Historische Praxeologie. Eine Einführung, in: dies. (Hg.): Historische Praxeologie. Dimensionen vergangenen Handelns, Paderborn 2015, S. 7-54.

Hahn, Hans Peter/Soentgen, Jens: Acknowledging Substances. Looking at the Hidden Side of the Material World, in: Philosophy and Technology 24 (2011), S. 19-33.

Haller, Lea/Höhler, Sabine/Westermann, Andrea: Rechnen mit der Natur. Ökonomische Kalküle um Ressourcen, in: Berichte zur Wissenschaftsgeschichte 37 (2014), Nr. 1, S. 8-19.

Hannig, Nicolai: Die Suche nach Prävention. Naturgefahren im 19. und 20. Jahrhundert, in: Historische Zeitschrift 300 (2015), S. 33-65.

Hannig, Nicolai: Kalkulierte Gefahren. Naturkatastrophen und Vorsorge seit 1800, Göttingen 2019.

Harris, John R.: Skills, Coal and British Industry in the Eighteenth Century, in: History 61 (1976), S. 167-182.

Haumann, Sebastian: Konkurrenz um Kalkstein. Rohstoffsicherung der Montanindustrie und die Dynamik räumlicher Relationen um 1900, in: Jahrbuch für Wirtschaftsgeschichte 57 (2016), Nr. 1, S. 29-58.

Haumann, Sebastian: »Kritische Rohstoffe«, in: Engels, Jens Ivo (Hg.): Was heißt Kritikalität? Zu einem Schlüsselbegriff der Debatte um Kritische Infrastrukturen, Bielefeld 2018, S. 97-122.

Haumann, Sebastian: Towards a Historical Understanding of Critical Raw Materials. Suggestions from a History of Technology Perspective, in: Gaia 27 (2018), S. 373-378.

Haumann, Sebastian: Zwischen »Nachhaltigkeit« und »Anthropozän«. Neue Tendenzen in der Umweltgeschichte, in: Neue Politische Literatur 64 (2019), S. 295-326.

Haus, Rainer: Lothringen und Salzgitter in der Eisenerzpolitik der deutschen Schwerindustrie von 1871-1940, Salzgitter 1991.

Heikaus, Walter: Auf den Spuren der Kalkstraße. Uraltes Kalkgewerbe im ehemaligen Amt Angermund, in: Angerland Jahrbuch 1 (1968), S. 40-55.

Hengartner, Thomas/Merki, Christoph Maria (Hg.): Genussmittel. Ein kulturgeschichtliches Handbuch, Frankfurt a.M.; New York 1999.

Henning, Friedrich-Wilhelm: Deutsche Wirtschafts- und Sozialgeschichte im 19. Jahrhundert (=Handbuch der Wirtschafts- und Sozialgeschichte Deutschlands, Bd. 2), Paderborn 1996.

Hesse, Jan-Otmar: Wirtschaftsgeschichte. Entstehung und Wandel der modernen Wirtschaft, Frankfurt a.M. 2013.

Hillebrandt, Frank: Was ist der Gegenstand einer Soziologie der Praxis?, in: Schäfer, Franka/Daniel, Anna/ders. (Hg.): Methoden einer Soziologie der Praxis, Bielefeld 2015, S. 15-36.

Högselius, Per: The Historical Dynamics of Resource Frontiers, in: NTM 28 (2020), S. 253-266.

Höhler, Sabine: Spaceship Earth in the Environmental Age, 1960-1990, London 2015.

Hofmann, Wolfgang: Bürgerschaftliche Repräsentanz und kommunale Daseinsvorsorge. Studien zur neueren Stadtgeschichte, Stuttgart 2012.

Hohorst, Gerd/Kocka, Jürgen/Ritter, Gerhard A.: Sozialgeschichtliches Arbeitsbuch II. Materialien zur Statistik des Kaiserreichs, 1870-1914, München 1978.

Holtfrerich, Carl Ludwig: Quantitative Wirtschaftsgeschichte des Ruhrkohlenbergbaus im 19. Jahrhundert. Eine Führungssektoranalyse, Dortmund 1973.

Homberg, Frank: Kohlen für Elberfeld. Die Prinz-Wilhelm-Eisenbahn durch Niederberg, in: Romerike Berge 56 (2006), Nr. 1, S. 7-16.

Homberg, Frank: Der Ausbau der Prinz-Wilhelm-Eisenbahn von der Ruhr an die Wupper, in: Romerike Berge 57 (2007), Nr. 3, S. 29-39.

Horstmann, Theo: »Das Rückgrat der wirtschaftlichen und kommunalen Entwicklung«. Anfänge, Entfaltung und Formierung der öffentlichen Stromversorgung im Ruhrgebiet, in: Döring, Peter/ders. (Hg.): Revier unter Strom. Fotografien zur Elektrizitätsgeschichte des Ruhrgebiets, Essen 2010, S. 18-37.

Hoyer, Peter/Köwing, Klaus/Quitzow, Hans Wilhelm/Rabitz, Albrecht/Stadler, Gerhard/Vogler, Hermann: Die Lagerstättenforschung in Nordrhein-Westfalen durch den Geologischen Staatsdienst, in: Fortschritte in der Geologie von Rheinland und Westfalen 23 (1973), S. 135-198.

Hudson, Pat (Hg.): Regions and Industries. A Perspective on the Industrial Revolution in Britain. Cambridge 1989.

Hughes, Thomas P.: The Evolution of Large Technological Systems, in: ders./Bijker, Wiebe/Pinch, Trevor (Hg.): The Social Construction of Technological Systems. New Directions in the Sociology and History of Technology, Cambridge, Mass. 1987, S. 51-82.

Hyde, Charles K.: Technological Change and the British Iron Industry, 1700-1870, Princeton, NJ 1977.

Ingulstad, Mats: The Interdependent Hegemon. The United States and the Quest for Strategic Materials during the Early Cold War, in: International History Review 37 (2015), S. 59-79.

Itzen, Peter/Müller, Simone M.: Risk as a Category of Analysis for a Social History of the Twentieth Century. An Introduction, in: Historical Social Research/Historische Sozialforschung 41 (2016), Nr. 1, S. 7-29.

Jacobs, Meg: Panic at the Pump. The Energy Crisis and the Transformation of American Politics in the 1970s, New York 2017.

Jersch-Wenzel, Stefi/Krengel, Jochen/Martin, Bernd: Die Produktion der deutschen Hüttenindustrie, 1850-1914. Ein historisch-statistisches Quellenwerk, Berlin 1984.

Jørgensen, Dolly/Jørgensen, Finn Arne/Pritchard, Sara B. (Hg.): New Natures. Joining Environmental History with Science and Technology Studies, Pittsburgh, Pa. 2013.

Joyce, Patrick: What is the Social in Social History?, in: Past & Present 206 (2010), S. 213-248.

Kaiser, Marion: »Freilich ist die Industrie oft ein Feind der Romantik – erstere aber gewinnbringend«. Konflikte durch den Kalksteinabbau an der Lahn, in: Der Anschnitt 67 (2015), Nr. 1, S. 15-28.

Kasig, Werner/Weiskorn, Birgit: Zur Geschichte der deutschen Kalkindustrie und ihrer Organisationen, Düsseldorf 1992.

Kirchhelle, Claas: Toxic Tales. Recent Histories of Pollution, Poisoning, and Pesticides (ca. 1800-2010), in: NTM 26 (2018), S. 213-229.

Klaß, Gert von: 50 Jahre Rheinische Kalk-Steinwerke, Wülfrath. Ein Beitrag zur Geschichte der deutschen Kalkindustrie, Darmstadt 1953.

Klein, Ursula: Nützliches Wissen. Die Erfindung der Technikwissenschaften, Göttingen 2016.

Klein, Ursula/Lefèvre, Wolfgang: Materials in Eighteenth-Century Science. A Historical Ontology, Cambridge, Mass. 2007.

Kleinschmidt, Christian: Rationalisierung als Unternehmensstrategie. Die Eisen- und Stahlindustrie des Ruhrgebiets zwischen Jahrhundertwende und Weltwirtschaftskrise, Essen 1993.

Kleinschmidt, Christian: Technik und Wirtschaft im 19. und 20. Jahrhundert, München 2007.

Knaut, Andreas: Die Anfänge des staatlichen Naturschutzes. Die frühe regierungsamtliche Organisation des Natur- und Landschaftsschutzes in Preußen, Bayern und Württemberg, in: Abelshauser, Werner (Hg.): Umweltgeschichte. Umweltverträgliches Wirtschaften in historischer Perspektive, Göttingen 1994, S. 143-162.

Knoll, Martin: Die Natur der menschlichen Welt. Siedlung, Territorium und Umwelt in der historisch-topografischen Literatur der Frühen Neuzeit, Bielefeld 2013.

Knoll, Martin: Nil sub sole novum oder neue Bodenhaftung? Der material turn und die Geschichtswissenschaft, in: Neue Politische Literatur 59 (2014), S. 191-207.

Knowles, Anne Kelly: Mastering Iron. The Struggle to Modernize an American Industry, 1800-1868, Chicago, Ill. 2013.

Koerner, Andreas: Die Phoenixhütte in Borbeck, 1847-1926, in: Beiträge zur Geschichte von Stadt und Stift Essen 109 (1997), S. 9-54.

Köhler, Eva: Rüdersdorf. Die Kalkhauptstadt am Rande Berlins, Berlin 1994.

Kolb, Eberhard: Ökonomische Interessen und politischer Entscheidungsprozeß. Zur Aktivität deutscher Wirtschaftskreise und zur Rolle wirtschaftlicher Erwägungen in der Frage von Annexion und Grenzziehung 1870/71, in: Vierteljahrschrift für Sozial- und Wirtschaftsgeschichte 60 (1973), S. 343-385.

Konersmann, Frank: Von Betriebsgrößen zu Wirtschaftspraktiken. Die Betriebsgrößenfrage in der deutschen Agrar- und Sozialgeschichte, in: Prass, Reiner/Schlumbohm, Jürgen/Béaur, Gérard/Duhamelle, Christophe (Hg.): Länd-

liche Gesellschaften in Deutschland und Frankreich, 18.-19. Jahrhundert, Göttingen 2003, S. 125-143.
König, Wolfgang/Weber, Wolfhard: Netzwerke, Stahl und Strom. 1840 bis 1914, Berlin 1997.
Köstler, Hans Jörg: Die Entphosphorung als Forschungsgebiet (alt-)österreichischer Stahlmetallurgen im letzten Drittel des 19. Jahrhunderts, in: Rasch, Manfred (Hg.): Das Thomas-Verfahren in Europa. Entstehung – Entwicklung – Ende, Essen 2009, S. 214-255.
Krebs, Stefan: Technikwissenschaft als soziale Praxis. Über Macht und Autonomie der Aachener Eisenhüttenkunde, 1870-1914, Stuttgart 2009.
Krengel, Jochen: Die deutsche Roheisenindustrie, 1871-1913. Eine quantitativ-historische Untersuchung, Berlin 1983.
Kroker, Werner: Wege zur Verbreitung technologischer Kenntnisse zwischen Deutschland und England in der zweiten Hälfte des 18. Jahrhunderts, Berlin 1971.
Kühne, Günther: Das deutsche Bergrecht von 1865 bis zur Gegenwart, in: Tenfelde, Klaus/Pierenkemper, Toni (Hg.): Motor der Industrialisierung. Deutsche Bergbaugeschichte im 19. und frühen 20. Jahrhundert, Münster 2016 (= Geschichte des deutschen Bergbaus 3), S. 495-531.
Labanca, Nicola/Pereira, Ângela Guimarães/Watson, Matt u.a.: Transforming Innovation for Decarbonisation? Insights from Combining Complex Systems and Social Practice Perspectives, in: Energy Research & Social Science 65 (2020), DOI: 10.1016/j.erss.2020.101452.
Landes, David S.: The Unbound Prometheus. Technological Change and Industrial Development in Western Europe from 1750 to the Present, Cambridge 1969.
Landwehr, Achim: Raumgestalter. Die Konstitution politischer Räume in Venedig um 1600, in: Martschukat, Jürgen (Hg.): Geschichtswissenschaft und »performative turn«. Ritual, Inszenierung und Performanz vom Mittelalter bis zur Neuzeit, Köln 2003, S. 161-183.
Lange-Kothe, Irmgard: Die ersten Kokshochöfen in Deutschland, besonders im Rheinland und Westfalen, in: Stahl und Eisen 85 (1965), S. 1053-1061.
Langer, Wolfhart: Zur Erforschung der Geologie und Paläontologie Westfalens. Von den Anfängen bis 1900, in: Bartels, Christoph/Feldmann, Reinhard/Oekentorp, Klemens (Hg.): Geologie und Bergbau im rheinisch-westfälischen Raum. Bücher aus der historischen Bibliothek des Landesoberbergamtes Nordrhein-Westfalen in Dortmund, Münster 1994, S. 13-33.
Latour, Bruno: Das Parlament der Dinge. Für eine politische Ökologie, Frankfurt a.M. 2001.
Latour, Bruno: Eine neue Soziologie für eine neue Gesellschaft. Einführung in die Akteur-Netzwerk-Theorie, Frankfurt a.M. 2010.

Leboutte, René: The Industrial Region of Liège in the 19th Century, in: Pierenkemper, Toni (Hg.): Die Industrialisierung europäischer Montanregionen im 19. Jahrhundert, Stuttgart 2002, S. 277-299.

LeCain, Timothy J.: Mass Destruction. The Men and Giant Mines that Wired America and Scarred the Planet, New Brunswick, NJ 2009.

LeCain, Timothy J.: Against the Anthropocene. A Neo-Materialist Perspective, in: International Journal of History, Culture, and Modernity 3 (2015), S. 1-28.

LeCain, Timothy J.: The Matter of History. How Things Create the Past, Cambridge, Mass. 2017.

Lesczenski, Jörg: August Thyssen, 1842-1926. Lebenswelt eines Wirtschaftsbürgers, Essen 2008.

Lipartito, Kenneth: Reassembling the Economic. New Departures in Historical Materialism, in: The American Historical Review 121 (2016), S. 101-139.

Luckin, Bill: Environmental Justice, History and the City. The United States and Britain, 1970-2000, in: Schott, Dieter/Luckin, Bill/Massard-Guilbaud, Geneviève (Hg.): Resources of the City. Contributions to an Environmental History of Modern Europe, Aldershot 2005, S. 230-245.

Lück, Heiner: Die Entwicklung des deutschen Bergrechts und der Bergbaudirektion bis zum Allgemeinen (preußischen) Berggesetz 1865, in: Weber, Wolfhard (Hg.): Salze, Erze und Kohlen. Der Aufbruch in die Moderne im 18. und frühen 19. Jahrhundert (=Geschichte des deutschen Bergbaus, Bd. 2), Münster 2015, S. 111-216.

Lumer, Michael: Faszination Kalk – Begegnung mit einem unbekannten Gestein. Auch im Lintorfer und Ratinger Raum gab es Jahrhunderte lang ein Kalkgewerbe (Schluss), in: Die Quecke (2012), Nr. 82, S. 227-235.

Lusznat, M./Thiermann, A.: Die Entwicklung der geologischen Landesaufnahme in Nordrhein-Westfalen nach 1873, in: Fortschritte in der Geologie von Rheinland und Westfalen 23 (1973), S. 55-102.

Mahlerwein, Gunter: Grundzüge der Agrargeschichte, Bd. 3. Die Moderne, 1880-2010, Köln 2016.

Mai, Gunther: Die Agrarische Transition. Agrarische Gesellschaften in Europa und die Herausforderungen der industriellen Moderne im 19. und 20. Jahrhundert, in: Geschichte und Gesellschaft 33 (2007), S. 471-514.

Maier, Dirk: »Machen Sie der Niederlausitz diese Freude! Sie ist doch schon in der Eiszeit zu kurz gekommen!«. Facetten der Wahrnehmung einer Landschaft seit 1850, in: Bayerl, Günter (Hg.): Die Niederlausitz vom 18. Jahrhundert bis heute. Eine gestörte Kulturlandschaft?, Münster 2002, S. 119-147.

Mariss, Anne: »A World of New Things«. Praktiken der Naturgeschichte bei Johann Reinhold Forster, Frankfurt a.M. 2015.

Marschall, Luitgard/Holdinghausen, Heike: Seltene Erden. Umkämpfte Rohstoffe des Hightech-Zeitalters, München 2017.

Massard-Guilbaud, Geneviève/Rodger, Richard (Hg.): Environmental and Social Justice in the City. Historical Perspectives, Cambridge 2011.

Mathias, Peter: Wer entfesselte Prometheus? Naturwissenschaft und technischer Wandel von 1600 bis 1800, in: Braun, Rudolf/Fischer, Wolfram/Großkreutz, Helmut/Volkmann, Heinrich (Hg.): Industrielle Revolution. Wirtschaftliche Aspekte, Köln 1972, S. 121-138.

Meyer, Torsten: Natur, Technik und Wirtschaftswachstum im 18. Jahrhundert. Risikoperzeptionen und Sicherheitsversprechen, Münster 1999.

McNeill, John R.: Observations on the Nature and Culture of Environmental History, in: History and Theory 42 (2003), S. 5-43.

McShane, Clay/Tarr, Joel: The Horse in the City. Living Machines in the Nineteenth Century, Baltimore 2007.

Meinhold, Klaus-Dieter (Hg.): 125 Jahre Preußische Geologische Landesanstalt und ihre Nachfolger. Geschichte und Gegenwart, Stuttgart 2003.

Melbin, Murray: Night as Frontier. Colonizing the World after Dark, New York 1987.

Mieck, Ilja: Preussische Gewerbepolitik in Berlin, 1806-1844. Staatshilfe und Privatinitiative zwischen Merkantilismus und Liberalismus, Berlin 1965.

Mintz, Sidney W.: Sweetness and Power. The Place of Sugar in Modern History, New York 1985.

Misa, Thomas J.: A Nation of Steel. The Making of Modern America, 1865-1925, Baltimore 1995.

Mitchell, Timothy: Carbon Democracy. Political Power in the Age of Oil, London 2013.

Möckel, Carola: Technologietransfer in der ersten Phase der industriellen Revolution. Die Cockerills in Preußen, in: Jahrbuch für Wirtschaftsgeschichte (1987), Nr. 3, S. 9-27.

Moses, Julia: Risk, Humanity and Injuries to the Body Politic. Governmental Representations of »the Industrial Accident Problem« in Britain, Germany and Italy, 1870-1900, in: van den Broek, Ilja/Smit, Christianne/Wolffram, Dirk Jan (Hg.): Imagination and Commitment, Leuven u.a. 2010, S. 209-231.

Moses, Julia: Contesting Risk. Specialist Knowledge and Workplace Accidents in Britain, Germany, and Italy, 1870-1920, in: Brückweh, Kerstin/Schumann, Dirk/Wetzell, Richard F./Ziemann, Benjamin (Hg.): Engineering Society. The Role of the Human and Social Sciences in Modern Societies, 1880-1980, Basingstoke 2012, S. 59-78.

Moses, Julia: The First Modern Risk. Workplace Accidents and the Origins of European Social States, Cambridge 2018.

Mosley, Stephen: The Chimney of the World. A History of Smoke Pollution in Victorian and Edwardian Manchester, Cambridge 2001.

Mühlnikel, Marcus: »Fürst, sind Sie unverletzt?«. Attentate im Kaiserreich, 1871-1914, Paderborn 2014.

Muhs, Rudolf: Englische Einflüsse auf die Frühphase der Industrialisierung in Deutschland, in: Birke, Adolf M./Kettenacker, Lothar (Hg.): Wettlauf in die Moderne. England und Deutschland seit der industriellen Revolution, München 1988, S. 31-50.

Mutz, Mathias: Industrialisierung als Umwelt-Integration. Konzeptionelle Überlegungen zur ökologischen Basis moderner Industrieunternehmen, in: Schulz, Günther/Reith, Reinhold (Hg.): Wirtschaft und Umwelt vom Spätmittelalter bis zur Gegenwart. Auf dem Weg zu Nachhaltigkeit?, Stuttgart 2015, S. 191-213.

Nash, Linda: The Agency of Nature and the Nature of Agency, in: Environmental History 10 (2005), Nr. 1, S. 67-69.

Nordrhein-Westfälisches Hauptstaatsarchiv/Nordrhein-Westfälisches Staatsarchiv (Hg.): Die preußische Berg-, Hütten- und Salinenverwaltung. Die Bestände in den Nordrhein-Westfälischen Staatsarchiven, Münster 2000.

Nützenadel, Alexander: Städtischer Immobilienmarkt und Finanzkrisen im späten 19. Jahrhundert, in: Jahrbuch für Wirtschaftsgeschichte (2011), Nr. 1, S. 97-114.

Oates, Joseph: Lime and Limestone. Chemistry and Technology, Production and Uses, Weinheim 2008.

Oberkrome, Willi: »Deutsche Heimat«. Nationale Konzeption und regionale Praxis von Naturschutz, Landschaftsgestaltung und Kulturpolitik in Westfalen-Lippe und Thüringen, 1900-1960, Paderborn 2004.

Otter, Chris: Locating Matter. The Place of Materiality in Urban History, in: Bennett, Tony/Joyce, Patrick (Hg.): Material Powers. Cultural Studies History and the Material Turn, Milton Park 2010, S. 38-59.

Painter, David S.: Oil and Geopolitics. The Oil Crises of the 1970s and the Cold War, in: Historical Social Research 39 (2014), S. 186-208.

Paul, Johann: Autoverkehr und Straßenprojekte im Naturschutzgebiet Siebengebirge, 1918-1945, in: Rheinische Heimatpflege 42 (2005), S. 189-209.

Paulinyi, Ákos: Der Technologietransfer für die Metallverarbeitung und die preußische Gewerbeförderung, 1820-1850, in: Blaich, Fritz (Hg.): Die Rolle des Staates für die wirtschaftliche Entwicklung, Berlin 1982, S. 99-142.

Paulinyi, Ákos: Die Erfindung des Heißwindblasens, in: Technikgeschichte 50 (1983), S. 129-145.

Paulinyi, Ákos: Vom Frischeherd und Puddelofen zum Bessemer- und Thomasverfahren, in: Rasch, Manfred (Hg.): Das Thomas-Verfahren in Europa. Entstehung – Entwicklung – Ende, Essen 2009, S. 25-49.

Pichler-Baumgartner, Luisa: »Environmental Justice« als analytische Kategorie der Wirtschafts-, Sozial- und Umweltgeschichte? Schwierigkeiten und Potenziale einer Anwendung, in: Vierteljahrschrift für Sozial- und Wirtschaftsgeschichte 102 (2015), S. 472-491.

Pickering, Andrew (Hg.): Science as Practice and Culture, Chicago 1992.

Pierenkemper, Toni: Die westfälischen Schwerindustriellen, 1852-1913. Soziale Struktur und unternehmerischer Erfolg, Göttingen 1979.

Pierenkemper, Toni: Strukturwandlungen im System deutscher Montanregionen im 19. Jahrhundert. Saarregion Oberschlesien und das Ruhrgebiet im Wachstumsprozeß, in: Wysocki, Josef (Hg.): Wirtschaftliche Integration und Wandel von Raumstrukturen im 19. und 20. Jahrhundert, Berlin 1994, S. 7-37.

Pierenkemper, Toni (Hg.): Die Industrialisierung europäischer Montanregionen im 19. Jahrhundert, Stuttgart 2002.

Pierenkemper, Toni/Ziegler, Dieter/Brüggemeier, Franz-Josef: Vorrang der Kohle. Wirtschafts-, Unternehmens- und Sozialgeschichte des Bergbaus 1850 bis 1914, in: Tenfelde, Klaus/Pierenkemper, Toni (Hg.): Motor der Industrialisierung. Deutsche Bergbaugeschichte im 19. und frühen 20. Jahrhundert, Münster 2016 (= Geschichte des deutschen Bergbaus 3), S. 45-287.

Pinch, Trevor/Bijker, Wiebe: The Social Construction of Facts and Artifacts, in: Social Studies of Science 14 (1984), S. 399-441.

Platt, Harold L.: Shock Cities. The Environmental Transformation and Reform of Manchester and Chicago, Chicago 2005.

Plumpe, Gottfried: Die württembergische Eisenindustrie im 19. Jahrhundert. Eine Fallstudie zur Geschichte der industriellen Revolution in Deutschland, Stuttgart 1982.

Pollard, Sidney: Peaceful Conquest. The Industrialization of Europe, 1760-1970, New York 1981.

Popplow, Marcus (Hg.): Landschaften agrarisch-ökonomischen Wissens. Strategien innovativer Ressourcennutzung in Zeitschriften und Sozietäten des 18. Jahrhunderts, Münster 2010.

Porter, Roy: The Making of Geology. Earth Science in Britain, 1660-1815, Cambridge 1977.

Poser, Stefan: Museum der Gefahren. Die gesellschaftliche Bedeutung der Sicherheitstechnik – Das Beispiel der Hygiene-Ausstellungen und Museen für Arbeitsschutz in Wien, Berlin und Dresden um die Jahrhundertwende, Münster 1998.

Priesner, Claus: Robert Bunsen. Ein Grenzgänger im Reich der Chemie, in: Seising, Rudolf/Folkerts, Menso/Hashagen, Ulf (Hg.): Form, Zahl, Ordnung. Studien zur Wissenschafts- und Technikgeschichte, Stuttgart 2004, S. 591-601.

Priest, Tyler: Hubbert's Peak. The Great Debate over the End of Oil, in: Historical Studies in the Natural Sciences 44 (2014), S. 37-79.

Pritchard, Sara B.: Toward an Environmental History of Technology, in: Isenberg, Andrew C. (Hg.): The Oxford Handbook of Environmental History, New York 2014, S. 227-258.

Pritchard, Sara B./Zeller, Thomas: The Nature of Industrialization, in: Reuss, Martin/Cutcliffe, Stephen H. (Hg.): The Illusory Boundary. Environment and Technology in History, Charlottesville 2010, S. 69-100.

Radkau, Joachim: Holzverknappung und Krisenbewusstsein im 18. Jahrhundert, in: Geschichte und Gesellschaft 9 (1983), S. 513-543.

Radkau, Joachim: Zur angeblichen Energiekrise des 18. Jahrhunderts. Revisionistische Betrachtungen über die »Holznot«, in: Vierteljahrschrift für Sozial- und Wirtschaftsgeschichte 73 (1986), S. 1-37.

Radkau, Joachim: Holz – wie ein Naturstoff Geschichte schreibt, München 2012.

Rasch, Manfred: Erfahrung, Forschung und Entwicklung in der (west-)deutschen Eisen- und Stahlerzeugung. Versuch einer Begriffserklärung und Periodisierung der letzten 200 Jahre, in: Ferrum 68 (1996), S. 4-29.

Rasch, Manfred (Hg.): Der Kokshochofen. Entstehung, Entwicklung und Erfolg von 1709 bis in die Gegenwart, Essen 2015.

Rasch, Manfred: Frühe Hochöfen im späteren Ruhrgebiet. Eine erste Annäherung an ein technik- und wirtschaftsgeschichtliches Thema, in: ders. (Hg.): Der Kokshochofen. Entstehung, Entwicklung und Erfolg von 1709 bis in die Gegenwart, Essen 2015, S. 153-196.

Rau, Susanne: Räume. Konzepte Wahrnehmungen Nutzungen, Frankfurt a.M. 2013.

Rawson, Michael: What Lies Beneath. Science, Nature, and the Making of Boston Harbor, in: Journal of Urban History 35 (2009), S. 675-697.

Rawson, Michael: Eden on the Charles. The Making of Boston, Cambridge Mass. 2010.

Reckendrees, Alfred: Das »Stahltrust«-Projekt. Die Gründung der Vereinigte Stahlwerke A.G. und ihre Unternehmensentwicklung, 1926-1933/34, München 2000.

Reckwitz, Andreas: Toward a Theory of Social Practices. A Development in Culturalist Theorizing, in: European Journal of Social Theory 5 (2002), S. 243-263.

Reichardt, Sven: Praxeologische Geschichtswissenschaft. Eine Diskussionsanregung, in: Sozial.Geschichte 22 (2007), Nr. 3, S. 43-65.

Reif, Heinz: Landwirtschaft im industriellen Ballungsraum, in: Köllmann, Wolfgang/Korte, Hermann/Petzina, Dietmar/Weber, Wolfhard (Hg.): Das Ruhrgebiet im Industriezeitalter. Geschichte und Entwicklung, Bd. 1, Düsseldorf 1990, S. 337-393.

Reith, Reinhold: Umweltgeschichte und Technikgeschichte am Beginn des 21. Jahrhunderts. Konvergenzen und Divergenzen, in: Technikgeschichte 75 (2008), S. 336-355.

Reith, Reinhold: Naturale Ressourcen. Was hat die Wirtschaftsgeschichte mit der Umweltgeschichte zu tun?, in: Karner, Stefan (Hg.): Wirtschaft – Geschichte – Politik. Festschrift Gerald Schöpfer, Graz 2012, S. 241-256.

Reith, Reinhold: Überlegungen zur Nutzung materieller Ressourcen in der Geschichte. Auf dem Weg zur Nachhaltigkeit?, in: ders./Schulz, Günther (Hg.): Wirtschaft und Umwelt vom Spätmittelalter bis zur Gegenwart. Auf dem Weg zu Nachhaltigkeit?, Stuttgart 2015, S. 17-28.

Reith, Reinhold/Schulz, Günther (Hg.): Wirtschaft und Umwelt vom Spätmittelalter bis zur Gegenwart. Auf dem Weg zu Nachhaltigkeit?, Stuttgart 2015.

Reller, Armin/Marschall, Luitgard/Meissner, Simon/Schmidt, Claudia (Hg.): Ressourcenstrategien. Eine Einführung in den nachhaltigen Umgang mit Ressourcen, Darmstadt 2013.

Rheinberger, Hans-Jörg: Experimentalsysteme und epistemische Dinge. Eine Geschichte der Proteinsynthese im Reagenzglas (2. Aufl.), Göttingen 2002.

Rischbieter, Julia Laura: Mikro-Ökonomie der Globalisierung. Kaffee, Kaufleute und Konsumenten im Kaiserreich 1870-1914, Köln 2011.

Ritter, Gerhard A./Tenfelde, Klaus: Arbeiter im deutschen Kaiserreich, 1871 bis 1914, Bonn 1992.

Røpke, Inge: Theories of Practice. New Inspiration for Ecological Economic Studies on Consumption, in: Ecological Economics 68 (2009), S. 2490-2497.

Ross, Corey: Ecology and Power in the Age of Empire. Europe and the Transformation of the Tropical World, Oxford 2017.

Rudwick, Martin J.S.: The Great Devonian Controversy. The Shaping of Scientific Knowledge Among Gentlemanly Specialists, Chicago 1985.

Rudzinski, Marco: Ein Unternehmen und »seine« Stadt. Der Bochumer Verein und Bochum vor dem Ersten Weltkrieg, Essen 2012.

Russell, Edmund/Allison, James/Finger, Thomas u.a.: The Nature of Power. Synthesizing the History of Technology and Environmental History, in: Technology and Culture 52 (2011), S. 246-259.

Sanders, Andreas R.D./Sandvik, Pål Thonstad/Storli, Espen (Hg.): The Political Economy of Resource Regulation. An International and Comparative History, 1850-2015, Vancouver 2019.

Schatzki, Theodore: Nature and Technology, in: History and Theory 42 (2003), Nr. 4, S. 82-93.

Schatzki, Theodore: Materiality and Social Life, in: Nature and Culture 5 (2010), Nr. 2, S. 123-149.

Secord, James A.: The Geological Survey of Great Britain as a Research School, 1839-1855, in: History of Science 24 (1986), S. 223-275.

Seibold, Eugen/Seibold, Ilse: Dokumente zur Ära Heinrich von Dechen, 1800-1898. Seine geologischen Übersichtskarten, in: International Journal of Earth Science 88 (2000), S. 844-852.

Schauz, Désirée: Nützlichkeit und Erkenntnisfortschritt. Eine Geschichte des modernen Wissenschaftsverständnisses, Göttingen 2020.

Schimkat, Peter: Geologie in Deutschland. Zur Etablierung einer naturwissenschaftlichen Disziplin im 19. Jahrhundert, Augsburg 2008.

Schivelbusch, Wolfgang: Geschichte der Eisenbahnreise. Zur Industrialisierung von Raum und Zeit im 19. Jahrhundert, Frankfurt a.M. 1979.

Schivelbusch, Wolfgang: Lichtblicke. Zur Geschichte der künstlichen Helligkeit im 19. Jahrhundert, München 1983.

Schläppi, Daniel: Die Ökonomie sozialer Beziehungen. Forschungsperspektiven hinsichtlich von Praktiken menschlichen Wirtschaftens im Umgang mit Ressourcen, in: Brendecke, Arndt (Hg.): Praktiken der Frühen Neuzeit. Akteure – Handlungen – Artefakte, Köln 2015, S. 684-695.

Schmidt, Claudia: Entscheidungen im Alltag. Stoffgeschichten und Kritikalitätsbewertungen, in: Müller, Markus M. (Hg.): Nachhaltigkeit neu denken. Rio + X – Impulse für Bildung und Wissenschaft, München 2014, S. 167-172.

Schmoll, Friedemann: Erinnerung an die Natur. Die Geschichte des Naturschutzes im deutschen Kaiserreich, Frankfurt a.M. 2004.

Schott, Dieter: Die Vernetzung der Stadt. Kommunale Energiepolitik, öffentlicher Nahverkehr und die »Produktion« der modernen Stadt – Darmstadt – Mannheim – Mainz, 1880-1918, Darmstadt 1999.

Schott, Dieter: Europäische Urbanisierung (1000-2000). Eine umwelthistorische Einführung, Köln 2014.

Schröter, Harm G.: Kartellierung und Dekartellierung 1890-1990, in: Vierteljahrschrift für Sozial- und Wirtschaftsgeschichte 81 (1994), S. 457-493.

Schumacher, Martin: Auslandsreisen deutscher Unternehmer 1750-1851 unter besonderer Berücksichtigung von Rheinland und Westfalen, Köln 1968.

Schürmann, Manfred: Die Marmorschleifer aus dem Neandertal. Beckershoff, Pieper und der Kalk, in: Journal. Jahrbuch des Kreises Mettmann 8 (1989), S. 42-46.

Schürmann, Manfred: Bergrat Noeggerath und das Neandertal, in: Niederbergische Geschichte 1 (1994), S. 74-85.

Schürmann, Manfred/Eulner, Lothar: »Steinbruchlandschaft Neandertal«, in: Niederbergische Geschichte 1 (1994), S. 64-73.

Seeling, Hans: Die Eisenhütte Hochdahl, 1847-1912, Wuppertal 1968.

Seeling, Hans: Die Eisenhütten in Heerdt und Mülheim am Rhein, Köln 1972.

Seeling, Hans: Zur Geschichte der Hochdahler Hütte und ihrer Gründer, in: Düsseldorfer Jahrbuch 55 (1975), S. 108-130.

Seeling, Hans: Télémaque Fortuné Michiels, der Phoenix und Charles Détillieux. Belgiens Einflüsse auf die wirtschaftliche Entwicklung Deutschlands im 19. Jahrhundert, Köln 1996.

Shove, Elizabeth: Everyday Practice and the Production and Consumption of Time, in: dies./Trentmann, Frank/Wilk, Richard R. (Hg.): Time, Consumption and Everyday Life. Practice, Materiality and Culture, Oxford 2009, S. 17-33.

Shove, Elizabeth/Pantzar, Mika/Watson, Matt: The Dynamics of Social Practice. Everyday Life and how it Changes, Los Angeles 2012.

Sieferle, Rolf Peter: Der unterirdische Wald. Energiekrise und Industrielle Revolution, München 1982.

Sieferle, Rolf Peter: Naturlandschaft, Kulturlandschaft, Industrielandschaft, in: Comparativ 4 (1995), S. 40-56.

Sieferle, Rolf Peter/Krausmann, Fridolin/Schandl, Heinz/Winiwarter, Verena: Das Ende der Fläche. Zum gesellschaftlichen Stoffwechsel der Industrialisierung, Köln u.a. 2006.

Siegenthaler, Hansjörg (Hg.): Ressourcenverknappung als Problem der Wirtschaftsgeschichte, Berlin 1990.

Siemaszko, Nikolaus Olaf: Die Einführung und Ausbreitung des Kokshochofens in Oberschlesien in der Zeit von 1796 bis 1860, in: Rasch, Manfred (Hg.): Der Kokshochofen. Entstehung, Entwicklung und Erfolg von 1709 bis in die Gegenwart, Essen 2015, S. 97-114.

Simons, Rolf: Staatliche Gewerbeaufsicht und gewerbliche Berufsgenossenschaften. Entstehung und Entwicklung des dualen Aufsichtssystems im Arbeitsschutz in Deutschland von den Anfängen bis zum Ende der Weimarer Republik, Frankfurt a.M. 1984.

Slotta, Rainer: Standortbedingungen der Eisen- und Stahlindustrie. Der Eisensteinbergbau im Dortmunder Raum, in: Dascher, Ottfried (Hg.): Die Eisen- und Stahlindustrie im Dortmunder Raum. Wirtschaftliche Entwicklung, soziale Strukturen und technologischer Wandel im 19. und 20. Jahrhundert, Dortmund 1992, S. 13-23.

Smith, Kate: Amidst Things. New Histories of Commodities, Capital and Consumption, in: The Historical Journal 61 (2018), S. 841-861.

Smith-Howard, Kendra: Pure and Modern Milk. An Environmental History since 1900, Oxford 2014.

Soentgen, Jens: Konfliktstoffe. Über Kohlendioxid, Heroin und andere strittige Substanzen, München 2019.

Soluri, John: Banana Cultures. Agriculture, Consumption, and Environmental Change in Honduras and the United States, Austin 2005.

Sparenberg, Ole: Ressourcenverknappung, Eigentumsrechte und ökologische Folgewirkungen am Beispiel des Tiefseebergbaus, ca. 1965-1982, in: Reith, Reinhold/Schulz, Günther (Hg.): Wirtschaft und Umwelt vom Spätmittelalter bis zur Gegenwart. Auf dem Weg zu Nachhaltigkeit?, Stuttgart 2015, S. 109-124.

Spree, Reinhard: Die Wachstumszyklen der deutschen Wirtschaft von 1840 bis 1880. Mit einem konjunkturstatistischen Anhang, Berlin 1977.

Spree, Reinhard: Veränderungen der Muster zyklischen Wachstums der deutschen Wirtschaft von der Früh- zur Hochindustrialisierung, in: Geschichte und Gesellschaft 5 (1979), S. 228-250.

Steffen, Katrin: Stoffe auf Reisen. Die transnationalen Akteure Jan Czochralski und Ludwik Hirszfeld und die lokale Bedingtheit der Entstehung von Wissen, in: Berichte zur Wissenschaftsgeschichte 43 (2020), S. 74-95.

Stock, Christine: Robert Wilhelm Bunsens Korrespondenz vor dem Antritt der Heidelberger Professur (1852). Kritische Edition, Stuttgart 2007.

Stoff, Heiko: Wirkstoffe. Eine Wissenschaftsgeschichte der Hormone, Vitamine und Enzyme, 1920-1970, Stuttgart 2012.

Sutter, Paul S.: The World with Us. The State of American Environmental History, in: Journal of American History 100 (2013), S. 94-119.

Tarr, Joel A. (Hg.): The Search for the Ultimate Sink. Urban Pollution in Historical Perspective, Akron 1996.

Thorade, Nora: Vom Rohstoff zum Produkt. Wirtschaftliche und technische Verflechtungen von Steinkohlen im Inde- und Wurmrevier, in: Jahrbuch für Wirtschaftsgeschichte 57 (2016), Nr. 1, S. 115-142.

Thorade, Nora: Das Schwarze Gold. Eine Stoffgeschichte der Steinkohle im 19. Jahrhundert, Paderborn 2020.

Thorsheim, Peter: Inventing Pollution. Coal, Smoke, and Culture in Britain Since 1800, Athens 2006.

Tilly, Richard: Kapital, Staat und sozialer Protest in der deutschen Industrialisierung. Gesammelte Aufsätze, Göttingen 1980.

Tilly, Richard: Vom Zollverein zum Industriestaat. Die wirtschaftlich-soziale Entwicklung Deutschlands 1834 bis 1914, München 1990.

Topik, Steven/Wells, Allen: Warenketten in einer globalen Wirtschaft, in: Osterhammel, Jürgen/Iriye, Akira (Hg.): Geschichte der Welt, Bd. 5. Weltmärkte und Weltkriege, 1870-1914, München 2012, S. 589-814.

Trentmann, Frank: Materiality in the Future of History. Things, Practices and Politics, in: Journal of British Studies 48 (2009), S. 283-307.

Trentmann, Frank/Carlsson-Hyslop, Anna: The Evolution of Energy Demand in Britain. Politics, Daily Life, and Public Housing, 1920s-1970s, in: The Historical Journal 61 (2018), S. 807-839.

Trentmann, Frank/Chappells, Heather: Sustainable Consumption in History. Ideas, Resources and Practices, in: Reisch, Lucia A./Thøgersen, John (Hg.): Handbook of Research on Sustainable Consumption, 2015, S. 51-70.

Trepl, Ludwig: Die Idee der Landschaft. Eine Kulturgeschichte von der Aufklärung bis zur Ökologiebewegung, Bielefeld 2012.

Treue, Wilhelm: Ilseder Hütte, 1858-1958. Ein Unternehmen der Eisenschaffenden Industrie, Peine 1958.

Treue, Wilhelm: Die Feuer verlöschen nie. August-Thyssen-Hütte, 1890-1926, Düsseldorf 1966.

Treue, Wilhelm: Wirtschafts- und Technikgeschichte Preussens, Berlin 1984.

Trischler, Helmuth: The Anthropocene. A Challenge for the History of Science, Technology, and the Environment, in: NTM 24 (2016), S. 309-335.

Troitzsch, Ulrich: Belgien als Vermittler technischer Neuerungen beim Aufbau der eisenschaffenden Industrie im Ruhrgebiet um 1850, in: Technikgeschichte 39 (1972), S. 142-158.

Troitzsch, Ulrich: Innovation, Organisation und Wissenschaft beim Aufbau von Hüttenwerken im Ruhrgebiet, 1850-1870, Dortmund 1977.

Troßbach, Werner/Zimmermann, Clemens: Die Geschichte des Dorfes. Von den Anfängen im Frankenreich zur bundesdeutschen Gegenwart, Stuttgart 2006.

Tuma, Axel/Reller, Armin: Nachhaltige Ressourcenstrategien in Unternehmen. Identifikation kritischer Rohstoffe und Erarbeitung von Handlungsempfehlungen zur Umsetzung einer ressourceneffizienten Produktion, Augsburg 2014.

Uekötter, Frank: Von der Rauchplage zur ökologischen Revolution. Eine Geschichte der Luftverschmutzung in Deutschland und den USA, 1880-1970, Essen 2003.

Uekötter, Frank: Das organisierte Versagen. Die deutsche Gewerbeaufsicht und die Luftverschmutzung vor dem ökologischen Zeitalter, in: Archiv für Sozialgeschichte 43 (2003), S. 127-150.

Uekötter, Frank: Umweltgeschichte im 19. und 20. Jahrhundert, München 2007.

Uekötter, Frank: Die Wahrheit ist auf dem Feld. Eine Wissensgeschichte der deutschen Landwirtschaft, Göttingen 2010.

Uekötter, Frank: Bergbau und Umwelt im 19. und 20. Jahrhundert, in: Ziegler, Dieter (Hg.): Rohstoffgewinnung im Strukturwandel. Der deutsche Bergbau im 20. Jahrhundert (=Geschichte des deutschen Bergbaus, Bd. 4), Münster 2013, S. 539-570.

van de Kerkhof, Stefanie: Die Industrialisierung der lothringisch-luxemburgischen Minette-Region, in: Pierenkemper, Toni (Hg.): Die Industrialisierung europäischer Montanregionen im 19. Jahrhundert, Stuttgart 2002, S. 225-275.

van Eyll, Klara: Unternehmer der Kölner Zuckerwirtschaft, 1830-1871. Ihr Engagement im Rahmen der Frühindustrialisierung an Rhein und Ruhr, in: dies. (Hg.): Kölner Unternehmer und die Frühindustrialisierung im Rheinland und in Westfalen, 1835-1871, Köln 1984, S. 193-207.

van Horssen, Jessica: A Town Called Asbestos. Environmental Contamination, Health, and Resilience in a Resource Community, Vancouver 2016.

Vikström, Hanna: A Scarce Resource? The Debate on Metals in Sweden 1870-1918, in: The Extractive Industries and Society 3 (2016), S. 772-781.

Vikström, Hanna: Risk or Opportunity? The Extractive Industries' Response to Critical Metals in Renewable Energy Technologies, 1980-2014, in: The Extractive Industries and Society 7 (2020), S. 20-28.

Vogel, Jakob: Moderner Traditionalismus. Mythos und Realität des Bergwerkseigentums im preußisch-deutschen Bergrecht des 19. Jahrhunderts, in: Siegrist,

Hannes/Sugarman, David (Hg.): Eigentum im internationalen Vergleich, 18.-20. Jahrhundert, Göttingen 1999, S. 185-205.

Vogel, Jakob: Wissen, Technik, Wirtschaft. Die modernen Wissenschaften und die Konstruktion der »industriellen Gesellschaft«, in: Berghoff, Hartmut/ders. (Hg.): Wirtschaftsgeschichte als Kulturgeschichte. Dimensionen eines Perspektivenwechsels, Frankfurt a.M. 2004, S. 295-323.

Vogel, Jakob: Ein schillerndes Kristall. Eine Wissensgeschichte des Salzes zwischen Früher Neuzeit und Moderne, Köln 2008.

Vogel, Jakob: Reform unter staatlicher Aufsicht. Wirtschafts- und Sozialgeschichte des deutschen Bergbaus und des Salzwesens in der frühen Industrialisierung, in: Weber, Wolfhard (Hg.): Salze, Erze und Kohlen. Der Aufbruch in die Moderne im 18. und frühen 19. Jahrhundert (=Geschichte des deutschen Bergbaus, Bd. 2), Münster 2015, S. 11-110.

Völkening, Ulrich: Unfallentwicklung und -verhütung im Bergbau des Deutschen Kaiserreiches, Bremerhaven 1980.

Wagenblaß, Horst: Der Eisenbahnbau und das Wachstum der deutschen Eisen- und Maschinenbauindustrie, 1835-1860. Ein Beitrag zur Geschichte der Industrialisierung Deutschlands, Stuttgart 1973.

Wagenbreth, Otfried: Geschichte der Geologie in Deutschland, Stuttgart 1999.

Walter, Rolf: Der Montanbereich aus Sicht der Nationalökonomen. Montandistrikte des 17./18. Jahrhunderts auf dem Weg zur industriellen Produktionsweise des 19. Jahrhunderts, in: Westermann, Ekkehard (Hg.): Vom Bergbau- zum Industrierevier, Stuttgart 1995, S. 453-479.

Weber, Heike: Zur Materialität von Müll. Abfall aus stoffgeschichtlicher Perspektive, in: Blätter für Technikgeschichte 77 (2015), S. 75-100.

Weber, Heike: Material Flows and Circular Thinking, in: Haumann, Sebastian/Knoll, Martin/Mares, Detlev (Hg.): Concepts of Urban-Environmental History, Bielefeld 2020, S. 125-143.

Weber, Wolfhard: Entfaltung der Industriewirtschaft, in: Köllmann, Wolfgang/Korte, Hermann/Petzina, Dietmar/ders. (Hg.): Das Ruhrgebiet im Industriezeitalter. Geschichte und Entwicklung, Bd. 1, Düsseldorf 1990, S. 199-336.

Weber, Wolfhard: Technologietransfer zwischen Großbritannien und Deutschland in der industriellen Revolution, in: Mommsen, Wolfgang J. (Hg.): Die ungleichen Partner. Deutsch-britische Beziehungen im 19. und 20. Jahrhundert, Stuttgart 1999, S. 65-81.

Weber, Wolfhard: Frühe Versuche zum Betrieb von Hochöfen mit Steinkohlekoks in Preußens (Nord-)westen, in: Rasch, Manfred (Hg.): Der Kokshochofen. Entstehung, Entwicklung und Erfolg von 1709 bis in die Gegenwart, Essen 2015, S. 137-152.

Welskopp, Thomas: Arbeit und Macht im Hüttenwerk. Arbeits- und industrielle Beziehungen in der deutschen und amerikanischen Eisen- und Stahlindustrie von den 1860er bis zu den 1930er Jahren, Bonn 1994.

Welskopp, Thomas: Die Dualität von Struktur und Handeln. Anthony Giddens' Strukturierungstheorie als »praxeologischer« Ansatz in der Geschichtswissenschaft, in: Suter, Andreas/Hettling, Manfred (Hg.): Struktur und Ereignis, Göttingen 2001, S. 99-119.

Wengenroth, Ulrich: Unternehmensstrategien und technischer Fortschritt. Die deutsche und britische Stahlindustrie, 1865-1895, Göttingen 1986.

Werner, Verena: Die historische und räumliche Entwicklung der Kalkindustrie im Raum Wülfrath unter besonderer Berücksichtigung der Folgenutzung beanspruchter Flächen (Dipl., Ruhr-Universität Bochum, Geographisches Institut), Bochum 2007.

Wessel, Horst A.: Erfahrungswissen in der deutschen Eisen- und Stahlerzeugung/-verarbeitung des 19. Jahrhunderts, in: Ferrum 68 (1996), S. 61-81.

Westermann, Andrea: Geology and World Politics. Mineral Resource Appraisals as Tools of Geopolitical Calculation, 1919-1939, in: Historical Social Research/Historische Sozialforschung 40 (2015), Nr. 2, S. 151-173.

Wickenhagen, Ernst: Geschichte der gewerblichen Unfallversicherung. Wesen und Wirken der gewerblichen Berufsgenossenschaften, München 1980.

Wiegel, E.: Die Entwicklung der staatlichen geologischen Kartierung in Nordrhein-Westfalen vor 1873, in: Fortschritte in der Geologie von Rheinland und Westfalen 23 (1973), S. 11-54.

Winiwarter, Verena: Wien und seine Gewässer. Nutzen, Turbulenz und Risiko in langfristiger Perspektive (Vortrag, Abschlusstagung des DFG-Projektverbunds »Wege zur nachhaltigen Entwicklung von Städten«, TU Darmstadt, 18.6.2015).

Winiwarter, Verena/Knoll, Martin: Umweltgeschichte. Eine Einführung, Köln 2007.

Winiwarter, Verena/Schmid, Martin: Umweltgeschichte als Untersuchung sozionaturaler Schauplätze? Ein Versuch, Johannes Colers »Oeconomia« umwelthistorisch zu interpretieren, in: Knopf, Thomas (Hg.): Umweltverhalten in Geschichte und Gegenwart. Vergleichende Ansätze, Tübingen 2008, S. 158-173.

Winiwarter, Verena/Schmid, Martin: Socio-Natural Sites, in: Haumann, Sebastian/Knoll, Martin/Mares, Detlev (Hg.): Concepts of Urban-Environmental History, Bielefeld 2020, S. 33-50.

Winiwarter, Verena/Schmid, Martin/Dressel, Gert: Looking at Half a Millennium of Co-existence. The Danube in Vienna as a Socio-Natural Site, in: Water History 5 (2013), Nr. 2, S. 101-119.

Winiwarter, Verena/Schmid, Martin/Hohensinner, Severin/Haidvogl, Gertrud: The Environmental History of the Danube River Basin as an Issue of Long-Term Socio-ecological Research, in: Singh, Simron Jit/Haberl, Helmut/Chertow, Marian/Mirtl, Michael/Schmid, Martin (Hg.): Long Term Socio-Ecological Research. Studies in Society-Nature Interactions Across Spatial and Temporal Scales. Dordrecht 2013, S. 103-122.

Wittling, Gernot: Der Staat als Innovator im Rüdersdorfer Kalkbergbau während der Frühindustrialisierung, in: Westermann, Ekkehard (Hg.): Vom Bergbau- zum Industrierevier, Stuttgart 1995, S. 113-124.

Wrigley, Edward A.: Energy and the English Industrial Revolution, Cambridge 2010.

Zachmann, Karin: Risk in Historical Perspective. Concepts, Contexts, and Conjunctions, in: Klüppelberg, Claudia/Straub, Daniel/Welpe, Isabell (Hg.): Risk. A Multidisciplinary Introduction, 2014, S. 3-36.

Zachmann, Karin/Ehlers, Sarah (Hg.): Wissen und Begründen. Evidenz als umkämpfte Ressource in der Wissensgesellschaft, Baden-Baden 2019.

Ziegler, Dieter: Kommerzielle oder militärische Interessen, Partikularismus oder Raumplanung? Bestimmungsfaktoren für die Entwicklung des Eisenbahnnetzes in Deutschland im 19. Jahrhundert, in: Wysocki, Josef (Hg.): Wirtschaftliche Integration und Wandel von Raumstrukturen im 19. und 20. Jahrhundert, Berlin 1994, S. 39-63.

Ziegler, Dieter: Beyond the Leading Regions. Agricultural Modernization and Rural Industrialization in North-Western Germany, in: Czierpka, Juliane/Oerters, Kathrin/Thorade, Nora (Hg.): Regions, Industries and Heritage. Perspectives on Economy, Society and Culture in Modern Western Europe, Basingstoke 2015, S. 148-169.

Ziegler, Dieter: Kriegswirtschaft, Kriegsfolgenbewältigung, Kriegsvorbereitung. Der deutsche Bergbau im dauernden Ausnahmezustand, 1914-1945, in: ders. (Hg.): Rohstoffgewinnung im Strukturwandel. Der deutsche Bergbau im 20. Jahrhundert (=Geschichte des deutschen Bergbaus, Bd. 4), Münster 2013, S. 15-182.

Zilt, Andreas: Zur Geschichte der Thomas-Stahlwerke in Ruhrort und Meiderich, in: Rasch, Manfred (Hg.): Das Thomas-Verfahren in Europa. Entstehung – Entwicklung – Ende, Essen 2009, S. 422-443.

Zimmermann, Erich Walter: World Resources and Industries, New York 1933.

Zumbrägel, Christian: Die vorindustriellen Holzströme Wiens. Ein sozionaturales großtechnisches System?, in: Technikgeschichte 81 (2014), S. 335-362.

Zumbrägel, Christian: »Viele wenige machen ein Viel«. Eine Technik- und Umweltgeschichte der Kleinwasserkraft (1880-1930), Paderborn 2018.

Zumdick, Ulrich: Hüttenarbeiter im Ruhrgebiet. Die Belegschaft der Phoenix-Hütte in Duisburg-Laar, 1853-1914, Stuttgart 1990.

Zunkel, Friedrich: Die Rolle der Bergbaubürokratie beim industriellen Ausbau des Ruhrgebiets, 1815-1848, in: Wehler, Hans-Ulrich (Hg.): Sozialgeschichte Heute. Festschrift für Hans Rosenberg zum 70. Geburtstag, Göttingen 1974, S. 130-147.

Abbildungsverzeichnis